Dietrich Wende

Fahrdynamik des Schienenverkehrs

Dietrich Wende

Fahrdynamik des Schienenverkehrs

Mit 164 Abbildungen, 83 Tabellen
und 83 Berechnungsbeispielen

STUDIUM

**VIEWEG+
TEUBNER**

Bibliografische Information der Deutschen Nationalbibliothek
Die Deutsche Nationalbibliothek verzeichnet diese Publikation in der
Deutschen Nationalbibliografie; detaillierte bibliografische Daten sind im Internet über
<http://dnb.d-nb.de> abrufbar.

Prof. Dr.-Ing. habil. Dietrich Wende lehrte an der Hochschule für Verkehrswesen in Dresden und ist freiberuflich auf dem Gebiet der Fahrdynamik, der Bremstechnik und der Unfallrekonstruktion wissenschaftlich tätig.

1. Auflage 2003

Alle Rechte vorbehalten
© Vieweg+Teubner Verlag | Springer Fachmedien Wiesbaden GmbH 2003

Lektorat: Thomas Zipsner | Ellen Klabunde

Vieweg+Teubner Verlag ist eine Marke von Springer Fachmedien.
Springer Fachmedien ist Teil der Fachverlagsgruppe Springer Science+Business Media.
www.viewegteubner.de

Umschlaggestaltung: KünkelLopka Medienentwicklung, Heidelberg
Gedruckt auf säurefreiem und chlorfrei gebleichtem Papier

ISBN-13:978-3-519-00419-6   e-ISBN-13:978-3-322-82961-0
DOI: 10.1007/978-3-322-82961-0

Vorwort

Seit Erscheinen des Buches „Fahrdynamik der Verkehrsmittel" von *Prof. Wilhelm Müller* (TH Aachen) im Jahr 1940 besteht die Fahrdynamik als selbständige Wissenschaftsdisziplin und wird als solche auch in der Hochschulausbildung von Ingenieuren des Verkehrswesens gelehrt. In den Jahren 1950 und 1953 erschien von *W. Müller* das auch heute noch gern benutzte Buch „Eisenbahnanlagen und Fahrdynamik".

Bei Gründung der Hochschule für Verkehrswesen in Dresden im Jahr 1952 veranlasste der damalige Dekan der Fakultät für Verkehrstechnik, Herr *Prof. Potthoff*, die Aufnahme der Fahrdynamik als selbständige Wissenschaftsdisziplin in das Lehr- und Forschungsprofil. Mit dem Buch „Einführung in die Fahrdynamik" legte er im Jahr 1953 den Grundstein für eine 40 Jahre währende erfolgreiche Lehr- und Forschungstätigkeit. An der Hochschule für Verkehrswesen entstand im Jahr 1968 das Buch von *A. Hochmuth / D. Wende* „Fahrdynamik der Landfahrzeuge" und 1983 (1. Auflage) und 1990 (2. Auflage) das Buch von *D. Wende* „Fahrdynamik (Reihe Schienenfahrzeugtechnik)".

Die Fahrdynamik ist die Wissenschaftsdisziplin von der Fahrbewegung der Verkehrsmittel, den verursachenden Kräften und der Traktionsenergie. Sie ist unentbehrliche Grundlage für Konstruktion und Betrieb der Schienenfahrzeuge und Züge und von Verkehrsanlagen sowie für Planung, Durchführung, Steuerung und Rationalisierung des Transportprozesses insgesamt, aber auch für die Analyse von Bahnbetriebsunfällen. Im Zusammenhang mit dem Bestreben, die maximale Auslastung der Verkehrsmittel zu erreichen, den Transportenergiebedarf und den Verschleiß mechanischer Bremsen zu reduzieren bzw. zu optimieren, Unfallursachen aufzuklären sowie zum automatischen Ablauf der Bewegungsvorgänge überzugehen, behält die Fahrdynamik ihren Stellenwert trotz Rückgang des Eisenbahnverkehrs bei.

Die wissenschaftliche Aufgabenstellung für die Fahrdynamik hat sich im Verlauf der Jahre mehrfach geändert. Anfänglich stand das Problem, die Fahrzeit für die Aufstellung der Fahrpläne, Zeit und Geschwindigkeit für den Wagenablauf auf Rangieranlagen, den Bremsweg für die Aufstellung von Bremstafeln und die Zeitzuschläge für Langsamfahrstellen zu ermitteln, im Vordergrund. Dann kam die Energieverbrauchsermittlung für die Bestimmung der Zugförderkosten und die Erwärmungskontrolle von Fahrmotor und Transformator der elektrischen Lokomotiven hinzu. Während bis Anfang der sechziger Jahre grafische Ermittlungsverfahren dominierten, erfolgte dann unter dem Einfluss der Großrechentechnik der Übergang auf digitale analytische Verfahren und algorithmische Schrittverfahren. Auch die damals entwickelte Analogrechentechnik eignete sich vorzüglich für die Lösung fahrdynamischer Probleme.

Die Einführung der Personalcomputer revolutionierte ab den achtziger Jahren die Entwicklung von Modellen für fahrdynamische Berechnungen aller Art. Komplizierte Modelle für fahrdynamische Berechnungen konnten jetzt auch in der täglichen Arbeitspraxis und in Bordrechnern der Triebfahrzeuge eingesetzt werden. Planung und operative Steuerung von Zugfahrten und von Fahrabschnitten nach optimalen Kriterien für Zeit, Energie- und Kraftstoffverbrauch und Bremsenverschleiß wurden möglich. Die zur Bremsbewertung erforderliche Anzahl von Bremsversuchen konnte mit Hilfe der Rechnersimulation wesentlich reduziert werden.

Vor dem Hintergrund dieser Entwicklung habe ich mich deshalb erfreut bereit erklärt, die vom B. G. Teubner Verlag ergriffene Initiative anzunehmen, nochmals mit einem Fahrdynamik-Buch an die Öffentlichkeit zu treten. Das Buch beinhaltet vor allem die theoretischen Grundlagen der Berechnung von Abschnitten der Fahrbewegung und der kompletten Zugfahrt. Die Praxisanwendung ist in zahlreichen Berechnungsbeispielen dargestellt. Leider musste wegen der Umfangsbegrenzung auf die Aufnahme weiterer, zur Fahrdynamik gehörender Gebiete und auf die Beilage einer CD-ROM mit den für meine Lehr- und Forschungstätigkeit entwickelten Programmen, die das praktische Arbeiten wesentlich erleichtern, verzichtet werden.

Bei der Erarbeitung des Buches wurde ich durch ehemalige Auszubildende der Hochschule für Verkehrswesen hervorragend unterstützt, vor allem durch Herrn *Dipl.-Ing. Mario Stephan*, der die Korrektur, die Formatierung des Textes, das Einfügen und teilweise Erstellen der Bilder und die Anfertigung der erforderlichen Dateien übernahm. Weiterhin erhielt ich Unterstützung von Herrn *Privatdozent Dr.-Ing. habil. Dietmar Gralla* (†), Herrn *Prof. Dr.-Ing. Arnd Stephan*, Herrn *Dr.-Ing. Siegmar Kögel* und Herrn *Dipl.-Ing. Christoph Pienitz*. Mit dem Lektor des Bereiches Maschinenbau/Elektrotechnik des B. G. Teubner Verlags, Herrn *Dr. Martin Feuchte*, entwickelte sich eine sehr gute unterstützende und hilfreiche Zusammenarbeit. Für die gewährte Hilfe und Unterstützung danke ich herzlich.

Mit diesem Buch verabschiede ich mich nachträglich als Hochschullehrer für Fahrdynamik (1978 bis 1992) an der 1992 geschlossenen Hochschule für Verkehrswesen „Friedrich List" Dresden in Ehren und akademischer Würde. Ich möchte mit diesem Buch meine persönliche Hochachtung zu den wissenschaftlichen Leistungen meiner Vorgänger als Lehrkräfte für Fahrdynamik, *Prof. Dr.-Ing. habil. Dr. h. c. Gerhard Potthoff* (1952 bis 1955), *Dozent Dr.-Ing. Arno Hochmuth* (1955 bis 1967) und *Prof. Dr.-Ing. Eberhard Vogel* (1967 bis 1978) zum Ausdruck bringen, aber auch allen Menschen, insbesondere meinen ehemaligen Auszubildenden, danken, die mir geholfen haben, nach der strukturellen und personellen Erneuerung der sächsischen Universitäten und Hochschulen von 1990 bis 1992 eine neue wissenschaftliche Basis und Identität zu finden.

Der Autor

Dresden, den 05.06.2003

Inhaltsverzeichnis

1 Statik und Dynamik der Fahrbewegung

1.1 Zusammenhang zwischen Kraft und Bewegung

Ursache und Wirkung

Kraft und Bewegung sind zwei eng miteinander verbundene physikalische Variablen. Die kausale Verbundenheit kommt in der Dialektik zum Ausdruck, dass der Bewegungszustand durch das Gleichgewicht der Kräfte erhalten und durch das Ungleichgewicht verändert wird. Die Kräfte sind Ursache und die Bewegung ist Wirkung. Diese dialektische Einheit ist auch bei der Fahrbewegung der Züge gegeben.

Bewegungsdefinition, Grundgrößen und grundlegende Abhängigkeit

Die Bewegung ist der räumlich-zeitliche Vorgang der Ortsveränderung von Körpern. Dieser Vorgang wird durch die grundlegenden Variablen Weg und Zeit beschrieben. Der Weg ist ein Vektor, er ist umkehrbar und verläuft im Regelfall ungleichförmig. Die Zeit ist dagegen eine skalare Größe, sie ist nicht umkehrbar und verläuft gleichförmig. Zwischen den Grundgrößen Weg und Zeit besteht folgende grundlegende Abhängigkeit:

$$s = f(t) \tag{1.1}$$

t ... Zeit als unabhängige Variable in s

s ... Weg als abhängige Variable in m

Skalare Größe und Vektor

Die skalare Größe ist allein durch ihren Betrag gegeben. Der Vektor ist dagegen eine gerichtete Größe, gegeben durch seinen Betrag, seine Wirkrichtung und seinen Richtungssinn. Die Wirkrichtung ist durch die Lage im dreidimensionalen Raum festgeschrieben, der Richtungssinn durch die zwei Möglichkeiten entlang der Wirklinie gegeben.

Bewegungsrichtungen

Bild 1.1 zeigt die möglichen Bewegungsrichtungen eines Zugs im dreidimensionalen Raum, einschließlich Richtungssinn. Folgende Bewegungen sind zu unterscheiden:

x-Richtung

Longitudinal- bzw. Längsbewegung, Fahrbewegung als Hauptbewegung der beim Transport auszuführenden Ortsveränderung.

y-Richtung

Transversal- bzw. Seiten- oder Querbewegung, eine bei der Bogendurchfahrt entstehende Nebenbewegung.

z-Richtung

Vertikal- bzw. Höhenbewegung, eine beim Befahren von Neigungsstrecken entstehende Nebenbewegung.

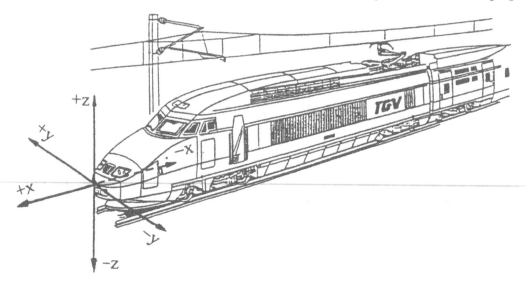

Bild 1.1
Koordinatensystem für die Klassifizierung der Zugbewegungen, angetragen an der Zugspitze
[Lexikon der Lokomotive]

Definition der Kraft

Die Kraft ist durch ihre statische und dynamische Wirkung gegeben. Statische Wirkung bedeutet Erhaltung und dynamische Wirkung Änderung des Bewegungszustands. Der Bewegungszustand wird durch die Variable Geschwindigkeit charakterisiert. Erhaltung heißt konstante Geschwindigkeit oder Ruhezustand und Änderung bedeutet Geschwindigkeitszu- oder –abnahme. Die Kraft ist ein Vektor, der durch Betrag, Wirkungsrichtung und Richtungssinn gekennzeichnet ist. Diese Gesetzmäßigkeiten gelten auch für die Kräfte der Fahrbewegung.

Kräfte und Bewegung bei der Zugfahrt

Die komplexe Fahrbewegung des Zugs (Bild 1.1) wird auf den linearen Weg-Zeit-Vorgang der Längsbewegung reduziert. In Abweichung zur Realität wird vorausgesetzt, dass erstens der Zug ein starrer Körper ist (Formänderungen durch die innere Elastizität werden vernachlässigt), dass zweitens die Körpermasse im Schwerpunkt konzentriert ist und dass drittens nur in Längsrichtung der Zugfahrt wirkende Kräfte angreifen.

1.2   Kräfte der Fahrbewegung

1.2.1   Bezeichnung der Kräfte

Zugkraft

Über die Zugkraft wird der Verlauf der Zugfahrt geregelt. Der entsprechende Bewegungszustand wird durch die Zugkraftregelung hergestellt, verändert und erhalten. In Abhängigkeit vom Angriffspunkt ist zwischen Treibachs- und Zughakenzugkraft zu unterscheiden.

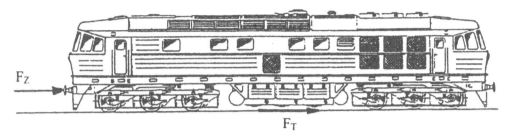

Bild 1.2
Angriff von Treibachszugkraft F_T und Zughakenzugkraft F_Z am Triebfahrzeug

Die **Treibachszugkraft F_T** ist die vom Antriebssystem am Laufkreis aller Treibradsätze entwickelte und auf das Gleis übertragene Kraft.

Die **Zughakenzugkraft F_Z** ist die vom Zughaken auf den Wagenzug übertragene Kraft. Sie wird für die gleichförmige Bewegung (Fahrt mit konstanter Geschwindigkeit) auf waagerechtem und geradem Gleis (keine Neigungs- und Bogenwiderstandskraft) ermittelt.

Bild 1.2 zeigt den Angriff von Treibachs- und Zughakenzugkraft am Triebfahrzeug. Die Zugkraft ist dem Zugkraftdiagramm des entsprechenden Triebfahrzeugs zu entnehmen.

Bild 1.3 zeigt das Zugkraftdiagramm $F_T(v)$ der Diesellokomotive Baureihe 232 der DB AG (Abkürzung Baureihe: BR). Die Lokomotive hat die Achsfolge $C_0' C_0'$, die Masse $m_L = 116{,}2$ t und die Motorleistung $P_M = 2200$ kW. Außerdem ist in Bild 1.3 die Kennlinie der Zugwiderstandskraft bei Beförderung eines Reisezugs mit der Wagenzugmasse $m_W = 500$ t eingetragen.

Die **Übergangsgeschwindigkeit v_0** ist die Schnittstelle zwischen Kraftschlusszugkraft und der Zugkraft des Antriebssystems.

Für die **Kraftschlusszugkraft** gilt überschläglich:

$$F_T = \mu_T\, G_L \tag{1.2}$$

F_T ... Treibachszugkraft (Kraftschlusszugkraft) in kN
G_L ... Gewichtskraft der Lokomotive in kN
μ_T ... mittlerer Kraftschlussbeiwert für Treiben, Maßeinheit 1

Bremskraft

Die Bremskraft F_B wird zur Geschwindigkeitsreduzierung bzw. zum Anhalten des Zugs, auf Gefällestrecken zum Erhalt der Geschwindigkeit und im Stillstand zur Sicherung gegen unbeabsichtigtes Abrollen benutzt. Sie wird im Regelfall von den Radbremseinrichtungen entwickelt und kraftschlüssig auf das Gleis übertragen. Teilweise wird sie aber auch von radunabhängigen Einrichtungen erzeugt (Magnetschienen- und Wirbelstrombremse). Die Bremskraft ist den entsprechenden Bremskraftdiagrammen zu entnehmen.

Zugwiderstandskraft

Die Zugwiderstandskraft F_{WZ} umfasst die Summe aller, sich der Fahrbewegung auf waagerechtem Gleis widersetzenden Kräfte, die durch verschiedene physikalische Vorgänge, insbesondere durch die Reibung und die Aerodynamik, hervorgerufen werden. Sie wird als Summenkraft ausgewiesen und auf statistischer Grundlage aus Versuchsergebnissen bestimmt.

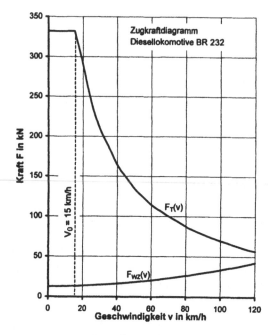

v km/h	F_T kN	F_{WZ} kN	v km/h	F_T kN	F_{WZ} kN
0	332	12,6	70	100	23,2
15	332	13,3	75	93,8	24,6
20	290	13,7	80	87,6	26,2
25	243	14,2	85	82,5	27,9
30	210	14,8	90	78,0	29,7
35	187	15,5	95	73,8	31,6
40	164	16,3	100	70,0	33,5
45	149	17,2	105	66,4	35,6
50	134	18,2	110	63,0	37,7
55	124	19,3	115	59,6	40,0
60	114	20,5	120	57,0	42,4
65	107	21,8	-	-	-

Bild 1.3
Zugkraftdiagramm der Diesellokomotive
BR 232

Bogenwiderstandskraft

Die Bogenwiderstandskraft F_{Bo} ist eine beim Befahren von Gleisbögen zusätzlich auftretende Widerstandskraft, die auf die Gleitbewegungen im Rad-Schiene-Kontakt zurückzuführen ist. Im Regelfall wird sie mit der Neigungskraft zur **Streckenkraft** vereinigt.

Neigungskraft

Die Längsneigungskraft F_N (abgekürzt Neigungskraft) entsteht durch die Kraftwirkungen auf der schiefen Ebene. Der Richtungssinn ist durch den doppelten Richtungssinn des Neigungswinkels der schiefen Ebene gegeben. In der Steigung wirkt sie der Bewegung entgegen und ist negativ und im Gefälle wirkt sie im Richtungssinn der Bewegung und ist positiv.

Massenkraft

Die Massenkraft F_M entsteht durch die bei ungleichförmiger Bewegung vorhandene Massenträgheit des Zugs (Trägheitsgesetz der Mechanik). Wegen der möglichen zwei Richtungen der Geschwindigkeitsänderung hat F_M einen doppelten Richtungssinn. Bei Zunahme von v ist F_M negativ und bei Abnahme von v positiv.

Beschleunigungskraft

Die Beschleunigungskraft F_a ist die Summe der äußeren Längskräfte der Fahrbewegung. Die äußeren Kräfte eines Körpers sind in der Mechanik eingeprägte Kräfte. Da der Richtungssinn der eingeprägten Kräfte des Zugs unterschiedlich ist, hat auch die Beschleunigungskraft einen doppelten Richtungssinn. Bei Zunahme von v ist F_a positiv, bei Abnahme von v negativ und bei gleichförmiger Bewegung null. Beschleunigungs- und Massenkraft haben den gleichen Betrag, aber einen unterschiedlichen Richtungssinn und sind in der Summe null:

$$F_M + F_a = 0 \tag{1.3}$$

1.2.2 Gleichgewicht der Kräfte

Bewegungsfälle der Fahrbewegung

Die mittels Zug- und Bremskrafteinstellung geregelte Fahrbewegung vollzieht sich in den Grundvarianten

– Zugfahrt mit Zugkraft,

– Zugfahrt mit Bremskraft und

– Zugfahrt ohne Zug- und Bremskraft.

Richtungssinn der Kräfte

Der vektorielle Charakter der Kräfte der Fahrbewegung ist auf den Richtungssinn begrenzt. Zur Kennung des Richtungssinns wird das Vorzeichen benutzt, das entweder am Symbol oder am Zahlenwert angetragen werden kann. Im Richtungssinn der Fahrbewegung wirkenden Kräften wird das positive Vorzeichen zugeordnet. Entgegen dem Richtungssinn der Fahrbewegung wirkenden Kräften wird das negative Vorzeichen zugewiesen.

Der Richtungssinn wird sowohl am Symbol als auch am Betrag vermerkt. Die Kennzeichnung erfolgt am Symbol, wenn nur ein Richtungssinn der Kraft vorliegt. Das betrifft: Zugkraft F_T, Bremskraft F_B und Zugwiderstandskraft F_{WZ}. In der Gleichung steht am Symbol entweder stets das positive oder stets negative Vorzeichen. Der Betrag ist stets positiv.

Die Kennzeichnung erfolgt am Betrag, wenn der Richtungssinn wechseln kann. Das betrifft: Neigungskraft F_N, Massenkraft F_M und Beschleunigungskraft F_a. In der Gleichung steht am Symbol stets das positive Vorzeichen. Der Betrag ist positiv oder negativ.

Dieses Schema liegt allen abgeleiteten Gleichungen und Berechnungen zugrunde (Bild 1.4).

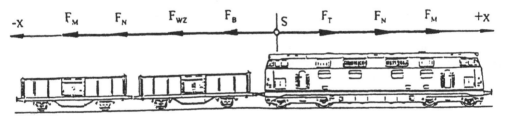

Bild 1.4
Richtungssinn der die Fahrbewegung eines Zugs bestimmenden Kräfte

Statisches Gleichgewicht der eingeprägten Kräfte

Der Lehrsatz der Mechanik vom Gleichgewicht der eingeprägten Kräfte besagt bei Bezugnahme auf die Fahrbewegung, dass sich im Fall der gleichförmigen Bewegung (v = konstant) oder im Fall der Ruhe (v = 0) Zugkraft, Bremskraft, Zugwiderstandskraft und Neigungskraft im Gleichgewicht befinden müssen. Für die Grundvarianten der Fahrbewegung gilt:

Zugfahrt mit Zugkraft $\qquad\qquad F_T - F_{WZ} + F_N = 0$ $\qquad\qquad\qquad$ (1.4)

Zugfahrt mit Bremskraft $\qquad\qquad -F_B - F_{WZ} + F_N = 0$

Zugfahrt ohne Zug- und Bremskraft $\quad -F_{WZ} + F_N = 0$

Scheinbares Ungleichgewicht der eingeprägten Kräfte

Bei ungleichförmiger Bewegung gilt das Gesetz vom Gleichgewicht der eingeprägten Kräfte nicht. Die Summe der eingeprägten Kräfte ergibt einen von null verschiedenen Betrag. Bezogen auf die Grundvarianten der Fahrbewegung, ergibt die Summe der (eingeprägten) Kräfte die Beschleunigungskraft F_a:

Zugfahrt mit Zugkraft $\qquad\qquad F_a = F_T - F_{WZ} + F_N$ $\qquad\qquad\qquad$ (1.5)

Zugfahrt mit Bremskraft $\qquad\qquad F_a = -F_B - F_{WZ} + F_N$

Zugfahrt ohne Zug- und Bremskraft $\quad F_a = -F_{WZ} + F_N$

Zur Herstellung des Kräftegleichgewichts ist die Massenkraft F_M in die Gleichgewichtsberechnung einzubeziehen:

Zugfahrt mit Zugkraft $\qquad\qquad F_T - F_{WZ} + F_N + F_M = 0$ $\qquad\qquad\qquad$ (1.6)

Zugfahrt mit Bremskraft $\qquad\qquad -F_B - F_{WZ} + F_N + F_M = 0$

Zugfahrt ohne Zug- und Bremskraft $\quad -F_{WZ} + F_N + F_M = 0$

1.2.3   Fahrdynamische Grundgleichung

Beschleunigungskraft

Die Massenkraft eines fahrenden Zugs ergibt sich aus der translatorisch zu beschleunigenden Zugmasse und aus der rotatorisch zu beschleunigenden Drehmasse. Bild 1.5 zeigt symbolisch die Zusammensetzung des Zugs aus Translations- und Rotationskörper. Außerdem sind die bei der Anfahrt wirkenden Kräfte im Gleichgewicht dargestellt. Die Drehmasse m_D bzw. die reduzierte Masse der Rotationskörper geht aus dem Massenträgheitsmoment aller Rotationsteile des Zugs J (Radsätze, Getriebe, Anker der Fahrmotoren usw.) und dem Laufkreishalbmesser der Räder r_L hervor.

Nach Bild 1.5 beträgt das Drehmoment der Beschleunigungskraft:

$$M_a = F_a\, r_L = m_Z\, a\, r_L + J\, \alpha$$

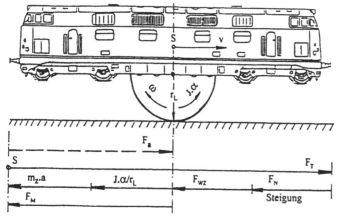

Bild 1.5
Kräfte der Fahrbewegung am Modell eines Zugs, das aus einem Translations- und einem Rotationskörper zusammengesetzt ist

Bei Vernachlässigung des Radschlupfes kann die Drehbeschleunigung α durch die Translationsbeschleunigung a ersetzt werden ($\alpha = a/r_L$). Die Auflösung nach F_a ergibt:

$$F_a = (m_Z + m_D)\,a \quad \text{mit} \quad m_D = J/r_L^2 \quad \text{und} \quad m_{DZ} = \sum_1^z m_{Dx} \tag{1.7}$$

Gl.(1.5) und (1.7) werden gleichgesetzt und nach der Momentanbeschleunigung a aufgelöst:

Zugfahrt mit Zugkraft
$$a = \frac{F_T - F_{WZ} + F_N}{m_Z + m_{DZ}} \tag{1.8}$$

Zugfahrt mit Bremskraft
$$a = \frac{-F_B - F_{WZ} + F_N}{m_Z + m_{DZ}} \tag{1.9}$$

Zugfahrt ohne Zug- und Bremskraft
$$a = \frac{-F_{WZ} + F_N}{m_Z + m_{DZ}} \tag{1.10}$$

Masse und Gewichtskraft

Die Masse des lokomotivbespannten Zugs m_Z setzt sich aus Lokomotivmasse m_L und Wagenzugmasse m_W und die des Triebwagenzugs aus der Achsfahrmasse aller angetrieben Radsätze (Treibradsätze) m_T und aller nicht angetriebenen Radsätze (Laufradsätze) m_{Lauf} zusammen. Für Lokomotiven wird der Antrieb aller Radsätze vorausgesetzt. Die Zugmasse m_Z (t) beträgt:

$$m_Z = m_L + m_W \quad \text{bzw.} \quad m_Z = m_T + m_{Lauf} \tag{1.11}$$

Die Lokomotivmasse m_L wird als Leermasse plus 2/3 der Betriebsstoffmasse bei maximaler Bevorratung, die Masse eines Güterwagens als Summe von Eigen- und Ladegutmasse und die Masse der Reisezugwagen als Leermasse plus 2/3 der Masse der Betriebsstoffbevorratung (z.B. Wasser) plus Masse der beförderten Personen ermittelt. Die Masse beträgt pro Person 80 kg. Im Regelfall wird die Belegung aller Sitzplätze vorausgesetzt. Müssen Stehplätze berücksichtigt werden, wird mit 0,2 m^2 Stehplatzfläche pro Person gerechnet.

Die Masse unterliegt der Fallbeschleunigung. Die Bezugnahme des dynamischen Grundgesetzes auf die Vertikalbewegung ergibt die Gewichtskraft G:

$$G = m\,g \tag{1.12}$$

Die Gewichtskraft des Zugs G_Z (Maßeinheit kN) besteht aus den Gewichtskräften von Lokomotive G_L und Wagenzug G_W bzw. der Treibradsätze G_T und der Laufradsätze G_{Lauf}:

$$G_Z = G_L + G_W \quad \text{bzw.} \quad G_Z = G_T + G_{Lauf} \tag{1.13}$$

Berechnungsbeispiel 1.1

Für einen Reisezug, bespannt mit der Diesellokomotive BR 232, ist zur Geschwindigkeit 60 km/h die Momentanbeschleunigung a verschiedener Bewegungsfälle zu berechnen. Bild 1.3 wird zu v = 60 km/h die Treibachszugkraft F_T = 114 kN und die Zugwiderstandskraft F_{WZ} = 20,5 kN entnommen. Die Bremskraft beträgt F_B = 730 kN. Die Lokomotivmasse m_L = 116,2 t und die Wagenzugmasse m_W = 500 t ergeben nach Gl. (1.11) die Zugmasse m_Z = 616,2 t. Der Drehmasse beträgt m_D = 48 t (vgl. Kapitel 1.5).

Lösungsweg und Lösung:
Auf *waagerechter Strecke* (F_N = 0) erhält man für die Fahrt mit Zugkraft (Gl. (1.8)) a = 0,1408 m/s^2, für die Fahrt mit Bremskraft (Gl. (1.9)) a = -1,1300 m/s^2 und für die Fahrt ohne Zug- und Bremskraft (Gl. (1.10)) a = -0,0309 m/s^2.

Auf der 5 ‰-*Steigungsstrecke* (F_N = –30,2 kN) erhält man für die Fahrt mit Zugkraft (Gl. (1.8)) a = 0,0953 m/s², für die Fahrt mit Bremskraft (Gl. (1.9)) a = –1,1754 m/s² und für die Fahrt ohne Zug- und Bremskraft (Gl. (1.10)) a = – 0,0763 m/s².

Auf der –5 ‰-*Gefällestrecke* (F_N = +30,2 kN) erhält man für die Fahrt mit Zugkraft (Gl. (1.6)) a = 0,1862 m/s², für die Fahrt mit Bremskraft (Gl. (1.7)) a = –1,0845 m/s² und für die Fahrt ohne Zug- und Bremskraft a = +0,0146 m/s².

Berechnungsbeispiel 1.2

Welche Zugkraft muss die Lokomotive BR 232 bei der Geschwindigkeit von 60 km/h auf waagerechter Strecke entwickeln, damit der Zug die Momentanbeschleunigung a = 0,20 m/s² erreicht ?

Lösungsweg und Lösung:

Mit Gl. (1.7) wird die Beschleunigungskraft F_a = 132,84 kN berechnet. Das entspricht der Massenkraft F_M = –132,84 kN (Gl. (1.3)). Die Umstellung von Gl. (1.4/1) nach F_T und das Einsetzen von F_{WZ} = 20,5 kN, F_N = 0 und F_M = –132,84 kN ergibt die erforderliche Zugkraft F_T = 153,34 kN.

1.2.4   Koeffizienten der Kräfte

Regeln der Koeffizientenberechnung

Für Kräfte der Fahrdynamik können Koeffizienten berechnet werden. Fahrdynamische Berechnungen werden häufig auf der Basis der Koeffizienten der Kräfte durchgeführt. Die Benutzung ermöglicht eine größere Verallgemeinerung der Berechnungsmodelle und Ergebnisse. Für die Kennung des Koeffizienten einer Kraft wird im Regelfall das gleiche Symbol, aber der kleine Buchstabe benutzt.

Der Koeffizient einer Kraft entsteht durch Division der entsprechenden Längskraft durch die vertikale Zuggewichtskraft. Er ist mit der Reibungszahl zu vergleichen (Quotient von Tangential- und Normalkraft). Die Maßeinheit der Koeffizienten ist 1. Die Multiplikation mit 1000 ‰ ergibt den Kraftkoeffizienten in Promille. Bei Benutzung der Längskraft in N und der Gewichtskraft in kN erhält man ebenfalls Promille. In Gleichungen und Berechnungsmodellen ist die Maßeinheit 1 zu verwenden. Die Maßeinheit ‰ ist für die Koeffizientendarstellung zu benutzen.

Die Maßeinheiten N/kN und daN/t sowie der Begriff „spezifische Kraft", die teilweise für die Kraftkoeffizienten Anwendung finden, widersprechen dem gesetzlich vorgeschriebenen physikalischen Internationalen Maßeinheitensystem (SI) und dürfen daher nicht benutzt werden.

Kraftkoeffizienten für Züge   (1.14)

Zugkraftzahl f_T	$f_T = F_T/G_Z$	Neigungskraftzahl f_N	$f_N = F_N/G_Z$
Bremskraftzahl f_B	$f_B = F_B/G_Z$	Längsneigung i	$i = -F_N/G_Z$
Zugwiderstandszahl f_{WZ}	$f_{WZ} = F_{WZ}/G_Z$	Massenkraftzahl f_M	$f_M = F_M/G_Z$
Bogenwiderstandszahl f_{Bo}	$f_{Bo} = F_{Bo}/G_Z$	Beschleunigungskraftzahl f_a	$f_a = F_a/G_Z$

Beziehung zwischen Neigungskraftzahl f_N und Neigung i (Kap. 3.1.1, Gl.(3.5)): $f_N = -i$

Die Fahrzeugwiderstandskraft F_{WF} und die Fahrzeuggewichtskraft G_F sind sowohl für das einzelne Fahrzeug als auch für Fahrzeuggruppen in Gl. (1.15/4) einzusetzen.

Kraftkoeffizienten für Einzelfahrzeuge und Fahrzeuggruppen (1.15)

Kraftschlussbeiwert μ_T	$\mu_T = F_T/G_L$
Lokomotivwiderstandszahl f_{WL}	$f_{WL} = F_{WL}/G_L$
Wagenzugwiderstandszahl f_{WW}	$f_{WW} = F_{WW}/G_W$
Fahrzeugwiderstandszahl f_{WF}	$f_{WF} = F_{WF}/G_F$

Zugwiderstandszahl

Die Zugwiderstandszahl erhält man durch Wichtung von Lokomotivwiderstandszahl f_{WL} und Wagenzugwiderstandszahl f_{WW} mit den Gewichtskräften bzw. Massen von Lokomotive (G_L, m_L) und Wagenzug (G_W, m_W):

$$f_{WZ} = \frac{f_{WL}\,G_L + f_{WW}\,G_W}{G_Z} \tag{1.16}$$

$$f_{WZ} = \frac{f_{WL}\,m_L + f_{WW}\,m_W}{m_Z}$$

Statisches Gleichgewicht der eingeprägten Kräfte

Zugfahrt mit Zugkraft	$f_T - f_{WZ} - i = 0$	(1.17)
Zugfahrt mit Bremskraft	$f_B + f_{WZ} + i = 0$	
Zugfahrt ohne Zug- und Bremskraft	$f_{WZ} + i = 0$	

Scheinbares Ungleichgewicht der eingeprägten Kräfte

Zugfahrt mit Zugkraft	$f_a = f_T - f_{WZ} - i$	(1.18)
Zugfahrt mit Bremskraft	$f_a = -(f_B + f_{WZ} + i)$	(1.19)
Zugfahrt ohne Zug- und Bremskraft	$f_a = -(f_{WZ} + i)$	(1.20)

Herstellung des Gleichgewichts mit Hilfe der Massenkraftzahl f_M

Zugfahrt mit Zugkraft	$f_T - f_{WZ} - i + f_M = 0$	(1.21)
Zugfahrt mit Bremskraft	$-f_B - f_{WZ} - i + f_M = 0$	
Zugfahrt ohne Zug- und Bremskraft	$-f_{WZ} - i + f_M = 0$	

Berechnungsbeispiel 1.3

Für den Reisezug des Beispiels 1.1 ist zur Geschwindigkeit von 60 km/h die Beschleunigungskraftzahl f_a verschiedener Bewegungsfälle zu berechnen.

Lösungsweg und Lösung:

Mit Gl. (1.12) berechnet man die Zuggewichtskraft G_Z = 6043 kN. Mit Gl. (1.14) erhält man die Zugkraftzahl f_T = 0,018865, die Bremskraftzahl f_B = 0,120801 und die Zugwiderstandszahl f_{WZ} = 0,003392. Für 5 ‰ Längsneigung ist i = +0,005 (Steigung) bzw. i = −0,005 (Gefälle).

Waagerechter Strecke (i = 0)

Man erhält aus Gl. (1.18) bis (1.20) für die Fahrt mit Zugkraft f_a = 0,015473, für die Fahrt mit Bremskraft f_a = −0,124193 und für die Fahrt ohne Zug- und Bremskraft f_a = −0,003392.

Steigung
Man erhält aus Gl. (1.18) bis (1.20) für die Fahrt mit Zugkraft $f_a = 0,010473$, für die Fahrt mit Bremskraft
$f_a = -0,129193$ und für die Fahrt ohne Zug- und Bremskraft $f_a = -0,008392$.

Gefälle
Man erhält aus Gl. (1.18) bis (1.20) für die Fahrt mit Zugkraft $f_a = 0,020473$, für die Fahrt mit Bremskraft
$f_a = -0,119193$ und für die Fahrt ohne Zug- und Bremskraft $f_a = +0,001608$.

1.2.5 Drehmasse

Berechnung

Die Drehmassen von Fahrzeugen sind zu berechnen oder im Fahrversuch zu bestimmen. Für
die Berechnung müssen Masse und Abmessungen aller, mit der Fahrbewegung verbundener
Rotationskörper des Fahrzeugs gegeben sein. Im Regelfall können die Rotationskörper als
Scheiben und Ringe bzw. Voll- und Hohlzylinder mit dem Außenradius r_a, dem Innenradius r_i
und der Masse m dargestellt werden. Das polare Massenträgheitsmoment J_p beträgt:

$$J_p = \frac{1}{2} m \left(r_a^2 + r_i^2 \right) \tag{1.22}$$

Mit Gl. (1.22) ist das Massenträgheitsmoment von Achswelle, Radscheibe, Radreifen und
Spurkranz zu berechnen und zum Massenträgheitsmoment aller Radsätze eines Fahrzeugs J_R zu
summieren. Bei elektrischen und dieselelektrischen Lokomotiven kommt noch das Massenträgheitsmoment der Anker aller Fahrmotoren J_A und bei Reisezugwagen mit dezentraler Energieversorgung das Massenträgheitsmoment der Anker der Achsgeneratoren hinzu.

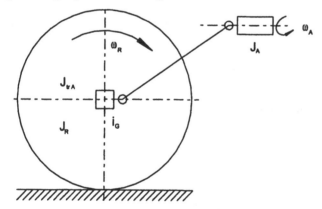

Bild 1.6
Radsatzantrieb eines elektrischen
Triebfahrzeugs, Berechnung des
auf den Radsatz transformierten
Anker-Massenträgheitsmoments

Das Anker-Massenträgheitsmoment J_A ist für die Bedingung gleicher Radsatz- und Ankerlei-
stung ($P_R = P_A$, $P = M\omega$ und $M = J\alpha$) auf die Radsatzwelle zu transformieren (Bild 1.6).

Leistungsäquivalent transformiertes Anker-Massenträgheitsmoment:

$$M_{trA}\, \omega_R = M_A\, \omega_A \text{ bzw. } J_{trA}\, \alpha_R\, \omega_R = J_A\, \alpha_A\, \omega_A$$

M_A, M_{trA}	Anker-Drehmoment vor und nach der Transformation
J_A, J_{trA}	Anker-Massenträgheitsmoment vor und nach der Transformation
ω_A, ω_R	Drehgeschwindigkeit von Anker und Radsatz
α_A, α_R	Drehbeschleunigung von Anker und Radsatz

Einführung der Achsgetriebeübersetzung i_G ($i_G > 1$) sowie von $\alpha_A = i_G\,\alpha_R$ und $\omega_A = i_G\,\omega_R$:

$$J_{trA} = i_G^2\,J_A$$

Drehmasse (reduzierte Masse) entsprechend Gl. (1.7):

Wagen ohne Achsgenerator   Lokomotive, Wagen mit Achsgenerator

$$m_{DW} = \frac{J_R}{r_L^2} \qquad\qquad m_{DL} = \frac{J_R + i_G^2\,J_A}{r_L^2} \qquad\qquad (1.23)$$

Drehmasse des Zugs

Zur Berechnung der Drehmasse eines Zugs sind die Drehmassen aller Fahrzeuge im Zug bzw. die Drehmassen aller Treib- und Laufradsätze (Tabelle 1.1) zu summieren:

$$m_{DZ} = z_T\,m_{DT} + z_W\,m_{DW} \qquad\qquad (1.24)$$

m_{DZ} Drehmasse des Zugs
m_{DT} Drehmasse für 1 Treibradsatz
m_{DW} Drehmasse für 1 Wagen- oder Laufradsatz
z_T Anzahl der Treibradsätze
z_L Anzahl der Wagen- oder Laufradsätze

Tabelle 1.1
Drehmassen für Radsätze

Dieselhydraulische Lokomotive	$m_{DT} =$	2,0 bis 3,5 t
Dieselelektrische Lokomotive	$m_{DT} =$	2,0 bis 5,0 t
Elektrische Lokomotive	$m_{DT} =$	3,0 bis 5,0 t
Güterwagen	$m_{DW} =$	0,6 t
Personenwagen	$m_{DW} =$	0,6 t
Zuschlag je Achsgenerator		0,1 t
Zuschlag je Bremstrommel bzw. Bremsscheibe		0,05 t

Einfluss des Laufkreishalbmessers

Die Variable „Laufkreishalbmesser r_L" beeinflusst die Drehmasse sowohl direkt als Bestandteil der Gl. (1.23) als auch indirekt über das Massenträgheitsmoment. Da der Laufkreishalbmesser dem Verschleiß unterliegt, ändert sich die Drehmasse in Abhängigkeit von der Einsatzzeit. Die Änderung ist im Bild 1.7 für einen offenen Güterwagen und für die elektrische Lokomotive BR 143 dargestellt. Als unabhängige Variable wurde das Verhältnis p des verschleißbedingt verkleinerten Laufkreisradius zum neuen Radius gewählt.

Beim nicht angetriebenen Radsatz nimmt die Drehmasse m_{DW} mit sich verkleinerndem Radiusverhältnis p ab. Der angetriebene Radsatz zeigt wegen der Unabhängigkeit des Anker-Massenträgheitsmoments J_A von r_L die umgekehrte Tendenz. Mit zunehmender verschleißbedingter Verkleinerung von r_L nimmt die Drehmasse m_{DT} zu.

Vereinfachungen

Zur Vereinfachung fahrdynamischer Berechnungen werden die Variablen „vergrößerte Zugmasse", „Massenfaktor" und „Beschleunigungskonstante" benutzt.

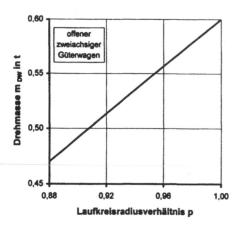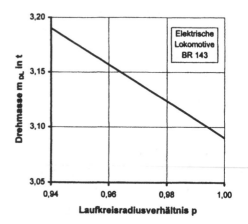

Bild 1.7
Einfluss der verschleißbedingten Verkleinerung des Laufkreishalbmessers auf die Drehmasse

Vergrößerte Zugmasse
Die Drehmasse wirkt wie eine scheinbare Vergrößerung der Zugmasse. Die vergrößerte
Zugmasse m_{Zv} ist die Summe von Zugmasse m_Z und Drehmasse des Zugs m_{DZ}:

$$m_{Zv} = m_Z + m_{DZ} \qquad (1.25)$$

Massenfaktor
Der Massenfaktor des Zugs ξ_Z ist der Quotient aus vergrößerter Zugmasse m_{Zv} und tatsächlicher Zugmasse m_Z :

$$\xi_Z = \frac{m_{Zv}}{m_Z} \quad \text{und} \quad \xi_Z = 1 + \frac{m_{DZ}}{m_Z} \qquad (1.26)$$

Sind die für die Ermittlung der Drehmasse des Zugs erforderlichen Daten unbekannt, wird die
vergrößerte Zugmasse mit überschläglichen Werten des Massenfaktors berechnet:

$$m_{Zv} = m_Z \xi_Z \qquad (1.27)$$

Tabelle 1.2 enthält Massenfaktoren von Lokomotiven und Wagenzügen.

Den Massenfaktor des Zugs ξ_Z erhält man durch Wichtung der Massenfaktoren von Lokomotive ξ_L und Wagenzug ξ_W mit der Masse von Lokomotive m_L, Wagenzug m_W und Zug m_Z:

$$\xi_Z = \frac{\xi_L m_L + \xi_W m_W}{m_Z} \qquad (1.28)$$

Wegen Unabhängigkeit der Drehmasse von der Fahrzeugbeladung verringert sich der Massenfaktor bei zunehmender Beladung. Bild 1.8 zeigt diese Abhängigkeit für einen offenen Güterwagen. Sie ist bei Benutzung des Massenfaktors zu beachten.

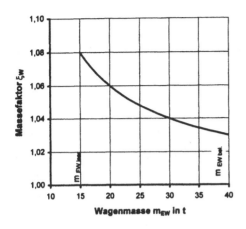

Bild 1.8
Massenfaktor des offenen zweiachsigen
Güterwagens in Abhängigkeit von der
Beladung

Tabelle 1.2
Erfahrungswerte des Massenfaktors

Dieselhydraulische Lokomotive	$\xi_L =$ 1,10 bis 1,15
Dieselelektrische Lokomotive	$\xi_L =$ 1,15 bis 1,25
Elektrische Lokomotive	$\xi_L =$ 1,15 bis 1,25
Güterwagenzug leer	$\xi_W =$ 1,08 bis 1,10
Güterwagenzug beladen	$\xi_W =$ 1,03 bis 1,04
Personenwagenzug	$\xi_W =$ 1,06 bis 1,09
Zug, überschlägliche Berechnung	$\xi_Z =$ 1,08 t

Beschleunigungskonstante

Die Gl. (1.7) wird nach der Momentanbeschleunigung umgestellt und verändert:

$$a = \frac{F_a}{m_{Zv}} = \frac{F_a}{m_Z \, \xi_Z} = \frac{F_a \, g}{G_Z \, \xi_Z} = \frac{F_a}{G_Z} \frac{g}{\xi_Z}$$

$$a = f_a \, g_K \quad \text{mit} \quad g_K = g_K = \frac{g}{\xi_Z} \tag{1.29}$$

Die Beschleunigungskonstante g_K geht aus der Fallbeschleunigung g = 9,81 m/s² hervor. Für überschlägliche Berechnungen ist g_K = 9 m/s² zu benutzen.

Massenkraftzahl f_M, Beschleunigungskraftzahl f_a:

$$f_M = -\frac{a}{g_K} \quad \text{und} \quad f_a = \frac{a}{g_K} \quad \text{sowie} \quad f_M + f_a = 0 \tag{1.30}$$

Das Einsetzen von Gl. (1.18) bis (1.20) in Gl. (1.30) ergibt für die Momentanbeschleunigung a:

Zugfahrt mit Zugkraft	$a = g_K \, (f_T - f_{WZ} - i)$	(1.31)
Zugfahrt mit Bremskraft	$a = -g_K \, (f_B + f_{WZ} + i)$	(1.32)
Zugfahrt ohne Zug- und Bremskraft	$a = -g_K \, (f_{WZ} + i)$	(1.33)

Fallweise ist die Bogenwiderstandszahl f_{Bo} zu ergänzen.

Berechnungsbeispiel 1.4

Für einen Zug, bestehend aus der dieselelektrischen Lokomotive BR 232 (n_L = 6 Radsätze, m_L = 116,2 t) und 10 Reisezugwagen (n_W = 4 mal 10 Radsätze, m_W = 500 t) sind Massenfaktor ξ_Z und Beschleunigungskonstante g_K zu berechnen. Außerdem sind die Momentanbeschleunigungen a bei 60 km/h für verschiedene Bewegungsfälle zu ermitteln.

Lösungsweg und Lösung:

Massenfaktor ξ_Z und Beschleunigungskonstante g_K

Mit Gl. (1.11) erhält man m_Z = 616,2 t. Aus Tabelle 1.1 wird m_{DT} = 4,0 t/Treibradsatz und m_{DW} = 0,6 t/Laufradsatz entnommen. Mit Gl. (1.24) erhält man m_{DZ} = $n_L\,m_{DT}$ + $n_W\,m_{DW}$ = 4· 4,0 + 40· 0,6 = 48 t. Gl. (1.25) ergibt die vergrößerte Zugmasse m_{Zv}= 616,2 + 48 = 664,2 t. Gl. (1.26) liefert den Massenfaktor ξ_Z = 664,2/616,2 = 1,0779 und Gl. (1.30) die Beschleunigungskonstante g_K = 9,81/1,0779 = 9,101 m/s².

Als nächster Schritt ist die Beschleunigungskraftzahl f_a der Bewegungsfälle zu berechnen. Das ist in Beispiel 1.3 erfolgt. Die f_a-Werte sind in Gl. (1.31) bis (1.33) einzusetzen.

Waagerechte Strecke

Man erhält bei Fahrt mit Zugkraft a = 0,1408 m/s², bei Fahrt mit Bremskraft a = −1,1303 m/s² und bei Fahrt ohne Zug- und Bremskraft a = −0,0309 m/s².

5 ‰-Steigungsstrecke

Man erhält bei Fahrt mit Zugkraft a = 0,0953 m/s², bei Fahrt mit Bremskraft a = −1,1758 m/s² und bei Fahrt ohne Zug- und Bremskraft a = −0,0764 m/s².

5 ‰-Gefällestrecke

Man erhält bei Fahrt mit Zugkraft a = 0,1863 m/s², bei Fahrt mit Bremskraft a = −1,0848 m/s² und bei Fahrt ohne Zug- und Bremskraft a = +0,0146 m/s².

Die Berechnungen führen zum gleichen Ergebnis wie im Beispiel 1.1.

1.2.6   Beschleunigungen der Kräfte

Auf der Grundlage des dynamischen Grundgesetzes (Beschleunigung ist Kraft durch Masse) kann jede Kraft der Fahrbewegung bei Division mit der Zugmasse auch durch die Beschleunigung ausgedrückt werden. Für die Beschleunigung der Kräfte der Fahrbewegung gilt:

Zugkraftbeschleunigung
$$a_{FT} = \frac{F_T}{m_Z} = g\,f_T \qquad\qquad (1.34)$$

Bremskraftbeschleunigung
$$a_{FB} = \frac{F_B}{m_Z} = g\,f_B$$

Zugwiderstandsbeschleunigung
$$a_{FW} = \frac{F_{WZ}}{m_Z} = g\,f_{WZ}$$

Neigungsbeschleunigung
$$a_i = \frac{F_N}{m_Z} = -\frac{i\,G_Z}{m_Z} = -g\,i$$

Die Momentanbeschleunigung des Zugs ist mit folgender Gleichung aus den Beschleunigungen der Kräfte der Fahrbewegung zu berechnen:

Zugfahrt mit Zugkraft

$$a = \frac{1}{\xi_Z}(a_{FT} - a_{FW} + a_i)$$ (1.35)

Zugfahrt mit Bremskraft

$$a = -\frac{1}{\xi_Z}(a_{FB} + a_{FW} - a_i)$$ (1.36)

Zugfahrt ohne Zug- und Bremskraft $\quad a = -\frac{1}{\xi_Z}(a_{FW} - a_i)$ (1.37)

1.2.7 Fahrbewegung an der Kraftschlussgrenze

Variablen des maximalen Steig- und Beschleunigungsvermögens

Das maximale Steig- und Beschleunigungsvermögen eines Zugs ist von zwei Variablen abhängig: vom Kraftschlussbeiwert zwischen Rad und Schiene beim Treiben μ_T und vom Zugmasseverhältnis q.

Der Kraftschlussbeiwert μ_T liegt im Bereich 0,10 bis 0,30, unter normalen Bedingungen zwischen 0,20 und 0,25. Er ist eine physikalische Variable mit im wesentlichen nur statistisch erfassbaren Abhängigkeiten. Die Variablen sind kaum aktiv beeinflussbar.

Das Zugmasseverhältnis q gibt an, welcher Anteil der gesamten Zugmasse auf 1 t angetriebene Masse entfällt. Im günstigsten Fall ist q = 1 erreichbar (alle Radsätze sind angetrieben). Maximales Steig- und Beschleunigungsvermögen sind im wesentlichen nur über das bei der Zugbildung gewählte Zugmasseverhältnis q zu beeinflussen.

Zugmasseverhältnis lokomotivbespannter Züge (m_L, m_Z) und von Triebwagenzügen (m_T, m_Z):

$$q = \frac{m_Z}{m_L} \quad und \quad q = \frac{m_Z}{m_T}$$ (1.38)

Tabelle 1.3 enthält die im Schienenverkehr benutzten Zugmasseverhältnisse q.

Tabelle 1.3
Zugmasseverhältnis q in Abhängigkeit von den Einsatzbedingungen

Zugart	Masseverhältnis
Züge des Nahverkehrs	$q \leq 2,5$
Personenzüge	$q \leq 5$
Schnellzüge	$q \leq 8$
Güterzüge	$q \leq 20$

Maximales Steigvermögen

Das maximale Steigvermögen in gleichförmiger Bewegung erhält man mit Gl. (1.4/1), in die für die Treibachszugkraft F_T Gl. (1.2), für die Zugwiderstandskraft F_{WZ} Gl. (1.14/3) und für die Neigungskraft F_N Gl. (1.14/6) eingesetzt werden:

$$\mu_T G_L - f_{WZ} G_Z - i\, G_Z = 0$$
$$\mu_T \frac{G_L}{G_Z} - f_{WZ} - i = 0$$

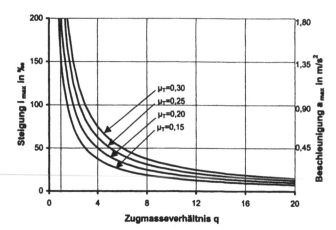

Bild 1.9
Steig- und Beschleu-
nigungsvermögen des
Zugs an der
Kraftschlussgrenze in
Abhängigkeit vom
Zugmasseverhältnis q

Der Quotient G_L/G_Z wird durch den Reziprokwert des Zugmasseverhältnisses q ersetzt. Die Umstellung nach i ergibt für die maximale Steigung i_{max} (Bild 1.9):

$$i_{max} = \frac{\mu_T}{q} - f_{WZ}$$

(1.39)

Maximales Beschleunigungsvermögen

Die maximale Beschleunigung auf waagerechter Strecke ($F_N = 0$) erhält man mit Gl. (1.6/1), in die für die Treibachszugkraft F_T Gl. (1.2), für die Zugwiderstandskraft F_{WZ} Gl. (1.14/3), für die Massenkkraft F_M Gl. (1.14/7) und für die Massenkraftzahl f_M Gl. (1.30) eingesetzt wird:

$$\mu_T\, G_L - f_{WZ}\, G_Z + f_M\, G_Z = 0$$

$$\mu_T\, \frac{G_L}{G_Z} - f_{WZ} - \frac{a}{g_K} = 0$$

Der Quotient G_L/G_Z wird durch den Reziprokwert des Zugmasseverhältnisses q ersetzt. Die Umstellung nach a ergibt für die maximale Beschleunigung a_{max} (Bild 1.9):

$$a_{max} = g_K\, (\frac{\mu_T}{q} - f_{WZ}) \quad \text{und} \quad a_{max} = g_K\, i_{max}$$

(1.40)

Drehmassewirkung an der Kraftschlussgrenze

Die im Bild 1.5 abgeleitete Beschleunigungskraft F_a liegt nur dann vor, wenn die Fahrbewegung mit einer unter der Kraftschlussgrenze liegenden Treibachszugkraft F_T erfolgt. Bei Anfahrt an der Kraftschlussgrenze besteht für die Treibradsätze Gleichgewicht zwischen Zug- und Massenkraft der Translation ($F_T = m\,a$). Die Massenkraft der Rotation vergrößert aber die vom Antriebssystem in den Treibradsatz einzuleitende Zugkraft.

Beim Fahren eines Zugs an der Kraftschlussgrenze sind nur die Drehmassen der nicht angetriebenen Radsätze in die Berechnung der Fahrbewegung einzubeziehen, nicht die Drehmassen der angetriebenen Radsätze.

1.3 Arbeit, Energie und Leistung der Fahrbewegung

1.3.1 Zugkraftarbeit

Arbeitsintegral

Eine Kraft, die einer Bewegung unterliegt, vollbringt mechanische Arbeit. Die Bewegung der konstanten Kraft F über den Mikroweg ds ergibt die Mikroarbeit dW als Produkt von F und ds. Bleibt die Kraft auch im Makrowegintervall Δs konstant, erhält man die Makroarbeit W als Produkt von F und Δs. Bei sich wegabhängig ändernder Kraft F(s) erhält man die Arbeit durch Integration der Kraft über dem Wegintervall zwischen dem Anfangspunkt s_A und dem Endpunkt s_E der Bewegung (Arbeitsintegral). Da das Arbeitsintegral aber im Regelfall nicht geschlossen lösbar ist, wird der Abschnitt von s_A bis s_E in kleine Intervalle Δs mit konstanter mittlerer Kraft F_m unterteilt, die Arbeit der Intervalle berechnet, die am Schluss zur Arbeit des Abschnitts s_A bis s_E summiert werden.

Gleichungen der mechanischen Arbeit:

$$dW = F\,ds \tag{1.41}$$

$$W = \int_{s_A}^{s_E} F(s)\,ds \quad \text{und} \quad W = \sum_1^z (F_m \Delta s)_x$$

Maßeinheiten

Die Maßeinheit der Arbeit sowie der Energie ist das *Joule (J)*. Weiterhin ist die *Kilowattstunde (kWh)* zugelassen. Die Maßeinheit *Newtonmeter (Nm)* ist im Internationalen Maßeinheitensystem (SI) nicht zugelassen.

$$1\,Ws = 1\,J = 1\,Nm$$
$$1\,kWh = 3{,}6 \cdot 10^6\,J = 3600\,kJ = 3{,}6\,MJ$$

Zugkraftarbeit

Während der Fahrbewegung vollbringt die Zugkraft Arbeit, die Zugkraftarbeit W_{FT}. Zur Berechnung der Zugkraftarbeit W_{FT} ist die Fahrstrecke in Δs-Abschnitte konstanter mittlerer Zugkraft F_{Tm} zu unterteilen, für die die Intervallarbeit ΔW_{FT} berechnet wird. Das Summieren aller Intervallarbeiten ΔW_{FTx} ergibt die Zugkraftarbeit der Zugfahrt W_{FT}:

$$\Delta W_{FTx} = F_{Tmx}\,\Delta s_x \quad \text{und} \quad W_{FT} = \sum_1^z \Delta W_{FTx} \tag{1.42}$$

Spezifische Zugkraftarbeit

Die Zugkraftarbeit W_{FT} wird durch Bezugnahme auf die Zugmasse m_Z in die spezifische Zugkraftarbeit w_{FT} überführt:

$$w_{FT} = \frac{W_{FT}}{m_Z} \tag{1.43}$$

Die Maßeinheit der spezifischen Zugkraftarbeit w_{FT} ist J/kg bzw. kJ/t oder kW/t.

Erweiterung von Gl. (1.43) mit der Zuggewichtskraft G_Z:

$$w_{FT} = \frac{F_T\,\Delta s}{m_Z} = \frac{F_T\,\Delta s\,G_Z}{m_Z\,G_Z} = \frac{G_Z}{m_Z}\,\frac{F_T}{G_Z}\,\Delta s$$

$$\Delta w_x = g\,f_{Tmx}\,\Delta s_x \quad \text{und} \quad w_{FT} = \sum_1^z \Delta w_x \qquad\qquad (1.44)$$

f_{Tm} mittlere Zugkraftzahl des Wegabschnitts Δs

Berechnungsmethoden der Zugkraftarbeit

Für die Berechnung der Zugkraftarbeit müssen der Geschwindigkeitsverlauf der Zugfahrt über dem Weg (Fahrschaubild, Kap. 6.2.1) und das wegabhängige Längsneigungsprofil der Strecke (Streckenband, Kap. 3.1.1) gegeben sein.

Für die Berechnung der Zugkraftarbeit sind die Fahrabschnitte mit Zugkraft von Interesse. Sie sind in Abschnitte der gleichförmigen und der ungleichförmigen Bewegung zu unterteilen.

Auf Abschnitten der gleichförmigen Bewegung ist die erforderliche Zugkraft durch Summierung der Widerstandskräfte zu ermitteln (Gl. (1.4/1) und (1.17/1)).

Auf Abschnitten der ungleichförmigen Bewegung ist die Schrittintergration zur Bestimmung der Zugkraftarbeit mit Gl. (1.42) bzw. (1.44) mit der Schrittintegration der Momentanbeschleunigung aus Gl. (1.8) zu verbinden. Das Zugkraftdiagramm (Bild 1.3) muss vorliegen.

Liegt das Zugkraftdiagramm nicht vor, ist die überschlägliche Berechnung möglich. Die mittlere Zugkraft des Abschnitts wird auf der Grundlage von Gl. (1.6/1) und (1.21/1) durch die mittleren Widerstandskräfte ersetzt.

Die Zugkraftarbeit aller Abschnitte ist zum Gesamtwert zu summieren.

Zugkraftarbeit bei gleichförmiger Bewegung

In Gl. (1.44) wird für f_{Tmax} die nach f_T umgestellte Gl. (1.17/1) eingesetzt:

$$\Delta w_{FT} = g\,(f_{WZ} + i)\,\Delta s \qquad\qquad (1.45)$$

Δw_{FT} spezifische Zugkraftarbeit in kJ/t
g Fallbeschleunigung, $g = 9{,}81$ m/s^2
f_{WZ} Zugwiderstandszahl für v, Maßeinheit 1
i Neigungszahl, Maßeinheit 1 (Steigung +, Gefälle -)
Δs Wegabschnitt in m

Wird Δw_{FT} negativ, ist $\Delta W_{FT} = 0$ zu setzen (Fahrt ohne Zugkraft)

Zugkraftarbeit bei ungleichförmiger Bewegung

In Gl. (1.44) wird für f_{Tmx} die nach f_T umgestellte Gl. (1.21/1) eingesetzt. Die Massenkraftzahl f_M wird durch die Beschleunigungskraftzahl f_a ersetzt, die mit Gl. (1.30) berechnet wird. Für a wird die Gleichung der mittleren Abschnittsbeschleunigung eingesetzt:

$$\Delta w_{FT} = g\,(f_{WZ} + i + f_a)\,\Delta s \qquad\qquad (1.46)$$

$$f_a = \frac{v_E^2 - v_A^2}{2\,g_K\,\Delta s}$$

f_a Beschleunigungskraftzahl, Maßeinheit 1
g_K Beschleunigungskonstante in m/s^2 nach Gl. (1.31)
v_A Anfangsgeschwindigkeit des Abschnitts in m/s
v_E Endgeschwindigkeit des Abschnitts in m/s

Die Zugwiderstandszahl f_{WZ} ist für die mittlere Abschnittsgeschwindigkeit zu berechnen.

Auf Abschnitten mit $v_E < v_A$ wird f_a negativ. Die Zugkraftarbeit Δw_{FT} muss dennoch aus Gl. (1.46) positiv hervorgehen. Bei negativem Δw_{FT}-Wert ist die Bedingung „Fahrt mit Zugkraft" nicht gegeben.

Näherungsverfahren

Die näherungsweise Berechnung der Zugkraftarbeit von Haltestellenabschnitten, die an Anfang und Ende die Geschwindigkeit $v_A = 0$ und $v_E = 0$ haben, ist auch ohne die Abschnittsunterteilung auf der Basis mittlerer Widerstandskräfte möglich. Das Verfahren ist in Kap. 6.2.3.3 für das Nahverkehrsfahrschaubild und in Kap. 6.3.2 für das Fernverkehrsfahrschaubild dargestellt.

Energieverbrauch

Die Zugkraftarbeit ist zwar der Hauptbestandteil des Energieverbrauchs einer Zugfahrt, aber nicht der Energieverbrauch selbst. Der Energieverbrauch beinhaltet weitere, noch zu behandelnde energetische Bestandteile (Kap. 6.2.3.3 und 6.3.2).

Berechnungsbeispiel 1.5

Das Fahrschaubild eines Zugs (m_Z = 500 t) zeigt beim Durchfahren einer Steigung (i = 15 ‰, i = 0,015) von der Länge Δs = 3500 m einen Geschwindigkeitsabfall von v_A = 120 km/h (33,333 m/s) auf v_E = 90 km/h (25 m/s). Die Zugwiderstandszahl der mittleren Geschwindigkeit beträgt f_{WZ} = 0,005. Die Beschleunigungskonstante ist g_K = 9 m/s^2. Die Zugkraftarbeit dieses Abschnitts ist zu berechnen.

Lösungsweg und Lösung:

Mit Gl. (1.46) erhält man die Beschleunigungskraftzahl f_a = –0,007716 und die spezifische Zugkraftarbeit Δw_{FT} = 421,8 kJ/t Die Multiplikation mit der Zugmasse m_Z (Gl. (1.43)) ergibt ΔW_{FT} = 210,9 MJ. Die Maßeinheitenumrechnung ergibt 58,6 kWh (Division mit 3,6).

1.3.2   Kinetische und potentielle Energie

Energie ist das Vermögen einer Masse, Arbeit zu verrichten. Energie und Arbeit sind gleichwertig. Man unterscheidet zwischen kinetischer und potentieller Energie. Die kinetische Energie des Zugs entsteht bzw. wird abgebaut durch die Arbeit der Beschleunigungskraft. Die potentielle Energie des Zugs wird durch die Arbeit der Neigungskraft auf- bzw. abgebaut.

Für Fahrbewegungen ohne Antriebs- und Bremskraft, wie sie beispielsweise in der Rangier- und Ablauftechnik die Regel sind, ist die kinetische und potentielle Endenergie (Index E) stets der kinetischen und potentiellen Anfangsenergie (Index A) abzüglich der von der Widerstandskraft vollbrachten Arbeit W_{FW} gleich:

$$E_{kinE} + E_{potE} = E_{kinA} + E_{potA} - W_{FW} \tag{1.47}$$

Kinetische Energie und Arbeit der Beschleunigungskraft

Die kinetische Energie des Zugs E_{kin} setzt sich aus der Translationsenergie der Zugmasse m_Z und aus der Rotationsenergie der Drehmasse m_{DZ} zusammen. Bei Zusammenfassung beider Massen zur vergrößerten Zugmasse m_{Zv} (Gl. (1.25)) erhält man:

$$E_{kin} = \frac{1}{2} m_{Zv} v^2 \tag{1.48}$$

Die kinetische Energie des Zugs E_{kin} wird durch die Arbeit der Beschleunigungskraft W_{Fa} geändert. Zur Änderung der Geschwindigkeit vom Anfangswert v_A in den Endwert v_E muss die Beschleunigungskraft F_a folgende Arbeit W_{Fa} auf dem Weg Δs vollbringen:

$$W_{Fa} = \frac{1}{2} m_{Zv} \left(v_E^2 - v_A^2 \right) \tag{1.49}$$

Potentielle Energie und Arbeit der Gewichtskraft

Die potentielle Energie des Zugs W_{pot} ist das Produkt von Zuggewichtskraft G_Z und Höhenlage z des Zugschwerpunkts gegenüber einem Bezugspunkt:

$$E_{pot} = G_Z z \tag{1.50}$$

Die potentielle Energie wird durch die Arbeit der Gewichtskraft W_G geändert. Ändert sich als Folge der Fahrbewegung die Höhenlage vom Anfangswert z_A in den Endwert z_E, so ist dafür von der Gewichtskraft des Zugs G_Z folgende Arbeit W_G zu vollbringen:

$$W_G = G_Z (z_E - z_A) \tag{1.51}$$

Spezifische kinetische Energie

Die kinetische Energie E_{kin} (Gl. (1.48)) ist auf die Zugmasse m_Z zu beziehen:

$$e_{kin} = \frac{E_{kin}}{m_Z} \quad \text{und} \quad e_{kin} = \frac{1}{2} \xi_Z v^2 \tag{1.52}$$

Spezifische Arbeit der Beschleunigungskraft

Die Arbeit der Beschleunigungskraft W_{Fa} (Gl. (1.49)) ist auf die Zugmasse m_Z zu beziehen:

$$w_{Fa} = \frac{W_{Fa}}{m_Z} \quad \text{und} \quad w_{Fa} = \frac{1}{2} \xi_Z \left(v_E^2 - v_A^2 \right) \tag{1.53}$$

Berücksichtigung von Gl. (1.29) und (1.30):

$$w_{Fa} = g f_a \Delta s \quad \text{und} \quad w_{Fa} = \xi_Z a_m \Delta s \tag{1.54}$$

a_m mittlere wegbezogene Beschleunigung in m/s^2 (Kap. 2.4, Gl. (2.57))

Spezifische potentielle Energie

Die potentielle Energie E_{pot} (Gl. (1.50)) ist auf die Zugmasse m_Z zu beziehen:

$$e_{pot} = \frac{E_{pot}}{m_Z} \quad \text{und} \quad e_{pot} = g z \tag{1.55}$$

Spezifische Arbeit der Gewichtskraft

Die Arbeit der Gewichtskraft W_G (Gl. (1.51)) ist auf die Zugmasse m_Z zu beziehen. Die Höhenänderung Δz ist nach Gl. (3.2) durch $\Delta z = i_m \Delta s$ und die mittlere Neigung i_m nach Gl. (3.5) durch $i_m = -f_N$ (Neigungskraftzahl) zu ersetzen (Kap. 3.1.1):

$$w_G = \frac{W_G}{m_Z} \quad \text{und} \quad w_G = g\,\Delta z \quad \text{mit} \quad \Delta z = z_E - z_A \tag{1.56}$$

$$w_G = g\,i_m\,\Delta s \quad \text{und} \quad w_G = -g\,f_N\,\Delta s$$

Gleichgewicht der spezifischen Energien

Zwischen Anfang (Index A) und Ende (Index E) der Bewegung besteht nach Gl. (1.57) folgendes Gleichgewicht der spezifischen Energien:

$$e_{kinE} + e_{potE} = e_{kinA} + e_{potA} - w_{FW} \tag{1.57}$$

Anwendungsbeispiele

Das Rechnen mit den Gleichungen der kinetischen und potentiellen Energie wird an den Beispielen Bremsarbeitsermittlung, Ablaufberghöhe und Massenfaktorermittlung dargestellt.

1.3.3 Berechnungen mit dem Energiesatz

1.3.3.1 Arbeit der Bremskraft

Die bei einer Bremsung anfallende Reibungswärme bzw. Arbeit der Bremskraft W_{FB} ist für die Bewertung der thermischen Belastung der Bremsen von Bedeutung. Die Arbeit der Bremskraft fällt bei der Verzögerungs- und bei der Gefällebremsung an. Die Bremskraftzahl der Verzögerungsbremsung erhält man durch Gleichsetzen von Gl. (1.53/2) und (1.54/1) und Einsetzen von Gl. (1.19) für f_a. Die Bremskraftzahl der Gefällebremsung geht aus Gl. (1.17/2) hervor:

$$w_{FB} = g\,f_{Bm}\,s_B \quad \text{und} \quad W_{FB} = m_Z\,w_{FB} \tag{1.58}$$

Verzögerungsbremsung: $\qquad f_{Bm} = \dfrac{v_A^2 - v_E^2}{2\,g_K\,s_B} - f_{WZm} - i_m$

Gefällebremsung: $\qquad f_{Bm} = -(i_m + f_{WZm})$

Für die Variable s_B ist der Bremsweg der Verzögerungs- bzw. Gefällebremsung einzusetzen.

Berechnungsbeispiel 1.6

Ein Zug, $m_Z = 500$ t, wird im Gefälle $i_m = -10$ ‰ ($-0{,}010$) auf dem Weg $s_B = 600$ m aus der Geschwindigkeit $v_A = 120$ km/h ($33{,}333$ m/s) bis zum Halt abgebremst. Die mittlere Zugwiderstandszahl beträgt $f_{WZm} = 0{,}004$ und die Beschleunigungskonstante $g_K = 9$ m/s². Die Arbeit der Bremskraft ist zu berechnen.

Lösungsweg und Lösung:

Mit Gl. (1.58/3) erhält man die mittlere Bremskraftzahl $f_{Bm} = 0{,}1089$, mit Gl. (1.58/1) die spezifische Arbeit der Bremskraft $w_{FB} = 641$ kJ/t und mit Gl. (1.58/2) die Arbeit der Bremskraft $W_{FB} = 320{,}5$ MJ.

1.3.3.2 Ablaufberghöhe

Auf Rangierbahnhöfen dient die potentielle Energie des Wagens auf dem Gipfel des Bergs zum Antrieb für die Fahrt über die Rangieranlage. Die Berghöhe muß so bemessen sein, dass die potentielle Energie für die Überwindung der Arbeit aller, auf dem Laufweg bis zum Zielpunkt wirkender Widerstandskräfte ausreicht. Auf dem Laufweg wirken Wagenwiderstandskraft F_{WW}, Bogenwiderstandskraft F_{Bo}, Weichenwiderstandskraft F_{Wei} und Massenkraft F_M.

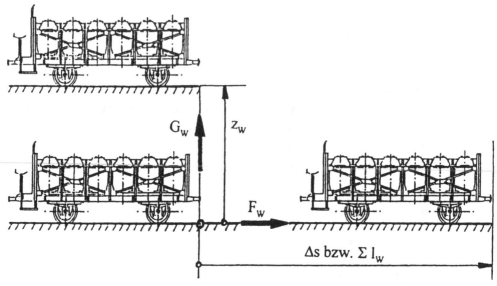

Bild 1.10
Bestimmung der Energiehöhe aus dem Gleichnis der Arbeiten von Widerstands- und Gewichtskraft

In der Rangiertechnik wird nicht mit den Widerstandskräften F_W, sondern mit den Energie-höhen z der Widerstandskräfte gerechnet. Bild 1.10 zeigt die Gesetzmäßigkeit für die Umrech-nung von Widerstandskräfte in Energiehöhen.

Ein Wagen legt in der Horizontalen die Wegstrecke Δs zurück. Dabei wirkt die Widerstands-kraft F_W auf ihn. Die in der Horizontalen vollbrachte Arbeit $F_W \Delta s$ wird mit der Arbeit in der Vertikalen (Arbeit der Gewichtskraft) $G_W z_W$ gleichgesetzt. Aus dem Gleichnis der Arbeiten erhält man die Energiehöhe der entsprechenden Widerstandskraft z_W:

$$G_W z_W = F_W \Delta s \quad \text{bzw.} \quad z_W = f_W \Delta s$$

Energiehöhen der einzelnen Widerstandskräfte sowie der Massenkraft:

Wagenwiderstandskraft $z_{WW} = f_{WW} \Delta s$ (1.59)

Bogenwiderstandskraft $z_{Bo} = f_{Bo} l_{Bo}$

Weichenwiderstandskraft $z_{Wei} = f_{wei} l_{Wei}$

Massenkraft $z_{FM} = \dfrac{v_E^2 - v_A^2}{2 g_K}$

Im Regelfall wird mit $z_{Wei} = 5$ bis 7 mm pro durchfahrene Weiche gerechnet.

Gl. (1.61) wird in Gl. (1.59) eingesetzt. Die Umstellung nach der Berghöhe $z_{Berg} = \Delta z$ ergibt:

$$z_{Berg} = z_{FM} + z_{WW} + \Sigma z_{Bo} + \Sigma z_{Wei}$$ (1.60)

Berechnungsbeispiel 1.7

Für einen geplante Ablaufberg ist der erforderliche Höhenunterschied zwischen Anfangs- und Endpunkt der Fahrbewegung der abrollenden Wagen zu berechnen. Die Anfangsgeschwindigkeit ist $v_A = 0$, die Endgeschwindigkeit $v_E = 3$ m/s und der Laufweg $\Delta s = 1000$ m. Für die zu durchfahrenden $n_{Wei} = 10$ Weichen ist $z_{Wei} = 7$ mm/Weiche zu wählen. Die Wagenwiderstandszahl beträgt $f_{WW} = 5$ ‰ (0,005) und die Beschleunigungskonstante $g_K = 9$ m/s^2.

Vorhandene Bögen

Anzahl	5	2	1	1
f_{Bo} in ‰	3,889	2,800	2,333	1,175
l_{Bo} in m	20	50	100	200

Aus Gl. (1.61) erhält man $z_{WW} = 5,000$ m, $\Sigma z_{Bo} = 1,252$ m, $\Sigma z_{Wei} = 0,070$ m und $z_{FM} = 0,500$ m. Das Einsetzen in Gl. (1.62) ergibt $z_{Berg} = 6,822$ m.

1.3.3.3   Experimentelle Massenfaktorermittlung

Der Massenfaktor von Schienenfahrzeugen wird experimentell bestimmt. Dafür stehen zwei Versuchsanordnungen zur Verfügung:

1. Auf einer Strecke mit konstanter Neigung werden zwei Geschwindigkeitsmessstellen M und H eingerichtet. Das zu prüfende Fahrzeug wird in der einen Richtungen dem Auslauf und in der anderen Richtung dem Abrollen unterzogen.

2. Am Anfang einer Rampe gleicher Neigung wird eine Geschwindigkeitsmessstelle M eingerichtet. Das zu prüfende Fahrzeug fährt im Auslauf in die Rampe, passiert M, kommt in der Rampe am Wegpunkt H zum Stehen, rollt rückwärts, passiert abermals M und verlässt die Rampe wieder (Bild 1.11).

Die Messdaten werden mit der Gleichung des Energiegleichgewichts ausgewertet (Gl. (1.57)):

$$(e_{kinE} - e_{kinA}) + (e_{potE} - e_{potA}) + w_{FW} = 0$$

Auslauf- und Abrollversuch auf geneigter Strecke

Beim Auslauf in der Steigung erhält man die Geschwindigkeiten v_{MAus} und v_{HAus} ($v_{MAus} > v_{HAus}$) und beim Abrollen im Gefälle die Geschwindigkeiten v_{HAbr} und v_{MAbr} ($v_{HAbr} < v_{MAbr}$). Mittlere Neigung i_m (nur positiv) und Abstand der Messstellen M und H s_{MH} sind bekannt.

In die Gleichung des Energiegleichgewichts werden Gl. (1.53) (kinetische Energie, Arbeit der Beschleunigungskraft), Gl. (1.56) (potentielle Energie, Arbeit der Gewichtskraft) und Gl. (1.54) (Arbeit der Fahrzeugwiderstandskraft) jeweils für Auslauf und Abrollen eingesetzt:

Auslauf $\quad \dfrac{1}{2}\xi_F (v_{HAus}^2 - v_{MAus}^2) + i_m s_{MH} g + f_{WF} s_{MH} g = 0$

Abrollen $\quad \dfrac{1}{2}\xi_F (v_{MAbr}^2 - v_{HAbr}^2) - i_m s_{MH} g + f_{WF} s_{MH} g = 0$

Das Gleichungssystem wird mit s_{MH} dividiert. Der erste Term wird durch die Auslaufverzögerung b_{Aus} bzw. durch die Abrollbeschleunigung a_{Abr} ersetzt:

$$b_{Aus} = \frac{v_{MAus}^2 - v_{HAus}^2}{2 s_{MH}} \quad \text{und} \quad a_{Abr} = \frac{v_{MAbr}^2 - v_{HAbr}^2}{2 s_{MH}} \tag{1.61}$$

Auslauf $-\xi_F\, b_{Aus} + i_m\, g + f_{WF}\, g = 0$

Abrollen $\xi_F\, a_{Abr} - i_m\, g + f_{WF}\, g = 0$

Die Auflösung des Gleichungssystems ergibt für die unbekannten Variablen Massenfaktor ξ_F und Fahrzeugwiderstandszahl f_{WF}:

$$\xi_F = \frac{2\, i_m\, g}{b_{Aus} + a_{Abr}} \tag{1.62}$$

$$f_{WF} = \xi_F\, \frac{b_{Aus}}{g} - i_m \quad \text{und} \quad f_{WF} = i_m - \xi_F\, \frac{a_{Abr}}{g}$$

Auslauf- und Abrollversuch auf der Rampe

Bild 1.11 zeigt den Auslauf- und Abrollversuch auf der Rampe. Beim Auslauf in der Steigung erhält man die Geschwindigkeiten v_{MAus} und $v_{HAus} = 0$ und beim Abrollen im Gefälle die Geschwindigkeiten $v_{HAbr} = 0$ und v_{MAbr}. Mittlere Neigung i_m (nur positiv) und Abstand der zwischen Messstelle M und Haltepunkt H s_{MH} sind bekannt.

Das Einsetzen dieser Variablen in Gl. (1.61) ergibt die Auslauf- und Abrollbeschleunigung b_{Aus}, a_{Abr}. Massenfaktor ξ_F und Fahrzeugwiderstandszahl f_{WF} sind mit Gl. (1.62) zu berechnen.

Berechnungsbeispiel 1.8

Für einen Straßenbahntriebwagen sind mit dem Auslauf- und Abrollversuch auf der Rampe (Bild 1.11) Massenfaktor ξ_F und Fahrzeugwiderstandszahl f_{WF} zu bestimmen. Die Neigung beträgt $i_m = 32\ ‰$ (0,032), der Abstand der Messstellen $s_{MH} = 157$ m, die Anfangsgeschwindigkeit des Auslaufs $v_{MAus} = 10,000$ m/s und die Endgeschwindigkeit des Abrollens $v_{M\,Abr} = 7,750$ m/s.

Lösungsweg und Lösung:
Gl. (1.61) $b_{Aus} = (10,000^2 - 0)/(2 \cdot 157) = 0,3185$ m/s^2 und $a_{Abr} = (7,750^2 - 0)/(2 \cdot 157) = 0,1913$ m/s^2
Gl. (1.62) $\xi_F = 2 \cdot 0,032 \cdot 9,81/(0,3185 + 0,1913) = 1,2315$
$f_{WF} = 1,2315 \cdot 0,3185/9,81 - 0,032 = 0,007983$ und $f_{WF} = 0,032 - 1,2315 \cdot 0,1913/9,81 = 0,007985$

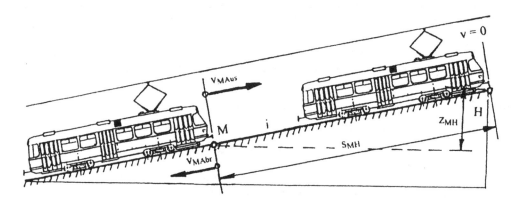

Bild 1.11:
Auslauf- und Abrollversuch auf der Rampe zur Bestimmung des Massenfaktors

1.3.4 Leistung

Leistungsarten

Die Leistung der Schienentriebfahrzeuge wird **als mechanischen Leistung der Treibachszug-kraft** und als **an den Energieträger gebundenen Leistungsaufnahme** angegeben. Die Darstellung erfolgt in Leistungsdiagrammen $P = f(v)$. Bild 1.12 zeigt das Zugkraft- und Leistungs-diagramm der elektrischen Lokomotive BR 143 der DB AG (Achsfolge $B_0'\ B_0'$, Masse $m_L = 82{,}0$ t, Drehmasse $m_{DL} = 16$ t Nenn-Dauerleistung $P_{TN} = 3540$ kW bei der Nenn-geschwindigkeit $v_N = 106$ km/h und maximaler Laufkreisdurchmessen $D_L = 1250$ mm). Außerdem ist in Bild 1.12 die Kennlinie der Zugwiderstandskraft für die Beförderung eines Reisezugs mit der Wagenzugmasse $m_W = 500$ t und der Drehmasse $m_{DW} = 24$ t angegeben.

Mechanische Leistung

Die mechanische Leistung ist die Änderung der mechanischen Energie in der Zeiteinheit. Je nachdem in welchem Zeitintervall die Änderung eintritt (Mikro- oder Makrozeitintervall), erhält man die momentane und die mittlere Leistung. Für die momentane Leistung gilt:

$$P = \frac{dW}{dt} = \frac{F\,ds}{dt} = F\frac{ds}{dt} = F\,v$$

Die momentane Leistung ist das Produkt der Momentanwerte von Kraft und Geschwindigkeit.

Die Maßeinheiten der Arbeit (J) und der Zeit (s) ergeben die Leistungs-Maßeinheit J/s. Die Maßeinheiten der Kraft (N) und der Geschwindigkeit (m/s) ergeben die Leistungs-Maßeinheit Nm/s. Im Internationalen Maßeinheitensystem (SI) gilt die Leistungs-Maßeinheit Watt.

$$1\ W = 1\ J/s = 1\ Nm/s$$

Bei fahrdynamischen Berechnungen sind die Leistungen zur Treibachszugkraft F_T, zur Zug-hakenzugkraft F_Z und zur Beschleunigungskraft F_a von Interesse:

Treibachsleistung $\qquad P_T = F_T\,v$ $\hspace{5cm}$ (1.63)

Zughakenleistung $\qquad P_Z = F_Z\,v$

Beschleunigungsleistung $\quad P_a = F_a\,v$

Da die Kräfte der Fahrbewegung im Regelfall in der Maßeinheit kN benutzt werden, hat nach Gl. (1.63) die Leistung der Fahrbewegung die Maßeinheit kW.

Leistungsbezogenes Arbeitsintegral

$$\hspace{8cm} (1.64)$$

$$W = \int_0^{t_E} P(t)\,dt \quad \text{und} \quad W = \sum_1^z (P_m \Delta t)_x$$

Die mittlere Treibachsleistung P_{Tm} des Makrozeitintervalls Δt wird zur Berechnung der Arbeit der Treibachszugkraft W_{FT} benutzt:

$$\Delta W_{FT} = P_{Tm}\,\Delta t \quad \text{und} \quad W_{FT} = \Sigma\,\Delta W_{FT} \hspace{3cm} (1.65)$$

In Gl. (1.65) ist P_{Tm} in kW und Δt in s zu verwenden. Die Arbeit ΔW_{FT} erhält man in kJ.

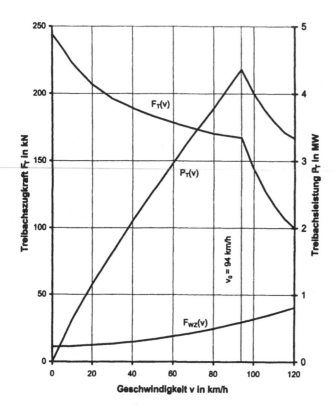

v km/h	F_T kN	P_T kW	F_{wz} kN
0	244	0	11,2
10	223	619	11,5
20	207	1150	12,5
30	196	1633	13,3
40	189	2100	14,8
50	183	2542	16,7
60	178	2967	18,9
70	174	3383	21,6
80	170	3778	24,6
90	168	4200	28,0
94	167	4361	29,4
100	144	4000	31,7
105	129	3762	33,8
110	117	3574	35,9
115	107	3418	38,1
120	100	3333	40,5

Bild 1.12
Zugkraft- und
Leistungsdiagramm der
elektrischen Lokomotive
BR 143

Spezifische mechanische Leistung

Die spezifische Treibachsleistung p_T (kW/t) erhält man durch Bezugnahme der Leistung P_T (kW) auf die Zugmasse m_Z (t) und die spezifische Beschleunigungsleistung p_a (kW/t) durch Bezugnahme der Leistung P_a (kW) auf die um die Drehmasse vergrößerte Zugmasse m_{Zv} (t):

$$p_T = \frac{P_T}{m_Z} \quad \text{und} \quad p_a = \frac{P_a}{m_{Zv}} \tag{1.66}$$

Die Gl. (1.66) kann folgendermaßen umgeformt werden:

$$p_T = \frac{P_T}{m_Z} = \frac{F_T \, v \, g}{G_Z} = g \frac{F_T}{G_Z} v = g \, f_T \, v$$

$$p_a = \frac{P_a}{m_{Zv}} = \frac{F_a \, v}{m_{Zv}} = \frac{F_a}{m_{Zv}} v = a \, v$$

Aus der Umformung gehen folgende Gleichungen für die spezifische Leistung hervor:

$$p_T = g \, f_T \, v \quad \text{und} \quad p_a = a \, v \tag{1.67}$$

Spezifische Treibachsleistung und spezifische Beschleunigungsleistung sind wichtige fahrdynamische Bewertungsgrößen der Zugförderung.

Berechnungsbeispiel 1.9

Die Diesellokomotive BR 232 (m_L = 116,2 t) befördert einen Reisezug (m_W = 500 t) auf waagerechter
Strecke (F_N = 0) mit der Geschwindigkeit v = 100 km/h (27,778 m/s). Die Zugkraft beträgt F_T = 70,0 kN,
die Zugwiderstandskraft F_{WZ} = 33,5 kN und die Drehmasse m_{DZ} = 48 t. Spezifische Treibachsleistung p_T
und spezifische Beschleunigungsleistung p_a sind zu berechnen.

Lösungsweg und Lösung:

Mit Gl. (1.11) erhält man m_Z = 616,2 t, mit Gl. (1.12) G_Z = 6045 kN, mit Gl.(1.25) m_{Zv} = 664,2 t, mit
Gl. (1.14/1) f_T = 0,01158 und mit Gl. (1.8) a = 0,05495 m/s². Das Einsetzen in Gl. (1.67) ergibt
p_T = 3,156 kW/t und p_a = 1,526 kW/t.

1.4 Variablen der Zugkraft

In Zugkraftdiagrammen sind die Zugkraftkennlinien für den Rad-Schiene-Kraftschluss und für
das maximale Leistungsvermögen des Antriebs dargestellt (Bild 1.3 und 1.12). Die für die
Fahrbewegung tatsächlich benutzte Zugkraft, die innerhalb der von den Kennlinien umschlossenen Fläche liegen muss, wird vom Triebfahrzeugführer eingestellt. Der Triebfahrzeugführer
legt fest, mit welcher Zugkraft- und Leistungs- bzw. Spannungsstufe zu fahren ist. Bild 1.13
zeigt die Zugkrafteinstellung. Die Berechnung der Zuganfahrt wird im Regelfall mit der auf
dem Rad-Schiene-Kraftschluss und mit der auf der maximalen Leistung bzw. Spannung beruhenden Zugkraftkennlinie $F_T(v)$ vorgenommen.

Die Zugkraft einer Fahrstufe ist von Geschwindigkeit und Zeit abhängig. Die Geschwindigkeitsabhängigkeit $F_T(v)$ ist dem Zugkraftdiagramm zu entnehmen. Die Zeitabhängigkeit $F_T(t)$
liegt beim Zu- und Abschalten vor. Nach dem Zuschalten wird die Zugkraft während der Aufregelzeit t_{Auf} vom Wert null bis auf das Maximum aufgeregelt. Nach dem Abschalten erfolgt
während der Abregelzeit t_{Ab} das Abregeln vom Maximum bis auf den Wert null. Bild 1.13
zeigt den Einfluss des Auf- und Abregelns auf die Zugkraftkennlinie.

Auf- und Abregelvorgänge beeinflussen die Fahrbewegung entsprechend. Deshalb werden sie
auch im Regelfall in die Simulationsprogramme der Fahrbewegung von Zügen eingebunden.
Das Einbinden erfolgt mit Hilfe einer Regelfunktion $\Phi(t)$, mit der die aus dem Diagramm hervorgehende Zugkraft $F_{Diagr}(v)$ multipliziert wird:

$$F_T(v,t) = \Phi(t)\, F_{Diagr}(v) \tag{1.68}$$

Als Auf- und Abregelfunktion wird entweder die Geradengleichung, die Exponentialgleichung
des natürlichen Logarithmus oder die allgemeine Exponentialgleichung benutzt.

$$\tag{1.69}$$

Geradengleichung

Aufregeln: $\Phi = \dfrac{t}{t_{Auf}}$ Abregeln: $\Phi = 1 - \dfrac{t}{t_{Ab}}$

Bei der Geradengleichung ist der Funktionswert auf $0 \leq \phi \leq 1$ begrenzt. Bild 1.14 zeigt die
auf der Geradengleichung beruhende Aufregelkennlinie.

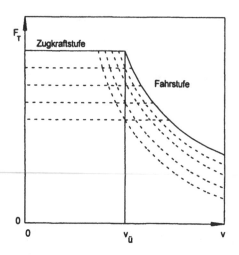
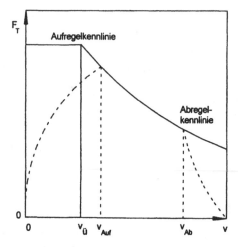

Bild 1.13
Unterteilung des Zugkraftdiagramms durch Zugkraft- und Fahrstufen sowie Aufregeln bei Zuschaltung der Zugkraft und Abregeln bei Zugkraftabschaltung

Exponentialgleichung des natürlichen Logarithmus (1.70)

$$\text{Aufregeln:} \quad \Phi = 1 - e^{-\omega t} \text{ mit } \omega = \frac{3}{t_{Auf}} \qquad \text{Abregeln:} \quad \Phi = e^{-\omega t} \text{ mit } \omega = \frac{3}{t_{Ab}}$$

Bei der Exponentialgleichung des natürlichen Logarithmus ist der Funktionswert im Fall des Aufregelns auf $0 \leq \phi \leq 0,95$ und im Fall des Abregelns auf $0,05 \leq \phi \leq 1$ begrenzt. Bei $\Phi = 0,95$ erfolgt der Sprung auf $\Phi = 1$ und bei $\Phi = 0,05$ auf $\Phi = 0$. Bild 1.14 zeigt die auf der Exponentialgleichung des natürlichen Logarithmus beruhende Aufregelkennlinie.

Allgemeine Exponentialgleichung (1.71)

$$\text{Aufregeln:} \quad \Phi = \left(\frac{t}{t_{Auf}}\right)^{\kappa} \qquad \text{Abregeln:} \quad \Phi = 1 - \left(\frac{t}{t_{Ab}}\right)^{\kappa}$$

$$\kappa = -1,443 \ln \Phi_H \qquad\qquad\qquad \kappa = -1,443 \ln (1 - \Phi_H)$$

Man erhält eine der e-Funktion ähnliche Kennlinie.

Der Kennlinienexponent ist $\kappa \leq 1$. Zur Ermittlung von κ ist die gegebene Regelkennlinie zu benutzen. Bei der Halbwertszeit $0,5 \cdot t_{Auf}$ bzw. $0,5 \cdot t_{Ab}$ wird die Zugkraft F_{TH} abgelesen und auf den Maximalwert bezogen. Man erhält Φ_H. Die Gleichung zur Berechnung von κ erhält man durch Logarithmieren von Gl. (1.70), Auflösung nach κ und Einsetzen von $1/\ln 0,5 = -1,443$.

Die Exponentialgleichungen beschreiben Auf- und Abregeln der Zugkraft genauer als die Geradengleichung.

Das zeitabhängige Auf- und Abregeln der Bremskraft unterliegt speziellen Gesetzmäßigkeiten, die im Kapitel über die Bremskraft dargestellt sind (Kap. 5.2.5).

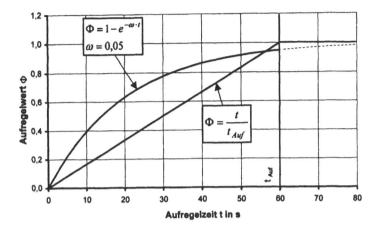

Bild 1.14
Kennlinien des Aufregelwerts Φ für die Geraden- und Exponentialgleichung bei 60 s Aufregelzeit

Berechnungsbeispiel 1.10

Ein Güterzug (Wagenzugmasse m_W = 1500 t) wird in der Steigung i = +5 ‰ (0,005) von der Diesellokomotive BR 232 (Lokomotivmasse m_L = 116,2 t) mit maximaler Zugkraft (F_{Diagr} = 332 kN) angefahren. Die Zugwiderstandszahl beträgt f_{WZ} = 3 ‰ (0,003) und die Aufregelzeit t_{Auf} = 60 s. Gesucht ist der Zeitpunkt t_{Bew} ab dem Einschalten des Antriebs, bei dem die Zugkraft so weit angestiegen ist, dass sich der Zug in Bewegung zu setzen beginnt.

Lösungsweg und Lösung:

Mit Gl. (1.11) erhält man die Zugmasse m_Z = 1616,2 t und mit Gl. (1.12) die Zuggewichtskraft G_Z = 15855 kN. Aus Gl. (1.4/1) und (1.14) geht die für die gleichförmige Bewegung erforderliche Zugkraft hervor:

F_{Terf} = $G_Z(f_{WZ} + i)$ = 15855· (0,003 + 0,005) = 127 kN

Der Aufregelwert Φ_{erf}, der für den Bewegungsbeginn erreicht sein muss, beträgt nach Gl. (1.68)

Φ_{erf} = F_{Terf}/F_{Diagr} = 127/332 = 0,3825

Bei geradlinigem Aufregeln ist Φ_{erf} in Gl. (1.69) einzusetzen: t_{Bew} = $\Phi_{erf}·t_{Auf}$ = 0,3825· 60 = 23 s

Bei dem exponentiellen Aufregeln ist Φ_{erf} in Gl. (1.70) einzusetzen: ω = 3/t_{Auf} = 3/60 = 0,05

t_{Bew} = [ln(1–Φ)]/–ω = [ln(1–0,3825)]/–0,05 = 9,7 s

1.5 Tabellen und Diagramme der Zugförderung

Für die Planung und Bewertung von Zugfahrten werden Tabellen und Diagramme benutzt. Dazu gehören u.a. die Beschleunigungstabelle, die Schleppmassentafel und das Steigungs-Geschwindigkeitsdiagramm.

Beschleunigungstabellen

Beschleunigungstabellen enthalten die von einem Zug bei entsprechender Geschwindigkeit und Längsneigung entwickelte Momentanbeschleunigung. Sie vermitteln einerseits eine Übersicht über das Beschleunigungsvermögen der Züge und sind andererseits unentbehrliche Grundlage für die Berechnung der Fahrbewegung.

Die Beschleunigungstabellen sind mit Gl. (1.8) (Anfahren), Gl. (1.9) (Bremsen) und Gl. (1.10) (Auslauf/Abrollen) zu berechnen. Tabelle 1.4 enthält die Beschleunigungstabellen für als Beispiel gewählte Züge. Die für die Berechnung erforderlichen Daten sind Bild 1.3 und 1.12 zu entnehmen. Die Tabelle 1.4 dient als Basis für die kinematischen Berechnungen in Kapitel 2.

Tabelle 1.4
Beschleunigungs- und Verzögerungstabelle für einen Reisezug mit der Masse $m_W = 500$ t

	BR 232	BR 143	Bremse		BR 232	BR 143	Bremse
v	a	a	b	v	a	a	b
km/h	m/s^2	m/s^2	m/s^2	km/h	m/s^2	m/s^2	m/s^2
0	0,4809	0,3743	2,0181	70	0,1156	0,2450	0,7901
10	-	0,3400	1,4856	80	0,0924	0,2338	0,7585
15	0,4798	-	1,3340	90	0,0727	0,2251	0,7350
20	0,4160	0,3132	1,2202	94	-	0,2212	-
25	0,3445	-	1,1321	100	0,0550	0,1805	0,7167
30	0,2939	0,2937	1,0623	105	0,0464	0,1531	0,7092
40	0,2224	0,2801	0,9576	110	0,0381	0,1304	0,7019
50	0,1743	0,2674	0,8836	115	0,0300	0,1108	0,6962
60	0,1408	0,2558	0,8298	120	0,0220	0,0957	0,6906

Tabelle 1.5
Schleppmassetafel der Diesellokomotive BR 219 der DB AG

Steig-gung	Anfahr-masse	Anhängemassen (Reisezug) für gleichförmige Bewegung in t bei der Geschwindigkeit v in km/h									
‰	t	30	40	50	60	70	80	90	100	110	120
0	2000	-	-	-	-	955	760	615	490	430	350
1	1970	-	-	-	810	615	550	420	370	300	250
2	1730	-	-	955	680	505	440	375	315	255	205
4	1545	-	-	820	580	440	400	320	270	215	180
6	1390	-	990	715	505	405	350	285	235	190	155
8	1160	-	780	560	420	325	270	225	180	145	115
10	990	855	640	455	370	270	220	180	140	115	80
15	715	580	430	325	240	165	135	105	80	-	-
20	555	430	345	245	165	110	85	-	-	-	-
25	440	360	265	185	120	75	-	-	-	-	-

Schleppmassetafel

Schleppmassetafeln enthalten für Lokomotiven die bei entsprechender Geschwindigkeit und Längsneigung in gleichförmiger Bewegung zu befördernde Wagenzugmasse. Außerdem wird noch die Anfahrmasse angegeben. Tabelle 1.4 enthält als Beispiel die Schleppmassetafel der Diesellokomotive BR 219, entnommen dem Merkbuch für Triebfahrzeuge (DV 939 Tr).

Schleppmassetafeln werden sowohl für den Zugdienst als auch für den Rangierdienst aufgestellt. In den Schleppmassetafeln des Zugdienstes wird eine Beschleunigungskraftzahl (Gl. (1.14/7)) $f_a = 3$ ‰ bzw. 0,003 (Güterzüge) bis 5 ‰ bzw. 0,005 (Reisezüge) berücksichtigt. Durch diese Mindestwerte wird die Dynamik der Zugfahrt auch bei der fahrdynamisch möglichen Höchstgeschwindigkeit noch garantiert.

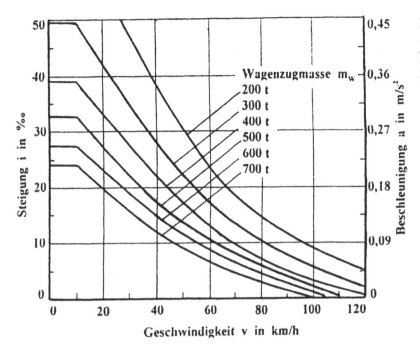

Bild 1.15
Steigungs-
Geschwindigkeits-
Diagramm der
Diesellokomotive
BR 219

Bei der Berechnung der Schleppmassetafeln für den Rangierdienst entfällt die Massenkraft-zahl. Dafür wird aber die Zugwiderstandszahl f_{WZ} um den Widerstandszuschlag Δf_W vergrös-sert. Der Widerstandszuschlag beträgt beim Schleppdienst 0,001, beim Abstoßdienst 0,008 und beim Beistelldienst 0,005. Durch diese Vergrößerung soll eine Kraftreserve zur Überwindung eventuell vorhandener Massen- und Bogenwiderstandskräfte vorgehalten werden.

Zur Berechnung der Schleppmassetafel ist von Gl. (1.6/1) auszugehen. Für die Zugwider-standskraft F_{WZ} wird Gl. (1.14/3), für die Neigungskraft F_N Gl. (1.14/6) und für die Massen-kraft F_M Gl. (1.14/7) eingesetzt:

$$F_T - f_{WZ}\, G_Z - i\, G_Z + f_M\, G_Z = 0$$

Für die Zuggewichtskraft G_Z wird Gl. (1.12) und für die Zugmasse m_Z Gl. (1.11) eingesetzt. Die Zugwiderstandszahl f_{WZ} wird in Lokomotivwiderstandzahl f_{WL} und Wagenzugwider-standszahl f_{WW} untergliedert. Die Massenkraftzahl f_M wird durch die Beschleunigungskraftzahl f_a ersetzt (Gl. (1.30/3)). Die Gleichung wird nach der Wagenzugmasse m_W umgestellt:

$$F_T - g\, m_L\, (f_{WL} + i + f_a) - g\, m_W\, (f_{WW} + i + f_a) = 0$$

Schleppmasse, Wagenzugmasse m_W (1.72)

Zugdienst

$$m_W = \frac{F_T - g\, m_L\, (f_{WL} + i + f_a)}{g\, (f_{WW} + i + f_a)}$$

Rangierdienst

$$m_W = \frac{F_T - g\, m_L\, (f_{WL} + \Delta f_W + i)}{g\, (f_{WW} + \Delta f_W + i)}$$

Steigungs-Geschwindigkeits-Diagramm

Das Steigungs-Geschwindigkeits-Diagramm (Abkürzung: i-v-Diagramm) enthält das bei entsprechender Geschwindigkeit v und Wagenzumasse m_W in gleichförmiger Bewegung mögliche Steigvermögen i der Lokomotiven. Dem i-v-Diagramm kann auch die auf der waagerechten Strecke mögliche Beschleunigung entnommen werden. Das i-v-Diagramm ist u.a. Grundlage der in früheren Jahren benutzten grafischen Fahrzeitermittlung.

Die Berechnung des i-v-Diagramms erfolgt auf gleicher Grundlage wie die Berechnung der Schleppmassetafel, nur mit dem Unterschied, dass die Massen- bzw. Beschleunigungskraftzahl f_M, f_a = 0 ist. Die Gleichung des Kräftegleichgewichts wird nach i aufgelöst.

$$i = \frac{F_T}{g.m_Z} - f_{WZ} \quad und \quad a = g_K i \tag{1.73}$$

Bild 1.15 zeigt das Steigungs-Geschwindigkeits-Diagramm der Diesellokomotive BR 219.

Berechnungsbeispiel 1.11

Für eine Rangierlokomotive, Lokomotivmasse m_L = 60 t, Treibachszugkraft F_T = 72 kN bei v = 20 km/h, Lokomotivwiderstandszahl f_{WL} = 5 ‰ (0,005), Wagenzugwiderstandszahl f_{WW} = 3 ‰ (0,003) und Beschleunigungskraftzahl f_M = 3 ‰ (0,003), ist die auf einer Steigung von i = 7 ‰ (0,007) in gleichförmiger Bewegung mit v = 20 km/h (5,556 m/s) mögliche Schleppmasse m_W zu berechnen. Die Berechnung ist für den Streckendienst und für den Abstoßdienst vorzunehmen. Der Widerstandszuschlag für das Abstoßen beträgt Δf_W = 8 ‰ (0,008).

Lösungsweg und Lösung:

Das Einsetzen der gegebenen Werte in Gl. (1.72) ergibt für den Streckendienst:

m_W = [72 – 9,81· 60· (0,005 + 0,007 + 0,003)]/[9,81· (0,003 + 0,007 + 0,003)] = 495 t

Das Einsetzen der gegebenen Werte in Gl. (1.72) ergibt für den Rangierdienst/Abstoßen:

m_W = [72 – 9,81· 60· (0,005 + 0,008 + 0,007)]/[9,81· (0,003 + 0,008 + 0,007)] = 341 t

Berechnungsbeispiel 1.12

Für die Rangierlokomotive des Beispiels 1.11 ist zu ermitteln, welche Steigung i mit der Wagenzugmasse m_W = 500 t in gleichförmiger Bewegung bei v = 20 km/h höchstens befahren werden kann.

Lösungsweg und Lösung:

Die Zugmasse beträgt nach Gl. (1.11) m_Z = 560 t. Die Zugwiderstandszahl f_{WZ} beträgt nach Gl. (1.16):

f_{WZ} = (f_{WL}· m_L + f_{WW}· m_W)/m_Z = (0,005· 60 + 0,003· 500)/560 = 0,00321

Die befahrbare Steigung ist mit Gl. (1.73) zu berechnen:

i = F_T/(g · m_Z) – f_{WZ} = 72/(9,81· 560) – 0,00321 = 0,0099 bzw. i = 9,90 ‰

Für die Beschleunigung auf waagerechter Strecke erhält man bei g_K = 9 m/s²:

a = g_K· i = 9· 0,0099 = 0,0891 m/s²

2 Kinematik der Fahrbewegung

2.1 Grundbegriffe

Kinematik

In der Kinematik wird die Bewegung von Punkten und Körpern auf der Basis der Beschleunigung behandelt, ohne daß die verursachenden Kräfte in die Betrachtung einbezogen werden. Der Zug, dessen Fahrbewegung Untersuchungsgegenstand der Fahrdynamik ist, wird im Regelfall als masseloser Punkt und im Ausnahmefall als Band betrachtet.

Elemente der Bewegung

Die Bewegung ist in der **Einheit von Bewegungsrichtungen, Bewegungsformen und Bewegungsarten** gegeben. Die Bewegungsrichtungen sind in Kap. 1.1 (Bild 1.1) behandelt worden.

Die **Bewegungsformen** sind Translation, Rotation und Schwingung.

Zur **Translation** gehört die Fahrbewegung in Längsrichtung (Hauptbewegung), die Seitenbewegung im Bogen und beim Gleiswechsel und die Höhenbewegung auf einer Strecke mit Längsneigung (Nebenbewegungen).

Zur **Rotation** gehört die Raddrehung bei der Fahrt und die Fahrzeugdrehung bei der Bogendurchfahrt (Nebenbewegungen).

Setzt sich die Fahrbewegung aus der Translationsbewegung und der Bogendrehbewegung zusammen, erhält man die **krummlinige Bewegung**.

Zu den **Schwingungen** zählen die Translationsschwingungen entlang der Achsen des Koordinatensystems und die Rotationsschwingungen um die Achsen (Nebenbewegungen).

Die Translationsschwingungen beinhalten das Zucken (in x-Richtung), das Schlingern (in y-Richtung) und das Wogen (in z-Richtung). Den Rotationsschwingungen wird das Wanken (um die x-Achse), das Nicken (um die y-Achse) und das Gieren oder Schwimmen (um die z-Achse) zugeordnet.

Bild 2.1 zeigt die am Schienenfahrzeug zu verzeichnenden Schwingbewegungen.

Bewegungsarten sind die **gleichförmige Bewegung** (konstante Geschwindigkeit, keine Beschleunigung) und die **ungleichförmige Bewegung** (veränderliche Geschwindigkeit, Beschleunigung vorhanden). Die ungleichförmige Bewegung erfolgt **gleichmäßig beschleunigt** (konstante Beschleunigung) oder **ungleichmäßig beschleunigt** (veränderliche Beschleunigung). Die Fahrbewegung von Zügen ist im Regelfall ungleichmäßig beschleunigt. Übrige Bewegungsarten sind mehr oder weniger stark vereinfachte Modelle.

Variablen der Fahrbewegung

Die Variablen der Fahrbewegung sind die **Grundgrößen** Weg s und Zeit t und die **abgeleiteten Größen** Geschwindigkeit v, Beschleunigung a und Ruck u. Prinzipiell ist zwischen der Bewertung von momentaner Bewegungslage und momentanem Zustand mit momentanen Größen und der Bewertung von Intervallen mit mittleren Größen zu unterscheiden.

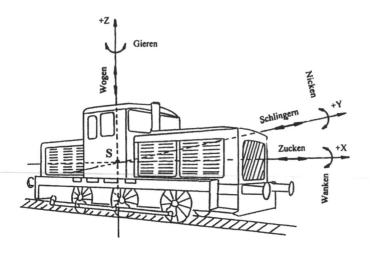

Bewegungslage (Weg und Zeit)

Die aktuelle Lage eines sich bewegenden Punkts $P_x(t_x; s_x)$ ist durch den Wegpunkt s_x, der zum Zeitpunkt t_x erreicht wird, gegeben. Der zwischen den Momentanwerten für Weg und Zeit bestehende Zusammenhang ist mit Gl. (1.1) festgelegt [s = f(t)].

Bewegungszustand (Geschwindigkeit)

Der Bewegungszustand (momentane Geschwindigkeit v) ist das Potential zur Lageänderung, also die Mikrowegänderung ds im Mikrozeitintervall dt:

$$v = \frac{ds}{dt} \tag{2.1}$$

Die Geschwindigkeit ist positiv. Ein negativer Zahlenwert ist nicht möglich. Die Maßeinheit ist m/s. Zulässig ist auch die nichtkohärenten Maßeinheit km/h:

$$1 \text{ m/s} = 3,6 \text{ km/h bzw. } 10 \text{ m/s} = 36 \text{ km/h}.$$

Zur Vermeidung von Fehlern wird empfohlen, kinematische Berechnungen auf der Basis der kohärenten Maßeinheit m/s vorzunehmen.

Bewegungszustandsänderung (Beschleunigung)

Der Bewegungszustand, gegeben durch die Momentangeschwindigkeit v, unterliegt fallweise der Änderung. Die Bewegungszustandsänderung (momentane Beschleunigung a) ist das Potential zur Mikrogeschwindigkeitsänderung dv im Mikrozeitintervall dt:

$$a = \frac{dv}{dt} \tag{2.2}$$

Das zweimalige Differenzieren von Gl. (2.1) ergibt:

$$a = \frac{d^2 s}{dt^2} \tag{2.3}$$

Die Gl. (2.2) kann durch Erweiterung mit der Mikrowegänderung ds und Einsetzen von Gl. (2.1) folgender Änderung unterzogen werden:

$$a = \frac{dv}{dt} = \frac{dv \cdot ds}{dt \cdot ds} = \frac{dv}{ds} \cdot \frac{ds}{dt} = \frac{dv \cdot v}{ds}$$

$$a = \frac{v \cdot dv}{ds} \tag{2.4}$$

Die Maßeinheit der Beschleunigung ist m/s^2.

Die Bewegungszustandsänderung führt sowohl zur Zu- als auch zur Abnahme der Geschwindigkeit. Bei Zunahme ist a positiv und bei Abnahme negativ. Das stimmt mit der Vorzeichenbelegung des dynamischen Grundgesetzes überein (Gl. (1.8) bis (1.10)).

Bei Untersuchung der Zugbremsung wird fallweise durch Änderung der richtungsbezogenen Vorzeichenzuweisung aus der negativen Beschleunigung die positive **Verzögerung b**.

Änderung der Bewegungszustandsänderung (Ruck)

Die Bewegungszustandsänderung, gegeben durch die momentane Beschleunigung a, unterliegt fallweise der Änderung. Die Änderung der Bewegungszustandsänderung (momentaner Ruck u) ist das Potential zur Mikrobeschleunigungsänderung da im Mikrozeitintervall dt:

$$u = \frac{da}{dt} \tag{2.5}$$

Die Maßeinheit des Rucks ist m/s^3.

Die Änderung der Bewegungszustandsänderung kann sowohl zur Zu- als auch zur Abnahme der Beschleunigung führen. Bei Zunahme ist u positiv und bei Abnahme negativ.

Intervall

Das Bewegungsintervall wird mit den Variablen Makrozeitintervall Δt, Makrowegintervall Δs, mittlere Geschwindigkeit v_m, mittlere Beschleunigung a_m und mittlerer Ruck u_m bewertet. Die Änderung der Variablen im Intervall ist **als Endwert (Index E) minus Anfangswert (Index A) zu berechnen**. Die mittleren Variablen des Intervalls werden

— entweder auf der Basis von Differenzenquotienten

— oder als arithmetisches Mittel von Anfangs- und Endwert

— oder als Momentanwert in Intervallmitte (Index M)

bestimmt. Bild 2.2 zeigt die Möglichkeiten der Mittelwertbildung. Bei entsprechender Intervallgröße gehen aus beiden Berechnungsvarianten unterschiedliche Ergebnisse hervor.

Mittlere Geschwindigkeit:

$$v_m = \frac{\Delta s}{\Delta t} \quad \text{mit} \quad \Delta s = s_E - s_A \quad \text{und} \quad \Delta t = t_E - t_A \tag{2.6}$$

$$v_m = \frac{1}{2}(v_A + v_E)$$

$$v_m = v_M \quad \text{bei} \quad t_M \text{ oder } s_M$$

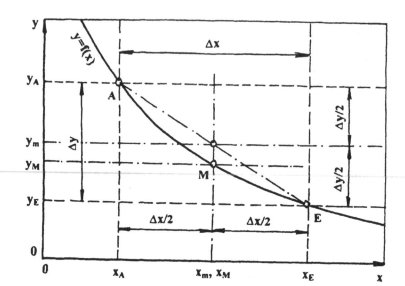

Bild 2.2
Varianten der Mittel-
wertbildung für Ge-
schwindigkeit, Be-
schleunigung und
Ruck

Mittlere Beschleunigung

$$a_m = \frac{\Delta v}{\Delta t} \quad \text{mit} \quad \Delta v = v_E - v_A \quad \text{und} \quad \Delta t = t_E - t_A \tag{2.7}$$

$$a_m = v_m \frac{\Delta v}{\Delta s} \quad \text{mit} \quad \Delta v = v_E - v_A \quad \text{und} \quad \Delta s = s_E - s_A$$

$$a_m = \frac{v_E^2 - v_A^2}{2\,\Delta s} \quad \text{mit} \quad \Delta s = s_E - s_A$$

$$a_m = \frac{1}{2}(a_A + a_E)$$

$$a_m = a_M \quad \text{bei} \quad t_M, s_M \text{ oder } v_M$$

Mittlerer Ruck

$$u_m = \frac{\Delta a}{\Delta t} \quad \text{mit} \quad \Delta a = a_E - a_A \quad \text{und} \quad \Delta t = t_E - t_A \tag{2.8}$$

$$u_m = \frac{1}{2}(u_A + u_E)$$

$$u_m = u_M \quad \text{bei} \quad t_M, s_M \text{ oder } v_M$$

Berechnungsmethoden

Unbekannte kinematische Variable sind bei gegebener Abhängigkeit durch Differentiation mit den Differential- und Differenzenquotienten der Fahrbewegung, durch Integration mit den Integralen der Fahrbewegung und mit der Differentialgleichung der Fahrbewegung zu bestimmen. Die Integrale der Fahrbewegung liegen als unbestimmtes und bestimmtes Integral vor. Beim unbestimmten Integral sind die Integrationskonstanten aus den Anfangs- und Endbedingungen zu ermitteln. Beim bestimmten Integral sind die Integrationsgrenzen einzusetzen.

Lösbare Varianten der Differentialgleichung der Fahrbewegung ergeben sich nur für die lineare Abhängigkeit der Beschleunigung von der Geschwindigkeit und vom Weg.

Unbestimmte Integrale der Fahrbewegung

$$v = \int a(t)\,dt + c_1 \quad \text{und} \quad s = \int v(t)\,dt + c_2 \tag{2.9}$$

Bestimmte Integrale der Fahrbewegung

$$t_E = \int_{v_A}^{v_E} \frac{dv}{a(v)} + t_A \quad \text{und} \quad s_E = \int_{v_A}^{v_E} \frac{v\,dv}{a(v)} + s_A \tag{2.10}$$

Zur Lösung der Integrale sind die gegebenen Funktionen $v(t)$, $a(t)$ und $a(v)$ einzusetzen. Es können nur solche Funktionen gewählt werden, die ein lösbares Integral ergeben.

2.2 Integration von Beschleunigungsgleichungen

2.2.1 Konstante Geschwindigkeit und Beschleunigung

Konstante Geschwindigkeit

Im Intervall A bis E (Anfang bis Ende) liegt entweder eine konstante Geschwindigkeit vor oder sie wird mit Gl. (2.6) als mittlere Geschwindigkeit v_m bestimmt:

$$s_{AE} = v_m\, t_{AE} \tag{2.11}$$

$$v_m = \frac{s_{AE}}{t_{AE}} \quad \text{und} \quad t_{AE} = \frac{s_{AE}}{v_m}$$

Konstante Beschleunigung

Im Intervall A bis E (Anfang bis Ende) liegt entweder eine konstante Beschleunigung vor oder sie wird mit Gl. (2.7) als mittlere Beschleunigung a_m bestimmt:

$$v_E = v_A + a_m\, t_{AE} \tag{2.12}$$

$$s_{AE} = v_A\, t_{AE} + \frac{1}{2}\, a_m\, t_{AE}^2 \quad \text{und} \quad s_{AE} = \frac{v_E^2 - v_A^2}{2\,a_m}$$

Durch Umstellung erhält man:

$$t_{AE} = \frac{v_E - v_A}{a_m} \quad \text{und} \quad t_{AE} = \sqrt{\left(\frac{v_A}{a_m}\right)^2 + \frac{2\,s_{AE}}{a_m}} - \frac{v_A}{a_m} \tag{2.13}$$

$$v_E = \sqrt{v_A^2 + 2\,a_m\, s_{AE}}$$

Im Fall des Bremsens ist der Betrag von a_m mit negativem Vorzeichen einzusetzen. Wird mit der positiven mittleren Verzögerung b_m gerechnet, sind Anfang und Ende zu vertauschen.

Hält der Zug vor dem Intervallende (Wurzelargument wird null oder negativ), so ist die neue Intervallzeit t_{AE} mit Gl. (2.13/1) zu berechnen, in der $v_E = 0$ gesetzt wird.

Die in Gl. (2.12) und (2.13) einzusetzende mittlere Verzögerung b_m muss auf den entwickelten Abschnitt der Bremskraft bezogen sein. Zeitabhängige Abschnitte (Ansprechen, Schwellen und Abklingen) dürfen nicht mit enthalten sein.

Berechnungsbeispiel 2.1

Für die Diesellokomotive BR 232, die einen Zug mit 500 t Wagenzugmasse auf waagerechter Strecke befördert, sind Zeit und Weg für das Beschleunigen von $v_A = 100$ km/h (27,778 m/s) bis auf $v_E = 120$ km/h (33,333 m/s) überschläglich zu berechnen. Aus Tabelle 1.4 gehen die momentanen Beschleunigungen $a_A = 0,0550$ m/s² und $a_E = 0,0220$ m/s² hervor.

Lösungsweg und Lösung:

Mittlere Beschleunigung, Gl. (2.7/4): $a_m = (a_A + a_E)/2 = (0,0550 + 0,0220)/2 = 0,0385$ m/s²
Abschnittszeit, Gl. (2/13/1): $t_{AE} = (v_E - v_A)/a_m = (33,333 - 27,778)/0,0385 = 144,3$ s
Abschnittsweg, Gl. (2/12/3): $s_{AE} = (v_E^2 - v_A^2)/(2\ a_m) = (33,333^2 - 28,778^2)/(2 \cdot 0,0385) = 4409$ m

2.2.2 Zeitabhängige Beschleunigung

Die Fahrbewegung ist bei zeitabhängiger Beschleunigung a(t) entweder mit dem konstanten Ruck oder mit dem zeitabhängigen Ruck nach der e-Funktion oder mit dem zeitabhängigen Ruck nach der allgemeinen Exponentialgleichung zu berechnen. Für die Berechnung müssen Anfangsbeschleunigung a_A und Endbeschleunigung a_E sowie die Bewegungsdauer (Aufregelzeit t_{Auf} oder Abregelzeit t_{Ab}) bekannt sein.

Konstanter Ruck

Der mittlere Ruck der Geraden a(t) (Bild 2.3 und 2.4) ist mit Gl. (2.8) zu berechnen. Das Einsetzen der Beschleunigungsgleichung a(t) in die Integrale der Fahrbewegung (Gl. (2.9)) ergibt:

$$a = a_A + u_m t \tag{2.14}$$

$$v_E = v_A + a_A t_{AE} + \frac{1}{2} u_m t_{AE}^2$$

$$s_{AE} = v_A t_{AE} + \frac{1}{2} a_A t_{AE}^2 + \frac{1}{6} u_m t_{AE}^3$$

Beim Halt des Zugs im Regelabschnitt erhält man aus Gl. (2.14/2) $v_E < 0$. Die Auflösung von Gl. (2.14/2) nach t_{AE} für $v_E = 0$ ergibt den Zeitpunkt des Halts t_H.

Liegt zu Gl. (2.14) ein unterschiedliches Vorzeichen von a_A und u_m vor, so hat die Kennlinie v(t) zum Zeitpunkt t_{opt} ein Optimum (Beispiel: Bremsen im Gefälle, noch Geschwindigkeitszunahme bei Bremsbeginn). Die Auflösung von Gl. (2.14/1) für a = 0 nach t ergibt t_{opt}.

Zeitpunkt des Halts t_H und Zeitpunkt des Optimums t_{opt}:

$$t_H = \sqrt{\left(\frac{a_A}{u_m}\right)^2 - \frac{2 v_A}{u_m}} - \frac{a_A}{u_m} \text{ und } t_{opt} = -\frac{a_A}{u_m} \tag{2.15}$$

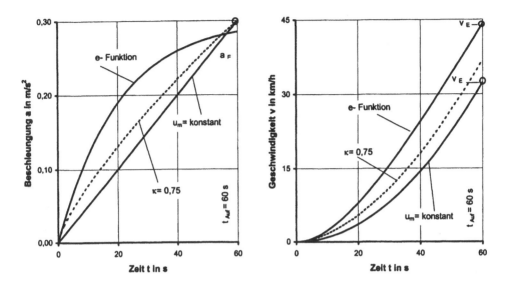

Bild 2.3: Aufregelkennlinien der Zuganfahrt zu Berechnungsbeispiel 2.2

Zeitabhängiger Ruck (e-Funktion)

Im Fall der **Aufregelkurve** (Bild 2.3) ergibt das Einsetzen der Beschleunigungsgleichung a(t) in die Differentialquotienten (Gl. (2.5)) und Integrale (Gl. (2.9)) der Fahrbewegung:

$$a = a_E\left(1 - e^{-\omega t}\right) \text{ mit } \omega = \frac{3}{t_{Auf}}$$ (2.16)

$$u = u_A e^{-\omega t} \text{ mit } u_A = a_E \omega$$

$$v = v_A + a_E t - \frac{a_E}{\omega}\left(1 - e^{-\omega t}\right)$$

$$s = \left(v_A - \frac{a_E}{\omega}\right)t + \frac{1}{2}a_E t^2 + \frac{a_E}{\omega^2}\left(1 - e^{-\omega t}\right)$$

Endgeschwindigkeit und Weg des Aufregelns ($t_{AE} = t_{Auf}$):

$$v_E = v_A + 0{,}6833\, a_E t_{AE}$$ (2.17)

$$s_{AE} = v_A t_{AE} + 0{,}2723\, a_E t_{AE}^2$$

Wird in Gl. (2.17) für $t_{AE} = t_{Auf}$ $v_E < 0$, so ist durch Variation von t in Gl. (2.16/3) die Zeit t_H für v = 0 zu bestimmen. Zur Berechnung des Wegs s_H ist t_H in Gl. (2.17/4) einzusetzen.

Im Fall der **Abregelkurve** (Bild 2.4) ergibt das Einsetzen der Beschleunigungsgleichung a(t) in die Differentialquotienten (Gl. (2.5)) und Integrale (Gl. (2.9)) der Fahrbewegung:

$$a = a_A e^{-\omega t} \text{ mit } \omega = \frac{3}{t_{Ab}}$$ (2.18)

$$u = u_A e^{-\omega t} \quad \text{mit} \quad u_A = -a_A \omega$$

$$v = v_A + \frac{a_A}{\omega}\left(1 - e^{-\omega t}\right)$$

$$s = \left(v_A + \frac{a_A}{\omega}\right) t - \frac{a_A}{\omega^2}\left(1 - e^{-\omega t}\right)$$

Endgeschwindigkeit und Weg des Abregelns ($t_{AE} = t_{Ab}$)

$$v_E = v_A + 0{,}3167\, a_A\, t_{AE} \tag{2.19}$$

$$s_{AE} = v_A\, t_{AE} + 0{,}2278\, a_A\, t_{AE}^2$$

Erhält man aus Gl. (2.19/1) $v_E < 0$, so ist der Zeitpunkt des Haltens des Zugs t_H mit Gl. (2.18/3) zu berechnen. In Gl. (2.18/3) wird $v_E = 0$ gesetzt und sie wird nach t umgestellt:

$$t_H = -\frac{1}{\omega}\ln\left(1 + \frac{v_A \omega}{a_A}\right) \tag{2.20}$$

Zur Berechnung von s_H ist t_H in Gl. (2.18/4) einzusetzen.

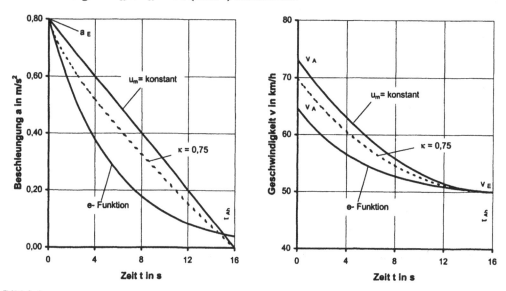

Bild 2.4
Abregelkennlinien der Geschwindigkeitszielbremsung zu Berechnungsbeispiel 2.4

Zeitabhängiger Ruck (allgemeine Exponentialfunktion)

Im Fall der **Aufregelkurve** (Bild 2.3) ergibt das Einsetzen der Beschleunigungsgleichung a(t) in die Differentialquotienten (Gl. (2.5)) und Integrale (Gl. (2.9)) der Fahrbewegung:

$$a = a_E \left(\frac{t}{t_{Auf}}\right)^{\kappa} \quad \text{mit} \quad \kappa = -1{,}443 \ln \frac{a_H}{a_E} \tag{2.21}$$

$$u = \frac{\kappa\, a_E}{t_{Auf}} \left(\frac{t}{t_{Auf}}\right)^{\kappa-1}$$

$$v = v_A + \frac{a_E}{\kappa+1}\left(\frac{t}{t_{Auf}}\right)^{\kappa} t$$

$$s = v_A t + \frac{a_E}{(\kappa+1)(\kappa+2)}\left(\frac{t}{t_{Auf}}\right)^{\kappa} t^2$$

Zur Berechnung des Exponenten κ ist die bei der Halbwertszeit des $t_{Halb}/t_{Auf} = 0{,}5$ an der Auf-regelkennlinie a(t) abgelesene Beschleunigung a_H in Gl. (2.21/1) einzusetzen (Kap. 1.4).

Im Fall der **Abregelkurve** (Bild 2.4) erhält man:

$$\text{(2.22)}$$

$$a = a_A \left[1 - \left(\frac{t}{t_{Ab}}\right)^{\kappa}\right]$$

$$u = -\frac{\kappa\, a_A}{t_{Ab}}\left(\frac{t}{t_{Ab}}\right)^{\kappa-1}$$

$$v = v_A + a_A \left[1 - \frac{1}{\kappa+1}\left(\frac{t}{t_{Ab}}\right)^{\kappa}\right] t$$

$$s = v_A t + \frac{a_A}{2}\left[1 - \frac{2}{(\kappa+1)(\kappa+2)}\left(\frac{t}{t_{Ab}}\right)^{\kappa}\right] t^2$$

Hält der Zug noch vor Ablauf von t_{Auf} bzw. t_{Ab}, so ist der Haltezeitpunkt t_H durch Variation von t in Gl. (2.21/3) bzw. (2.22/3) zu bestimmen. Bei $t = t_H$ muß $v = 0$ geworden sein.

Zur Berechnung des Exponenten κ ist die bei der Halbwertszeit des $t_{Halb}/t_{Auf} = 0{,}5$ an der Abre-gelkennlinie a(t) abgelesene Beschleunigung a_{Halb} in Gl. (2.22) einzusetzen (Kap. 1.4).

Berechnungsbeispiel 2.2

Die elektrische Lokomotive BR 143 entwickelt beim Anfahren eines 500 t-Wagenzugs an der Kraft-schlussgrenze die Beschleunigung $a_E = 0{,}30$ m/s^2 (Tabelle 1.4) und bei der Halbwertszeit $a_{Halb} = 0{,}1784$ m/s^2. Die Aufregelzeit beträgt $t_{Auf} = 60$ s. Mit den Lösungsansätzen des konstanten und des zeitabhängigen Rucks sind Geschwindigkeit und Weg bei Aufregelende zu berechnen.

Lösungsweg und Lösung für konstanten Ruck:

Mittlerer Ruck, Gl. (2.8/1): $u_m = \Delta a/\Delta t = a_E/t_{Auf} = 0{,}30/60 = 0{,}005$ m/s^3

Endgeschwindigkeit, Gl. (2.14/2): $v_E = 0{,}5\, u_m\, t_{AE}^2 = 0{,}5\cdot 0{,}005\cdot 60^2 = 9{,}00$ m/s (32,4 km/h)

Intervallweg, Gl. (2.14/3): $s_{AE} = u_m\, t_{AE}^3/6 = 0{,}005\cdot 60^3/6 = 180$ m

Lösungsweg und Lösung für zeitabhängigen Ruck (e-Funktion):

Endgeschwindigkeit, Gl. (2.17/1): $v_E = 0{,}6833\, a_E\, t_{AE} = 0{,}6833\cdot 0{,}30\cdot 60 = 12{,}30$ m/s (44,3 km/h)

Intervallweg, Gl. (2.17/2): $s_{AE} = 0{,}2723\, a_E\, t_{AE}^2 = 0{,}2723\cdot 0{,}30\cdot 60^2 = 294$ m

Lösungsweg und Lösung für zeitabhängigen Ruck (allgemeine Exponentialgleichung):

Exponent, Gl. (2.21/1): $\kappa = -1{,}443 \cdot \ln(a_H/a_E) = -1{,}443 \cdot \ln(0{,}1785/0{,}30) = 0{,}75$

Endgeschwindigkeit Gl. (2.21/3): $v_E = a_E/(\kappa+1) \cdot t_{Auf} = 0{,}30/(0{,}75+1) \cdot 60 = 10{,}286$ m/s (37,0 km/h)

Intervallweg, Gl. (2.21/4): $s_{AE} = a_E/[(\kappa+1)(\kappa+2)] \cdot t_{Auf}^2 = 0{,}30/[(0{,}75+1)(0{,}75+2)] \cdot 60^2 = 224$ m

Bild 2.3 zeigt die für den konstanten und für den zeitabhängigen Ruck berechneten Aufregelkennlinien.

Berechnungsbeispiel 2.3

Ein Güterzug leitet bei der Geschwindigkeit $v_A = 45$ km/h (12,50 m/s) die Bremsung ein ($a_A = 0$). In der benutzten Bremsstufe wird die Beschleunigung $a_E = -1{,}20$ m/s² erreicht. Die Aufregelzeit (Schwellzeit) beträgt $t_{Auf} = 24$ s und die Halbzeitbeschleunigung $a_H = -0{,}7135$ m/s². Der Weg des Güterzugs bis zum Halt ($v_E = 0$) ist für den konstanten und für den zeitabhängigen Ruck zu berechnen (ohne Ansprechweg).

Lösungsweg und Lösung für konstanten Ruck:

Mittlerer Ruck, Gl. (2.8/1): $u_m = \Delta a/\Delta t = a_E/t_{Auf} = -1{,}20/24 = -0{,}050$ m/s³

Endgeschwindigkeit, Gl. (2.14/2): $v_E = v_A + u_m\, t_{AE}^2/2 = 12{,}50 - 0{,}050 \cdot 24^2/2 = -1{,}9$ m/s

Der Zug kommt im Aufregelabschnitt zum Stehen.

Zeit bis Halt, Gl. (2.15): $t_H = (-2\, v_A/u_m)^{0{,}5} = (2 \cdot 12{,}50/0{,}050)^{0{,}5} = 22{,}362$ s

Weg bis Halt, Gl. (2.14/3): $s_H = v_A\, t_H + u_m\, t_H^3/6 = 12{,}50 \cdot 22{,}361 - 0{,}050 \cdot 22{,}361^2/6 = 183{,}3$ m

Lösungsweg und Lösung für zeitabhängigen Ruck (e-Funktion):

Endgeschwindigkeit, Gl. (2.17/1): $v_E = v_A + 0{,}6833\, a_E\, t_{AE} = 12{,}50 - 0{,}6833 \cdot 1{,}20 \cdot 24 = -7{,}2$ m/s

Der Zug kommt im Aufregelabschnitt zum Stehen.

Konstante, Gl. (2.16/1): $\omega = 3/t_{Auf} = 3/24 = 0{,}125$ s^{-1}

Zeit bis Halt, Gl. (2.16/3): $v = 12{,}50 - 1{,}20\, t + 1{,}20/0{,}125\,[1 - \mathrm{Exp}(-0{,}125 \cdot t)] = 0$

Durch Variation von t wird $t_H = 17{,}521$ s bei $v_E = 0$ ermittelt. Dafür wird ein Rechner benutzt.

Weg bis Halt, Gl. (2/16/4)

$s_H = (12{,}50 + 1{,}20/0{,}125) \cdot 17{,}521 - 1{,}20 \cdot 17{,}521^2/2 - 1{,}20/0{,}125^2 \cdot (1 - \mathrm{Exp}(-0{,}125 \cdot 17{,}521)) = 134{,}8$ m

Lösungsweg und Lösung für zeitabhängigen Ruck (allgemeine Exponentialgleichung):

Exponent, Gl. (2.21/1): $\kappa = -1{,}443 \cdot \ln(a_H/a_E) = -1{,}443 \cdot \ln(0{,}7135/1{,}20) = 0{,}75$

Endgeschwindigkeit, Gl. (2.21/3): $v_E = v_A + a_E/(\kappa+1) \cdot t_{Auf} = 12{,}50 - 1{,}20/(0{,}75+1) \cdot 24 = -4{,}0$ m/s

Der Zug kommt im Aufregelabschnitt zum Stehen.

Zeit bis Halt, Gl. (2.21/3): $v = 12{,}50 - 1{,}20/(0{,}75+1) \cdot (t/24)^{0{,}75} \cdot t = 12{,}50 - 0{,}6857 \cdot (t/24)^{0{,}75} \cdot t$

Durch Variation von t wird $t_H = 20{,}51$ s bei $v_E = 0$ ermittelt. Dafür wird ein Rechner benutzt.

Weg bis Halt, Gl. (2.21/4): $s_H = 12{,}50 \cdot 20{,}51 - 1{,}20/(0{,}75+1)/0{,}75+2) \cdot (20{,}51/24)^{0{,}75} \cdot 20{,}51^2 = 163{,}1$ m

Berechnungsbeispiel 2.4

Ein Schnellzug führt eine Geschwindigkeitszielbremsung aus. Die zu erreichende Endgeschwindigkeit beträgt $v_E = 50$ km/h (13,889 m/s), die Beschleunigung der gewählten Bremsstufe $a_A = -0{,}80$ m/s², die Abklingzeit (Lösezeit) $t_{Ab} = 16$ s und die Halbzeitbeschleunigung $a_H = -0{,}3243$ m/s². Es ist diejenige Geschwindigkeit v_A zu ermitteln, bei der das Lösen der Bremse eingeleitet werden muss, damit im Augenblick des Erreichens der Zielgeschwindigkeit die Bremswirkung abgeklungen ist ($a_E = 0$). Der Weg des Löseabschnitts ist zu berechnen. Die Berechnungen sind für den konstanten und für den zeitabhängigen Ruck durchzuführen.

Lösungsweg und Lösung für konstanten Ruck:

Mittlerer Ruck, Gl. (2.8/1): $u_m = (a_E - a_A)/t_{AB} = (0 + 0{,}80)/16 = 0{,}050$ m/s³

Anfangsgeschwindigkeit, Gl. (2.14/2):

$v_A = v_E - a_A\, t_{AE} - u_m\, t_{AE}^2/2 = 13{,}889 + 0{,}80 \cdot 16 - 0{,}05 \cdot 16^2/2 = 20{,}289$ m/s (73,0 km/h)

Weg im Löseabschnitt, Gl. (2.14/3): $s_{AE} = 20{,}289 \cdot 16 - 0{,}80 \cdot 16^2/2 + 0{,}050 \cdot 16^3/6 = 256{,}4$ m

Lösungsweg und Lösung für zeitabhängigen Ruck (e-Funktion):

Anfangsgeschwindigkeit, Gl. (2.19/1):

$v_A = v_E - 0{,}3167 \cdot a_A \cdot t_{AE} = 13{,}889 + 0{,}3167 \cdot 0{,}80 \cdot 16 = 17{,}943$ m/s (64,6 km/h)

Weg im Löseabschnitt, Gl. (2.19/2):

$s_{AE} = v_A \, t_{AE} + 0{,}2278 \cdot a_A \cdot t_{AE}^2 = 17{,}943 \cdot 16 - 0{,}2278 \cdot 0{,}80 \cdot 16^2 = 240{,}3$ m

Lösungsweg und Lösung für zeitabhängigen Ruck (allgemeine Exponentialgleichung):

Exponent, Gl. (2.22/1): $\kappa = -1{,}443 \cdot \ln(1 - a_H/a_A) = -1{,}443 \cdot \ln(1 - 0{,}3243/0{,}80) = 0{,}75$

Anfangsgeschwindigkeit, Gl. (2.22/3):

$v_A = v_E - a_A[1\kappa - 1/(\kappa +1)] \cdot t_{Ab} = 13{,}889 + 0{,}80 \cdot [1 - 1/(0{,}75+1)] \cdot 16 = 19{,}375$ m/s (69,7 km/h)

Weg im Löseabschnitt, Gl. (2.22/4): $s_{AE} = v_A \, t_{AB} + a_A/2 \cdot [1 - 2/(\kappa+1)/(\kappa+2)] \cdot t_{Ab}^2$

$s_{AE} = 19{,}375 \cdot 16 - 0{,}80/2 \cdot [1 - 2/(0{,}75+1)/(0{,}75+2)] \cdot 16^2 = 250{,}2$ m

Bild 2.4 zeigt die für den konstanten und für den zeitabhängigen Ruck berechneten Abregelkennlinien.

Erkenntnisse:

Die allgemeine Exponentialgleichung ermöglicht die genaueste Anpassung an Versuchsergebnisse. Bedingung ist: $a_A = 0$ oder $a_E = 0$. Mit den Verfahren „mittlere Beschleunigung" und „konstanter Ruck" erhält man gleiche Werte der Endgeschwindigkeit v_E, aber unterschiedliche Intervallwege s_{AE}.

2.2.3 Geschwindigkeitsabhängige Beschleunigung

2.2.3.1 Lineare Geschwindigkeitsabhängigkeit

Die Geschwindigkeitsabhängigkeit der Beschleunigung a(v) wird zwischen dem Anfangspunkt A und dem Endpunkt E der Fahrbewegung als linear vorausgesetzt (Bild 2.5).

Gleichung der Momentanbeschleunigung:

$$a = a_0 - a_1 v \qquad (2.23)$$

$$a_1 = \frac{a_A - a_E}{v_E - v_A} \quad \text{und} \quad a_0 = a_A + a_1 v_A$$

Die Konstanten der Geradengleichung a_0 und a_1 sind entweder mit den Koordinaten der beiden Punkte A und E oder mittels linearer Regression für Stützstellen zu bestimmen.

Die Beschleunigungsgleichung a(v) wird in die Differentialquotienten (Gl. (2.5)) und Integrale der Fahrbewegung (Gl. (2.10)) eingesetzt. Man erhält den momentanen Ruck u, die Intervallzeit t_{AE} und den Intervallweg s_{AE}:

$$u = -a_1 a \quad \text{bzw.} \quad u = -a_1(a_0 - a_1 v) \qquad (2.24)$$

$$t_{AE} = \frac{v_E - v_A}{a_A - a_E} \ln \frac{a_A}{a_E}$$

$$s_{AE} = \frac{(v_E - v_A)^2}{a_A - a_E} \left(\frac{a_0 \, t_{AE}}{v_E - v_A} - 1 \right)$$

Sonderfall $v_A = 0$:

$$t_{0E} = \frac{v_E}{a_0 - a_E} \ln \frac{a_0}{a_E} \quad \text{und} \quad s_{0E} = \frac{v_E^2}{a_0 - a_E} \left(\frac{a_0 \, t_{0E}}{v_E} - 1 \right) \qquad (2.25)$$

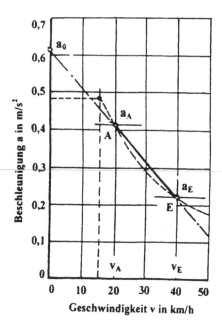

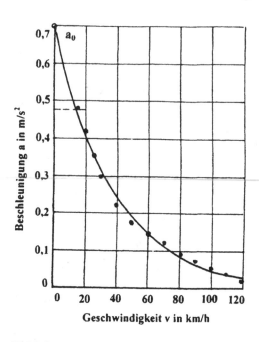

Bild 2.5

Beschleunigungsgerade a(v) zwischen den Stützstellen A und E des Beschleunigungsdiagramms
der Diesellokomitive BR 232 (Tabelle 1.4)

Bid 2.6

Exponentialkurve des natürlichen Logarithmus a(v)
des Beschleunigungsdiagramms der Diesellokomotive BR 232 (Tabelle 1.4), berechnet mittels linearer
Regression logarithmischer Werte

Die Umstellung von Gl. (2.24/2) und (2.25/1) nach v_E ergibt:

$$v_E = v_A + \frac{a_0}{a_1}\left(1 - e^{-a_1 t_{AE}}\right) \quad \text{und} \quad v_E = \frac{a_0}{a_1}\left(1 - e^{-a_1 t_{AE}}\right) \tag{2.26}$$

Gl. (2.24/3) und (2.25/2) ist nicht nach v_E umstellbar. Die zum Weg s_{AE} bzw. s_{0E} gehörende
Endgeschwindigkeit v_E ist durch Variation von v_E zu ermitteln.

Differentialgleichung der Fahrbewegung für den Zug als Massenpunkt

Die Gleichung der linearen Beschleunigung a(v) (Gl. (2.23)) kann umgestellt und als Differentialgleichung geschrieben werden, die lösbar ist:

$$a - a_1 v = a_0 \quad \rightarrow \quad \ddot{s} - a_1 \dot{s} = a_0$$

Man erhält Gl. (2.26) als Lösung.

Berechnungsbeispiel 2.5

Für die Anfahrt der Diesellokomotive BR 232 mit einem 500 t-Wagenzug sind Anfahrzeit t_{AE} und Anfahrweg s_{AE} des Intervalls $v_A = 20$ km/h (5,556 m/s) bis $v_E = 40$ km/h (11,111 m/s) auf der Basis der Geradengleichung a(v) und des Stützstellen-Einsetzverfahrens zu berechnen. Nach Tabelle 1.4 betragen die
Beschleunigungen $a_A = 0{,}4160$ m/s^2 und $a_E = 0{,}2224$ m/s^2.

Lösungsweg und Lösung:

Konstanten der Beschleunigungsgleichung a(v), Gl. (2.23):

$a_1 = (a_A - a_E)/(v_E - v_A) = (0{,}4160 - 0{,}2224)/(11{,}111 - 5{,}556) = 0{,}03485\ s^{-1}$

$a_0 = a_A + a_1\, v_A = 0{,}4160 + 0{,}03485 \cdot 5{,}556 = 0{,}6096\ m/s^2$

Bild 2.5 zeigt die Beschleunigungsgerade a(v).

Anfahrzeit, Gl. (2.24/2): $t_{AE} = (11{,}111 - 5{,}556)/(0{,}4160 - 0{,}2224) \cdot \ln(0{,}4160/0{,}2224) = 17{,}968\ s$

Anfahrweg, Gl. (2.24/3):

$s_{AE} = (11{,}111 - 5{,}556)^2/(0{,}4160 - 0{,}2224) \cdot [0{,}6096 \cdot 17{,}968/(11{,}111 - 5{,}556) - 1] = 154{,}9\ m$

2.2.3.2 Nichtlineare Geschwindigkeitsabhängigkeit (e-Funktion)

Die Geschwindigkeitsabhängigkeit der Beschleunigung a(v) wird zwischen dem Anfangspunkt A und dem Endpunkt E der Fahrbewegung als e-Funktion vorausgesetzt (Bild 2.6).

Gleichung der Momentanbeschleunigung:

$$a = a_0 e^{-v/v_{00}} \tag{2.27}$$

Die Konstanten der e-Funktion a_0 und v_{00} sind entweder mit den Koordinaten der beiden Punkte A und E oder mittels linearer Regression für eine entsprechende Anzahl von Stützstellen zu bestimmen. Die Berechnung ist in der logarithmischen Form der Gl. (2.25) vorzunehmen.

Berechnung der Konstanten a_0 und v_{00} aus den Werten der Stützstellen A und E:

$$\ln a = \ln a_0 - \frac{v}{v_{00}} \quad \text{und} \quad v_{00} = \frac{v_E - v_A}{\ln(a_A/a_E)} \tag{2.28}$$

$$\ln a_0 = \ln a_A + \frac{v_A}{v_{00}} \quad \text{und} \quad a_0 = e^{\ln a_0}$$

Lineare Regression: Aus der linearen Regression zur entsprechenden Anzahl von Stützstellen $P_x\,(v_x;\,a_x)$, die vorher auf der Grundlage von Gl. (2.28/1) in Stützstellen $P_x\,(v_x;\,\ln a_x)$ zu verwandeln sind, erhält man die Konstanten c und d der Regressionsgeraden y = f(x). Die Konstanten der Regressionsgeraden sind in die Konstanten a_0 und v_{00} zu überführen:

$$y = c + d\,x \quad \rightarrow \quad a_0 = e^c \quad \text{und} \quad v_{00} = -\frac{1}{d} \tag{2.29}$$

Die Erweiterung von Gl. (2.5) mit dt/dt und das Einsetzen der Beschleunigungsgleichung a(v) in die Differentialquotienten (Gl. (2.5)) und Integrale der (Gl. (2.10)) der Fahrbewegung ergibt für den momentanen Ruck u, die Intervallzeit t_{AE} und den Intervallweg s_{AE}:

$$u = -\frac{a^2}{v_{00}} \quad \text{bzw.} \quad u = \frac{a_0^2}{v_{00}} e^{-2v/v_{00}} \tag{2.30}$$

$$t_{AE} = \frac{v_{00}}{a_0}\left(e^{v_E/v_{00}} - e^{v_A/v_{00}}\right)$$

$$s_{AE} = \frac{v_{00}^2}{a_0}\left[\left(1 - \frac{v_E}{v_{00}}\right)e^{v_E/v_{00}} - \left(1 - \frac{v_A}{v_{00}}\right)e^{v_A/v_{00}}\right]$$

Sonderfall $v_A = 0$:

$$t_{0E} = \frac{v_{00}}{a_0}\left(e^{v_E/v_{00}} - 1\right)$$

(2.31)

$$s_{0E} = \frac{v_{00}}{a_0}\left(v_E \, e^{v_E/v_{00}} - a_0 t_{0E}\right)$$

Umstellung von Gl. (2.31/1) nach v_E:

$$v_E = v_{00} \ln\left(1 + \frac{a_0 t_{0E}}{v_{00}}\right)$$

(2.32)

Gl. (2.31/2) ist nicht umstellbar. Die Ermittlung von v_E zu einem s_{0E}-Wert ist nur durch Variation von v_E möglich.

Berechnungsbeispiel 2.6

Für die Anfahrt der Diesellokomotive BR 232 mit einem 500 t-Wagenzug aus dem Stand ($v_A = 0$) bis zur Geschwindigkeit $v_E = 120$ km/h (33,333 m/s) sind Anfahrzeit t_{0E} und Anfahrweg s_{0E} mit der Exponentialgleichung des natürlichen Logarithmus $a(v)$ und der logarithmischen Regressionsgeraden zu berechnen.

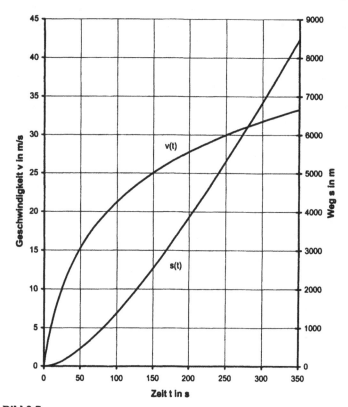

v_E m/s	t_{0E} s	s_{0E} m
0	0	0
2,5	4,054	5,270
5,0	9,206	24,85
7,5	15,75	66,09
10,0	24,07	139,3
12,5	34,64	258,7
15,0	48,07	444,1
17,5	65,14	722,3
20,0	86,83	1130
21,25	99,78	1397
22,5	114,4	1717
23,75	130,9	2098
25,0	149,4	2551
26,25	170,3	3087
27,5	193,9	3721
28,75	220,5	4469
30,0	250,5	5349
31,25	284,2	6384
32,5	322,5	7599
33,333	350,3	8521

Bild 2.7
Anfahrkennlinien der Diesellokomotive BR 232 mit einem 500 t-Wagenzug (Berechnungsbeispiel 2.6)

Lösungsweg und Lösung:

Konstanten der Beschleunigungsgleichung a(v), Gl. (2.28/1)
Die Eingabe der Stützstellenwerte der Tabelle 1.4 von 15 km/h (Übergangsgeschwindigkeit) bis 120 km/h (Höchstgeschwindigkeit) in ein Statistikprogramm der linearen Regression (a-Werte als ln a eingeben) ergibt c = –0,3612, d = –0,02662 und Korrelationskoeffizient r = 0,9946 (gute Anpassung).
Einsetzen von c und d in Gl. (2.29):
$a_0 = e^c = e^{-0,3612} = 0,6968$ m/s^2 und $v_{00} = -1/d = 1/0,02662 = 37,566$ km/h bzw. 10,435 m/s

Bild 2.6 zeigt die durch die gegebenen Stützstellen gelegte Beschleunigungskurve a(v). Wegen der kleinen Übergangsgeschwindigkeit 15 km/h kann zur Vereifachung der Beginn der Beschleunigungskennlinie a(v) bei $v_A = 0$ vorausgesetzt werden.

Anfahrzeit, Gl. (2.31/1): $t_{0E} = v_{00}/a_0 \cdot (e^{vE/v00} - 1) = 10,435/0,6968 \cdot (e^{33,333/10,435} - 1) = 350,3$ s

Anfahrweg, Gl. (2.31/2):
$s_{0E} = v_{00}/a_0 \cdot (v_E e^{vE/v00} - a_0 \cdot t_{0E}) = 10,435/0,6968 \cdot (33,333 \cdot e^{33,333/10,435} - 0,6968 \cdot 350,3) = 8521$ m

Bild 2.7 zeigt die berechneten Anfahrkennlinie v(t) und s(t).

Schnittstelle Übergangsgeschwindigkeit

Liegt die Übergangsgeschwindigkeit zwischen Kraftschluss- und Motorzugkraft (v_0) im kleinen Geschwindigkeitsbereich (bis 20 km/h), ist die v_0-Schnittstelle bei den kinematischen Berechnungen zu vernachlässigen (z.B. Diesellokomotive BR 232, Bild 2.6). Wird v_0 erst bei größerer Geschwindigkeit erreicht, so ist v_0 als Schnittstelle zweier Beschleunigungsabschnitt (0 bis v_0 und v_0 bis v_{max}) zu berücksichtigen (z.B. elektrische Lokomotive BR 143, Bild 2.8).

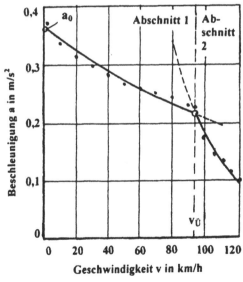
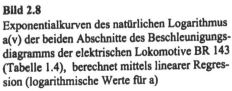
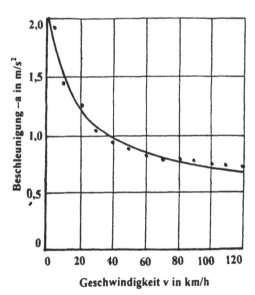

Bild 2.8
Exponentialkurven des natürlichen Logarithmus a(v) der beiden Abschnitte des Beschleunigungsdiagramms der elektrischen Lokomotive BR 143 (Tabelle 1.4), berechnet mittels linearer Regression (logarithmische Werte für a)

Bild 2.9
Allgemeine Exponentialkurve a(v) des Beschleunigunsdiagramms des entwickelten Abschnitts der Schnellbremsung eines Zugs mit Grauguss-Klotzbremse (Tabelle 1.4), berechnet mittels linearer Regression (logarithmische Werte für a und v)

Die Beschleunigungsgleichung ist für den Kraftschluss- und für den Motorzugkraftabschnitt aufzustellen. Beim Einsetzverfahren muss v_0 als End- bzw. Anfangspunkt gewählt werden.

Bei Ermittlung mit dem Regressionsverfahren ist ein rechnerisches v_0, das sich durch den Schnitt der Beschleunigungsgleichungen $a(v)$ beider Abschnitte ergibt, zu bestimmen. Das rechnerische v_0 ist die Integrationsgrenze der Zeit- und Wegberechnung. Zeiten und Wege beider Abschnitte sind zu Gesamtwerten zu addieren.

Zur Bestimmung der rechnerischen Übergangsgeschwindigkeit (Bild 2.8) erhalten die Gleichungskonstanten des Abschnitts 1 den Index 1 und des Abschnitts 2 den Index 2.

Gerade – Gerade:
$$v_0 = \frac{a_{02} - a_{01}}{a_{12} - a_{11}} \qquad (2.33)$$

e-Funktion – e-Funktion:
$$v_0 = \frac{v_{001}\, v_{002}}{v_{001} - v_{002}} \ln \frac{a_{02}}{a_{01}}$$

Gerade – e-Funktion:
$$a_{01} - a_{11} v_0 = a_{02}\, e^{-v_0 / v_{002}}$$

Die Ermittlung von v_0 ist aus Gl. (2.33/3) durch Variation von v vorzunehmen.

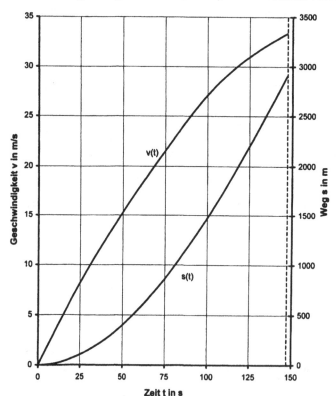

v_E m/s	t_{0E} s	s_{0E} m
0	0	0
2,5	7,220	9,10
5,0	14,79	37,55
7,5	22,72	87,23
10,0	31,04	160,1
12,5	39,77	258,3
15,0	48,91	384,2
17,5	58,50	540,1
20,0	68,56	728,7
21,25	73,76	836,1
22,5	79,10	952,8
23,75	84,56	1079
25,0	90,15	1215
26,263	95,93	1364
27,5	102,1	1530
28,75	109,3	1733
30,0	117,6	1977
31,25	127,3	2272
32,5	138,4	2628
33,333	146,8	2903

Bild 2.10
Anfahrkennlinien der elektrischen Lokomotive BR 143 mit einem 500 t-Wagenzug (Beispiel 2.7)

Berechnungsbeispiel 2.7

Für die Anfahrt der elektrischen Lokomotive BR 143 mit einem 500 t-Wagenzug aus dem Stand ($v_A = 0$) bis zur Höchstgeschwindigkeit v_{max} = 120 km/h (33,333 m/s) sind Anfahrzeit t_{0E} und Anfahrweg s_{0E} mit e-Funktion für a(v) und mit der logarithmischen Regressionsgeraden zu berechnen.

Lösungsweg und Lösung

Konstanten der Beschleunigungsgleichung a(v), Gl. (2.28/1):
Die Konstanten sind für den Abschnitt 1 (0 bis v_0, a_{01} und v_{001}) und für den Abschnitt 2 (v_0 bis v_{max}, a_{02} und v_{002}) zu berechnen. Die Eingabe der Stützstellenwerte der Tabelle 1.4 in ein Statistikprogramm (a-Werte als ln a eingeben) und die Umrechnung mit Gl. (2.29) ergibt:
c_1 = –1,03667, d_1 = –0,00525535 und r_1 = 0,9891, daraus folgt a_{01} = 0,3546 m/s^2 und v_{001} = 190,282 km/h bzw. 52,856 m/s.
c_2 = 1,5216, d_2 = –0,0323148 und r_2 = 0,9998, daraus folgt a_{02} = 4,5795 m/s^2 und v_{002} = 30,946 km/h (8,596 m/s).
Rechnerische Übergangsgeschwindigkeit, Gl. (2.33/2):
v_0 = 52,856·8,596/(52,856 – 8,596)·ln (4,5795/0,3546) = 26,263 m/s bzw. 94,5 km/h
Zeit und Weg der Anfahrt, Gl. (2.31) für Abschnitt 1 und Gl. (2.30) für Abschnitt 2:
t_{00} = 95,93 s, s_{00} = 1364 m, t_{0E} = 50,85 s und s_{0E} = 1539 m.
Gesamtwerte: t_{0E} = 146,8 s und s_{0E} = 2903 m

Bild 2.10 zeigt die Anfahrkennlinien der elektrischen Lokomotive BR 143 für einen 500 t-Wagenzug. Beim Vergleich mit Bild 2.7 wird der fahrdynamische Vorteil der elektrischen Traktion deutlich.

2.2.3.3   Nichtlineare Geschwindigkeitsabhängigkeit (allgemeine Exponentialfunktion)

Beschleunigungskurven a(v) mit ausgeprägter konvexer Krümmung, wie sie beispielsweise für die Grauguss-Klotzbremse und die Magnetschienenbremse vorliegen, sind mittels allgemeiner Exponentialfunktion darzustellen Die Gleichung der Momentanbeschleunigung lautet:

$$a = a_0 \left(\frac{v}{c} \right)^{\kappa} \tag{2.34}$$

Die Geschwindigkeitskonstante beträgt c = 1 m/s bzw. c = 3,6 km/h.

Die Logarithmierung von Gl. (2.34) und die Bestimmung der Beschleunigungskonstanten a_0 und des Exponenten κ mittels Einsetzverfahren zweier Kurvenpunkte A und E ergibt:

$$\ln a = \ln a_0 + \kappa \ln \left(\frac{v}{c} \right) \tag{2.35}$$

$$\kappa = \frac{\ln(a_E / a_A)}{\ln(v_E / v_A)} \quad \text{und} \quad a_0 = a_A \left(\frac{v_A}{c} \right)^{-\kappa}$$

Liegt eine entsprechende Anzahl von Stützstellen vor, können die Konstanten a_0 und κ auch mittels linearer Regression auf der Grundlage von Gl. (2.35/1) bestimmt werden (Bild 2.9).

Das Einsetzen der Beschleunigungsgleichung a(v) in die Differentialquotienten (Gl. (2.5)) und Integrale der Fahrbewegung (Gl. (2.10)) ergibt für den momentanen Ruck u, die Intervallzeit t_{AE} und den Intervallweg s_{AE}:

$$u = \frac{\kappa a_0^2}{c} \left(\frac{v}{c} \right)^{2 \cdot \kappa - 1} \tag{2.36}$$

$$t_{AE} = \frac{c}{a_0 (1-\kappa)} \left[\left(\frac{v_E}{c} \right)^{1-\kappa} - \left(\frac{v_A}{c} \right)^{1-\kappa} \right]$$

$$s_{AE} = \frac{c^2}{a_0 (2-\kappa)} \left[\left(\frac{v_E}{c} \right)^{2-\kappa} - \left(\frac{v_A}{c} \right)^{2-\kappa} \right]$$

Die Umstellung von Gl. (2.36) ergibt:

(2.37)

$$v_E = c \cdot {}^{1-\kappa}\sqrt{ \left(\frac{v_A}{c} \right)^{1-\kappa} + \frac{a_0 (1-\kappa)}{c} t_{AE} }$$

$$v_E = c \cdot {}^{2-\kappa}\sqrt{ \left(\frac{v_A}{c} \right)^{2-\kappa} + \frac{a_0 (2-\kappa)}{c^2} s_{AE} }$$

Zur Berechnung von $s_{AE} = f(t_{AE})$ ist zuerst mit Gl. (2.37/1) $v_E = f(t_{AE})$ zu berechnen und anschließend in Gl. (2.36/3) einzusetzen.

Für Fahrbewegungen mit $v_A = 0$ erhält man aus Gl. (2.36) und (2.37):

(2.38)

$$t_{0E} = \frac{c}{a_0 (1-\kappa)} \left(\frac{v_E}{c} \right)^{1-\kappa} \quad \text{und} \quad s_{0E} = \frac{c^2}{a_0 (2-\kappa)} \left(\frac{v_E}{c} \right)^{2-\kappa}$$

$$v_E = c \cdot {}^{1-\kappa}\sqrt{\frac{a_0 (1-\kappa)}{c} t_{0E}} \quad \text{und} \quad v_E = c \cdot {}^{2-\kappa}\sqrt{\frac{a_0 (2-\kappa)}{c^2} s_{0E}}$$

$$t_{0E} = \frac{c}{a_0 (1-\kappa)} \left[\frac{a_0 (2-\kappa)}{c^2} s_{0E} \right]^{\gamma} \quad \text{mit} \quad \gamma = \frac{1-\kappa}{2-\kappa}$$

$$s_{0E} = \frac{c^2}{a_0 (2-\kappa)} \left[\frac{a_0 (1-\kappa)}{c} t_{0E} \right]^{\sigma} \quad \text{mit} \quad \sigma = \frac{2-\kappa}{1-\kappa}$$

$$a = a_0 \left[a_0 (1-\kappa) t_{0E} \right]^{\kappa/(1-\kappa)}$$

Soll Gl. (2.38) für die Berechnung der Zugbremsung benutzt werden, ist die Bewegungsrichtung umzukehren ($v_A = 0$ setzen und Vorzeichen von a_0 wechseln).

Berechnungsbeispiel 2.8

Für die Schnellbremsung des mit der BR 232 bespannten 500 t-Wagenzugs sind zum entwickelten Abschnitt der Bremskraft, der bei $v_A = 120$ km/h (33,333 m/s) beginnt und mit $v_E = 0$ endet, Zeit und Weg zu berechnen. Die Momentanbeschleunigung $a(v)$ ist in Tabelle 1.4 gegeben.

Lösungsweg und Lösung

Konstanten der Beschleunigungsgleichung, Gl. (2.34):

Anfang und Ende werden vertauscht, $v_A = 0$ und $v_E = 33,333$ m/s. Auf der Grundlage von Gl. (2.35/1) werden zu den Werten der Tabelle 1.4 mittels linearer Regression der logarithmischen Werte $c = 0,735265$, $d = -0,321165$ und $r = 0,9987$ ermittelt. Die Eingabe ist mit 10 km/h (nicht mit 0 km/h) zu beginnen. Die Entlogarithmierung auf der Basis von Gl. (2.29) ergibt $a_0 = -2,0860$ und $\kappa = -0,3212$.

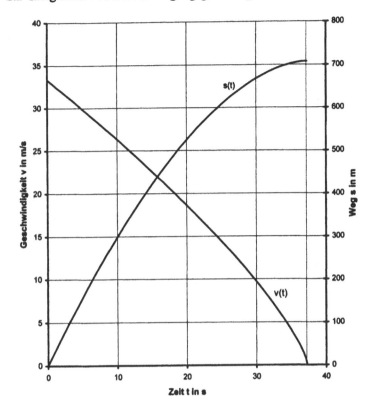

v_E	t_{0E}	s_{0E}
m/s	s	m
0	33,333	0
2,5	31,629	81,2
5	29,894	158,1
7,5	28,126	230,6
10	26,321	298,7
12,5	24,476	362,2
15	22,585	421,0
17,5	20,641	475,1
20	18,637	524,2
22,5	16,561	568,2
25	14,397	607,0
27,5	12,123	640,1
30	9,702	667,4
32,5	7,066	688,4
35	4,051	702,5
37,3	0	707,8

Bild 2.11
Kennlinien der Schnell-
bremsung eines Zugs mit
Grauguss-Klotzbremse
(Berechnungsbeispiel 2.8)

Die Berechnung der Konstanten a_0 und κ ist auch mit dem Einsatzverfahren möglich. Aus Tabelle 1.4 werden die Stützstellen A (v_A = 20 km/h bzw. 5,556 m/s; a_A = 1,2202 m/s^2) und E (v_E = 110 km/h bzw. 30,556 m/s; a_E = 0,7019 m/s^2) entnommen. Das Einsetzen in Gl. (2.34/2) ergibt:

$\kappa = [\ln(0,7019/1,2202)]/[\ln(30,556/5,556)] = -0,3244$ und $a_0 = 1,2202 \cdot (5,556/1)^{0,3244} = 2,1283$ m/s^2

Für die weiteren Berechnungen wird a_0 = 2,086 m/s^2 und κ = –0,3212 benutzt.

Berechnung von Bremszeit und Bremsweg als Anfahrzeit und Anfahrweg bei vertauschten Grenzen und Vorzeichenwechsel von a_0, Gl. (2.38/1) und (2.38/2):

$t_{0E} = v_E^{1-\kappa}/[a_0(1-\kappa)] = 33,333^{1+0,3212}/[2,086 \cdot (1+0,3212)] = 37,303$ s

$s_{0E} = v_E^{2-\kappa}/[a_0(2-\kappa)] = 33,333^{2+0,3212}/[2,086 \cdot (2+0,3212)] = 707,7$ m

Berechnung der Bremskennlinien v(t) und s(t)

Das Einsetzen der gegebenen Zahlenwerte in Gl. (2.37/1) und (2.36/2) ergibt:

$v_E = (102,81 - 2,756 \cdot t_{AE})^{1/1,3212}$ und $s_{AE} = (3427 - v_E^{2,3212})/4,842$

Bild 2.11 zeigt die berechneten Kennlinien.

2.2.3.4 Beschleunigungsparabel a(v)

Parabelgleichung

Die den Fahrabschnitten Auslaufen und Abrollen zugrunde liegende Momentanbeschleunigung a(v) ist durch die Parabelgleichung darstellbar:

Parabelgleichung:

$$a = a_0 + a_1 \frac{v}{v_{00}} + a_2 \left(\frac{v}{v_{00}}\right)^2 \tag{2.39}$$

a_0, a_1, a_2 Beschleunigungskonstanten in m/s^2
v_{00} Geschwindigkeitskonstante, $v_{00} = 27{,}778$ m/s (100 km/h)

Konstantenermittlung

Die Konstanten der Gl. (2.39) sind entweder für die gegebene Menge der Stützstellenpunkte mittels quadratischer Regression oder nach Kap. 3.3.7 (Gl. (3.61) bis Gl. (3.63)) oder für 3 ausgewählte Punkte A, Z und E zu berechnen.

Bild 2.12 zeigt die Lage der zu wählenden Stützstellen. Stützstelle A soll bei 20 bis 30 km/h und Stützstelle E bei 90 bis 100 % v_{max} liegen. Die zwischen Anfang A und Ende E gelegene Zwischenstützstelle Z soll etwa in der Mitte zwischen A und E liegen. Die Stützstellenwerte $P_A (v_A; a_A)$, $P_Z (v_Z; a_Z)$ und $P_E (v_E; a_E)$ sind in das folgende Gleichungssystem einzusetzen:

$$a_2 = \frac{v_{00}^2 (a_E - a_A)}{(v_E - v_A)(v_E - v_Z)} - \frac{v_{00}^2 (a_Z - a_A)}{(v_Z - v_A)(v_E - v_Z)} \tag{2.40}$$

$$a_1 = \frac{v_{00}(a_Z - a_A)}{v_Z - v_A} - \frac{a_2 (v_Z + v_A)}{v_{00}}$$

$$a_0 = a_A - a_1 \frac{v_A}{v_{00}} - a_2 \left(\frac{v_A}{v_{00}}\right)^2$$

Umformung

Die Integration von Gl. (2.39) ist durch Beseitigung des linearen Glieds zu vereinfachen:

$$a = a_0' + a_2 \left(\frac{v_{rel}}{v_{00}}\right)^2 \quad \text{mit} \quad v_{rel} = v + \Delta v \tag{2.41}$$

$$a_0' = a_0 - a_2 \left(\frac{\Delta v}{v_{00}}\right)^2 \quad \text{und} \quad a_1 = 2 a_2 \frac{\Delta v}{v_{00}}$$

Die Gl. (2.41) ist in Gl. (2.10) einzusetzen und zu integrieren.

Konstanten

Die Integration von Gl. (2.41) führt zu 3 Lösungen. Die beim praktischen Rechnen zu benutzende Lösungsvariante ist vom Vorzeichenfaktor j abhängig:

$$j = \text{sgn} \left(4 a_2 a_0 - a_1^2\right) \tag{2.42}$$

In den 3 Lösungen sind Geschwindigkeitszuschlag Δv, Geschwindigkeitskonstante V_0, Zeitkonstante T_0 und Wegkonstante S_0 enthalten:

$$\Delta v = v_{00} \frac{a_1}{2 a_2} \quad \text{und} \quad V_0 = v_{00} \sqrt{j \left[\frac{a_0}{a_2} - \left(\frac{\Delta v}{v_{00}}\right)^2\right]} \tag{2.43}$$

$$T_0 = - \frac{v_{00}}{V_0} \frac{v_{00}}{a_2} \quad \text{und} \quad S_0 = - \frac{v_{00}^2}{2a_2}$$

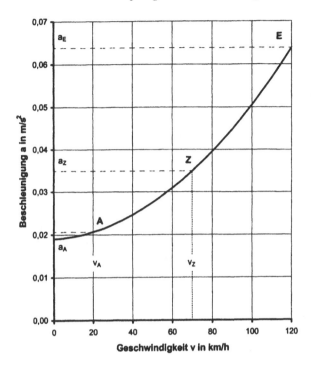

v km/h	−a m/s²	v km/h	−a m/s²
0	0,0190	70	0,0349
15	0,0200	75	0,0370
20	0,0206	80	0,0394
25	0,0214	85	0,0420
30	0,0223	90	0,0447
35	0,0233	95	0,0476
40	0,0245	100	0,0504
45	0,0259	105	0,0536
50	0,0274	110	0,0568
55	0,0291	115	0,0602
60	0,0309	120	0,0638
65	0,0328	-	-

Bild 2.12
Kennlinie der
Momentanbeschleunigung a(v) des
Zugauslaufs auf waagerechter
Strecke zu Berechnungsbeispiel 2.9

Integration

In Abhängigkeit vom Vorzeichenfaktor j gelten für die Zeit folgende 3 Lösungen:

$$j = +1: \; t_{AE} = T_0 \arctan X \tag{2.44}$$

$$j = -1: \; t_{AE} = T_0 \arctan \text{hyp } X \quad \text{und} \quad t_{AE} = \frac{1}{2} T_0 \ln \frac{1+X}{1-X}$$

$$j = 0: \; t_{AE} = \frac{v_{00}^2}{a_2} \left(\frac{1}{v_A + \Delta v} - \frac{1}{v_E + \Delta v} \right)$$

$$\text{Argument:} \quad X = \text{abs} \; \frac{V_0 (v_E - v_A)}{V_0^2 + j(v_E + \Delta v)(v_A + \Delta v)}$$

Für den Weg erhält man bei der Integration eine einheitliche Lösung:

$$s_{AE} = S_0 \, \text{abs} \left(\ln \frac{a_E}{a_A} - \frac{a_1}{v_{00}} t_{AE} \right) \tag{2.45}$$

Berechnungsbeispiel 2.9

Für den mit der Diesellokomotive BR 232 bespannten 500 t-Wagenzug ist zum Zugauslauf auf waage-rechter Strecke ($F_N = 0$) die Beschleunigungsgleichung a(v) aufzustellen. Die Zugmasse beträgt $m_Z = 616,2$ t und der Drehmassezuschlag $m_{DZ} = 48$ t. Bild 1.3 enthält die Zugwiderstandskraft $F_{WZ}(v)$.

Lösungsweg und Lösung:

Die Stützstellen der Momentanbeschleunigung P (v; a) werden mit Gl. (1.10) aus den Stützstellen der Zugwiderstandskraft P (v; F_{WZ}) berechnet. Bild 2.12 enthält das Ergebnis.

Konstantenbestimmung mittels Regressionsrechnung 2. Grads:

a_0 = −0,0190 m/s², a_1 = −0,00214 m/s², a_2 = −0,0293 m/s² und r = 0,9999

Konstantenbestimmung mittels Einsetzverfahren, Gl. (2.40)

Für das Einsetzen werden entsprechend Bild 2.12 die Stützstellen A (v_A = 5,556 m/s; a_A = −0,0206 m/s²), Z (v_Z = 19,444 m/s; a_Z = −0,0349 m/s²) und E (v_E = 33,333 m/s; a_E = −0,0638 m/s²) gewählt.

Teilung der a_2-Gleichung in 2 Terme k_1 und k_2: $a_2 = k_1 - k_2$

k_1 = 27,778· (−0,0638 + 0,0206)/[(33,333 − 5,556)(33,333 − 19,444)] = −0,0864

k_2 = 27,778· (−0,0349 + 0,0206)/[(19,444 − 5,556)(33,333 − 19,444) = −0,0572

a_2 = −0,0864 + 0,0572 = −0,0292 m/s²

a_1 = 27,778· (−0,0349 + 0,0206)/(19,444 − 5,556) + 0,0292· (19,444 + 5,556)/27,778 = −0,00232 m/s²

a_0 = −0,0206 + 0,00232· 5,556/27,778 + 0,0292· (5,556/27,778)² = −0,0190 m/s²

Berechnungsbeispiel 2.10

Für den mit der Diesellokomotive BR 232 bespannten 500 t-Wagenzug ist der Zugauslauf auf waagerechter Strecke von v_A = 120 km/h (33,333 m/s) bis zum Halt (v_E = 0) zu berechnen. Konstanten der Beschleunigungsgleichung (Gl. (2.37)): a_0 = −0,0190 m/s², a_1 = −0,00214 m/s² und a_2 = −0,0293 m/s².

Lösungsweg und Lösung

Vorzeichenfaktor, Gl. (2.42): j = sgn (4· −0,0293· −0,0190 − 0,00214²) = +1

Gleichungskonstanten, Gl. (2.43):

Δv = 27,778· 0,00214/(2· 0,0293) = 1,0144 m/s

V_0 = 27,778· [0,0190/0,0293 − (1,0144/27,778)²]^{0,5} = 22,346 m/s

T_0 = 27,778/22,346· 27,778/0,0293 = 1179 s

S_0 = 27,778²/(2· 0,0293) = 13168 m

Berechnung der Auslaufzeit für j = +1, Gl. (2.44)

X = 22,346· (0 − 33,333)/[22,346² + (0 + 1,0144)(33,333 + 1,0144)] = 1,3944

t_{A0} = T_0· arctan X = 1179· arctan 1,3944 = 1118 s bzw. 18 min und 38 s

Berechnung des Auslaufwegs, Gl. (2.39) und (2.45)

a_A = −0,0190 − 0,00214· 33,333/27,778 − 0,0293· (33,333/27,778)² = −0,06376 m/s²

Für v_E = 0 ist a_E = a_0 = −0,0190 m/s²

s_{A0} = 13168· [ln (0,0190/0,06376) + 0,00214· 1118/27,778] = 14193 m

2.2.4   Zeitabhängige Geschwindigkeit

Empirische normierte Gleichung v(t)

Die Bilder 2.7, 2.10 und 2.11 enthalten Anfahr- und Bremskennlinien. Bremskennlinien sind in Anfahrkennlinien umzukehren (Beginn der Zeit- und Wegzählung im Endpunkt). Die Kennlinien sind durch die Bezugnahme auf die Endwerte von Geschwindigkeit v_E, Zeit t_{0E} und Weg s_{0E} zu normieren. Für den Anfang bzw. für das umgekehrte Ende gilt v_A = 0. Die normierten Kennlinien haben die Ausdehnung v_x/v_E = 1, t_x/t_{0E} = 1 und s_x/s_{0E} = 1.

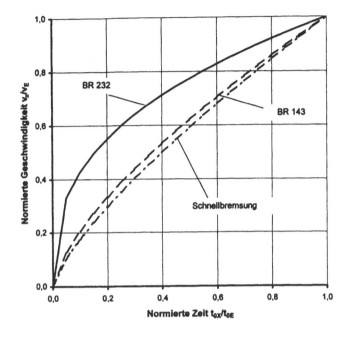

Bild 2.13
Normierte Kennlinien der
Fahrbewegung für den Anfahr-
und Bremsvorgang
BR 232:
$v_E = 33{,}333$ m/s
$t_{0E} = 350{,}3$ s
$s_{0E} = 8521$ m
$k = 0{,}3703$
BR 143:
$v_E = 33{,}333$ m/s
$t_{0E} = 146{,}8$ s
$s_{0E} = 2903$ m
$k = 0{,}6856$
Schnellbremsung:
$v_E = 33{,}333$ m/s
$t_{0E} = 37{,}3$ s
$s_{0E} = 707{,}8$ m
$k = 0{,}7566$

Im Bild 2.13 sind normierte Kennlinien der Fahrbewegung dargestellt. Sie sind aus den Kennlinien der Bilder 2.7, 2.10 und 2.11 hervorgegangen. Für die normierte v(t)-Kennlinie wird
folgende empirische Gleichung gewählt:

$$\frac{v_x}{v_E} = \left(\frac{t_{0X}}{t_{0E}}\right)^k \tag{2.46}$$

v_E Abschnittsendgeschwindigkeit	t_{0X} Fahrzeit bis zu einem Punkt x
v_X Geschwindigkeit im Punkt x	s_{0E} Fahrweg bis Intervallende
t_{0E} Fahrzeit bis Intervallende	s_{0X} Fahrweg bis zu einem Punkt x
	k Exponent

Die Gl. (2.46) gilt nur für die Bedingung, dass zum Zeitpunkt t = 0 auch s = 0 und v = 0 ist.

Abgeleitete normierte Gleichungen

Das Einsetzen von Gl. (2.46) in die Differentialquotienten und Integrale der Fahrbewegung
ergibt folgende Gleichungen zur Darstellung von Anfahr-, Brems- und Auslaufvorgängen:

$$v_X = v_E \, (t_{0X}/t_{0E})^k \qquad \text{und} \qquad v_X = v_E \, (s_{0X}/s_{0E})^{k/(k+1)} \tag{2.47}$$

$$s_{0X} = s_{0E} \, (t_{0X}/t_{0E})^{k+1} \qquad \text{und} \qquad s_{0X} = s_{0E} \, (v_X/v_E)^{(1+k)/k}$$

$$t_{0X} = t_{0E} \, (v_X/v_E)^{1/k} \qquad \text{und} \qquad t_{0X} = t_{0E} \, (s_{0X}/s_{0E})^{1/(k+1)}$$

$$a_X = a_E \, (t_{0X}/t_{0E})^{k-1} \qquad \text{und} \qquad a_X = a_E \, (v_X/v_E)^{(k-1)/k}$$

$$a_X = a_E \, (s_{0X}/s_{0E})^{(k-1)/(k+1)}$$

Kennlinienexponent

Für die überschlägliche Berechnung von Anfahr-, Brems- und Auslaufkennlinien mit Gl. (2.47) müssen die gemessenen Werte des Intervallendes Anfahrzeit t_{0E}, Anfahrweg s_{0E} und Endgeschwindigkeit v_E gegeben sein. Aus diesen Variablen gehen der Kennlinienexponent k und die Momentanbeschleunigung bei Intervallende a_E hervor:

$$k = \frac{v_E \, t_{0E}}{s_{0E}} - 1 \quad \text{und} \quad a_E = k \frac{v_E}{t_{0E}} \tag{2.48}$$

Fehlt einer der 3 Endwerte v_E, t_{0E} oder s_E, dann müssen ersatzweise die Werte von einer möglichst in der Mitte zwischen Anfang und Ende gelegenen Stützstelle P_X vorliegen, die in folgende Gleichungen einzusetzen sind:

$$k = \frac{\ln\left(v_X / v_E\right)}{\ln\left(t_{0X} / t_{0E}\right)} \tag{2.49}$$

$$k = \frac{\ln\left(v_X / v_E\right)}{\ln\left(s_{0X} / s_{0E} \cdot v_E / v_X\right)}$$

$$k = \frac{\ln\left(s_{0X} / s_{0E}\right)}{\ln\left(t_{0X} / t_{0E}\right)} - 1$$

Praktische Anwendung

Die normierten Gleichungen eignen sich sehr gut für die überschlägliche Berechnung von Abschnitten der Fahrbewegung. Die Berechnung der Momentanbeschleunigung ist aber für den Nullpunkt nicht möglich und liefert für den Bereich 0 bis 20 km/h überhöhte Werte.

Berechnungsbeispiel 2.11

Von der Anfahrt eines Zugs sind die Endwerte v_E = 120 km/h (33,333 m/s), t_{0E} = 350,3 s und s_{0E} = 8521 m bekannt. Gesucht sind Geschwindigkeit v_X, Zeit t_{0X} und Beschleunigung a_X zu den Wegpunkten s_{01} = 4000 m und s_{02} = 6000 m und die Zeit t_{12} für das Durchfahren des Abschnitts 1 bis 2.

Lösungsweg und Lösung

Exponent k und Endbeschleunigung a_E, Gl. (2.48):

k = $v_E \, t_{0E}/s_{0E}$ − 1 = 33,333·350,3/8521 = 0,3703

a_E = k v_E/t_{0E} = 0,3703·33,333/350,3 = 0,03524 m/s²

Wegpunkt s_{01} = 4000 m:

Gl. (2.47/2) v_1 = 33,333·(4000/ 8521)·Exp [0,3703/ (0,3703 + 1)] = 27,172 m/s (97,8 km/h)

Gl. (2.47/6) t_{01} = 350,3·(4000/ 8521)·Exp [1/ (0,3703 + 1)] = 201,7 s

Gl. (2.48/3) a_1 = 0,03524·(4000/ 8521)·Exp [(0,3703 − 1) / (0,3703 + 1)] = 0,0500 m/s²

Wegpunkt s_{02} = 6000 m:

Gl. (2.47/2) v_2 = 33,333·(6000/ 8521)·Exp [0,3703/ (0,3703 + 1)] = 30,318 m/s (109,1 km/h)

Gl. (2.47/6) t_{02} = 350,3·(6000/ 8521)·Exp [1/ (0,3703 + 1)] = 271,2 s

Gl. (2.48/3) a_2 = 0,03524·(6000/ 8521)·Exp [(0,3703 − 1) / (0,3703 + 1)] = 0,0414 m/s²

Abschnitt s_1 bis s_2: t_{12} = t_{02} − t_{01} = 271,2 − 201,7 = 69,5 s

2.3 Integration mittels Schrittverfahren

2.3.1 Gliederung der Verfahren

Makro- und Mikroschrittverfahren

Für die Berechnung von Bewegungsabschnitten, in denen die Beschleunigung a(t) oder a(v) nicht als integrierbare Funktion vorliegt, ist die intervallweise Schrittintegration zu benutzen. Man unterscheidet zwischen Makro- und Mikroschrittverfahren. Den Makroschrittverfahren liegt eine große Schrittweite, den Mikroschrittverfahren eine sehr kleine Schrittweite zugrunde. Bei den Mikroschrittverfahren ist die Rechentechnik Voraussetzung.

Makroschrittverfahren

Zu den Makroschrittverfahren gehören

- die Simpsonsche Regel,
- das Runge-Kutta-Schrittverfahren,
- das Makrozeitschrittverfahren und
- das Makrogeschwindigkeitsschrittverfahren.

Mikroschrittverfahren

Zu den Mikroschrittverfahren gehören

- das Mikrozeitschrittverfahren (Δt-Verfahren),
- das Mikrowegschrittverfahren (Δs-Verfahren) und
- das Mikrogeschwindigkeitsschrittverfahren (Δv-Verfahren)

2.3.2 Makroschrittverfahren

Simpsonsche Regel

Die Simpsonsche Regel ist ein spezielles Integrationsverfahren zur Berechnung des Mittelwerts y_m einer Menge von Stützstellen $y = f(x)$, das sich auch sehr gut zur Berechnung der Geschwindigkeit aus Beschleunigungsstützstellen a(t) und des Wegs aus Geschwindigkeitsstützstellen v(t) eignet. Bedingung ist der gleiche x-Abstand aller Stützstellen und eine geradzahlige Anzahl p von Intervallen. Da zu p Intervallen (p+1) Stützstellen gehören, muss die Stützstellenanzahl ungerade sein. Bild 2.14 zeigt für ein Beispiel die Intervallbildung von Beschleunigung a(t) und Geschwindigkeit v(t).

Mittlere Beschleunigung a_m und mittlere Geschwindigkeit v_m des Bereiches 0 bis t_E betragen:

$$a_m = \frac{1}{3p}\left[a_A + a_E + \sum_{k=1}^{k=p/2}(2a_{n-2} + 4a_{n-1})\right] \text{ mit } n = 2k \qquad (2.50)$$

$$v_m = \frac{1}{3p}\left[v_A + v_E + \sum_{k=1}^{k=p/2}(2v_{n-2} + 4v_{n-1})\right] \text{ mit } n = 2k$$

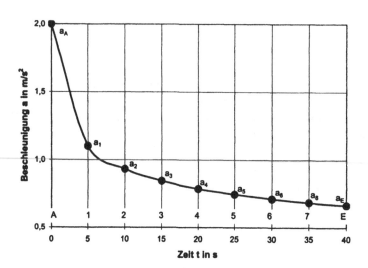

Bild 2.14
Integration der Be-
schleunigung a(t) zur
Geschwindigkeit v(t)
und von v(t) zum
Weg s(t) mit der
Simpsonschen Regel
(Zugbremsung nach
Tabelle 1.4 bei Umkehr
in die Beschleunigung,
Beispiel 2.12)

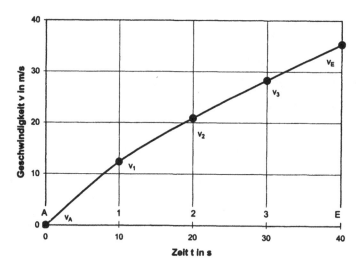

Je nachdem welche Intervalle in die Mittelwertbildung einzubeziehen sind, ist für die Ordnungszahl $k = 1, 2, 3 ...p/2$ einzusetzen. Bei $k = p/2$ werden alle Intervalle zur Mittelwertbildung benutzt.

Aus Gl. (2.50) geht hervor, dass die Anfangs- und Endwerte des zu berechnenden Bereichs a_A
bzw. v_A und a_E bzw. v_E mit dem Wertigkeitsfaktor 1, die Zwischenwerte des geradzahligen
Index a_{n-2} mit dem Wertigkeitsfaktor 2 und die Zwischenwerte des ungeradzahligen Index a_{n-1}
mit dem Wertigkeitsfaktor 4 zu multiplizieren sind.

Wird Gl. (2.50/1) mit der Abschnittszeit t_{0E} multipliziert, erhält man die jeweilige Endgeschwindigkeit am letzten einbezogenen Intervall. Bei Multiplikation von Gl. (2.50/2) mit der
Abschnittszeit t_{0E} erhält man den Weg am letzten einbezogenen Intervall.

Tabelle 2.1
Rechenschritte zur Integration der Beschleunigung a(t)
mit der Simpsonschen Regel (Berechnungsbeispiel 2.12)

Nr.	t	a	v	Nr.	t	v	s
	s	m/s^2	m/s		s	m/s	m
A	0	2,086	0	A	0	0	0
1	5	1,1025	-				
2	10	0,9315	12,379	1	10	12,379	-
3	15	0,8441	-				
4	20	0,7870	20,871	2	20	20,871	117,3
5	25	0,7455	-				
6	30	0,7132	28,342	3	30	28,342	-
7	35	0,6869	-				
E	40	0,6650	35,369	E	40	35,368	800

Die Anwendung der Simpsonschen Regel zur Berechnung der Geschwindigkeit v(t) aus der Beschleunigung a(t) und des Wegs s(t) aus der Geschwindigkeit v(t) wird anhand der im Bild 2.14 und in Tabelle 2.1 gegebenen Zugbremsung dargestellt. Die Zugbremsung mit der Beschleunigung −a und der Anfangsgeschwindigkeit v_0 ist in die Anfahrt mit der Beschleunigung +a und der Anfangsgeschwindigkeit $v_A = 0$ umgekehrt worden.

Von der Bremsung ist die Abschnittszeit $t_{0E} = 40$ s bekannt. Die Zeit t_{0E} wird in p = 8 Intervalle gleicher Breite (5 s für 1 Intervall) unterteilt. Die p+1 = 9 Stützstellen werden mit den gegebenen Beschleunigungswerten belegt. Tabelle 2.1 enthält das Ergebnis.

Beginnend mit k = 1 und abschließend mit k = p/2 = 4 wird in Gl. (2.50/1) die Ordnungszahl k eingesetzt. Die Gl. (2.50/1) wird mit t_{0E} multipliziert: Man erhält:

$$v_2 = q \, (a_A + 4 \, a_1 + a_2) \qquad (2.51)$$

$$v_4 = q \, (a_A + 4 \, a_1 + 2 \, a_2 + 4 \, a_3 + a_4)$$

$$v_6 = q \, (a_A + 4 \, a_1 + 2 \, a_2 + 4 \, a_3 + 2 \, a_4 + 4 \, a_5 + a_6)$$

$$v_8 = q \, (a_A + 4 \, a_1 + 2 \, a_2 + 4 \, a_3 + 2 \, a_4 + 4 \, a_5 + 2 \, a_6 + 4 \, a_7 + a_E)$$

$$q = \frac{t_{0E}}{3p}$$

Für die Wegberechnung werden die Geschwindigkeiten v_2 bis v_8 mit neuen fortlaufenden Ordnungszahlen versehen (Tabelle 2.1). Die Anzahl der Intervalle verringert sich auf die Hälfte (p = 4). Die Anzahl der Stützstellen reduziert sich auf p+1 = 5.

Beginnend mit k = 1 und abschließend mit k = p/2 = 2 wird in Gl. (2.50/2) die Ordnungszahl k eingesetzt. Die Gl. (2.50/2) wird mit t_{0E} multipliziert: Man erhält:

$$s_2 = q \, (v_A + 4 \, v_1 + v_2) \qquad (2.52)$$

$$s_4 = q \, (v_A + 4 \, v_1 + 2 \, v_2 + 4 \, v_3 + v_E)$$

$$q = \frac{t_{0E}}{3p}$$

Berechnungsbeispiel 2.12

Für die in Tabelle 1.4 gegebenen Momentanbeschleunigungen a(v) der Schnellbremsung eines Zugs sind Bremsanfangsgeschwindigkeit und Weg bei einer Bremszeit der entwickelten Bremskraft t_{0E} = 40 s mit der Simpsonschen Regel zu berechnen.

Lösungsweg und Lösung:

In Beispiel 2.8 ist die Beschleunigungskonstante a_0 = 2,0860 m/s² (Vorzeichenwechsel infolge Umkehr) und der Exponent κ = –0,3212 der allgemeinen Exponentialgleichung a(v) ermittelt worden. Das Einsetzen von a_0 und κ in Gl. (2.38/7) ermöglicht die Berechnung der zeitabhängigen Beschleunigung a(t). Tabelle 2.1 enthält die aus Gl. (2.38/7) hervorgegangenen Beschleunigungen a(t) für p = 8 Intervalle bei der konstanten Intervallbreite Δt = 5 s. Das Einsetzen von q = t_{0E}/(3 p) = 40/(3·8) = 1,6667 und der in Tabelle 2.1 gegebenen a-Stützstellen in Gl. (2.51) ergibt die in Tabelle 2.1 enthaltenen Geschwindigkeiten.

Nach erfolgter Änderung der Indizierung ergeben sich für die Wegberechnung p = 4 Intervalle und p+1 = 5 v-Stützstellen bei einer Intervallbreite von Δt = 10 s (Bild 3.14). Das Einsetzen von q = t_{0E}/(3 p) = 40/(3·4) = 3,3333 und der in Tabelle 2.1 gegebenen v-Stützstellen in Gl. (2.52) ergibt die in Tabelle 2.1 enthaltenen Wege.

Runge-Kutta-Schrittverfahren

Das Runge-Kutta-Schrittverfahren ist zur Lösung von Differentialgleichungen des Typs dy/dx = f(x, y) entwickelt worden. Bei Fahrbewegungen ist das Verfahren zur Berechnung der Geschwindigkeit v der Beschleunigungsfunktion a = f(t, v) bzw. dv/dt = f(t, v) anzuwenden. Diese Abhängigkeit liegt im Auf- und Abregelabschnitt der Anfahrten und Bremsungen vor. Bild 2.15 zeigt den Einfluss von Geschwindigkeit und Zeit auf die Beschleunigung.

Die Anwendung wird anhand der Anfahrt der Diesellokomotive BR 232 mit dem 500 t-Wagenzug erläutert. Beim Aufregeln bis t_{Auf} überlagern sich a(v) nach Gl. (2.27) und a(t) nach Gl. (2.16). Aus Gl. (2.27) und (2.16) erhält man die Gleichung der doppelten Abhängigkeit a(t,v):

$$a = a_0\left(1-e^{-\omega t}\right)e^{-v/v_{00}} \quad \text{mit} \quad \omega = \frac{3}{t_{Auf}} \tag{2.53}$$

$$f(x, y) = a_0\left(1-e^{-\omega x}\right)e^{-y/v_{00}}$$

In Gl. (2.53/2) ist a(t,v) durch f(x,y) mit x = t und y = v ersetzt worden.

Für die Integration von Gl. (2.53) wird die Schrittweite Δt gewählt, mit der t_{Auf} in Intervalle zu unterteilen ist. Die Anfangsvariablen des ersten Δt-Intervalls sind gegeben: t_i und v_i. Die Endvariablen sind zu berechnen:

$$t_{i+1} = t_i + \Delta t \quad \text{und} \quad v_{i+1} = v_i + \Delta v \tag{2.54}$$

Am Ende eines Δt-Intervalls ist für das nächste Δt-Intervalls $t_i = t_{i+1}$ und $v_i = v_{i+1}$ zu setzen.

Gleichungssystem der Geschwindigkeitsänderung Δv eines Δt-Intervalls:

$$k_1 = \Delta t \cdot f(x, y) \quad \text{mit} \quad x = t_i \quad \text{und} \quad y = v_i \tag{2.55}$$

$$k_2 = \Delta t \cdot f(x, y) \quad \text{mit} \quad x = t_i + 0,5\ \Delta t \quad \text{und} \quad y = v_i + 0,5\ k_1$$

$$k_3 = \Delta t \cdot f(x, y) \quad \text{mit} \quad x = t_i + 0,5\ \Delta t \quad \text{und} \quad y = v_i + 0,5\ k_2$$

$$k_4 = \Delta t \cdot f(x, y) \quad \text{mit} \quad x = t_i + 0,5\ \Delta t \quad \text{und} \quad y = v_i + 0,5\ k_3$$

$$\Delta v = \frac{1}{6}\ (k_1 + 2\ k_2 + 2\ k_3 + k_4)$$

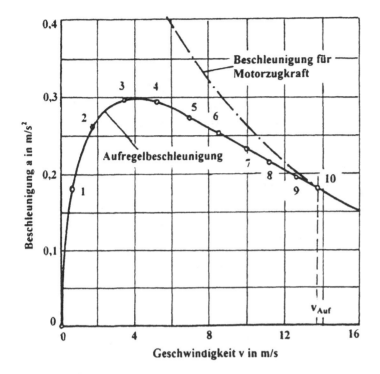

Bild 2.15

Kinematische Variable im
Aufregelbereich der
Anfahrt der
Diesellokomotive BR 232
mit 500 t-Wagenzug,
berechnet mit Runge-
Kutta-Schrittverfahren
(Beispiel 2.13)

Nr.	t	v	s	a
	s	m/s	m	m/s^2
0	0	0	0	0
1	6	0,48	1,43	0,173
2	12	1,79	8,22	0,265
3	18	3,48	24,1	0,296
4	24	5,26	50,3	0,294
5	30	7,00	87,1	0,277
6	36	8,60	134	0,255
7	42	10,1	190	0,233
8	48	11,4	254	0,212
9	54	12,7	327	0,193
10	60	13,8	406	0,177

Den Funktionswert f(x, y) erhält man aus Gl. (2.53/2). Der Weg des Intervalls ist mit Gl. (2.11) auf der Basis der mittleren Intervallgeschwindigkeit v_m (arithmetisches Mittel) zu berechnen.

Berechnungsbeispiel 2.13

Für die Anfahrt des mit der Diesellokomotive BR 232 bespannten 500 t-Wagenzugs ist die Endgeschwindigkeit und der Weg des Aufregelbereichs zu berechnen. Nach Beispiel 2.6 ist $a_0 = 0,6968$ m/s^2 und $v_{00} = 10,435$ m/s. Für die Aufregelzeit $t_{Auf} = 60$ s erhält man aus Gl. (2.53) $\omega = 3/t_{Auf} = 3/60 = 0,05$ s^{-1}.

Lösungsweg und Lösung

Der Aufregelbereich wird in 2 Intervalle mit $\Delta t = 30$ s unterteilt. Die Anfangswerte des 1. Intervalls sind $t_i = 0$, $v_i = 0$ und $s_i = 0$. Das Einsetzen der gegebenen bzw. berechneten Werte in Gl. (2.53) bis (2.55) und (2.11) ergibt:

k_1: $x = t_i = 0$ und $y = v_i = 0$,

$f(x, y) = 0,6968 \cdot (1 - e^{-0,050}) \cdot e^{-0/10,435} = 0$ und $k_1 = 30 \cdot 0 = 0$

k_2: $x = 0 + 0,5 \cdot 30 = 15$ s und $y = 0 + 0,5 \cdot 0 = 0$

$f(x, y) = 0,6968 \cdot (1 - e^{-0,05 \cdot 15}) \cdot e^{-0/10,435} = 0,3677$ und $k_2 = 30 \cdot 0,3677 = 11,031$ m/s

k_3: $x = 0 + 0,5 \cdot 30 = 15$ s und $y = 0 + 0,5 \cdot 11,031 = 5,516$ m/s

$f(x, y) = 0,6968 \cdot (1 - e^{-0,05 \cdot 15}) \cdot e^{-5,516/10,435} = 0,2167$ m/s^2 und $k_3 = 30 \cdot 0,2167 = 6,501$ m/s

k_4: $x = 0 + 0,5 \cdot 30 = 15$ s und $y = 0 + 0,5 \cdot 6,501 = 3,251$ m/s

$f(x, y) = 0,6968 \cdot (1 - e^{-0,05 \cdot 15}) \cdot e^{-3,251/10,435} = 0,2692$ m/s^2 und $k_4 = 30 \cdot 0,2692 = 8,076$ m/s

$\Delta v = 1/6 \cdot (0 + 2 \cdot 11,031 + 2 \cdot 6,501 + 8,076) = 7,190$ m/s

$t_{i+1} = 0 + 30 = 30$ s und $v_{i+1} = 0 + 7,190 = 7,190$ m/s

$\Delta s = (v_i + v_{i+1}) \Delta t/2 = (0 + 7,190) \cdot 30/2 = 107,850$ m und $s_{i+1} = s_i + \Delta s = 0 + 107,850 = 107,850$ m.

Die Anfangswerte des 2. Intervalls sind $t_i = t_{i+1} = 30$ s, $v_i = v_{i+1} = 7,190$ m/s und $s_i = s_{i+1} = 107,85$ m.

k_1: $x = t_i = 30$ s und $y = v_i = 7,190$ m/s.

$f(x, y) = 0,6968 \cdot (1 - e^{-0,05 \cdot 30}) \cdot e^{-7,190/10,435} = 0,2718$ m/s^2 und $k_1 = 30 \cdot 0,2718 = 8,154$ m/s

k_2: $x = 30 + 0,5 \cdot 30 = 45$ s und $y = 7,190 + 0,5 \cdot 8,154 = 11,267$ m/s

$f(x, y) = 0,6968 \cdot (1 - e^{-0,05 \cdot 45}) \cdot e^{-11,267/10,435} = 0,2117$ m/s^2 und $k_2 = 30 \cdot 0,2117 = 6,351$ m/s

k_3: $x = 30 + 0,5 \cdot 30 = 45$ s und $y = 7,190 + 0,5 \cdot 6,351 = 10,366$ m/s

$f(x, y) = 0,6968 \cdot (1 - e^{-0,05 \cdot 45}) \cdot e^{-10,366/10,435} = 0,2308$ m/s^2 und $k_3 = 30 \cdot 0,2308 = 6,924$ m/s

k_4: $x = 30 + 0,5 \cdot 30 = 45$ s und $y = 7,190 + 0,5 \cdot 6,924 = 10,652$ m/s

$f(x, y) = 0,6968 \cdot (1 - e^{-0,05 \cdot 45}) \cdot e^{-10,652/10,435} = 0,2246$ m/s^2 und $k_4 = 30 \cdot 0,2246 = 6,738$ m/s

$\Delta v = 1/6 \cdot (8,154 + 2 \cdot 6,351 + 2 \cdot 6,924 + 6,738) = 6,907$ m/s

$t_{i+1} = 30 + 30 = 60$ s und $v_{i+1} = 7,190 + 6,907 = 14,097$ m/s (50,7 km/h)

$\Delta s = (v_i + v_{i+1}) \Delta t/2 = (7,190 + 14,097) \cdot 30/2 = 319,305$ m und $s_{i+1} = s_i + \Delta s = 107,850 + 319,305 = 427,2$ m.

Anmerkungen: Die Genauigkeit des Runge-Kutta-Schrittverfahrens ist von der gewählten Schrittweite abhängig. Der gesamte Bereich sollte mindestens in 4 bis 5 Intervalle unterteilt werden. Zur Reduzierung der Rechenaufwands ist ein Rechner zu benutzen. Für die Berechnung der im Bild 2.15 dargestellten Kurve wurde der Bereich $t_{Auf} = 60$ s in 10 Intervalle mit $\Delta t = 6$ s unterteilt.

Makrozeitschrittverfahren

Das Makrozeitschrittverfahren wird in Verbindung mit der Rechentechnik zur Auswertung unstetig verlaufender, gemessener Beschleunigungs-Zeit-Kennlinien benutzt (Umkehr der Zugbremsung in die Anfahrt). Beginnend mit dem Anfangs- oder Endzustand $v = 0$, $t = 0$ und $s = 0$ wird die Kennlinie $a(t)$ digitalisiert (Stützstellen in Bild 2.14 und 2.15). An Extremstellen sowie in Δt-Schritten im stetig verlaufenden Teil werden Stützstellen $P_x (t_x; a_x)$ ermittelt. Sprünge sind als 2 Stützstellen gleicher Zeit zu berücksichtigen ($\Delta t = 0$). Sie werden übersprungen.

Tabelle 2.2
Grundelemente des Algorithmus des Makrozeitschrittverfahrens

Vorbereitung: Eingabe aller n Stützstellen $P_x (t_x; a_x)$ in eine Stützstellendatei
Beginn: Festlegung der Anfangszählvariablen $x = 0$ Für $x+1$ Entnahme von $P_{x+1} (t_{x+1}; a_{x+1})$ aus der Stützstellendatei Sprung nach (2)

(1) Für $x+1$ Entnahme von $P_{x+1} (t_{x+1}; a_{x+1})$ aus der Stützstellendatei
    $\Delta t = t_{x+1} - t_x$
    Test: Bei $\Delta t = 0$ oder $\Delta t < 0$ Sprung nach (2)
    $u_m = (a_{x+1} - a_x)/\Delta t$, $\Delta v = a_x \Delta t + u_m \Delta t^2/2$ und $\Delta s = v_x \Delta t + a_x \Delta t^2/2 + u_m \Delta t^3/6$

(2) $v_{x+1} = v_x + \Delta v$, $s_{x+1} = s_x + \Delta s$, $\Delta v = 0$ und $\Delta s = 0$
    Umspeicherung: $v_E = v_{x+1}$, $s_E = s_{x+1}$, $x = x+1$, $v_x = v_E$ und $s_x = s_E$
    Speicherung für Ausgabe: t_x, a_x, v_x, und s_x
    Test: Bei $x < n$ Rücksprung nach (1)
    Datenausgabe für $x = 1$ bis $x = n$

Der Kennlinienverlauf a(t) wird zwischen den Stützstellen als linear angenommen. Für jeden Stützstellenabschnitt wird mit Gl. (2.8) der mittlere Ruck u_m ermittelt und werden mit Gl. (2.14) Endgeschwindigkeit v_E und Endweg s_E berechnet. Nach der zyklischen Bearbeitung aller Stützstellenabschnitte werden die Abschnittswerte zu Gesamtwerten summiert (Endgeschwindigkeit v_E und Endweg s_E). Tabelle 2.2 enthält die Grundelemente des Algorithmus.

Makrogeschwindigkeitsschrittverfahren

Das Makrogeschwindigkeitsschrittverfahren ermöglicht in Verbindung mit der Rechentechnik die stützstellenweise Berechnung von Zeit und Weg zu Beschleunigungstabellen a(v) (Tabelle 1.4, Umkehr von Brems- in Anfahrtabellen). Die Berechnungen sind mit v = 0, t = 0 und s = 0 der 1. Stützstelle zu beginnen. Kennlinien a(v) sind in Stützstellen P_x (v_x; a_x) mit Δv = 5 bis 10 km/h Abstand zu digitalisieren. Knick- und Sprungstellen sind als Stützstelle zu erfassen. Sprünge (z.B. Gangwechsel des Getriebes) ergeben 2 Stützstellen mit gleicher Geschwindigkeit. Das Sprung-Intervall ist bei der Berechnung zu überspringen (Δv = 0).

Die Integration des Intervalls ist mit der konstanten mittleren Beschleunigung a_m (Gl. (2.12) und (2.13)) und mit der geradlinigen Beschleunigung a(v) (Gl. (2.23) und (2.24)) möglich.

Tabelle 2.3
Grundelemente des Algorithmus des Makrogeschwindigkeitsschrittverfahrens

Vorbereitung:
Eingabe aller n Stützstellen P_x (t_x; a_x) in eine Stützstellendatei

Beginn:
Festlegung der Anfangszählvariablen x = 0
Für x+1 Entnahme von P_{x+1} (t_{x+1}; a_{x+1}) aus der Stützstellendatei
Sprung nach (3)

(1) Für x+1 Entnahme von P_{x+1} (t_{x+1}; a_{x+1}) aus der Stützstellendatei, Verhältnis j = a_x/ a_{x+1}

Δv = v_{x+1} – v_x

Test: Bei Δv = 0 oder Δv < 0 Sprung nach (3)

Test: Für j < 0,95 oder j > 1,05 Sprung nach (2)

Berechnungen für a = konstant

a_m = (a_x + a_{x+1})/ 2, v_m = (v_x + v_{x+1})/ 2, Δt = (v_{x+1} – v_x)/ a_m und Δs = $v_m \Delta t$

Sprung nach (3)

(2) a_1 = (a_x – a_{x+1})/ (v_{x+1} – v_x) und a_0 = a_x + $a_1 v_x$

Δt = (v_{x+1} – v_x)/ (a_x – a_{x+1}) · ln (a_x/a_{x+1})

Δs = (v_{x+1} – v_x)^2/ (a_x – a_{x+1}) · [$a_0 \Delta t$/ (v_{x+1} – v_x) – 1]

(3) t_{x+1} = t_x + Δt, s_{x+1} = s_x + Δs, Δt = 0 und Δs = 0

Umsspeicherung: t_E = t_{x+1}, s_E = s_{x+1}, x = x + 1, t_x = t_E und s_x = s_E

Speicherung für Ausgabe: v_x, a_x, t_x und s_x

Test: Bei x < n Rücksprung nach (1)

Datenausgabe für x = 1 bis x = n

Ende

Die Variantenentscheidung ist anhand des Beschleunigungsverhältnisses benachbarter Stützstellen j = a_x/ a_{x+1} zu treffen. Bei j < 0,95 oder j > 1,05 ist mit der Beschleunigungsgeraden,
anderenfalls mit der mittleren Beschleunigung a_m (arithmetisches Mittel) zu rechnen. Das
Rechnen mit der Beschleunigungsgeraden a(v) ist zwar genauer, aber bei j =1 wegen ln (1) = 0
nicht möglich.

Die kinematischen Variablen aller Stützstellen werden zyklisch berechnet. Am Schluss erhält
man die Endwerte des Bewegungsabschnitts v_E, t_E und s_E. Tabelle 2.3 enthält die Grundelemente des Algorithmus des Makrogeschwindigkeitsverfahrens.

2.3.3 Mikroschrittverfahren

Die mit sehr kleinen Schrittintervallen (Mikrointervalle) arbeitenden Mikroschrittverfahren
werden in Zugfahrtsimulationsprogrammen benutzt. Zur Erläuterung des Grundaufbaus wird
von der Momentanbeschleunigungs-Tabelle a(v) ausgegangen (Tabelle 1.4).

Zu Beginn der Simulation sind die Variablen des Anfangszustands v_A, t_A, und s_A sowie die
Schrittweite einzugeben. Das Programm ermittelt die v_A umschließenden Stützstellen P_x (v_x; a_x)
und P_{x+1} (v_{x+1}; a_{x+1}). Der Verlauf der Beschleunigung zwischen 2 Stützstellen wird als Gerade
a(v) dargestellt (Gl. (2.21)). Überschreitet die Endgeschwindigkeit v_E eines Simulationsschritts
das aktuelle Stützstellenintervall, wird die Zählvariable der Stützstellen um 1 erhöht oder ernie-
drigt, so dass v_A wiederum von 2 Stützstellen umschlossen wird.

Wegen der benutzten Mikroschritte wird die Anfangsbeschleunigung des Rechenschritts a_A als
konstant vorausgesetzt. Die Korrektur erfolgt zu Beginn des nächsten Rechenschritts. Bild
2.16 zeigt den methodischen Fehler, der durch erneute Berechnung mit a_m des ersten Zyklus zu
reduzieren ist. Die Zyklenwiederholung ist bei Mikroschritten im Regelfall nicht erforderlich.

Der Rechenschritt der Mikroschrittverfahren beruht auf Gl. (2.11), (2.12) und (2.13) des Kap.
2.2.1. Die Verfahren müssen einen Algorithmus zur Unterscheidung zwischen der Bewegung
mit konstanter Beschleunigung und mit konstanter Geschwindigkeit (Beharrung) beinhalten.

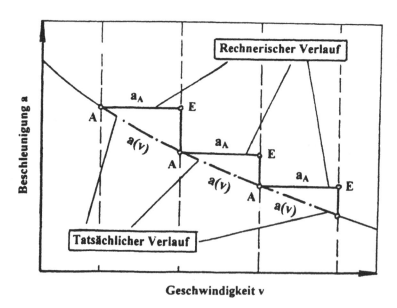

Bild 2.16
Methodischer Fehler
des Mikrozeit- und
Mikrowegschritt-
verfahrens

Tabelle 2.4
Grundelemente des Algorithmus des Mikrozeit-, des Mikroweg- und des Mikrogeschwindigkeitsschrittverfahrens

Vorbereitung: Eingabe aller n Stützstellen P_x (v_x; a_x) in eine Stützstellendatei Beginn: Wahl des Zeitschritts Δt, Δs oder Δv Wahl der Ausgabestützstellen (v, t oder s) Eingabe der Startwerte v_A, t_A und s_A Ermitteln der zu v_A gehörenden Stützstellen-Zählvariablen x und der Geraden a(v) (1) Test auf Änderung der Stützstellen-Zähl-Variablen x und Neuberechnung von a(v) Für v_A Berechnung von a_A aus a(v) Test auf Beharrung Bei /a_A/ > 0,005 Sprung nach (2) Beharrungsberechnung: $v_E = v_A$, Δs ist bekannt und $\Delta t = \Delta s/ v_A$ Sprung nach (3) (2) Für Δt oder Δs oder Δv Berechnung von v_E, t_E und s_E **Zeitschrittverfahren:** $V_E = v_A + a_A \Delta t$ und $\Delta s = \Delta t (v_A + v_E)/ 2$ Sprung nach (3)	**Wegschrittverfahren:** $v_E = (v_A{}^2 + 2 a_A \Delta s)^{0,5}$, $\Delta t = 2 \Delta t/ (v_A + v_E)$ Sprung nach (3) **Geschwindigkeitsschrittverfahren** Bestimmung des Δv-Vorzeichenfaktors j $v_E = v_A + j \Delta v$ Für v_E Berechnung von a_E aus a(v) $a_m = (a_A + a_E)/ 2$, $\Delta t = (v_E - v_A)/ am$ und $\Delta s = (v_E{}^2 - v_A{}^2)/ (2 a_m)$ (3) $t_E = t_A + \Delta t$ und $s_E = s_A + \Delta s$ Test auf Schrittweitenreduzierung Bei „ja" Verkleinerung von Δt, Δs oder Δv und Rücksprung nach (2) Umspeicherung: $v_A = v_E$, $t_A = t_E$ und $s_A = s_E$ Test auf Speicherung der Ausgabewerte Bei „ja" Speicherung von t_A, v_A und s_A Test auf Beharrung, Fahrstrategieänderung und Abschluß Bei „nein" Rücksprung nach (1) Datenausgabe Ende

Mikrozeitschrittverfahren

Das einfachste Verfahren ist das Mikrozeitschrittverfahren. Es erweist sich insbesondere beim Einbeziehen der Kraftstoff- oder Energieverbrauchsermittlung in die Zugfahrtsimulation als günstig. Die Schrittvariable wird im Regelfall zu $\Delta t = 0{,}1$ s gewählt. Um Übergriffe zu vermeiden, erfolgt an Schnittstellen eine Reduzierung auf 0,01 s und 0,001 s. Unterschreitet die Beschleunigung 0,005 m/s^2, ist mit der Beharrung zu rechnen (Zeitersparnis, nicht zwingend). Tabelle 2.4 enthält die Grundelemente des Algorithmus des Zeitschrittverfahrens.

Mikrowegschrittverfahren

Das Mikrowegschrittverfahren arbeitet im Regelfall mit Wegschritten $\Delta s = 10$ m. An Schnittstellen ist die Reduktion auf 1 m und 0,1 m zweckmäßig. Bei Beschleunigungen a < 0,005 m/s^2 ist in die Beharrung zu wechseln. Das Mikrowegschrittverfahren ist für spezielle Untersuchungen anzuwenden, wie z.B. die Berechnung der Durchfahrt des Zugs als Massenband durch eine Steigung (Kap. 3.1.2). Tabelle 2.4 enthält die Grundelemente des Algorithmus.

Mikrogeschwindigkeitsschrittverfahren

Das Mikrogeschwindigkeitsschrittverfahren ist am aufwändigsten. Die mittlere Beschleunigung ist vor Zyklusbeginn bekannt. Die Schrittweite beträgt im Regelfall 0,1 m/s, die bei

Schnittstellenannäherung auf 0,01 m/s und 0,001 m/s reduziert wird. Bei Annäherung an die Beharrung muss in die Beharrung gesprungen werden, da anderenfalls wegen der Division mit null (a = 0) der Abbruch erfolgt. Vor Ausführung des Simulationsschritts muss der Vorzeichenfaktor von Δv (j) belegt sein. Er entscheidet über Geschwindigkeitszu- oder –abnahme. Tabelle 2.4 enthält die Elemente des Algorithmus des Mikrogeschwindigkeitsschrittverfahrens.

Schrittweitensteuerung

Schnittstellen treten als Zeit-, Weg- oder Geschwindigkeitspunkte auf. Basieren Schnittstelle und Schrittvariable auf der gleichen kinematischen Variablen, ist die genaue Anpassung durch Differenzbildung vor dem letzten Simulationsschritt möglich. Bei unterschiedlichen kinematischen Variablen muss nach festgestellter Schnittstellenüberschreitung der letzte Simulationsschritt zuerst mit 1/10 Schrittweite und anschließend fallweise mit 1/100 Schrittweite wiederholt werden. Danach ist die Rückstellung auf die Grundschrittweite vorzunehmen.

2.4   Mittlere Geschwindigkeiten, Beschleunigungen und Ruckwerte

Die kinematischen Variablen Geschwindigkeit, Beschleunigung und Ruck werden im Eisenbahnwesen in vielfältiger Form als Bewertungsgrößen benutzt.

Berechnungsverfahren mittlerer Geschwindigkeiten

Die ungleichförmige Bewegung wird durch das Modell der gleichförmigen Bewegung mit der konstanten mittleren Geschwindigkeit v_m ersetzt (Kap. 2.2.1). Die mittlere Geschwindigkeit ist durch Integration der Kurve v(t) zum Gesamtweg s_{ges} und Bezugnahme auf die Gesamtzeit t_{ges} und durch Integration der Kurve v(s) zur Kurvenfläche und Bezugnahme auf den Gesamtweg s_{ges} zu bestimmen. Beide Verfahren führen zu unterschiedlichen Ergebnissen. Für die Praxis ist nur das auf der v(t)-Kurve und Gl. (2.11) beruhende Verfahren von Bedeutung.

Technische Geschwindigkeit

Die technische Geschwindigkeit einer Zugfahrt v_{techn} (km/h) ist der Quotient aus gesamter Fahrstrecke s_{ges} (km) und reiner Fahrzeit bzw. Bewegungszeit t_F (h).

Reisegeschwindigkeit

Die Reisegeschwindigkeit einer Zugfahrt v_R (km/h) ist der Quotient aus gesamter Fahrstrecke s_{ges} (km) und Reisezeit t_R (h). Die Reisezeit t_R ist die zwischen Start und Ziel benötigte Gesamtzeit, d.h. die Summe aller Bewegungs- und Haltezeiten.

Umlaufgeschwindigkeit

Die Umlaufgeschwindigkeit v_U (km/h) ist der Quotient aus gesamter, zwischen Anfang und Ende eines Zyklus (Umlauf) zurückgelegter Wegstrecke s_{ges} (km) und dafür benötigter Umlaufzeit t_U (h). Der Umlauf kann ortsbezogen (z.B. Depot, Ausbesserungswerk) oder zeitbezogen (z.B. Tag, Woche, Monat, Jahr, Lebensdauer) festgelegt werden.

Für die mittleren Geschwindigkeiten gilt nach Gl. (2.11):

$$v_{techn} = \frac{s_{ges}}{t_F}, \quad v_R = \frac{s_{ges}}{t_R} \quad und \quad v_U = \frac{s_{ges}}{t_U} \tag{2.56}$$

Berechnungsverfahren mittlerer Beschleunigungen

Die tatsächlich vorhandene ungleichmäßig beschleunigte Bewegung wird durch das Modell der gleichmäßig beschleunigten Bewegung mit der konstanten mittleren Beschleunigung a_m ersetzt (Kap. 2.2.1). Für die mit $v = 0$, $t = 0$ und $s = 0$ beginnenden und mit der Endgeschwindigkeit v_E, der Zeit zwischen Anfang und Ende t_{0E} und dem Weg zwischen Anfang und Ende s_{0E} endenden Fahrbewegung der Anfahrt, der Bremsung und des Auslaufs können mittlere Beschleunigungen a_m berechnet werden. Bei Bremsung und Auslauf ist dabei die Bewegungsrichtung umzukehren.

Varianten der mittleren Beschleunigung

Mittlere Beschleunigungen erhält man aus Gl. (2.12) durch Einsetzen der Anfangsbedingungen und der Endvariablen sowie durch Umstellung nach a_m:

– mittlere zeitbezogene Beschleunigung a_t, berechnet mit v_E und t_{0E},

– mittlere wegbezogene Beschleunigung a_s, berechnet mit v_E und s_{0E}, und

– mittlere zeit- und wegbezogene Beschleunigung a_{ts}, berechnet mit t_{0E} und s_{0E}.

$$a_t = \frac{v_E}{t_{0E}}, \quad a_s = \frac{v_E^2}{2\,s_{0E}} \quad \text{und} \quad a_{ts} = \frac{2\,s_{0E}}{t_{0E}^2} = a_t\,\frac{a_t}{a_s} \tag{2.57}$$

Reisebeschleunigung

Eine spezielle Variante der mittleren Beschleunigungen ist die von *Remmele* entwickelte Reisebeschleunigung a_R. Sie wird der Berechnung von Nahverkehrsfahrschaubildern und der Auslegung des Antriebs elektrischer Nahverkehrsfahrzeuge zugrunde gelegt.

Bild 2.17 zeigt als Beispiel die Anfahrkennlinie $v(t)$ der elektrischen Lokomotive BR 232 mit dem 500 t-Wagenzug. Die Fläche unter der $v(t)$-Kennlinie ist der Anfahrweg s_{0E}. Die tatsächliche Fläche wird in eine Ersatzfläche gleicher Größe (gleicher Anfahrweg) überführt. Die Ersatzfläche besteht aus der Dreieckfläche mit den Seitenlängen t_{0R} und v_E und der Rechteckfläche mit den Seitenlängen $(t_{0E} - t_{0R})$ und v_E. Die Aufgabe besteht darin, diejenige Beschleunigung (Reisebeschleunigung a_R) der Basisgeraden $v(t)$ des Dreiecks zu ermitteln, bei der die Bedingung der Flächengleichheit (gleiche Anfahrwege) erfüllt ist.

Die sich aus Bild 2.17 ergebende Gleichung der Ersatzfläche wird nach der Zeit t_{0R} umgestellt:

$$s_{0E} = 0{,}5\,v_E\,t_{0E} + v_E\,(t_{0E} - t_{0R}) \quad \rightarrow \quad t_{0R} = \frac{2\left(v_E\,t_{0E} - s_{0E}\right)}{v_E}$$

Die Gleichung für t_{0R} wird in die reziproke Form der Gleichung der Reisebeschleunigung $a_R = v_E / t_{0R}$ eingesetzt:

$$\frac{1}{a_R} = \frac{t_{0E}}{v_E} = \frac{v_E^2}{2\left(v_E\,t_{0E} - s_{0E}\right)} = \frac{2\,t_{0E}}{v_E} - \frac{2\,s_{0E}}{v_E^2}$$

Das Einsetzen von Gl. (2.57 für die Reziprokwerte der Quotienten ergibt:

$$\frac{1}{a_R} = \frac{2}{a_t} - \frac{1}{a_s} \quad \text{und} \quad a_R = \frac{a_t\,a_s}{2\,a_s - a_t} \tag{2.58}$$

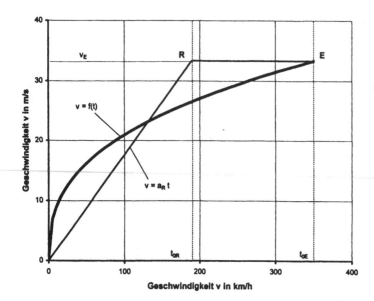

Bild 2.17
Anfahrkennlinie der Diesel-
Lokomotive BR 232 mit
500 t-Wagenzug, ergänzt um
Kennlinie der Reisebeschleu-
schleunigung

Tabelle 2.5
Mittlere Beschleunigungen für berechnete Fahrbewegungen

Bewegung	v_E m/s	t_{0E} s	s_{0E} m	a_s m/s²	a_t m/s²	a_{ts} m/s²	a_R m/s²
Anfahrt BR 232	33,333	350,3	8521	0,0652	0,0952	0,1389	0,1763
Anfahrt BR 143	33,333	146,8	2903	0,1914	0,2271	0,2694	0,2792
Bremsung	33,333	37,3	707,8	0,7849	0,8936	1,0175	1,0372
Auslauf	33,333	1118	14193	0,0392	0,0298	0,0227	0,0218

Bewertungsvariable

Aus Gl. (2.58) geht folgende Gesetzmäßigkeit der mittleren Beschleunigungen hervor:

Gleichmäßig beschleunigte Bewegung $a_s = a_t = a_{ts} = a_R$ (2.59)

Ungleichmäßig beschleunigte Bewegung

– mit Beschleunigungsabnahme über v $a_s < a_t < a_{ts} < a_R$

– mit Beschleunigungszunahme über v $a_s > a_t > a_{ts} > a_R$

In Tabelle 2.5 sind mit Gl. (2.57) und (2.58) die mittleren Beschleunigungen der Anfahrten, Bremsungen und Auslaufvorgängen der Berechnungsbeispiele ermittelt worden. Die in Gl. (2.59) angegebene Gesetzmäßigkeit ist erkennbar. Wegen des großen Einflusses des Berechnungsverfahrens auf das Ergebnis ist zu klären, welche mittlere Beschleunigung zutreffend ist.

Nach dem Impulssatz der Mechanik beträgt der Stoßantrieb S = m· Δv und S = F· Δt. Das Gleichsetzen und Umstellen führt zum Ergebnis $a_m = \Delta v/\Delta t$. Soll für einen Bewegungsabschnitt mit einer der 4 mittleren Beschleunigungen die mittlere Beschleunigungskraft F_{am} berechnet werden, ist die zeitbezogene Beschleunigung a_t zu benutzen ($F_{am} = m\, a_t$).

In Gleichungen mit mittleren Beschleunigungen ist die Austauschbarkeit der Zahlenwerte der einzelnen Varianten im Regelfall nicht möglich. Nach Gl. (2.59) besteht die Austauschbarkeit nur für die gleichmäßig beschleunigte Bewegung.

Bei Benutzung der mittleren Beschleunigungen als Bewertungsgrößen von Bewegungsabschnitten ist zu vermerken, welche Berechnungsvariante gemeint ist. Anfahrten und Ausläufe werden im Regelfall mit der mittleren zeitbezogenen Beschleunigung a_t bewertet. Die Bewertung von Bremsungen erfolgt mit der mittleren wegbezogenen Beschleunigung a_s.

Überschlägliche Berechnung mittlerer Beschleunigung

Die mittleren Beschleunigungen eines Zugs sind überschläglich zu berechnen, wenn die antriebstechnischen Daten bekannt sind und wenn die Restbeschleunigung bei der Endgeschwindigkeit v_E $a_{Rest} \geq 0{,}03$ m/s^2 ist. Die Berechnung ist für die Traktionsarten unterschiedlich.

Dieseltraktion

Die Berechnung ist in die Bereiche bis zur Übergangsgeschwindigkeit v_0 und oberhalb v_0 zu teilen (Bild 1.3). Zum Kraftschlussbeiwert $\mu_T = 0{,}20$ bis $0{,}25$ gilt überschläglich $v_0 = 0{,}3\, v_{max}$.

Anfahrt bis $v_E \leq 0{,}3\, v_{max}$
Berechnung mit Gl. (1.38)

$$a_m = g_K \left(\frac{\mu_T}{q} - \frac{f_{WZE} + i_m}{P} \right) \text{ und } a_t = a_s = a_{ts} = a_m \tag{2.60}$$

Anfahrt bis $v_E > 0{,}3\, v_{max}$
In diesem Bereich wird die mittlere spezifische Beschleunigungsleistung p_{am} (Gl. (1.65) und (1.66)) als konstant vorausgesetzt. Das Einsetzen von Gl. (1.66) in die Integrale der Gl. (2.10) und die Integration ergibt für Zeit und Weg am Ende der Anfahrt t_{0E}, s_{0E}:

$$a = \frac{p_{am}}{v} \rightarrow t_{0E} = \int_0^{v_E} \frac{v \cdot dv}{p_{am}} = \frac{v_E^2}{2\,p_{am}}$$

$$a = \frac{p_{am}}{v} \rightarrow s_{0E} = \int_0^{v_E} \frac{v^2 \cdot dv}{p_{am}} = \frac{v_E^3}{3\,p_{am}}$$

Das Einsetzen der Beziehungen für t_{0E} und s_{0E} in Gl. (2.57) und (2.58) ergibt:

$$a_E = \frac{p_{am}}{v_E} \tag{2.61}$$

$$a_t = 2\,a_E \text{ und } a_s = \frac{3}{2}\,a_E$$

$$a_{ts} = \frac{8}{3}\,a_E \text{ und } a_R = 3\,a_E$$

Die mittlere spezifische Beschleunigungsleistung des Anfahrbereichs ist mit folgender statistischer Gleichung zu berechnen:

$$p_{am} = \frac{2}{3} p_{MT} - \frac{1}{2} g_K v_E \left(\frac{2}{3} \frac{f_{WZE}}{P} + \frac{i_m}{P} \right) \text{ mit } p_{MT} = \frac{P_G}{m_Z} \tag{2.62}$$

a_m mittlere Beschleunigung in m/s²
a_E momentane Endbeschleunigung (bei v_E) in m/s²
f_{WZE} Zugwiderstandszahl für v_E in ‰
g_K Beschleunigungskonstante, $g_K = 9,25$ m/s²
i_m mittlere Längsneigung in ‰
P   Konstante, P = 1000 ‰
P_G Getriebeeingangsleistung in kW (Kap. 4.2.1, Gl. (4.25))
p_{am} mittlere spezifische Beschleunigungsleistung in kW/t nach Gl. (1.65)
p_{MT} spezifische Motorleistung des Zugs für Traktion in kW/t nach Gl. (1.65)
q   Zugmassenverhältnis nach Gl. (1.38), $q = m_Z/m_L$ bzw. m_Z/m_T
v_E Endgeschwindigkeit der Anfahrt in m/s
μ_T mittlerer Kraftschlussbeiwert für Treiben, $\mu_T = 0,25$

Elektrische Traktion

Die Anfahrt erfolgt bis zur Übergangsgeschwindigkeit v_0 mit der Kraftschlusszugkraft und darüber mit der Zugkraft der maximalen Fahrstufenkennlinie. Die Übergangsgeschwindigkeit v_0 beträgt überschläglich 80 % der Höchstgeschwindigkeit v_{max} (Bild 1.12).

Anfahrt bis $v_E \leq 0,8\, v_{max}$

$$a_m = g_K \left(\frac{\mu_{T0}}{q} - \frac{\Delta\mu_1}{q} \frac{v_E}{v_{00}} - \frac{2}{3} \frac{f_{WZE}}{P} - \frac{i_m}{P} \right) \tag{2.63}$$

Für $a_t = a_m$ ist $\Delta\mu_1 = 0,071$ und für $a_s = a_m$ ist $\Delta\mu_1 = 0,088$ einzusetzen.

Anfahrt bis $v_E > 0,8\, v_{max}$

$$a_m = g_K \left(\frac{\mu_{T\ddot0}}{q} - \frac{\Delta\mu_2}{q} \cdot \frac{v_E - 0,8\, v_{max}}{v_{00}} - \frac{2}{3} \frac{f_{WZE}}{P} - \frac{i_m}{P} \right) \tag{2.64}$$

$$\mu_{T\ddot0} = \mu_{T0} - 0,8\, \Delta\mu_1 \frac{v_{max}}{v_{00}}$$

Mit Gl. (2.64) sind zeitbezogene ($a_t = a_m$) und wegbezogene Beschleunigung ($a_s = a_m$) zu berechnen. Für $a_t = a_m$ ist $\Delta\mu_2 = 0,103$ und für $a_s = a_m$ ist $\Delta\mu_2 = 0,146$ einzusetzen.
Die Beschleunigungskonstante der elektrischen Traktion beträgt $g_K = 9,08$ m/s². Der Anfangs-Kraftschlussbeiwert beträgt $\mu_{T0} = 0,30$ (Lokomotiven) bzw. 0,25 (Triebwagen).

v_{max} maximale Geschwindigkeit des Triebfahrzeugs in m/s
v_{00} Geschwindigkeitskonstante, $v_{00} = 27,778$ m/s (100 km/h)
$\mu_{T\ddot0}$ rechnerischer mittlerer Kraftschlussbeiwert zur Übergangsgeschwindigkeit $v_{\ddot0}$

Anfahrbeschleunigung

Die Anfahrbeschleunigung a_{max} ist die vom Zug zwischen Bewegungsbeginn und Übergangsgeschwindigkeit v_0 auf waagerechter Strecke entwickelte mittlere Beschleunigung. Tabelle 2.6 enthält überschlägliche Anfahrbeschleunigungen. Die Variable a_{max} wird berechnet:

– entweder Einsetzen der Zugkraft $F_{T\ddot0}$ (bei $V_{\ddot0}$) in Gl.(1.8) oder

– oder Einsetzen von v_0 und der Anfahrzeit t_{00} (0 bis v_0) in Gl. (2.57).

Tabelle 2.6
Mindestwerte für Anfahr- und Restbeschleunigungen a_{max} und a_{Rest} von
Zügen auf waagerechter Strecke sowie für mittlere Bremsverzögerungen b_m

Zugart	a_{max} in m/s²	a_{Rest} in m/s²	b_m in m/s²
Güterzüge	0,15	0,020	0,25 bis 0,30
Schnellzüge	0,30	0,035	0,40 bis 0,50
Hochgeschwindigkeitszüge	0,60	0,050	0,40 bis 0,50
Personenzüge	0,40	0,050	0,50 bis 0,60
Nahverkehrszüge	0,80	0,100	0,60 bis 0,80
Straßenbahnen	1,50	0,150	0,80 bis 1,00

Restbeschleunigung

Die Restbeschleunigung a_{Rest} ist die vom Zug bei Höchstgeschwindigkeit auf waagerechter Strecke noch entwickelbare Beschleunigung. Sie ist mit Gl. (1.8) durch Einsetzen der bei v_{max} gegebenen Zugkraft F_T und Zugwiderstandskraft F_{WZ} zu ermitteln. Zur Gewährleistung der Dynamik der Zugfahrt sind die Mindestwerte der Tabelle 2.6 nicht zu unterschreiten.

Mittlere Bremsverzögerungen

Fahrschaubildberechnungen werden im Regelfall mit den in Tabelle 2.6 enthaltenen Bremsverzögerungen durchgeführt. Es handelt sich dabei um mittlere Verzögerungen der Betriebsbremsung, die den Fahrabschnitt zwischen Auslösung und Zughalt umfassen. Eine Unterscheidung nach dem Berechnungsverfahren ist nicht vorgesehen.

Mittlerer Ruck

Der mittlere Ruck dient als Bewertungsgröße ungleichmäßig beschleunigter Fahrbewegungen. Nach Gl. (2.8) und (1.8) beträgt der mittlere Ruck:

$$u_m = \frac{\Delta a}{\Delta t} \quad \text{und} \quad u_m = \frac{\Delta F}{m_Z \, \Delta t} \tag{2.65}$$

u_m mittlerer Ruck in m/s³	Δt Zeitdauer der Änderung in s
Δa Beschleunigungsänderung in m/s²	m_Z Zugmasse in t
ΔF Kraftsprung in kN	

Die Gl. (2.65) zeigt die dämpfende Wirkung der Zugmasse auf den Ruck bei Kraftsprüngen.

Tabelle 2.7
Zulässige mittlere Ruckwerte u_m

Ruckverträglichkeit des Menschen	1,0 bis 1,5 m/s³
Anfahrruck	0,6 bis 0,8 m/s³
Stromabschaltruck	1,0 bis 1,5 m/s³
Bremseinsatzruck	1,0 bis 1,5 m/s³
Bremsabschaltruck	0,8 bis 0,9 m/s³
Seitenruck im Übergangsbogen	bis 0,85 m/s³

Der Ruck ist im Personenverkehr Bewertungsgröße der Fahrbewegungen. Sein Wert darf das Reaktionsvermögen des Menschen nicht überschreiten. Bei Beschleunigungsänderungen muss der Fahrgast über ausreichende Zeit verfügen, sich durch Ergreifen von Abstützmaßnahmen auf die geänderte Beschleunigung einzustellen. Da nach dem dynamischen Grundgesetz die Kraftwirkung nur von der Beschleunigung, nicht vom Ruck abhängt, erübrigt sich die Berücksichtigung des Rucks im Gütertransport. Tabelle 2.7 enthält Ruckverträglichkeitswerte.

Berechnungsbeispiel 2.14

1) Für den mit der Diesellokomotive BR 232 bespannten 500 t-Wagenzug sind die mittleren Beschleunigungen der Anfahrt bis $v_E = 100$ km/h (27,778 m/s) auf waagerechter Strecke überschläglich zu berechnen. Die Zugmasse beträgt $m_Z = 616,2$ t, die Motorleistung $P_M = 2200$ kW und die Zugwiderstandszahl bei v_E $f_{WZE} = 5,54$ ‰. Es ist die Näherung $P_G = P_M$ zu benutzen.

2) Für den mit der elektrischen Lokomotive BR 143 bespannten 500 t-Wagenzug sind die mittleren Beschleunigungen der Anfahrt bis $v_E = 120$ km/h (33,333 m/s) auf waagerechter Strecke überschläglich zu berechnen. Die Lokomotivmasse beträgt $m_L = 82$ t, die Zugmasse $m_Z = 582$ t und die Zugwiderstandszahl bei v_E $f_{WZE} = 7,09$ ‰.

Lösung und Lösungsweg für die Diesellokomotive BR 232, Gl. (2.61) und (2.62)

$p_{MT} = P_G/m_Z = 2200/ 616,2 = 3,5703$ kW/t

$p_{am} = 2/3 \cdot 3,5703 - 1/2 \cdot 9,25 \cdot 27,778 \cdot (2/3 \cdot 5,54/1000 + 0) = 1,9057$ kW/t

$a_E = p_{am}/v_E = 1,9057/27,778 = 0,06860$ m/s²

$a_t = 2 a_E = 2 \cdot 0,06860 = 0,1372$ m/s² und $a_s = 3/2 a_E = 3/2 \cdot 0,06860 = 0,1029$ m/s²

$a_{ts} = 8/3 a_E = 8/3 \cdot 0,06860 = 0,1829$ m/s² und $a_R = 3 a_E = 3 \cdot 0,06860 = 0,2058$ m/s²

Elektrische Lokomotive BR 143, Gl. (1.38), (2.64) und (2.58)

$q = m_Z/m_L = 582/ 82 = 7,10$

a_t-Berechnung: $\mu_{T0} = 0,30 - 0,8 \cdot 0,071 \cdot 33,333/27,778 = 0,2318$

a_s-Berechnung: $\mu_{T0} = 0,30 - 0,8 \cdot 0,088 \cdot 33,333/27,778 = 0,2155$

$a_t = 9,08 \cdot (0,2318/7,10 - 0,103/7,10 \cdot (33,333 - 0,8 \cdot 33,333)/27,778 - 2/3 \cdot 7,09/1000 - 0)$

$a_s = 9,08 \cdot (0,2155/7,10 - 0,146/7,10 \cdot (33,333 - 0,8 \cdot 33,333)/27,778 - 2/3 \cdot 7,09/1000 - 0)$

$a_t = 0,2219$ m/s² und $a_s = 0,1879$ m/s²

$a_{ts} = 0,2219 \cdot 0,2219/0,1879 = 0,2621$ m/s²

$a_R = 0,2219 \cdot 0,1879/(2 \cdot 0,1879 - 0,2219) = 0,2709$ m/s²

2.5   Differentiation von Gleichungen und Tabellen der Fahrbewegung

2.5.1   Grundlagen und Zielsetzung

Bei der messtechnischen fahrdynamischen Erprobung von Schienenfahrzeugen und Zügen werden Kennlinien von kinematischen Variablen aufgenommen, die Grundlage fahrdynamischer Bewertungen sind. Die messtechnische fahrdynamische Erprobung bezieht sich insbesondere auf die Zuganfahrt (Anfahrkennlinien), die Zugbremsung (Bremskennlinien) und den Zugauslauf (Auslaufkennlinien).

Die gemessenen Kennlinien beinhalten im Regelfall die momentanen Variablen Zeit, Weg, Geschwindigkeit und Beschleunigung bei unterschiedlicher Zuordnung. Die gemessene Beschleunigung unterliegt im Regelfall einer verhältnismäßig großen Unstetigkeit, so dass sie für Verallgemeinerungen wenig geeignet ist.

Die Bewertung des Beschleunigungsvermögens erfolgt auf der Grundlage geglätteter Kennlinien a(v), die aus der Auswertung gemessener Geschwindigkeits- und Wegkennlinien v(t) und s(t) durch Differenzieren entsprechend Gl. (2.1), (2.2) und (2.4) hervorgehen.

Bei der Bremsprüfung von Zügen werden die Bremsanfangsgeschwindigkeiten v_0 zuzuordnenden Bremswege s_B gemessen und in Bremswegkurven $s_B = f(v_0)$ dargestellt (Kap. 5.4.1).

Gemessene Kurven haben nur für die Messbedingungen Gültigkeit. Die Übertragung auf andere Fahrbedingungen ist mit der aufwändigen Transformation vorzunehmen.

Arbeitsschritte der Transformation:

- Ermittlung der Kennlinie der Momentanbeschleunigung a(v) der Messbedingungen durch Differentiation gemessener Kennlinien,

- Ermittlung der Zug- oder Bremskraftkennlinie $F_T(v)$, $F_B(v)$ aus a(v) der Messbedingungen mit der entsprechend umgestellten Gleichung der Momentanbeschleunigung (1.8) bis (1.10),

- Ermittlung der Momentanbeschleunigung a(v) zu den aktuellen Fahrbedingungen aus der Kennlinie $F_T(v)$ bzw. $F_B(v)$ mit der Gleichung der Momentanbeschleunigung (1.8) bis (1.10)

- und Ermittlung der Zeit-, Weg- und Geschwindigkeitswerte zu den aktuellen Fahrbedingungen mittels Integration.

Diese Technologie ist an die Rechentechnik gebunden. Mit ihr sind bei der Bremsbewertung von Schienenfahrzeugen beachtliche Einsparungen an experimenteller Arbeit möglich (Kap. 5.4). Im vorgegebenen Erprobungsfeld müssen nur noch einige wenige Rasterpunkte experimentell belegt werden. Die übrigen Rasterpunkte sind zu berechnen.

Grundlage dieser Technologie ist die Ermittlung der Kennlinie der Momentanbeschleunigung a(v) aus den Messdatenkennlinien. Das Differenzieren ist möglich mittels:

- Gleichungen der mittleren Beschleunigungen und Differentialquotienten,

- Stützstellen und Differenzenquotienten und

- Polynomgleittechnik und Differentialquotienten.

Das Differenzieren beruht auf der mittels Regressionsrechnung aufgestellten Polynomgleichung p-ten Grads. Leider ergibt das Differenzieren der Polynomgleichungen s(t) oder v(t) des Gesamtbereichs keine brauchbaren Beschleunigungswerte (große Sprünge).

2.5.2 Gleichungen der mittleren Beschleunigungen

In Vorbereitung der Berechnungen ist die aus den Messungen hervorgegangene Kennlinie t = f(v) bzw. s = f(v) mit Gl. (2.57) in die Gleichung $a_t = f(v_E)$ bzw. $a_s = f(v_E)$ zu überführen. Beide Kennlinien sind mittels Regressionsrechnung entweder durch die Polynomgleichung n-ten Grads oder unter speziellen Bedingungen durch die einfache Exponentialgleichung des natürlichen Logarithmus bzw. durch die allgemeine Exponentialgleichung auszudrücken.

Polynomgleichung

Polynomgleichung y = f(x) (Variable x und y haben Zahlenwerte ohne Maßeinheiten):

$$y = \sum_{n=0}^{n=p} \left(Y_n \, x^n \right)$$

$$y = Y_0 + Y_1 x + Y_2 x^2 + Y_3 x^3 + Y4 \, x^4 + Y5 \, x^5 \quad \text{für } p = 5$$

(2.66)

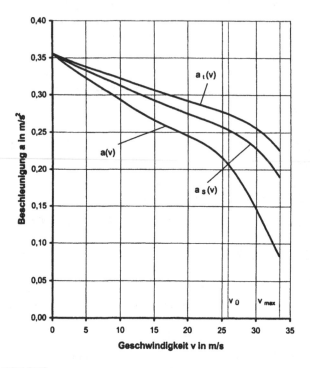

| v_E | a_t | a | a_s | a |
m/s	m/s²	m/s²	m/s²	m/s²
0	0	0,3557	0	0,3544
2,5	0,3463	0,3378	0,3434	0,3382
5,0	0,3381	0,3229	0,3329	0,3231
7,5	0,3301	0,3081	0,3224	0,3080
10,0	0,3222	0,2932	0,3123	0,2931
12,5	0,3143	0,2788	0,3025	0,2790
15,0	0,3067	0,2661	0,2928	0,2665
17,5	0,2991	0,2552	0,2835	0,2555
20,0	0,2917	0,2452	0,2745	0,2451
21,25	0,2881	0,2400	0,2700	0,2395
22,5	0,2845	0,2336	0,2657	0,2329
23,75	0,2809	0,2258	0,2614	0,2250
25,0	0,2773	0,2157	0,2572	0,2151
26,2	0,2738	0,2027	0,2528	0,2024
27,5	0,2693	0,1869	0,2471	0,1871
28,75	0,2630	0,1677	0,2385	0,1684
30,0	0,2551	0,1461	0,2276	0,1469
31,25	0,2455	0,1228	0,2149	0,1231
32,5	0,2348	0,0992	0,2010	0,0982
33,33	0,2271	0,0839	0,1914	0,0815

Bild 2.18

Ermittlung der Momentanbeschleunigung a(v) aus den Anfahrkennlinien v(t) und s(t) der elektrischen Lokomotive BR 143 in Bild 2.10 mit den Polynomgleichungen für $a_t(v_E)$ und $a_s(v_E)$

Die Gl. (2.66) ist auf die Abhängigkeiten $a_t = f(\varphi)$ und $a_s = f(\varphi)$ zu beziehen. Die normierte Geschwindigkeit φ ist durch Bezugnahme der jeweiligen Endgeschwindigkeit v_E auf die Geschwindigkeitskonstante $v_{00} = 27{,}778$ m/s zu berechnen.

Mittlere zeitbezogene Beschleunigung $a_t(\varphi)$:

$$a_t = \sum_{n=0}^{n=p} \left(c_n\, \varphi^n \right) \quad \text{mit } \varphi = v_E/v_{00} \tag{2.67}$$

$$a_t = c_0 + c_1\, \varphi + c_2\, \varphi^2 + c_3\, \varphi^3 + c_4\, \varphi^4 + c_5\, \varphi^5 \quad \text{für } p = 5$$

Mittlere wegbezogene Beschleunigung $a_s(\varphi)$:

$$a_s = \sum_{n=0}^{n=p} \left(d_n\, \varphi^n \right) \quad \text{mit } \varphi = v_E/v_{00} \tag{2.68}$$

$$a_s = d_0 + d_1\, \varphi + d_2\, \varphi^2 + d_3\, \varphi^3 + d_4\, \varphi^4 + d_5\, \varphi^5 \quad \text{für } p = 5$$

Zur Bestimmung der Polynomkonstanten c_n und d_n ist die Variablenabhängigkeit $a_t = f(\varphi)$ und $a_s = f(\varphi)$ zu wählen. Die Polynomkonstanten c_n und d_n tragen die Maßeinheit m/s².

Der optimale Polynomgrad p ist durch schrittweise Erhöhung zu bestimmen.

Bild 2.18 zeigt als Beispiel die Kennlinien $a_t(v_E)$ und $a_s(v_E)$ der Anfahrt der elektrischen Lokomotive BR 143, die mit den Daten des Bildes 2.10 berechnet worden sind. Sie werden als experimentelle Kennlinien angenommen. Für die eingegebenen Stützstellen $a_t = f(\varphi)$ und $a_s = f(\varphi)$ erhält man bei p = 5 den Korrelationskoeffizienten r = 0,9999 bzw. r = 0,9998. Durch die weitere Erhöhung von p ist keine Verbesserung mehr möglich.

Zu p = 5 gehören die Konstanten $c_0 = 0,3557$ m/s^2, $c_1 = -0,1175$ m/s^2, $c_2 = 0,1743$ m/s^2, $c_3 = -0,4644$ m/s^2, $c_4 = 0,5566$ m/s^2 und $c_5 = -0,2375$ m/s^2 sowie $d_0 = 0,3544$ m/s^2, $d_1 = -0,1306$ m/s^2, $d_2 = 0,1173$ m/s^2, $d_3 = -0,3771$ m/s^2, $d_4 = 0,5339$ m/s^2 u. $d_5 = -0,2540$ m/s^2.

Die Gl. (2.67) bzw. (2.68) wird mit Gl. (2.57) gleichgesetzt und nach t_{0E} bzw. s_{0E} umgestellt:

$$t_{0E} = \frac{v_E}{\sum\limits_{n=0}^{n=p}\left(c_n\,\varphi^n\right)} \quad \text{und} \quad s_{0E} = \frac{v_E^2}{2\sum\limits_{n=0}^{n=p}\left(d_n\,\varphi^n\right)}$$

Zur ersten Gleichung wird der Differentialquotient dt_{0E}/dv_E und zur zweiten Gleichung der Differentialquotient ds_{0E}/dv_E berechnet. Beide, sich auf die Endwerte beziehenden Differentialquotienten sind mit den sich auf die momentanen Variablen beziehenden Differentialquotienten der Gl. (2.2) und (2.4) gleichzusetzen:

$$a = \frac{dv}{dt} = \frac{dv_E}{dt_{0E}} = \frac{1}{dt_{0E}/dv_E} \tag{2.69}$$

$$a = v\frac{dv}{ds} = v_E\frac{dv_E}{ds_{0E}} = \frac{v_E}{ds_{0E}/dv_E}$$

Momentanbeschleunigung a aus Polynomgleichung $a_t(\varphi)$, Gl. (2.66)

$$a = \frac{a_t^2}{c_0 - \sum\limits_{n=1}^{n=p}\left[(n-1)c_n\,\varphi^n\right]} \tag{2.70}$$

$$a = \frac{a_t^2}{c_0 - c_2\,\varphi^2 - 2c_3\,\varphi^3 - 3c_4\,\varphi^4 - 4c_5\,\varphi^5} \quad \text{für } p = 5$$

Momentanbeschleunigung a aus Polynomgleichung $a_s(\varphi)$, Gl. (2.65)

$$a = \frac{a_s^2}{d_0 - \sum\limits_{n=1}^{n=p}\left(\frac{n-2}{2}d_n\,\varphi^n\right)} \tag{2.71}$$

$$a = \frac{a_s^2}{d_0 + 0,5d_1\,\varphi - 0,5d_3\,\varphi^3 - d_4\varphi^4 - 1,5d_5\,\varphi^5} \quad \text{für } p = 5$$

Für a_t und a_s sind die aus Gl. (2.67) bzw. (2.68) hervorgehenden Werte einzusetzen.

Bild 2.18 zeigt die mit Gl. (2.70) und (2.71) berechnete Kennlinie der Momentanbeschleunigung a(v) der elektrischen Lokomotive BR 143. Beide Ergebnisse sind nahezu gleich.

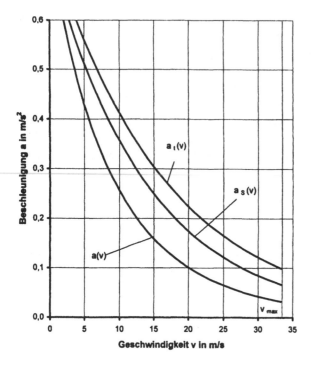

v_E	a_t	a	a_s	a
m/s	m/s^2	m/s^2	m/s^2	m/s^2
0	0	0,7597	0	0,7332
2,5	0,6167	0,5657	0,5930	0,5930
5,0	0,5431	0,4287	0,5030	0,4338
7,5	0,4762	0,3294	0,4256	0,3368
10,0	0,4155	0,2559	0,3589	0,2628
12,5	0,3609	0,2007	0,3020	0,2059
15,0	0,3120	0,1585	0,2533	0,1620
17,5	0,2687	0,1260	0,2120	0,1279
20,0	0,2317	0,1007	0,1770	0,1012
21,25	0,2130	0,0902	0,1616	0,0902
22,5	0,1967	0,0809	0,1474	0,0804
23,75	0,1814	0,0726	0,1344	0,0717
25,0	0,1673	0,0652	0,1225	0,0640
26,25	0,1541	0,0587	0,1116	0,0571
27,5	0,1418	0,0528	0,1016	0,0510
28,75	0,1304	0,0476	0,0925	0,0456
30,0	0,1198	0,0429	0,0841	0,0408
31,25	0,1100	0,0387	0,0765	0,0365
32,5	0,1008	0,0349	0,0695	0,0327
33,33	0,0952	0,0326	0,0652	0,0326

Bild 2.19
Ermittlung der Momentanbeschleunigung a(v) aus den Anfahrkennlinien v(t) und s(t) der Diesellokomotive BR 232 in Bild 2.7 mit der Exponentialgleichung des natürlichen Logarithmus für $a_t(v_E)$ und $a_s(v_E)$

Exponentialgleichung des natürlichen Logarithmus

Die mit Gl. (2.57) in die Abhängigkeit $a_t = f(v_E)$ und $a_s = f(v_E)$ überführten kinematischen Kennlinien von Fahrbewegungen werden mittels Regressionsrechnung durch die Exponentialgleichung des natürlichen Logarithmus ausgedrückt:

$$a_t = c_0\, e^{-v_E/v_{00}} \quad \text{und} \quad a_s = d_0\, e^{-v_E/v_{00}} \tag{2.72}$$

Bild 2.19 zeigt die Kennlinien $a_t(v_E)$ und $a_s(v_E)$ der Anfahrt der Diesellokomotive BR 232, berechnet mit Gl. (2.57) aus den Daten des Bildes 2.7. Die Regressionsrechnung zur Bestimmung der Konstanten c_0 bzw. d_0 und v_{00} ist wie in Kap. 2.2.3.2 beschrieben durchzuführen. Mit den Daten des Bildes 2.19 erhält man für $a_t(v_E)$ $c_0 = 0,7597$ m/s^2 und $v_{00} = 16,365$ m/s bei $r = 0,9990$ und für $a_s(v_E)$ $d_0 = 0,7332$ m/s^2 und $v_{00} = 13,907$ m/s bei $r = 0,9998$.

Gl. (2.72) wird mit Gl. (2.57) gleichgesetzt und nach t_{0E} bzw. s_{0E} umgestellt:

$$t_{0E} = \frac{v_E}{c_0}\, e^{v_E/v_{00}} \quad \text{und} \quad s_{0E} = \frac{v_E^2}{2d_0}\, e^{v_E/v_{00}}$$

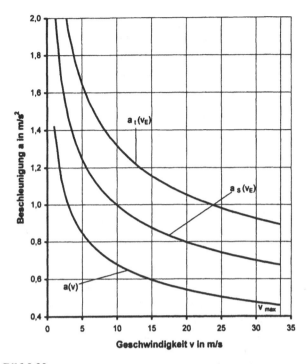

v	a_t	a	a_s	a
m/s	m/s²	m/s²	m/s²	m/s²
0	0	2,7620	0	2,4186
4,051	1,7613	1,3321	1,5482	1,3301
7,066	1,4721	1,1138	1,2868	1,1126
9,702	1,3290	1,0057	1,1650	1,0049
12,12	1,2370	0,9362	1,0854	0,9357
14,40	1,1705	0,8857	1,0281	0,8853
16,56	1,1190	0,8468	0,9823	0,8464
18,63	1,0773	0,8153	0,9459	0,8150
20,64	1,0425	0,7888	0,9155	0,7887
22,59	1,0128	0,7662	0,8893	0,7661
24,48	0,9869	0,7467	0,8667	0,7466
26,32	0,9641	0,7295	0,8467	0,7295
28,13	0,9438	0,7140	0,8289	0,7141
29,89	0,9255	0,7002	0,8129	0,7003
31,63	0,9089	0,6876	0,7983	0,6877
33,33	0,8936	0,6761	0,7849	0,6762

Bild 2.20
Ermittlung der Momentanbeschleunigung a(v) aus den Bremskennlinien v(t) und s(t) der Schnellbremsung in Bild 2.11 mit der allgemeinen Exponentialgleichung für $a_t(v_E)$ und $a_s(v_E)$

Ableiten der Differentialquotienten dt_{0E}/dv_E und ds_{0E}/dv_E und Einsetzen in Gl. (2.69):

$$a = \frac{a_t}{1 + v_E / v_{00}} \quad \text{und} \quad a = \frac{a_s}{1 + 0,5\, v_E / v_{00}} \tag{2.73}$$

Für a_t und a_s sind die aus Gl. (2.72) hervorgehenden Werte einzusetzen.

Bild 2.19 zeigt die mit Gl. (2.73) berechnete Kennlinie der Momentanbeschleunigung a(v) der
Diesellokomotive BR 232. Beide Gleichungen führen zum nahezu gleichen Ergebnis.

Allgemeine Exponentialgleichung

Die mit Gl. (2.57) in die Abhängigkeit $a_t = f(v_E)$ und $a_s = f(v_E)$ überführten kinematischen
Kennlinien von Fahrbewegungen werden mittels Regressionsrechnung und unter Benutzung
der Bezugskonstanten c = 1 m/s durch die allgemeine Exponentialgleichung ausgedrückt:

$$a_t = c_0 \left(\frac{v_E}{c} \right)^\kappa \quad \text{und} \quad a_s = d_0 \left(\frac{v_E}{c} \right)^\kappa \tag{2.74}$$

Bild 2.20 zeigt die Kennlinien $a_t(v_E)$ und $a_s(v_E)$, berechnet mit Gl. (2.57) für die Bremskennlinien s(t) und v(t) des Bildes 2.11. Die Regressionsrechnung zur Bestimmung der Konstanten c_0
bzw. d_0 und κ ist wie in Kap. 2.2.3.3 beschrieben durchzuführen.

Mit den Daten des Bildes 2.20 erhält man zu $a_t(v_E)$ c_0 = 2,7620 m/s^2 und κ = –0,3218 bei
r = 0,9999 und zu $a_s(v_E)$ d_0 = 1,4186 m/s^2 und κ = –0,3210 bei r = 0,9999.

Die Gl. (2.74) wird mit Gl. (2.57) gleichgesetzt und nach t_{0E} bzw. s_{0E} umgestellt:

$$t_{0E} = \frac{v_E}{c_0}\left(\frac{v_E}{c}\right)^{-\kappa} \quad \text{und} \quad s_{0E} = \frac{v_E^2}{2d_0}\left(\frac{v_E}{c}\right)^{-\kappa}$$

Ableiten der Differentialquotienten dt_{0E}/dv_E und ds_{0E}/dv_E und Einsetzen in Gl. (2.69:

$$a = \frac{a_t}{1-\kappa} \quad \text{und} \quad a = \frac{2a_s}{2-\kappa} \tag{2.75}$$

Für a_t und a_s sind die aus Gl. (2.74) hervorgehenden Werte einzusetzen.

Bild 2.20 zeigt die mit Gl. (2.75) berechnete Kennlinie der Momentanbeschleunigung a(v) der
Schnellbremsung eines Zugs. Beide Gleichungen haben nahezu gleiche Ergebnisse.

Bewertung der Verfahren

Die auf den 3 Musterfunktionen beruhenden Rückrechnungen kommen ohne Rechentechnik
aus, sind aber auf Kennlinien t(v) und s(v) und auf einmaliges Differenzieren beschränkt. Die
einfache Rückrechnung ist mit beiden Exponentialgleichungen nur bei stetig verlaufenden Kurven $a_t(v_E)$ und $a_s(v_E)$ ohne Extremwertstelle möglich. Die Exponentialgleichung des natürlichen
Logarithmus kann außerdem nur für konvex gekrümmte Kurven benutzt werden. Die Benutz-
barkeit ist am Korrelationskoeffizienten r und am Vorzeichen von v_{00} zu erkennen.

Aus der Rückrechnung mit den 3 Musterfunktionen gehen sehr genaue Ergebnisse hervor. In
Bild 2.18 passt sich die mit der Polynomgleichung zurückgerechnete Beschleunigungskurve
a(v) sogar dem Knickpunkt der Übergangsgeschwindigkeit sehr gut an. Bedingung für die
ausreichende Genauigkeit ist ein Korrelationskoeffizient nicht kleiner als r = 0,99.

2.5.3   Differenzenquotientenverfahren

Eine Messreihe oder Kennlinie kinematischer Größen y = f(x) kann mit dem Differenzenquotientenverfahren in Momentanbeschleunigungen überführt werden. Dafür sind je nach
Variablenzuordnung Gl. (2.6/1), (2.7/1), (2.7/2) oder (2.8/1) zu benutzen:

$$s = f(t): \quad v_m = \frac{\Delta s}{\Delta t} \qquad\qquad v = f(t): \quad a_m = \frac{\Delta v}{\Delta t} \tag{2.76}$$

$$v = f(s): \quad a_m = v_m\frac{\Delta v}{\Delta s} \qquad\qquad u_m = \frac{\Delta a}{\Delta t}$$

Die Messreihe oder Kennlinie ist in eine Stützstellentabelle mit Intervallbreiten von 5 bis
10 km/h bzw. mit diesem Abstand entsprechende Zeit- und Wegänderungen zu überführen.
Diese Tabelle ist Ausgangspunkt der Berechnungen.

Bild 2.21 zeigt den Algorithmus zur Berechnung der v(t)-Werte aus 4 gegebenen s(t)-Werten
der Stützstellen P_1 bis P_4. Bild 2.22 enthält den Algorithmus zur Berechnung der a(t)-Werte
aus 4 gegebenen v(t)-Werten der Stützstellen P_1 bis P_4.

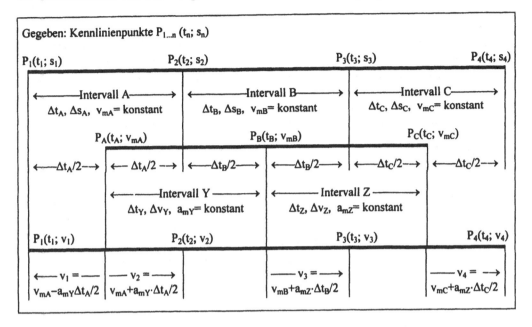

Bild 2.21
Algorithmus des Differenzenquotientenverfahrens zur Berechnung der Kennlinie v(t) aus s(t)

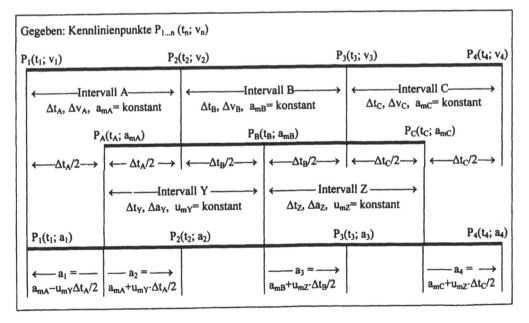

Bild 2.22
Algorithmus des Differenzenquotientenverfahrens zur Berechnung der Kennlinie a(t) aus v(t)

Bild 2.21

Zu den aus P_1 bis P_4 hervorgehenden 3 Intervallen A, B und C werden Zeit- und Wegdifferenz Δt und Δs bestimmt und wird mit Gl. (2.76/1) die mittlere Intervallgeschwindigkeit v_m berechnet. Sie wird der Intervallmitte (Stützstellen P_A, P_B und P_C) als momentane Geschwindigkeit zugewiesen (methodischer Fehler). Die 3 Stützstellen P_A, P_B und P_C ergeben die beiden Intervalle Y und Z, für die mit Gl. (2.7/2) die mittlere Beschleunigung berechnet wird. Die a_{mY}- und a_{mZ}-Werte werden benutzt, um die zu P_A bis P_C gehörenden Geschwindigkeiten auf die Stützstellen P_1 bis P_4 zu transformieren. Anfangs- und Endgeschwindigkeiten v_1 und v_4 sind mit dem größten methodischen Fehler belastet (Berechnung durch Extrapolation).

Bild 2.22

Der Algorithmus des Bildes 2.22 gleicht dem des Bildes 2.21. Die Transformation der Beschleunigungen zu P_A bis P_C erfolgt auf die Stützstellen P_1 bis P_4 mit dem mittleren Ruck u_m.

In der Praxis wird im Regelfall das sehr einfache und ohne Rechentechnik auskommende, aber mit dem größten Fehler verbundene Differenzenquotientenverfahren benutzt. Fehler bei der Stützstellenbildung führen zu sich sprunghaft ändernden Geschwindigkeits- bzw. Beschleunigungswerten. Das Glätten mit einer Regressionskurve ist dann unvermeidlich.

2.5.4   Polynomgleittechnik

Die Polynomgleichung bietet die Möglichkeit, die aus Messergebnissen hervorgehende Abhängigkeit zweier Variablen x und y (Zahlenwerte ohne Maßeinheit) ohne Schwierigkeiten funktional zu erfassen und auf einfache Art durch Differentiation und Integration in weitere Abhängigkeiten zu überführen. Die Polynomgleichung zur Abhängigkeit y =f(x) und die daraus hervorgehene 1. und 2. Ableitung (D_1 und D_2) und 1. und 2.Integration (I_1 und I_2) lauten:

$$y = \sum_{n=0}^{n=p} \left(Y_n\, x^n \right) \tag{2.77}$$

$$D_1 = \sum_{n=1}^{n=p} \left(n\, Y_n\, x^{n-1} \right) \quad \text{und} \quad D_2 = \sum_{n=2}^{n=p} \left[n\,(n-1)\,Y_n\, x^{n-2} \right]$$

$$I_1 = \sum_{n=0}^{n=p} \left(\frac{Y_n}{n+1}\, x^{n+1} \right) \quad \text{und} \quad I_2 = \sum_{n=0}^{n=p} \left[\frac{Y_n}{(n+1)(n+2)}\, x^{n+2} \right]$$

Der Polynomgrad p ist solange zu erhöhen, wie eine wesentliche Verbesserung des Korrelationskoeffizienten möglich ist. Die Anzahl der Polynomkonstanten ist (p+1).

Variablenzuordnungen

Die gemessenen Variablen t, v, s und a liegen in folgender Zuordnung vor:

– t = f(v) bzw. v = f(t),

– s = f(v) bzw. v = f(s)

– s = f(t) bzw. t = f(s) und

– a = f(t).

Tabelle 2.8 ·
Polynomgleichungen für Zuordnungsmöglichkeiten kinematischer Variablen sowie Ableitungen und Integrationen

Weg-Zeit-Funktion s(t)	Geschwindigkeits-Zeit-Funktion v(t)	Geschwindigkeits-Weg-Funktion v(s)
$s = \sum\limits_{n=0}^{n=p}\left[S_n\,\tau^n\right]$	$v = \sum\limits_{n=0}^{n=p}\left[V_n\,\tau^n\right]$	$v = \sum\limits_{n=0}^{n=p}\left[V_n\,\sigma^n\right]$
$v = \sum\limits_{n=1}^{n=p}\left[n\,S_n\,/\,t_{00}\,\tau^{n-1}\right]$	$a = \sum\limits_{n=1}^{n=p}\left[n\,V_n\,/\,t_{00}\,\tau^{n-1}\right]$	$dv\,/\,ds = \sum\limits_{n=1}^{n=p}\left[n\,V_n\,/\,s_{00}\,\sigma^{n-1}\right]$
$a = \sum\limits_{n=2}^{n=p}\left[n\,(n-1)S_n\,/\,t_{00}^2\,\tau^{n-1}\right]$	$s = \sum\limits_{n=0}^{n=p}\left[V_n\,t_{00}\,/(n+1)\tau^{n+1}\right]$	t(v) durch Schrittintegration

Zeit-Weg-Funktion t(s)	Zeit-Geschwindigkeits-Funktion t(v)	Weg-Geschwindigkeits-Funktion s(v)
$t = \sum\limits_{n=0}^{n=p}\left[T_n\,\sigma^n\right]$	$t = \sum\limits_{n=0}^{n=p}\left[T_n\,\varphi^n\right]$	$s = \sum\limits_{n=0}^{n=p}\left[S_n\,\varphi^n\right]$
$dt\,/\,ds = \sum\limits_{n=1}^{n=p}\left[n\,T_n\,/\,s_{00}\,\sigma^{n-1}\right]$	$dt\,/\,dv = \sum\limits_{n=1}^{n=p}\left[n\,T_n\,/\,v_{00}\,\varphi^{n-1}\right]$	$ds\,/\,dv = \sum\limits_{n=1}^{n=p}\left[n\,S_n\,/\,V_{00}\,\varphi^{n-1}\right]$
$d^2t\,/\,ds^2 = \sum\limits_{n=2}^{n=p}\left[n\,(n-1)T_n\,/\,s_{00}^2\,\sigma^{n-2}\right]$	s(v) durch Schrittintegration	t(v) durch Schrittintegration

Beschleunigungs-Zeit-Funktion a(t)		
$a = \sum\limits_{n=0}^{n=p}\left[A_n\,\tau^n\right]$	$v = \sum\limits_{n=0}^{n=p}\left[A_n\,t_{00}\,/(n+1)\tau^{n+1}\right]$	$s = \sum\limits_{n=0}^{n=p}\left\{A_n\,t_{00}^2\,/[(n+1)(n+2)]\tau^{n+2}\right\}$

Die Variablenzuordnung bezieht sich auf die Bewegungsabschnitte Anfahren, Auslaufen und Bremsen. Für die Aufstellung der Polynomgleichung ist diejenige Variablenzuordnung zu wählen, bei der die Anfangsbedingung $t_A = 0$, $s_A = 0$ und $v_A = 0$ erfüllt ist.

Tabelle 2.8 enthält die Polynomgleichungen der einzelnen Zuordnungsmöglichkeiten der Variablen und die daraus durch Differentiation und Integration hervorgehenden Gleichungen weiterer Variablen.

Normierung der unabhängigen Variable x

Zur Erfüllung der Bedingung, die Polynomgleichung als Größengleichung aufzustellen, wird die unabhängige Variable x mit den Bezugsgrößen v_{00}, t_{00} und s_{00} normiert:

$$\varphi = \frac{v}{v_{00}}, \quad \tau = \frac{t}{t_{00}} \quad \text{und} \quad \sigma = \frac{s}{s_{00}} \qquad (2.78)$$

Tabelle 2.9
Differentiation und Integration der Polynomgleichung 2. Grads sowie Ermittlung der Konstanten der Polynomgleichung 2. Grads bei deterministischem und stochastischem Lösungsansatz

Polynomgleichung 2. Grads Differentialquotient, Integral	Stochastischer Lösungsansatz für $N = 7$ Stützstellen
$y = C_0 + C_1\,x + C_2\,x^2$	$C_0\,N + C_1\,[x] + C_2\,[x^2] = [y]$
$D_1 = C_1 + 2\,C_2\,x$	$C_0\,[x] + C_1\,[x^2] + C_2\,[x^3] = [x\,y]$
$I_1 = C_0\,x + \dfrac{1}{2}C_1\,x^2 + \dfrac{1}{3}C_2\,x^3$	$C_0\,[x^2] + C_1\,[x^3] + C_2\,[x^4] = [x^2 y]$
Deterministischer Lösungsansatz für $N = 3$ Stützstellen	**Polynomkonstanten der stochastischen Lösung**
$C_0 + C_1\,x_1 + C_2\,x_1^2 = y_1$	$R_1 = \dfrac{N[x\,y] - [x][y]}{N[x^2] - [x]^2}$
$C_0 + C_1\,x_2 + C_2\,x_2^2 = y_2$	
$C_0 + C_1\,x_3 + C_2\,x_3^2 = y_3$	$R_2 = \dfrac{N[x^3] - [x][x^2]}{N[x^2] - [x]^2}$
Polynomkonstanten der deterministischen Lösung	$R_3 = \dfrac{N[x^2 y] - [x^2][y]}{N[x^3] - [x][x^2]}$
$C_2 = \dfrac{y_3 - y_1}{(x_3 - x_1)(x_3 - x_2)} - \dfrac{y_2 - y_1}{(x_2 - x_1)(x_3 - x_2)}$	$R_4 = \dfrac{N[x^4] - [x^2]^2}{N[x^3] - [x][x^2]}$
$C_1 = \dfrac{y_2 - y_1}{x_2 - x_1} - (x_2 + x_1)C_2$	$C_2 = \dfrac{R_1 - R_3}{R_2 - R_4}$
$C_0 = y_1 - C_1\,x_1 - C_2\,x_1^2$	$C_1 = R_1 - R_2 C_2$
	$C_0 = \dfrac{1}{N}\big([y] - [x]C_1 - [x^2]C_2\big)$

Die Bezugsgrößen haben die Maßeinheiten v_{00} in m/s, t_{00} in s und s_{00} in m. Bezugsgrößen sind Geschwindigkeit, Zeit und Weg jeweils der mittleren Stützstelle des Intervalls. Die normierten Variablen nehmen Werte um 1 an. Aus der Regressionsrechnung mit der normierten Variablen x erhält man die Polynomkonstanten V_n in m/s, T_n in s und S_n in m.

Reziprokwerte der Differentialquotienten

Für $s(t)$ und $v(t)$ geht $a(v)$ aus den Differentialquotienten der Fahrbewegung direkt hervor (Gl. (2.1) bis (2.4)). Für $t(s)$, $t(v)$ und $s(v)$ ist der berechnete Differentialquotient der Polynomgleichung als Kehrwert in die Differentialquotienten der Fahrbewegung einzusetzen.

Reziprokwerte der Differentialquotienten der Fahrbewegung:

$$t = f(s): \quad v = \frac{1}{dt/ds} \quad \text{und} \quad a = \frac{d^2 t/ds^2}{(dt/ds)^3} \tag{2.79}$$

$$t = f(v): \quad a = \frac{1}{dt / dv} \qquad\qquad s = f(v): \quad a = v \frac{1}{ds / dv}$$

Polynomgleichung 2. Grads, intervallweise Differentiation und Integration

Die Erfassung des gesamten Fahrbewegungsabschnitts durch eine einzige Polynomgleichung führt nicht zum Erfolg. Bei höherem Polynomgrad p haben die durch Differentiation erhaltenen Geschwindigkeiten und Beschleunigungen größere Fehler bzw. springen. Abhilfe schafft die Begrenzung auf das Polynom 2. Grads und die Benutzung der intervallweisen Differentiation und Integration.

Tabelle 2.9 enthält die Polynomgleichung für p = 2 und deren 1. Ableitung und 1. Integration. Die zweite Ableitung und Integration sind dadurch zu realisieren, dass mit den Ergebnissen der 1. Ableitung und Integration eine neue Polynomgleichung 2. Grads aufgestellt wird.

Um auch mit der Polynomgleichung 2. Grads beim Differenzieren und Integrieren genaue Ergebnisse zu erhalten, wird die Polynomgleittechnik in den Varianten deterministisch und stochastisch benutzt.

Deterministische Polynomgleittechnik

Die Polynomgleichung 2. Grads wird für 3 benachbarte Stützstellen mit dem Verfahren der nichtlinearen Interpolation von *Lagrange* aufgestellt. Die aufgestellte Gleichung erfüllt die 3 Stützstellen. Tabelle 2.9 enthält die Gleichungen des Verfahrens.

Die durch Differentiation bzw. Integration zu ermittelnde Variable wird mit dem Differentialquotienten bzw. mit dem Integral nur für die mittlere Stützstelle Nr. 2 berechnet. Die Werte der mittleren Stützstelle sind mit dem kleinsten methodischen Fehler verbunden.

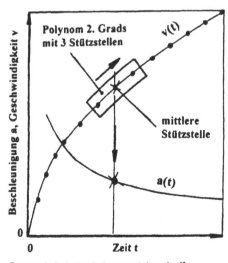

Deterministische Polynomgleittechnik

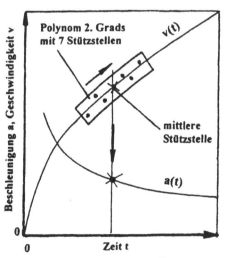

Stochastische Polynomgleittechnik

Bild 2.23
Schematische Darstellung der deterministischen und stochastischen Polynomgleittechnik

Dann wird das Polynom um 1 Stützstelle weitergeschoben und der Rechenzyklus erneut durchlaufen. Lediglich am Anfang muss die 1. Stützstelle und am Ende die 3. Stützstelle berücksichtigt werden. Bild 2.23 zeigt die deterministische Polynomgleittechnik.

Stochastische Polynomgleittechnik

Bei der stochastischen Polynomgleittechnik erfolgt die Aufstellung der Polynomgleichung 2. Grads mit der Methode der kleinsten Fehlerquadrate von *Gauß* für 7 benachbarte Stützstellen. Die aufgestellte Gleichung hat die minimale Abweichung zu den 7 Stützstellen. Die durch Differentiation bzw. Integration zu ermittelnde Variable wird mit dem Differentialquotienten bzw. mit dem Integral ebenfalls nur für die mittlere Stützstelle Nr. 4 berechnet. Am Beginn der Berechnungen müssen auch die Stützstellen Nr. 1, 2 und 3 und am Ende die Stützstellen Nr. 5, 6 und 7 einbezogen werden. Bild 2.23 zeigt die stochastische Polynomgleittechnik.

Beide Verfahren sind nur in Verbindung mit einem Rechenprogramm anwendbar, das die große Anzahl der Rechenoperationen der Zyklenwiederholungen in kürzester Zeit realisiert. Das Programm ist auf der Grundlage der Gleichungen in Tabelle 2.8 und 2.9 leicht zu erstellen.

Die Entscheidung der Frage nach der günstigsten Variante hängt von den Bedingungen ab. Gezeichnete Kurven sind mit dem stochastischen Verfahren bei größtmöglicher Stützstellendichte auszuwerten. Für Messwerte ist das deterministische Verfahren zu bevorzugen.

2.6   Fahrbewegung im Gleisbogen

Beim Durchfahren von Gleisbögen unterliegt der Zug der zweidimensionalen Bewegung, bestehend aus der Tangential- und der Radialbewegung (Bild 2.24). Für die Untersuchung der Fahrbewegung im Gleisbogens ist davon auszugehen, dass der Bogen im Regelfall im Mittelteil aus einem Kreisbogen (konstanter Radius) und im Ein- und Auslaufbereich aus Übergangsbögen (sich ändernder Radius bei konstantem Ruck) besteht (Anordnung nach Bild 2.24).

Bewegung auf der Kreisbahn

Bild 2.24 zeigt die Bewegung des Massenpunktes P auf der Kreisbahn. Die Tangentialbewegung ist die Fahrbewegung und die Radialbewegung eine die Fahrbewegung beeinflussende Nebenbewegung.

Krümmung k, Radius r und Drehwinkel φ sowie das tangentiale Wegelement ds sind die grundlegenden Variablen einer krummlinigen Bewegungsbahn:

$$k = \frac{d\varphi}{ds}, \quad r = \frac{1}{k} \quad \text{und} \quad ds = r \, d\varphi \tag{2.80}$$

$$\varphi = f(t) \quad \text{und} \quad s(t) = r \, \varphi(t)$$

Das Differenzieren von Gl. (2.80) ergibt Drehgeschwindigkeit ω und Drehbeschleunigung α:

$$\omega = \frac{d\varphi}{dt} \quad \text{und} \quad \alpha = \frac{d\omega}{dt} = \frac{d^2\varphi}{dt^2} \tag{2.81}$$

Geschwindigkeit v_T und Beschleunigung a_T der Tangentialbewegung betragen:

$$v_T = r \, \omega \quad \text{und} \quad a_T = r \, \alpha \tag{2.82}$$

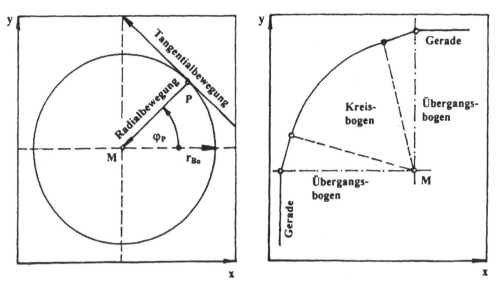

Bild 2.24
Zweidimensionale Bewegung beim Durchfahren eines Gleisbogens und Bahnelemente im Gleisbogen

Tabelle 2.10
Zulässige Radialbeschleunigungen

DB-Strecken bis 80 km/h ....$a_{Rzul} = 0,65$ m/s^2
DB-Strecken über 80 km/h ....$a_{Rzul} = 0,85$ m/s^2
DB-Strecken bei Neigetechnik ....$a_{Rzul} = 1,00$ m/s^2
SNCF-Strecken...................................$a_{Rzul} = 0,98$ m/s^2
Straßenbahnstrecken............................$a_{Rzul} = 1,00$ m/s^2

Auf der Kreisbahn ist wegen konstantem Radius keine Radialgeschwindigkeit möglich. Für die sich durch die fortlaufende Richtungsänderung ergebende Radialbeschleunigung a_R gilt:

$$a_R = r\omega^2 \quad \text{und} \quad a_R = \frac{v_T^2}{r} \tag{2.83}$$

Zulässige Geschwindigkeit im Kreisbogen

In den Vorschriften für den Schienenverkehr ist die Radialbeschleunigung aus verschiedenen Gründen begrenzt worden. Tabelle 2.10 enthält zulässige Radialbeschleunigungen. Nach Gl. (2.81) gilt für die zulässige Geschwindigkeit in einem nicht überhöhten Gleisbogen:

$$v_{zul} = \sqrt{a_R \, r_{Bo}} \tag{2.84}$$

Zulässige Geschwindigkeit Bogenein- und -ausfahrt

Beim Wechsel des Bogenhalbmessers von r_{Bo1} in r_{Bo2} ändert sich die Radialbeschleunigung von a_{R1} in a_{R2}. Im Kreisbogen ohne Übergangsbogen tritt die Änderung Δa_R auf einem dem Achsabstand (zweiachsiges Fahrzeug) oder dem Drehzapfenabstand d entsprechenden Fahrweg ein. Bei konstanter Geschwindigkeit beträgt die Änderungszeit $\Delta t = d/v$.

Mittlerer Ruck des Bogenwechsels bei fehlendem Übergangsbogen:

$$u_R = \frac{a_{R2} - a_{R1}}{\Delta t} = \frac{a_{R2} - a_{R1}}{d} v$$

Einsetzen von Gl. (2.83) für a_R:

$$u_R = \frac{v^3}{d}\left(\frac{1}{r_{Bo2}} - \frac{1}{r_{Bo1}}\right) \quad \text{und} \quad u_R = \frac{v^3}{d\, r_{Bo}} \tag{2.85}$$

In der 1. Gleichung ist bei gleichläufigen Bögen r_{Bo2} positiv und bei gegenläufigen Bögen negativ einzusetzen (r_{Bo1} ist positiv). Die 2. Gleichung gilt für den Wechsel von der Geraden in den Bogen und umgekehrt.

Die Umstellung von Gl. (2.85) nach v ergibt für die ruckbedingte zulässige Geschwindigkeit:

$$v_{zul} = \sqrt[3]{\frac{r_{Bo1}\, r_{Bo2}}{r_{Bo1} \pm r_{Bo2}}\, d\, u_{Rzul}} \quad \text{und} \quad v_{zul} = \sqrt[3]{r_{Bo}\, d\, u_{Rzul}} \tag{2.86}$$

In der 1. Gleichung sind alle Variablen positiv einzusetzen. Im Nenner ist bei gleichläufigen Bögen das negative Vorzeichen und bei gegenläufigen Bögen das positive Vorzeichen zu verwenden Die 2. Gleichung gilt für den Wechsel von der Geraden in den Bogen und umgekehrt.

Wegen der Verträglichkeitsgrenze des Rucks für den Fahrgast von $u_{Rzul} = 1$ m/s^3 ist der Ruck bei der Bemessung der zulässigen Geschwindigkeit zu berücksichtigen. Bei der Eisenbahn wird im Regelfall mit $u_{Rzul} = 0{,}85$ m/s^3 und bei der Straßenbahn mit $u_{Rzul} = 1{,}00$ m/s^3 gerechnet. Im Güterverkehr entfällt die Verträglichkeitsgrenze durch den Ruck.

Übergangsbogen

Die dem Kreisbogen vor- und nachgeordneten Übergangsbögen ermöglichen den Übergang bei konstantem Ruck. Die zulässige Geschwindigkeit des Übergangs ist dann kleiner als die des Kreisbogens. Den konstanten Ruck erreicht man durch Ausführung des Übergangs als Klothoide, ersatzweise auch als kubische oder quadratische Parabel.

Geschwindigkeitsbegrenzung

Gleisbögen sind häufig der Grund von Geschwindigkeitsbegrenzungen. Neubaustrecken werden mit Bogenhalbmesern, die keine Geschwindigkeitsbegrenzung erforderlich machen, ausgeführt. Bei vorhandenen Strecken wird durch Anwendung der Überhöhung der Bogenaußenschiene und der Neigetechnik das Anheben der zulässigen Geschwindigkeit erreicht.

Überhöhung der Außenschiene

Um die zulässige Geschwindigkeit in Gleisbögen zu erhöhen, wird die äußere Bogenschiene um das Maß ü überhöht. Das Fahrzeug erfährt dadurch eine Querneigung um den Winkel α.

Der Querneigungswinkel α beträgt nach Bild 2.25:

$$\tan \alpha = \frac{ü}{b}, \quad \alpha = \arctan \frac{ü}{b} \quad \text{und} \quad \alpha = \frac{ü}{b} \tag{2.87}$$

Bei den kleinen Winkeln der Gleisüberhöhung ist tan α durch den Bogenwinkel α zu ersetzten.

Der Laufkreisabstand der Räder b beträgt für die Normalspur b = 1500 mm und für die Meterspur b = 1065 mm.

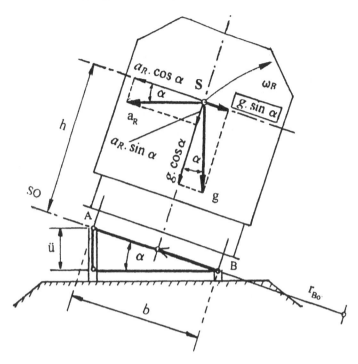

Bild 2/25
Radiale Beschleunigungen
am Fahrzeug beim Durch-
fahren eines Bogens mit
überhöhter Außenschiene

Bild 2.25 zeigt die im überhöhten Gleisbogen wirkenden Beschleunigungen. Die Fallbeschleunigung g wirkt senkrecht zur Erdoberfäche und die Radialbeschleunigung a_R parallel zu ihr.
Bei Bezugnahme auf die Ebene des überhöhten Gleises erhält man die einander entgegen wir-
kenden Komponenten $a_R \cos \alpha$ und $g \sin \alpha$. Das Gleichsetzen ($a_R \cos \alpha = g \sin \alpha$) und die Umstellung nach α ergibt den optimalen Neigungswinkel α_{opt}, bei dem die Radialbeschleunigung
a_R durch die Querneigung kompensiert wird ($a_R = 0$):

$$a_R = g \tan \alpha_{opt} \quad \text{und} \quad \alpha_{opt} = \arctan \frac{a_R}{g} \tag{2.88}$$

$$a_R = g\, \alpha_{opt} \quad \text{und} \quad \alpha_{opt} = \frac{a_R}{g}$$

Die Gleichungen der zweiten Zeile gelten für kleine Neigungswinkel α.

Das Gleichsetzen von Gl. (2.87) und (2.88) und die Umstellung nach ü ergibt die zur vollständigen Kompensation von a_R erforderliche optimale Überhöhung $ü_{opt}$:

$$ü_{opt} = \frac{a_R}{g} b \tag{2.89}$$

Die Überhöhung Δü ist der zulässigen Radialbeschleunigung a_{Rzul} äquivalent:

$$\Delta ü = \frac{a_{Rzul}}{g} b \tag{2.90}$$

Aus Gl. (2.90) erhält man für das normalspurige Gleis (b = 1,5 m) bei a_{Rzul} = 0,65 m/s²
Δü = 100 mm und bei a_{Rzul} = 0,85 m/s² Δü = 130 mm.

Für die auszuführende (vorhandene) Überhöhung gilt:

$$\ddot{u}_{vorh} = \ddot{u}_{opt} - \Delta\ddot{u} \tag{2.91}$$

Bei Überhöhungen der Außenschiene von Bögen ist zu beachten, dass das Geschwindigkeitsniveau der Züge unterschiedlich ist und dass auch Züge im Bogen zum Halten kommen können. Deshalb ist die Überhöhung in den Vorschriften begrenzt worden. Auf DB-Strecken sind Überhöhungen bis $\ddot{u}_{max} = 150$ mm und auf SNCF-Strecken bis 180 mm zugelassen.

Zur Berechnung der zulässigen Geschwindigkeit werden Gl. (2.89) und (2.90) in Gl. (2.91) eingesetzt. Für a_{Rzul} Gl. (2.83) eingesetzt. Die Auflösung nach v ergibt:

$$v_{zul} = \sqrt{g\, r_{Bo} \frac{\ddot{u}_{vorh} + \Delta\ddot{u}}{b}} \quad bzw. \quad v_{zul} = \sqrt{g\, r_{Bo} \left(\alpha_{vorh} + \Delta\alpha\right)} \tag{2.92}$$

v_{zul}	zulässige Geschwindigkeit in m/s	r_{Bo}	Bogenhalbmesser in m
b	Laufkreisabstand in m	g	Fallbeschleunigung in m/s²
$\ddot{u}_{vorh}$	vorhandene Überhöhung der äußeren Bogenschiene in m		
$\Delta\ddot{u}$	äquivalenter Überhöhungszuschlag für a_{Rzul} in m (Gl. (2.9))		
α_{vorh}	vorhandener Querneigungswinkel in rad (Gl. (2.87))		
$\Delta\alpha$	äquivalenter Querneigungswinkel für a_{Rzul} in rad (Gl. (2.87))		

Außerhalb der optimalen Geschwindigkeit ist die unausgeglichene Radialbeschleunigung Δa_R vorhanden. Nach Bild 2.25 besteht bei einer vom optimalen Wert abweichenden Fahrgeschwindigkeit v folgende Gleichgewichtsbedingung:

$$\Delta a_R \cos\alpha = a_R \cos\alpha - g \sin\alpha.$$

Daraus ergeben sich folgende Gleichungen für die unausgeglichene, auf die äußere Bogenschiene wirkende Radialbeschleunigung:

$$\Delta a_R = a_{R0} - g\, \alpha_{vorh} \quad bzw. \quad \Delta a_R = \frac{v^2}{r_{Bo}} - g\frac{\ddot{u}_{vorh}}{b} \tag{2.93}$$

Die Variable a_{R0} ist die Radialbeschleunigung auf nicht überhöhtem Gleis.

Neigetechnik

Eine weitere Möglichkeit zur Erhöhung der zulässigen Geschwindigkeit in Gleisbögen ist die Neigetechnik. Bild 2.26 zeigt eine der Neigetechnik-Ausführungen. Es kommen entweder die gesteuerte Einstellung eines unterschiedlichen Höhenunterschieds der Luftfedern auf der rechten und linken Fahrzeugseite oder die Aufhängung des Wagenkastens als Pendel und die gesteuerte Einstellung des Pendelausschlags zur Anwendung. Durch die gleisbogenabhängige Wagenkastensteuerung erfährt der Wagenkasten eine zusätzliche Querneigung gegenüber der durch die Schienenoberkanten (SO) gehenden Ebene.

Durch die zusätzliche Neigung des Wagenkastens wird nur die am Wagenkasten wirksame, von den Fahrgästen zu spürende Radialbeschleunigung reduziert, aber nicht die äußere, vom gesamten Fahrzeugkörper auf das Gleis übertragene Radialbeschleunigung. Werden Strecken von Fahrzeugen mit Neigetechnik befahren, ist wegen der größeren Wirkung auf das Gleis ein erhöhter Verschleiß der äußeren Schiene der Bögen festzustellen.

Bild 2.27 zeigt am Fahrzeugquerschnitt die bei Neigetechnik vorhandenen Beschleunigungen.

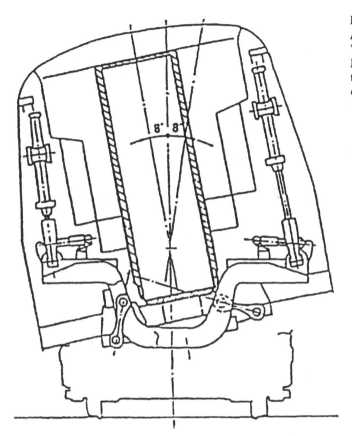

Bild 2.26
Aktive gleisbogenabhängige
Wagenkastensteuerung der
Bauart FIAT im Diesel-
triebwagen der Baureihe 610
der DB AG

Der durch die Neigetechnik erzeugte Neigungswinkel ß des Wagenkastens gegenüber der SO-
Ebene ergibt die auf den Laufkreisabstand b bezogene äquivalente Überhöhung δü:

$$\delta ü = b \tan ß \quad bzw. \quad \delta ü = b\,ß \tag{2.94}$$

Zur Berechnung der zulässigen Geschwindigkeit bei Neigetechnik ist in Gl. (2.92) der Winkel
ß bzw. die Überhöhug δü zusätzlich zu berücksichtigen:

$$v_{zul} = \sqrt{g\,r_{Bo}\,\frac{ü_{vorh} + \Delta ü + \beta}{b}} \tag{2.95}$$

$$v_{zul} = \sqrt{g\,r_{Bo}\left(\alpha_{vorh} + \Delta\alpha + ß\right)}$$

Berechnungsbeispiel 2.15

Für einen Gleisbogen mit dem Radius r_{Bo} = 300 m sind zu verschiedenen technischen Parametern die zulässigen Geschwindigkeiten zu berechnen.

Lösungsweg und Lösung

a) Ohne Überhöhung, a_{Rzul} = 0,65 m/s², Gl. (2.84):

$v_{zul} = 3,6 \cdot (0,65 \cdot 300)^{0,5} = 50$ km/h

b) $\ddot{u}_{vorh} = \ddot{u}_{max} = 0{,}150$ m, $a_{Rzul} = 0{,}85$ m/s^2 ($\Delta\ddot{u} = 0{,}130$ m), Gl. (2.90) und (2.92):

    $v_{zul} = 3{,}6\cdot [9{,}81\cdot 300\cdot (0{,}150 + 0{,}130)/1{,}500\ ]^{0{,}5} = 85$ km/h

c) $\ddot{u}_{vorh} = \ddot{u}_{max} = 0{,}150$ m, $a_{Rzul} = 0{,}85$ m/s^2 ($\Delta\ddot{u} = 0{,}130$ m), mit Neigetechnik, $\beta = 8°$ bzw. $\beta = 0{,}1396$ rad, Gl. (2.90), (2.94) und (2.95):

    $\delta\ddot{u} = 1{,}500\cdot 0{,}1396 = 0{,}2094$ m,

    $v_{zul} = 3{,}6\cdot [9{,}81\cdot 300\cdot (0{,}150 + 0{,}130 + 0{,}2094)/1{,}500\ ]^{0{,}5} = 112$ km/h (31,0 m/s)

Belastung der Außenschiene, Gl. (2.93):

    $\Delta a_R = 31{,}0^2/300 - 9{,}81\cdot 0{,}150/1{,}500 = 2{,}22$ m/s^2

d) Ohne Übergangsbogen, Drehzapfenabstand $d = 19{,}0$ m, $u_{Rzul} = 0{,}85$ m/s^3, Gl. (2.83/2):

    $v_{zul} = 3{,}6\cdot (300\cdot 19{,}0\cdot 0{,}85)^{1/3} = 61$ km/h

Aus den Ergebnissen des Beispiels 2.15 geht hervor, dass die Neigetechnik auf bogenreichen Strecken eine beachtliche Geschwindigkeitserhöhung ermöglicht, allerdings für den Preis einer wesentlich erhöhten Seitenbelastung der Außenschiene und der Räder.

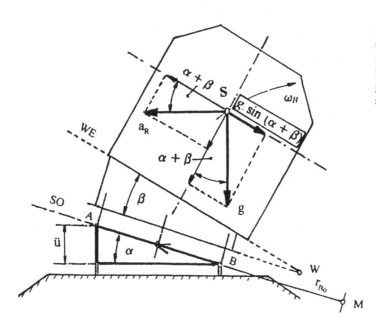

Bild 2.27
Querbeschleunigungen am Schienenfahrzeug mit neigbarem Wagenkasten im Bogen mit überhöhter Außenschiene

3 Neigungs- und Widerstandskraft

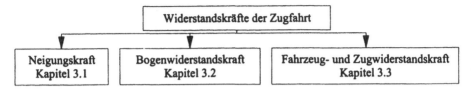

Bild 3.1
Gliederung der Widerstandskräfte der Zugfahrt in der ersten Ebene

3.1 Neigung und Neigungskraft

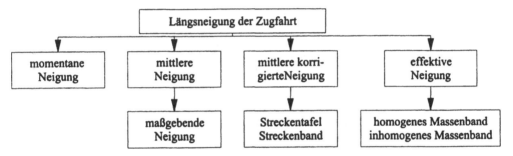

Bild 3.2
Gliederung der Längsneigung (und der Neigungskraft) der Zugfahrt

3.1.1 Streckenlängsneigung und Neigungskraft

Das Schienenfahrzeug unterliegt beim Fahren der dreidimensionalen Bewegung. Die erste Dimension beinhaltet die Längsbewegung (x-Richtung), die zweite Dimension die Seitenbewegung der Bogendurchfahrt (y-Richtung) und die dritte Dimension die Vertikalbewegung der Höhenlageänderung (z-Richtung). Zur Untersuchung des Einflusses der Höhenlageänderung auf die Fahrbewegung ist vom **Lage- und Höhenplan** der Eisenbahnstrecke auszugehen.

Bild 3.3 zeigt den Lage- und Höhenplan. Zwischen Anfangspunkt A und Endpunkt E eines geneigten Streckenabschnitts sind folgende Längen zu unterscheiden:

– waagerechte Länge Δx,

– vertikale Länge bzw. Höhenänderung Δz und

– resultierende Länge bzw. Fahrweg Δz.

Zwischen diesen Längen bestehen folgende Beziehungen:

$$\sin \alpha = \frac{\Delta z}{\Delta s} \quad \text{und} \quad i = \tan \alpha = \frac{\Delta z}{\Delta x} \tag{3.1}$$

Die Neigung i ist der Tangens des Neigungswinkels α.

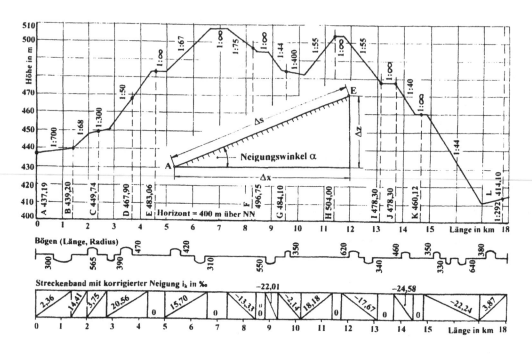

Bild 3.3
Vereinfachter Lage- und Höhenplan der Schönbuchbahn Böblingen – Dettenhausen [ETR 2000, H.1/2]
A.....L Bahnhöfe und Haltepunkte mit Angabe der Höhe

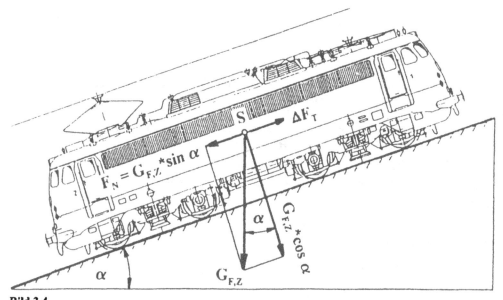

Bild 3.4
Kräfte am Schienenfahrzeug bzw. am Zug beim Befahren eines Streckenabschnitts mit Längsneigung

Tabelle 3.1
Zulässige und technisch mögliche mittlere Längsneigungen im Schienenverkehr

Bahn- und Streckenvariante	Längsneigung	Bahn- und Streckenvariante	Längsneigung
Eisenbahn		**Zahnradbahn**	
Hauptstrecken.............................. bis 25 ‰		Rigibahn .... bis 200 ‰	
Nebenstrecken Regel/Ausnahme ... bis 40 ‰/ 60 ‰		Jungfraubahn .... bis 250 ‰	
Rübelandbahn .... bis 63 ‰		Zugspitzbahn .... bis 258 ‰	
Hochgeschwindigkeitsstrecken...... bis 40 ‰		Pilatusbahn .... bis 480 ‰	
Straßenbahn		Panamakanalbahn .... bis 500 ‰	
Neubaustrecken............................ bis 50 ‰			
Züge mit Achsen ohne Antrieb...... bis 70 ‰			
Züge mit Antrieb aller Achsen....... bis 110 ‰			
Plauen (Sachsen), Bahnhofstrasse.. 80 ‰			

Vereinbart man für den Ablauf der Fahrbewegung stets Wegzuwachs, so müssen Δx und Δs positiv sein. Bei der Höhenlageänderung $\Delta z = z_E - z_A$, und damit auch bei der Neigung i, ist aber der doppelte Richtungssinn zu verzeichnen:

Steigung bei $z_E > z_A$, Zahlenwert Δz und i ist **positiv** und

Gefälle bei $z_E < z_A$, Zahlenwert von Δz und i ist **negativ**.

Formen und Maßeinheiten

Für Neigungsangaben werden folgende Formen und Maßeinheiten benutzt:

1. Maßeinheitenloser Quotient $i = \Delta z : \Delta x$

Beispiel $i = 1 : 25$, auf der waagerechten Länge $\Delta x = 25$ m ist der Höhenunterschied $\Delta z = 1$ m zu überwinden. Diese Darstellungsform wird in Lage- und Höhenplänen benutzt (Bild 3.3).

2. Maßeinheitenlose Zahl, berechnet als $i = \Delta z/\Delta x$

Beispiel $i = 1$ m/25 m $= 0,040$, auf der waagerechten Strecke von $\Delta x = 1$ m wird ein Höhenunterschied von $\Delta z = 0,040$ m bzw. auf 1000 m von 40 m überwunden. Diese Darstellungsform ist in Gleichungen und Rechenprogrammen zu benutzen.

3. Zahl mit der Maßeinheit Promille (‰), berechnet als $1000\ ‰ \cdot \Delta z/\Delta x$

Beispiel $i = 1000\ ‰ \cdot 0,040 = 40\ ‰$, auf der waagerechten Strecke $\Delta x = 1$ km wird ein Höhenunterschied $\Delta z = 40$ m überwunden. Diese Darstellung ist zur Streckenbewertung zu benutzen.

Mittlere Längsneigung

Das Lage- und Höhenprofil enthält engmaschige Neigungsangaben für verhältnismäßig kurze Distanzen, die für Zugfahruntersuchungen ungeeignet sind. Deshalb erfolgt die Zusammenfassung zu mittleren Neigungen längerer Distanzen. Das Zusammenfassen ist in Abhängigkeit von der vorgesehenen Variante der Zugfahrtrechnung vorzunehmen. Im Regelfall sollen die Einzelneigungen bei Längen bis 200 m nicht mehr als $\pm 2\ ‰$ und bei Längen bis 500 m nicht mehr als 1 ‰ vom Mittelwert abweichen. Steigungen und Gefälle sollten möglichst nicht zusammengefasst werden. Auf Nahverkehrsstrecken erfolgt das Zusammenfassen im Regelfall für Stationsabstände. Für die Auslaufuntersuchung und für die Untersuchung des Wagenablaufs sind feinere Zusammenfassungen erforderlich.

Am einfachsten ist die mittlere Neigung aus den Höhen- und Längenkoordinaten am Anfang und Ende eines Abschnitts zu berechnen. Die Berechnung ist aber auch über das Produkt von Neigung und Länge der Einzelabschnitte möglich:

$$i_m = \frac{z_E - z_A}{x_E - x_A} \quad und \quad i_m = \frac{\sum (i_x l_{Nx})}{\sum l_{Nx}} \tag{3.2}$$

Mittlere korrigierte Neigung

Für Zugfahrtrechnungen erfolgt das Zusammenfassen von mittlerer Längsneigung i_m und der Bogenwiderstandszahlen f_{Bo} der l_N –Abschnitte:

$$i_k = i_m + \frac{\sum (f_{Box} l_{Box})}{l_N} \tag{3.3}$$

Bögen mit Halbmessern über 700 m sind im Regelfall zu vernachlässigen. Da bei Fahrtrichtungswechsel die i_m-Werte das Vorzeichen wechseln, die f_{Bo}-Werte aber stets positiv sind, müssen die i_k-Werte für Hin- und Rückfahrt berechnet werden.

Die korrigierten Neigungen der Gesamtstrecke sind im **Streckenband** bzw. in der **Streckentafel** enthalten. Bild 3.3 zeigt das im Regelfall 2 cm breite Streckenband. In der Streckentafel sind die s_x-Werte der Stützstellen P_x (s_x; i_{kx}) auf den Abschnittsanfang zu beziehen.

Zur Zugfahrtsimulation ist die Streckentafel in die **Streckendatei** einzugeben. Die Streckendatei enthält die korrigierten Neigungen und die von der Strecke ausgehenden Steuergrößen der Zugfahrt, z.B. die zulässige Geschwindigkeit der Abschnitte.

Maßgebende Neigung

Die maßgebende Neigung i_{ma} ist die maximale mittlere Neigung einer Eisenbahnstrecke. Auf ihrer Grundlage werden festgelegt:

− die *Mindestbremshundertstel* (Gewährleistung der Sicherheit),
− die *Anfahrgrenzmasse* (Gewährleistung der Anfahrmöglichkeit) und
− die *Wagenzugmasse bei Mindestgeschwindigkeit* (Gewährleistung des Streckendurchlasses)

In den Fahrdienstvorschriften der ehemaligen Deutschen Reichsbahn (DV 408 FV § 19 Abs. 4) ist folgende Definition der maßgebenden Neigung enthalten:

„Die maßgebende Längsneigung ist die Neigung der Verbindungslinie der 2000 m voneinander entfernten Punkte der Strecke mit dem größten Höhenunterschied. Ist die so ermittelte Neigung stärker als 1 : 100, so ist anstelle des Maßes von 2000 m ein solches von 1000 m anzuwenden. Ergibt die Verbindungslinie vom Beginn des verfügbaren Bremswegs bis zum Hauptsignal eine stärkere Neigung, so ist diese die maßgebende Längsneigung."

Diese Definition gilt für den konventionellen Schienenverkehr. Sie ist nicht auf den Hochgeschwindigkeitsverkehr übertragbar (Bremswege von ca. 5000 m gegenüber 1000 m).

Neigungskraft

Bild 3.4 zeigt ein Schienenfahrzeug auf geneigter Fahrbahn. Zur Bestimmung der im Schwerpunkt S angreifenden Kräfte ist von den Kräften der schiefen Ebene auszugehen. Die Fahrzeug- bzw. Zuggewichtskraft $G_{F,Z}$ wird in zwei Kräfte zerlegt. Senkrecht auf der Bewegungsebene steht die Komponenete $G_{F,Z} \cdot cos\alpha$ und parallel liegt die Komponente $G_{F,Z} \cdot sin\alpha$.

Die Neigungskraft F_N ist die in Richtung der Bewegungsebene liegende Komponente, zu deren Kompensation in der Steigung die Teilzugkraft ΔF_T und im Gefälle die Teilbremskraft ΔF_B aufgebracht werden muss. Die Division der Neigungskraft F_N mit der Fahrzeug- bzw. Zuggewichtskraft $G_{F,Z}$ ergibt die **Neigungskraftzahl f_N**:

$$F_N = G_{F,Z} \sin\alpha \quad \text{und} \quad F_N = f_N\, G_{F,Z} \quad \text{mit} \quad f_N = \sin\alpha \tag{3.4}$$

Für die maximale Neigung des konventionellen Schienenverkehrs $i_m = \tan\alpha = 0{,}100$ (100 ‰) erhält man $\alpha = \arctan 0{,}100 = 0{,}09997$ rad und $\sin\alpha = 0{,}09950$. Sofern die Neigung 100 ‰ nicht übersteigt, besteht Übereinstimmung zwischen $\sin\alpha$ und $\tan\alpha$. Deshalb kann unter Beachtung der Regel für die Vorzeichenwahl der Kräfte (Kap. 1.2.2) gesetzt werden:

$$f_N = -i_m \quad \text{bzw.} \quad f_N = -i_k \quad \text{und} \quad F_N = -i_m\, G_{F,Z} \quad \text{bzw.} \quad F_N = -i_k\, G_{F,Z} \tag{3.5}$$

Berechnungsbeispiel 3.1

Für den Abschnitt $l_{Nges} = 1000$ m einer Eisenbahnstrecke ist die mittlere Neigung i_m, der Höhenunterschied zwischen Anfang und Ende Δz und die korrigierte Neigung i_k zu berechnen.

Gegebene Werte:

l_N in m	150	210	330	50	120	140	r_{Bo} in m	250	320	480	560
i in ‰	+4,33	+5,26	+2,75	−1,93	0	+2,2	l_{Bo} in m	85	300	135	172
$l_{Nges} = \Sigma\, l_{Nx} = 1000$ m							f_{Bo} in ‰	2,27	1,72	1,11	0,94

Lösungsweg und Lösung

Berechnung von i_m mit Gl.(3.2), von Δz mit Gl.(3.1) und von i_k mit Gl.(3.3)

$i_m = (4{,}33{\cdot}150 + 5{,}26{\cdot}210 + 2{,}75{\cdot}330 - 1{,}93{\cdot}50 + 0{\cdot}120 + 2{,}20{\cdot}140)/1000$

$i_m = +2{,}873$ ‰ bzw. +0,002873

$\Delta z = i_m\, l_{Nges} = 0{,}002873{\cdot}1000 = 2{,}873$ m

$i_k = 2{,}873 + (2{,}27{\cdot}85 + 1{,}72{\cdot}300 + 1{,}11{\cdot}135 + 0{,}94{\cdot}172)/1000 = 2{,}873 + 1{,}021$

$i_k = 3{,}894$ ‰ bzw. 0,003894

Hinweis: Das Berechnen von Streckenbändern bzw. -tafeln aus den Daten von Lage- und Höhenplänen ist sehr aufwändig. Die Daten deutscher Eisenbahnstrecken sind im Zentralrechner der DB AG erfasst. Aus diesen Daten sind die für die computergestützte Zugfahrtrechnung erforderlichen Streckendateien mit einem Rechenprogramm verhältnismäßig einfach aufzustellen.

Berechnungsbeispiel 3.2

Die Pilatusbahn besitzt eine Streckenlänge $\Delta s = 4600$ m und überwindet einen Höhenunterschied $\Delta z = 1629$ m. Die größte Neigung beträgt $i_{max} = \pm 480$ ‰. Sie wird mit Triebwagen betrieben (Masse $m_Z = 20$ t, $G_Z = 196{,}2$ kN). Mittlere Neigung der Gesamtstrecke i_m und die bei gleichförmiger Bewegung auf der maximalen Neigung vorhandene Neigungskraft F_N sind zu berechnen.

Lösungsweg und Lösung

Gl. (3.1) $\alpha = \arcsin(\Delta z/\Delta s) = \arcsin(1629/4600) = 0{,}3620$ rad

$i_m = \tan\alpha = \tan 0{,}3620 = \pm 0{,}3790$ bzw. ± 379 ‰

Präzise Berechnung, Gl.(3.1) und (3.4)

$\alpha_{max} = \arctan i_{max} = \arctan 0{,}480 = 0{,}4475$ rad

$f_N = \sin\alpha = \sin 0{,}4475 = 0{,}4327$ und $F_N = f_N\, G_Z = 0{,}4327{\cdot}196{,}2 = \pm 84{,}9$ kN

Überschlägliche Berechnung, Gl. (3.5)

$F_N = -i_m\, G_Z = 0{,}480{\cdot}196{,}2 = -94{,}2$ kN (Die überschlägliche Berechnung ist nicht benutzbar)

3.1.2   Effektive Neigung

Die auf den Zug wirkende Neigungskraft wird, wie in Bild 3.5 dargestellt, auf die Zugspitze (Punkt B) bezogen. Die Neigungskraft ist auf der Basis folgender Zugmodelle zu berechnen:

- **Massenpunkt**
  (Zug hat Länge $l_Z = 0$; Konzentration der Zugmasse im Punkt B),

- **homogenes Massenband**
  (Berücksichtigung der Zuglänge l_Z, Annahme der gleichmäßigen Masseverteilung über l_Z),

- **inhomogenes Massenband**
  (Berücksichtigung der Zuglänge l_Z und der tatsächlichen ungleichmäßigen Masseverteilung über l_Z, Zusammensetzung des Zugs aus Längenabschnitten gleicher Dichte).

Reisezüge haben Längen bis 400 m und Güterzüge bis 750 m. Dadurch können sich auf Strecken mit häufigem Wechsel der Längsneigungen mehr als 1 Neigung unter dem Zug befinden (Bild 3.5). Die Neigungskraft F_N ist in diesem Fall mit der **effektiven Neigung i_e** zu berechnen. Die Variable i_e ist die im Bezugspunkt B effektiv auf den Zug wirkende Neigung:

Neigungskraft: $F_N = -i_e\, G_Z$ Massenpunkt: $i_e = i_k$ (3.6)

Homogenes Massenband: Inhomogenes Massenband:

$$i_e = \frac{\sum\left(\Delta l_x\, i_{kx}\right)}{l_Z} \qquad\qquad i_e = \frac{\sum\left(\Delta m_y\, i_{kx}\right)}{m_Z}$$

F_N Neigungskraft in kN	G_Z Zuggewichtskraft in kN
m_Z Zugmasse in t	l_Z Zuglänge in m

i_k Mittlere korrigierte Neigung eines Abschnitts, Maßeinheit 1

i_e Effektiv wirksame Neigung an der Zugspitze, Maßeinheit 1

i_{kx} Korrigierte Neigung unter dem Zug mit der Ordnungszahl x, Maßeinheit 1

Δl_x Länge der Neigung unterm Zug mit der Ordnungszahl x in m
          (bei vollständiger Überdeckung durch den Zug Länge des Neigungsabschnitts l_{Nx}, oder die vom Zug überdeckte Länge des entsprechenden Neigungsabschnitts, Bild 3.5)

Δm_y Masse des Fahrzeugs im Zug mit der Ordnungszahl y, das sich in der Neigung mit der Ordnungszahl x befindet, in t

Die Ermittlung der effektiven Neigung i_e erfolgt in Zugfahrtrechenprogrammen auf der Grundlage von Gl.(3.6). Zuerst wird die streckenbezogene Lage des Zugendes sowie die Zählvariable u des ersten Neigungswechsels unterm Zug vom Ende aus gesehen festgestellt. Dann wird die Länge der einzelnen Neigungsbereiche unterm Zug berechnet. Im Fall des inhomogenen Massenbands werden vom Zugende aus Masse und Länge die einzelnen Fahrzeuge solange erfasst, bis die Länge des entsprechenden Neigungsbereichs erreicht ist. Nach jedem erfassten Neigungsabschnitt wird die aktuelle Lage mittels Vergleichslänge l_v bestimmt, die mit der Zuglänge l_Z verglichen wird. Bei $l_v \geq l_Z$ wird die Berechnung abgeschlossen. Liegt unterm Zug kein Neigungswechsel vor, wird $i_e = i_k$ gesetzt. Bild 3.5 veranschaulicht den Rechenablauf.

Bild 3.6 zeigt einen gemischt zusammengesetzten 750 m langen Güterzugs, der einen 3000 m langen Abschnitt mit wechselnder Längsneigung befahren soll. Der Zug steht am Anfangswegpunkt 0,6 km vollständig im Gefälle –3 ‰ . Die berechneten Kennlinien der effektiven Neigung der drei Modellvarianten sind dargestellt.

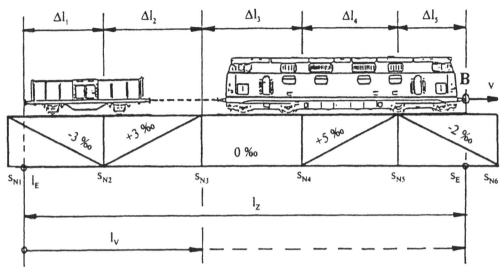

Bild 3.5
Massenband eines Zugs im Bereich mehrerer Längsneigungsabschnitte (homogenes Massenband)

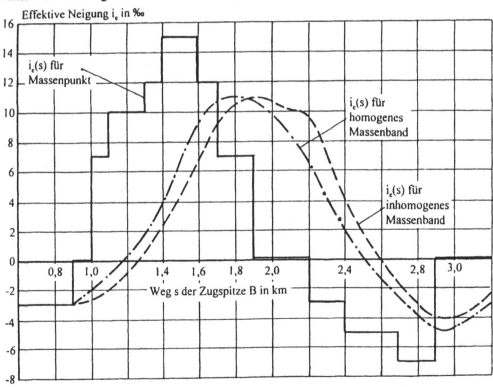

Bild 3.6
Kennlinien für die Varianten der effektiven Neigung eines 750 m langen Güterzugs

3.2   Bogenwiderstandskraft

3.2.1   Definition und Ursachen

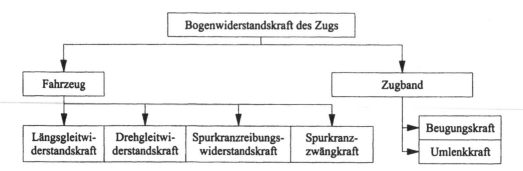

Bild 3.7
Gliederung der Bogenwiderstandskraft des Zugs

Die Bogenwiderstandskraft tritt beim Befahren von Gleisbögen in Erscheinung. Am einzeln verkehrenden Fahrzeug ist sie im wesentlichen auf drei Ursachen zurückzuführen. Eine vierte Ursache liegt beim Fahren auf Rillenschienen vor (Straßenbahn). Eine fünfte und sechste Ursache ist im Zugband begründet (Bild 3.7).

1. Beim klassischen Radsatz der Schienenfahrzeuge sind die beiden Radscheiben durch Aufpressen fest mit der Achse verbunden. Im Bogen muss das Rad auf der Außenschiene einen größeren Weg als das Rad auf der Innenschiene zurücklegen. Die Wegdifferenz muss, abgesehen von der geringen Ausgleichsmöglichkeit durch die Konizität der Laufflächen, durch eine Gleitbewegung, durch das **Längsgleiten** ausgeglichen werden.

2. Beim klassischen Schienenfahrzeug bzw. Drehgestell erfolgt die Fahrzeugführung durch zwei starr mit dem Rahmen des Laufwerks verbundene Radsätze. Im Bogen überlagert sich der Translation eine Drehung des Fahrzeugs um den Fahrzeugmittelpunkt. Durchfährt das Fahrzeug einen Kreisbogen vollständig, dreht es sich einmal um die eigene Hochachse. Das bedeutet beim klassischen steifen Laufwerk eine **Drehgleitbewegung**, ausgeführt auf der beim Drehen um den Fahrzeugmittelpunkt von den Rädern beschriebenen Kreisbahn.

3. Zur Ausführung der Drehgleitbewegung muss von außerhalb des Fahrzeugs ein entsprechendes Drehmoment ausgeübt werden. Dieses Drehmoment wird von der Schienenrichtkraft erzeugt. Die Schienenrichtkraft wird bei Bewegung von der Anlauffläche des Schienenkopfes auf den Spurkranz übertragen, also in Verbindung mit Reibung. Dadurch stellt sich die **Spurkranzgleitbewegung** ein.

   Eine Seitenkraft am Spurkranz ergibt sich außerdem durch die Hangabtriebskraft des überhöhten Bogens und durch die Radialbeschleunigung der Bogenfahrt.

4. Beim Fahren auf Rillenschienen (Straßenbahn) tritt das **Spurkranzzwängen** in der Rille als weitere Komponente in Erscheinung. Im Bogen nimmt der sich in der Rille befindliche Spurkranz eine Schräglage ein. Das erhöht seinen Platzbedarf. Dabei wird das Rillenspiel erschöpft. Dadurch kommt es zum Zwängen des Spurkranzes in der Rille.

5. Im Bogen passt sich die Mittellinie des Zugs der Krümmung an. Bei Zug- oder Schubkraft-
   ausübung an den Zugenden muss die Kraft von Wagen zu Wagen der Richtungsänderung
   angepasst werden, die durch die Bogenkrümmung vorgegeben ist (**Zugkraftumlenkung**).
   Um die Richtung des Zug- oder Schubkraftvektors zu ändern, muss eine Seitenkraft
   ausgeübt werden, die ebenfalls als Schienenrichtkraft von der Anlauffläche des Schienenkopfes auf den Spurkranz übertragen wird.

6. Eine weitere Verstärkung der Seitenkraft, und damit der Spurkranzreibungskraft, entsteht
   durch das Einknicken des Zugbands in der Bogenkrümmung. Durch diese Richtungsänderung erfolgt ein Spannen der Federn der Zugvorrichtung und der bogeninneren Seitenpuffer, das durch eine entsprechende Seitenkraft am Spurkranz kompensiert werden muss
   (**Beugungskraft**).

Weitere, mit der Bogenfahrt zusammenhängende Widerstandskräfte sind:

Residuale Bogenwiderstandskraft

Bei Untersuchungen zur Bogenwiderstandskraft von Drehgestellfahrzeugen auf Ablaufanlagen
wurde ermittelt, dass nach dem Durchfahren des Bogens in der sich anschließenden Geraden
kurzzeitig eine größere Widerstandskraft als die Grundwiderstandskraft vorhanden ist. Diese
zusätzliche Widerstandskraft ist die residuale Bogenwiderstandskraft. Sie entwickelt sich über
einen Laufweg von ca. 20 m und klingt anschließend wieder ab. Diese Erscheinung ist auf
Arbeit zurückzuführen, die geleistet werden muss, um die Drehgestelle aus der Stellung des
Bogenlaufs in die Stellung des geraden Laufs zurückzuführen. Außerdem ist das kurzzeitige
dynamische Verhalten des Wagens nach dem Verlassen des Bogens mit Arbeit verbunden.

Weichenwiderstandskraft

Die Weichenwiderstandskraft F_{Wei} ist auf den Bogenwiderstand in den Weichenkrümmungen
und auf die Stoß- und Reibarbeit zwischen Rädern und Herzstück oder Radlenkern der Weichen zurückzuführen. Die im krummen Strang des Weichenzu- und -ablaufs auftretende Bogenwiderstandskraft ist nicht mit enthalten. Die Weichenwiderstandskraft wird nur im Ran-
gier- und Ablaufbetrieb, nicht im Zugdienst, berücksichtigt. Je nach Gleislage beträgt die Wei-
chenwiderstansdzahl $f_{Wei} = 0,5$ bis $1,0$ ‰. Beim Entwurf rangiertechnischer Anlagen (Ablaufberg, Gleisbremsen usw.) benutzt man zur Berücksichtigung der von der Weichenwiderstandskraft verursachten Verlustarbeit je Weiche eine **Energiehöhe $z_{Wei} = 5$ bis 7 mm**.

3.2.2 Berechnung der Bogenwiderstandskomponenten

Längsgleitwiderstandskraft

Bild 3.8 zeigt einen Radsatz im Gleisbogen. Die Bewegung erfolgt vom Anfangs- zum
Endbogenwinkel (φ_A, φ_E). Diesem Schritt entspricht in Gleismitte die Bewegung von A nach
E, auf der Außenschiene von A_a nach E_a und auf der Innenschiene von A_i nach E_i. Dem durch-
fahrenen Bogenwinkel $\Delta\varphi = \varphi_E - \varphi_A$ entsprechen die Wege $\Delta s = R \Delta\varphi$ (Mitte), $s_a = R_a \Delta\varphi$ (aus-
sen) und $s_i = R_i \Delta\varphi$ (innen). Wegen $R_a > R_i$ ist $s_a > s_i$. Der Wegunterschied $s_{Gl} = s_a - s_i$ ist durch
Gleiten auszugleichen. Für den Laufkreisabstand $b = R_a - R_i$ beträgt der Gleitweg $s_{Gl} = \Delta\varphi\, b$.
In die Gleichung der Längsgleitarbeit W_{LGl} = Gleitkraft mal Gleitweg wird für die Gleitkraft
$\mu_{Gl} G_F$ und für den Gleitweg s_{Gl} eingesetzt.

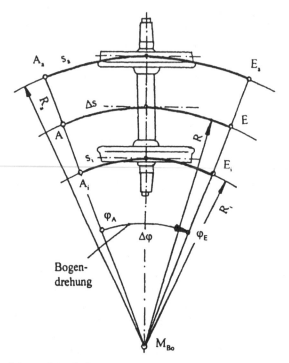

Bild 3.8
Winkel und Wege, die vom Radsatz im
Gleisbogen zurückgelegt werden müssen

$F_{W\,LGl}$	Längsgleitwiderstandskraft in kN
G_F	Fahrzeuggewichtskraft in kN
W_{LGl}	Längsgleitarbeit in kJ
R	Bogenhalbmesser in m
b	Laufkreisabstand am Radsatz in m
μ_{Gl}	Gleitreibungsbeiwert zwischen Rad und Schiene, Maßeinheit 1

Längsgleitarbeit: $W_{LGl} = \mu_{Gl}\, G_F\, \Delta\varphi\, b$

Bezugnahme von W_{LGl} auf den Weg der Bogenmittellinie Δs:

$$F_{W\,LGl} = \mu_{Gl}\,\frac{b}{R}\,G_F \tag{3.7}$$

Drehgleitwiderstandskraft

Bild 3.9 zeigt die bei der Bogenfahrt vom steifen Fahrzeug auszuführende Eigendrehung. Da
das vollständige Durchfahren eines Kreisbogens einer vollständigen Eigendrehung des Fahrzeugs um den Winkel 360^0 entspricht, sind der Bogenwinkel $\Delta\varphi$ und der Eigendrehwinkel des
Fahrzeugs gleich. An jedem Rad ist bei der Eigendrehung die Radgleitkraft F_{RGL} zu verzeichnen, die das Produkt von Radgewichtskraft und Gleitreibungsbeiwert ist. Die Radgleitkräfte
F_{RGL} erzeugen bei der Eigendrehung mit ihrem Hebelarm q ein Widerstandsdrehmoment:

$$M_W = 4\,F_{RGl}\,q = \mu_{Gl}\,G_F\,q$$

Die Multiplikation mit dem Drehwinkel φ ergibt die Drehgleitarbeit W_{DGl}:

$$W_{DGl} = M_W\,\Delta\varphi = \mu_{Gl}\,G_F\,q\,\Delta\varphi$$

Die Bezugnahme auf den von A nach E zurückgelegten Fahrweg $\Delta s = R\,\Delta\varphi$ ergibt die Drehgleitwiderstandskraft. Für den Hebelarm q (Richtarm) ist die aus Bild 3.6 hervorgehende geo-
metrische Beziehung einzusetzen:

$$F_{WDGl} = \mu_{Gl}\,\frac{q}{R}\,G_F \quad \text{mit} \quad q = \frac{1}{2}\sqrt{b^2 + c^2} \tag{3.8}$$

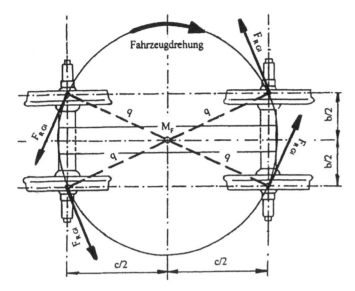

Bild 3.9
Eigendrehung des Fahrzeugs
um den Fahrzeugmittelpunkt
M_F beim Durchfahren eines
Bogens sowie dadurch
hervorgerufene Radgleitkräfte
F_{RGl}

F_{WDGl} Drehgleitwiderstandskraft in kN

G_F Fahrzeuggewichts-
kraft in kN

q Richtarm in m

b Laufkreisabstand in m

c Radsatzabstand im Fahr-
zeug/Drehgestell in m

μ_{Gl} Gleitreibungsbeiwert

Spurkranzreibungswiderstandskraft

Zur Ausführung der Eigendrehung des Fahrzeugs müssen den Radgleitkräften F_{RGl} die Dreh-kräfte F_{Dreh} entgegen gesetzt werden. Bild 3.10 zeigt den Angriff der Drehkräfte F_{Dreh} am vorderen und hinteren Radsatz. Es gilt folgende Gleichgewichtsbedingung: $2 \cdot F_{Dreh} = 4 \cdot F_{RGl}$. Die Drehkraft F_{Dreh} kann wegen des im Regelfall nur kleinen Gleitwinkels ξ mit der in Richtung der Radsatzachse wirkenden Schienenrichtkraft F_{SR} gleichgesetzt werden, so dass für die Gleichgewichtsbedingung näherungsweise gilt: $2 \cdot F_{SR} = 4 \cdot F_{RGl}$.

Die Schienenrichtkraft wird von der Anlauffläche des Schienenkopfes auf die Spurkranzfläche übertragen. Im Bild 3.11 ist der Angriff der Schienenrichtkraft an der um den Winkel ß geneig-ten Spurkranzfläche dargestellt. Für die Reibung ist die senkrecht auf der Spurkranzfläche stehende Resultierende $F_{SR\,res}$ maßgebend, die sich als Vektor aus der Schienenrichtkraft F_{SR} und aus der Aufstandskraft F_{Auf} zusammensetzt: $F_{SR\,res} = F_{SR}/ \sin ß$.

Die sich bei Bewegung ergebende Spurkranzreibungskraft F_{Sp} ist das Produkt von Spurkranz-reibwert μ_{Sp} und Resultierender F_{SRres}. Bei Bezugnahme der Spurkranzreibungskraft auf das gesamte Fahrzeug ($2 \cdot$ Radsatz-F_{Sp}) gilt:

$$F_{Sp} = \mu_{Sp} \frac{2\,F_{SR}}{\sin ß}$$

Das Einsetzen der Gleichgewichtsbedingung für F_{SR} ergibt:

$$F_{Sp} = \frac{\mu_{Sp}}{\sin ß} \cdot 4 \cdot F_{RGl} = \frac{\mu_{Sp}}{\sin ß} \mu_{Gl}\, G_F$$

Die Multiplikation der Spurkranzreibungskraft F_{Sp} mit dem Hebelarm q ergibt das Drehmo-ment der Spurkranzreibungskraft, die Multiplikation des Drehmoments mit dem Drehwinkel $\Delta\varphi$ die Widerstandsarbeit der Spurkranzreibungskraft und die Division der Widerstandsarbeit mit dem Fahrweg $\Delta s = R\,\Delta\varphi$ schließlich die Spurkranzreibungswiderstandskraft F_{WSp}:

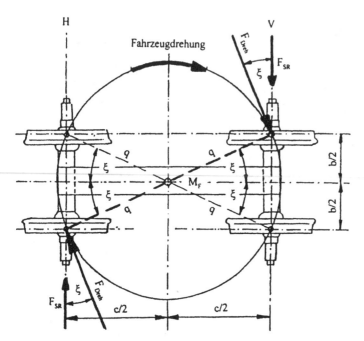

Bild 3.10
Drehkraft F_{Dreh} und
Schienenrichtkraft F_{SR}
am vorderen (V) und
hinteren (H) Radsatz
eines Fahrzeugs zur
Realisierung von
dessen Eigendrehung
beim Durchfahren
eines Bogens sowie
Gleitwinkel ξ

Spurkranzreibungswiderstandskraft F_{WSp}: $F_{WSp} = F_{Sp} \dfrac{q}{R}$

Das Einsetzen der Gleichung für F_{Sp} in die Gleichung für F_{WSp} ergibt:

$$F_{WSp} = G_F\, \mu_{Gl}\, \frac{q}{R}\, \frac{\mu_{Sp}}{\sin \beta} \tag{3.9}$$

Gl. (3.9) gilt für den nicht überhöhten Bogen. Das Fahrzeug unterliegt keiner Bewegung und
Zugkraftausübung. Die Kraft F_{SR} bzw. F_{WSp} wird aber von Radialkraft, seitlicher Neigungskraft
der Überhöhung, Umlenkkraft der Zugkraftausübung und Beugungskraft infolge Pufferkompression F_{YP} beeinflusst. Bei Berücksichtigung dieser Variablen erhält man für F_{WSp}:

$$F_{WSp} = G_F\, \frac{\mu_{Sp}}{\sin \beta}\, \frac{q}{R}\, (\mu_{Gl} + k) \tag{3.10}$$

$$k = abs\left(\frac{v^2}{g\,R} + f_{YP} - \frac{\ddot{u}_{vorh}}{b} - f_{TM}\, \frac{l_{\ddot{U}P}}{R} \right)$$

v   Fahrgeschwindigkeit in m/s μ_{Sp} Spurkranzreibungsbeiwert
g   Fallbeschleunigung (9,81 m/s²) f_{YP} Seitenkraftzahl der Pufferkompression
$l_{\ddot{U}P}$ Fahrzeuglänge über Puffer in m

$\ddot{u}_{vorh}$ Vorhandene Überhöhung der äußeren Bogenschiene in m

f_{TM} Zugkraftzahl in Zugmitte, Maßeinheit 1, $f_{TM} = F_T/(2\,G_Z)$
       (Zugkraft: f_{TM}-Wert positiv, Schubkraft: f_{TM}-Wert negativ)

ß   Neigungswinkel der Spurkranzfläche (ß = 70° = 1,222 rad, sin ß = 0,94)

μ_{Gl} Gleitreibungsbeiwert der Rad-Schiene-Kontaktfläche

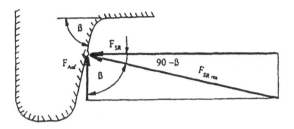

Bild 3.11
Entstehung der Radaufstandskraft F_{Auf} und der senkrecht auf die Anlauffläche wirkende resultierende Schienenrichtkraft F_{SRges} beim Angriff der Schienenrichtkraft F_{SR} am Spurkranz

Umlenkkraft

Bild 3.12 zeigt das Entstehen der Umlenkkraft F_U für den Zugkraftvektor F_T. Die Mittellinien benachbarter Fahrzeuge nehmen im Bogen die Sehnenstellung ein (strichpunktierte Linien) und stoßen in den Gelenkpunkten P_G aufeinander. Die Bogenlinie verläuft überschläglich durch die Gelenkpunkte P_G. Im Gelenkpunkt P_{G2} ist der Zugkraftvektor F_T angetragen, der mit Hilfe der Umlenkkraft F_U in die Richtung der Mittellinie des Folgefahrzeugs gedreht wird.

Aus Bild 3.12 geht für $\tan\alpha \approx \sin\alpha \approx \alpha$ folgende Gleichung für die Umlenkkraft F_U hervor:

$$F_U = \tan(2\alpha)F_T = 2\alpha\,F_T = \frac{l_{\ddot{U}P}}{R}F_T \quad \text{und} \quad \sin\alpha = \frac{l_{\ddot{U}P}}{2R} \tag{3.11}$$

Beugungskraft

Bild 3.12 zeigt die Mittellinien zweier gekuppelter Fahrzeuge im Bogen. Im Gelenkpunkt P_{G2} erfolgt die Beugung. Die Mittelpufferkupplung setzt dem Beugen keinen Widerstand entgegen. Schraubenkupplung und Seitenpuffer erzeugen eine dem Beugen sich widersetzende Kraft.

Bild 3.13 zeigt zwei gekuppelte Fahrzeuge in der Geraden (oben) und im Bogen unten). Sie haben Schraubenkupplung und Seitenpuffer. Die Schraubenkupplung ist straff, die Pufferteller T_1/T_2 und T_3/T_4 befinden sich im Kontakt. Bei Beugung tritt Kompression der Pufferfedern ein, die Schraubenkupplung passt sich infolge Seitenbeweglichkeit der Richtungsänderung an. Der Pufferfederkraft F_P wird an beiden Fahrzeugen vom Gleis die Seitenkraft F_{YP} entgegengesetzt. Das bewirkt eine Erhöhung von Spurkranzreibungskraft und Bogenwiderstandszahl.

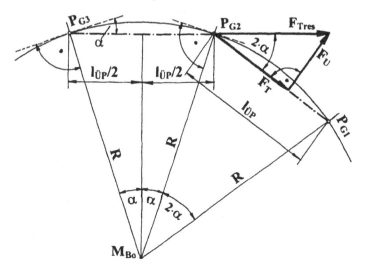

Bild 3.12
Entstehung der Umlenkkraft F_U beim Angriff der Zugkraft F_T an dem einen Bogen durchfahrenden Fahrzeug
(Gelenkpunkt P_{G2})

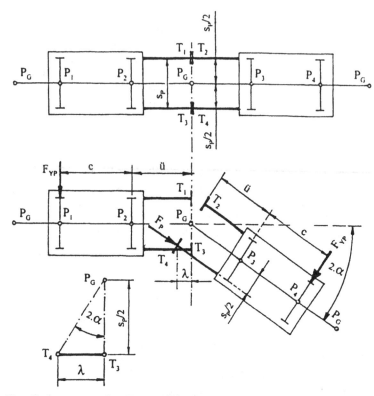

Bild 3.13
Zwei Fahrzeuge mit
Schraubenkupplung und
Seitenpuffern in der
Geraden und im Bogen
mit Antragung der
Pufferkompressionskraft
F_P und der kompen-
sierenden Seitenkräfte
F_{YP}

Der Federapparat der Zugvorrichtung ermöglicht eine Dehnung um 60 mm (Fahrzeugverbindung hat doppelten Wert). Die Endkraft beträgt bei der durchgehenden Zugvorrichtung 160 kN und bei der geteilten Zugvorrichtung 320 kN, im Ausnahmefall 400 kN. Der Seitenpuffer hat im Regelfall einen Hub von 75 mm (Fahrzeugverbindung hat doppelten Wert) und eine Endkraft von 350 kN. Hochleistungspuffer haben 105 mm Hub und 590 kN Endkraft.

Legt man den Bogenradius durch die Achsmitten (zweiachsiges Fahrzeug) oder durch die Drehzapfen (Drehgestellfahrzeug), erhält man nach Bild 3.12 den Anlaufwinkel $\alpha = c/(2 \cdot R)$. Nach Bild 3.13 beträgt der zu α gehörende Pufferdeformationsweg $\lambda = \alpha\, s_P$. Das Eliminieren von α durch Gleichsetzen und die Umstellung nach R sowie die Bezugnahme auf λ_{max} ergibt für den minimalen Bogenradius R_{min}:

$$R_{min} = k_P c \ \text{mit} \ k_P = \frac{s_P}{2\lambda_{max}} \tag{3.12}$$

R_{min} Minimaler Bogenhalbmesser in m
c   Achs- bzw. Drehzapfenabstand in m
s_P Puffermittenabstand in m ($s_P = 1,75$ m)

k_P Pufferkonstante, Maßeinheit 1
λ_{max} maximaler Gesamthub in m
Normalpuffer: $k_P = 5,833$, $\lambda_{max} = 0,150$ m
Hochleistungspuffer: $k_P = 4,167$, $\lambda_{max} = 0,210$ m

Das Unterschreiten von R_{min} führt zum Zwängen und Entgleisen. Aus Gl. (3.12) erhält man für zweiachsige Güterwagen (c = 5 bis 6 m) $R_{min} = 35$ m und für Güterwagen mit Drehgestellen (c ≤ 16 m) $R_{min} = 93$ m. Für Hauptstrecken ist $R_{min} = 300$ m und für Nebenstrecken 180 m. Entgleisungsgefahr besteht beim Vertauschen der Pufferteller (flacher Teller liegt auf flachem).

Die vom Gleis auf das Fahrzeug übertragene Seitenkraft erhält man durch Auflösung des in Bild 3.13 gegebenen Drehmomentansatzes nach F_{YP}:

$$F_{YP} = F_P \frac{s_P}{2(c+\ddot{u})}$$

Für die Federkraft ist $F_P = f_P \lambda$, für den Pufferdeformationsweg ist $\lambda = \alpha\, s_P$ und für den Anlaufwinkel ist $\alpha = l_{\ddot{U}P}/(2\,R)$ einzusetzen. Seitkraft F_{YP} und Seitenkraftzahl f_{YP} der Pufferkompression betragen:

$$F_{YP} = f_P \frac{l_{\ddot{U}P}}{R} \frac{s_P^2}{4(c+\ddot{u})} \quad \text{und} \quad f_{YP} = \frac{F_{YP}}{G_F} \tag{3.13}$$

Die Federkonstante des Kontakt-Pufferpaars beträgt $f_P = F_E/\lambda_{max} = 350/0,150 = 2333$ kN/m. Die Variable ü ist das Überhangmaß des Wagenendes über die Achse bzw. den Drehzapfen.

3.2.3   Bogenwiderstandszahl

Physikalische Gleichung

Die Addition aller Teilkräfte ergibt die Bogenwiderstandskraft: $F_{Bo} = F_{WLGl} + F_{WDGl} + F_{WSp}$. Das Einsetzen von Gl. (3.7), (3.8) und (3.10) sowie der aus Bild 3.10 hervorgehenden Beziehung für den Gleitwinkel ξ und die Division mit der Fahrzeuggewichtskraft G_F ergibt für die Bogenwiderstandszahl f_{Bo} (Maßeinheit 1):

$$f_{Bo} = \mu_{Gl} \frac{b}{R} \left\{ 1 + \frac{1}{2\sin\xi} \left[1 + \frac{\mu_{Sp}}{\sin\beta} \left(1 + \frac{k}{\mu_{Gl}} \right) \right] \right\} \quad \text{mit} \quad \sin\xi = \frac{b}{2q} \tag{3.14}$$

Entfallen Radialkraft, Überhöhung, Zugkraftumlenkung und Pufferkompression, ist in Gl. (3.14) $k = 0$ zu setzen.

Laufflächen- und Spurkranzreibwert

Die Gleitreibwerte für Lauffläche μ_{Gl} und Spurkranz μ_{Sp} sind von der Gleitgeschwindigkeit v_{Gl} abhängig. Für $\mu_{Gl} = f(v_{Gl})$ entwickelte Čáp die im Bild 3.14 gegebene Kurve, die in eine Exponential- und eine Geradengleichung überführt werden kann. Die Gleitgeschwindigkeit v_{Gl} ist aus der Bedingung gleicher Drehgeschwindigkeiten für die Bogen- und für die Eigendrehung aus der Fahrgeschwindigkeit v_F zu berechnen:

$$0 \le v_{Gl} \le 0,5\,\text{m/s} \qquad \mu_{Gl} = \mu_0\, e^{-\omega v_{Gl}} \quad \text{mit} \quad \mu_0 = 0,30 \text{ und } \omega = 2,2 \text{ s/m} \tag{3.15}$$

$$v_{Gl} \ge 0,5\,\text{m/s} \qquad \mu_{Gl} = \mu_0 - \omega v_{Gl} \quad \text{mit} \quad \mu_0 = 0,113 \text{ und } \omega = 0,026 \text{ s/m}$$

$$\text{Gleitgeschwindigkeit} \quad v_{Gl} = v_F \frac{q}{R}$$

Aus Gl. (3.15) und Bild 3.14 erhält man für den Bewegungsbeginn des Zugs im Bogen eine besonders große Bogenwiderstandszahl (v_F sowie $v_{Gl} = 0$). Für die Zuganfahrt im Bogen gilt der doppelte f_{Bo}-Wert. Die aus Gl. (3.15) hervorgehende Geschwindigkeitsabhängigkeit von f_{Bo} wird im Regelfall vernachlässigt. Bei trockenen Schienen rechnet man allgemein mit dem **Gleitreibungsbeiwert $\mu_{Gl} = 0,20$** und mit dem **Spurkranzreibwert $\mu_{Sp} = 0,25$**.

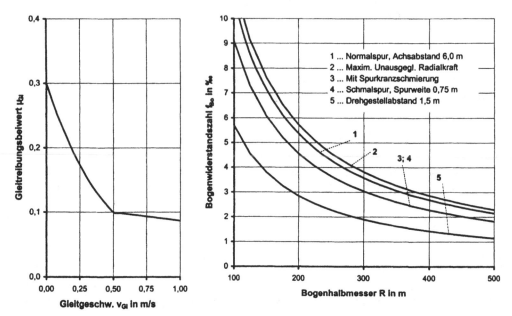

Bild 3.14
Kennlinien des Gleitreibungsbeiwerts bei Bogenfahrt und der Bogenwiderstandszahl

Gl. (3.14) gilt für das klassische steife zweiachsige Einzelfahrzeug oder Drehgestell. Sind mehr als 2 Radsätze vorhanden, sind im Lösungsansatz die von den weiteren Radsätzen beschriebenen Kreise der Eigendrehung zusätzlich zu berücksichtigen.

Befindet sich der Zug vollständig im Gleisbogen, kann f_{Bo} aus Gl. (3.14) auch für den Zug vorausgesetzt werden. Überschreitet die Zuglänge die Bogenlänge, muss f_{Bo} des Fahrzeugs mit dem Verhältnis Bogenlänge zu Zuglänge multipliziert werden.

Im Bild 3.14 ist die Bogenwiderstandszahl für ein Beispiel mit Parametervariation dargestellt worden (Auswertung von Gl. (3.14)).

Reduzierung der Bogenwiderstandszahl

Die Bogenwiderstandszahl verursacht Mehrverbrauch an Traktionsenergie und Verschleiß. Deshalb wird sie mit technischen Mitteln reduziert. Die Möglichkeiten der Reduzierung sind aus Gl. (3.7) bis (3.11) ersichtlich.

Die Längsgleitwiderstandskraft F_{WLGl} wird durch Einführung der **Losräder** bzw. der **Einzelradtechnik** vermieden (analog zum Kraftfahrzeug). Die Rotation der beiden Räder einer Achswelle erfolgt unabhängig voneinander.

Die Drehgleitwiderstandskraft wird mittels lenkbarer Räder wesentlich reduziert (analog zum Kraftfahrzeug). Bei Bogenfahrt wird die Achslinie auf den Bogenmittelpunkt ausgerichtet. Bild 3.15 zeigt ein Drehgestell mit krümmungsabhängig gesteuerter Achsführung.

Auf der Grundlage von theoretischen Erkenntnissen zur Mechanik der Bogenfahrt hat *Frederich* die **Einzelrad-Doppelfahrwerkstechnik (EDF)** entwickelt.

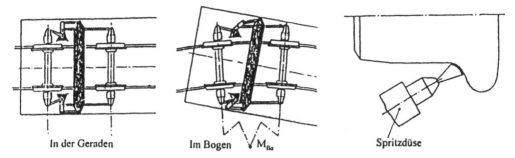

In der Geraden   Im Bogen $\vee$ M_{Bo} Spritzdüse

Bild 3.15
Drehgestell mit krümmungsabhängig gesteuerter Achsführung, Spurkranzschmiervorrichtung

Die Bogenwiderstandszahl verringert sich nach Gl. (3.11) bei Vergrößerung des Bogenhalbmessers, Verkleinerung des Achsabstands c (Drehgestell), Verkleinerung des Laufkreisabstands b (Schmalspurbahn) und durch Spurkranzschmierung. Bild 3.15 zeigt die Spurkranzschmiervorrichtung.

Gleichungen des Praxis

Mit Gl. (3.11) kann die Bogenwiderstandszahl genau berechnet werden. Sie ist aber wegen der großen Anzahl der einzusetzenden Parameter, die meistens nicht bekannt sind, für die Praxis ungeeignet. Die Gleichungen der Praxis beruhen auf empirisch- statistischer Grundlage.

Bei der Projektierung von Schienenfahrzeugen wird folgende Gleichung benutzt:

$$f_{Bo} = \frac{0,153\,b + 0,1\,c}{R} \qquad (3.16)$$

Im Vorschriftenwerk der DB ist folgende Gleichung enthalten, die auf v. *Röckl* zurückgeht:

$$f_{Bo} = \frac{k}{R - \Delta R} \qquad (3.17)$$

Tabelle 3.2 enthält die einzusetzenden Konstanten.

Im Rangier- und Ablaufbetrieb der SBB wird folgende Gleichung benutzt:

$$f_{Bo} = 0,107\frac{k+c}{R} \quad \text{mit } k = 1 \text{ m} \qquad (3.18)$$

Für Straßenbahnen auf Rillenschienen wird die Gleichung von *Hamelink und Adler* benutzt:

$$f_{Bo} = \frac{0,158\,c + 0,033\,b}{R} \qquad (3.19)$$

f_{Bo}	Bogenwiderstandszahl, Maßeinheit 1	k	Längenkonstante in m
R	Bogenhalbmesser in m	b	Laufkreisabstand in m
ΔR	Radiuskonstante in m	c	Achsabstand im Fahrzeug bzw. Drehgestell in m

Der Laufkreisabstand b wird als Spurweite plus 0,050 m berechnet.

Beim Spurkranzzwängen können sich auch größere f_{Bo}-Werte als aus Gl. (3.19) ergeben.

Tabelle 3.2
Konstanten zur Bogenwiderstandsgleichung im Vorschriftenwerk
der DB (*v. Röckl*, Gl. (3.14))

Spurweite	$R \le 300$ m		$R > 300$ m	
	k	ΔR	k	ΔR
Normalspur	0,650 m	55 m	0,500 m	30 m
Meterspur	0,400 m	20 m	0,400 m	20 m
750 mm-Spur	0,300 m	10 m	0,300 m	10 m
600 mm-Spur	0,200 m	5 m	0,200 m	5 m

Berechnungsbeispiel 3.3

Ein Güterzug, Länge l_Z = 600 m und Zugmasse m_Z = 1320 t (G_Z = 12950 kN), bestehend aus gleicharti-
gen Wagen gleicher Masse, durchfährt mit der Geschwindigkeit v = 65 km/h (18 m/s) einen Bogen mit
dem Halbmesser R = 180 m, der Überhöhung $ü_{vorh}$ = 0,150 m und der Länge l_{Bo} = 500 m. Von der Lokomotive wird die Zugkraft F_T = 150 kN ausgeübt. Die zweiachsigen Wagen haben den Achsabstand
c = 5,8 m, die Länge über Puffer l_{OP} = 10,6 m, den Überhang ü = 2,4 m und die Gesamtmasse m_F = 20 t
(G_F = 196,2 kN). Berechnung der Bogenwiderstandszahl des Zugs f_{BoZ} mit physikalischer Gleichung.

Lösungsweg und Lösung

Gleitarm, Gl.(3.8), Gleitwinkel, Gl. (3.14)

$q = 0,5 \cdot (b^2 + c^2)^{0,5} = 0,5 \cdot (1,5^2 + 5,8^2)^{0,5} = 3,0$ m und $\sin \xi = b/(2 \cdot q) = 1,5/(2 \cdot 3,0) = 0,25$

Gleitgeschwindigkeit, Gleitreibungsbeiwert, Gl. (3.15)

$v_{Gl} = v_F \cdot q/R = 18 \cdot 3,0/180 = 0,300$ m/s und $\mu_{Gl} = \mu_0 \cdot e^{-\omega \cdot vGl} = 0,30 \cdot e^{-2,2 \cdot 0,300} = 0,155$ ($\mu_{Gl} < 0,5$ m/s)

Seitenkraftzahl der Pufferkompression, Gl. (3.13) und Zugkraftzahl, Gl. (3.10)

$F_{YP} = 2333 \cdot 10,6 \cdot 1,750^2/[4 \cdot 180 \cdot (5,8+2,4)] = 12,83$ kN und $f_{YP} = F_{YP}/G_F = 12,83/196,2 = 0,0654$

$f_{TM} = F_T/(2 \cdot G_F) = 150/(2 \cdot 12950) = +0,0058$ (Zugkraft +)

Konstante k, Gl. (3.10), Bogenwiderstandszahl , Gl. (3.14)

$k = abs\ [18^2/(9,81 \cdot 180) + 0,0654 - 0,150/1,5 - 0,0058 \cdot 10,6/180)] = 0,1485$

$f_{Bo} = 0,155 \cdot 1,5/180 \cdot \{1 + 0,5/0,25 \cdot [1 + 0,25/0,94 \cdot (1 + 0,1485/0,155)]\} = 0,005222$

Mittlere Bogenwiderstandszahl des Zugs f_{BoZ} (Längenkorrektur)

$f_{BoZ} = f_{Bo} \cdot l_{Bo}/l_Z = 0,005222 \cdot 500/600 = 0,004352$ bzw. 4,352 ‰

3.3 Fahrzeug- und Zugwiderstandskraft

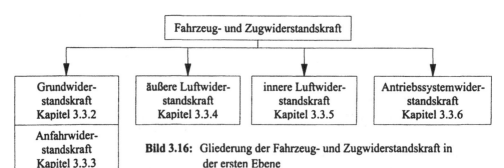

Bild 3.16: Gliederung der Fahrzeug- und Zugwiderstandskraft in
der ersten Ebene

3.3.1 Zusammensetzung

Die Zugwiderstandskraft ist die Summe aller vom Zug selbst hervorgerufener, sich bei gleichförmiger Bewegung (konstante Geschwindigkeit) und Fahrt auf waagerechtem Gleis der Fahrbewegung widersetzenden Kräfte. Im Fall der Bezugnahme auf das **Einzelfahrzeug** wird sie als **Fahrzeugwiderstandskraft** und bei Bezugnahme auf den **Zug** als **Zugwiderstandskraft** bezeichnet. In der Bezeichnung wird meistens auch die zugrunde liegende Fahrzeugart zum Ausdruck gebracht: Lokomotivwiderstandskraft, Triebfahrzeugwiderstandskraft, Wagenwiderstandskraft und Wagenzugwiderstandskraft.

Für die Ermittlung der Zugwiderstandskraft ist der gesamte Zug als beweglicher Gesamtkörper vorauszusetzen. Die Gleichungen der Zugwiderstandskraft sind für den Gesamtkörper aufzustellen. Die Addition der Fahrzeugwiderstandskräfte zur Zugwiderstandskraft ist aus physikalischer Sicht unzulässig, wird aber in der Praxis allgemein benutzt. Anstelle mit den Kräften zu rechnen, wird im Regelfall auf die Koeffizienten der Kräfte Bezug genommen (Kap. 1.2.4.):

$$F_{WZ} = F_{WL} + F_{WW} \tag{3.20}$$

$$f_{WZ} = \frac{f_{WL}G_L + f_{WW}G_W}{G_Z} \quad \text{bzw.} \quad f_{WZ} = \frac{f_{WL}m_L + f_{WW}m_W}{m_Z}$$

F_{WL}, F_{WW}, F_{WZ} Lokomotiv-, Wagenzug- und Zugwiderstandskraft
f_{WL}, f_{WW}, f_{WZ} Lokomotiv-, Wagenzug- und Zugwiderstandszahl
G_L, G_W, G_Z Lokomotiv-, Wagenzug- und Zuggewichtskraft
m_L, m_W, m_Z Lokomotiv-, Wagenzug- und Zugmasse

Fahrzeug- bzw. Zugwiderstandskraft setzen sich aus folgenden Hauptkomponente zusammen:

Grundwiderstandskraft

Die Grundwiderstandskraft wird durch die bei der Fahrbewegung am Fahrzeug bzw. Zug zu verzeichnenden Festkörperreibungsvorgänge hervorgerufen und als von der Geschwindigkeit unabhängig angenommen.

Äußere Luftwiderstandskraft

Die äußere Luftwiderstandskraft wird durch den bei der Fahrbewegung am Fahrzeug bzw. Zug zu verzeichnenden äußeren Kontakt mit der Luft hervorgerufen.

Innere Luftwiderstandskraft

Die innere Luftwiderstandskraft wird durch den Luftdurchsatz durch das Fahrzeug bzw. durch den Zug hervorgerufen (Verbrennung, Kühlung und Klimatisierung).

Antriebssystemwiderstandskraft

Die Antriebssystemwiderstandskraft wird durch Reibungsvorgänge, die mit der Fahrbewegung im Zusammenhang stehen, und durch energetische Umwandlungsprozesse in der Leistungsübertragung der Triebfahrzeuge, im Bremssystem und in Fahrzeugeinrichtungen der Energieversorgung hervorgerufen.

Die Fahrgeschwindigkeit ist die unabhängige Variable von Fahrzeug- und Zugwiderstandskraft. Zugform, Tunnel usw. treten als Parameter in Erscheinung.

3.3.2   Grundwiderstandskraft

Grundwiderstandskraft F_{W0} bzw. Grundwiderstandszahl f_{W0}

Bild 3.17 Gliederung von Grundwiderstandskraft und Grundwiderstandszahl

→ Rollwiderstandskraft F_{WRo} bzw. Rollwiderstandszahl f_{WRo}
→ Gleitwiderstandskraft F_{WGl} bzw. Gleitwiderstandszahl f_{WGl}
→ Walkwiderstandskraft F_{WWalk} bzw. Walkwiderstandszahl f_{WWalk}
→ Lagerwiderstandskraft F_{WLa} bzw. Lagerwiderstandszahl f_{WLa}
→ Dynamische Widerstandskraft F_{Wdyn} bzw. dynamische Widerstandszahl f_{Wdyn}
→ Schallwiderstandskraft $F_{WSchall}$ bzw. Schallwiderstandszahl $f_{WSchall}$
→ Anfahrwiderstandskraft F_{WAnf} bzw. Anfahrwiderstandszahl f_{WAnf}

Rollwiderstandskraft

Stahlrad und Stahlschiene sind elastische Körper. An der Kontaktstelle wirkt auf beide Körper die Radkraft G_R ein (Bild 3.18). Unter dem Einfluss der Druckdeformation bildet sich eine elliptische Kontaktfläche aus, die infolge der Fahrbewegung am Laufkreis des Rads und an der Fahrlinie der Schiene entlang wandert. Die ständige Aus- und Rückbildung der Kontaktfläche ist mit Reib- und Deformationsarbeit verbunden, die die Rollwiderstandskraft bedingt.

Nach den theoretischen Untersuchungen von *Kraft* gilt für die Kontaktfläche:

$$A = \pi\, a\, b \quad \text{mit} \quad a = \xi\, k \quad \text{und} \quad b = \eta\, k \tag{3.21}$$

$$\xi = 1 + 0,5784\,\delta + 0,7776\,\delta^2 \quad \text{und} \quad \eta = 1 - 0,6307\,\delta + 0,1332\,\delta^2$$

$$\delta = \frac{1/r_S - 1/r_L}{1/r_S + 1/r_L} \quad \text{und} \quad k = \sqrt[3]{\frac{G_R}{E} \cdot \frac{3\cdot(1-m^2)}{1/r_S + 1/r_L}}$$

A   Kontaktfläche in m^2
a, b Längs- und Seitenhalbachse der Kontaktflächenellipse in m
r_L Laufkreishalbmesser am Rad in m
r_S Halbmesser der Laufflächenausrundung des Schienenkopfes in m
     (Eisenbahnschienen: $r_S = 0,200$ bis $0,400$ m, Straßenbahn-Rillenschienen: $r_S = 0,225$ m)
G_R Radkraft in kN
E   Elastizitätsmodul, für Stahl $E = 2,2\cdot10^8$ kPa (entspricht kN/m²)
m   Poissonsche Konstante, $m = 0,3$

Bild 3.18 zeigt die am frei rollenden Einzelrad vorhandenen Kräfte. Als Folge der Kontaktflächenbildung tritt ein Versatz des Radkraft-Angriffspunktes gegenüber der Mitte um den Hebelarm der Rollreibung e ein. Im Radmittelpunkt wirkt die Rollwiderstandskraft F_{WRo}. Aus dem Drehmomentgleichgewicht $F_{WRo}\cdot r_L = G_R\cdot e$ erhält man:

$$f_{WRo} = \frac{e}{r_L} \quad \text{mit} \quad e = \frac{\pi\, a}{64} \tag{3.22}$$

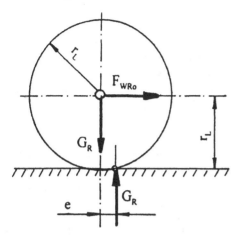
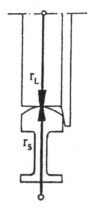

Bild 3.18
Kräfte am frei rollenden
Einzelrad, Laufkreishalb-
messer r_L und Schienen-
Kopfausrundung r_S in der
Kontaktfläche

Das Einsetzen von Gl.(3.21) und (3.22/2) in Gl.(3.22/1) ergibt:

$$f_{WRo} = k_0 \, \xi \sqrt[3]{\frac{G_R}{E \, r_L^2} \cdot \frac{1}{r_L / r_S + 1}} \quad \text{mit } k_0 = 68,7 \text{ ‰}$$

(3.23)

Wird ein sich auf der schiefen Ebene befindliches Rad durch Anheben der Ebene zum Rollen gebracht, so ist der Neigungswinkel α gleich der Rollwiderstandszahl f_{WRo}.

Von *Sauthoff* ist anhand von Prüfstandsversuchen folgende Abhängigkeit der Rollwiderstands-zahl von der Geschwindigkeit nachgewiesen worden:

$$f_{WRo(v)} = f_{WRo} + c_{Ro} \left(\frac{v}{v_{00}} \right)^2$$

(3.24)

$f_{WRo(v)}$ Rollwiderstandszahl bei der Geschwindigkeit v
f_{WRo} Rollwiderstandszahl bei v = 0, f_{WRo} = 0,00046 bzw. 0,46 ‰
v   Fahrgeschwindigkeit
v_{00} Geschwindigkeitskonstante, v_{00} = 27,778 m/s bzw. 100 km/h
c_{Ro} Rollwiderstandskonstante, c_{Ro} = 0,0006 bzw. 0,6 ‰

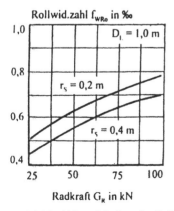
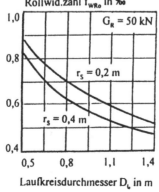
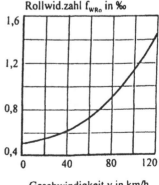

Bild 3.19: Abhängigkeiten der Rollwiderstandszahl

Bild 3.19 zeigt Kennlinien für Abhängigkeiten der Rollwiderstandszahl f_{WRo}, berechnet mit
Gl. (3.23) und (3.24). Im Regelfall wird die Abhängigkeit von $f_{WRo} = f(v)$ vernachlässigt.

Bei Vorhandensein eines Zwischenmediums in der Rad-Schiene-Kontaktfläche (Schmutz,
Sand oder Schnee) vergrößert sich die Rollwiderstandszahl bis zum Zehnfachen. Beim Fahren
auf zugesetzten Rillenschienen kann sogar ein Anwachsen auf den 20 bis 30 fachen Wert eintreten, weil der Spurkranz zusätzlich Verdrängungsarbeit leisten muss.

Gleitwiderstandskraft

Der Radsatz des Schienenfahrzeugs ist während der Fahrbewegung zahlreichen äußeren
Kräften ausgesetzt, die sowohl in Richtung der 3 Hauptachsen wirken als auch ein Drehmoment um die Hochachse erzeugen. Bild 3.21 zeigt den Angriff der äußeren Kräfte F_X, F_Y und
F_Z und des Drehmoments um die Hochachse M_Z am konventionellen Radsatz. Die entgegenge-
setzten Reaktionen sind Mikrogleitbewegungen in der Kontaktfläche, Längs- und Seitenver-
schiebungen Δx und Δy und Einstellung des Schräglaufwinkel δ. Die Mikrogleitbewegungen
bedingen die Gleitwiderstandskraft.

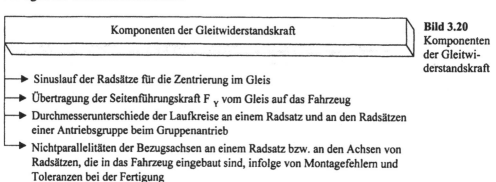

Komponenten der Gleitwiderstandskraft

Bild 3.20
Komponenten
der Gleitwi-
derstandskraft

→ Sinuslauf der Radsätze für die Zentrierung im Gleis

→ Übertragung der Seitenführungskraft F_Y vom Gleis auf das Fahrzeug

→ Durchmesserunterschiede der Laufkreise an einem Radsatz und an den Radsätzen
   einer Antriebsgruppe beim Gruppenantrieb

→ Nichtparallelitäten der Bezugsachsen an einem Radsatz bzw. an den Achsen von
   Radsätzen, die in das Fahrzeug eingebaut sind, infolge von Montagefehlern und
   Toleranzen bei der Fertigung

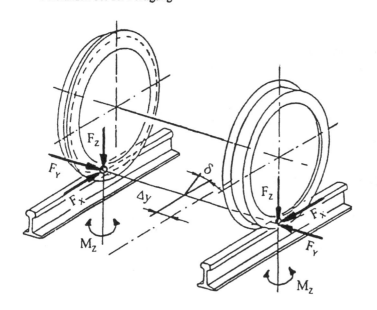

Bild 3.21
Rad-Schiene-Effekte
(Kraftwirkungen und
Mikrogleiten am kon-
ventionellen Radsatz)

Bild 3.20 zeigt die Komponenten der Gleitwiderstandskraft. Durch Anwendung neuartiger Laufwerkstechniken kann die Gleitwiderstandskraft beachtlich vermindert werden.

Die Gleitwiderstandszahl f_{WGl} ist nicht berechenbar, sondern nur experimentell zu bestimmen. Sie beträgt für Wagen 0,5 bis 1,0 ‰. Für Triebfahrzeuge ist sie beachtlich größer.

Die Gleitwiderstandszahl f_{WGl} wurde für die elektrische Lokomotive BR 143 der DB AG zu $f_{WGl} = 1,5$ ‰ experimentell ermittelt. Bei Diesellokomotiven mit hydrodynamischer Leistungsübertragung ist wegen des Gruppenantriebs, bei dem die Radsätze eines Drehgestells über das Verteilergetriebe formschlüssig miteinander verbunden sind, mit $f_{WGL} = 2,0$ bis 2,5 ‰ zu rechnen. Ein für die Gleitwiderstandszahl besonders ungünstiger Fall ist der Stangenantrieb. Die Rangierlokomotive BR 346 der DB AG hat die Gleitwiderstandszahl $f_{WGl} = 3$ bis 4 ‰.

Die aus der Zugkraftbelastung des Treibradsatzes hervorgehende Gleitwiderstandszahl $f_{WGl(Z)}$ ist dem am Treibradsatz vorhandenen Kraftschlussbeiwert μ_T (Gl.(1.2)) proportional:

$$f_{WGl(Z)} = 0,02 \, \mu_T \tag{3.25}$$

Lagerwiderstandskraft

Die Lagerwiderstandskraft entsteht beim Gleitlager als Folge der Reibung zwischen Lagerzapfen und Lagerschale und beim Wälzlager als Folge der Reibung zwischen Wälzkörpern und Innen- sowie Außenring. Die Ableitung der Lagerwiderstandszahl f_{WLa} ist am einfachsten an dem heute kaum noch benutzten Gleitlager möglich.

Bild 3.22 zeigt für einen Radsatz die am Lagerzapfen und am Radumfang angreifenden Kräfte und deren Drehmomente. Auf das Lager wirkt die Wagenkastengewichtskraft G_K und auf die Schiene die Wagengewichtskraft G_W. Am Lagerzapfen bzw. am Rollenkreis mit dem Radius r_{La} wirkt die Lagerreibungskraft $\mu_{La} G_K$ und am Laufkreis mit dem Radius r_L die Lagerwiderstandskraft F_{WLa}. In Bild 3.22 besteht das Drehmomentgleichgewicht $\mu_{La} G_K r_{La} = F_{WLa} r_L$.

Durch Auflösung nach F_{WLa} und Division mit G_W erhält man:

$$f_{WLa} = \frac{m_K}{m_W} \frac{d_{La}}{d_L} \mu_{La} \rightarrow f_{WLa} = 0,120 \, \mu_{La} \tag{3.26}$$

Das Verhältnis von Lagerzapfen- bzw. Rollenkreisdurchmesser zu Laufkreisdurchmesser beträgt $d_{La}/d_L = 1 : 6$ und das Verhältnis von Wagenkasten- zu Wagenmasse $m_K/m_W = 5 : 6$. Die zweite Gleichung erhält man durch Einsetzen dieser Werte in die erste Gleichung.

Für Gleitlager ist in Gl.(3.26) $\mu_{La} = 0,0050$ und für Wälzlager $\mu_{La} = 0,0017$ einzusetzen. Man erhält $f_{WLa} = 0,6$ ‰ bzw. 0,2 ‰. Bei tiefen Temperaturen liegen größere f_{WLa}-Werte vor.

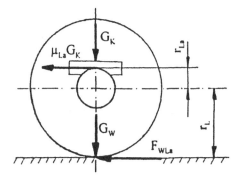

Bild 3.22
Entstehung der
Lagerwiderstandskraft

Dynamische, Schall- und Walkwiderstandskraft

Während der Fahrt unterliegt der Zug den in Bild 2.1 dargestellten Schwingbewegungen, die fortlaufend gedämpft werden. In diese Dynamik ist auch die gedämpfte Schwingung des Gleiskörpers und des Gleisbetts mit einbezogen. Die fortlaufende Dämpfung bedeutet Energieverlust, der sich als Widerstandskraft bemerkbar macht. Die dynamische Widerstandszahl f_{Wdyn} ist mit folgender Gleichung zu berechnen:

$$f_{Wdyn} = k_{dyn} \frac{v}{v_{00}}$$

(3.27)

f_{Wdyn} Dynamische Widerstandszahl, Maßeinheit 1 oder ‰
v Fahrgeschwindigkeit in km/h bzw. in m/s
v_{00} Geschwindigkeitskonstante, v_{00} = 100 km/h bzw. 27,778 m/s
k_{dyn} Dynamischer Widerstandsfaktor, Maßeinheit 1 oder ‰
   Hochgeschwindigkeitsstrecke.. k_{dyn} = 0,085 bis 0,100 ‰
   Sehr guter Gleiskörper............. k_{dyn} = 0,15 bis 0,20 ‰
   Normaler Gleiskörper .... k_{dyn} = 0,25 bis 0,30 ‰
   Schlechter Gleiskörper............. k_{dyn} = 0,50 bis 1,00 ‰

Die Schallwiderstandskraft entsteht durch die Abstrahlung von Schallenergie der Fahrzeuge. Bei schlechter Schallisolation kann die Schallwiderstandszahl $f_{WSchall} \leq 0,5$ ‰ erreichen.

Die Walkwiderstandskraft ist an Rädern mit gummigefederten Radscheiben zu verzeichnen. Durch die Gummifederung in den Radscheiben werden die durch den Rad-Schiene-Kontakt erzeugten Fahrgeräusche gedämpft. Der Gummi der Radscheiben unterliegt beim Fahren dem Walken. Die damit verbundenen Energieverluste rufen die Walkwiderstandskraft hervor. Die Walkwiderstandszahl beträgt f_{WWalk} = 0,5 bis 1,0 ‰..

Grundwiderstandszahl insgesamt

Die Grundwiderstandszahl ist die Summe aller einzelnen Komponenten (Bild 3.17). Sie ist nur im Komplex bestimmbar und unterliegt als stochastische Variable einer verhältnismäßig großen Streuung. Für Berechnungen werden Mittelwerte benutzt. Zwischen den Fahrzeugtypen bestehen Unterschiede.

Die Grundwiderstandszahl des Zugs f_{WOZ} ist aus den Grundwiderstandszahlen von Lokomotive f_{WOL} und Wagenzug f_{WOW} durch Wichtung mit der Gewichtskraft oder Masse zu berechnen.

Tabelle 3.3
Grundwiderstandszahlen für Normaltemperaturen
Gleitlager: Zuschlag von 1,0 ‰ pro 5^0 Frost   Wälzlager: Zuschlag von 0,5 ‰ pro 5^0 Frost

Wagen mit Wälzlager auf Ablaufanlagen		Wagen mit Gleitlager auf Ablaufanlagen		Streckenfahrt	
Mittelwert aller Fahrzeuge	2,83 ‰	Mittelwert aller Fahrzeuge	3,73 ‰	Lokomotiven	2,5 bis 5,0 ‰
Standardabweichung	1,40 ‰	Standardabweichung	1,49 ‰	ICE-Triebköpfe	1,30 ‰
Gutläufer	1,00 ‰	Gutläufer	1,43 ‰	ICE-Mittelwagen	0,60 ‰
Schlechtläufer	5,53 ‰	Schlechtläufer	6,52 ‰	Reiszugwagen	1,2 bis 1,7 ‰
				Beladene Güterwagen	1,2 bis 1,7 ‰
				Leere Güterwagen	2,2 bis 2,8 ‰
				Züge allgemein	1,5 bis 2,5 ‰

Für die Grundwiderstandszahl des Fahrzeugs f_{W0} und des Zugs f_{W0Z} gilt:

$$f_{W0} = f_{WR0} + f_{WGl} + f_{WLa} + f_{Wdyn} + f_{WGl(Z)}$$ (3.28)

$$f_{W0Z} = \frac{f_{W0L}\,G_L + f_{W0W}\,G_W}{G_Z}$$

Grundwiderstandszahl der Rangiertechnik

In der Rangiertechnik gelten von der Geschwindigkeit unabhängige Grundwiderstandszahlen. Tabelle 3.3 enthält zu benutzende Grundwiderstandszahlen. Leere Wagen sind im Regelfall Schlechtläufer, voll beladene Wagen Gutläufer und halb beladene Wagen Mittelläufer.

Die Grundwiderstandszahlen ablaufender Wagen sind mit der statistischen Gleichung von *Beth* zu berechnen. Der Gleichung liegen die Versuchsergebnisse von *König* zugrunde, die auf einer Ablaufanlage ermittelt worden sind (Fahrgeschwindigkeit 8 m/s):

$$f_{W0} = k_0 \left(1 - k_1\,\frac{m_A}{k_2}\right)$$ (3.29)

f_{W0} Grundwiderstandszahl, Maßeinheit oder ‰
k_0 Grundkonstante, Maßeinheit 1 oder ‰
  $m_A \leq 12{,}3$ t: $k_0 = 0{,}004188$ bzw. $4{,}188$ ‰
  $m_A > 12{,}3$ t: $k_0 = 0{,}002920$ bzw. $2{,}920$ ‰
k_1 Kennlinien-Neigungsfaktor
  $m_A \leq 12{,}3$ t: $k_1 = 0{,}4167$; $m_A > 12{,}3$ t: $k_1 = 0{,}2514$
k_2 Bezugsmassekonstante, $k_2 = 10$ t
m_A Achsfahrmasse in t

Grundwiderstandszahl der Streckenfahrt

Bei überschläglichen Berechnungen ist eine konstanten Grundwiderstandszahl der Züge f_{W0Z} zu benutzen. Die in Gl.(3.28) einzusetzenden Werte sind Tabelle 3.3 zu entnehmen.

Bei genaueren Berechnungen ist die Abhängigkeit der Grundwiderstandszahl von Geschwindigkeit und Achskraft mittels folgender statistischer Gleichung zu berücksichtigen:

$$f_{W0Z} = c_{0Z} + c_{1Z}\,\frac{v}{v_{00}} + c_{2Z}\left(\frac{v}{v_{00}}\right)^2$$ (3.30)

$$c_{0Z} = \frac{f_{WAL}\,G_L + f_{WAW}\,G_W}{G_Z} \quad \text{und} \quad f_{WAW} = c_{AW} + \frac{F_A}{G_A}$$

f_{W0Z} Grundwiderstandszahl des Zugs (‰)
f_{WAL} Anfangswiderstandszahl Lokomotive
f_{WAW} Anfangswiderstandszahl Wagenzug
c_{AW} Konstante von f_{WAW} (‰)
G_A Achskraft in kN
F_A Achskraftkonstante, $F_A = 100$ N

v Fahrgeschwindigkeit in km/h bzw. in m/s
v_{00} Geschwindigkeitskonstante, $v_{00} = 100$ km/h
  bzw. 27,778 m/s
G_L, G_W, G_Z Gewichtskraft von Lokomotive, Wagenzug und Zug in kN
c_{0Z}, c_{1Z}, c_{2Z} Konstanten von f_{W0Z} in ‰

Die Konstanten f_{WAL}, f_{WAW}, c_{AW}, c_{1Z} und c_{2Z} sind Tabelle 3.4 zu entnehmen. In die zweite Gleichung sind anstelle der Gewichtskräfte auch die Massen einzusetzen.

Tabelle 3.4

Konstanten zur Gleichung der Grundwiderstandszahl

Grundwiderstandszahl		Konstanten zur Grundwiderstandszahl	
Vierachsige Lokomotive	f_{WAL} = 2,5 bis 3,5 ‰	Personen-Wagenzug	c_{AW} = 0,40 ‰
Sechsachsige Lokomotive	f_{WAL} = 3,5 bis 4,5 ‰	Güter-Wagenzug	c_{AW} = 0,60 ‰
ICE-Triebkopf	f_{WAL} = 1,3 ‰	Güterzug	c_{1Z} = 0,50 ‰ und c_{2Z} = 0,60 ‰
ICE-Mittelwagen	f_{WAW} = 0,6 ‰	Reisezug	c_{1Z} = 0,25 ‰ und c_{2Z} = 0,50 ‰
		ICE	c_{1Z} = 0,10 ‰ und c_{2Z} = 0,30 ‰

Berechnungsbeispiel 3.4

Für ein Schienentriebfahrzeug ist sowohl zum Fall des Auslaufs als auch zum Fall der Fahrt mit Zugkraft, die dem Kraftschlussbeiwert μ_T = 0,10 entspricht, die Grundwiderstandszahl zu berechnen. Der Radius der Laufflächenausrundung des Schienenkopfes beträgt r_S = 0,225 m, der Laufkreisradius r_L = 0,500 m und die am Rad anliegende Gewichtskraft G_R = 50 kN. Für die Lagerwiderstandszahl ist f_{WLa} = 0,2 ‰ zu wählen. Übrige Komponenten sind zu vernachlässigen.

Lösungsweg und Lösung

Rollwiderstandszahl, Gl. (3.21) und (3.23)

δ = (1/0,225 – 1/0,500)/(1/0,225+1/0,500) = 0,3793

ξ = 1 + 0,5784·0,3793 + 0,7776·0,3793² = 1,3313

f_{WRo} = 0,07·1,3313·[50/(2,2·10⁸·0,500²)·1/(0,500/0,225 + 1)]^{1/3} = 0,000611 bzw. 0,611 ‰

Zugkraft-Gleitwiderstandszahl, Gl. (3/25): $f_{WGl(Z)}$ = 0,02 μ_T = 0,02·0,10 = 0,002 bzw. 2,0 ‰

Grundwiderstandszahl ohne Zugkraft: f_{W0} = f_{WRo} + f_{WLa} = 0,611 + 0,2 = 0,811 ‰

Grundwiderstandszahl mit Zugkraft: f_{W0} = f_{WRo} + f_{WLa} + $f_{WGl(Z)}$ = 0,611 + 0,2 + 2,0 = 2,811 ‰

Berechnungsbeispiel 3.5

a) Für einen zweiachsigen Güterwagen, der die Masse m_{EW} = 20 t hat (Achsfahrmasse m_A = 10 t), ist die Grundwiderstandszahl der Rangierbewegung zu berechnen.

b) Für einen Reisezug, bestehend aus einer vierachsigen Lokomotive mit der Masse m_L = 80 t und einem Wagenzug mit 10 vierachsigen Wagen von der Masse m_{EW} = 48 t (m_A = 12 t, Achskraft G_A = 118 kN), ist zur Geschwindigkeit v = 120 km/h die Grundwiderstandszahl des Zugs zu berechnen.

Lösungsweg und Lösung zu a)

Gl. (3/29) f_{W0} = 4,188·(1 – 0,4167·10/10) = 2,44 ‰

Lösungsweg und Lösung zu b)

Die Wagenzugmasse beträgt m_W = 480 t und die Zugmasse m_Z = 560 t. Aus Tabelle 3.4 erhält man:

f_{WAL} = 3 ‰, c_{AW} = 0,40 ‰, c_{1Z} = 0,25 ‰ und c_{2Z} = 0,5 ‰. Die Berechnung erfolgt mit Gl. (3.30).

f_{WAW} = 0,40 + 100/118 = 1,247 ‰ und c_{0Z} = (3·80 + 1,247·480)/560 = 1,50 ‰

f_{W0Z} = 1,50 + 0,25·120/100 + 0,5·(120/100)² = 2,52 ‰

3.3.3   Anfahrwiderstandskraft

Physikalische Ursachen

Die Anfahrwiderstandskraft ist die im Moment des Bewegungsbeginns vorhandene Zugwiderstandskraft. Sie ist auf bestimmte physikalische Vorgänge im Achslager und im Massenband des Zugs im Augenblick des Bewegungsbeginns zurückzuführen.

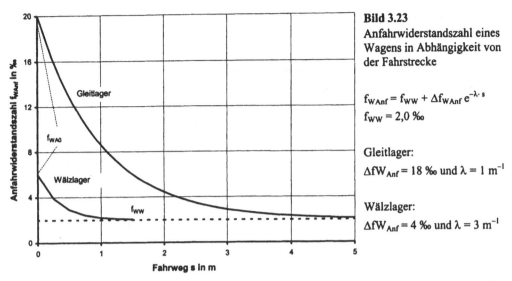

Bild 3.23
Anfahrwiderstandszahl eines
Wagens in Abhängigkeit von
der Fahrstrecke

$$f_{WAnf} = f_{WW} + \Delta f_{WAnf}\, e^{-\lambda \cdot s}$$
$$f_{WW} = 2,0 \text{‰}$$

Gleitlager:

$\Delta f_{WAnf} = 18$ ‰ und $\lambda = 1$ m^{-1}

Wälzlager:

$\Delta f_{WAnf} = 4$ ‰ und $\lambda = 3$ m^{-1}

Im Moment des Bewegungsbeginns muss der an der Lagerschale haftende Achsschenkel (Gleitlager) bzw. der am Lagerring haftende Wälzkörper (Wälzlager) gelöst werden. Mit der einsetzenden Drehbewegung wird Schmiermittel in die Kontaktfläche gefördert. Die beim Lösen vorhandene Widerstandskraft klingt über der zurückgelegten Anfahrstrecke sehr rasch auf die normale Wagenwiderstandskraft ab. Bild 3.23 zeigt den Vorgang.

Durch die fast ausschließliche Ausrüstung der Eisenbahnfahrzeuge mit Wälzlagern hat zwar das Problem Anfahrwiderstandskraft an Bedeutung verloren (Bild 3.23), ist aber dennoch bei der Beförderung langer und schwerer Güterzüge zu beachten.

Temperaturen unter dem Gefrierpunkt vergrößern die Anfahrwiderstandskraft beträchtlich. Beim Anfahren im Bogen kommt noch eine Verdoppelung der Bogenwiderstandskraft hinzu. Im Winter ist auch ein Festfrieren der Radsätze am Gleis oder von Bremsklötzen am Radreifen bzw. Bremsbelägen an der Scheibe möglich.

Bedingt durch das Spiel zwischen den Wagen (durchgehende Zugvorrichtung mit Schraubenkupplung) bzw. durch die Elastizität der Zugvorrichtung (geteilte Zugvorrichtung, fallweise mit Mittelpufferkupplung) besteht auf waagerechtem Gleis die Möglichkeit, Wagen nacheinander anzuziehen und damit deren Anfahrwiderstandskraft nacheinander zu überwinden. Dadurch ist die Anfahrwiderstandszahl des Zugs $f_{WAnf(Z)}$ stets kleiner als die Anfahrwiderstandszahl des einzelnen Wagens f_{WAnf}.

Diese vorteilhafte Eigenschaft geht beim Anfahren in der Steigung zurück bzw. sogar verloren, da die Gefällekraft ein Strecken des Zugs bewirkt. Durch Anziehen der Handbremse an Schlusswagen (Auflaufen des Zugs) und Lösen im Augenblick des Anruckens kann auch in der Steigung die Anfahrmöglichkeit verbessert werden.

Im Zugfahrdienst wird die Situation mitunter dadurch verbessert, dass der Zug vor der Anfahrt zusammengedrückt wird. Dadurch erreicht man nicht nur eine Vergrößerung der Wege für das stufenweise Anziehen, sondern auch eine Verminderung der Anfahrwiderstandskraft der Fahrzeuge im vorderen Zugteil (erste Bewegung) und die Unterstützung der Anfahrzugkraft durch die in den komprimierten Pufferfedern gespeicherte Kraft. Zusammendrücken und anschließendes Anfahren birgt die Gefahr der Zugtrennung in sich.

Anfahrgrenzmasse

Im Zugfahrdienst besteht die grundsätzliche Forderung, dass Züge auch bei einem außerplanmäßigen Halt an jedem Streckenpunkt wieder in Bewegung gebracht werden müssen. Deshalb werden für Strecken Anfahrgrenzmassen berechnet, die nicht überschritten werden dürfen.

Anfahrwiderstandszahl und Anfahrgrenzmasse bei der ehemaligen DR:

$$f_{WAnfZ} = f_{WAnf0} + k_1 i \quad \text{und} \quad m_{WA} = \frac{F_A - (i + 2f_{BoZ})g\,m_L}{(f_{WAnfZ} + i + 2f_{BoZ})g} \tag{3.31}$$

m_{WA}	Anfahrgrenzmasse in t	f_{BoZ}	Bogenwiderstandszahl, Maßeinheit 1
m_L	Lokomotivmasse in t	f_{WanfZ}	Anfahrwiderstandszahl des Zugs, (1)
g	Fallbeschleunigung (9,81 m/s^2)	f_{WAnf0}	Anfahrwiderstandszahl des Zugs bei
F_A	Anfahrzugkraft in kN		$i = 0$ ‰, $f_{WAnf0} = 0,006$ (6 ‰)
i	Längsneigung, Maßeinheit 1	k_1	Anstiegsfaktor, $k_1 = 0,3$

Anfahrwiderstandszahl bei der SNCF:

$$(f_{WAnfZ} + i) = k_1 (i + f_{w0Z}) \tag{3.32}$$

f_{WanfZ}	Anfahrwiderstandszahl des Zugs, (1)	f_{w0Z}	Grundwiderstandszahl des Zugs,
i	Längsneigung, Maßeinheit 1		$f_{w0Z} = 0,0022$ (2,2 ‰)
k_1	Anstiegsfaktor, $k_1 = 1,225$		

Anfahrwiderstandszahl bei der BR:

Bei der BR gilt die konstante Zug-Anfahrwiderstandszahl $f_{WAnfZ} = 0,0075$ (7,5 ‰).

Anfahrwiderstandszahl und Anfahrgrenzmasse bei der DB AG:

Bei der DB AG wird die „starting resistance f_{WSt}" benutzt. Sie beinhaltet die Längsneigung an der Anfahrstelle und die Anfahrmassenkraftzahl:

$$f_{WSt} = \frac{a_{Anf}}{g} \xi_Z \quad \text{und} \quad m_{WA} = \frac{F_A - f_{WSt}g\,m_L}{(f_{WZ0} + f_{WSt})g} \tag{3.33}$$

a_{Anf} Anfangsbeschleunigung in m/s^2 (Reisezüge 0,2 m/s^2, Güterzüge 0,1 m/s^2)
f_{WZ0} Grundwiderstandszahl (Leerwagenzüge 0,0020, übrige Züge 0,0016)
ξ_Z Massenfaktor des Zugs ($\xi_Z = 1,06$)

Berechnungsbeispiel 3.6

Für eine Lokomotive, die die Masse $m_L = 80$ t hat, ist zur Steigung $i = 10$ ‰ die Anfahrgrenzmasse m_{WA} eines Güterzugs zu berechnen. Der Kraftschlussbeiwert beträgt $\mu_T = 0,33$.

Anfahrzugkraft, Gl. (1.2) $F_A = \mu_T g\,m_L = 0,33 \cdot 9,81 \cdot 80 = 259$ kN

a) Berechnung mit DR-Gleichung für gerade Strecke, Gl. (3.31)
   $f_{WAnfZ} = 0,006 + 0,3 \cdot 0,010 = 0,009$ und $m_{WA} = [259 - 0,010 \cdot 9,81 \cdot 80]/[(0,009 + 0,010) \cdot 9,81] = 1347$ t
b) Berechnung mit DR-Gleichung für Bogenstrecke, Gl. (3.31), $f_{BoZ} = 0,002058$
   $m_{WA} = [259 - (0,010 + 2 \cdot 0,002058) \cdot 9,81 \cdot 80]/[(0,009 + 0,010 + 2 \cdot 0,002058) \cdot 9,81] = 1093$ t
c) Berechnung mit DB-Gleichung, Gl. (3.33)
   $f_{WSt} = 0,010 + 0,1/9,81 \cdot 1,06 = 0,02081$
   $m_{WA} = [259 - 0,02081 \cdot 9,81 \cdot 80]/[(0,0016 + 0,02081) \cdot 9,81] = 1104$ t

3.3.4   Äußere Luftwiderstandskraft

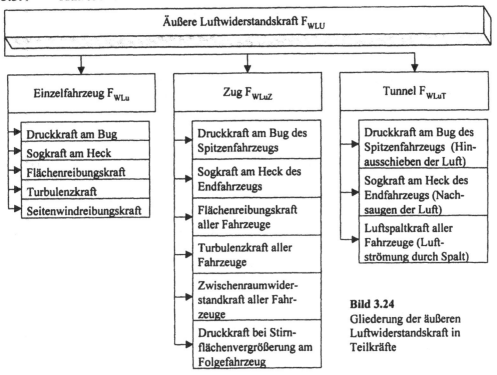

Äußere Luftwiderstandskraft F_{WLU}

Einzelfahrzeug F_{WLu}	Zug F_{WLuZ}	Tunnel F_{WLuT}
Druckkraft am Bug Sogkraft am Heck Flächenreibungskraft Turbulenzkraft Seitenwindreibungskraft	Druckkraft am Bug des Spitzenfahrzeugs Sogkraft am Heck des Endfahrzeugs Flächenreibungskraft aller Fahrzeuge Turbulenzkraft aller Fahrzeuge Zwischenraumwiderstandkraft aller Fahrzeuge Druckkraft bei Stirnflächenvergrößerung am Folgefahrzeug	Druckkraft am Bug des Spitzenfahrzeugs (Hinausschieben der Luft) Sogkraft am Heck des Endfahrzeugs (Nachsaugen der Luft) Luftspaltkraft aller Fahrzeuge (Luftströmung durch Spalt)

Bild 3.24
Gliederung der äußeren
Luftwiderstandskraft in
Teilkräfte

3.3.4.1   Geschwindigkeitsbeziehungen an Fahrzeug und Zug

Die äußeren Luftwiderstandskraft ist von dem am Fahrzeug bzw. Zug vorhandenen Geschwindigkeitsvektor abhängig. Bild 3.25 zeigt den während der Fahrt am Fahrzeug bzw. Zug vorhandenen Geschwindigkeitsvektor und seine Komponenten sowie die Geschwindigkeiten und Winkel des Fahrzeugs bzw. Zugs im Luftstrom. Fahrzeug bzw. der Zug werden als ruhend und die umgebende Luft als bewegt vorausgesetzt. Die Richtungskennung der Geschwindigkeiten erfolgt auf der Grundlage des Bildes 1.1.

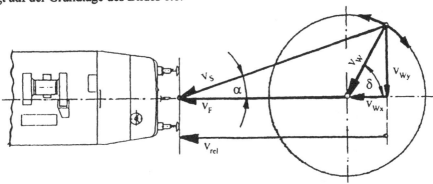

Bild 3.25
Geschwindigkeitsbeziehungen an Fahrzeug und Zug

Fahrgeschwindigkeit v_F

Die Fahrgeschwindigkeit v_F ist durch die in der Längsrichtung (x-Richtung) ausgeführte Fahrbewegung gegeben. Damit hat der Vektor v_F nur 1 Freiheitsgrad.

Windgeschwindigkeit v_W

Die Windgeschwindigkeit v_W ist ein Vektor mit 2 Freiheitsgraden. Bild 3.26 zeigt für Mitteldeutschland die Häufigkeit des Auftretens der einzelnen Geschwindigkeitsbereiche. Für Gesamtdeutschland wird das Jahresmittel 4,7 m/s bzw. 17 km/h angegeben.

Windangriffswinkel δ

Der Windangriffswinkel δ ist der zwischen Fahrt- und Windrichtung vorhandene Winkel. Er kann den gesamten Bereich der Windrose umfassen und ist von der Fahrtrichtungsachse (x-Achse) aus dem Uhrzeigersinn entgegengesetzt anzutragen. Der Windangriffswinkel δ ist ebenfalls eine stochastische Größe.

Der Vektor Windgeschwindigkeit v_W kann in Abhängigkeit vom aktuellen Windangriffswinkel δ in die in der Fahrtrichtung (x-Richtung) vorhandene Komponente v_{Wx} und in die senkrecht zur Fahrtrichtung liegende Seitenkomponente v_{Wy} (y-Richtung) zerlegt werden (Bild 3.25):

$$v_{Wx} = v_W \cos \delta \quad \text{und} \quad v_{Wy} = v_W \sin \delta \tag{3.34}$$

Relativgeschwindigkeit v_{rel}

Nach Bild 3.25 ergibt die Addition von Fahrgeschwindigkeit v_F und Windgeschwindigkeitskomponente v_{Wx} die in Fahrtrichtung (x-Richtung) vorhandene Relativgeschwindigkeit v_{rel}:

$$v_{rel} = v_F + v_{Wx} \tag{3.35}$$

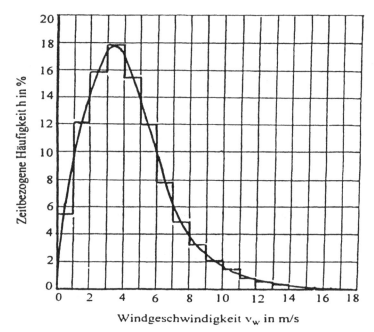

Bild 3.26
Häufigkeitsverteilung der Windgeschwindigkeit in Mitteldeutschland

Zeitbezogene Häufigkeit h in %

Windgeschwindigkeit v_w in m/s

Anströmgeschwindigkeit v_S

Nach Bild 3.25 ergibt die Addition von Fahr- und Windgeschwindigkeitsvektor den Anström-geschwindigkeitsvektor v_S. Für den Betrag der Anströmgeschwindigkeit v_S gilt:

$$v_S = \sqrt{v_{rel}^2 + v_{Wy}^2} \qquad (3.36)$$

Anströmwinkel α

Der Anströmwinkel α ist der zwischen Fahrtrichtung (x-Richtung) und der Richtung der An-strömgeschwindigkeit v_S vorhandene Winkel. Nach Bild 3.25 gilt:

$$\alpha = \arctan\frac{v_{Wy}}{v_{rel}} \quad \text{und} \quad \alpha = \arctan\frac{v_W \sin\delta}{v_F + v_W \cos\delta} \qquad (3.37)$$

Aus Gl.(3.37) geht hervor, dass nicht nur Windgeschwindigkeit v_W und Windangriffswinkel δ den Anströmwinkel α bestimmen, sondern dass er auch in starkem Maße von der Fahrge-schwindigkeit v_F abhängig ist.

Berechnungsbeispiel 3.7

Für einen Eisenbahnwagen, der mit der Geschwindigkeit v_F = 8 m/s abrollt und auf den der Wind mit der Geschwindigkeit v_W = 8 m/s unter dem Winkel δ = 30° einwirkt, sind die Geschwindigkeiten und der An-strömwinkel zu berechnen.

Lösung mit Gl. (3.34), (3.35), (3.36) und (3.37)

$v_{Wx} = 8 \cdot \cos 30° = 6{,}928$ m/s, $v_{Wy} = 8 \cdot \sin 30° = 4{,}0$ m/s und $v_{rel} = 8{,}0 + 6{,}928 = 14{,}928$ m/s

$v_S = (14{,}928^2 + 4{,}0^2)^{0{,}5} = 15{,}455$ m/s und $\alpha = \arctan (4{,}0/14{,}928 \text{ m/s}) = 0{,}2618$ rad ($15{,}0°$)

3.3.4.2 Strömungstechnische Grundlagen

Zur Ermittlung der Luftwiderstandskraft ist von den Lösungen der Strömungslehre auszu-gehen. Fahrzeug und Zug werden durch eine ruhende Platte bzw. homogenen Körper ersetzt, die vom Medium Luft mit der Anströmgeschwindigkeit v_S umströmt werden.

Platte im Luftstrom

Bild 3.27 zeigt eine Platte im Luftstrom. Der mit der Anströmgeschwindigkeit v_S rechtwinklig auf die Plattenfläche (Spantquerfläche A_{Sp}) auftreffende Luftstrom verursacht vor der Platte den Überdruck $p_{Üb}$. Strömungslinien, die den Plattenrand tangieren, lösen sich auf der Rück-seite von den Kanten ab. Das bedeutet das Entstehen von Turbulenzen (Wirbel). Die Rotations-bewegung der wirbelnden Luftmasse erzeugt eine radialkraftbedingte Sogwirkung, die hinter der Platte den Unterdruck p_{Unt} entstehen lässt. Damit ist zwischen Vorder- und Rückseite der Platte der Gesamtdruckunterschied $\Delta p = p_{Üb} + p_{Unt}$ vorhanden. Der Überdruck $p_{Üb}$ ist mit der Druckkraft F_D und der Unterdruck p_{Unt} mit der Sogkraft F_S verbunden. Beide Kräfte ergeben zusammen die Formwiderstandskraft F_{WFo}.

Formwiderstandskraft

Die Formwiderstandskraft ist das Produkt von Gesamt-Druckunterschied und Spantquerfläche:

$$F_{WFo} = \Delta p \, A_{Sp} = (p_{Üb} + p_{Unt}) \, A_{Sp} = (1 + p_{Unt}/p_{Üb}) \, p_{Üb} \, A_{Sp}$$

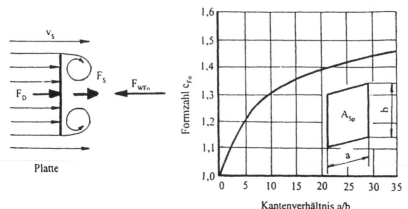

Bild 3.27
Platte im Luft-
strom und luft-
umströmter
Zylinder sowie
Formzahl v_{Fo}
und Luftwider-
standszahl c_W

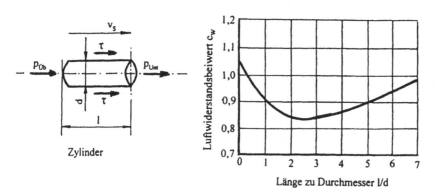

Bei Vernachlässigung der Kompressibilität der Luft kann der Überdruck, der sich durch das Abbremsen der Luftmasseteilchen an der fest stehenden Platte bis auf den Geschwindigkeits-wert null ergibt, mit folgender, von *Bernoulli* entwickelter Gleichung berechnet werden:

$$p_{Üb} = v^2 \rho/2 \quad (\rho = \text{Luftdichte})$$

Für die Berechnung der Formwiderstandskraft der Platte bzw. eines Körpers erhält man:

$$F_{WFo} = (1 + \frac{p_{Unt}}{p_{Üb}}) \frac{\rho}{2} v_S^2 A_{Sp}$$

Der Klammerausdruck $(1 + p_{Unt}/p_{Üb})$ ist die **Formzahl c_{Fo}** der Platte:

$$F_{WFo} = c_{Fo} \frac{\rho}{2} A_{Sp} v_S^2 \quad \text{mit} \quad c_{Fo} = 1 + \frac{p_{Unt}}{p_{Üb}} \tag{3.38}$$

Die Formzahl c_{Fo} ist von der Plattenform abhängig. Bild 3.27 zeigt diese Abhängigkeit. Zur Plattenbreite a = 0 erhält man eine turbulenzlose Linie ohne Unterdruck mit $c_{Fo} = 1$.

Die für die Platte entwickelte Gl. (3.38) kann auf beliebige Körper übertragen werden. Die Körper-Spantquerfläche A_{Sp} erhält man durch Projektion des Körpers in Richtung der An-strömgeschwindigkeit v_S. Bei strömungstechnisch günstiger Luftführung verkleinert sich die Formzahl c_{Fo} beachtlich. Sie wird sogar $c_{Fo} < 1$. Ursache ist die nur anteilige Umsetzung von Druck- in Geschwindigkeitsenergie und die Verminderung bzw. Vermeidung der Turbulenz.

Reibungs- und Flächenwiderstandskraft

Bild 3.27 zeigt den Kreiszylinder im Luftstrom. Bei der Zylinderlänge l = 0 ist nur die Formwiderstandskraft F_{WFo} vorhanden (Gl. (3.38)). Bei l > 0 müssen die Strömungslinien, die die Oberfläche tangieren, über die Oberfläche entlang strömen, bevor am Ende des Zylinders die Ablösung mit Turbulenzen eintritt. Das Strömen der Luft über die Oberfläche, die mit dem Überdruck $p_{Üb}$ auf die Oberfläche einwirkt, erzeugt infolge Reibung die Schubspannung τ. Das Produkt von Schubspannung τ und Körperoberfläche A_{Ob} ergibt die Reibungs- und Flächenwiderstandskraft ($F_{WR} = \tau \cdot A_{Ob}$). Die Proportionalität zwischen τ und $p_{Üb}$ ergibt F_{WR}:

$$F_{WR} = c_R \frac{\rho}{2} A_{Ob} v_S^2 \tag{3.39}$$

Die Reibungswiderstandszahl c_R ist von der Strömungsart der Grenzschicht, die gemischt laminar und turbulent ist, von der Reynolds-Zahl und von der Oberflächenrauhigkeit abhängig.

Luftwiderstandskraft

Die Addition von Formwiderstandskraft F_{WFo} und Reibungs- und Flächenwiderstandskraft F_{WR} [Gl. (3.38) plus Gl. (3.39)] ergibt die Luftwiderstandskraft des allgemeinen Körpers F_W:

$$F_W = (c_{Fo} + c_R \frac{A_{Ob}}{A_{Sp}}) \frac{\rho}{2} A_{Sp} v_S^2$$

$$F_W = c_W \frac{\rho}{2} A_{Sp} v_S^2 \text{ mit } c_W = c_{Fo} + c_R \frac{A_{Ob}}{A_{Sp}} \tag{3.40}$$

F_W Luftwiderstandskraft des Körpers in N
A_{Sp} Spantquerfläche, die im rechten Winkel zur Anströmrichtung liegt, in m²

ρ Luftdichte in kg/m³ (ρ = 1,225 kg/m³ für Normalzustand)
c_W Luftwiderstandsbeiwert, Maßeinheit 1
v_S Strömungsgeschwindigkeit in m/s

Die physikalische Größengleichung (3.40) ist die Ausgangsbasis für die Aufstellung von Gleichungen der Luftwiderstandskraft von Fahrzeugen und Zügen. Der Luftwiderstandsbeiwert c_W ist eine exakt definierte physikalische Größe. Er dient auch als Fahrzeugbewertungsgröße (c_W-Beiwert) und darf nicht mit der Formzahl c_{Fo} (Gl. (3.38)) verwechselt werden. Bild 3.27 zeigt den Einfluss der Körperabmessungen, insbesondere der Körperlänge, auf den Luftwiderstandsbeiwert. Der Luftwiderstandsbeiwert ist im Regelfall nur experimentell bestimmbar.

Luftdichte

Die Luftdichte ρ ist von Druck, Temperatur und Feuchtigkeit der Luft abhängig:

$$\rho_{tr} = \frac{p_L}{R_i T} \text{ und } \rho_f = \rho_{tr} (1 - 0,377 \varphi \frac{p_d}{p_L}) \tag{3.41}$$

ρ_{tr}, ρ_f Dichte der trockenen bzw. feuchten Luft in kg/m³
T thermodynamische Temperatur in K (273,5 plus t in °C)
R_i individuelle Gaskonstante in J/(kg K), für Luft ist R_i = 287 J/(kg K)
p_L Absolutdruck der Luft in Pa (Anmerkung: 1000 bar entsprechen 100000Pa)
p_d Dampfdruck des Wassers in Pa (p_d ist temperaturabhängig, Entnahme einschlägiger Tabellen)
φ relative Luftfeuchtigkeit, Maßeinheit 1 in Gl. (3.41), im Regelfall Angabe in %

3.3.4.3   Einzelfahrzeug

Zusammensetzung der Luftwiderstandskraft

Bild 3.24 und 3.28 enthalten die Teilkräfte der Luftwiderstandskraft. Am Aufriss sind die Bestandteile erkennbar, die sich beim Anströmen aus der Fahrtrichtung ($\alpha = 0$) ergeben. Am Bug ist die Druckkraft F_D, am Heck die Sogkraft F_S und an der Oberfläche die Flächenreibungskraft F_{WR} vorhanden. Inhomogene Strukturen erzeugen Turbulenzkräfte ΔF_{Turb}, die eine Vergrößerung von Luftwiderstandskraft F_{WLu} und -beiwert c_W gegenüber dem idealen Körper bewirken. Inhomogene Strukturen, die für Turbulenzbildungen sorgen, sind das Untergestell, vorstehende Kanten der Außenwände, Dachaufbauten, Einbuchtungen, Stromabnehmer, offene, insbesondere leere Wagenkästen, nicht geschlossene Türen, geöffnete Fenster usw.

Vektor Luftwiderstandskraft

Am Fahrzeuggrundriss des Bildes 3.28 erfolgt das Anströmen unter dem Winkel α. In Anströmrichtung entsteht die Spantquerfläche A_{Sp} als Schattenrissprojektion. An A_{Sp} greift die Luftwiderstandskraft F_W an. Sie wird in die Längskraft F_x ($F_x = F_W \cos \alpha$) und in die Seitenkraft F_y ($F_y = F_W \sin \alpha$) zerlegt. Das Fahren wird nur von der Längskraft F_x beeinflusst, die in Bewegungsrichtung wirkt. *Die Luftwiderstandskraft eines Fahrzeugs F_{WLu} ist damit eine andere Kraft als die Luftwiderstandskraft des umströmten allgemeinen Körpers F_W.*

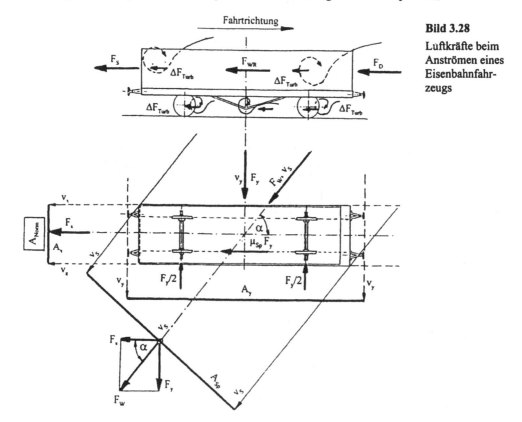

Bild 3.28

Luftkräfte beim Anströmen eines Eisenbahnfahrzeugs

Seitenwindeinfluss

Die von der Seitenwindgeschwindigkeit v_y erzeugte Seitenkraft F_y beeinflusst die Fahrbewegung indirekt. Die Seitenkraft F_y wird durch eine gleich große Reaktionskraft im Rad-Schiene-Kontakt kompensiert. Das erfolgt zum kleineren Teil durch den Schräglauf in der Rad-Schiene-Kontaktfläche und zum größeren Teil durch den leeseitigen Spurkranzanlauf. Wegen des alternierenden Anlaufs nach der Sinusfunktion ist die Wirkung von F_y auf die Fahrbewegung bei Berechnungen zu halbieren. Für die auf die Fahrbewegung wirkende, seitenwindbedingte Spurkranzreibungskraft erhält man $\Delta F_x = 0{,}5\,\mu_{Sp}\,F_y$.

Luftwiderstandskraft des Fahrzeugs

Für die Luftwiderstandskraft des Fahrzeugs gilt:

$$F_{WLu} = F_x + 0{,}5\,\mu_{Sp}\,F_y \qquad (3.42)$$

Luftwiderstandskräfte von Fahrzeugen werden entweder im Windkanalversuch oder im Fahrversuch gemessen. Im Winkanalversuch können nur F_W und die Komponenten F_x und F_y ermittelt werden, aber nicht F_{WLu} nach Gl.(3.42). Wegen der fehlenden Fahrbewegung ist die Komponente $0{,}5\,\mu_{Sp}\,F_y$ im Windkanalversuch nicht erfassbar. Das Gleichsetzen von Winkanal- und Fahr-F_{WLU} ist nur für den Windangriffswinkel $\delta = 0$ möglich.

Die Längskomponente F_x und die Seitenkomponente F_y von F_W betragen nach Gl. (3.40):

$$F_x = c_{Wx}\,\frac{\rho}{2}\,A_{Norm}\,v_S^2 \quad \text{und} \quad F_y = c_{Wy}\,\frac{\rho}{2}\,A_{Norm}\,v_S^2 \qquad (3.43)$$

A_{Norm} Normfläche zur Spantquerfläche
c_{Wx} Luftwiderstandsbeiwert der Längsrichtung
c_{Wy} Luftwiderstandsbeiwert der Seitenrichtung

Normfläche A_{Norm}

Bild 3.28 zeigt die Spantquerfläche des Eisenbahnwagens als Schattenrissprojektion in Anströmrichtung. Wegen der Abhängigkeit vom Anströmwinkel α ist die Spantquerfläche A_{Sp} eine sehr ungünstige Bewertungsgröße. Deshalb wird – wie im Bild 3.27 dargestellt – A_{Sp} durch die Flächen A_x (Schattenrissprojektion in Längs- bzw. Fahrtrichtung) und A_y (Schattenrissprojektion in Seitenrichtung) ersetzt. Diese beiden Flächen sind Konstanten.

Wegen der in Gl. (3.42) vorzunehmenden Addition wird von den beiden Konstanten A_x und A_y nur 1 Konstante für die Berechnung der Luftwiderstandskraft benutzt. Am leichtesten bestimmbar und am wenigsten veränderlich ist die Fläche der Längs-Schattenrissprojektion A_x. Sie wird als Normfläche definiert und ist sowohl für die Berechnung von F_x als auch von F_y zu verwenden. In weiterer Vereinfachung der Luftwiderstandsberechnung wird teilweise anstelle der tatsächlichen Fläche A_x die **Normfläche $A_{Norm} = 10\ \text{m}^2$** festgelegt.

Durch diese Vereinfachungen wird die charakteristische Abhängigkeit der Luftwiderstandsbeiwerte $c_{Wx}(\alpha)$ und $c_{Wy}(\alpha)$ nicht verändert, sondern nur der Maßstab der Darstellung beeinflusst.

Luftwiderstandsbeiwerte c_{Wx} und c_{Wy}

Von *Vollmer* wurden an Fahrzeugmodellen im Windkanal die Längs- und Seitenkräfte F_x und F_y in Abhängigkeit vom Anströmwinkel α gemessen. Die Berechnung der Luftwiderstandsbeiwerte c_{Wx} und c_{Wy} erfolgt mit der Normfläche $A_{Norm} = A_x$.

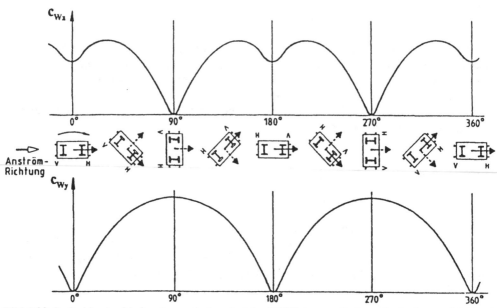

Bild 3.29: Luftwiderstandsbeiwerte c_{Wx} und c_{Wy} bei der 360°-Fahrzeug-Drehung im Luftstrom (*Vollmer*)

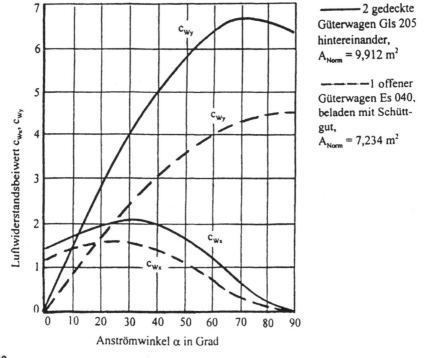

Bild 3.30

Luftwiderstandsbeiwerte c_{Wx} und c_{Wy} zweier ausgewählter Eisenbahnfahrzeuge bei der 90°-Drehung im Luftstrom (nach *Vollmer*)

Tabelle 3.5
Luftwiderstandsbeiwerte für überschlägliche Berechnungen
im Rangier- und Ablaufbetrieb (Einzelwagen)

Anströmwinkel α		$0°$	$30°$	$60°$	$90°$
O-Wagen, $A_{Norm} = 6$ m^2,	$c_{Wx} =$	0,94	1,34	0,25	0,00
	$c_{Wy} =$	0,00	2,50	3,80	4,00
G-Wagen, $A_{Norm} = 8$ m^2,	$c_{Wx} =$	0,94	1,40	0,28	0,00
	$c_{Wy} =$	0,00	2,75	4,50	5,00

Luftwiderstandsbeiwerte c_{Wx} und c_{Wy}:

$$c_{Wx} = \frac{2\,F_x}{\rho\,A_{Norm}\,v_S^2} \quad \text{und} \quad c_{Wy} = \frac{2\,F_y}{\rho\,A_{Norm}\,v_S^2} \tag{3.44}$$

Bild 3.29 zeigt die von *Vollmer* ermittelten Kurven $c_{Wx}(\alpha)$ und $c_{Wy}(\alpha)$, die sich bei der 360°-Drehung des Fahrzeugmodells im Luftstrom ergeben haben. Bild 3.30 zeigt die Kennlinien $c_{Wx}(\alpha)$ und $c_{Wy}(\alpha)$ für die Drehung von 0 bis 90°. Für praktische fahrdynamische Berechnungen im Rangier- und Ablaufbetrieb werden die c_{Wx}- und c_{Wy}-Werte der Tabelle 3.5 benutzt.

Die automatische Prozesssteuerung des Wagenlaufs auf Rangierbahnhöfen erfordert sehr genaue Luftwiderstandsbeiwerte c_{Wx} und c_{Wy}, die außerdem in Abhängigkeit von den sich fortlaufend ändernden Windverhältnissen ständig zu korrigieren sind. Von *Vollmer* ist ein entsprechendes Verfahren zur Ermittlung aktueller Luftwiderstandskräfte entwickelt worden.

Berechnungsbeispiel 3.8
Für einen einzeln ablaufenden beladenen offenen Güterwagen ist zur Anströmgeschwindigkeit $v_S = 12$ m/s die Luftwiderstandskraft F_{WLu} zu berechnen. Die Bezugsfläche beträgt $A_{Norm} = 7,234$ m^2. Beim gegebenen Anströmwinkel $\alpha = 30°$ liegen die Luftwiderstandsbeiwerte $c_{Wx} = 1,34$ und $c_{Wy} = 2,50$ vor. Die Lufttemperatur beträgt $t_{Lu} = -10°$C, der Luftdruck 1030 bar (103000 Pa) und die Luftfeuchtigkeit $\varphi = 50$ %. Der Spurkranzreibwert beträgt $\mu_{Sp} = 0,25$.

Lösungsweg und Lösung:
Der Tafel für den Dampfdruck des Wassers wird zur Lufttemperatur $t_{Lu} = -10$ °C der Dampfdruck $p_d = 0,00260$ bar bzw. 260 Pa entnommen. Die absolute Temperatur beträgt $T = 273,5 + t_{Lu} = 273,5 - 10 = 263,5$ °C.

Luftdichte trocken und feucht, Gl. (3.41)
$\rho_{tr} = 103000/(287 \cdot 263,5) = 1,362$ kg/m^3 und $\rho_f = 1,362 \cdot (1 - 0,377 \cdot 0,50 \cdot 260/103000) = 1,361$ kg/m^3

Längs- und Seitenkraft, Gl. (3.43) und Luftwiderstandskraft, Gl. (3.42)
$F_x = 1,34 \cdot 1,361 \cdot 12^2 \cdot 7,234/2 = 950$ N und $F_y = 2,50 \cdot 1,631 \cdot 12^2 \cdot 7,234/2 = 1772$ N
$F_{WLu} = 950 + 0,5 \cdot 0,25 \cdot 1772 = 950 + 222 = 1172$ N

3.3.4.4 Fahrzeuggruppe

Elemente der Luftwiderstandskraft

In der Dissertation von *Vollmer, G.* (Luftwiderstand von Güterwagen, TH Darmstadt 1989) ist ein Lösungsvorschlag zur Berechnung der Luftwiderstandskraft von Fahrzeuggruppen entwickelt worden, der hauptsächlich auf die Abrollbewegung in Ablaufanlagen zugeschnitten ist.

Bild 3.31 zeigt eine aus Güterwagen zusammengestellte Fahrzeuggruppe. Am Spitzenfahrzeug wirkt die Druckkraft F_D und am Schlussfahrzeug die Sogkraft F_S. Beide Kräfte werden rechnerisch auf das Spitzenfahrzeug konzentriert und mit dem **Stirn- und Heckflächenbeiwert $c_{St/H}$** bewertet.

An allen Fahrzeugen sind Flächenreibungskraft F_{WR} und Turbulenzkräfte F_{Turb} vorhanden. Diese Kräfte sind u.a. von der Fahrzeuglänge abhängig. Sie werden im **Fahrzeuglängebeiwert c_L** erfasst.

In den Zwischenräumen entstehen Turbulenzkräfte. Sie werden im **Zwischenraumbeiwert c_{Zw}** erfasst. Der Zwischenraumbeiwert c_{Zw} ist auf gleiche Stirnflächen der benachbarten Fahrzeuge bezogen. Die Abhängigkeit vom Anströmwinkel α ergibt sich vor allem als Folge der anteiligen Stirnflächenerfassung durch den Luftstrom bei $\alpha > 0$ (Bild 3.32).

Vergrößert sich die Stirnfläche beim Übergang auf das Folgefahrzeug, ist im Zwischenraum außerdem der mit dem Flächenverhältnis ξ multiplizierte **anteilige Stirn- und Heckflächenbeiwert $\Delta c_{St/H} = \xi \cdot c_{St/H}$** zu berücksichtigen.

Die Beiwerte c_{Zw} und $\Delta c_{St/H}$ sind beim Folgefahrzeug anzurechnen.

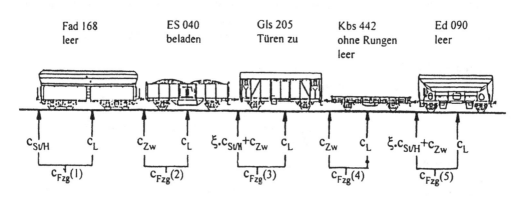

Bild 3.31
An den Fahrzeugen einer Gruppe zu berücksichtigende Beiwerte bei Berechnung des Fahrzeug- und des Gruppen-Luftwiderstandsbeiwerts

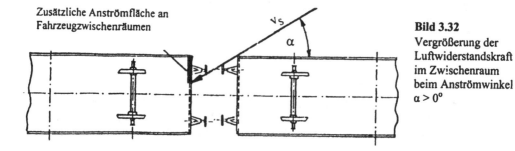

Bild 3.32
Vergrößerung der Luftwiderstandskraft im Zwischenraum beim Anströmwinkel $\alpha > 0°$

Gedeckter Güterwagen Gls 205

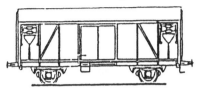

Selbstentladewagen Fad 168

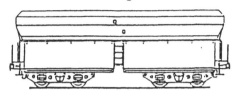

Offener Güterwagen Es 040

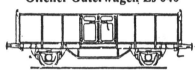

Offener Güterwagen Eaos

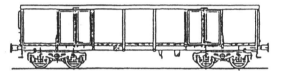

Kesselwagen

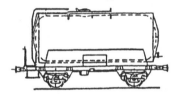

**Containertragwagen Sgjs 716
mit 2 mittigen 20´-Container**

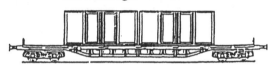

**Niederbordwagen
mit 20´-Container**

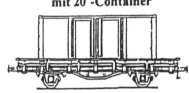

**Containertragwagen Sgjs 716
mit 2 äußeren 20´-Container**

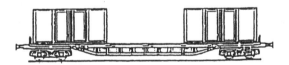

Selbstentladewagen Ed 090

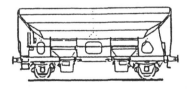

**Containertragwagen Sgjs 716
mit 3 20´-Container**

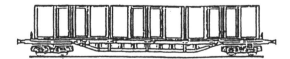

Bild 3.33: Güterwagentypen zu Tabelle 3.6

Tabelle 3.6
Bessel-Koeffizienten der Gleichung des Luftwiderstandsbeiwerts von Fahrzeugen

A_x Spantquerfläche in der x-Längsrichtung
l_{WK} Wagenkastenlänge

Wagentyp A_x in m² l_{WK} in m	Gls 205 Türen zu 9,912 8,80	Gls 205 Türen auf 9,912 8,80	Es 040 leer 6,989 8,96	Es 040 beladen 7,234 8,96	Kesselwag. 2 achsig Bühne vorn 10,319 7,20	Kbs 442 leer, ohne Rungen 3,659 8,80	Ed 090 Leer 9,083 8,96
Koeffizienten für den Luftwiderstandsbeiwert in x-Längsrichtung, c_{Fzgx}							
$a_{Sv/H\,0}$	6649,61	7504,93	5155,33	4691,41	4679,65	3082,95	5393,73
$a_{Sv/H\,2}$	4825,72	5644,27	3516,97	3309,82	3742,16	2198,34	4737,47
$a_{Sv/H\,4}$	-2259,41	-2507,05	-1158,89	-1226,76	-23,90	-155,07	-1372,14
$a_{Sv/H\,6}$	-150,72	-482,46	-436,96	-95,92	-824,89	-184,53	-46,14
$a_{Sv/H\,8}$	-124,59	-468,58	-297,92	-109,27	602,61	-147,37	8,12
$a_{Sv/H\,10}$	-139,31	-246,59	-143,13	4,80	-559,60	45,57	-163,27
$a_{L\,0}$	103,95	291,95	168,04	136,33	274,63	143,59	261,19
$a_{L\,2}$	70,83	-26,51	157,95	88,56	121,42	45,50	28,55
$a_{L\,4}$	-37,79	-199,91	-25,53	-63,56	-157,40	-73,14	-73,94
$a_{L\,6}$	-16,53	33,74	-10,35	-24,60	-30,17	-3,13	-14,08
$a_{L\,8}$	-17,01	-18,59	-17,25	-11,89	-63,78	-8,26	-23,09
$a_{L\,10}$	-7,26	14,33	-8,56	-6,89	14,56	-3,75	5,66
$a_{Zw\,0}$	1302,94	1598,90	939,30	1026,04	1548,51	662,62	1536,87
$a_{Zw\,2}$	-474,17	-552,65	-378,16	-348,50	-441,23	150,96	-324,65
$a_{Zw\,4}$	-1024,32	-994,27	-691,45	-811,21	-554,23	-364,55	-1287,95
$a_{Zw\,6}$	274,06	100,82	159,22	167,21	146,95	-157,90	72,75
$a_{Zw\,8}$	-155,19	-218,70	-48,34	-31,55	-136,66	-114,15	66,82
$a_{Zw\,10}$	128,69	177,88	82,19	101,93	89,51	69,32	21,97
Koeffizienten für den Luftwiderstandsbeiwert in y-Seitenrichtung c_{Fzgy}							
$a_{Sv/H\,0}$	5108,64	4375,91	2446,64	3088,70	-738,33	21446,96	482,50
$a_{Sv/H\,2}$	1485,23	1604,38	2447,33	2593,62	5734,76	1450,01	2219,45
$a_{Sv/H\,4}$	-2823,53	-3147,41	-1482,86	-2343,59	-1240,89	-1614,64	51,80
$a_{Sv/H\,6}$	-1105,80	-1124,95	-1535,78	-1626,52	-842,57	-972,45	-893,94
$a_{Sv/H\,8}$	-636,46	-359,19	-1001,24	-49,36	-623,75	-223,02	-1164,69
$a_{Sv/H\,10}$	-559,61	-125,45	-378,86	-221,20	-537,24	-71,94	-684,09
$a_{L\,0}$	1667,44	1603,22	1705,88	1591,89	3184,20	909,66	2376,79
$a_{L\,2}$	-1293,49	-1272,66	-1410,66	-1478,59	-2526,32	-776,82	-1831,10
$a_{L\,4}$	-270,13	-189,95	-245,82	-87,36	-482,83	-108,67	-447,96
$a_{L\,6}$	-45,33	-15,35	30,37	60,70	-115,66	7,89	-35,70
$a_{L\,8}$	-12,47	-38,41	36,16	-59,43	-65,07	7,50	52,33
$a_{L\,10}$	10,66	-36,65	-7,42	-22,93	32,56	-14,66	29,07
$a_{Zw\,0}$	-508,81	-455,85	-1274,88	-1017,39	-4088,97	-565,92	-2197,55
$a_{Zw\,2}$	900,96	1143,37	1282,44	1727,00	4002,68	1043,40	858,83
$a_{Zw\,4}$	236,90	-435,26	529,53	-9,09	-429,74	-174,72	1518,74
$a_{Zw\,6}$	-162,93	-200,46	-184,74	-950,75	349,72	-493,56	78,91
$a_{Zw\,8}$	-481,46	-289,55	-503,11	158,62	394,68	-86,15	-375,47
$a_{Zw\,10}$	-260,29	144,56	-70,67	339,06	-332,97	290,06	-349,30

Fortsetzung von Tabelle 3.6

$a_{St/H}$ Stirn- und Heckflächenkoeffizient
a_L Längenkoeffizient pro Meter Wagenkastenlänge
a_{Zw} Zwischenraumkoeffizient eines Folgewagens
a_{Spitze} Fahrzeugkoeffizient des Spitzenwagens
a_{Folge} Fahrzeugkoeffizient des Folgewagens

Wagentyp	Ed 090 beladen, Schüttgut	Sgjs 716 2 x 20'-Aussencontainer	Sgjs 716 3 x 20'-Container	Fad 168 leer	Fad 168 beladen, Schüttgut	Eaos 106 leer	Eaos 106 beladen, Schüttgut
A_x in m²	9,501	9,361	9,361	11,364	11,870	8,711	9,131
l_{WK} in m	8,96	18,90	18,90	11,20	11,20	12,80	12,80
Koeffizienten für den Luftwiderstandsbeiwert in x-Längsrichtung c_{Fzgx}							
$a_{St/H\,0}$	5058,01	5495,73	5260,45	7589,31	7086,81	5916,62	5268,88
$a_{St/H\,2}$	4719,46	4843,11	4697,65	6199,60	5985,95	4912,12	4311,88
$a_{St/H\,4}$	-1421,86	-983,60	-766,85	-1995,37	-2250,73	-1465,55	-1493,32
$a_{St/H\,6}$	-197,38	-512,23	-425,19	-462,11	-778,91	-822,29	-306,41
$a_{St/H\,8}$	-29,93	334,33	314,00	-306,72	-134,42	-479,75	136,88
$a_{St/H\,10}$	109,01	-628,36	-627,00	-470,86	-313,93	-934,72	-404,90
$a_{L\,0}$	246,83	273,47	143,04	95,53	91,35	156,44	121,89
$a_{L\,2}$	-13,28	136,98	58,30	76,61	45,18	150,77	79,69
$a_{L\,4}$	-103,54	-191,71	-94,91	-16,11	-37,10	-7,00	-67,15
$a_{L\,6}$	-24,96	-23,62	-19,46	-12,63	-14,62	11,53	-32,68
$a_{L\,8}$	-29,55	-20,78	-12,36	0,23	-8,68	11,92	-12,78
$a_{L\,10}$	-19,38	-5,35	6,40	-0,85	-7,89	17,09	-2,49
$a_{Zw\,0}$	1161,67	2382,00	2236,21	1446,91	1157,84	1158,07	1129,92
$a_{Zw\,2}$	-144,95	-331,12	-591,19	-194,43	-407,35	-529,88	-366,76
$a_{Zw\,4}$	-1220,92	-1919,68	-1607,10	-885,62	-820,63	-822,22	-691,78
$a_{Zw\,6}$	95,95	815,77	546,05	171,27	124,68	121,00	203,81
$a_{Zw\,8}$	20,98	-215,56	-11,41	11,24	100,27	-238,96	-109,99
$a_{Zw\,10}$	3,66	-100,65	25,97	75,31	207,26	-52,92	101,57
Koeffizienten für den Luftwiderstandsbeiwert in y-Richtung c_{Fzgy}							
$a_{St/H\,0}$	1364,73	-357,47	1696,34	3850,39	2953,92	4251,75	4362,48
$a_{St/H\,2}$	2313,24	6106,23	4392,93	1098,00	1487,19	2845,64	2414,89
$a_{St/H\,4}$	-146,34	931,88	2194,96	714,43	817,44	-149,65	-1329,98
$a_{St/H\,6}$	-1039,11	-3592,51	-3134,59	-1037,83	-1256,88	-2162,48	-2337,12
$a_{St/H\,8}$	-836,46	-1861,07	-1452,08	-1736,54	-1446,42	-1201,61	-974,15
$a_{St/H\,10}$	-326,43	-735,82	-1359,10	-1538,34	-1032,99	-1287,92	-744,06
$a_{L\,0}$	2321,28	2127,99	2661,04	2329,46	2376,25	1973,11	1898,55
$a_{L\,2}$	-1805,41	-1755,25	-2146,47	-1741,34	-1772,00	-1654,02	-1704,81
$a_{L\,4}$	-433,34	-426,29	-647,45	-600,28	-610,31	-388,29	-237,48
$a_{L\,6}$	-44,65	87,82	94,48	-27,59	-15,85	59,99	87,41
$a_{L\,8}$	18,47	55,20	81,72	84,98	61,65	32,08	-15,48
$a_{L\,10}$	-4,27	-5,38	2,42	79,29	41,02	21,31	-3,67
$a_{Zw\,0}$	-2369,18	-4843,12	-5869,20	-1093,72	-1410,97	-1386,42	-2022,06
$a_{Zw\,2}$	1063,76	3072,27	1902,71	8,24	689,65	687,50	784,10
$a_{Zw\,4}$	1737,76	2714,02	4269,90	1785,86	1880,91	1384,97	2195,51
$a_{Zw\,6}$	-59,08	-493,35	818,35	-240,31	-789,79	-305,81	-529,89
$a_{Zw\,8}$	-469,35	-1152,37	-957,26	-444,02	-873,15	-153,35	-888,49
$a_{Zw\,10}$	-133,05	-130,75	-898,78	-373,53	36,97	-467,38	359,63

Fortsetzung von Tabelle 3.6

Wagentyp	Sgjs 716 leer ohne Rungen		Sgjs 716 leer mit Rungen		Sgjs 716 mit mittigem 1 x 20'-Container		Sgjs 716 mit mittigen 2 x 20'-Container	
A_x und l_{WK}	4,324 m² und 18,90 m		4,490 m² und 18,90 m		9,361 m² und 18,90 m		9,361 m² und 18,90 m	
	$c_x(\alpha)$	$c_y(\alpha)$	$c_x(\alpha)$	$c_y(\alpha)$	$c_x(\alpha)$	$c_y(\alpha)$	$c_x(\alpha)$	$c_y(\alpha)$
$a_{Spitze\,0}$	6767,73	9847,37	6798,16	12123,11	8673,49	26255,19	9636,56	39140,41
$a_{Spitze\,2}$	2727,25	-7231,39	3316,93	-8961,93	6025,89	-16877,88	6305,54	-26694,0
$a_{Spitze\,4}$	-1582,90	-1303,26	-2106,93	-1642,10	-2999,27	-4706,92	-2708,73	-7030,75
$a_{Spitze\,6}$	242,76	-513,29	51,20	-597,68	-783,60	-1281,99	-1083,30	-1350,79
$a_{Spitze\,8}$	-285,61	-90,67	-338,38	-26,05	-130,30	-558,47	-88,21	-351,65
$a_{Spitze\,10}$	-43,87	-34,82	-103,32	-83,86	-608,76	-896,98	-565,69	-1340,59
$a_{Folge\,0}$	3102,73	8681,35	4334,83	10055,52	6535,10	22340,04	5706,63	34542,41
$a_{Folge\,2}$	230,63	-6978,69	629,03	-8647,95	2776,64	-17748,31	2175,26	-29029,61
$a_{Folge\,4}$	-1506,52	-824,32	-2075,01	-1117,58	-3544,66	-3984,72	-3982,31	-5672,85
$a_{Folge\,6}$	143,41	-115,80	24,34	-190,68	-584,25	-763,99	-618,19	155,71
$a_{Folge\,8}$	-454,11	-329,14	-571,56	-192,91	-313,58	-314,03	-310,80	911,51
$a_{Folge\,10}$	91,27	-295,50	-32,21	-151,87	-458,76	-575,38	-275,64	-814,44
Wagentyp	Kbs 442, 2achsig, leer mit Rungen		Kbs 442, 2achsig, mit 1 x 20'-Container		Kesselwagen 2achsig, Rangierbühne hinten			
A_x und l_{WK}	4,720 m² und 8,80 m		9,053 m² und 8,80 m		10,319 m² und 7,20 m			
	$c_x(\alpha)$	$c_y(\alpha)$	$c_x(\alpha)$	$c_y(\alpha)$	$c_x(\alpha)$	$c_y(\alpha)$	$c_x(\alpha)$	$c_y(\alpha)$
$a_{Spitze\,0}$	6105,64	13335,82	7263,10	21343,72	6341,49	21845,35		
$a_{Spitze\,2}$	3814,49	-6990,04	5109,99	-12367,92	5067,49	-11572,4		
$a_{Spitze\,4}$	-1382,91	-3352,72	-2140,88	-3909,48	-1600,59	-4541,41		
$a_{Spitze\,6}$	-450,47	-1321,62	-470,41	-1653,68	-752,01	-1979,48		
$a_{Spitze\,8}$	-296,29	-280,31	250,50	-914,38	-70,77	-1101,48		
$a_{Spitze\,10}$	-99,16	-253,81	-227,42	-645,24	-281,31	-600,35		
$a_{Folge\,0}$	2885,69	10175,95	3696,89	18155,33	3231,13	18842,40		
$a_{Folge\,2}$	825,03	-7538,94	942,31	-14859,94	892,61	-14230,37		
$a_{Folge\,4}$	-1681,07	-1780,68	-2773,49	-2761,31	-2077,41	-3651,01		
$a_{Folge\,6}$	-175,72	-520,15	-290,56	123,42	-139,99	-538,55		
$a_{Folge\,8}$	-207,17	37,74	-339,43	26,63	-327,23	21,10		
$a_{Folge\,10}$	-94,23	92,12	-101,95	-217,06	3,68	40,45		

Der Luftwiderstandsbeiwert von Fahrzeugen c_{Fzg} ist die Summe der Beiwerte aller angreifenden Kräfte. In Abhängigkeit von der Einordnung in die Gruppe erhält man nach Bild 3.31:

Einzelfahrzeug $c_{Fzg} = c_{St/H} + c_L$ (3.45)

Spitzenfahrzeug $c_{Fzg} = c_{St/H} + c_L$

Vereinfachung $c_{Fzg} = c_{Spitze}$ mit $c_{Spitze} = c_{St/H} + c_L$

Folgefahrzeug $c_{Fzg} = \xi c_{St/H} + c_L + c_{Zw}$

Vereinfachung $c_{Fzg} = \xi (c_{Spitze} - c_{Folge}) + c_{Folge}$ mit $c_{Folge} = c_L + c_{Zw}$

Stirnflächenfaktor bei $A_x(k) \leq A_x(k-1)$ $\xi = 0$

bei $A_x(k) > A_x(k-1)$ $\xi = 1 - \dfrac{A_x(k-1)}{A_x(k)}$

A_x Spantquerfläche der x-Richtung (Bild 3.28)

k   Fahrzeugzählvariable (Spitzenfahrzeug: k = 1)

Bei der vereinfachten Berechnung wird c_{Fzg} um den Betrag $\xi \cdot c_{Zw}$ zu klein ermittelt. In der Dissertation von *Vollmer* wird teilweise auf die genaue und teilweise auf die vereinfachte Berechnung Bezug genommen.

Die Gl.(3.45) ist sowohl auf die x-Längsrichtung ($c_{Fzg\,x}$) als auch auf die y-Seitenrichtung ($c_{Fzg\,y}$) zu beziehen.

Der Luftwiderstandsbeiwert einer Wagengruppe ist die Summe der Luftwiderstandsbeiwerte aller in die Gruppe eingestellten Fahrzeuge:

$$c_{Gruppe\,x} = \Sigma\, c_{Fzg\,x} \quad \text{und} \quad c_{Gruppe\,y} = \Sigma\, c_{Fzg\,y} \tag{3.46}$$

Nachdem $c_{Fzg\,x}$ und $c_{Fzg\,y}$ aller Fahrzeuge der Gruppe vorliegen, ist die Summierung zu den Luftwiderstandsbeiwerten der Gruppe $c_{Gruppe\,x}$ und $c_{Gruppe\,y}$ vorzunehmen.

Von *Vollmer* ist im Bereich $0 \le \alpha \le 90^\circ$ die Abhängigkeit aller einzelnen Beiwerte der Luftwiderstandskraft von Fahrzeugen vom Anströmwinkel α im Windkanal untersucht und statistisch ausgewertet worden. Für die statistische Auswertung der Messergebnisse wurde die *Fouriersche* Reihe der periodischen Funktion $f(\alpha)$ bei alleiniger Berücksichtigung der geradzahligen *Bessel*koeffizienten a_0, a_2, a_4, a_6, a_8 und a_{10} benutzt.

Für den Beiwert eines Elements der Luftwiderstandskraft (Indes E), für den Luftwiderstandsbeiwert eines Fahrzeugs (Gl. (3.45), Index F) und für den Luftwiderstandsbeiwert einer Wagengruppe (Gl. (3.46), Index G) gilt:

$$c_{Elem} = a_{0E} + a_{2E}\cos(2\alpha) + a_{4E}\cos(4\alpha) + a_{6E}\cos(6\alpha) + a_{8E}\cos(8\alpha) + a_{10E}\cos(10\alpha) \tag{3.47}$$

$$c_{Fzg} = a_{0F} + a_{2F}\cos(2\alpha) + a_{4F}\cos(4\alpha) + a_{6F}\cos(6\alpha) + a_{8F}\cos(8\alpha) + a_{10F}\cos(10\alpha)$$

$$c_{Gruppe} = a_{0G} + a_{2G}\cos(2\alpha) + a_{4G}\cos(4\alpha) + a_{6G}\cos(6\alpha) + a_{8G}\cos(8\alpha) + a_{10G}\cos(10\alpha)$$

Die Gl. (3.47) ist sowohl auf die x-Längsrichtung ($c_{Fzg\,x}$) als auch auf die y-Seitenrichtung ($c_{Fzg\,y}$) zu beziehen.

Tabelle 3.6 enthält die Besselkoeffizienten aller in Gl. (3.45) enthaltenen Elemente der Luftwiderstandskraft bzw. von Spitzenfahrzeug und Folgefahrzeug. Bild 3.34 zeigt die zu den Wagentypbezeichnungen der Tabelle 3.6 gehörenden Wagentypen.

Wegen der gleichen Struktur der 3 Gleichungen der Gl. (3.47) können die Besselkoeffizienten des Fahrzeugs durch Addition der Besselkoeffizienten aller Elemente und die Besselkoeffizienten der Wagengruppe durch Addition der Besselkoeffizienten aller Fahrzeuge bestimmt werden. Sind die Besselkoeffizienten anstelle der Elemente für Spitzen- und Folgefahrzeug gegeben, ist nach der in Gl. (3.45) dargestellten Vereinfachung zu addieren:

$$a_{kF} = \Sigma\, a_{kE} \tag{3.48}$$

$$a_{kF} = a_{k\,Spitze} + \Sigma\, a_{k\,Folge} + \xi\, \Sigma(a_{k\,Spitze} - a_{k\,Folge})$$

$$a_{k\,Gruppe} = \Sigma\, a_{kF}$$

k Ordnungszahl des Besselkoeffizienten (k = 0, 2, 4, 6, 8, und 10)

Da der Längenkoeffizient a_L auf 1 m Wagenkastenlänge bezogen ist, muss in der 1. Zeile der Gl. (3.48) die Summierung mit $l_{WK} \cdot a_L$ erfolgen.

Die Gl. (3.48) ist auf die x-Längsrichtung (a_{kx}) und auf die y-Seitenrichtung (a_{ky}) zu beziehen.

Nach Bild 3.31 gehört zum Anströmwinkel $\alpha = 0$ der Luftwiderstandsbeiwert $c_{Fzg\,y} = 0$ und zu $\alpha = 90°$ der Maximalwert von $c_{Fzg\,y}$. Zur Erfüllung dieser Bedingungen durch Gl. (3.46) muss das Summieren der Koeffizienten $a_0...a_{10}$ für $c_y(\alpha)$ null ergeben und muss der Koeffizient a_0 positiv sein und den Maximalwert haben. Die erste Bedingung wird nur insofern erfüllt, dass die Summe der Koeffizienten den kleinsten c_y-Wert ergibt. Damit ist auch bei $\alpha = 0$ eine F_y-Seitenkraft vorhanden, was unlogisch ist (kein Kommentar in Dissertation vorhanden).

Zur Erfassung der von der Seitenkraft F_y verursachten Lauflächen- und Spurkranzreibung in der Luftwiderstandskraft ist $c_{Fzg\,x}$ und $c_{Fzg\,y}$ bzw. $c_{Gruppe\,x}$ und $c_{Gruppe\,y}$ auf der Grundlage von Gl. (3.42) zu c_{Fzg} bzw. c_{Gruppe} zusammenzufassen:

$$c_{Fzg} = c_{Fzg\,x} + 0{,}5\,\mu_{Sp}\,c_{Fzg\,y} \tag{3.49}$$

$$c_{Gruppe} = c_{Gruppe\,x} + 0{,}5\,\mu_{Sp}\,c_{Gruppe\,y}$$

Für den Spurkranzreibwert ist $\mu_{Sp} = 0{,}25$ einzusetzen.

Die Zahlenwerte der Tabelle 3.6 sind 10^6-fach vergrößert. Bei der Berechnung des Luftwiderstandsbeiwerts zu den Originalabmessungen ist die Vergrößerung zurückzunehmen.

Die Zahlenwerte der Tabelle 3.6 sind an verkleinerten Fahrzeugmodellen ermittelt worden. Deshalb ist von den Modellabmessungen auf die realen Abmessungen umzurechnen. Für den Luftwiderstandsbeiwert der Original-Gruppe bzw. des Original-Fahrzeugs c_W gilt:

$$c_W = 10^{-6}\,c_{Gruppe}\,M^2\,\frac{A_{Mod}}{A_{Orig}} \tag{3.50}$$

A_{Mod} Spantquerfläche (Schattenrissprojektion) der x-Längsrichtung des Modells in m^2 (für Tabelle 3.6 gilt $A_{Mod} = 1\ m^2$)

A_{Orig} Spantquerfläche (Schattenrissprojektion) der x-Längsrichtung des Originals in m^2
Variante 1: $A_{Orig} = A_x$ des Spitzenfahrzeugs
Variante 2: $A_{Orig} = A_{Norm} = 10\ m^2$

M Modellfaktor, $M = 32$

Rechentechnik

In Berechnungsbeispiel 3.9 ist der Ablauf der recht aufwändigen Ermittlung der Luftwiderstandskraft nach dem Verfahren von *Vollmer* dargestellt. Durch Nutzung der Rechentechnik ist eine wesentliche Vereinfachung möglich. Die Tabelle 3.6 wird in einer Datei abgelegt. Im Eingabemenü sind, beginnend mit der Spitze, Fahrzeugtyp und Positionierung zu benennen. Haben ähnliche Fahrzeugtypen andere Wagenkastenlängen, sind die abweichenden Längen einzugeben.

Berechnungsbeispiel 3.9

Die im Bild 3.31 gegebene Wagengruppe soll in einer Ablaufanlage abrollen. Die Anströmgeschwindigkeit beträgt $v_S = 5$ m/s, der Anströmwinkel á = 30° bzw. 0,5236 rad und der Spurkranzreibwert $\mu_{Sp} = 0{,}25$. Mit den *Bessel*-Koeffizienten der Tabelle 3.6 ist zur Bezugsfläche $A_{Norm} = 10\ m^2$ der Luftwiderstandsbeiwert der x-Längs- und der y-Seitenrichtung c_{Wx}, c_{Wy} sowie die Luftwiderstandskraft F_{WLu} zu berechnen.

Tabelle 3.7
Besselkoeffizienten der Fahrzeuge und der Gruppe zu Beispiel 3.9

Koeffizient	Fad 168 leer	ES 040 beladen	Gls 205 Türen zu	Kbs 442 leer ohne Rungen	Ed 090 leer	Gruppe
a_{0x}	8659,25	2247,56	4013,09	1926,21	7097,19	23943,30
a_{2x}	7057,63	445,00	1452,08	551,36	2759,43	12265,50
a_{4x}	-2175,80	-1380,71	-1966,91	-1008,18	-2669,62	-9201,22
a_{6x}	-603,57	-53,21	62,93	-185,44	-80,95	-860,24
a_{8x}	-304,14	-138,08	-338,52	-186,84	-135,22	-1102,80
a_{10x}	-480,38	40,20	27,19	36,32	-24,79	-401,46
a_{0y}	29940,34	13245,94	15544,00	7439,09	19386,54	85555,91
a_{2y}	-18405,00	-11521,17	-10080,74	-5792,62	-14222,81	-60022,34
a_{4y}	-6008,71	-791,84	-2902,60	-1131,02	-2464,06	-13298,23
a_{6y}	-1346,84	-406,88	-860,40	-424,13	-774,64	-3812,89
a_{8y}	-784,76	-373,87	-763,04	-20,15	-601,91	-2543,73
a_{10y}	-650,29	133,61	-317,58	161,05	-497,23	-1170,44

Lösungsweg und Lösung:

Zuerst sind anhand der Werte der Tabelle 3.6, des Bildes 3.24 und der Gl. (3.45) mit Gl. (3.48/1) die Besselkoeffizienten aller Fahrzeuge zu berechnen.

1. Fahrzeug, Fad 168 leer: $a_{kF} = a_{kSt/H} + l_{WK} a_{kL}$

2. Fahrzeug, ES 040 beladen: $a_{kF} = a_{kZw} + l_{WK} a_{kL}$

3. Fahrzeug, GLs 205, Türen zu: $\xi = 1 - A_x(2)/A_x(3) = 1 - 7{,}234/9{,}912 = 0{,}270$ (nach Gl. (3.45))

   $a_{kF} = \xi a_{kSt/H} + a_{kZw} + l_{WK} a_{kL}$

4. Fahrzeug, Kbs 442 ohne Rungen, leer: $a_{kF} = a_{kZw} + l_{WK} a_{kL}$

5. Fahrzeug, Ed 090 leer: $\xi = 1 - A_x(4)/A_x(5) = 1 - 3{,}659/9{,}083 = 0{,}597$ (Gl. (3.45))

   $a_{kF} = \xi a_{kSt/H} + a_{kZw} + l_{WK} a_{kL}$

Tabelle 3.7 enthält das Ergebnis.

Anschließend sind mit Gl. (3.48/3) die Besselkoeffizienten der Gruppe zu berechnen. Die letzte Spalte der Tabelle 3.7 enthält das Ergebnis.

Die Besselkoeffizienten der Gruppe werden in Gl. (3.47/3) eingesetzt. Man erhält:

$c_{Gruppe\,x} = 35887$ und $c_{Gruppe\,y} = 66693{,}39$.

Modell-Luftwiderstandsbeiwert der Gruppe, Gl. (3.49/2):

$c_{Gruppe} = 35887{,}57 + 0{,}5 \cdot 0{,}25 \cdot 66693{,}39 = 44224{,}24$

Original-Luftwiderstandsbeiwert der Gruppe, Gl. (3.50) mit $A_{Orig} = A_{Norm} = 10\ m^2$

$c_W = 10^{-6}\, c_{Gruppe}\, M^2\, A_{Mod}/A_{Orig} = 10^{-6} \cdot 44224{,}24 \cdot 32^2 \cdot 1/10 = 4{,}529$

Luftwiderstandskraft, Gl.(3.40)

$F_W = 0{,}5 \cdot c_W\, \rho\, A_{Sp}\, v_S^2 = 0{,}5 \cdot 4{,}529 \cdot 1{,}225 \cdot 10 \cdot 5{,}0^2 = 694\ N$

3.3.4.5   Zug

Das auf den theoretischen Grundlagen von *Vollmer* beruhende Gleichungssystem der Luftwiderstandskraft eignet sich vor allem für die simultane F_{WLu}-Berechnung beim rechnergesteuerten Wagenablauf oder bei der rechnergesteuerten Zugfahrt. Windgeschwindigkeit und Windrichtung können als ständig aktualisierte Variable in die F_{WLu}-Berechnung einbezogen werden.

Für die Planung von Zugfahrten sind aber Windgeschwindigkeit und Windrichtung, fallweise aber auch die Zusammensetzung gemischter Güterzüge, nicht im voraus bekannt. Deshalb sind bei der Untersuchung von Zugfahrten im Gleichungssystem der Luftwiderstandskraft Vereinfachungen möglich.

Auf der Grundlage von Vereinfachungen gilt für die Luftwiderstandskraft von Zügen:

$$F_{WLuZ} = k_\alpha c_{LuZ} A_{Norm} (v_F + \Delta v)^2 \tag{3.51}$$

$$c_{LuZ} = 0{,}5 \cdot \rho_{Norm} (c_{Lok} + \Sigma c_{Wg})$$

F_{WLuZ}	Luftwiderstandskraft des Zugs in N
c_{LuZ}	Luftwiderstandsbeiwert des Zugs in kg/m^3
c_{Lok}, c_{Wg}	Luftwiderstandsbeiwerte von Lokomotive und Wagen, Maßeinheit 1
A_{Norm}	Normative Spantquerfläche der x-Richtung, $A_{Norm} = 10$ m^2
v_F	Fahrgeschwindigkeit in m/s
Δv	Geschwindigkeitszuschlag für Gegenwind in m/s
	($\Delta v = 2{,}8$ bis $5{,}6$ m/s bzw. 10 bis 20 km/h)
ρ_{Norm}	Normative Luftdichte, $\rho_{Norm} = 1{,}225$ kg/m^3
k_α	Koeffizient des Anströmwinkel-Einflusses

Für c_{Lok} ist der Beiwert der einzeln fahrenden Lokomotive einzusetzen (Berücksichtigung von Stirnflächendruck- und Heckflächensogkraft des Zugs). Für c_{Wg} ist der Beiwert des Folgewagens einzusetzen. Bei gemischter Zugzusammensetzung ist im Fall der Stirnflächenvergrößerung gegenüber dem Vorausfahrzeug zusätzlich die Komponente $\xi \cdot c_{St/H}$ in die Summierung einzubeziehen (Gl. (3.45)).

Tabelle 3.8 enthält Luftwiderstandsbeiwerte von Lokomotiven, Triebwagen und Reisezuwagen, bezogen auf $\alpha = 0$, die der einschlägigen Fachliteratur entnommen sind. Tabelle 3.9 enthält Luftwiderstandsbeiwerte von Güterwagen, die für den Anströmwinkel $\alpha = 0$ mit Gl. (3.48) und (3.49) auf der Grundlage der Koeffizienten der Tabelle 3.6 berechnet worden sind. Bei wesentlich anderen l_{WK}-Werten ist die Neuberechnung mit Tabelle 3.6 vorzunehmen.

Für den Anströmwinkel-Koeffizienten k_α wird im Regelfall $k_\alpha = 1$ gewählt. Besteht die Notwendigkeit der Berücksichtigung des Seitenwindeinflusses, so sind die Koeffizienten k_α der Tabelle 3.10 zu verwenden. Wird k_α benutzt, ist in Gl. (3.51) $\Delta v = 0$ zu setzen.

Aus Bild 3.34 geht hervor, dass der Luftwiderstandskraft vor allem bei schnellfahrenden Zügen Aufmerksamkeit gewidmet werden muss. Aus der Kennlinie des Anströmwinkels α geht hervor, dass der Seitenwindeinfluss auf die Luftwiderstandskraft vor allem im unteren Geschwindigkeitsbereich gegeben ist.

Berechnungsbeispiel 3.10

Für einen aus 10 Wagen bestehenden Schnellzug, bespannt mit der elektrischen Lokomotive Baureihe 103, ist zur Geschwindigkeit 160 km/h (44,444 m/s) die Luftwiderstandskraft beim Anströmwinkel $\alpha = 0°$ zu berechnen. Für den Geschwindigkeitszuschlag ist $\Delta v = 15$ km/h (4,167 m/s) zu wählen.

Lösungsweg und Lösung:

Aus Tabelle 3.8 erhält man $c_{Lok} = 0{,}50$ und $c_{Wg} = 0{,}15$. Berechnung von F_{WLuZ} mit Gl. (3.51).

$c_{LuZ} = 0{,}5 \cdot 1{,}225 \cdot (0{,}50 + 10 \cdot 0{,}15) = 1{,}225$ kg/m^3

$F_{WLuZ} = 1{,}0 \cdot 1{,}225 \cdot 10 \cdot (44{,}444 + 4{,}167)^2 = 28947$ N

Bild 3.34 enthält die berechnete Kennlinie der Luftwiderstandskraft des $F_{WLuZ} = f(v_F)$.

Tabelle 3.8
Luftwiderstandsbeiwerte für Lokomotiven, Trieb- und Reisezugwagen, bezogen auf $\alpha = 0°$, $A_{Norm} = 10\ m^2$

Fahrzeugtyp	c_{Lok}	Fahrzeugtyp	c_{Wg}
Elektrische Lokomotiven einzeln		**Triebwagen**	
Vierachsig, Normalform	0,80	Baureihe 403, vierteilig	0,68
Vierachsig, windschnittig	0,45	BR 403 + BR 403	1,20
Sechsachsig, Normalform	1,10	Baureihe 420, dreiteilig	0,74
Sechsachsig, windschnittig	0,55	Baureihe 427, dreiteilig	0,78
Baureihe 103	0,50	Baureihe 430, dreiteilig	0,71
Baureihe 112	0,54	Baureihe 611, siebenteilig	0,92
Baureihe 110	0,61		
Diesellokomotiven einzeln		**Reisezugwagen als Folgewagen**	
		Allgemein	0,15
Vierachsig	0,60	26,4 m – Wagen der DB AG	0,11
Sechsachsig	1,10	ICE-Hochgeschwindigkeitszug (ICE 1)	
Mittelführerstand	1,00	2 x Endfahrzeuge	0,42
		1 x Mittelwagen	0,08

Tabelle 3.9
Luftwiderstandsbeiwerte von Güterwagen als Folgewagen, $\alpha = 0°$ und $A_{Norm} = 10\ m^2$

Fahrzeugtyp	l_{WK}	A_x	c_{Wg}	$c_{Sp/H}$	Fahrzeugtyp	l_{WK}	A_x	c_{Wg}	$c_{Sp/H}$
Gls 205, Türen zu	8,80	9,912	0,092	0,900	Kbs 442				
Gls 205, Türen auf	8,80	9,912	0,100	0,967	- leer ohne Rungen	8,80	3,659	0,116	0,496
Es 040, leer	8,96	6,989	0,249	0,679	- leer mit Rungen	8,80	4,720	0,159	0,697
Es 040, Schüttgut	8,96	7,234	0,119	0,673	- beladen mit 20'-Cont.	8,80	9,053	0,153	0,715
Ed 090, leer	8,96	9,083	0,178	0,876	Sgjs 716				
Ed 090, Schüttgut	8,96	9,501	0,043	0,844	- leer ohne Rungen	18,90	4,324	0,165	0,601
Fad 168, leer	11,20	11,364	0,228	1,081	- leer mit Rungen	18,90	4,490	0,236	0,686
Fad 168, Schüttgut	11,20	11,870	0,115	0,983	- 1 x 20'-Contain.mittig	18,90	9,361	0,452	0,885
Eaos 106, leer	12,80	8,711	0,409	0,730	- 2 x 20'-Contain.mittig	18,90	9,361	0,276	0,850
2achsiger Kesselwagen					- 3 x 20'-Container	18,90	9,361	0,218	0,866
- Bühne vorn	7,20	10,319	0,184	0,780	- 2 x 20'-Cont. aussen	18,90	9,361	0,392	0,875
- Bühne hinten	7,20	10,319	0,162	0,875	Eaos 106, beladen	12,80	9,131	0,141	0,769

Tabelle 3.10
Anströmkorrekturfaktor k_α

Geschwindigkeit	Güterzug	Reisezug
0 bis 40 km/h	1,40	1,20
41 bis 60 km/h	1,30	1,15
61 bis 80 km/h	1,20	1,10
81 bis 100 km/h	1,10	1,05
über 100 km/h	1,00	1,00

Güterwagentypen

Gls 205	zweiachsiger gedeckter Güterwagen
Es 040	zweiachsiger offener Güterwagen
Ed 090	zweiachsiger Selbstentladewagen
Fad 168	vierachsiger Selbstentladewagen
Eaos 106	vierachsiger offener Güterwagen
Kbs 442	zweiachsiger Niederbordwagen
Sgjs 716	vierachsiger Containertragwagen

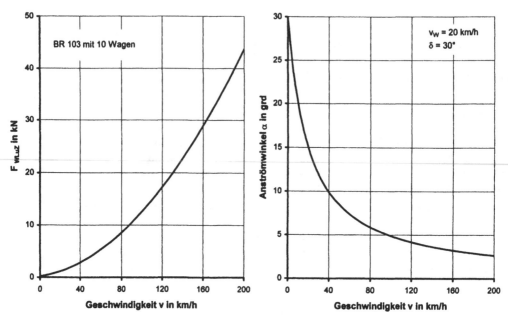

Bild 3.34
Zug-Luftwiderstandskraft F_{WLuZ} und Anströmwinkel α in Abhängigkeit von der Fahrgeschwindigkeit v

3.3.4.6   Tunnel

Beim Durchfahren eines Tunnel unterliegt die Luftwiderstandskraft anderen Gesetzmäßigkeiten als auf der freien Strecke (Luftraumbegrenzung durch die Tunnelröhre, Windgeschwindigkeit $v_W = 0$). Eine Beeinflussung der Fahrbewegung ist bei Tunnellängen größer als die Zuglänge zu verzeichnen. Für Tunnellängen bis 500 m ist die Beeinflussung zu vernachlässigen.

Glück und *Peters* untersuchten den Luftwiderstand eines sich in der Tunnelröhre befindenden Zugs auf der Grundlage des im Bild 3.35 dargestellten beiderseits offenen Zylinder-Kolben-Modells mit Luftspalt zwischen Kolben und Zylinder.

Die Luftwiderstandskraft des Tunnels besteht aus den Elementen Druckkraft am Bug, Luftspaltkraft und Sogkraft am Heck (Bild 3.27 und 3.35).

Druckkraft am Bug

Die Luftsäule vor der Stirnfläche muss auf die Fahrgeschwindigkeit v_F beschleunigt und aus der Tunnelröhre hinausgeschoben werden. Infolge der damit verbundenen Massenkraft der Luftsäule baut sich vor der Stirnfläche der Überdruck p_1 auf.

Luftspaltkraft

Der Druck der in den Spalt eingedrungenen Luft sinkt unmittelbar nach dem Passieren der Stirnfläche auf den Druck p_2 ab, der sich dann entlang der Zuglänge bis zum Heck auf den Unterdruck p_3 verringert. Der seitliche Druckunterschied ruft eine auf die Außenhaut des Fahrzeugs und auf die Tunnelwand gerichtete Normalkraftwirkung – und damit Luftreibung – hervor. Die Luftreibung bedingt die tangentiale Reibungs- bzw. Flächenwiderstandskraft F_{WR}.

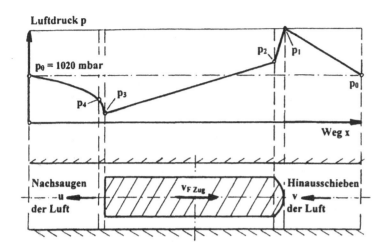

Bild 3.35
Druckverlauf am
Zylinder-Kolben-Modell
der Tunnelfahrt
(nach Glück, H.)

Sogkraft am Heck

Unmittelbar hinter dem Heck ist der Unterdruck p_4 vorhanden, der allmählich wieder auf den atmosphärischen Druck p_0 ansteigt. Am Heck des Zugs muss die fehlende Luft durch Nachsaugen in die Tunnelröhre ergänzt werden. Hier wird die Luftgeschwindigkeit u gemessen.

Form- und Luftwiderstandskraft

Die Multiplikation der Druckdifferenz $(p_1 - p_4)$ mit der Spantquerfläche A_{Sp} ergibt die Formwiderstandskraft F_{WFo}. Durch Addition von F_{WFo} und F_{WR} erhält man die Luftwiderstandskraft des Zugs im Tunnel F_{WLuT}.

Die Variable F_{WLuT} ist der Differenz von Fahrgeschwindigkeit v_F und Luftgeschwindigkeit hinter dem Zug u im Quadrat proportional (siehe Kap. 3.3.4.2):

$$F_{WLuT} = (p_1 - p_4)\, A_{Sp} + F_{WR} \tag{3.52}$$
$$F_{WLuT} = 0,5\, c_{LuT}\, \rho_{Norm}\, A_{Norm}\, (v_F - u)^2$$

Bei Versuchsfahrten werden nur F_{WLuT} und v_F gemessen (nicht u). Versuchsergebnisse zur Bestimmung von c_{LuT} werden mit $\rho_{Norm} = 1{,}225$ kg/m^3, $A_{Norm} = 10$ m^2 und $u = 0$ ausgewertet.

Versperrungskoeffizient

Der Tunnel-Luftwiderstandsbeiwert c_{LuT} ist von den Variablen Zuglänge l_Z, Versperrungskoeffizient k_{Vsp} und Tunnelauskleidung abhängig. Der Versperrungskoeffizient k_{Vsp} ist das Verhältnis von Spantquerfläche A_{Sp} zu Tunnelquerschnittsfläche A_{Tu}. Bei der Bestimmung von c_{Tu} wird im Regelfall A_{Norm} gewählt:

$$k_{Vsp} = \frac{A_{Sp}}{A_{Tu}} \quad \text{bzw.} \quad k_{Vsp} = \frac{A_{Norm}}{A_{Tu}} \tag{3.53}$$

Nach *Glück* und *Peters* nimmt der Tunnel-Luftwiderstandsbeiwert c_{LuT} mit Zuglänge l_Z bzw. Anzahl der Wagen n und Versperrungskoeffizient k_{Vsp} zu. Tabelle 3.11 enthält für verschiedene Tunnelausführungen das Verhältnis der Luftwiderstandskraft im Tunnel F_{WLuT} zur Luftwiderstandskraft der freien Strecke F_{WLuZ}.

Tabelle 3.11
Verhältnis der Luftwiderstandskraft im Tunnel F_{WLuT} zur Luftwiderstandskraft der freien Strecke F_{WLuZ} für U-Bahn-Züge

Art des Tunnelausbaus	Verhältnis F_{WLuT}/F_{WLuZ} bei Tunneldurchmesser		Vergleichszahlen bei Tunneldurchmesser	
	5,6 m	5,1 m	5,6 m	5,1 m
Tübbings mit Rippen aus Stahlguss oder Stahlbeton	7,04	7,34	100 %	104,2 %
Stahlbetonblöcke mit glatten Wänden:				
- mit Kabelaufhängung auf Konsolen	3,53	3,44	50,0 %	49,0 %
- mit abgedeckten Kabeln	2,69	2,69	38,2 %	38,2 %

Der Versperrungskoeffizient beträgt im Regelfall für die einspurige Strecke 0,22 bis 0,27 und für die zweispurige Strecke 0,12 bis 0,16. Für die zweispurigen Tunnel-ICE-Strecken (Regelquerschnitt 82 m², im Nachspannbereich 90 m², im Mittel 85,5 m²) erhält man k_{Vsp} = 0,12.

Gleichung für praktische Berechnungen

Die Gl. (3.52) ist entsprechend anzupassen. Der Luftwiderstandsbeiwert des Tunnels c_{LuT} ist von der Anzahl n der Wagen des Zugs abhängig. Für F_{WLuT} und c_{LuT} = f(n) erhält man:

$$F_{WLuT} = c_{LuT} A_{Norm} v_F^2 \qquad (3.54)$$

$$c_{LuT} = 0,5 \, \rho_{Norm} \left[c_{Tu0} + k_{Vsp} (c_{Tu1} + n \, c_{Tu2}) \right]$$

Die Konstanten c_{Tu0}, c_{Tu1} und c_{Tu2} sind durch statistische Auswertung von Versuchsergebnissen zu ermitteln. *Glück* und *Peters* geben für einen Reisezug, bespannt mit elektrischer Lokomotive Baureihe 103, folgende Werte an:

$$c_{Tu0} = -0,40, \quad c_{Tu1} = 14 \quad \text{und} \quad c_{Tu2} = 2,3$$

Zur Berechnung der Tunnel-Luftwiderstandskraft des ICE-Hochgeschwindigkeitszugs ist in Gl. (3.54) folgender Tunnel-Luftwiderstandsbeiwert des Zugs c_{LuT} einzusetzen:

$$c_{LuT} = 0,5 \, \rho \, (c_{Lok} + n \, c_{Wg} + \Delta c_{Tu}) \qquad (3.55)$$

Für den Luftwiderstandsbeiwert der beiden Endfahrzeuge zusammen ist c_{Lok} = 0,42, für den Luftwiderstandsbeiwert von 1 Mittelwagen c_{Wg} = 0,08, für den Tunnelzuschlagsfaktor Δc_{Tu} = 0,245 (konstant) und für n die Anzahl der Mittelwagen (1 bis 14 Stück) einzusetzen. Die Zahlenwerte sind auf A_{Norm} = 10 m² und A_{Tu} = 85,5 m² bezogen.

Berechnungsbeispiel 3.11

Für einen Reisezug, bestehend aus 10 Wagen und einer elektrischen Lokomotive BR 103 (A_{Norm} = 10 m²), ist zum Durchfahren eines Tunnels, Querschnitt A_{Tu} = 85,5 m², mit der Geschwindigkeit v_F = 100 km/h (27,778 m/s) die Tunnelwiderstandskraft F_{WTu} zu berechnen.

Lösungsweg und Lösung:

Berechnung mit Gl. (3.53) und (3.54)

$k_{Vsp} = A_{Norm}/A_{Tu} = 10/85,5 = 0,117$

$c_{LuT} = 0,5 \cdot 1,225 \cdot [-0,40 + 0,117 \cdot (14 + 10 \cdot 2,3)] = 2,4065 \text{ kg/m}^3$

$F_{WLuT} = 2,4065 \cdot 10 \cdot 27,778^2 = 18569 \text{ N}$

3.3.4.7 Nichtstationäre Vorgänge

Außer der **zeitunabhängigen** Luftwiderstandskraft, die in den vorstehenden stationären Ansätzen erfasst worden ist, wirken auf den Zug **vorübergehend zeitlich veränderliche** Luftkräfte. Sie treten bei plötzlicher Änderung der äußeren Bedingungen der Zugfahrt in Erscheinung. Die damit verbundenen Auswirkungen sind zwar für das Ermitteln der fahrdynamischen Bewertungsgrößen der Zugfahrt nicht relevant, aber sie haben insbesondere im **Hochgeschwindigkeitsverkehr** für die **Sicherheit** der Zugfahrt entsprechende Bedeutung. Daher waren und sind diese Bedingungen Gegenstand spezieller aerodynamischer Untersuchungen.

Zu den Bedingungen, die kurzzeitig nichtstationäre Vorgänge auslösen, gehört u.a. die Vorbeifahrt an Bauwerken, die Durchfahrt von Unterführungen, die Ein- und Ausfahrt der Tunnel, das Passieren von Luftschächten bzw. von Erweiterungen und Stationen in Tunnelröhren, die Zugbegegnung sowohl auf der freien Strecke als auch im Tunnel und das Auftreten starker Windböen. Außerdem wird die Standsicherheit von Personen in Gleisnähe negativ beeinflusst.

Der begegnete Gegenstand oder die begegnete Person wird zuerst mit der vor dem Zug hergeschobenen Überdruckwelle konfrontiert und anschließend unmittelbar einem Unterdruck ausgesetzt. Dieser plötzliche kurzzeitige Druckwechsel bewirkt eine Krafteinwirkung sowohl auf den begegneten Gegenstand bzw. auf die begegnete Person als auch auf den Zug selbst.

Bei der Einfahrt in einen zweispurigen Tunnel mit 160 km/h wurde ein plötzlicher Druckanstieg um 1,7 kPa und bei der Begegnung im Tunnel ein plötzlicher Druckabfall vom Überdruck 1,5 kPa auf den Unterdruck 0,7 kPa (Druckänderung 2,2 kPa) gemessen. Der Bruch von normalen Wagenscheiben ist ab dem Überdruckbereich 2,45 bis 3,00 kPa zu verzeichnen. Ohrenschmerzen treten ab 2,0 bis 4,0 kPa Druckdifferenz zwischen Mittelohr und Atmosphäre auf. Daher beträgt der zulässige Höchstwert von Druckschwankungen für Reisende 3,0 kPa und der zulässige Höchstwert des Gradienten der Druckschwankungen 1,0 kPa/s.

Der den Zugkörper umströmende Luftstrom ruft insbesondere im Hochgeschwindigkeitsbereich als Folge des Tragflügeleffekts einen Auftrieb hervor. Davon ist besonders das Spitzenfahrzeug betroffen. Die Auftriebskraft wirkt der Achskraft entgegen und beeinflusst dadurch die Führungssicherheit im Gleis. Fährt die schwere Lokomotive mit ca. 20 t Achsfahrmasse an der Zugspitze, ist der negative Einfluss des Auftriebs im Regelfall beherrschbar. Verkehrt ein nicht angetriebener Steuerwagen mit ca. 10 t Achsfahrmasse an der Zugspitze, kann es bei hohen Geschwindigkeiten Probleme mit der Führungssicherheit geben.

3.3.5 Innere Luftwiderstandskraft

Die innere Luftwiderstandskraft entsteht durch den für Ventilation, Verbrennung und Klimatisierung notwendigen Luftdurchsatz durch das Fahrzeug.

Luftwiderstandskraft der Bremsscheiben

Eisenbahnradsätze sind mit bis zu 4 Bremsscheiben bestückt. Die Mittelwagen des ICE 1 der DB AG haben beispielsweise 4 Bremsscheiben an jedem Radsatz. Am TGV der SNCF wurde folgende Luftwiderstandskraft infolge des Kühlluftdurchsatzes der Bremsscheiben ermittelt:

$$F_{WLu\,BS} = n_{BS} \left[c_{1BS} \frac{v}{v_{00}} + c_{2BS} \left(\frac{v}{v_{00}} \right)^2 \right]$$ (3.56)

F_{WLuBS} Bremsscheiben-Luftwiderstandskraft (N) c_{1BS}, c_{2BS} Widerstandskonstanten in N
n_{BS} Anzahl der Bremsscheiben im Zug   TGV: c_{1BS} = 4,33 N; c_{2BS} = 3,16 N
v   Fahrgeschwindigkeit in m/s bzw. km/h v_{00} Geschwindigkeitskonstante
                                                                    v_{00} = 27,778 m/s bzw. 100 km/h

Luftimpulswiderstandskraft

Bild 3.36 zeigt den von den Aggregaten einer Lokomotive hervorgerufenen Luftdurchsatz. Die angesaugte Gesamtluftmenge Q_{ges} muss auf die Fahrgeschwindigkeit des Zugs beschleunigt werden. Das bedeutet eine am Zug wirksam werdende Trägheitskraft. Die verbrauchte Luft muss aus dem Zug ausgestoßen werden. Die ausgestoßene Luftsäule verhält sich widerstandsmäßig wie ein aus dem Zugkörper herausgeschobenes Rohr. Der Luftausstoß wird bei Berechnung der Widerstandskraft im Regelfall vernachlässigt. Die Impulswiderstandskraft wird beim Ansaugen in und Ausstoßen entgegen der Fahrtrichtung vermieden.

Die Impulswiderstandskraft ist mit Hilfe des Stoßantriebs S (Impulsänderung) zu berechnen:

$$S = F_{WImp} \Delta t = m_{Lu}(v_F - v_{Lux}) = \rho_{Norm} V_{Lu}(v_F - v_{Lux}) \tag{3.57}$$

Division mit dem Zeitintervall Δt und Einführung des Luftdurchsatzes $Q_{ges} = V_{Lu}/\Delta t$:

$$F_{WImp} = \rho_{Norm} Q_{ges}(v_F + \Delta v) \tag{3.58}$$

F_{WImp} Luftimpulswiderstandskraft des Zugs in N Q_{ges} Luftdurchsatzmenge des Zugs in m³/s
v_F Fahrgeschwindigkeit in m/s ρ_{Norm} Normwert der Luftdichte,
Δv Geschwindigkeitszuschlag in m/s ρ_{Norm} = 1,225 kg/m³

Die Benutzung von ρ_{Norm} gegenüber dem durch den Ansaug-Unterdruck tatsächlich kleineren ρ-Wert in Gl.(3.58) kompensiert die Vernachlässigung der Luftausstoß-Widerstandskraft.

Der Luftbedarf elektrischer Lokomotiven beträgt ca. 8 m³/s für 1 MW Lokomotivnennleistung. Der Hochgeschwindigkeitszug ICE 1 benötigt für die beiden Triebköpfe zusammen 67,7 m³/s und für 1 Mittelwagen (Druckbelüftung) 3,2 m³/s. Bei normalen Reisezugwagen ohne Druckbelüftung ist der Luftdurchsatz zu vernachlässigen. Bei Diesellokomotiven ist mit ca. 16 m³/s Kühl- und Verbrennungsluft für 1 MW Motornennleistung zu rechnen. Der Verbrennungsluftbedarf (0,5 * Hubvolumen * Umdrehungen pro Sekunde) ist anteilig klein.

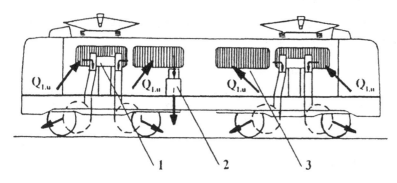

Bild 3.30
Luftführung (Q_{Lu}) einer elektrischen Lokomotive

1 Fahrmotorenlüfter
2 Ölkühler mit Lüfter
3 Lüftungsgitter

Berechnungsbeispiel 3.12

Für den Hochgeschwindigkeitszug ICE 1 (2 End-Triebköpfe und 14 Mittelwagen) ist zur Geschwindigkeit v_F = 250 km/h (69,44 m/s) die Bremsscheiben-Luftwiderstandskraft $F_{WLu\,BS}$ und die Luftimpulswiderstandskraft F_{WImp} zu berechnen. Der Geschwindigkeitszuschlag beträgt Δv = 15 km/h (4,17 m/s).

Lösungsweg und Lösung:

4 Bremsscheiben pro Radsatz und 4 Radsätze pro Mittelwagen ergibt n_{BS} = 224

Gl. (3.56) $F_{WLu\,BS}$ = 224·[4,33·250/100 + 3,16·(250/100)^2] = 6849 N

Angesaugte Luftmenge des Zugs Q_{ges} = 67,7 + 14·3,2 = 112,5 m^3/s

Gl. (3.58) F_{WImp} = 1,225·112,5·(69,44 + 4,17) = 10144 N

3.3.6 Antriebssystemwiderstandskraft

Zur Gruppe der Antriebssystemwiderstandskraft gehören Widerstandskräfte, die durch das Antriebssystem hervorgerufen werden. Das sind Achsgeneratorwiderstandskraft F_{WAG}, Triebwerkswiderstandskraft F_{WTr} und Vorerregungswiderstandskraft F_{WVE}.

Achsgeneratorwiderstandskraft

Sofern der Reisezug nicht grundsätzlich die zentrale Energieversorgung von der Lokomotive aus hat, haben Reisezugwagen im Regelfall 2 Achsgeneratoren. Je nach verwendetem Typ hat jeder Achsgenerator eine elektrische Leistung von 3,1 kW bzw. 4,5 kW. Der Wirkungsgrad beträgt 0,55. Der Regler schaltet die Achsgeneratoren bei der Fahrgeschwindigkeit 40 km/h zu, steigert dann ihre Leistungsabgabe bis zur Nennleistung, die bei 60 km/h erreicht wird und hält dann die Leistungsabgabe bei weiterer Geschwindigkeitserhöhung konstant. Die abgegebene elektrische Leistung ist von den zugeschalteten Verbrauchern und vom Ladezustand der Batterien abhängig.

Der Antrieb der Achsgeneratoren erfolgt von den sich drehenden Radsätzen aus. Damit tritt der Leistungsbedarf der Achsgeneratoren als Widerstandskraft der Zugbewegung in Erscheinung. Bild 3.37 zeigt die Leistungsabgabekennlinie der beiden Achsgeneratoren eines Reisezugwagens und die daraus resultierende Widerstandskennlinie für die maximale Leistungsbeanspruchung. Wegen des stochastischen Charakters der Leistungsabgabe kann die Achsgeneratorwiderstandskraft nur pauschal berücksichtigt werden. Für die Achsgeneratorwiderstandszahl ist überschläglich f_{WAG} = 0,5 bis 1,0 ‰ zu wählen.

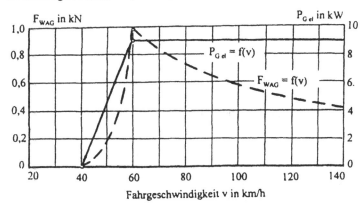

Bild 3.37
Kennlinien für Leistungsabgabe und Widerstandskraft der beiden Achsgeneratoren eines Reisezugwagens

Triebwerkswiderstandskraft

Die Triebwerkswiderstandskraft entsteht durch Reibung in den Baugruppen der Leistungsüber-tragung. Im Fall des Fahrens mit Zugkraft braucht sie bei Bezugnahme der fahrdynamischen Grundgleichung (Kap. 1.2.2. und 1.2.3.) auf den Treibradsatz (Treibachszugkraft F_T) nicht spe-ziell berücksichtigt werden. Bei Berechnung des Auslaufs und Abrollens ist sie in der fahrdy-namischen Grundgleichung allerdings mit zu erfassen (Mitlauf des Antriebs ohne Belastung).

Die Triebwerkswiderstandskraft beeinflusst vor allem bei Zügen mit kleiner Wagenzugmasse den Auslauf, da in diesem Fall ihr Anteil an der Zugwiderstandskraft entsprechend groß ist.

Die Triebwerkswiderstandskraft ist die Differenz zwischen der mittels Ausrollversuch und der mittels Fahrversuch bei gleichförmiger Bewegung bestimmten Fahrzeugwiderstandskraft. Sie ist nur schwierig zu ermitteln. Deshalb sind auch keine Versuchsergebnisse bekannt.

Vorerregungswiderstandskraft

Die Gleichstrom-Motoren der Straßenbahntriebwagen werden im Auslauf aus der Batterie vor-erregt, um Ansprech- und Schwellzeit der Bremsung zu verkleinern. Der kleine Bremsstrom des Auslaufs erzeugt die Vorerregungswiderstandskraft F_{WVE} (Kap. 4.3.1):

$$F_{W\,VE} = z_T\,F_{TN}\left(\frac{I_{VE}}{I_N}\right)^{3/2} \qquad (3.59)$$

$F_{W\,VE}$	Vorerregungswiderstandskraft in kN	z_T	Anzahl der Triebwagen des Zugs
F_{TN}	Treibachs-Nennzugkraft in kN	I_{VE}	Vorerregungs-Bremsstrom (1 Motor) in A
	(1 Triebwagen)	I_N	Nennstrom eines Motors in A

Berechnungsbeispiel 3.13

Für einen aus 2 Triebwagen ($z_T = 2$) und 1 Beiwagen bestehenden Straßenbahnzug Typ Tatra ist die im Auslauf vorhandene Vorerregungswiderstandskraft und die auf waagerechter Strecke ($F_N = 0$) vorhandene Beschleunigung zu berechnen. Die Nennstromaufnahme eines Fahrmotors beträgt $I_N = 160$ A, der Vorer-regungsbremsstrom $I_{VE} = 30$ A, die Nennzugkraft eines Triebwagens $F_{TN} = 22,0$ kN, die Zugmasse (antei-lig besetzt) $m_Z = 60,0$ t ($G_Z = 588,6$ kN), die Drehmasse $m_{DZ} = 7,2$ t und die Zugwiderstandszahl $f_{WZ} = 0,005$ ($F_{WZ} = 2,943$ kN).

Lösungsweg und Lösung:

Gl. (3.59) $F_{W\,VE} = 2 \cdot 22,0 \cdot (30/160)^{3/2} = 3,572$ kN

Gl. (1.10) ergänzt um F_{WVE}

$a = (-F_{WZ} - F_{WVE} + F_N)/(m_Z + m_{DZ}) = (-2,943 - 3,572 + 0)/(60,0 + 7,2) = -0,097$ m/s²

3.3.7   Fahrzeug- und Zugwiderstandskraft insgesamt

Ermittlungsvarianten

Für die Berechnung der Fahrzeug- bzw. Zugwiderstandskraft bestehen 3 Möglichkeiten:

- Berechnung aller einzelnen im jeweiligen Fahrzustand vorhandenen Elemente und Summie-rung zur Fahrzeug- bzw. Zugwiderstandskraft,
- Berechnung mit empirisch-statistischen Gleichungen (Fahrzeug- und Zugwiderstandsglei-chungen), die aus Versuchsergebnissen hervorgegangen sind und
- Benutzung mittlerer Fahrzeug- bzw. Zugwiderstandszahlen.

Tabelle 3.12
Wagenwiderstandszahlen des Rangierdienstes und Ablaufbetriebs
(Zusammensetzung aus Grund- und Luftwiderstandszahl)

Bedingung	Gutläufer	Schlechtläufer
Normale Temperatur		
- Windstille	2,8 ‰	5,8 ‰
- 3 m/s Gegenwind	3,1 ‰	6,7 ‰
- 6 m/s Gegenwind	3,4 ‰	7,7 ‰
Tiefe Temperatur		
- Windstille	4,6 ‰	8,7 ‰
- 3 m/s Gegenwind	4,8 ‰	9,4 ‰
- 6 m/s Gegenwind	5,0 ‰	10,5 ‰

Praktische Berechnungen erfolgen mit Fahrzeug- und Zugwiderstandsgleichungen. Für Geschwindigkeiten bis 60 km/h können auch mittlere Werte benutzt werden. Tabelle 3.12 enthält im Rangierdienst und Ablaufbetrieb benutzte Wagenwiderstandszahlen f_{WW}. Überschlägliche Berechnungen von Zugfahrten sind mit mittleren Zugwiderstandszahlen möglich:

- bis 30 km/h $f_{WZ} = 2$ ‰,
- bis 60 km/h $f_{WZ} = 3$ ‰,
- bis 90 km/h $f_{WZ} = 4$ ‰ und
- bis 120 km/h $f_{WZ} = 6$ ‰.

Gleichungsform der Fahrzeug- und Zugwiderstandskraft

Für die Fahrzeug- und Zugwiderstandskraft ist eine Gleichungsform zu verwenden, die

- das Internationale Maßeinheitensystem (SI) erfüllt, die
- eine Addition der Fahrzeugkoeffizienten zu Zugkoeffizienten ermöglicht und die
- auf die universelle Koeffizienteneingabe in Rechenprogrammen zugeschnitten ist.

Die vorliegende Vielfalt von Gleichungsformen der Fahrzeug- bzw. Zugwiderstandskraft erfüllt diese drei grundlegenden Forderungen nicht.

Für die aus der einschlägigen Fachliteratur bekannten Gleichungen der Widerstandskraft F_W und der Widerstandszahl f_W wird folgende einheitliche Form vorgeschlagen:

$$F_W = F_{W0} + F_{W1} \frac{v}{v_{00}} + F_{W2} \left(\frac{v + \Delta v}{v_{00}} \right)^2 \text{ mit } F_{W0} = \frac{f_{W0}\, G}{P} \tag{3.60}$$

$$f_W = f_{W0} + f_{W1} \frac{v}{v_{00}} + f_{W2} \left(\frac{v + \Delta v}{v_{00}} \right)^2$$

Die Fahrzeug- bzw. Zugwiderstandskraft F_W wird einheitlich auf die **Maßeinheit kN** bezogen. Damit haben die Konstanten F_{W0}, F_{W1} und F_{W2} ebenfalls die Maßeinheit kN. Die Fahrzeug- bzw. Zugwiderstandszahl f_W wird einheitlich auf die **Maßeinheit ‰** bezogen. Damit haben die Konstanten f_{W0}, f_{W1} und f_{W2} ebenfalls die Maßeinheit ‰. Die Fahrzeug- bzw. Zuggewichtskraft G ist in kN einzusetzen. Die Umrechnungskonstante P beträgt **P = 1000 ‰**.

Die Geschwindigkeitskonstante v_{00} wird einheitlich zu $v_{00} = 100$ km/h bzw. **27,778 m/s** festgelegt. Da in Gl. (3.60) nur noch das Geschwindigkeitsverhältnis (Maßeinheit 1) die Widerstandskraft bzw. Widerstandszahl beeinflusst, können Fahrgeschwindigkeit v und Geschwindigkeitszuschlag Δv sowohl in km/h als auch in m/s eingesetzt werden.

Zugwiderstandsgleichung

Die Zugwiderstandszahl f_{WZ} ist mit Gl. (1.16) aus der Lokomotivwiderstandskraft F_{WL} und aus der Wagenzugwiderstandszahl f_{WW} zu berechnen. Im Regelfall sind die Widerstandsgleichungen von Lomotiven auf die Kräfte und von Wagenzügen auf die Kraftkoeffizienten bezogen. Um die Addition der Koeffizienten auch bei unterschiedlichen Δv-Werten zu ermöglichen, ist die Umstellung aller Widerstandsgleichungen auf die Parabelgleichung erforderlich:

$$f_{WZ} = \frac{F_{WL} + f_{WW}\, G_W}{G_Z} \tag{3.61}$$

$$F_{WL} = F'_{WL0} + F'_{WL1}\frac{v}{v_{00}} + F_{WL2}\left(\frac{v}{v_{00}}\right)^2$$

$$f_{WW} = f'_{WW0} + f'_{WW1}\frac{v}{v_{00}} + f_{WW2}\left(\frac{v}{v_{00}}\right)^2$$

$$F'_{WL0} = F_{WL0} + F_{WL2}\left(\frac{\Delta v_L}{v_{00}}\right)^2 \quad \text{und} \quad F'_{WL1} = F_{WL1} + 2F_{WL2}\frac{\Delta v_L}{v_{00}}$$

$$f'_{WW0} = f_{WW0} + f_{WW2}\left(\frac{\Delta v_W}{v_{00}}\right)^2 \quad \text{und} \quad f'_{WW1} = f_{WW1} + 2f_{WW2}\frac{\Delta v_W}{v_{00}}$$

Aus Gl. (3.61) erhält man folgende Gleichung für die Berechnung der Zugwiderstandszahl f_{WZ}:

$$f_{WZ} = f'_{WZ0} + f'_{WZ1}\frac{v}{v_{00}} + f_{WZ2}\left(\frac{v}{v_{00}}\right)^2 \tag{3.62}$$

$$f'_{WZ0} = \frac{P\,F'_{WL0} + f'_{WW0}\,G_W}{G_Z}, \quad f'_{WZ1} = \frac{P\,F'_{WL1} + f'_{WW1}\,G_W}{G_Z} \quad \text{und}$$

$$f_{WZ2} = \frac{P\,F_{WL2} + f_{WW2}\,G_W}{G_Z}$$

Auslaufberechnung nach Kap. 2.2.3.4

Die in Gl. (2.39) enthaltenen Beschleunigungskonstanten a_0, a_1 und a_2 sind auf der Basis der Koeffizienten der Gl .(3.62) mit Gl. (1.33) zu berechnen:

$$a_0 = -g_K\frac{f'_{WZ0} + i}{P}, \quad a_1 = -g_K\frac{f'_{WZ0}}{P} \quad \text{und} \quad a_2 = -g_K\frac{f_{WZ2}}{P} \tag{3.63}$$

Die Längsneigungung i ist in ‰ einzusetzen (Steigung positiv, Gefälle negativ), P = 1000 ‰ und die Beschleunigungskonstante g_K (m/s^2) geht aus Gl. (1.29) hervor.

Adaptationsgleichung für Rechentechnik

Wird in Gl. (3.62) f'_{WZ0} ausgeklammert, erhält man eine einfache Gleichung für die einheitliche Eingabe und Berücksichtigung der Zugwiderstandskraft in Rechenprogrammen:

$$(3.64)$$

$$f_{WZ} = f_{WAZ} \left[1 + k_{W1} \frac{v}{v_{00}} + k_{W2} \left(\frac{v}{v_{00}} \right)^2 \right]$$

$$f_{WAZ} = f'_{WZ0}, \quad k_{W1} = \frac{f'_{WZ1}}{f'_{WZ0}} \quad \text{und} \quad k_{W2} = \frac{f_{WZ2}}{f'_{WZ0}}$$

Die Ermittlung der Konstanten der Gl. (3.62), (3.63) und (3.64) ist mit Hilfe der Rechentechnik zu vereinfachen. Die Konstanten aller bekannten Widerstandsgleichungen sind einzubeziehen.

Wenn Zugfahrtrechenprogramme die Gl. (3.64) beinhalten, sind einheitlich nur Anfangswiderstandszahl des Zugs f_{WAZ} (‰) und die beiden Widerstandskonstanten k_{W1} und k_{W2} (Maßeinheit 1) einzugeben.

Zugwiderstandsmessung

Die Fahrzeug- und Zugwiderstandsgleichungen sind aus Messungen hervorgegangen. Dabei fanden unterschiedliche Messverfahren Anwendung. Deshalb ergeben sich mitunter auch nicht unerhebliche Abweichungen, wenn die Widerstandskraft ein und desselben Zugs mit verschiedenen Gleichungen berechnet wird.

In Kap.1.3.2 (Experimentelle Massenfaktorermittlung) ist ein Experiment dargestellt, mit dem der Massenfaktor ξ_F und die mittlere Fahrzeugwiderstandszahl f_{WF} ermittelt werden können.

Messen bei Beharrungsfahrt

Die von einer Lokomotive auf den Wagenzug ausgeübte Zugkraft kann mittels Kraftmessdose und die vom Antriebssystem auf den Zug ausgeübte Zugkraft mittels Dehnmessstreifen gemessen werden. Die Kraftmessdose ist am Zughaken und der Dehnmessstreifen auf der Fahrmotorwelle angeordnet.

Für die Bedingung, dass der Zug auf waagerechter und gerader Strecke und in gleichförmiger Bewegung fährt, ist die am Zughaken gemessene Zugkraft die Wagenzugwiderstandskraft und die an der Motorwelle gemessene Zugkraft die Zugwiderstandskraft. Zur Bestimmung der Konstanten der Widerstandsgleichung werden die Messpunkte (F_W; v) in ein Regressionsrechenprogramm eingegeben.

Messen beim Auslauf

Das Fahrzeug oder der Zug wird dem Auslauf auf waagerechter und gerader Strecke unterzogen. Dabei werden Geschwindigkeits-Zeit-Stützstellen (v; t) gemessen. Wenn die Auslaufstrecke nicht ausreicht, ist der Geschwindigkeitsbereich zu unterteilen. Die erhaltenen Stützstellen (v; t) sind mit den in Kap.2.5.3 und 2.5.4 dargestellten Verfahren auszuwerten. Man erhält Stützstellen (a; v), die mittels Regressionsrechnung in die Gleichung a (v) zu überführen sind. Die Gleichung a (v) ist mittels Gl. (1.10) in die Gleichung F_{WZ} (v) bzw. f_{WZ} (v) umzurechnen. Dafür wird der experimentell bestimmte Massenfaktor benötigt. Die Benutzung von gemessenen Beschleunigungsstützstellen (a; v) ist wegen des starken Springens der Beschleunigungswerte im Regelfall nicht möglich.

Berechnungsbeispiel 3.14

Für einen Reisezug sind die möglichen Gleichungen der Zugwiderstandszahl aufzustellen. Die Lokomotive hat die Masse m_L = 80 t (G_L = 785 kN) und die Widerstandsbeiwerte f_{WL0} = 3,0 ‰, F_{WL1} = 0, F_{WL2} = 4,0 kN und Δv_L = 20 km/h. Der Wagenzug hat die Masse m_W = 270 t (G_W = 2649 kN) und die Widerstandsbeiwerte f_{WW0} = 1,6 ‰, f_{WW1} = 0,25 ‰, f_{WW2} = 2,243 ‰ und Δv_W = 12 km/h. Die Zugmasse beträgt m_Z = 350 t (G_Z = 3434 kN).

Lösungsweg und Lösung:

Konstanten für Gl. (3.60)

F_{WL0} = 2,355 kN, F_{WL1} = 0, F_{WL2} = 4,0 kN und Δv_L = 20 km/h

f_{WW0} = 1,6 ‰, f_{WW1} = 0,25 ‰, f_{WW2} = 2,243 ‰ und Δv_W = 12 km/h

Konstanten für Gl. (3.61)

F'_{WL0} = 2,355 + 4,0·$(20/100)^2$ = 2,515 kN, F'_{WL1} = 0 + 2·4,0·20/100 = 1,60 kN und F_{WL2} = 4,0 kN

f'_{WW0} = 1,6 + 2,243·$(12/100)^2$ = 1,632 ‰, f'_{WW1} = 0,25 + 2·2,243·12/100 = 0,788 ‰, f_{WW2} = 2,243 ‰

Konstanten für Gl. (3.62)

f'_{WZ0} = (1000·2,515 + 1,632·2649)/3434 = 1,991 ‰

f'_{WZ1} = (1000·1,60 + 0,788·2649)/3434 = 1,074 ‰

f_{WZ2} = (1000·4,0 + 2,243·2649)/3434 = 2,895 ‰

Konstanten zu Gl. (3.64) f_{WAZ} = 1,991 ‰, k_{W1} = 1,074/1,991 = 0,5394 und k_{W2} = 2,895/1,991 = 1,4540

3.4   Zugwiderstandskraft des Transrapid

Technische Daten

Der Transrapid besteht aus 2 Bug- bzw. Endsektionen und bis zu 3 Mittelsektionen und hat die Höchstgeschwindigkeit 500 km/h. Tabelle 3.13 enthält die technischen Daten.

Elemente der Zugwiderstandskraft

Die Widerstandskräfte der Rad-Schiene-Technik entfallen. Dafür sind aber Widerstandskräfte vorhanden, die aus der Magnetschwebetechnik[1] hervorgehen (Tragen und Führen):

– Fahrwiderstandskraft des Lineargenerators F_{LG} und
– Wirbelstromwiderstandskraft der Führungsschiene F_{FM},
– außerdem Luftwiderstandskraft des Zugs F_{WLUZ}

Zugwiderstandskraft des Transrapid-Hochgeschwindigkeitszugs mit n_S Sektionen:

$$F_{WZ} = n_S (F_{LG} + F_{FM}) + F_{WLuZ} \tag{3.65}$$

Tabelle 3.13

Technische Daten des Transrapid-Hochgeschwindigkeitszugs (75 kg/Person)

Zugeinheit	Masse leer	Masse voll besetzt	Sitzplätze	Stehplätze Nahverkehr
1 Bugsektion	53,0 t	62,6 t	80	48
1 Mittelsektion	53,0 t	63,5 t	90	50

---

[1] Hinweis: Dieses Kapitel wurde unter Benutzung des Vorlesungsmanuskripts „Magnetbahnsysteme" von Prof. Dr.-Ing. Arnd Stephan, Institut für Bahntechnik, erarbeitet. Die Zahlenwertgleichungen der Widerstandskräfte wurden in physikalische bzw. Größengleichungen mit physikalischen Maßeinheiten überführt.

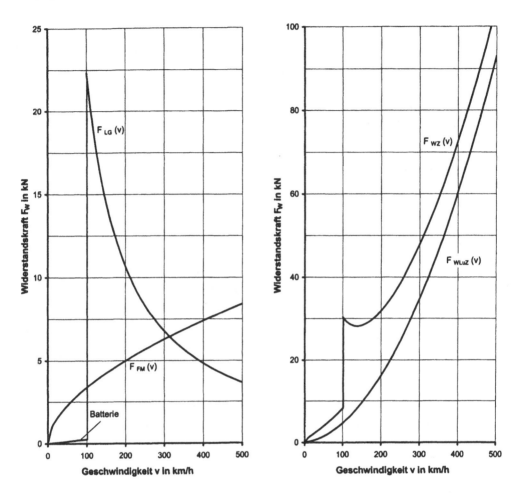

Bild 3.38
Kennlinien der 3 Widerstandskräfte der 5 Sektionen eines Transrapid (Fahrwiderstandskraft des Linear-
generator F_{LG}, Wirbelstromwiderstandskraft der Führungsschiene F_{FM} und Luftwiderstandskraft F_{WLUZ})
und der Zugwiderstandskraft bei 50 % Heizleistung und Gegenwind $\Delta v = 15$ km/h

Fahrwiderstandskraft des Lineargenerators

Die Fahrwiderstandskraft des Lineargenerators ist erst ab 100 km/h vorhanden. Unterhalb
100 km/h ist durch den Batteriebetrieb $F_{LG} = 0$. Die Fahrwiderstandskraft des Lineargenerators
wird von der zu übertragenden Heizleistung P_H beeinflusst:

$$F_{LG} = \frac{P_{LG}}{v} - F_{LG0} \text{ mit } P_{LG} = P_{LG0} + 1{,}034\,P_H \tag{3.66}$$

F_{LG} Widerstandskraft Lineargenerators (kN)	P_{LG0} Grundkonstante, $P_{LG0} = 113$ kW
F_{LG0} Kraftkonstante, $F_{LG0} = 0{,}2$ kN	v Geschwindigkeit in km/h bzw. in m/s
P_{LG} Leistungskonstante in kW	v_{00} Geschwindigkeitskonstante,
P_H Heizleistung der Sektion ($P_{Hmax} = 32$ kW)	$v_{00} = 100$ km/h bzw. 27,778 m/s

Wirbelstromwiderstandskraft der Führungsschiene

$$F_{FM} = F_{FM1}\left(\frac{v}{v_{00}}\right)^{0,5} + F_{FM2}\left(\frac{v}{v_{00}}\right)^{0,7}$$
$$(3.67)$$

F_{FM} Wirbelstromwiderstandskraft der Führungsschiene in kN
F_{FM1} Kraftkonstante, F_{FM1} = 0,527 kN
F_{FM2} Kraftkonstante, F_{FM2} = 0,205 kN

Luftwiderstandskraft

$$F_{WLuZ} = 0,5\, c_W\, \rho_{Norm}\, A_{Norm}\, (v_F + \Delta v)^2$$
$$(3.68)$$

$$c_W = 0,1371 + 0,1211\, n_S$$

F_{WLuZ} Luftwiderstandskraft des Zugs in N
c_W aerodynamischer Luftwiderstandsbeiwert, Maßeinheit 1
A_{Norm} Normwert der Spantquerfläche, A_{Norm} = 10 m^2
ρ_{Norm} Normwert der Luftdichte, ρ_{Norm} = 1,225 kg/m^3
v_F Fahrgeschwindigkeit in m/s
Δv Geschwindigkeitszuschlag für Gegenwind, Δv = 2,8 bis 5,6 m/s (10 bis 20 km/h)

Die Beeinflussung der Luftwiderstandskraft durch die Seitenwindkomponente v_y bzw. durch einen Anströmwinkel $\alpha > 0$ ist bisher nicht untersucht worden.

Bild 3.38 zeigt die mit Gl. (3.65) bis (3.68) berechneten Widerstandskennlinien des Transrapid.

Die Längsneigungskraft ist bei fahrdynamischen Berechnungen entsprechend Kap. 3.1 zu berücksichtigen. Die Bogenwiderstandskraft entfällt. Bei der Berechnung der Momentanbeschleunigung aus den Kräften der Zugfahrt entfallen Drehmasse bzw. Massenfaktor.

Berechnungsbeispiel 3.15

Für einen aus 5 Sektionen bestehenden Transrapid-Hochgeschwindigkeitszug (n_S = 5) ist zur Fahrgeschwindigkeit v_F = 400 km/h (111,111 m/s) die Zugwiderstandskraft F_{WZ} zu berechnen. Die Heizleistung beträgt P_H = 16 kW/Sektion (50 %) und der Geschwindigkeitszuschlag Δv = 15 km/h (4,167 m/s).

Lösungsweg und Lösung:

Fahrwiderstandskraft des Lineargenerators, Gl. (3.66)
P_{LG} = 113 + 1,034·16 = 129,5 kW
F_{LG} = 129,5/111,111 − 0,2 = 1,146 kN

Wirbelstromwiderstandskraft der Führungsschiene, Gl. (3.67)
F_{FM} = 0,527· (400/100)^{0,5} + 0,205· (400/100)^{0,7} = 1,595 kN

Luftwiderstandskraft, Gl. (3.68)
c_W = 0,1371 + 0,1211· 5 = 0,7426
F_{WLuZ} = 0,5· 0,7426· 1,225· 10· (111,111 + 4,167)^2 = 60444 N bzw. 60,444 kN

Zugwiderstandskraft, Gl. (3.65)
F_{WZ} = 5· (1,146 +1,595) + 60,444 = 74,149 kN

3.5 Fahrzeug- und Zugwiderstandsgleichungen

Vorbemerkungen

Dieses Kapitel enthält Fahrzeug- und Zugwiderstandsgleichungen der Fachliteratur als Größengleichungen mit SI-gerechten Maßeinheiten. Die Gleichungen sind grundsätzlich auf Wälzlager bezogen. Die Geschwindigkeit ist in km/h, Lokomotiv-, Einzelwagen-, Wagenzug- und Zugmasse m_L, m_{EW}, m_W, m_Z in t und die Gewichtskraft von Lokomotive G_L, Einzelwagen G_{EW}, Wagenzug G_W und Zug G_Z in kN einzusetzen. Die Kräfte haben die Maßeinheit kN und die Koeffizienten die Maßeinheit ‰. Der Geschwindigkeitszuschlag beträgt $\Delta v = 10$ bis 20 km/h.

Lokomotivwiderstandskraft

$$F_{WL} = f_{WL0}\, G_L + F_{WL2} \left(\frac{v + \Delta v}{v_{00}} \right)^2 \qquad (3.69)$$

Grundwiderstandszahl f_{WL0}

4-achsige Diesellokomot.	0,0022 bis 0,0035	6-achsige Diesellokomotive	0,0035 bis 0,0045
Stangenantrieb	0,0045 bis 0,0050		
4-achsige elektr. Lokomot.	0,0030 bis 0,0040	6-achsige elektr. Lokomot.	0,0040 bis 0,0050
Hochgeschwindigkeitslok.	0,0020 bis 0,0030	Tatzlagerantrieb	0,0045
Hohlwellenantrieb	0,0050	Kardanantrieb	0,0035

Luftwiderstandskonstante F_{WL2} für Diesellokomotiven

4-achsig, eckige Kopfform	3,5 bis 4,5 kN	4-achsig, abgerundeter Kopf	2,5 bis 3,5 kN
6-achsig, eckige Kopfform	4,0 bis 5,0 kN	6-achsig, abgerundeter Kopf	3,0 bis 4,0 kN
Stromlinienform	2,0 bis 2,5 kN	Mittelführerstand	5 bis 10 kN
Kleinlokomotiven	4 bis 5 kN		

Luftwiderstandskonstante F_{WL2} für elektrische Lokomotiven:

Für Stromabnehmer und Dachaufbauten ist zu F_{WL2} der Diesellokomotiven 1,0 kN zu addieren.

Triebwagenwiderstandskraft

$$F_{WZ} = f_{WZ0}\, G_Z + F_{WZ2}\, [(v_F + \Delta v)/v_{00}]^2 \qquad (3.70)$$

$$f_{WZ0} = (f_{WL0}\, G_L + f_{WW0}\, G_W)/G_Z \quad \text{und} \quad F_{WZ2} = F_{WSp} + n_F\, F_{WFo}$$

G_L umfasst alle Treib- und G_W alle Laufradsätze, n_F ist Anzahl der Folge-Sektionen.

Grundwiderstandszahl der Treibradsätze: $f_{WL0} = 0,0025$ bis 0,0035
Grundwiderstandszahl der Laufradsätze: $f_{WW0} = 0,0012$ bis 0,0016

Luftwiderstandskonstante des Spitzen- oder Einzelfahrzeugs F_{WSp}

Fzg. zweiachsig, eckiger Kopf	3,3 kN	Fzg. zweiachsig, abgerundeter Kopf	2,0 kN
Fzg. vierachsig, eckiger Kopf	3,7 kN	Fzg. vierachsig, abgerundeter Kopf	2,2 kN

Luftwiderstandskonstante von 1 Folgefahrzeug F_{WFo}

Anhänger, kantig	1,5 kN	Anhänger, gerundet	1,2 kN
Sektion bei Mehrteiligkeit	0,4 kN		

Widerstandskraft der ICE-Hochgeschwindigkeitszüge

Hinweis: Die Zugwiderstandsgleichung ist 1992 von *Peters* für den ICE 1 veröffentlicht worden. Sie ist bei Beachtung der Zugkonfiguration im Prinzip auch auf die Nachfolgetypen übertragbar.

Der ICE 1 besteht aus 2 End-Triebköpfen ($m_L = 2 \cdot 80{,}6$ t) und bis zu 14 Mittelwagen (unbesetzt: 2 Restaurantwagen = $2 \cdot 60{,}1$ t, 1 Sitzwagen = 51,3 t; alle Sitzplätze belegt: Zuladung pro Wagen = 4,8 t). Der ICE 2 besteht aus 1 Triebkopf ($m_L = 78$ t), 6 Mittel- und 1 Steuerwagen ($m_W = 340{,}8$ t unbesetzt und 372,3 t für alle Sitzplätze belegt). Doppeltraktion ist möglich. Der ICE 3 ist ein Triebwagenzug. Der Halbzug besteht aus Steuerwagen, Transformatorwagen, Stromrichterwagen und Mittelwagen. Doppeltraktion von 2 Vollzügen ist möglich.

$$\text{ICE 1:} \qquad F_{WZ} = F_{WZ0} + F_{WZ1}\,\frac{v}{v_{00}} + (F_{WZ2} + F_{WZTu})\left(\frac{v + \Delta v}{v_{00}}\right)^2 \qquad (3.71)$$

Grundwiderstandskraft $\qquad F_{WZ0} = f_{WL0}\,G_L + n_M\,f_{WW0}\,G_{EW}$

mit $f_{WL0} = 0{,}0013$ und $f_{WW0} = 0{,}0006$, Mittelwagenanzahl n_M

Linearkraftkonstante: $\qquad F_{WZ1} = F_{WL1} + n_M\,F_{WW1}$

mit $F_{WL1} = 2{,}30$ kN (für 2 Triebköpfe) und $F_{WW1} = 0{,}11$ kN

F_{WZ1} enthält 85 bis 90 % Luftimpulswiderstandskraft

Luftwiderstandskonstante: $\qquad F_{WZ2} = F_{WL2} + n_M\,F_{WW2}$ und $\Delta v = 15$ km/h

mit $F_{WL2} = 2{,}70$ kN (für 2 Triebköpfe) und $F_{WW2} = 0{,}52$ kN

Tunnelwiderstandskonstante: $\quad F_{WZTu} = F_{WLTu} + n_M\,F_{WWTu}$

mit $F_{WLTu} = 1{,}12$ kN (für 2 Triebköpfe) und $F_{WWTu} = 0{,}05$ kN

Tabelle 3.14
Übertragung von Gl. (3.71) auf ICE 2, ICE 3 und ICE 3M ($\Delta v = 0$):[2]

Variable	ICE 2	2·ICE 2	ICE 3	2·ICE 3	ICE 3M	2·ICE 3M
F_{WZ0} kN	3,13	6,26	3,30	6,60	3,45	6,90
F_{WZ1} kN	1,96	3,92	2,422	4,844	2,746	5,492
F_{WZ2} kN	5,81	11,0	5,52	10,63	5,89	11,34

Zugwiderstandsgleichung von Rappenglück

Rappenglück entwickelte für die Projektierung von Hochgeschwindigkeits- und Triebwagenzügen folgende Zugwiderstandsgleichung:

$$F_{WZ} = F_{WZ0} + F_{WZ1}\,(v/v_{00}) + F_{WZ2}\,[(v + \Delta v)/v_{00}]^2 \qquad (3.72)$$

Grundwiderstandskraft: $\qquad F_{WZ0} = f_{WZ0}\,\sqrt{(G_{AN}/G_A)}\,G_Z$

Laufwiderstandskonstante: $\qquad F_{WZ1} = f_{WZ1}\,G_Z$

Grundwiderstandsfaktor $\quad f_{WZ0} = 0{,}001223$ | Laufwiderstandsfaktor $\qquad f_{WZ1} = 0{,}00102$

Achskraft-Normwert $\qquad G_{AN} = 100$ kN | mittlere Achskraft des Zugs $\qquad G_A$ in kN

F_{WZ1} ohne Luftimpuls- und F_{WZ2} ohne Luftwiderstandskraft der Bremsscheiben.

---

[2] nach Vorlesungsmanuskripte „Magnetbahnsysteme" von Prof. Dr. Stephan, Institut für Bahntechnik und „Betriebssysteme elektrischer Bahnen" von Prof. Dr. Mnich, TU Berlin

Luftwiderstandskonstante: $F_{WZ2} = k_S\,n_S + k_D\,n_D + k_{OF}\,U\,[L + (n_F - 1)\,\Delta L] + k_{DS}\,A_{Sp}$

Stromabnehmerkonstante	$k_S = 0,21$ kN	Drehgestellkonstante	$k_D = 0,1321$ kN
Stromabnehmer- und Fahrzeuganzahl	$n_S,\ n_F$	Drehgestellanzahl	n_D
Oberflächenkonstante	$k_{OF} = 0,001419$ kN/m^2	Umfang der Ist-Spantquerfläche	U
Zuglänge	L in m	Abstand der Wagenübergänge	ΔL in m
Druck- u. Sogkonstante	$k_{DS} = 0,09$ kN/m^2	Ist-Spantquerfläche des Zugs	A_{Sp} in m^2

Wagenzugwiderstandsgleichung von Strahl

$$f_{WW} = f_{WW0} + f_{WW2}\,(v/v_{00})^2 \tag{3.73}$$

Grundwiderstandszahl f_{WW0}:
Wagenzüge allgemein 1,4 bis 1,6 ‰, Leerwagenzüge 2,0 ‰, Güter-Ganzzüge $f_{WW0} = 1,2$ ‰
Luftwiderstandskonstante f_{WW2}:

Reisezüge aus modernen Wagen	2,8 ‰	Reisezüge aus älteren Wagen	3,2 ‰
Leerwagen-Güterzüge	10,7 ‰	Gemischte Güterzüge	5,7 ‰
Voll beladene Güterzüge	3,2 ‰	Eilgüterzüge	4,0 ‰

Güter-Ganzzüge allgemein: $f_{WW2} = f_{WM}\cdot M_0/M_{WZ}$ mit $M_{WZ} = m_W/l_{WZ}$

Metermasse-Widerstandskonst.	$f_{WM} = 10$ ‰	Metermassekonstante	$M_0 = 1$ t/m
Wagenzugmasse	m_W in t	Wagenzuglänge	l_{WZ} in m

Güter-Ganzzüge mit beladenen Schüttgut-Großraumwagen: $f_{WW0} = 1,00$ ‰ und $f_{WW2} = 2,00$ ‰

Wagenzugwiderstandsgleichung für Reisezüge von Sauthoff

$$f_{WW} = f_{WW0} + f_{WW1}\,(v/v_{00}) + f_{WW2}\,[(v+\Delta v)/v_{00}]^2 \tag{3.74}$$

$$f_{WW2} = F_{WW2}/G_W \cdot (n_0 + n_W)$$

Reisezüge aus älteren Wagen	$f_{WW0} = 1,9$ ‰	Reisezüge aus modernen Wag.	$f_{WW0} = 1,6$ ‰
Standardwert der DB AG	$f_{WW0} = 1,9$ ‰t	Laufwerkswiderstandszahl:	$f_{WW1} = 0,25$ ‰
Luftwiderstandskonstante:	$F_{WW2} = 683$ N	Wagenkonstante	$n_0 = 2,7$
Geschwindigkeitszuschlag:	$\Delta v = 12$ km/h	Anzahl der Wagen im Zug	n_W

Doppelstockgliederzüge: $f_{WW0} = 2,00$ ‰, $f_{WW1} = 0,715$ ‰ und $f_{WW2} = 3,64$ ‰

Zugwiderstandsgleichung für Güterzüge von Jentsch und Preysing

$$f_{WZ} = f_{WZ0} + f_{WZ1}\,(v/v_{00}) + f_{WZ2}\,[(v+\Delta v)/v_{00}]^2 \tag{3.75}$$

$$f_{WZ2} = F_{KLu}/(G_A + \Delta G_A),\ f_{WZ1} = 0,04\,f_{WZ2}\ \text{und}\ f_{WZ0} = f_0 - F_{KA}/G_A + f_{WZ1}$$

Für den Geschwindigkeitszuschlag ist $\Delta v = 10$ km/h bis 15 km/h einzusetzen. Das Zugmasse-verhältnis ist $q = m_Z/m_L$ (Gl. (1.38)). Zwischenwerte sind zu interpolieren. Achskraft G_A in kN.

Tabelle 3.15
Konstanten zu Gl. (3.75) bei f_{WZ} in ‰

q	f_0 in ‰	F_{KA} in N	F_{KLu} in N	ΔG_A in kN	Regressionsgleichungen
2	1,66	27,70	763	76,85	$f_0 = f_{00} q^{\kappa}$ mit $f_{00} = 1,84$ ‰ und $\kappa = -0,19$
5	1,33	43,16	706	36,30	
8	1,20	55,92	677	23,54	$F_{KA} = F_{K0} q^{\gamma}$ mit $F_{K0} = 20$ N und $\gamma = 0,47$
10	1,16	62,78	667	19,62	$F_{KLu} = F_{L0} q^{\psi}$ mit $F_{L0} = 808$ N und $\psi = -0,083$
12	1,14	66,71	667	16,68	$q > 10$: $F_{KLu} = 667$ N = konstant
15	1,12	69,65	667	14,72	
18	1,10	71,61	667	12,75	$\Delta G_A = \Delta G_0 q^{\delta}$ mit $\Delta G_0 = 137$ kN, $\delta = -0,834$

Zugwiderstandsgleichungen der Französischen Staatsbahn (SNCF)

Hochgeschwindigkeitszüge, Triebwagenzüge und elektrische Lokomotiven

$$F_{WZ} = F_{WZ0} + F_{WZ1} (v / v_{00}) + F_{WZ2} [(v + \Delta v) / v_{00}]^2 \tag{3.76}$$

Tabelle 3.16
Konstanten für Hochgeschwindigkeitszüge ($\Delta v = 15$ km/h)

Zuggarnitur	F_{WZ0} in kN	F_{WZ1} in kN	F_{WZ2} in kN
CORAIL, 2 End-Lokomotiven und 7 Mittelwagen, $m_Z = 456$ t, $v_{max} = 300$ km/h	4,62	3,90	9,06
TGV, 2 End-Triebköpfe und 8 Mittelwagen, $m_Z = 418$ t, Drehmassezuschlag $m_{DZ} = 17,5$ t			
- Fahrt mit Zugkraft	2,54	3,344	5,72
- Fahrt ohne Zugkraft	2,98	3,292	6,06

Triebwagenzug mit n Fahrzeuge: $F_{WZ0} = f_{WZ0} G_Z$, $F_{WZ1} = f_{WZ1} G_Z$, $F_{WZ2} = F_1 + n F_2$ und $\Delta v = 0$

Elektrisch: $f_{WZ0} = 0,0012$, $f_{WZ1} = 0,001$, $F_1 = 1,66$ kN und $F_2 = 1,33$ kN

Diesel: $f_{WZ0} = 0,0038$, $f_{WZ1} = 0,001$, $F_1 = 2,40$ kN und $F_2 = 1,00$ kN

Elektrische Lokomotiven: $f_{WZ0} = 0,0015$, $f_{WZ1} = 0,001$, $F_{WL2} = 4,41$ kN und $\Delta v = 0$

Wagenzüge (Reise- und Güterzüge)

$$f_{WW} = f_{WW0} + f_{WW1} (v/v_{00}) + f_{WW2} (v/v_{00})^2 \tag{3.77}$$

Tabelle 3.17
Konstanten für Reise- und Güterzüge

Zugtyp	f_{WW0} in ‰	f_{WW1} in ‰	f_{WW2} in ‰
Reisezüge	1,50	0	2,222
Normale Güterzüge	1,50	0	6,25
Beladene Großraumwagen-Güterzüge	1,20	0	2,50
Leere Großraumwagen-Güterzüge	2,50	0	10,0
Züge aus Güterwagen mit hohen Bordwänden			
- beladen (19,8 t/Achse)	0,90	0,90	1,40
- leer (5,27 t/Achse)	1,47	0,96	5,26

Gleichung der Britischen Eisenbahnen (BR)

Die Umrechnung der Originalgleichung aus dem britischen ins SI-Maßeinheitensystem wurde mit 1 mph = 1,61 km/h und 1 t_S (short ton) = 2000 lb = 907,2 kg vorgenommen.

$$f_{WW} = f_{WW0} + f_{WW1} (v/v_{00}) + f_{WW2} (v/v_{00})^2 \tag{3.78}$$

$$f_{WW0} = f_0 + F_{KA}/G_A \quad \text{und} \quad f_{WW2} = F_{KLu}/G_A$$

Anfangskonstante f_0 in ‰ | Achskraftkonstante F_{KA} in N
Mittlere Achskraft des Wagenzugs G_A in kN | Luftwiderstandskonstante F_{KLu} in N

Tabelle 3.18
Konstanten für Güterzüge

Zugtyp	f_0 in ‰	F_{KA} in N	f_{WW1} in ‰	F_{KLu} in N
Wagenzüge aus zweiachsigen Güterwagen	0,55	70	2,40	313
Wagenzüge aus vierachsigen Güterwagen	0,19	70	0,80	313
Container-Wagenzüge	0,50	50	2,00	250

Gleichung der Italienischen Staatsbahn (FS)

$$f_{WW} = f_{WW0} + f_{WW2} (v/v_{00})^2 \tag{3.79}$$

Tabelle 3.19
Konstanten für Wagenzüge aus Güterwagen

Zugtyp	f_{WW0} in ‰	f_{WW2} in ‰
Beladene gedeckte Güterwagen	2,50	2,12
Leere gedeckte Güterwagen	3,50	2,20
Unbeladene Flachwagen	4,50	2,00

Gleichung der Tschechischen (D) und der Slowakischen (SD) Eisenbahn

$$f_{WW} = f_{WW0} + f_{WW1} (v/v_{00}) + f_{WW2} (v/v_{00})^2 \tag{3.80}$$

Tabelle 3.20
Konstanten für Wagenzüge

Zugtyp	f_{WW0} in ‰	f_{WW1} in ‰	f_{WW2} in ‰
Reisezug, 2/3 besetzt, m_A = ca. 10 t, m_W = 500 bis 700 t	1,35	0,80	3,30
Zug aus 4-achsigen Dieseltriebwagen, 2/3 besetzt, m_A = 6,5 bis 10 t, m_Z = 150 bis 200 t	1,80	1,00	4,80
Normale Güterzüge, m_A = 10 bis 15 t, m_W = 400 bis 600 t	1,90	0	4,65
Güterzüge aus beladenen			
- zweiachsigen Wagen, m_A= 15 bis 20 t, m_W = 1000 bis 1500 t	1,80	0,30	1,80
- vierachsigen Wagen, m_A = 15 bis 20 t, m_W = 1000 bis 1500 t	1,40	0	3,00
Güterzüge aus leeren			
- zweiachsigen Wagen	2,00	0	12,5
- vierachsigen Wagen	2,00	0	8,0

Zugwiderstandszahlen für Schmalspur- und Industriebahnen

Wegen der im Regelfall 30 km/h nicht überschreitenden Fahrgeschwindigkeit wird mit den in Tabelle 3.21 dargestellten konstanten Zugwiderstandszahlen gerechnet.

Tabelle 3.21
Lokomotiv- und Wagenzugwiderstandszahlen für Schmalspur- und Industriebahnen

Einsatzbereich	Lokomotiven f_{WL} in ‰	Wagen f_{WW} in ‰
Schmalspurbahnen	5	3
Braunkohletagebau		
1435 mm – Spur	10 bis 12	5 bis 7
900 mm – Spur	15 bis 25	7 bis 10
Industrie- und Grubenbahnen		
500 bis 600 mm – Spur	12 bis 15	8 bis 10
750 mm – Spur	10 bis 13	6 bis 8
1000 bis 1435 mm – Spur	8 bis 10	4 bis 6

Zugwiderstandsgleichungen für Straßenbahnen

$$f_{WZ} = f_{WZ0} + f_{WZ2} (v/v_{00})^2 \tag{3.81}$$

$$f_{WZ0} = (f_{WT0} G_T + f_{WB0} G_B)/G_Z \text{ und } f_{WZ2} = f_2 + (F_{DS} + n F_{OF})/G_Z$$

Grundwiderstandszahl der Treibachsen		Grundwiderstandszahl der Laufachsen	
Vignolschienen	$f_{WT0} = 0,004$	Vignolschienen	$f_{WB0} = 0,0025$
Rillenschienen	$f_{WT0} = 0,006$	Rillenschienen	$f_{WB0} = 0,004$
Druck- und Sogwid.konstante	$F_{DS} = 4460$ N	Oberflächenwid.konstante	$F_{OF} = 800$ N
Luftwiderstandskonstante	$f_2 = 1,5$ ‰	Fahrzeug- bzw. Fahrzeugteileanzahl n	
Gewichtskraft aller Triebwg./Treibachs.G_T in t		Gewichtskraft aller Beiwg./Laufachs. G_B in t	

Gleichung von *Davis* für Züge aus vierachsigen Triebwagen mit Gummieinlage in den Rädern:

$$f_{WZ} = f_{WZ0} + f_{WZ1} (v/v_{00}) + f_{WZ2} (v/v_{00})^2 \tag{3.82}$$

$$f_{WZ0} = f_0 + F_{KA}/G_A \text{ und } f_{WZ2} = F_{KL}/G_Z$$

Grundwiderstandskonstante	$f_0 = 3,65$ ‰	Linearwiderstandskonstante	$f_{WZ1} = 4,50$ ‰
Achskraftkonstante	$F_{KA} = 142$ N	Luftwiderstandskonstante	$F_{KL} = 3050$ N
Mittlere Achskraft des Zugs	G_A in kN	Zuggewichtskraft	G_Z in kN

Zugwiderstandsgleichung für Untergrundbahnen

$$f_{WZ} = f_{WZ0} + f_{WZ1} (v/v_{00}) + f_{WZ2} (v/v_{00})^2 \tag{3.83}$$

3-Wagen-Zug: $f_{WZ0} = 2,75$ ‰, $f_{WZ1} = 4,20$ ‰ und $f_{WZ2} = 9,20$ ‰

8-Wagen-Zug: $f_{WZ0} = 2,60$ ‰, $f_{WZ1} = 4,20$ ‰ und $f_{WZ2} = 2,90$ ‰

4 Zugkraft

4.1 Kraftschlusszug- und -bremskraft

4.1.1 Fahrgrenzen und Kraftschluss

Coulombsches Reibungsgesetz

Der Rad-Schiene-Kraftschluss bestimmt im Schienenverkehr die Fahrgrenzen für Treiben und Bremsen. Unter dem Einfluss der Achs-Normalkraft N_A bildet sich an den elastischen Körpern Rad und Schiene eine Kontaktfläche, in der auf der Grundlage des *Coulombschen Reibungsgesetzes* Tangentialkräfte übertragen werden. Bild 4.1 zeigt die Achs-Normalkraft N_A und die Tangentialkräfte der Rad-Schiene-Kontaktfläche:

– Längskräfte F_x (Zugkraft F_T und Bremskraft F_B) und

– Seitenkraft F_y.

Physikalisch entwickelbarer und vorhandener Kraftschlussbeiwert

In der Rad-Schiene-Kontaktfläche ist höchstens der physikalisch entwickelbare Kraftschlussbeiwert möglich. Der vorhandene Kraftschlussbeiwert kann nicht größer werden:

Maximale Tangentialkraft = entwickelbarer Kraftschlussbeiwert mal Normalkraft.

$$\text{Vorhandener Kraftschlussbeiwert} = \frac{\text{tatsächlich vorhandene Tangentialkraft}}{\text{Normalkraft der Achse}}$$

Vorhandener Kraftschlussbeiwert $\leq$ physikalisch entwickelbarer Kraftschlussbeiwert

Rad-Schiene-Kraftschluss

Die Zug- und Bremskraftentwicklung ist im Rad-Schiene-Kraftschluss durch autonomen und nichtautonomen Betrieb möglich.

Bei *autonomem* Betrieb entwickelt jede Achse unabhängig ihre eigene maximale Längskraft. Für die maximale Längskraft eines Fahrzeugs mit n am Kraftschluss beteiligten Achsen gilt:

$$F_x \ (F_T \text{oder} F_B) = \sum_{i=1}^{i=n} (\mu_{Ki} N_{Ai}) \tag{4.1}$$

Bei *nichtautonomem* Betrieb stellt der Regler an allen i Achsen die gleiche Tangentialkraft F_x unabhängig von den individuellen μ_{Ki}- und N_{Ai}-Werten ein. Die F_T- bzw. F_B-Begrenzung erfolgt durch die Achse, an der zuerst der entwickelbare Kraftschlussbeiwert erreicht wird:

$$F_{T\,max} = \mu_T G_L \quad \text{und} \quad F_{B\,max} = \mu_B G_F \tag{4.2}$$

μ_K entwickelbarer Kraftschlussbeiwert	G_L, G_F Lokomotiv- / Fahrzeuggewichtskraft
N_{Ai} Normalkraft an der i-ten Achse	μ_T, μ_B Kraftschlussbeiwert Treiben / Bremsen

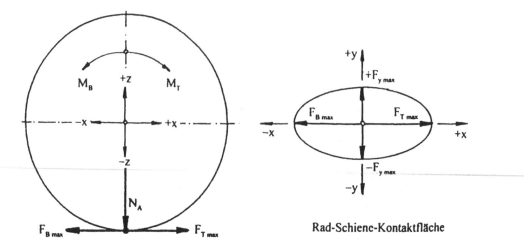

Bild 4.1
Maximalwerte der äußeren, die Fahrbewegung bewirkenden Kräfte in der Rad-Schiene-Kontaktfläche (M_T Treibdrehmoment , M_B Bremsdrehmoment, N_A Normalkraft an der Achse, $F_{T\,max}$ maximale Treibachszugkraft und $F_{B\,max}$ maximale Bremskraft)

Ausnutzungsfaktor des Kraftschlusses

Der Grad der Annäherung des mittleren Fahrzeug-Kraftschlussbeiwerts für Treiben μ_T bzw. Bremsen μ_B an den physikalisch entwickelbaren μ_K wird im Ausnutzungsfaktor α erfasst:

$$\alpha = \frac{\mu_T\,G_L}{\sum(\mu_{Ki}\,N_{Ai})} \quad \text{und} \quad \alpha = \frac{\mu_B\,G_F}{\sum(\mu_{Ki}\,N_{Ai})} \quad \text{mit } \alpha \le 1 \tag{4.3}$$

Die Fahrgrenzen sind von Kraftschlussbeiwert μ_K und Ausnutzungsfaktor α abhängig.

Kraftschlusstheorien

Die durch Kraftschlussbeiwert und Ausnutzungsfaktor gegebenen physikalischen Fahrgrenzen haben einen exponierten Stellenwert für das Leistungsvermögen des Verkehrssystems Eisenbahn. Deshalb waren und sind beide Variable Gegenstand umfangreicher wissenschaftlicher Untersuchungen. Dabei haben sich zwei theoretische Hauptrichtungen herausgebildet:

1. Die **physikalische Kraftschlusstheorie**, in der der Kraftschlussbeiwert aus den physikylischen Grundlagen heraus als diskrete Größe erklärt wird.

2. Die **statistische Kraftschlusstheorie**, in der der Kraftschlussbeiwert als stochastische Grösse vorausgesetzt und mit den Gesetzen der mathematischen Statistik bestimmt wird.

Die physikalische Kraftschlusstheorie beruht hauptsächlich auf Untersuchungen von *Kother*, *Curtius, Kniffler, Metzkow, Kalker, Kraft, Frederich, Weber* und *Čáp*. Der statistischen Kraftschlusstheorie liegen hauptsächlich die Untersuchungen von *Johnson, Sekikawa, Saumweber* und *Henning* zugrunde. Die Erkenntnisse beider Theorien werden für die Bestimmung der **fahrdynamischen Grenzen** des Schienenverkehrs benutzt (Kap. 1.2.7 und 1.5):
– Höchstgeschwindigkeit,
– maximales Steig-, Beschleunigungs- und Bremsvermögen und
– maximale Wagenzugmasse.

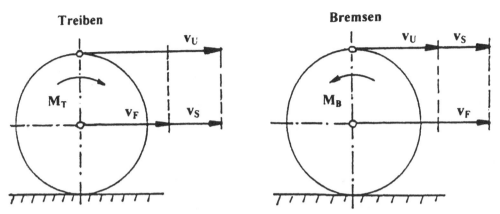

Bild 4.2
Geschwindigkeiten am treibenden und am bremsenden Eisenbahnrad

4.1.2   Physikalische Kraftschlusstheorie

4.1.2.1   Radschlupf

Bild 4.2 zeigt die Geschwindigkeiten am angetriebenen und am gebremsten Eisenbahnrad:

v_F Fahrgeschwindigkeit des Fahrzeugs über Grund

v_U Umfangsgeschwindigkeit des Rads

v_S Schlupfgeschwindigkeit in der Rad-Schiene-Kontaktfläche

Die Schlupfgeschwindigkeit v_S ist die Differenzgeschwindigkeit zwischen Fahr- und Umfangsgeschwindigkeit v_F, v_U. Der Treibschlupf σ ist der Quotient von Schlupf- zu Umfangsgeschwindigkeit und der Bremsschlupf σ der Quotient von Schlupf- zu Fahrgeschwindigkeit.

Treibendes Rad: $v_S = v_U - v_F,\ \sigma = \dfrac{v_S}{v_U}$ bzw. $\sigma = 1 - \dfrac{v_F}{v_U}$ (4.4)

Bremsendes Rad: $v_S = v_F - v_U,\ \sigma = \dfrac{v_S}{v_F}$ bzw. $\sigma = 1 - \dfrac{v_U}{v_F}$

Schlupfbereich: $0 \le \sigma \le 1$

Makro- und Mikrogleitbewegung

Die Gleitbewegung in der Rad-Schiene-Kontaktfläche besteht aus der Makro- und der Mikrogleitbewegung. Beide Gleitbewegungen bilden eine Einheit.

Die **Mikrogleitbewegung** ist eine **reversible** Relativbewegung, die durch die plastisch-elastische Schubdeformation der Mikrohügel in der mit einer Tangentialkraft belasteten Kontaktfläche entsteht. Die Mikrohügel kehren nach dem Verlassen der Kontaktfläche wieder in die relative Ausgangsposition zurück. Bewertungsgrößen des Mikrogleitens sind Mikroschlupfgeschwindigkeit $v_{S\,Mikr}$ und Mikroschlupf σ_{Mikr}.

Die **Makrogleitbewegung** ist eine **irreversible** Relativbewegung, die durch Gleitverschiebung der Mikrohügel des Rads gegenüber den Mikrohügeln der Schiene in der mit einer Tangentialkraft belasteten Kontaktfläche entsteht.

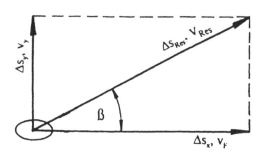 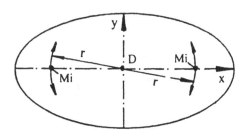

Bild 4.3

Entstehung von Quer- und Bohrschlupf (Fahrweg Δs_x, Fahrgeschwindigkeit v_F, Quergleitweg Δs_y, Quergleitgeschwindigkeit v_y, resultierender Weg Δs_{Res}, resultierende Geschwindigkeit v_{Res}, Schräglaufwinkel ß, Mikroteilchen Mi, Drehpunkt des Bohrschlupfes D, Bohrradius r)

Die Mikrohügel haben beim Verlassen der Kontaktfläche eine andere Relativposition zueinander als beim Einlauf. Bewertungsgrößen des Makrogleitens sind Makroschlupfgeschwindigkeit $v_{S\,Makr}$ und Makroschlupf σ_{Makr}.

Natürliche und erzwungene Gleitbewegung

Die natürliche Gleitbewegung entsteht bei der Zug- und Bremskraftübertragung. Die erzwungene Gleitbewegung beruht auf Unregelmäßigkeiten im Rad-Schiene-Kontakt. Das Gleiten bewirkt u.a. die Grundwiderstandszahl (Kap. 3.3.2).

Komplexbewegung in der Rad-Schiene-Kontaktfläche

Die Gleitbewegung in der Rad-Schiene-Kontaktfläche ist eine Komplexbewegung, die sich aus Einzelbewegungen zusammensetzt. Bild 4.3 zeigt Komplex- und Einzelbewegungen:

– Längsbewegung (Längsschlupfgeschwindigkeit v_{Sx}, Längsschlupf σ_x),

– Seitenbewegung (Quergleitgeschwindigkeit v_y, Querschlupf σ_y) und

– Drehschwing- bzw. Gierbewegung (Bohrschlupf σ_{Bohr})

Querschlupf σ_y und resultierender Schlupf σ_{res}:

$$\sigma_y = \beta = \frac{\Delta s_y}{\Delta s_x} = \frac{v_y}{v_F} \quad \text{und} \quad \sigma_{res} = \sqrt{\sigma_x^2 + \sigma_y^2} \tag{4.5}$$

Bild 4.3 zeigt das Entstehen des Bohrschlupfes σ_{Bohr}. Mikroteilchen Mi, die außerhalb des Kontaktflächen-Mittelpunkts D (Drehpunkt) liegen, gleiten beim Gieren auf einer Bewegungsbahn mit dem Radius r über die Schienenoberfläche. Die bekannteste, den Bohrschlupf auslösende Bewegung ist der Sinuslauf des Radsatzes.

4.1.2.2   Bestandteile des Kraftschlussbeiwerts

Adhäsionsbeiwert μ_{Ad} und Hysteresebeiwert μ_{Hy} ergeben den Kraftschlussbeiwert μ_K:

$$\mu_K = \mu_{Ad} + \mu_{Hy} \tag{4.6}$$

Beim Rad-Schiene-System hat der Hysteresebeiwert den größeren Stellenwert.

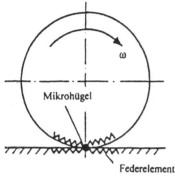
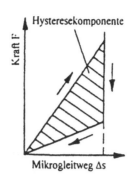

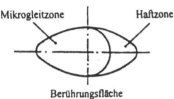

Adhäsionsbeiwert

Die durch die Achskraft hervorgerufene plastisch-elastische Druckdeformation im Rad-Schiene-Kontakt führt zur Entstehung einer elliptischen Kontaktfläche. Die Mikrohügel der Radlauf- und der Schienenkopfoberfläche kommen miteinander in Eingriff. Dadurch werden atomare und molekulare Anziehungskräfte ausgelöst. Die damit verbundene Möglichkeit, Tangentialkräfte zu übertragen, ergibt den Adhäsionsbeiwert μ_{Ad} des Kraftschlusses.

Hysteresebeiwert

Ein Mikrohügelpaar in der Rad-Schiene-Kontaktläche entspricht einer Feder (Bild 4.4). Wirkt am Mikrohügelpaar, das sich miteinander im Eingriff befindet, eine Schubkraft, unterliegen beide elastischen Mikrohügel einer sehr kleinen Deformation. Der eine Reibpartner verschiebt sich in mikroskopisch kleinem Ausmaß auf dem anderen. Bei dieser Mikroverschiebung ist im Überlappungsvolumen eine Verformungswiderstandskraft zu überwinden. Diese Widerstandskraft vollbringt auf dem Mikroverschiebungsweg innere Reibarbeit.

Der Mikroverschiebungsweg beginnt beim Einlauf in die Kontaktfläche, erreicht in der Mittellage das Maximum und bildet sich danach bis zum Auslauf wieder zurück. Dadurch wird von der Kraft-Mikroverschiebungs-Kennlinie eine Fläche eingeschlossen (Bild 4.4). Diese Fläche entspricht der Reibungs- und Formänderungsarbeit. Dieser Prozess wiederholt sich für jedes Mikrohügelpaar mit der Frequenz der Raddrehung.

Der Energieverlust eines solchen, in sich geschlossenen energetischen Prozesses wird als Hysterese bezeichnet. Der Quotient aus der inneren Reibungs- und Formänderungsarbeit und dem Mikroverschiebungsweg ist die Hysteresekraft. Bei Bezugnahme auf die Normalkraft an der Achse erhält man den Hysteresebeiwert μ_{Hy}.

4.1.2.3 Kraftschluss-Schlupf-Gesetz

Die beschriebene Abhängigkeit des Kraftschlussbeiwerts μ_K von der Schlupfgeschwindigkeit v_S, dargestellt im Bild 4.5, ist das Kraftschluss-Schlupf-Gesetz.

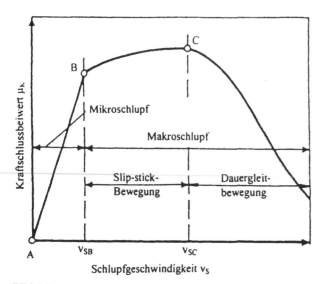

$0 \leq v_S \leq v_{SB}$
Bereich des kraftschlussbildenden Schlupfes, Mikroschlupfbereich

$v_S \geq v_{SB}$
Makroschlupfbereich mit den 2 Teilbereichen
$v_{SB} < v_S \leq v_{SC}$ und $v_S \geq v_{SC}$

$v_{SB} < v_S \leq v_{SC}$
Bereich des kraftschlusssteigernden Gleitschlupfes bei intermittierender Relativbewegung, Slip-stick-Bereich

$v_S \geq v_{SC}$
Bereich des kraftschlussmindernden Gleitschlupfes, Dauergleitbereich

Bild 4.5:
Kraftschluss-Schlupf-Gesetz in schematischer Darstellung mit Kennung der einzelnen Schlupfbereiche

Bewegung ohne Tangentialkraft

Solange keine Tangentialkraft wirkt, wird auch kein Mikrohügelpaar mit einer Schubkraft belastet, und es tritt kein Mikrogleiten auf ($\mu_K = 0$ bei $v_S = 0$, Punkt A des Bildes 4.5).

Mikrogleitbereich

Die Anzahl der Mikrohügelpaare der Kontaktfläche, die in das Mikrogleiten einbezogen werden, ist von der Größe der wirkenden Tangentialkaft abhängig. Unter dem Einfluss einer zunächst noch kleinen Tangentialkraft bildet sich deshalb in der Kontaktfläche eine Mikrogleitzone aus. Der verbleibende Flächenanteil, in dem noch kein Mikrogleiten auftritt, ist die Haftzone (Bild 4.4). Das Ansteigen der Tangentialkraft führt zur Erweiterung der Mikrogleitzone, und zwar solange, bis sich die Mikrogleitzone über die gesamte Kontaktfläche erstreckt. Damit ist die Grenze des Mikrogleitens erreicht (Punkt B im Bild 4.5). Im Mikrogleitbereich besteht Proportionalität zwischen Kraftschlussbeiwert und Schlupfgeschwindigkeit.

Bei einer weiteren Erhöhung der Tangentialkraft über den Punkt B des Bildes 4.5 hinaus tritt das Rad in den Makrogleitbereich ein. Am Beginn des Makrogleitbereiches ist mit zunehmender Schlupfgeschwindigkeit ein weiterer Anstieg des Kraftschlussbeiwerts zu verzeichnen, aber mit sich ständig vermindernder Proportionalität. Dieses Verhalten leitet sich aus den weiteren Vorgängen in der Kontaktfläche, aber auch aus den Vorgängen im Antriebssystem, ab.

Vorgänge im Antrieb

Der Antrieb ist ein elastisches System, das im Mikrogleitbereich eine Dehnung erfährt, wodurch Federkraft gespeichert wird. Das Absinken der inneren Widerstandskraft der Kontaktfläche bei Überschreitung des Punktes B führt zum Freisetzen der Federkraft und damit zur Aufhebung der Dehnung und zum kurzzeitigen Voreilen des Rads gegenüber der Fahrgeschwindigkeit (Beginn des Makrogleitens).

Durch das Freisetzen der Federkraft sinkt die Tangentialkraft wieder kurzzeitig unter die innere Widerstandskraft. Das Voreilen bzw. Makrogleiten hört auf. Der Rückfall in den Mikrogleitbereich bedeutet den erneuten Aufbau von Dehnung und Federkraft des Antriebssystems und der gesamte Prozess beginnt von neuem.

Thermische Vorgänge in der Kontaktfläche

Der Wechselprozess zwischen kurzzeitigem Voreilen und kurzzeitiger Unterbrechung wird noch durch thermische Vorgänge in der Kontaktfläche unterstützt. Die Reibarbeit des Mikrogleitens erhöht die Temperatur der Mikrohügelpaare, und das umso mehr, je größer die Tangentialkraft wird. Am Ende des Mikrogleitbereichs, d.h. wenn die Mikrogleitzone die gesamte Kontaktfläche eingenommen hat, wird die Erweichungstemperatur des Stahls von 600 °C erreicht und überschritten. Dadurch wird das Überlappungsvolumen der Mikrohügel fließbar, und die Verformungswiderstandskraft nimmt ab. Das Rad tritt in den Makrogleitbereich ein. Die Entspannung des Feder-Masse-Systems und die damit verbundene kurzzeitige Reduzierung der Tangentialkraft vermindert die innere Reibarbeit und lässt die Temperatur im Überlappungsvolumen der Mikrohügel wieder unter die Erweichungsgrenze sinken. Es stellt sich die Verformungswiderstandskraft des Mikrogleitbereichs wieder ein.

Slip-stick-Bewegung

Die mit diesem Wechselspiel verbundene Reibschwingung, bei der das Rad ständig ein Stück voreilt und wieder zurückkehrt, bezeichnet man als Slip-stick-Bewegung (Bereich Punkt B bis Punkt C im Bild 4.5). Die Slip-stick-Bewegung tritt auch am bremsenden Rad in Erscheinung, jedoch eilt in diesem Fall das Rad nach.

Makrogleitbereich

Zu Beginn des Makrogleitbereichs wird die Erweichungstemperatur nicht gleichzeitig in der gesamten Kontaktfläche erreicht, sondern zuerst nur in der Zone des maximalen Drucks. Erst bei einem entsprechend großen Wert der Reibarbeit wird in der gesamten Kontaktfläche die Erweichungstemperatur überschritten.

Im Punkt C der Kraftschluss-Schlupf-Kennlinie (Bild 4.5) erreicht der Kraftschlussbeiwert das Maximum. Jetzt überwiegen nicht mehr diejenigen Faktoren, die den Kraftschlussbeiwert zu Beginn des Makrogleitbereichs mit zunehmender Schlupfgeschwindigkeit noch ansteigen liessen. Die Tangentialkraft hat eine solche Größenordnung erreicht, die zum durchgängigen, ununterbrochenen Überschreiten der Erweichungstemperatur, und damit zum ständigen Absinken der Verformungswiderstandskraft, führt. Die Slip-stick-Bewegung geht ins Dauergleiten über.

Beim Dauergleiten tritt eine weitere Temperaturerhöhung im Überlappungsvolumen der Mikrohügel auf. Dadurch setzt ein rascher Verfall der Verformungswiderstandskraft ein. Das hat den im Bild 4.5 dargestellten steilen Abfall des Kraftschlussbeiwerts mit steigender Schlupfgeschwindigkeit bis auf den beträchtlich kleineren Gleitreibungsbeiwert zur Folge.

Im Fall der Fahrt mit 30 km/h wird der Punkt B der Kraftschluss-Schlupf-Kennlinie bei ca. 1 % Schlupf, der Punkt C bei ca. 5 % Schlupf und das Dauergleiten bei ca. 18 % Schlupf erreicht.

Ausnutzung des Kraftschluss-Schlupf-Gesetzes

Spezielle, auf mikroelektronischer Basis arbeitende Lokomotivleitsysteme ermöglichen in Verbindung mit der Drehstrom-Antriebs-Technik (Abkürzung: DAT) die praktische Ausnutzung des Kraftschluss-Schlupf-Gesetzes zur Erzeugung maximaler Zug- und Bremskräfte.

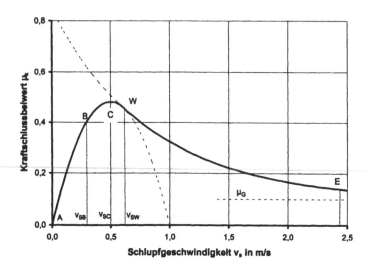

Kraftschlussbeiwert-
Schlupfgeschwindigkeits-
Kurve entsprechend
Kraftschluss-Schlupf-
Gesetz

A Grundzustand ohne
Tangentialkraft

B Proportionalitäts-
punkt

C Kraftschlussmaxi-
mum

W Kurvenwendepunkt

E Endpunkt

μ_G Gleitreibungsbei-
wert

Beim Treiben und Bremsen nach dem Kraftschluss-Schlupf-Gesetz ist zu beachten, dass die Slip-stick-Bewegung Schienenriffel erzeugt und zur ständigen dynamischen Belastung mit Richtungswechseln führt. Es ergeben sich neue Anforderungen an die Festigkeit gegen Dauerbrüche an Radspeichen und an Bauteilen der Leistungsübertragung. Die ständig vorhandene Makrogleitkomponente vergrößert den Laufflächen- und Schienenkopfverschleiß. Die vollständige Ausnutzung des Längskraftschlussbeiwerts μ_x führt zum Seitenkraftschlussbeiwert $\mu_y = 0$, so dass die Fahrzeugführung im Gleis durch Spurkranzanlauf erfolgen muss. Spurkranzverschleiß der Räder und Anlaufflächenverschleiß der Schienenköpfe werden größer.

Determinierung der Kraftschluss-Schlupfgeschwindigkeit-Abhängigkeit

Die mathematische Darstellung des Kraftschluss-Schlupfgeschwindigkeits-Verhalten ist erforderlich, wenn das dynamische Verhalten des Lokomotivantriebs bzw. die Zuganfahrt oder die Zugbremsung im Grenzbereich untersucht werden soll. Zur Aufstellung des entsprechenden Gleichungssystems wird von Versuchsergebnissen ausgegangen. Im Regelfall ist die Benutzung von 2 Gleichungen ausreichend. Wie Bild 4.6 zeigt, wird der erste Abschnitt von A bis zum Wendepunkt W durch die Parabelgleichung und der zweite Abschnitt nach W durch die Exponentialgleichung des natürlichen Logarithmus erfasst.

Für die Aufstellung der Parabelgleichung des Bereichs A bis W muss der Kraftschlussbeiwert im Punkt B μ_B und muss die Stützstelle C (v_{SC}; μ_C) aus Versuchsergebnissen gegeben sein. Überschläglich ist $\mu_C = 1,2\,\mu_B$.

Bereich A bis W:

$$\mu_K = 2\,\mu_C\,\frac{v_S}{v_{SC}}\left(1 - \frac{v_S}{2\,v_{SC}}\right) \tag{4.7}$$

$$v_{SW} = v_{SC}\left(1 + \sqrt{1-\alpha}\,\right)$$

Das Verhältnis der Kraftschlussbeiwerte im Punkt W $\alpha = \mu_W/\mu_C$ ist überschläglich 0,95.

Bereich W bis E: (4.8)

$$\mu_K = D\,e^{-\omega v_S} + \mu_G$$

$$\omega = -\frac{T}{\mu_W - \mu_G} \quad \text{mit } T = \frac{2\mu_C}{v_{SC}}\left(1 - \frac{v_{SW}}{v_{SC}}\right)$$

$$D = (\mu_W - \mu_G)\,e^{\omega v_{SW}}$$

Für den Gleitreibungsbeiwert des blockierten Rads gilt $\mu_G = 0{,}10$. Die Konstanten D und ω werden für die Bedingung berechnet, dass die Tangenten T aus Gl.(4.7) und (4.8) gleich sind.

Der Endpunkt E (v_{SE}; μ_E) dient als Kontrollpunkt. Er ist so zu wählen, dass der Betrag der e-Funktion bei v_{SE} auf 0,05 abgesunken ist. Aus Gl.(4.7) erhält man für diese Bedingung:

$$v_{SE} = \frac{3}{\omega} \quad \text{und} \quad \mu_E = 0{,}05\,D + \mu_G$$

(4.9)

Erfüllt das Gleichungssystem (4.7) und (4.8) die gegebene Kennlinie nicht zufriedenstellend, stimmt insbesondere der tatsächliche Endpunkt E nicht mit dem rechnerischen überein, dann ist die Anpassung durch Veränderung von α zu verbessern. Bei $\alpha < 0{,}95$ verkleinert sich die Geschwindigkeit v_{SE} und bei $\alpha > 0{,}95$ wird v_{SE} größer.

Berechnungsbeispiel 4.1

Einer gegebenen Kraftschlussbeiwert-Schlupfgeschwindigkeits-Kurve werden folgende Parameter entnommen: Punkt B ($v_{SB} = 0{,}30$ m/s; $\mu_B = 0{,}30$), Punkt C ($v_{SC} = 0{,}50$ m/s; $\mu_C = 0{,}48$), Punkt W ($v_{SW} = 0{,}61$ m/s; $\mu_W = 0{,}456$), Punkt E ($v_{SE} = 2{,}46$ m/s; $\mu_E = 0{,}14$) und $\mu_G = 0{,}10$. Die den Kennlinienverlaufbeschreibenden Gleichungen sind aufzustellen und hinsichtlich der Anpassung zu kontrollieren.

Lösungsweg und Lösung:
Parabelgleichung (4.7), $v_{SC} = 0{,}50$ m/s und $\mu_C = 0{,}48$ gegeben, $\alpha = 0{,}95$ gewählt.
Kontrolle des Punkts B mit $v_{SB} = 0{,}30$ m/s: $\mu_B = 2 \cdot 0{,}48 \cdot 0{,}30/0{,}50 \cdot (1 - 0{,}30/(2 \cdot 0{,}50)) = 0{,}4032$
Kontrolle des Punkts W mit $v_{SC} = 0{,}50$ und $\alpha = 0{,}95$: $v_{SW} = 0{,}50 \cdot [1 + (1 - 0{,}95)^{0,5}] = 0{,}6118$ m/s
$\mu_W = 2 \cdot 0{,}48 \cdot 0{,}6118/0{,}50 \cdot (1 - 0{,}6118/(2 \cdot 0{,}50)) = 0{,}4560$

Exponentialgleichung (4.8) mit $v_{SW} = 0{,}6118$ m/s, $\mu_W = 0{,}4560$, $v_{SC} = 0{,}50$ m/s, $\mu_C = 0{,}48$ und $\mu_G = 0{,}10$
$T = 2 \cdot 0{,}48/0{,}50 \cdot (1 - 0{,}6118/0{,}50) = -0{,}4293$ und $\omega = 0{,}4293/(0{,}4560 - 0{,}10) = 1{,}2059$ s/m
$D = (0{,}4560 - 0{,}10) \cdot e^{1,20590{,}6118} = 0{,}7445$
Kontrolle des Punkts E mit Gl. (4.9)
$v_{SE} = 3/1{,}2059 = 2{,}4878$ m/s und $\mu_E = 0{,}05 \cdot 0{,}7445 + 0{,}10 = 0{,}1372$
Die Ergebnisse des Gleichungssystems passen sich sehr gut an die gegebene Kurve an.

4.1.2.4 Variable des Kraftschlussbeiwerts

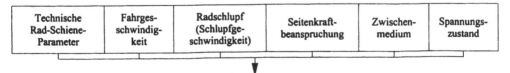

Bild 4.7: Übersicht über die wichtigsten Variablen, die den Kraftschlussbeiwert beeinflussen

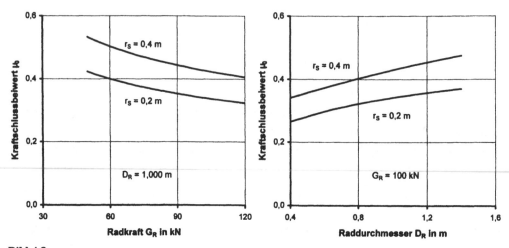

Bild 4.8
Abhängigkeit des Kraftschlussbeiwerts μ_K bei $v = 0$ von Radkraft G_R und Raddurchmesser D_R (Radius der Schienenkopfausrundung r_S)

Technische Parameter von Rad und Schiene

Für die Darstellung des Einflusses der technischen Parameter von Rad und Schiene auf den Kraftschlussbeiwert wird von *Kraft* folgende Gleichung angegeben:

$$\mu_0 = \mu_{Ad} + \mu_{H0} \text{ mit } \mu_{H0} = \frac{k_S\, k_R}{k_S + k_R} \cdot \frac{A}{G_R} \qquad (4.10)$$

μ_0 Kraftschlussbeiwert im Punkt B für $v_F = 0$ ($\mu_B = \mu_0$ für $v_F = 0$)

μ_{Ad} Adhäsionsbeiwert (μ_{Ad} ist konstant, $\mu_{Ad} = 0{,}03$)

μ_{H0} Hysteresebeiwert im Punkt B für $v_F = 0$

k_S Scherfestigkeitskonstante der Schienenkopfoberfläche in kPa

k_R Scherfestigkeitskonstante der Radlauffläche in kPa
        (k_S und k_R betragen ca. $0{,}6 \cdot 10^6$ kPa)

A   Kontaktfläche der Rad-Schiene-Paarung in m², zu berechnen mit Gl.(3.21)
        (A = 0,00010 bis 0,00018 m²)

G_R Radgewichtskraft in kN (G_R = 50 bis 100 kN)

Bild 4.8 zeigt die sich aus Gl. (4.10) ergebende Abhängigkeit des Kraftschlussbeiwerts von den technischen Parametern Radkraft G_R und Raddurchmesser D_R.

Fahrgeschwindigkeit

Mit steigender Fahrgeschwindigkeit erhöhen sich Reibarbeit und Temperatur in der Rad-Schiene-Kontaktfläche. Dadurch sinkt der Kraftschlussbeiwert mit steigender Fahrgeschwindigkeit. Aus den Untersuchungen von *Kraft* erhält man für $\mu = f(v_F)$ folgende Gleichung:

$$\mu_{0V} = \mu_{Ad} + \mu_{H0}\, \frac{1 - H\sqrt{v_F / v_{00}}}{1 + B\,(v_F / v_{SH})} \text{ mit } B = 0{,}8\,\mu_{H0}\, \frac{G_R}{A\,E} \qquad (4.11)$$

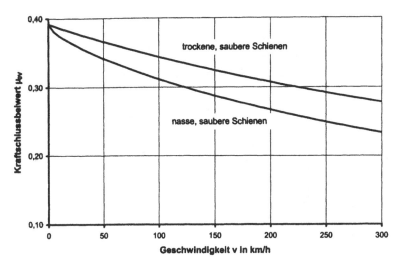

Bild 4.9
Einfluss der Fahrge-
schwindigkeit v_F auf
den momentanen
Kraftschlussbeiwert
μ_{0V}

$G_R = 100$ kN
$D_R = 1,0$ m
$r_S = 0,3$ m
$h = 10 \cdot 10^{-6}$ m

Symbole und Maßeinheiten zu Gl. (4.11):

μ_{0V} Kraftschlussbeiwert im Punkt B für $v_F > 0$

μ_{Ad} Adhäsionsbeiwert (Gl. (4.10))

μ_{H0} Hysteresebeiwert im Punkt B für $v_F = 0$ (Gl. (4.10))

B   Kontaktflächenkonstante, Maßeinheit 1

H   Zwischenmediumskonstante nach Gl. (4.13), Maßeinheit 1
     (H = 0 für die trockene und saubere Schiene)

v_F Fahrgeschwindigkeit in km/h bzw. in m/s

v_{00} Geschwindigkeitskonstante, $v_{00} = 100$ km/h bzw. 27,778 m/s

v_{SH} Halbwertsgleitgeschwindigkeit, $v_{SH} = 0,72$ km/h bzw. 0,2 m/s

G_R Radgewichtskraft in kN

E   Elastizitätsmodul in kPa (E = $2,2 \cdot 10^8$ kPa bzw. kN/m²)

A   Kontaktfläche in m², zu berechnen mit Gl. (3.21)

Bild 4.9 zeigt den Kraftschlussbeiwert im Punkt B zu Fahrgeschwindigkeiten. Dynamische
Einflüsse bewirken mit zunehmendem v einen weiteren Abfall. An einer SNCF-Lokomotive
wurde bei 0 bis 5 km/h μ_{0V} = 0,40 bis 0,45 und bei 331 km/h nur noch 0,07 bis 0,08 gemessen.

Radschlupf

Bild 4.10 zeigt das bei Versuchen der Niederländischen Eisenbahn ermittelte Kraftschluss-
Schlupf-Verhalten bis zum Kraftschlussmaximum. Nach diesen Versuchen sind zum Erreichen des Kraftschlussmaximums folgende Schlupfwerte erforderlich: Trockene Schienen 0,5
bis 1,0 %, nasse Schienen ohne Sand 0,5 bis 3,5 % und nasse Schienen mit Sand 0,6 bis 1,2 %.

Tabelle 4.1 enthält Versuchsergebnisse der DR zum Radsatzschlupf σ der elektrischen
Lokomotive der BR 143. Die Schlupfwerte, die Mittelwerte für Zugfahrten im Güterzugdienst
sind und die sich auf den Wegvergleich über Grund und am Laufkreis beziehen, enthalten
einen durch Zwangsgleiten hervorgerufenen Grundschlupf von 0,5 %. Aus den Versuchsergebnissen geht hervor, dass entsprechend der bei Anfahrten gegebenen Achskraftverteilung der
führende Radsatz den größten Schlupf besitzt, gefolgt vom 3., 2. und 4. Radsatz

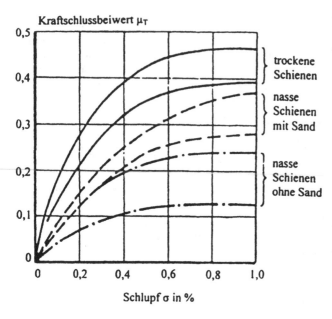

Bild 4.10
Abhängigkeit des Kraftschlussbeiwerts des treibenden Rads μ_T vom Radschlupf σ einer Lokomotive mit Drehstromantrieb

Tabelle 4.1
Untersuchungsergebnisse zum Anfahrverhalten der elektrischen Lokomotive BR 143 der DB AG
[1] Aufregeln von Hand mit Hilfssteuerung

Schienenzustand	Mittlere Zugkraft	Mittlerer Schlupf σ in % für den Radsatz Nr. von vorn gesehen:				Schleudervorgänge
	F_T in kN	1	2	3	4	Anzahl je Anfahrt
trocken	250	1,20	0,42	0,62	0,37	1,33
leicht feucht	185	3,09	0,55	1,44	0,37	6,25
nass	140	4,74	0,78	1,54	0,48	10,57
schmierig	125	9,64	0,40	1,22	0,34	13,60
nass [1]	150	4,84	0,48	1,51	0,29	34,00

Seitenkraftschlussbeanspruchung

In der Rad-Schiene-Kontaktfläche überlagern sich Längs- und Seitenkraftschlussbeanspruchung. Der zwischen Längs- und Seitenkraftschlussbeiwert μ_x, μ_y bestehende Zusammenhang kann überschläglich durch eine Ellipse – die **Kraftschlussellipse** – dargestellt und mit der Ellipsengleichung beschrieben werden. Bild 4.10 zeigt die Kraftschlussellipse. Die Ellipsengleichung lautet:

$$\left(\frac{\mu_x}{\mu_{x\,max}}\right)^2 + \left(\frac{\mu_y}{\mu_{y\,max}}\right)^2 = 1 \tag{4.12}$$

Für die Aufstellung der Ellipsengleichung kann $\mu_{xmax} = 0{,}50$ und $\mu_{ymax} = 0{,}30$ vorausgesetzt werden. Liegt die Seitenkraftschlussbelastung μ_{yP} vor, so ist nur der Längskraftschlussbeiwert μ_{xP} realisierbar.

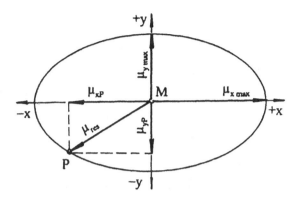

Bild 4.11
Kraftschlussellipse

Zwischenmedium

Schienenoberflächen können mit einem Zwischenmedium wie reines Wasser, schmierige Stoffe (Wasser-Staub-Gemisch, Laub, Öl usw.) oder feste Stoffe (Rost, Sand usw.) überzogen sein, das in die Rad-Schiene-Kontaktfläche gelangt und die Kraftschlussbildung beeinträchtigt.

Bei Wasser und schmierigen Stoffen bildet sich am Einlauf des Rads in die Kontaktfläche ein Flüssigkeitskeil aus, der vorangeschoben wird. In Abhängigkeit von Höhe des Zwischenmediums und Fahrgeschwindigkeit schiebt sich der Keil immer mehr in die Kontaktfläche. Die Fähigkeit des Rads, den Kontakt zwischen den Mikrohügeln aufrecht zu erhalten, hängt von der dynamischen Viskosität des Zwischenmediums, von der Höhe der Mikrohügel, von der Radkraft und von den Abmessungen der Kontaktfläche ab. Die Beeinflussung des Kraftschlussbeiwerts durch Wasser bzw. durch ein Zwischenmedium wird in Gl. (4.11) durch die Zwischenmediumskonstante H erfasst. Für H gilt:

$$H = \frac{2A}{h} \sqrt{\frac{\eta \, v_{00}}{\pi \, b \, G_R}}$$

(4.13)

H Zwischenmediumskonstante, Maßeinheit 1
A Rad-Schiene-Kontaktfläche in m^2, Gl. (3.21)
h Mikrohügelhöhe in m (ca. 10 µm bzw. $10 \cdot 10^{-6}$ m)
v_{00} Geschwindigkeitskonstante, $v_{00} = 27{,}778$ m/s
b Kontaktflächenhalbachse in m, Gl. (3.21)
G_R Radgewichtskraft in N
η Dynamische Viskosität des Zwischenmediums in Pa s bzw. Ns/m^2
   (für Wasser auf nassen, sauberen Schienen gilt: $\eta = 1 \cdot 10^{-3}$ Pa s)

Bild 4.9 zeigt den Einfluss, den nasse, aber saubere Schienen auf den Kraftschlussbeiwert μ_{0v} ausüben. Aus Bild 4.12 ist die Abhängigkeit des Kraftschlussbeiwerts μ_{0v} von der Höhe der Mikrohügel h und von der dynamischen Viskosität des Zwischenmediums η ersichtlich.

Das flüssige Zwischenmedium führt zur Vergrößerung des Radschlupfes, und zwar um einen solchen Betrag, bei dem die notwendige Wärmemenge für das Verdampfen des Zwischenmediums freigesetzt wird. Bei Wasser ohne Schmutzbeimengungen wird das Verdampfen bereits mit einem Schlupf von 3 % erreicht, d.h. der Kraftschlussbeiwert der nassen, sauberen Schiene ist zwar niedriger als der auf trockener, sauberer Schiene, jedoch ist der Abfall minimal.

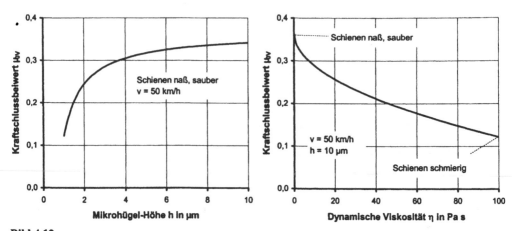

Bild 4.12
Einfluss der Mikrohügelhöhe h und der dynamischen Viskosität η des Zwischenmediums auf den Kraftschlussbeiwert μ_{0V} (G_R = 100 kN, D_R = 1,0 m und r_S = 0,3 m)

Zur Beseitigung des negativen Einflusses des flüssigen Zwischenmediums bestehen zwei Möglichkeiten: Das flüssige Zwischenmedium ist entweder vor der Kontaktfläche zu verdampfen, so dass der Verdampfungsprozess nicht in der Kontaktfläche durch Schlupfvergrößerung realisiert werden muss, oder sein Einfluss ist durch Aufbringen einer Schicht aus festem Material (z.B. Sand) zu neutralisieren. Die Zwischenschicht aus festem Material (u.a. Rost) vergrößert die Verformungswiderstandskraft und vermindert damit den Weg (Schlupf), auf dem die Tangentialkraft Arbeit leisten muss. Der Kraftschlussbeiwert steigt an.

Das gegenwärtig am häufigsten benutzte Neutralisierungsmittel ist Sand mittlerer Körnung, aus dem die Tonerde-Bestandteile herausgewaschen sind. Mit der Benutzung des Sandes sind bestimmte Aufwendungen und Nachteile verbunden. Untersuchungen im Hochgeschwindigkeitsverkehr ergaben, dass auch hier der Sandstreuvorrichtung gegenüber mechanischen, chemischen und auf Ionisation beruhenden Verfahren der Vorzug zu geben ist.

Tabelle 4.1 enthält den Radschlupf der Radsätze der Lokomotive BR 143. Die Putzwirkung des führenden Radsatzes führt zur Schlupfreduzierung der übrigen Radsätze. Die Schleuderneigung vergrößert sich mit Verschlechterung des Schienenzustands. Beim Aufregeln von Hand ist die Zunahme der Schleuderneigung sehr augenscheinlich.

Spannungszustand

Die Tangentialkraft wird in der Kontaktfläche durch Schubspannungen übertragen. Beim Eintritt in die Kontaktfläche bestehen im treibenden Rad Druckspannungen und in der Schiene Zugspannungen. In der Kontaktfläche vollzieht sich der Abbau dieser Spannungen und nach dem Durchlaufen der Kontaktflächenmitte der erneute Aufbau, aber jetzt mit umgekehrtem Vorzeichen. Nach dem Austritt aus der Kontaktfläche bestehen im treibendem Rad Zugspannungen und in der Schiene Druckspannungen.

Beim gebremsten Rad haben diese Spannungen umgekehrte Vorzeichen. Daher trägt die Schlupfgeschwindigkeit beim Bremsen das negative Vorzeichen. Die Mikrogleitfläche verlagert sich von der Auslauf- zur Einlaufseite.

Bild 4.13 zeigt Spannungszustände und Lage der Mikrogleitflächen.

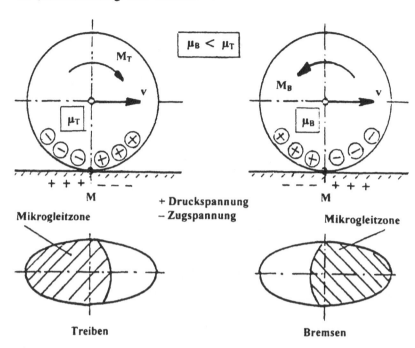

Bild 4.12
Spannungszu-
stände am Rad
und in der
Schiene beim
Treiben und
Bremsen

4.1.3   Statistische Kraftschlusstheorie

In der statistischen Kraftschlusstheorie ist der Kraftschlussbeiwert μ_T oder μ_B eine **statistische Variable U mit dem Mittelwert μ_M und der Standardabweichung** σ. Der Mittelwert μ_M und die Standardabweichung σ werden aus Messserien mit einer entsprechenden Anzahl von Einzelmessungen bestimmt. Aus einer diesbezüglichen Messreihe gingen beispielsweise für Treiben im Geschwindigkeitsbereich 0 bis 10 km/h folgende Kraftschlussbeiwerte hervor:

Trockene Schienen: $\mu_M = 0{,}45$ und $\sigma = \pm 0{,}0675$

Nasse Schienen mit Sand: $\mu_M = 0{,}35$ und $\sigma = \pm 0{,}0525$

Nasse Schienen ohne Sand: $\mu_M = 0{,}25$ und $\sigma = \pm 0{,}0375$

Auswertung der Kraftschlussmessungen

Gemessene Kraftschlussbeiwerte werden in Klassen mit dem Klassen-Mittelwert μ_M und der Klassenbreite $\Delta\mu$ eingeordnet. Durch Division der Messwerteanzahl einer Klasse mit der Gesamtzahl der Messwerte erhält man die relative Häufigkeit dieser Klasse, die – über dem Klassenmittelwert μ_M und der dazugehörigen Bandbreite aufgetragen – das Häufigkeitsdiagramm $f(\mu_T)$ ergibt. Bild 4.14 zeigt Häufigkeitsdiagramme gemessener Kraftschlussbeiwerte.

Die kumulative Addition der Häufigkeiten von Klasse zu Klasse und das Zuordnen zu den Klassenmittelwerten μ_M ergibt die Verteilung des Kraftschlussbeiwerts $F(\mu_T) = \Sigma\, f(\mu_T)$. In der letzten Klasse erhält man $F(\mu_T) = 1$ (alle Häufigkeiten sind summiert). Bild 4.15 zeigt das Verteilungsdiagramm zur Variante GL des Bildes 4.14.

Häufigkeits- und Verteilungsdiagramm ergeben, dass der statistischen Variablen U des Kraftschlussbeiwert μ_T die Normalverteilung zugrunde liegt.

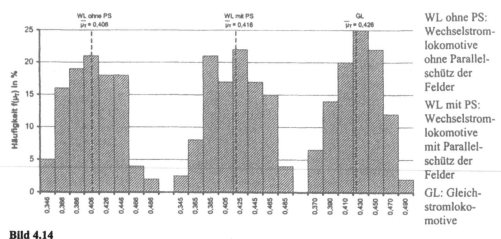

WL ohne PS:
Wechselstrom-
lokomotive
ohne Parallel-
schütz der
Felder

WL mit PS:
Wechselstrom-
lokomotive
mit Parallel-
schütz der
Felder

GL: Gleich-
stromloko-
motive

Bild 4.14
Häufigkeitsdiagramm $f(\mu_T)$ von Kraftschlussbeiwerten bei $v = 5$ km/h und trockenen und sauberen Schienen, gemessen an elektrischen Lokomotiven der SBB (nach *Weber, H.*)

Häufigkeits- und Verteilungsdiagramm können näherungsweise durch die entsprechenden
Funktionen der mathematischen Statistik beschrieben werden, d.h. durch die Dichtefunktion
$f(x)$ und durch die Verteilungsfunktion $F(x)$. Bild 4.15 zeigt die aus der Dichtefunktion $f(x)$
und die aus der Verteilungsfunktion $F(x)$ hervorgehenden theoretischen Kennlinien. Es gilt
$F(x) = $ Integral $f(x)dx$.

Anstelle der absoluten unabhängigen Variablen Zufallsgröße μ_T wird zur Funktionsbildung die
normierte Zufallsgröße x benutzt:

$$x = \frac{\mu_i - \mu_M}{\sigma} \tag{4.14}$$

μ_M Mittelwert des Kraftschlusses aus der Messreihe
μ_i Kraftschlussbeiwert der i-ten Messung
σ Standardabweichung der Messreihe
Die normierte Zufallsgröße x hat Werte zwischen minus und plus unendlich. Entsprechend sind
auch die Integrationsgrenzen zur Bestimmung der Verteilungsfunktion $F(x)$. Im Fall $x = 0$ liegt
die Dichte $f(x)$ bzw. relative Häufigkeit und die Verteilung $F(x)$ des Mittelwerts μ_M vor.

Aus der Verteilungsfunktion $F(x)$ kann die Komplementfunktion $\Phi(x)$ berechnet werden:

$$\Phi(x) = 1 - F(x) \tag{4.15}$$

Deutung von Auswerteergebnissen

Bezogen auf den Kraftschlussbeiwert, besagt der Funktionswert $F(x)$, mit welcher Wahrschein-
lichkeit ein Triebfahrzeug bei Ausübung einer bestimmten Zugkraft, die einen Wert der
normierten Zufallsgröße hat, zum Schleudern kommen muss. Da das Schleudern eine sofortige
Zugkraftunterbrechung notwendig macht, liefert die Funktion $F(x)$ die Ausfallwahrscheinlichkeit der Zugkraft. Deshalb bezeichnet man $F(x)$ des Kraftschlusses auch als Schleuderwahr-
scheinlichkeit $S(x)$ oder $S(\mu_T)$. Die Komplementfunktion $\Phi(x)$ liefert die Realisierungswahrscheinlichkeit des Kraftschlusses.

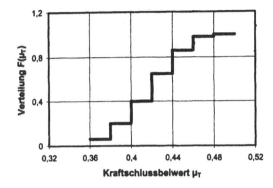

Bild 4.15

Diagramme zur statistischen Kraftschluss-theorie

a) Verteilungsdiagramm $F(\mu_T)$ der Kraft-schlussbeiwerte zu Variante GL

b) Dichtefunktion der normierten Normal-verteilung ($x = 0$ bei μ_M)

c) Verteilungs- bzw. Ausfallwahrschein-lichkeitsfunktion $F(x)$ und Realisie-rungswahrschlichlichkeitsfunktion $\Phi(x)$ der normierten Normalverteilung

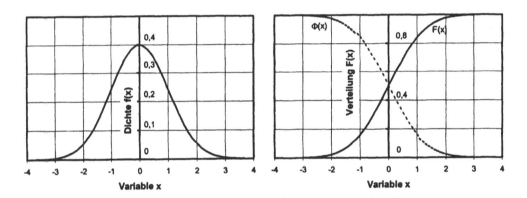

Schleudern der Treibradsätze

Je größer bei der Anfahrt der Kraftschlussbeiwert mittels Zugkrafteinstellung gewählt wird, desto größer wird die Schleuder- bzw. Ausfallwahrscheinlichkeit und desto kleiner ist die Rea-lisierungswahrscheinlichkeit. Bei der Auslegung der Lokomotivsteuerung wird die auf dem Kraftschlussbeiwert beruhende maximale Zugkraft so gewählt, dass Schleuder- und Ausfall-wahrscheinlichkeit 5 % bzw. Realisierungswahrscheinlichkeit 95 % betragen. Das bedeutet, dass 19 von 20 Anfahrten störungsfrei verlaufen.

Für die zum Schleudern führende Änderung des Kraftschlussbeiwerts sind die schnelle und die langsame Variation möglich. Die schnelle Variation liegt vor, wenn die an nahezu gleicher Stelle des Gleiskörpers durchgeführten Messungen zu verschiedenen Ergebnissen führen. Bei der langsamen Variation erhält man für die an nahezu gleicher Stelle des Gleiskörpers durchge-führten Messungen gleiche Ergebnisse. Zur Änderung des Kraftschlussbeiwerts sind minde-stens der Lokomotivlänge entsprechende Wegänderungen erforderlich.

Nach Versuchsergebnissen sind im Regelfall an gleicher Stelle des Gleises Sprünge des Kraft-schlussbeiwerts von ± 15 % zu verzeichnen. Tabelle 4.2 enthält für eine Messreihe die auf der entsprechenden Weglängenänderung konstant gebliebenen Kraftschlussbeiwerte.

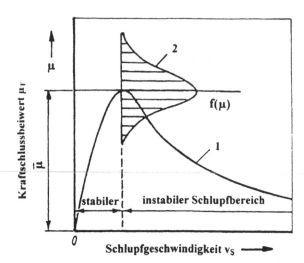

Bild 4.16
Kraftschlussfunktion im Simulations-
modell des Antriebssystems einer
elektrischen Drehstromlokomotive
(*Henning, U.*)
1 – deterministische Funktion
2 – stochastische Funktion

Tabelle 4.2
Notwendige Wegänderungen für die Änderung des Kraftschlussbeiwerts
(Verteilung der Gesamtzahl der Messwerte)

Wegänderung in m	2,5	5,0	7,0	10,0
Anzahl der Messwerte	56	38	15	5

Simulationsmodell des Lokomotivantriebssystems

Von *Henning, U.* wird vorgeschlagen, für die Entwicklung von Lokomotivleitsystemen die im
Bild 4.16 dargestellte Kraftschluss-Schlupfgeschwindigkeits-Kennlinie zu benutzen. Der
Grundverlauf $\mu_T(v_S)$ ist durch die deterministische Kennlinie gegeben. Die Maximalwerte werden als normalverteilte Zufallsgröße vorgegeben. Die Verteilung F(x) wird von Simulationsschritt zu Simulationsschritt (sehr kleine Zeitschritte) durch den Zufallszahlengenerator
festgelegt. Vom Rechner werden praxisadäquate stochastische Kraftschlussbeiwert-Zeit-Ver-
läufe ausgegegeben. Bild 4.17 zeigt den auf der Grundlage von Bild 4.16 gewonnenen zeitabhängigen Verlauf der Kraftschlussbeiwerte. Die Kennlinie $\mu_{max}(t)$ veranschaulicht die vom Zu-
fallsgenerator gelieferten stochastischen Maximalwerte und die Kennlinie $\mu(t)$ die vom Rechner ausgegebenen mittleren Kraftschlussbeiwerte der Lokomotive unter Berücksichtigung der
deterministischen Fassung des Kraftschluss-Schlupf-Gesetzes und der Dynamik des Antriebs.

Berechnungsbeispiel 4.3

Der Zugkraftregler einer Lokomotive soll so eingestellt werden, dass auf trockenen Schienen höchstens
bei jeder 20. Anfahrt die Zugkraftunterbrechung durch Schleudern der Treibradsätze eintritt. Der zugrunde zu legende Kraftschlussbeiwert ist zu berechnen.

Lösungsweg und Lösung:

Schleudern bei jeder 20. Anfahrt bedeutet, dass die Ausfallwahrscheinlichkeit F(x) = 0,05 bzw. 5 %
(1/20 = 0,05) und die Realisierungswahrscheinlichkeit Φ(x) = 0,95 bzw. 95 % beträgt (19/20 = 0,95). Für
F(x) = 0,05 bzw. Φ(x) = 0,95 wird der Wahrscheinlichkeitstabelle der Normalverteilung die normierte
Zufallsgrösse x = −1,64 entnommen (siehe Taschenbücher der Mathematik). Die Entnormierung von
Gl.(4.14) und die Wahl von μ_M = 0,45 (Seite 171) ergibt für den gesuchten Kraftschlussbeiwert μ_T:

$$\mu_T = \mu_M + \sigma x = 0,45 - 0,0675 \cdot 1,64 = 0,3393$$

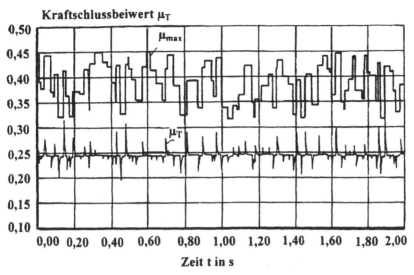

Bild 4.17
Stochastische
Kraftschluss-
beiwert-Zeit-
Verläufe beim
Tatzlagerantrieb
(*Henning, U.*)

4.1.4 Kraftschlussgleichungen und Kraftschlussbeiwerte

In der Praxis werden für die Zugkraftberechnung im Regelfall Kraftschlussgleichungen benutzt, die ohne spezielle statistische Auswertung aus Versuchsergebnissen hervorgegangen sind. Als Basis der Gleichungsaufstellung wird eine im unteren Bereich des Feldes der Versuchswerte liegende Kurve gewählt. Durch die Bezugnahme auf den unteren Feldbereich wird die praktische Erfüllbarkeit der berechneten Kraftschlussbeiwerte garantiert.

Bild 4.18 zeigt Versuchsergebnisse von *Curtius* und *Kniffler*, die Grundlage der gleichnamigen Kraftschlussbeiwertegleichung ist. Ähnliche Gleichungen sind auch aus anderen Untersuchungen zum Kraftschlussbeiwert bekannt, beispielsweise die Gleichung von *Kother*.

Tabelle 4.3
Konstanten zu Kraftschlussbeiwertegleichung (Gl. (4.16))

Gleichung von	k_1	k_2	k_3
Curtius und *Kniffler*	0,161	7,5 km/h 2,083 m/s	44 km/h 12,222 m/s
Kother	0,116	9,0 km/h 2,5 m/s	42 km/h 11,667 m/s
Parodi und *Tetrel* - bei G_A =150 bis 200 kN - bei G_A = 350 bis 400 kN	0 0	30 km/h 40 km/h	100 km/h 100 km/h

GUS-Eisenbahnen
- Gleichstrom- und diesel-
  elektrische Lokomotiven
- Wechselstromlokomtiven
  · $0 \leq v \leq 40$ km/h
  · $40 < v \leq 150$ km/h
	
	0,250
	
	0,228
	0,228
		
		0,4 km/h
		
		2,4 km/h
		31,7 km/h
			
			5 km/h
			
			17,7 km/h
			138 km/h

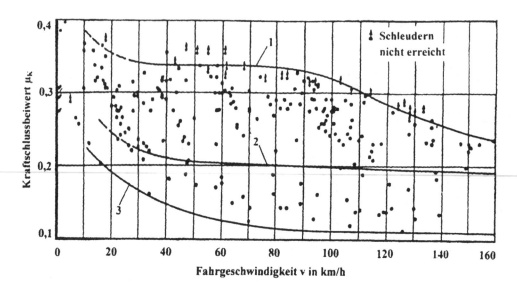

Bildd 4.18

Gemessene Kraftschlussbeiwerte am Radsatz μ_K für Treiben (nach *Curtius* und *Kniffler*)

1 Obere Begrenzungslinie für trockene Schienen
2 Untere Begrenzungslinie für trockene Schienen und obere Begrenzungslinie für nasse Schienen
3 Untere Begrenzungslinie für nasse Schienen

Kraftschlussbeiwerte für Treiben

Die allgemeine Kraftschlussbeiwertegleichung für Treiben lautet:

$$\mu_T = k_1 + \frac{k_2}{k_3 + v} \qquad (4.16)$$

Tabelle 4.3 enthält die für die Konstanten k_1, k_2 und k_3 einzusetzenden Zahlenwerte. Die Maßeinheit der Fahrgeschwindigkeit v ist von der gewählten Konstanten-Maßeinheit abhängig.

Aus Gl. (4.16) geht μ_T in der Maßeinheit 1 hervor. In der Praxis wird der Kraftschlussbeiwert auch in ‰ angegeben, z.B. $\mu = 0{,}200$ bzw. 200 ‰.

Gleichung der SNCF zur Berechnung des Kraftschlussbeiwerts für Treiben:

$$\mu_T = \mu_0 \frac{k_1 + k_2 v}{k_1 + k_3 v} \qquad (4.17)$$

μ_0 Anfangs-Kraftschlussbeiwert (ohne Sand: $\mu_0 = 0{,}330$; mit Sand: $\mu_0 = 0{,}400$)
k_1, k_2, k_3 Konstanten ($k_1 = 8$ km/h, $k_2 = 0{,}1$ und $k_3 = 0{,}2$)

Durch den im Bogen vorhandenen Längs- und Seitenschlupf wird der Kraftschlussbeiwert beeinflusst. Bei den Eisenbahnen der GUS wird der im Bogen für Treiben vorhandenen Kraftschlussbeiwert mit einer Gleichung bestimmt:

$$\mu_{TBo} = \mu_T \frac{k_1 + k_2 R}{2 k_1 + k_3 R} \qquad (4.18)$$

Tabelle 4.4
Mittlere Kraftschlussbeiwerte der Triebfahrzeuge μ_T
(Treiben) von Bereichen des Schienenverkehrs

Bereich	μ_T
Lokomotivkonstruktion in der GUS	0,460
Straßenbahnen - grobe Fahrschalterstufung - feine Fahrschalterstufung	0,167 0,250
Braunkohletagebau - Abraumbetrieb - Grubenbetrieb	0,240 0,200

Symbole und Maßeinheiten zu Gl. (4.18)

μ_{TBo}	Kraftschlussbeiwert im Bogen
μ_T	Kraftschlussbeiwert auf der geraden Strecke
k_1, k_2, k_3	Konstanten ($k_1 = 250$ m, $k_2 = 1,55$ und $k_3 = 1,10$)
R	Bogenhalbmesser in m

Tabelle 4.4 enthält mittlere Kraftschlussbeiwerte für Treiben, mit denen bis zur Geschwindigkeit 40 km/h gerechnet werden kann.

Kraftschlussbeiwerte beim Bremsen

Bild 4.19 enthält die von *Metzkow* im Fahrversuch mit Reisezugwagen für Bremsen ermittelten Kraftschlussbeiwerte. Danach kann der Kraftschlussbeiwert μ_B bis 120 km/h als von der Geschwindigkeit unabhängig angesehen werden kann. Tabelle 4.5 enthält die Streuung von μ_B.

Die von *Metzkow* zur Radblockierung gemessenen Gleitreibungsbeiwerte μ_G können durch folgende Gleichung ausgedrückt werden:

$$\mu_G = \mu_{Gru} + \mu_0 \, e^{v/v_{00}} \tag{4.19}$$

Tabelle 4.5 enthält die Grundwerte μ_{Gru} und die Werte für die Konstanten μ_0 und v_{00}.

Auf der Grundlage der Versuchsergebnisse von *Metzkow* wird bei bremstechnischen Berechnungen der Eisenbahn für die Grauguss-Klotzbremse $\mu_B = 0,15$ (bei 18 bis 20 km/h) und für die Scheibenbremse in den Bremsstellungen P und G $\mu_B = 0,12$ und in R $\mu_B = 0,15$ vorausgesetzt. Für die elektrische Bremse sowie für hydrodynamische Bremsretarder gilt $\mu_B = 0,18$.

Tabelle 4.6 enthält die beim Bremsen von Straßenbahnen möglichen Kraftschlussbeiwerte.

Tabelle 4.5
Kraftschluss- und Gleitreibungsbeiwerte für Bremsen nach *Metzkow*

Schienenzustand	μ_B für Rollen	μ_G für Gleiten	Beiwerte zu Gl. (4.19)		
			μ_{Gru}	μ_0	v_{00} km/h
Trocken, sauber	0,18 bis 0,26	0,05 bis 0,06	0,040	0,0861	13,94
Nass, sauber gespült	0,18 bis 0,22	0,05 bis 0,06	0,035	0,0861	13,94
Schlüpfrig, leichte Benässung	0,10 bis 0,16	0,04 bis 0,05	0,030	0,0861	13,94
Trocken, gesandet	0,28 bis 0,46	0,06 bis 0,10	0,060	0,1816	24,14

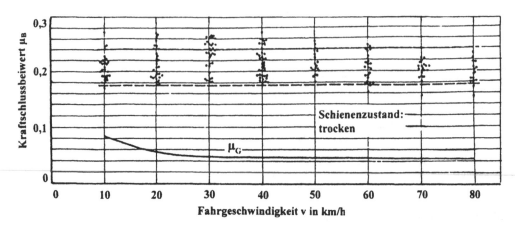

Bild 4.19
Auszug der gemessenen Rad-Schiene-Kraftschlussbeiwerte für Bremsen (nach *Metzkow*)

Tabelle 4.6
Mittlere Kraftschlussbeiwerte der Straßenbahnzüge beim Bremsen

Merkmal	μ_B	Merkmal	μ_B
Trockene, saubere Schienen	0,24 bis 0,27	Zu schnelles Kontaktschalten	
Spitzenwert mit Sand	0,47	bei trockenen Schienen	0,14 bis 0,18
Normativwert bei		bei feuchten Schienen	0,10 bis 0,14
- grober Fahrschalterstufung	0,167	bei trockenen Schienen mit Sand	0,20 bis 0,25
- feiner Fahrschalterstufung	0,200	Durchreißen, Radblockierung	0,045

Die Kraftschlussbeiwerte für Bremsen sind kleiner als die für Treiben. Ursache ist die unterschiedliche Lage der Mikrogleitzone innerhalb der Kontaktfläche (Bild 4.13). Die hintere Lage beim Bremsen verschlechtert die Wärmeabfuhr und vermindert damit den Kraftschlussbeiwert.

4.1.5   Ausnutzungsfaktor

Am Triebfahrzeug wirken zugkraftmindernde Faktoren, die das Erreichen des physikalischen Kraftschlussbeiwerts μ_K durch alle Radsätze verhindern. Ihr Einfluss auf Zug- und Bremskraft wird im Ausnutzungsfaktor α erfasst, der das Produkt von Teilausnutzungsfaktoren $\alpha_1...\alpha_n$ ist:

$$\mu_T = \alpha\,\mu_K \ \text{ und } \ \mu_B = \alpha\,\mu_K \tag{4.20}$$

$$\alpha = \alpha_1\,\alpha_2\,\alpha_3\,.....\alpha_n$$

Die wichtigsten zugkraftmindernden Einflüsse sind:

- Normalkraftänderung infolge der systemäußeren Zughakenzugkraft F_Z und infolge der Massenkraft F_M (Teilausnutzungsfaktor α_1)

- Zugkraftsprünge beim Aufregeln (Teilausnutzungsfaktor α_2) und

- Zug- und Normalkraftänderung infolge dynamischer Vorgänge (Teilausnutzungsfaktor α_3).

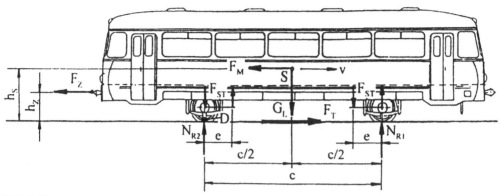

Bild 4.20
Elektrisches zweiachsiges Triebfahrzeug mit innen gelagerten Fahrmotoren in schematischer Darstellung, an dem die eine Achskraftverlagerung hervorrufenden Kräfte dargestellt sind

Zugkrafteinfluss

Für die Ableitung der Gleichung des Ausnutzungsfaktors α_1 wird ein zweiachsiger elektrischer Triebwagen mit Anhänger gewählt, bei dem beide Radsätze einzeln angetrieben, aber gemeinsam geregelt werden. Die Fahrmotoren sind innenliegend angeordnet (Bild 4.20).

Die Summe aller Drehmomente bewirkt die Verlagerung von Achskraft vom vorderen auf den hinteren Radsatz. Bei zentraler Regelung des Antriebs entwickelt das Triebfahrzeug eine Zugkraft F_T, die doppelt so groß wie die Kraftschlusszugkraft des vorderen Radsatzes ist. Durch die zentrale synchrone Regelung der beiden Motoren kann der hintere Radsatz die durch die Achskraftverstärkung mögliche Kraftschlusszugkraft aber nicht realisieren.

Für die Ermittlung des Ausnutzungsfaktors α_1 wird der Drehpunkt D am hinteren Radsatz gewählt. Um den Drehpunkt D wirken:

– das Zugkraftdrehmoment M_{FT},
– das Gewichts- und Normalkraftdrehmoment M_{GN1} und
– das Stützkraftdrehmoment M_{St}.

Die Treibachszugkraft F_T ist entsprechend Bild 4.20

– in die Zughakenzugkraft F_Z (F_Z-Angriff am Zughaken) und
– in die Massenkraft des Triebfahrzeugs F_M (Angriff im Schwerpunkt) aufzuteilen:

$$F_T = F_Z + F_M$$

Die Aufteilung ist durch den Anteil von Wagenzug- bzw. Beiwagenmasse m_W am Zughaken Z und Lokomotiv- bzw. Triebwagenmasse m_L im Schwerpunkt S an der Zugmasse m_Z gegeben:

$$m_Z = m_L + m_W$$

Anstelle der Masse ist für die Aufteilung das Zugmasseverhältnis q Gl. (1.38) zu benutzen:

$$q = m_Z/m_L$$

Die Zughakenzugkraft F_Z hat den Hebelarm Zughakenhöhe h_Z und die Massenkraft F_M den Hebelarm Schwerpunkthöhe h_S. Das Zugkraftdrehmoment beträgt:

$$M_{FT} = F_Z h_Z + F_M h_S = \frac{m_W}{m_Z} F_T h_Z + \frac{m_L}{m_Z} F_T h_S = F_T \left(\frac{q-1}{q} h_Z + \frac{h_S}{q} \right)$$

Das Gewichts- und Normalkraftdrehmoment M_{GN1} wird durch die Triebwagen- bzw. Lokomotivgewichtskraft G_L mit dem Hebelarm halber Achsabstand $c/2$ und die Normalkraft am vorderen Radsatz N_{R1} mit dem Hebelarm Achsabstand c hervorgerufen:

$$M_{GN1} = N_{R1} c - G_L \frac{c}{2}$$

Die Drehmomente von Haupt- und Hilfsantrieben bewirken je nach Anordnung Gegendrehmomente, die vom Fahrzeug- bzw. Drehgestellrahmen aufgenommen werden müssen. Kompensieren sich die Gegendrehmomente nicht, tritt entweder eine Achskraftänderung oder eine seitliche Radkraftänderung ein.

Am Fahrzeug des Bildes 4.20 entstehen durch das Drehmoment der Fahrmotoren die Stützkräfte F_{St}. Sie heben sich zwar in z-Richtung gegenseitig auf, aber das Gegendrehmoment beider Radsätze summiert sich. Für das Gesamtdrehmoment M_{St} gilt bei Summierung:

$$M_{St} = F_T \frac{r_R}{i_A}$$

Unter Beachtung der Drehrichtung wird die Summe aller Drehmomente berechnet:

$$M_{FT} + M_{GN1} + M_{St} = 0$$

$$F_T \left(\frac{q-1}{q} h_Z + \frac{h_S}{q} \right) + N_{R1} c - G_L \frac{c}{2} + F_T \frac{r_R}{i_A} = 0$$

Die maximale Zugkraft ist durch die Zugkraft des entlasteten vorderen Radsatzes gegeben (Normalkraft N_{R1}):

$$F_T = 2 \mu_K N_{R1}$$

Einsetzen in die Gleichung des Drehmomentgleichgewichts und Auflösung nach N_{R1}:

$$N_{R1} = \frac{c}{2 \left[c + 2 \mu_K \left(\frac{q-1}{q} h_Z + \frac{h_S}{q} + \frac{r_R}{i_A} \right) \right]} G_L$$

Das Einsetzen in die F_T-Gleichung und die Division mit dem Achsabstand c ergibt:

$$F_T = \alpha_1 \mu_K G_L \quad \text{und} \quad \mu_T = \alpha_1 \mu_K \tag{4.21}$$

$$\alpha_1 = \frac{1}{1 + 2\varphi\mu_K} \quad \text{und} \quad \varphi = \frac{q-1}{q}\frac{h_Z}{c} + \frac{h_S}{qc} + \frac{r_R}{i_A c}$$

α_1 Ausnutzungsfaktor des Kraftschlussbeiwerts
φ Achsentlastungsbeiwert

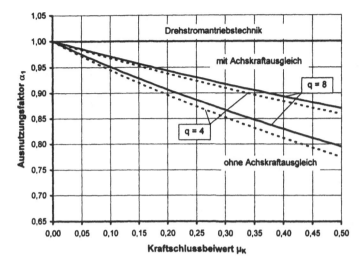

Bild 4.21
Abhängigkeiten des Aus-
nutzungsfaktors für eine
vierachsige Lokomotive

Drehgestell-Achsabstand
c = 3,5 m

Drehzapfenabstand
d = 7,8 m

Schwerpunkthöhe
h_S = 2,0 m

Zughakenhöhe
h_Z = 1,05 m

Beim Drehgestellfahrzeug ist der Achskraftunterschied innerhalb eines Drehgestells durch die
Erzeugung von Gegendrehmomenten ausgleichbar. Der auf Gewichtskraftänderung am Drehzapfen beruhende Achskraftunterschied ist ohne Schwerpunktverlagerung nicht ausgleichbar.
Bild 4.21 zeigt die Wirkung des Achskraftausgleichs. Bei Drehstromantriebstechnik entfällt
das Problem der verminderten Zugkraftausnutzung.

Gegendrehmomente für den Achskraftausgleich werden erzeugt durch:

– Druckluftzylinder zwischen Lokomotivkasten und Drehgestellen bei Drucksteuerung durch
  den Motorstrom (Bauart Maffei-Schwartzkopf), auch kombiniert mit einer höhenver-
  stellbaren Zugstange zwischen den Drehgestellen und

– Tiefanlenkung der Zugstange am Drehgestell und Hochanlenkung am Lokomotivkasten.

Beim Triebfahrzeug mit zweiachsigen Drehgestellen (Drehgestell-Achsabstand c, Drehzapfenabstand d) ist in Gl. (4.21) folgender überschläglicher Achsentlastungsbeiwert φ einzusetzen:

Ohne Achskraftausgleich   Mit Achskraftausgleich

$$\varphi = \frac{q-1}{q} \cdot \frac{h_Z}{c} + \frac{h_S}{q\,d} \qquad\qquad \varphi = \frac{q-1}{q} \cdot \frac{h_Z}{d} + \frac{h_S}{q\,d} \qquad\qquad (4.21a)$$

Zugkraftsprünge beim Aufregeln

Bei älteren Triebfahrzeugen mit Fahrstufen wird auf die höhere Fahrstufe geschaltet, wenn die
Kraftschlusszugkraft (obere Zugkraft F_o) nicht überschritten wird. Die Verweilzeit in einer
Fahrstufe ist entsprechend zu wählen. Die Zugkraft springt um ΔF zwischen oberem Wert F_o
und unterem Wert F_u. Bild 4.22 zeigt das Aufregeln. Für die Anfahrt ist die mittlere Zugkraft
F_{mi} maßgebend. Der Ausnutzungsfaktor α_2 ist das Verhältnis von mittlerer zu oberer Zugkraft:

$$\alpha_2 = \frac{F_{mi}}{F_o} = 1 - \frac{\Delta F}{2\,F_0} = \frac{1}{2}\left(1 + \frac{F_u}{F_o}\right) \qquad\qquad (4.22)$$

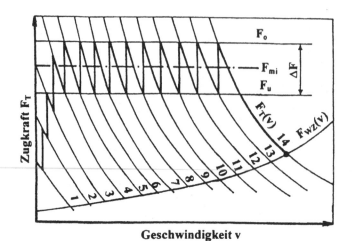

Bild 4.22
Zugkraftdiagramm einer elektrischen Lokomotive mit
Fahrstufenkennlinien $F_T(v)$,
Aufregelkennlinie und Zugwiderstandskennlinie $F_{WZ}(v)$

Geschwindigkeit v

Dynamische Vorgänge

Das Triebfahrzeug unterliegt Vertikalschwingungen, die zu dynamischen Achskraftänderungen
führen. Im Zugverband treten Längsschwingungen auf, die eine dynamische Beeinflussung der
Zugkraft ergeben. Das Antriebssystem ist drehelastisch. Damit ist auch das Drehmoment am
Treibradsatz eine dynamische Größe. Bei Einphasen-Wechselstrom-Fahrmotoren ist durch
Schwingungen mit der Frequenz 16 2/3 Hz ein dynamisches Drehmoment zu verzeichnen.

Die dynamischen Prozesse bewirken in der Summe eine Beeinträchtigung der Zugkraftentwicklung, die im Teilausnutzungsfaktor α_3 erfasst wird. Der Teilausnutzungsfaktor α_3 hat insbesondere bei großen Fahrgeschwindigkeiten Bedeutung, da die Schwingungsamplituden mit
der Fahrgeschwindigkeit progressiv zunehmen.

Gegenmaßnahmen

Durch geeignete Gegenmaßnahmen ist die Verbesserung des Ausnutzungsfaktors bis auf
Werte ≈ 1 möglich. Hierzu gehört eine ausgeklügelte innere Mechanik der Lokomotive, die
Schwingungsdämpfung, die stufenlose Motorregelung und die Benutzung der Drehstromantriebstechnik mit dezentraler Kraftschluss-Schlupf-Regelung der Radsätze.

Berechnungsbeispiel 4.4

Der Triebwagen des Bildes 4.20 hat die Masse $m_L = 29,5$ t und zieht einen Beiwagen mit der Masse
$m_W = 21,5$ t. Der Radhalbmesser beträgt $r_R = 0,9$ m, die Achsgetriebeübersetzung $i_A = 3,2$, die
Zughakenhöhe $h_Z = 1,0$ m, die Schwerpunkthöhe $h_S = 1,5$ m und der Achsabstand c = 6,0 m. Der Ausnutzungsfaktor α_1 ist zum Kraftschlussbeiwert $\mu_K = 0,25$ zu berechnen.

Lösungsweg und Lösung:

Zugmasse und Zugmasseverhältnis, Gl. (1.38)

$m_Z = m_L + m_W = 29,5 + 21,5 = 51,0$ t und $q = m_Z/m_L = 51,0/29,5 = 1,73$

Achsentlastungsbeiwert, Gl. (4.21)

$\varphi = (1,73 - 1)/1,73 \cdot 1,0/6,0 + 1,5/(1,73 \cdot 6,0) + 0,9/(3,2 \cdot 6,0) = 0,2617$

Ausnutzungsfaktor, Gl. (4.21), $\alpha_1 = 1/(1 + 2 \cdot 0,2617 \cdot 0,25) = 0,8843$ bzw. 88,4 %
Mittlerer Kraftschlussbeiwert, Gl. (4.20), $\mu_T = \alpha_1 \mu_K = 0,8843 \cdot 0,25 = 0,22$

4.2 Zugkraft und Leistungsaufnahme der Dieseltriebfahrzeuge

4.2.1 Energiefluss zur Zugkrafterzeugung

Die für das Fahren erforderliche Zugkraft ist vom Antriebssystem des Triebfahrzeugs bereit-zustellen. Die Zugkraft steht am Laufkreis der Treibräder zur Verfügung (Treibachszugkraft F_T). Zur Zugkraftbereitstellung muss Energie aufgenommen werden, die beim Dieseltriebfahr-zeug an den Energieträger Dieselkraftstoff gebunden ist.

Das Antriebssystem hat folgende Aufgaben zu erfüllen:

1. Die im Energieträger gebundene Energie ist in die mechanische Form zu überführen.

2. Die Treibachszugkraft ist in einer geeigneten Kennlinie $F_T(v)$ zur Verfügung zu stellen.

3. Zugkraft und Geschwindigkeit sind entsprechend den Anforderungen der Zugfahrt bei nur geringen Verlusten zu regeln.

4. Der Energie- und Leistungsbedarf vorhandener Hilfseinrichtungen ist bereitzustellen (Hilfsgenerator, Lüfter, Kühlkreislauf, Ölpumpe, Kompressor usw.).

Schnittstellen der Zugkrafterzeugung

Bild 4.23 zeigt für das Dieseltriebfahrzeug den Energiefluss mit folgenden Schnittstellen:

1. Systemeingang (Systemeingangsleistung P_E)

2. Motorausgang (Motorausgangsleistung P_M)

3. Getriebeeingang (Getriebeeingangsleistung P_G)

4. Triebfahrzeugausgang, Laufkreis der Treibräder (Leistung P_T, Zugkraft F_T an Treibachsen)

5. Zughaken (Zughakenleistung P_Z, Zughakenzugkraft F_Z)

Systemeingang

$$P_E = b_t h_{Kr} \tag{4.23}$$

P_E Systemeingangsleistung in kW	h_{Kr} Kraftstoffheizwert in kJ/g
b_t zeitbezogener Kraftstoffverbrauch in g/s	

Nach DIN 51757 sind Kraftstoffheizwert h_{Kr} und Kraftstoffdichte ρ_{Kr} (Normwert) auf die Tem-peratur 15 °C bezogen:

Benzin $h_{Kr} = 43,6$ kJ/g und $\rho_{Kr} = 0,730$ kg/l
Dieselöl $h_{Kr} = 42,7$ kJ/g und $\rho_{Kr} = 0,840$ kg/l

Motorausgang

$$P_M = \eta_M P_E \tag{4.24}$$

Nach DIN 70020 ist der Motorwirkungsgrad η_M auf den betriebsbereiten Motor im Einbauzu-stand bezogen. Der Eigenbedarf des Motors ist in η_M berücksichtigt. Die Nennleistung des Mo-tors wird für die Außentemperatur 20 °C und den Außenluftdruck 1013 mbar angegeben.

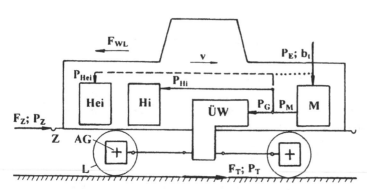

Bild 4.23
Energiefluss und Zug-
kafterzeugung beim
Dieseltriebfahrzeug

M	Dieselmotor
ÜW	Übertragung und Wandlung
Hi	Hilfseinrichtung
Hei	Heizeinrichtung
AG	Achsgetriebe
L	Laufkreis
Z	Zughaken

Abweichungen der Temperatur und des Drucks von den Normwerten bringen Leistungsände-
rungen mit sich. Für die Nennleistung gilt der thermische Beharrungszustand, d.h. sie muss
zeitlich unbegrenzt abgegeben werden können. Der Motorwirkungsgrad beträgt $\eta_M \approx 0{,}40$.

Getriebeeingang

Die Motorleistung P_M teilt sich in die Getriebe- bzw. Generatoreingangsleistung P_G und in die
Leistung der Hilfseinrichtungen (Hilfsleistung) P_{Hi}, die auch durch den Hilfsleistungsfaktor ξ_{Hi}
ausgedrückt wird (Anteil der Hilfsleistung an der Motorleistung, $\xi_{Hi} = 0{,}05$ bis $0{,}15$).

Im Reiszugdienst ist fallweise der Leistungsbedarf der Zugheizung P_{Heiz} zu berücksichtigen
($P_{Heiz} \le 40$ kW/Wagen). Wird vom Dieselmotor ein Heizstromgenerator angetrieben oder wird
der Heizstrom dem Hauptgenerator entnommen, ist P_{Heiz} in die Zugkraftberechnung einzubeziehen. In diesem Fall wird das Zugkraftdiagramm für die Fälle ohne und mit Zugheizung angegeben. Beim Betrieb eines Heizkessels einfällt der Einfluss auf die Zugkraft, aber der Einfluss auf den Kraftstoffverbrauch ist vorhanden (Andeutung dieser Variante in Bild 4.23).

Aufteilung der Motorleistung P_M und der Getriebe-/Generatoreingangsleistung P_G:

$$P_M = P_G + P_{Hi} + P_{Heiz} \tag{4.25}$$

$$P_G = (1 - \xi_{Hi})\,P_M - P_{Heiz}$$

Triebfahrzeugausgang

Der Laufkreis der Treibräder ist der Triebfahrzeugausgang. Die Verluste des Aggregats für
Übertragung und Wandlung (einschließlich Achsgetriebe) werden im Übertragungs- und
Wandlungswirkungsgrad $\eta_{ÜW}$ erfasst. Am Triebfahrzeugausgang stehen Treibachsleistung P_T
und Treibachszugkraft F_T zur Verfügung:

$$P_T = \eta_{ÜW}\,P_G \quad \text{und} \quad P_T = F_T\,v \tag{4.26}$$

Für Wandlung und Übertragung werden im wesentlichen benutzt:

– mechanische Wechselgetriebe ($\eta_{ÜW} = 0{,}92$ bis $0{,}94$),

– hydrodynamische Getriebe ($\eta_{ÜW} = 0{,}75$ bis $0{,}80$) und

– elektrische Leistungsübertragung ($\eta_{ÜW} = 0{,}80$ bis $0{,}85$).

Antriebssystems

Der Arbeitsprozess der Zugkrafterzeugung ist mit dem Wirkungsgrad des Antriebssystems η_A zu bewerten, der das Verhältnis von Systemausgangsleistung (Treibachsleistung P_T) zu Systemeingangsleistung für Traktion P_{ET} ist:

$$P_T = \eta_A P_{ET} \text{ mit } \eta_A = (1 - \xi_{Hi}) \eta_M \eta_{0w} \qquad (4.27)$$

Der Wirkungsgrad des Antriebssystems von Dieseltriebfahrzeugen beträgt $\eta_A = 28$ bis 34 %.

Die Heizleistung P_{Heiz} wird in η_A nicht berücksichtigt. Zur Berechnung des Traktions-Kraftstoffverbrauchs b_{tTr} (g/s) wird P_{ET} in Gl.(4.23) eingesetzt. Die Addition mit dem Kraftstoffverbrauch für Heizen b_{tHeiz} (g/s) ergibt den Gesamtverbrauch b_{tges} (g/s):

$$b_{tges} = b_{tTr} + b_{tHeiz} \qquad (4.28)$$

Zughaken

Beim lokomotivbespannten Zug werden am Zughaken Zughakenzugkraft F_Z und Zughakenleistung P_Z auf den Wagenzug übertragen. Die Variablen F_Z und P_Z gelten für Beharrungsfahrt auf waagerechter und gerader Strecke. Treibachs- und Zughakenzugkraft unterscheiden sich um die Lokomotivwiderstandskraft F_{WL}:

$$F_Z = F_T - F_{WL} \text{ und } P_Z = F_Z v \qquad (4.29)$$

Der fahrdynamische Wirkungsgrad η_{Fd} ist das Verhältnis von Zughaken- zu Treibachsleistung:

$$P_Z = \eta_{Fd} P_T \text{ und } F_Z = \eta_{Fd} F_T \qquad (4.30)$$

Triebfahrzeug

Der Gesamtwirkungsgrad des Triebfahrzeugs η_{Tfz} ist das Verhältnis von Zughaken- zu Systemeingangsleistung für Traktion. Für P_Z und η_{Tfz} gilt:

$$P_Z = \eta_{Tfz} P_{ET} \text{ und } \eta_{Tfz} = \eta_{fd} \eta_A \qquad (4.31)$$

Die Heizleistung P_{Heiz} ist in den Triebfahrzeugwirkungsgrad η_{Tfz} nicht einbezogen.

Zugkraftdiagramm und Kraftstoffverbrauch

Das Zugkraftdiagramm der Dieseltriebfahrzeuge ist in Bild 1.3 (Kap. 1.2.1) dargestellt. Wird konstante Treibachsleistung vorausgesetzt, ist die überschlägliche Berechnung mit Gl. (4.27) möglich. Mit dem Zugkraftdiagramm können Fahrzeit und Zugkraftarbeit (Kap. 1.3.1), überschläglich auch der Kraftstoffverbrauch, berechnet werden:

$$B_{Tr} = \frac{W_{FT}}{\eta_A h_{Kr}} \qquad (4.32)$$

$$B_{ges} = B_{Tr} + B_{leer} + B_{Heiz} \qquad (4.33)$$

B_{Tr}	Traktionskraftstoffverbrauch in g	B_{ges}	Gesamtverbrauch in g
W_{FT}	Zugkraftarbeit der Zugfahrt in kJ	B_{leer}	Motorleerlaufverbrauch in g
h_{Kr}	Kraftstoffheizwert in kJ/g	B_{Heiz}	Heizverbrauch in g

Die Ermittlung des Kraftstoffverbrauchs erfordert die Modellbildung des Antriebssystems.

4.2.2   Dieselmotor

Arbeitsgleichung

Für fahrdynamische Berechnungen müssen vom Dieselmotor Drehmoment, Leistung und Drehzahl bekannt sein. Zwischen diesen Variablen besteht folgende Abhängigkeit:

$$P_M = M_M \omega_M \quad \text{und} \quad \omega_M = \frac{30}{\pi} n_M \tag{4.34}$$

P_M Motorleistung in kW	ω_M Drehgeschwindigkeit in rad/s
M_M Motordrehmoment in kNm	n_M Motordrehzahl in 1/min

Für energetische Berechnungen muss der spezifische Kraftstoffverbrauch b_{spez} bzw. der Motorwirkungsgrad η_M bekannt sein:

$$b_{spez} = T_K \frac{b_t}{P_M}, \; b_t = b_{spez} \frac{P_M}{T_K} \quad \text{und} \quad \eta_M = \frac{T_K}{b_{spez} \, h_{Kr}} \tag{4.35}$$

b_{spez} spezifischer Kraftstoffverbrauch, g/kWh	T_K Zeitkonstante, T_K = 3600 s/h
b_t zeitbezogener Kraftstoffverbrauch in g/s	h_{Kr} Kraftstoffheizwert in kJ/g
P_M Motorleistung in kW	

Drehmoment- und Leistungskennlinie

Bild 4.24 zeigt die Drehmoment- und Leistungskennlinie des Dieselmotors. Für fahrdynamische Berechnungen sind folgende Betriebspunkte von Bedeutung:

Kleinstdrehzahl n_K

Mit n_K kann ein Motor im Leerlauf oder unter kleiner Belastung in Betrieb gehalten werden.

Kleinste Volllastdrehzahl n_A

Mit n_A kann ein Motor unter voller Belastung gerade noch in stabilem Betrieb gehalten werden.

Volllastdrehzahl bei maximalem Drehmoment n_B

Bei n_B wird vom Motor bei Vollast das maximale Drehmoment abgegeben.

Volllastdrehzahl bei Höchstleistung n_C

Bei n_C gibt der Motor im Volllast-Dauerbetrieb die maximale Leistung ab.

Überlastdrehzahl n_D

Bei n_D gibt der Motor in kurzzeitigem Betrieb eine nicht zu Schäden führende Leistung ab.

Die Motornennleistung ist auf den Punkt C bezogen. Der Motor wird zwischen den Punkten A und C und bis zur Volllast-Drehmomentkennlinie für die Traktion benutzt.

Modellbildung für Drehmomentkennlinie

Für die Zugfahrtsimulation wird die Volllast-Drehmomentkennlinie $M_M = f(n_M)$ im Regelfall als Stützstellendatei P $(M_M; n_M)$ in der Drehzahl-Schrittweite 50 bis 100 1/min in den Rechner eingegeben. Zwischen den Stützstellen wird linear oder quadratisch interpoliert.

Eine einfachere Möglichkeit bietet die Benutzung der quadratischen Polynomgleichung in normierter Form D = f(N) für den linken und rechten Bereich vom Drehmomentmaximum.

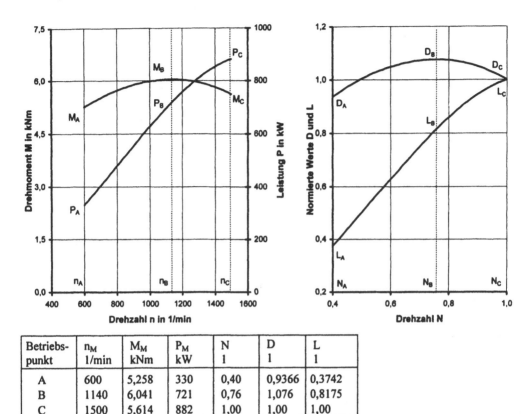

Betriebs-punkt	n_M 1/min	M_M kNm	P_M kW	N 1	D 1	L 1
A	600	5,258	330	0,40	0,9366	0,3742
B	1140	6,041	721	0,76	1,076	0,8175
C	1500	5,614	882	1,00	1,00	1,00

Bild 4.24
Drehmoment- und Leistungskennlinie des Dieselmotors 12 KVD 21 A-3 der Diesellokomotive BR 202

Normierung von Drehzahl, Drehmoment und Leistung durch Bezugnahme auf Nennpunkt C:

Normierte Drehzahl $N = n_M/n_C$ (4.36)

Normiertes Drehmoment $D = M_M/M_C$

Normierte Leistung $L = P_M/P_C$

In der Legende zu Bild 4.24 sind als Beispiel absolute und normierte Werte des Motors 12 KVD 21 A-3 angegeben. Das rechte Diagramm zu Bild 4.24 enthält die normierten Kennlinien. Zwischen den normierten Variablen besteht folgende Beziehung:

$$L = D N$$ (4.37)

Tabelle 4.7 enthält für die Bereiche links und rechts von der Maximum-Drehzahl n_B die Gleichung $D = f(N)$ und die mit den Stützstellen $P_A (n_A; M_A)$ und $P_B (n_B; M_B)$ bzw. $P_C (n_C; M_C)$ und $P_B (n_B; M_B)$ zu bestimmenden Konstanten. Die erste und zweite Bedingung für die Konstanten-berechnung ist die Erfüllung der beiden Stützstellen, die dritte Bedingung das Maximum im Punkt B.

Tabelle 4.7
Polynomgleichung der Drehmomentkennlinie und Gleichung der Polynomkonstanten

Variable	Links vom Punkt B	Rechts vom Punkt B
Polynomgleichung (4.38)	$D_{li} = D_{0li} + D_{1li}\,N + D_{2li}\,N^2$	$D_{re} = D_{0re} + D_{1re}\,N + D_{2re}\,N^2$
Polynomkonstante D_2	$D_{2li} = -\dfrac{D_B - D_A}{\left(N_B - N_A\right)^2}$	$D_{2re} = -\dfrac{D_B - 1}{\left(1 - N_B\right)^2}$
Polynomkonstante D_1	$D_{1li} = -2\,N_B\,D_{2li}$	$D_{1re} = -2\,N_B\,D_{2re}$
Polynomkonstante D_0	$D_{0li} = D_B - N_B\,D_{1li} - N_B^{\,2}\,D_{2li}$	$D_{0re} = D_B - N_B\,D_{1re} - N_B^{\,2}\,D_{2re}$

Berechnungsbeispiel 4.5

Zur Drehzahl n_{Mx} = 900 1/min des Dieselmotors 12 KVD 21 A-3 (Bild 4.24) ist das Drehmoment M_{Mx} bei Volllast zu berechnen.

Lösungsweg und Lösung:

Da $n_{Mx} < n_B$ ist, wird die Variante „links" der Gl. (4.37) benutzt. Die Konstanten betragen:

$D_{2li} = - (1,076 - 0,9366)/(0,76 - 0,40)^2 = -1,0756$

$D_{1li} = 2 \cdot 0,76 \cdot 1,0756 = 1,6349$

$D_{0li} = 1,076 - 0,76 \cdot 1,6349 + 0,76^2 \cdot 1,0756 = 0,4547$

Berechnung des Betriebspunktes, Gl. (4.36), (4.37) links und (4.38)

$N_x = n_{Bx}/n_C = 900/1500 = 0,60$

$D_x = 0,4547 + 1,6349 \cdot 0,60 - 1,0756 \cdot 0,60^2 = 1,0484$

$M_{Dx} = D_x \cdot M_C = 1,0484 \cdot 5,614 = 5,886$ kNm

$L_x = D_x\,N_x = 1,0484 \cdot 0,60 = 0,6290$

$P_{Mx} = L_x \cdot P_C = 0,6290 \cdot 882 = 555$ kW

Kennlinienfeld

Die energetischen Eigenschaften des Dieselmotors sind dem Kennlinienfeld zu entnehmen. Unter der Drehmoment-Drehzahlkennlinie sind die Muschelkurven des spezifischen Kraftstoffverbrauchs b_{spez} (g/kWh) eingetragen. Im Zentrum liegt der Punkt des minimalen Verbrauchs. Außerdem sind die Leistungshyperbeln und die Propellerkurve enthalten.

Bild 4.25 zeigt als Beispiel das Kennlinienfeld des Dieselmotors 12 KVD 21 A-3.

Das Kennlinienfeld ist unverzichtbare Unterlage für die Ermittlung des Kraftstoffverbrauchs und der energieoptimalen Fahrstrategie mittels Zugfahrtsimulation. Zu jedem Betriebspunkt P_x (n_{Mx}; M_{Mx}) kann der spezifische Kraftstoffverbrauch b_{spez} entnommen und in den zeitbezogenen Verbrauch b_t umgerechnet werden (Gl.(4.35)). Durch Multiplikation mit der Dauer des Simulationsschritts Δt erhält man den absoluten Verbrauch ΔB in g.

Für fahrerenergetische Untersuchungen ist das Kennlinienfeld durch eine Matrix auszudrücken, in der für n_M- und M_M- Werte auf Abszisse und Ordinate die b_{spez}-Werte im Feld enthalten sind. Bild 4.25 enthält die Verbrauchsmatrix. Der Stützstellenabstand soll möglichst klein sein. Der zum aktuellen Betriebspunkt P_x gehörende b_{spez}-Wert wird mittels eines Interpolationsalgorithmus sowohl in der n_M- als auch in der M_M-Ebene aus der Matrix ermittelt.

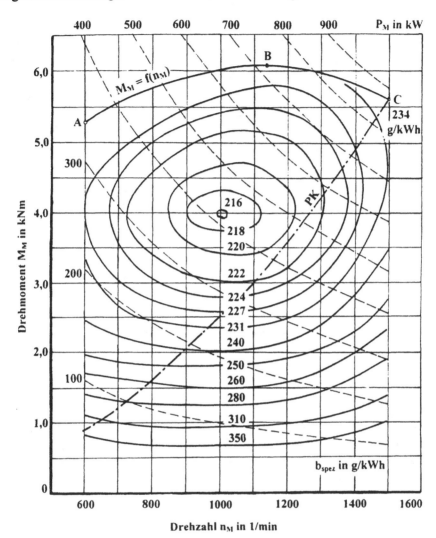

Muster für Verbrauchsmatrix b_{spez} in g/kWh

M_M \ n_M	600	700	800	900	1000	1100	1200	1300	1400	1500
0,5 ↓ 4,0 ↓ 6,0	227	223	220	218	216	217	219	222	226	230

Bild 4.25
Kennlinienfeld des Dieselmotors 12 KVD 21 A-3 der Diesellokomotive BR 202 mit den Linien für konstanten spezifischen Kraftstoffverbrauch b_{spez} (g/kWh) und konstante Motorleistung P_M (kW) sowie Propellerkurve (PK)

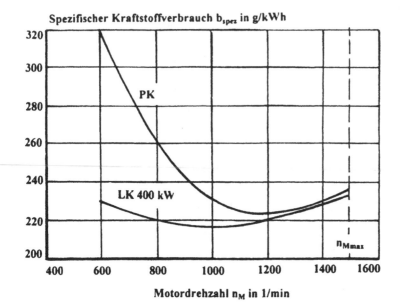

Spezifischer Kraftstoffverbrauch b$_{spez}$ in g/kWh

Bild 4.26
Spezifischer Kraft-
stoffverbrauch in
Abhängigkeit von der
Motordrehzahl für
die Propellerkurve
(PK) und für die
Motorleistungs-
kennlinie 400 kW
zum Motor
12 KVD 21 A-3

Motordrehzahl n$_M$ in 1/min

Die Propellerkurve bestimmt die Leistungsaufnahme des Strömungsgetriebes (Bild 4.25). Bild 4.26 zeigt den an der Propellerkurve vorhandenen spezifischen Kraftstoffverbrauch. Der Betriebspunkt des minimalen Verbrauchs wird nicht genutzt. Die Leistungsaufnahme nach der Propellerkurve ist im Regelfall eine energetisch ungünstige Variante.

Die im Bild 4.25 eingetragenen Hyperbeln für konstante Motorleistung zeigen, dass der für eine bestimmte Leistung erforderliche spezifische Kraftstoffverbrauch recht unterschiedlich ist. Bild 4.26 enthält als Beispiel die Verbrauchskurve für P_M = 400 kW. Zu jedem P_M-Wert existiert ein Betriebspunkt minimalen Verbrauchs. Nicht unerhebliche Mengen an Kraftstoff können eingespart werden, wenn die Leittechnik des Triebfahrzeugs die Möglichkeit bietet, den zu jedem P_M-Werte gehörenden M_M-n_M-Betriebspunkt des minimalen spezifischen Verbrauchs zu ermitteln und für die Traktion einzustellen.

4.2.3 Mechanisches Wechselgetriebe

Traktionstechnische Eigenschaften des Dieselmotors

Aus Bild 4.25 sind folgende traktionstechnische Eigenschaften des Dieselmotors ableitbar:

- Der Dieselmotor kann nicht von selbst und nicht unter Belastung starten und nicht die Zugbewegung realisieren. Anlasser und Kupplung sind erforderlich.

- Im gesamten Drehzahlbereich liegt ein etwa konstantes Drehmoment, und damit ein starres Betriebsverhalten, vor. Dadurch kann der Motor auf Vergrößerung der Widerstandskräfte nicht elastisch durch äquivalente Zugkrafterhöhung reagieren.

- Der Motor kann den Zug nur in einem begrenzten Geschwindigkeitsbereich, der dem Drehzahlbereich zwischen den Betriebspunkten A und C der Motorkennlinie entspricht, bewegen. Ein Drehmomentwandler ist erforderlich.

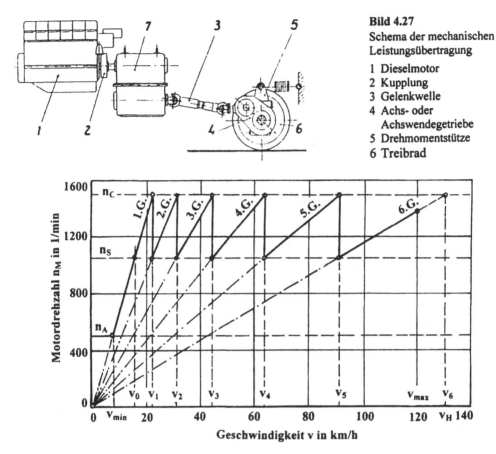

Bild 4.27
Schema der mechanischen
Leistungsübertragung

1 Dieselmotor
2 Kupplung
3 Gelenkwelle
4 Achs- oder
  Achswendegetriebe
5 Drehmomentstütze
6 Treibrad

Bild 4.28
Getriebekenndiagramm des Dieseltriebwagens BR 628.2 der DB AG bei Annahme der mechanischen
Leistungsübertragung (v_max = 120 km/h, d_L = 920 mm, Leermasse 39,5 t, Masse besetzt 44,5 t)

Leistungsübertragung

Bild 4.27 zeigt die mechanische Leistungsübertragung. Auf der Eingangsseite liegen Getriebeeingangsleistung P_G (Gl.(4.25)), Getriebeeingangsdrehmoment M_G und Motordrehgeschwin-
digkeit ω_M vor. Auf der Ausgangsseite sind Treibachsleistung P_T, Treibachsdrehmoment M_T
und Treibachsdrehgeschwindigkeit ω_T zu messen:

$$M_G = (1 - \xi_{Hi})M_M \text{ und } M_T = \eta_{0W} i_{AG} i_{WG} M_G$$

$$\omega_T = \frac{\omega_M}{i_{AG} i_W} \text{ und } \omega_M = \frac{\pi n_M}{30}$$

Durch Umstellung des Gleichungssystems erhält man die Zugkraft- und die Geschwindigkeitsgleichung des Triebfahrzeugs mit mechanischem Wechselgetriebe.

Zugkraft- und Geschwindigkeitsgleichung:

$$F_T = \frac{(1-\xi_{Hi})\,\eta_{\ddot{U}W}\,i_{AG}\,i_{WG}}{r_L}\,M_M \quad \text{und} \quad v = \frac{\pi\,r_L}{30\,i_{AG}\,i_{WG}}\,n_M \tag{4.38}$$

Empirische Gleichung des Wirkungsgrads für Übertragung und Wandlung $\eta_{\ddot{U}W}$:

$$\eta_{\ddot{U}W} = 1 - 0{,}01\left(\frac{n_M}{c} + k_W\right) \tag{4.39}$$

$$k_W = 4 + \sqrt{2\,i_{WG} - 1} + \sqrt{2\,i_{AG} - 1}$$

Symbole und Maßeinheiten zu Gl. (4.38) und (4.39)

F_T	Treibachszugkraft in kN	i_{AG}	Achsgetriebeübersetzung
v	Geschwindigkeit in m/s	i_{WG}	Wechselgetriebeübersetzung
M_M	Motordrehmoment in kNm	ξ_{Hi}	Hilfsleistungsfaktor (ξ_{Hi} = 0,03 bis 0,05)
n_M	Motordrehzahl in 1/min	c	Drehzahlkonstante, c = 60000 1/min
r_L	Laufkreishalbmesser in m	k_W	Wirkungsgradkonstante

Bei i_{WG}, i_{AG} < 1 ist in Gl. (4.39) zur Berechnung der Wirkungsgradkonstanten k_W die Wechselgetriebe- bzw. Achsgetriebeübersetzung i_{WG}, i_{AG} = 1 einzusetzen.

Getriebekenndiagramm

Bei der mechanischen Leistungsübertragung erfolgt die Anpassung des Dieselmotors an die Zugkraft- und Geschwindigkeitsbereiche der Zugfahrt durch Änderung der Wechselgetriebeübersetzung i_{WG}. Die Bedingungen der Wechselgetriebeauslegung sowie des Algorithmus der Wahl der Wechselgetriebeübersetzung i_{WG} gehen aus dem Getriebekenndiagramm hervor.

Bild 4.28 zeigt das Getriebekenndiagramm. Als Beispiel wurde der vierachsige Triebwagen BR 628.2 der DB AG bei Annahme der mechanischen Leistungsübertragung gewählt.

Zur Höchstgeschwindigkeit des Fahrzeugs v_{max} (120 km/h) werden 10 km/h zugeschlagen. Man erhält die konstruktive Höchstgeschwindigkeit v_H (130 km/h). Es wird das 6-Gang-Getriebe gewählt. Die Geschwindigkeit v_H muss im letzten Gang mit der maximalen Motordrehzahl n_C (1500 1/min) erreicht werden. Für den letzten Gang (6. Gang) wird im Regelfall die Wechselgetriebeübersetzung i_{WG} = 1,00 gewählt. Das Einsetzen der Parameter dieses Betriebspunktes in Gl. (4.38) ergibt i_{AG} (i_{AG} = 2,00 für r_L = 0,46 m).

Die Verbindung des Nullpunkts mit dem n_C-Betriebspunkt in Bild 4.28 ergibt die Drehzahl-Geschwindigkeits-Gerade des entsprechenden Gangs. Jeder Gang kann zwischen Geschwindigkeiten benutzt werden, die der kleinsten Lastdrehzahl n_A und der Höchstdrehzahl n_C entsprechen. Die Schaltdrehzahl n_S ist so festzulegen, dass nach dem Rückschalten von n_C die Drehzahl des maximalen Drehmoments n_B möglichst nicht unterschritten wird.

Mit den Drehzahlen n_S und n_C erhält man die Getriebekonstante c:

$$c = \frac{n_S}{n_C} \tag{4.40}$$

Die Getriebekonstante liegt allgemein im Bereich c = 0,70 bis 0,75. Für Bild 4.28 wurde c = 0,70 gewählt. Man erhält aus Gl. (4.40) n_S = 1050 1/min.

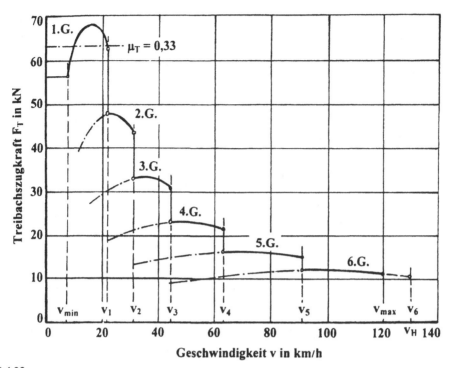

Bild 4.29
Zugkraftdiagramm des Dieseltriebwagens BR 628.2 bei angenommener Ausrüstung mit einem mechanischen 6-Gang-Wechselgetriebe

Zur Zugfahrtsimulation sind Auf- und Rückschaltdrehzahlen n_{SA}, n_{SR} zu wählen, abgestimmt mit Getriebekenndiagramm (Realisierbarkeit) und Motorkennfeld (Wirtschaftlichkeit).

Bei bekannter Getriebekonstanten c und bekannten Werten von Wechselgetriebeübersetzung i_{WGz}, Zugkraft F_{Tz} und konstruktiver Höchstgeschwindigkeit v_H im letzten Gang eines Getriebes mit z Gängen erhält man für Wechselgetriebeübersetzungen i_{WGn}, Zugkraft F_{Tn} und Schaltgeschwindigkeit v_{Sn} eines Ganges mit der Ordnungszahl n:

$$i_{WGn} = \frac{i_{WGz}}{c^{z-n}} \tag{4.41}$$

$$F_{Tn} = \frac{F_{Tz}}{c^{z-n}} \quad \text{und} \quad v_{Sn} = c^{z-n} v_H$$

Für den 1. Gang besteht die Forderung, die kleinste Dauergeschwindigkeit v_{min} = 5 km/h (Drehzahl n_A) und das Erreichen der Kraftschlusszugkraft zu garantieren. Häufig wird deshalb von den aus Gl. (4.41) hervorgehenden Werten geringfügig abgewichen.

Zugkraftberechnung

Die überschlägliche Berechnung beruht auf der Bestimmung von F_{Tz} mit Gl. (4.25/26) zu v_H und der Berechnung von F_{Tn} und v_{Sn} mit Gl. (4.41). Die Getriebekonstante c ist so zu wählen, dass F_{T1} der Kraftschlusszugkraft für $\mu_T \geq 0{,}30$ entspricht (Variation von c).

Bei genauer Berechnung ist anhand von Motorkennfeld und Getriebekenndiagramm die Dreh-moment-Drehzahl-Kennlinie mit Gl. (4.38) punktweise in die Zugkraft-Geschwindigkeits-Kennlinie umzurechnen. Bild 4.29 zeigt das Zugkraftdiagramm des Dieseltriebwagen 628.2 der DB AG bei angenommener Ausrüstung mit der mechanischen Leistungsübertragung.

Berechnungsbeispiel 4.6

Für den Dieseltriebwagen BR 628.2 der DB AG sind bei angenommener mechanischer Leistungsüber-tragung zum Betriebspunkt des maximalen Drehmoments (n_B = 1140 1/min und M_C = 2,871 kNm) im 5. Gang (i_{AG} = 2,00 und i_{WG5} = 1,429) mit Gl. (4.38) und (4.39) Zugkraft und Geschwindigkeit zu berech-nen. Der Laufkreishalbmesser beträgt r_L = 0,460 m und der Hilfsleistungsfaktor ξ_{Hi} = 0,05.

Lösungsweg und Lösung mit Gl. (4.39) und (4.38):

$k_W = 4 + (2 \cdot 1,429 - 1)^{0,5} + (2 \cdot 2,00 - 1)^{0,5} = 7,095$

$\eta_{0w} = 1 - 0,01 \cdot (1140/60000 + 7,095) = 0,929$

$v = 0,460 \cdot 3,14/(30 \cdot 2,00 \cdot 1,429) \cdot 1140 = 19,214$ m/s bzw. 69,17 km/h

$F_T = [(1 - 0,05) \cdot 0,929 \cdot 2,00 \cdot 1,429]/0,460 \cdot 2,871 = 15,7$ kN

4.2.4   Hydrodynamisches Getriebe

Getriebevarianten und Wirkprinzip

Bild 4.30 zeigt das Schema der hydrodynamischen Leistungsübertragung. Man unterscheidet zwischen den beiden Bauarten **Wandler** und **Kupplung**. Im Getriebe befindet sich eine Pum-pe, die einen geschlossenen Ölkreislauf antreibt. Das Getriebeeingangsdrehmoment M_G wird durch eine Zahnradpaarung in das kleinere Pumpendrehmoment M_{Pu} und die Motordrehzahl n_M in die größere Pumpendrehzahl n_{Pu} überführt. Der Öldruck ist dem Pumpendrehmoment M_{Pu} und die Strömungsgeschwindigkeit der Pumpendrehzahl n_{Pu} proportional.

Im Getriebe befindet sich eine Turbine, die vom Ölkreislauf angetrieben wird. Das Turbinen-drehmoment M_{Tu} ist dem Öldruck und die Turbinendrehzahl n_{Tu} der Strömungsgeschwindig-keit proportional. Die Kupplung beruht auf der Pumpen-Turbinen-Koppelung. Das Drehmo-ment ändert sich nicht. Die Drehzahl reduziert sich durch den Kupplungsschlupf.

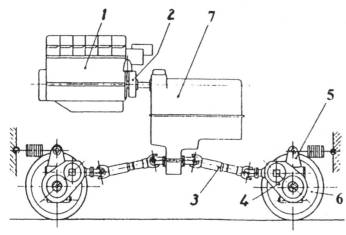

Bild 4.30
Schema der hydrodyna-mischen Leistungsüber-tragung

1 Dieselmotor
2 Kupplung
3 Gelenkwelle
4 Achsgetriebe
5 Drehmomentstütze
6 Treibrad
7 Strömungsgetriebe
  mit Stufen- und
  Wendegetriebe

Beim Wandler ist in den Ölkreislauf der Leitapparat eingefügt. Er ermöglicht den Austausch zwischen Druck- und Geschwindigkeitsenergie. Damit ändert sich das Turbinendrehmoment M_{Tu} gegenüber dem Pumpendrehmoment M_{Pu}.

Mittels einer der Turbine nachgeschalteten Zahnradpaarung wird M_{Tu} in das größere Getriebeausgangsdrehmoment und n_{Tu} in die kleinere Getriebeausgangsdrehzahl überführt. Durch das Achsgetriebe erfolgt anschließend eine weitere Vergrößerung zum Raddrehmoment M_R und Verkleinerung zur Raddrehzahl n_R.

Eingangsseite der Leistungsübertragung

Die Leistungsaufnahme der hydrodynamischen Leistungsübertragung ist durch die Propellerkurve vorgegeben (Bild 4.25). Für die Gleichung der Propellerkurve wird die normierte Form gewählt. Als Bezugspunkt der Normierung dient der Betriebspunkt C des Dieselmotors (maximale Drehzahl n_{MC}, Motordrehmoment M_{MC} und maximale Motorleistung P_{MC}, Gl.(4.36)):

$$D_G = k_P N_M^2 \quad \text{und} \quad L_G = k_P N_M^3 \tag{4.42}$$

D_G Normiertes Getriebeeingangsdrehmoment ($D_G = M_G/M_{MC}$)
L_G Normierte Getriebeeingangsleistung ($L_G = P_G/P_{MC}$, Gl. (4.37))
N_M Normierte Motordrehzahl ($N_M = n_M/n_{MC}$)
k_P Pumpenkonstante, Maßeinheit 1

Für die durch den Betriebspunkt C des Motors führende Propellerkurve ist $k_P = 1$ (Bild 4.25). Die vom Motor aufzubringende Hilfsleistung würde in diesem Fall ein größeres Motordrehmoment als M_{MC} verlangen. Zum Drehmomentausgleich würde der Motor mit einer Drehzahlverkleinerung entlang der Kennlinie $M_M = f(n_M)$ reagieren (Drehzahldrückung). Die Drehzahldrückung ist wegen des damit verbundenen großen Abfalls der Traktionsleistung unerwünscht. Zur Vermeidung der Drehzahldrückung muss k_P durch Reduzierung des Füllungsgrads des Ölkreislaufs soweit verkleinert werden ($k_P < 1$), dass das Motordrehmoment M_{MC} durch Getriebeeingangs- und Hilfsleistungsdrehmoment nicht überschritten wird ($M_G + M_{Hi} \leq M_{MC}$). Die Division von Gl. (4/25) mit P_{MC} ergibt für die Pumpenkonstante k_P:

$$k_P = 1 - \frac{P_{Hi} + P_{Heiz}}{P_{MC}} \tag{4.43}$$

Die vom Antriebssystem abzugebende Traktionsleistung wird entlang der Propellerkurve durch Einstellung der Motordrehzahl n_M geregelt (Drehzahlregelung). Den zum eingestellten Betriebspunkt gehörenden spezifischen Kraftstoffverbrauch erhält man aus dem Motorkennlinienfeld (Bild 4.25) bzw. aus der zur Propellerkurve gehörenden Verbrauchskennlinie (Bild 4.26).

Beim Fahrstufenwechsel sind dynamische Vorgänge zu beachten, die den spezifischen Verbrauch kurzzeitig beeinflussen. Bei Drehzahlerhöhung arbeitet der Motor infolge der Massenträgheit der rotierenden Bauteile bis zum Erreichen der Solldrehzahl an der Kennlinie $M_M(n_M)$.

Ausgangsseite der Leistungsübertragung für den Wandler

Die Ausgangsseite wird rechnerisch von der Turbinenwelle auf den Laufkreis der Treibräder verlegt. Die auf der Ausgangsseite vorhandene Treibachsleistung $P_T(v)$ ist mit Gl. (4.26) aus der auf der Eingangsseite vorhandenen konstanten Getriebeeingangsleistung P_G zu berechnen.

Aus den physikalischen Grundlagen des Wandlers erhält man die Zugkraftkennlinie $F_T(v)$ als Gerade und die Leistungskennlinie $P_T(v)$ als gleichseitige Parabel (Bild 4.31).

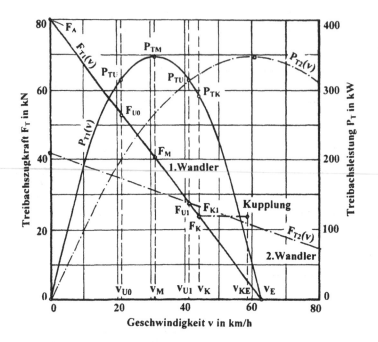

Bild 4.31
Zugkraft- und Leistungs-
kennlinien des Trieb-
wagens BR 628.2 im
Anfangsbereich bei hy-
drodynamischer Lei-
stungsübertragung

Zugkraftgerade und Leistungsparabel:

$$F_T = F_A(1-\frac{v}{v_E}) \text{ und } P_T = F_A v(1-\frac{v}{v_E}) \qquad (4.44)$$

Von den unbekannten Variablen Anfangszugkraft F_A bei $v = 0$ und Endgeschwindigkeit v_E bei $F_T = 0$ ist 1 Variable vorzugeben (Bild 4.31). Im Regelfall ist F_A vorzugeben, wobei im 1. Wandler F_A etwa der Kraftschlusszugkraft, berechnet mit $\mu_T = 0,40$, entsprechen soll.

Die maßgeblichen Betriebspunkte der Wandlerkennlinie sind Maximumpunkt M, Kupplungspunkt K und Umschaltpunkt U. Bild 4.31 zeigt die Lage der Betriebspunkte M, K und U.

Maximumpunkt M

Zugkraft F_M, Leistung P_{TM} und Geschwindigkeit v_M des Maximumpunktes M erhält man durch Differenzieren und Nullsetzen von Gl. (4.44) ($dP_T/dv_E = 0$) und Einsetzen von Gl. (4.26):

$$P_{TM} = \eta_{0WM} P_G \qquad (4.45)$$

$$F_M = \frac{F_A}{2}, \ v_M = \frac{v_E}{2} \text{ und } P_{TM} = \frac{F_A v_E}{4}$$

Der Wirkungsgrad für Übertragung und Wandlung beträgt im Maximum der Leistungsparabel $\eta_{0WM} = 0,82$ bis $0,87$, im Mittel $0,85$.

Kupplungspunkt K

Im Kupplungspunkt K sind Turbinen- und Pumpendrehmoment gleich ($M_{TuK} = M_{Pu}$). Die Berechnung erfolgt mittels Wandlungsfaktors W und Leistungsfaktors α_K.

Der **Wandlungsfaktor** W ist das Verhältnis von Anfangsdrehmoment der Turbine M_{TuA} zu konstantem Pumpendrehmoment M_{Pu} ($W = M_{TuA}/M_{Pu}$) bzw. von Anfangszugkraft F_A zu Kupplungspunktzugkraft F_K. Der **Leistungsfaktor im Kupplungspunkt** α_K ist das Verhältnis der Treibachsleistung im Kupplungspunkt P_{TK} zu maximaler Treibachsleistung P_{TM}.

Aus Gl. (4.44) und (4.45) erhält man für die Variablen des Kupplungspunktes:

$$W = 4\,\eta_{0WM}, \quad \alpha_K = \frac{4}{W}\left(1 - \frac{1}{W}\right) \text{ und } W = \frac{2}{\alpha_K}\left(1 + \sqrt{1-\alpha_K}\right) \qquad (4.46)$$

$$F_K = \frac{F_A}{W}, \quad v_K = v_E\left(1 - \frac{1}{W}\right) \text{ und } P_{TK} = \alpha_K P_{TM}$$

Umschaltpunkt U

Mit einem einzigen Wandler ist nur ein Geschwindigkeitsabschnitt erfassbar. Der Wandler ist nur in einem begrenzten Bereich links und rechts vom Maximum wirtschaftlich zu betreiben. Der gesamte Geschwindigkeitsbereich muss mit mehreren hintereinander geschalteten Wandlern bedient werden. Der erfassbare Abschnitt endet mit Erreichen von α_K. Der wirtschaftliche Bereich wird durch den **Leistungsfaktor des Umschaltpunktes** α_U begrenzt (Umschalten auf benachbarten Wandler). Es gilt $\alpha_U \geq \alpha_K$. Für α_U wird im Regelfall $\alpha_U = 0,90$ bis $0,95$ gewählt.

Aus Gl. (4.44) und (4.45) erhält man für den Leistungsfaktor im Umschaltpunkt α_U:

$$P_{TU} = \alpha_U P_{TM} \qquad (4.47)$$

$$v_{U0} = v_M\left(1 - \sqrt{1-\alpha_U}\right) \text{ und } v_{U1} = v_M\left(1 + \sqrt{1-\alpha_U}\right)$$

$$F_{U0} = F_M\left(1 + \sqrt{1-\alpha_U}\right) \text{ und } v_{U1} = F_M\left(1 - \sqrt{1-\alpha_U}\right)$$

Berechnungsbeispiel 4.7

Für den Dieseltriebwagen BR 628.2 sind bei Annahme der hydrodynamischen Leistungsübertragung die Kennlinien des Anfahrwandlers und die maßgeblichen Betriebspunkte zu berechnen. Die Getriebeeingangsleistung beträgt $P_G = P_{MC} = 410$ kW (Vernachlässigung der Hilfsleistung). Für die Anfangszugkraft wird $F_A = 80$ kN (für $\mu_T = 0,40$), für den maximalen Wirkungsgrad für Übertragung und Wandlung η_{0WM} = 0,85 und für den Leistungsfaktor des Umschaltpunktes $\alpha_U = 0,90$ gewählt.

Lösungsweg und Lösung:

Maximum- und Endpunkt, Gl. (4.45)

$P_{TM} = \eta_{0WM} P_G = 0,85 \cdot 410 = 348,5$ kW und $F_{TM} = 0,5\,F_A = 0,5 \cdot 80 = 40$ kN

$v_M = P_{TM}/F_{TM} = 348,5/40 = 8,713$ m/s (31,4 km/h) und $v_E = 2\,v_M = 2 \cdot 8,713 = 17,426$ m/s (62,8 km/h)

Kupplungs- und Umschaltpunkt, Gl. (4.46) und (4.47)

$W = 4\,\eta_{0WM} = 4 \cdot 0,85 = 3,40$ und $\alpha_K = 4/W \cdot (1 - 1/W) = 4/3,40 \cdot (1 - 1/3,40) = 0,830$

$F_K = F_A/W = 80/3,40 = 23,53$ kN und $v_K = v_E(1 - 1/W) = 17,426 \cdot (1 - 1/3,40) = 12,30$ m/s (44,28 km/h)

$v_{U0} = v_M[1 - (1 - \alpha_U)^{0,5}] = 8,713 \cdot [1 - (1 - 0,90)^{0,5}] = 5,958$ m/s bzw. 21,45 km/h

$v_{U1} = v_M[1 + (1 - \alpha_U)^{0,5}] = 8,713 \cdot [1 + (1 - 0,90)^{0,5}] = 11,468$ m/s bzw. 41,28 km/h

$F_{U0} = F_A(1 - v_{U0}/v_E) = 80 \cdot (1 - 5,958/17,426) = 52,648$ kN

$F_{U1} = F_A(1 - v_{U1}/v_E) = 80 \cdot (1 - 11,468/17,426) = 27,352$ kN

Die Kennlinien $F_T(v)$, $P_T(v)$ werden punktweise mit Gl. (4.44) berechnet. Bild 4.31 zeigt das Ergebnis.

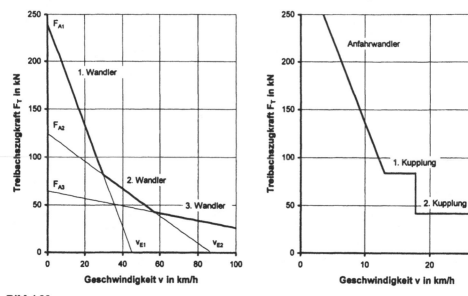

Bild 4.32
Zugkraftdiagramm der Diesellokomotive BR 202 mit 3-Wandler-Getriebe und der Diesellokomotive
BR 346 mit Wandler-Kupplungs-Kupplungs-Getriebe im Rangiergang

Zugkraftkennlie für 3-Wandler-Getriebe

Die Regelausrüstung von dieselhydraulischen Lokomotiven ist das 3-Wandler-Getriebe. Die
Abgrenzung der einzelnen Wandlerbereiche erfolgt mit Hilfe der Getriebekonstanten c. Die
Getriebekonstante c ist das Verhältnis zweier gleicher Variablen benachbarter Wandler. Aus
Gl. (4.44) bis (4.47) erhält man bei Benutzung des Leistungsfaktor im Umschaltpunkt α_U:

$$\alpha_U = \frac{4c}{(1+c)^2} \quad \text{und} \quad c = \frac{1}{\alpha_U}[2(1-\sqrt{1-\alpha_U})-\alpha_U] \tag{4.48}$$

Zwischen gleichen Variablen benachbarter Wandler besteht folgende Abhängigkeit:

$$F_{Tz} = c^{z-1}F_{T1} \quad \text{und} \quad v_1 = c^{z-1}v_E \tag{4.49}$$

$$v_{Uz} = \frac{v_{Ez}}{1+c}, \quad F_{Uz} = F_{Az}(1-\frac{1}{1+c}) \quad \text{und} \quad P_{TU} = F_{Uz}\,v_{Uz} = \text{kons}\tan t$$

Im Fall des 3-Wandler-Getriebes sind die Ordnungszahlen z = 1 bis z = 3 einzusetzen.

Sind die Konstanten F_{A1} und v_{E1} der Gl. (4.44) des 1. Wandlers bekannt, können mit Gl. (4.49)
die Konstanten aller Wandler des Getriebes berechnet werden und kann die Zugkraftgleichung
(Gl. (4.44)) aller Wandler aufgestellt werden.

Zur Darstellung des Zugkraftdiagramms sind die Konstanten F_A und v_E aller Wandler auf Ordinate und Abszisse abzutragen und durch Geraden miteinander zu verbinden (Bild 4.32).

Mit Gl. (4.44) bis (4.49) sind die Konstanten des Zugkraftdiagramms der maximalen Fahrstufe
zu berechnen. In Gl. (4.42) ist $k_P = 1$, $N_M = 1$, $D_G = 1$ und $L_G = 1$.

Berechnungsbeispiel 4.8

Für die Diesellokomotive BR 202 der DB AG mit 3-Wandler-Getriebe ist das Zugkraftdiagramm zu berechnen. Die Motorleistung des Betriebspunktes C beträgt $P_C = 882$ kW, die maximale Geschwindigkeit $v_{max} = 100$ km/h und die Lokomotivmasse $m_L = 64$ t. Für den maximalen Wirkungsgrad für Übertragung und Wandlung ist $\eta_{0WM} = 0,85$ und für den Leistungsfaktor im Umschaltpunkt $\alpha_U = 0,90$ zu wählen.

Lösungsweg und Lösung:

Endgeschwindigkeit des 3. Wandlers (Umschaltgeschwindigkeit)

$v_{U3} = v_H = v_{max} + 10$ km/h $= 100 + 10 = 110$ km/h bzw. 30,556 m/s

Getriebeeingangsleistung bei Vernachlässigung der Hilfsleistung Gl. (4.25): $P_G = P_C = 882$ kW

Maximale Treibachsleistung, Gl. (4.25): $P_{TM} = \eta_{0WM} P_G = 0,85 \cdot 882 = 749,7$ kW

Leistung und Zugkraft im Umschaltpunkt, Gl. (4.47) und (4.49)

$P_{TU} = \alpha_U P_{TM} = 0,90 \cdot 749,7 = 674,7$ kW und $F_{U3} = P_{TU}/v_{U3} = 674,7/30,556 = 22,08$ kN

Getriebekonstante c, Gl.(4.48): $c = 1/0,90 \cdot [2 \cdot (1 - (1 - 0,90)^{0,5}) - 0,90] = 0,5195$

Endgeschwindigkeit und Anfangszugkraft des 3. Wandlers, Gl. (4.49)

$v_{E3} = (1 + c) v_{U3} = (1 + 0,5195) \cdot 30,556 = 46,430$ m/s bzw. 167,1 km/h

$F_{A3} = F_{U3}/[1 - 1/(1 + c)] = 22,08/[1 - 1/(1 + 0,5195)] = 64,6$ kN

Anfangszugkraft und Endgeschwindigkeit von Wandler 1 und 2, Gl. (4.49)

$F_{A2} = F_{A3}/c = 64,6/0,5195 = 124,3$ kN und $F_{A1} = F_{A3}/c^2 = 64,6/0,5195^2 = 239,4$ kN

$v_{E2} = c\, v_{E3} = 0,5195 \cdot 46,430 = 24,120$ m/s bzw. 86,8 km/h

$v_{E1} = c^2\, v_{E3} = 0,5195^2 \cdot 46,430 = 12,531$ m/s bzw. 45,1 km/h

Umschaltpunkte, Gl. (4.49)

$v_{U1} = v_{E1}/(1 + c) = 12,531/(1 + 0,5195) = 8,247$ m/s bzw. 29,7 km/h

$F_{U1} = F_{A1} [1 - 1/(1 + c)] = 239,4 \cdot [1 - 1/(1 + 0,5195)] = 81,85$ kN

$v_{U2} = v_{E2}/(1 + c) = 24,120/(1 + 0,5195) = 15,874$ m/s bzw. 57,2 km/h

$F_{U2} = F_{A2} [1 - 1/(1 + c)] = 124,3 \cdot [1 - 1/(1 + 0,5195)] = 42,50$ kN

Bild 4.32 enthält das Zugkraftdiagramm. Die F_A-Werte sind auf der Ordinaten und der v_E-Werte auf der Abszisse abzutragen und durch eine Gerade zu verbinden. Stützstellen sind mit Gl. (4.44) zu berechnen.

Fahrstufen-Zugkraft

Die Zugkraft F_{Tx} zur Geschwindigkeit v_x der Fahrstufe z_{St} mit der Motordrehzahl n_{MSt} ist mit Gl. (4.44) zu berechnen. In Gl. (4.44) sind die Fahrstufen-Konstanten F_{AzSt} und v_{EzSt} der Fahrstufe z_{St} einzusetzen, die aus den Konstanten der maximalen Fahrstufe F_{Az} und v_{Ez} und der normierten Getriebeeingangsleistung N_{GSt} der Fahrstufe z_{St} (Gl. (4.42)) hervorgehen:

$$F_{AzSt} = \sqrt{L_{GSt}}\, F_{Az} \quad \text{und} \quad v_{EzSt} = \sqrt{L_{GSt}}\, v_{Ez} \tag{4.50}$$

$$F_{UzSt} = \sqrt{L_{GSt}}\, F_{Uz} \quad \text{und} \quad v_{UzSt} = \sqrt{L_{GSt}}\, v_{Uz}$$

Die zu einem gegebenen Betriebspunkt des Teillastbereichs P_x (F_{Tx}; v_x) gehörende normierte Getriebeeingangsleistung L_{GSt} erhält man mittels folgendem Lösungsansatz (Gl. (4.44)):

$$F_{Tx} = \sqrt{L_{GSt}}\, F_{Az} \left(1 - \frac{v_x}{\sqrt{L_{GSt}}\, v_{Ez}} \right)$$

Die Auflösung nach L_{GSt} und die Umstellung von Gl. (4.42) ergibt:

$$L_{GSt} = \left(\frac{F_{Tx}}{F_{Az}} + \frac{v_x}{v_{Ez}} \right)^2 \text{ und } N_{MSt} = \sqrt[3]{L_{GSt}} \tag{4.51}$$

$$n_{MSt} = N_{MSt} \, n_{MC}, \; M_{GSt} = N_{MSt}^2 \, M_{MC} \text{ und } P_{GSt} = L_{GSt} \, P_{MC}$$

In Gl. (4.51) sind F_{Az} und v_{Ez} der maximalen Fahrstufe desjenigen Wandlers z einzusetzen, bei dem L_{GSt} minimal und $L_{GSt} \leq 1$ ist.

Kontrolle: Die Geschwindigkeit v_x muss innerhalb der v_{USt}-Werte des Wandlers z liegen.

Berechnungsbeispiel 4.9

Die Diesellokomotive BR 202 zieht einen Zug mit der konstanten Geschwindigkeit $v_x = 50$ km/h (13,889 m/s). Sie entwickelt dabei die Zugkraft $F_{Tx} = 30$ kN. Die eingestellte Fahrstufen-Drehzahl des Motors n_{MSt} ist zu berechnen. Die Motordrehzahl der maximalen Fahrstufe beträgt $n_{MC} = 1500$ U/min.

Lösungsweg und Lösung mit den Daten des Beispiels 4.8

Normierte Getriebeeingangsleistung, Gl. (4.51)

3.Wandler: $L_{GSt} = (F_{Tx}/F_{A3} + v_x/v_{E3})^2 = (30/64,6 + 13,889/46,430)^2 = 0,5830$

Wandler 1 ($L_{GSt} = 1,5220$) und Wandler 2 ($L_{GSt} = 0,6678$) entfallen, da L_{GSt} größer ist.

Variable des Fahrstufen-Betriebspunkts, Gl. (4.34) und (4.51)

$\omega_{MC} = \pi \, n_{MC}/30 = \pi \, 1500/30 = 157,08$ rad/s und $M_{GC} = P_{GC}/\omega_{MC} = 882/157,08 = 5,615$ kN·m

$N_{MSt} = L_{GSt}^{1/3} = 0,5830^{1/3} = 0,8354$ und $n_{MSt} = N_{MSt} \, n_{MC} = 0,8354 \cdot 1500 = 1253$ U/min

$M_{GSt} = N_{MSt}^2 \, M_{GC} = 0,8354^2 \cdot 5,615 = 3,919$ kN m und $P_{GSt} = L_{GSt} \, P_{GC} = 0,5830 \cdot 882 = 514,2$ kW

Zugkraftkennlinie für Wandler-Kupplungs-Kupplungs-Getriebe

Die Anfahrt erfolgt mit dem Wandler. Im Kupplungspunkt K wird auf Kupplungsbetrieb umgeschaltet ($M_{Tu} = M_{Pu}$). Das Leitrad wird zum freien Mitlauf freigegeben. Die Zugkraft der 1. Kupplung, die bis zur Endgeschwindigkeit v_{EK1} konstant ist, ist die in K des Wandlers vorliegende Zugkraft: $F_{K1} = F_K$ (23,53 kN in Beispiel 4.7). Die Endgeschwindigkeit der 1. Kupplung v_{EK1} erhält man aus der des Wandlers v_{EW} mit dem Kupplungsschlupfes $\sigma_K = 0,03$:

$$v_{EK1} = (1 - \sigma_K) v_{EW} \tag{4.52}$$

Zu Beispiel 4.7 erhält man mit Gl. (4.52): $v_{EK1} = (1 - 0,03) \cdot 62,8 = 61,0$ km/h.

Der Bereich der zweiten, nachgeordneten Kupplung reicht von v_{EK1} bis $v_{EK2} = v_H$. Beim Umschalten kommt es infolge der Änderung der mechanischen Übersetzung zur Drehzahldrückung. Das Antriebssystem arbeitet nach den Regeln des mechanischen Wechselgetriebes. Die Getriebekonstante $c = v_{EK1}/v_{EK2}$ soll im Bereich $c = 0,65$ bis $0,70$ liegen.

Im Beispiel 4.7 erhält man mit diesen Bedingungen die Höchstgeschwindigkeit 90 km/h. Da beim Triebwagen BR 628.2 aber 120 km/h erreicht werden sollen, muss die Anfangszugkraft auf 75 % bzw. 60 kN (90/120 = 0,75) herabgesetzt werden.

Die Zugkraft der 2. Kupplung ist mit Gl. (4.25) und (4.26) für die maximale Motorleistung P_C zu berechnen. Der Wirkungsgrad für Übertragung und Wandlung beträgt $\eta_{0W} = 0,93$.

Bild 4.32 zeigt das Zugkraftdiagramm des Rangierganges der Lokomotive BR 346 der DB AG mit Wandler-Kupplungs-Kupplungs-Getriebe.

4.2.5   Elektrische Leistungsübertragung

Wirkprinzip

Bild 4.33 zeigt das Schema der elektrischen Leistungsübertragung der Diesellokomotiven. Im Verlauf der technischen Entwicklung wurden folgende Varianten benutzt:

- Gleichstrom-Nebenschlussgenerator und Gleichstrom-Reihenschlussfahrmotoren
- Drehstrom-Synchrongenerator, Gleichrichter und Gleichstrom-Reihenschlussfahrmotoren
- Drehstrom-Synchrongenerator, Gleichrichter, Gleichstromzwischenkreis, Wechselrichter und Drehstrom-Asynchronfahrmotoren (Drehstromantriebstechnik)

Aufgabe der Regeleinrichtung ist, am Dieselmotor entsprechend den Anforderungen der Traktion eine Fahrstufe mit konstanter Leistungseinspeisung einzustellen und die abgegebene konstante Leistung in die Zugkrafthyperbel $F_T = f(v)$ zu überführen.

Die Drehstromantriebstechnik und die damit verbundene Entkoppelung von An- und Abtrieb ermöglichen sogar, im Motorkennlinienfeld zur Fahrstufe den energetisch optimalen Betriebspunkt zu wählen (Bild 4.25). Damit hat die Drehstromantriebstechnik nicht nur in der Höhe des Wirkungsgrads für Übertragung und Wandlung $\eta_{ÜW}$ sondern auch im spezifischen Kraftstoffverbrauch des Motors einen Vorteil gegenüber den hydrodynamischen Getrieben, bei denen die Leistungsaufnahme an die Propellerkurve gebunden ist.

Zugkraftkennlinie

Für energetische Untersuchungen mittels Zugfahrtsimulation müssen Motorleistung und spezifischer Kraftstoffverbrauch aller Fahrstufen bekannt sein. Dann können die von der aktuellen Betriebslage abhängigen Motor- und Übertragungswirkungsgrade einbezogen werden.

Die Fahrstufen-Zugkraftkennlinie $F_T(v)$ ist mit Gl. (4.25) und (4.26) zu berechnen. Der Wirkungsgrad für Übertragung und Wandlung $\eta_{ÜW}$ geht aus einer statistischen Gleichung hervor.

Konventionelle elektrische Leistungsübertragung:

$$\eta_{ÜW} = 0{,}94\,(1 - e^{-7 \cdot V}) + 0{,}097 - 0{,}24\,V - 0{,}077\,[1 + 1{,}55\,(1 - V)]\,(1 - L) \quad (4.53)$$

Leistungsübertragung mit Drehstromantriebstechnik

$$\eta_{ÜW} = 0{,}921\,(1 - e^{-12 \cdot V}) + 0{,}022 - 0{,}088\,V - 0{,}10\,(1 - L) \quad (4.54)$$

V   Normierte Geschwindigkeit, $V = v/v_{max}$
L   Normierte Getriebeeingangsleistung, $L = P_G/P_{Gmax}$
Bild 4.33 zeigt die Zugkraftkennlinie der Diesellomotive BR Di 4 (Drehstromantriebstechnik).

Dauerbetriebspunkt

Im Anfangsbereich des Zugkraftdiagramms ist sowohl bei elektrischer als auch bei hydrodynamischer Leistungsübertragung eine wesentliche Verschlechterung des Wirkungsgrads $\eta_{ÜW}$ zu verzeichnen. Die Verluste müssen von der Kühleinrichtung aufgenommen werden. Im Dauerbetriebspunkt besteht Gleichgewicht zwischen Verlust und Kühlung. Bei Unterschreitung sind die Verluste größer als die Kühlung, so dass die Temperatur ansteigt. Deshalb ist das Fahren mit Geschwindigkeiten kleiner als die Dauergeschwindigkeit nur kurzzeitig möglich.

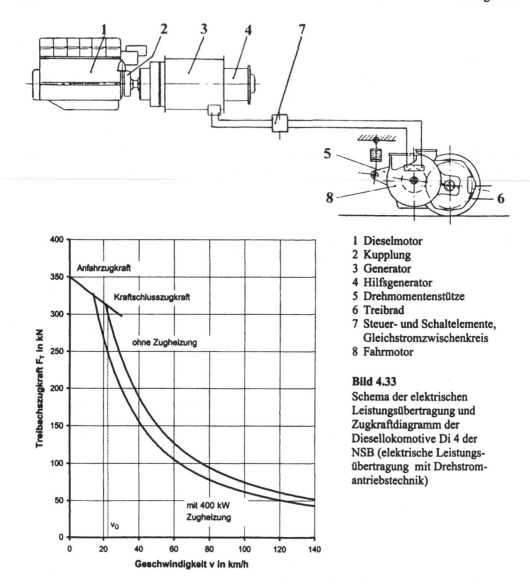

1 Dieselmotor
2 Kupplung
3 Generator
4 Hilfsgenerator
5 Drehmomentenstütze
6 Treibrad
7 Steuer- und Schaltelemente,
  Gleichstromzwischenkreis
8 Fahrmotor

Bild 4.33
Schema der elektrischen
Leistungsübertragung und
Zugkraftdiagramm der
Diesellokomotive Di 4 der
NSB (elektrische Leistungs-
übertragung mit Drehstrom-
antriebstechnik)

Berechnungsbeispiel 4.10

Für die Diesellokomotive BR Di 4 der NSB mit Drehstromantriebstechnik ist das Zugkraftdiagramm zu berechnen. Die Lokomotivmasse beträgt $m_L = 111$ t, die Höchstgeschwindigkeit $v_{max} = 140$ km/h, die Generatoreingangsleistung bei maximaler Motorleistung $P_G = 2410$ kW und die Leistung für die Zugheizung 400 kW.

Lösungsweg und Lösung für Betrieb ohne Zugheizung:

Berechnung von $\eta_{\ddot{U}W}$ mit Gl. (4.54) und von F_T mit Gl. (4.25 und 4.26)

$V = v/140$ und $L = 1$, $\eta_{\ddot{U}W} = 0{,}921 \cdot (1 - e^{-12 \cdot V}) + 0{,}022 - 0{,}088 \cdot V$

Lösungsweg und Lösung für Betrieb mit Zugheizung:

Heizleistung am Motor $P_{Heiz} = P'_{Heiz}/\eta_{Gen} = 400/0,95 = 421$ kW

Generatoreingangsleistung für Traktion

$P_{GT} = P_G - P_{Heiz} = 2410 - 421 = 1989$ kW

$L = P_{GT}/P_G = 1989/2410 = 0,8253$

$\eta_{0w} = 0,921 \cdot (1 - e^{-12 \cdot V}) + 0,0045 - 0,088 \cdot V$

Tabelle 4.8 enthält die Berechnung. Bild 4.33 zeigt die berechneten Zugkraftkennlinien.

Tabelle 4.8
Wirkungsgrad für Übertragung und Wandlung η_{0w} und Treibachszugkraft F_T der Lokomotive Di 4 (2. Zeilengruppe ohne und 3. Zeilengruppe mit Zugheizung)

v km/h	20	40	60	80	100	120	140
η_{0w}	0,7646	0,8880	0,9000	0,8917	0,8800	0,8675	0,8550
F_T kN	331,7	192,6	130,1	96,7	76,3	62,7	53,0
η_{0w}	0,7470	0,8705	0,8824	0,8742	0,8625	0,8500	0,8375
F_T kN	267,4	155,8	105,3	78,3	61,8	50,7	42,8

4.3 Zugkraft und Leistungsaufnahme der elektrischen Triebfahrzeuge

4.3.1 Gleichstromtriebfahrzeuge

Elektrische Bahnen werden hauptsächlich im Nahverkehr und im Bergbau mit Gleichstrom betrieben. Die Fahrleitungsspannungen liegen zwischen 600 V und 3000 V. Die konventionelle Antriebstechnik beruht auf dem Gleichstrom-Reihenschlussmotor. Beim modernen Antrieb wird die Drehstromantriebstechnik benutzt.

Kennlinien des Reihenschlussmotors

Der Reihenschlussmotor hat ein elastisches Betriebsverhalten, das für die Benutzung des Motors zum Antrieb von Zügen Voraussetzung ist. Bei steigender Drehzahl fällt das Drehmoment und umgekehrt. Wird der Motor vom Drehmoment entlastet, steigt die Drehzahl auf einen sehr großen Wert. Von Nachteil für die Traktion ist die aus dem Drehmoment-Drehzahl-Verhalten hervorgehende Schleuderneigung auf schlüpfrigen Schienen.

Ausgangspunkt der fahrdynamischen Berechnungen sind die Motorkennlinien. Bild 4.34 zeigt als Beispiel die Motorkennlinien des Straßenbahntriebwagens T4D.

Die Motorkennlinien umfassen die Drehmoment-Strom-Kennlinie und die Drehzahl-Strom-Kennlinie für das ungeschwächte und für das geschwächte Feld. Zwischen Zugkraft und Drehmoment und zwischen Geschwindigkeit und Drehzahl besteht Proportionalität:

$$F_T = \eta_{AG} i_{AG} z_M \frac{M_M}{r_L} \quad \text{und} \quad v = \frac{\pi r_L}{30 i_{AG}} n_M \tag{4.55}$$

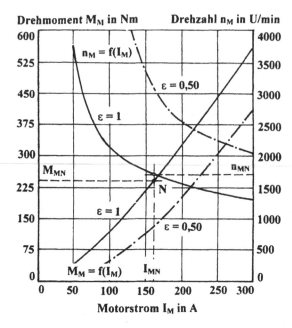

Nennbetriebspunkt N:
$I_{MN} = 160$ A, $P_{MN} = 43$ kW,
$n_{MN} = 1700$ U/min, $M_{NM} = 241,5$ Nm

Maximum:
$I_{Mmax} = 250$ A, $n_{Mmax} = 4000$ U/min
Kleinster Erregergrad: $\varepsilon_{min} = 0,50$

Leistungsgleichung:

$$P_M = \frac{\pi}{30} M_M n_M \tag{4.56}$$

$$P_T = F_T v \quad \text{und} \quad P_T = \eta_{AG} z_M P_M$$

Symbole und Maßeinheiten zu Gl. (4.55) und (4.56)

F_T	Treibachszugkraft in kN	P_M	Motorleistung in kW
M_M	Motordrehmoment in kNm	P_T	Treibachsleistung Triebfahrzeug (kW)
v	Fahrgeschwindigkeit in m/s	i_{AG}	Achsgetriebeübersetzung
n_M	Motordrehzahl in 1/min	z_M	Anzahl der Fahrmotoren
r_L	Laufkreishalbmesser in m	η_{AG}	Wirkungsgrad des Achsgetriebes ($\approx 0,97$)

Normierung der Motorkennlinien

Die Normierung erfolgt durch Bezugnahme auf die Variablen des Nennpunkts N (Index N).

Mechanische Variable normierte Zugkraft T, normierte Geschwindigkeit V und normierte
mechanische Leistung L_M:

$$T = M_M/M_{MN} = F_T/F_{TN} \quad \text{und} \quad V = n_M/n_{MN} = v/v_N \tag{4.57}$$

$$L_M = P_M/P_{MN} = P_T/P_{TN} \quad \text{und} \quad L_M = T V$$

Elektrische Variable normierter Motorstrom i_M, normierte induzierte Spannung u_i, normierte
Klemmenspannung u_K und normierte elektrische Leistung L_E

$$i_M = I_M/I_{MN}, \quad u_i = U_i/U_{iN} \quad \text{und} \quad u_K = U_K/U_{KN} \tag{4.58}$$

$$L_E = (I_M U_K)/(I_{MN} U_{KN}) \quad \text{und} \quad L_E = i_M u_K$$

Motorwirkungsgrad η_{MN} bzw. der Wirkungsgrad des Antriebssystems im Nennpunkt η_{AN} bestimmen den Zusammenhang zwischen mechanischen und elektrischen normierten Variablen:

$$\eta_{MN} = \frac{M_{MN}\, \omega_{MN}}{U_{KN}\, I_{MN}} \quad \text{und} \quad \eta_{AN} = \frac{F_{TN}\, v_N}{U_{FN}\, I_{FN}} \quad \text{mit} \quad \omega_{MN} = \frac{\pi\, n_{MN}}{30} \tag{4.59}$$

U_{KN}	Motorklemmen-Nennspannung in kV	M_{MN}	Motor-Nenndrehmoment in kNm
U_{FN}	Fahrleitungs-Nennspannung in kV	n_{MN}	Motor-Nenndrehzahl in U/min
I_{MN}	Nennstrom des Motors in A	F_{TN}	Treibachs-Nennzugkraft in kN
I_{FN}	Fahrzeug-Nennstromaufnahme in A	v_N	Nenngeschwindigkeit in m/s

Gleichungen der Motorkennlinien

Die Kennlinien des ungeschwächten Feldes $M_M = f(I_M)$ und $n_M = f(I_M)$ werden in eine Stützstellentabelle überführt: $P_M\,(I_M; M_M)$ und $P_N\,(I_M; n_M)$.

Die Stützstellentabelle wird entsprechend Gl. (4.57) normiert: $P_T\,(i_M\,; T)$ und $P_V\,(i_M; V)$.

Mit den P_T- und P_V-Stützstellen werden unter Benutzung von Gl. (4.57) ($L_M = T\,V$) P_L-Stützstellen berechnet: $P_L\,(i_M\,; L_M)$.

Mit den P_T- und P_L-Stützstellen werden die Konstanten der Regressionsgleichung 2. Grads bestimmt (normierte induzierte Nennspannung $u_i = 1$ setzen):

$$T = T_0 + T_1\, i_M + T_2\, i_M^2 \tag{4.60}$$
$$L_M = u_i\,(L_0 + L_1\, i_M + L_2\, i_M^2)$$

Die Gl. (4.60) erfüllt die Bedingung, dass bei $i_M = 1$ auch $T = 1$ und $L = 1$ ist, meistens nicht. Bei Abweichung ist die Anpassung vorzunehmen. Für den Betriebspunkt des minimalen Stromes $P_A\,(i_{MA}; T_A; L_{MA})$ und des maximalen Stromes $P_B\,(i_{MB}; T_B; L_{MB})$ sowie für den Nennbetriebspunkt $P_N\,(i_{MN} = 1; T_N = 1; L_{MN} = 1)$, berechnet mit den Regressionsgleichungen, werden die Konstanten mit dem Einsetzverfahren erneut bestimmt:

$$T_2 = \frac{(1-T_A)(1-i_{MB}) - (1-T_B)(1-i_{MA})}{(i_{MA}-i_{MB})(1-i_{MA})(1-i_{MB})} \tag{4.61}$$

$$T_1 = \frac{1-T_A}{1-i_{MA}} - T_2\,(1+i_{MA}) \quad \text{und} \quad T_0 = 1 - T_1 - T_2$$

$$L_2 = \frac{(1-L_{MA})(1-i_{MB}) - (1-L_{MB})(1-i_{MA})}{(i_{MA}-i_{MB})(1-i_{MA})(1-i_{MB})} \tag{4.62}$$

$$L_1 = \frac{1-L_{MA}}{1-i_{MA}} - L_2\,(1+i_{MA}) \quad \text{und} \quad L_0 = 1 - L_1 - L_2$$

Die Motorkennlinien des Straßenbahntriebwagens T4D wurden entsprechend ausgewertet.

Regressionsrechnung:	Einsetzverfahren ($I_{MA}= 75$ A und $I_{MB}= 230$ A):
$T_0 = -0{,}1729$, $T_1 = 1{,}0022$ und $T_2 = 0{,}1701$	$T_0 = -0{,}1746$, $T_1 = 1{,}0070$ und $T_2 = 0{,}1676$
$L_0 = -0{,}0218$, $L_1 = 1{,}1695$ und $L_2 = -0{,}1282$	$L_0 = 0{,}03473$, $L_1 = 1{,}00964$ und $L_2 = -0{,}04437$

Eine weitere Bedingung ist, dass die mechanische Leistung der Punkte A und B kleiner als die elektrische ist. Anderenfalls sind die Motorkennlinien fehlerhaft.

Berechnungen für das ungeschwächte Feld

Die jeweils unbekannten Variablen sind mit Gl. (4.59), (4.57) und (4.58) zu berechnen.

Der normierte Motorstrom i_{Mx} ist gegeben:

Das Einsetzen von i_{Mx} in Gl. (4.59) ergibt T_x und L_{Mx}. Das Einsetzen von T_x und L_{Mx} in Gl. (4.57) liefert V_x ($V_x = L_{Mx}/T_x$).

Die normierte Zugkraft T_x ist gegeben:

Die Gleichung $T = f(i_M)$ wird nach i_M aufgelöst.

$$i_{Mx} = \sqrt{D_1^2 + D_2} - D_1 \tag{4.63}$$

$$D_1 = \frac{T_1}{2T_2} \quad \text{und} \quad D_2 = \frac{T_x - T_0}{T_2}$$

Das Einsetzen von i_{Mx} in Gl. (4.60) ergibt L_{Mx} und von T_x und L_{Mx} in Gl. (4.57) V_x.

Die normierte Leistung L_x ist gegeben:

Die Gleichung $L_M = f(i_M)$ wird nach i_M aufgelöst.

$$i_{Mx} = D_1 \pm \sqrt{D_1^2 + D_2} \tag{4.64}$$

$$D_1 = -\frac{L_1}{2L_2} \quad \text{und} \quad D_2 = -\frac{L_0 - L_{Mx}}{L_2}$$

Das Einsetzen von i_{Mx} in Gl. (4.60) ergibt T_x und von L_{Mx} und T_x in Gl. (4.57) V_x.

Die normierte Geschwindigkeit V_x ist gegeben:

In die Gleichung $L_M = T V$ wird Gl. (4.60) für T und L_M eingesetzt nach i_M aufgelöst.

$$i_{Mx} = D_1 + \sqrt{D_1^2 + D_2} \tag{4.65}$$

$$D_1 = \frac{V_x T_1 - u_i L_1}{2(u_i L_2 - V_x T_2)} \quad \text{und} \quad D_2 = \frac{V_x T_0 - u_i L_0}{u_i L_2 - V_x T_2}$$

Die Variablen T_x und und V_x sind gegeben, die normierte Klemmenspannung u_K ist gesucht:

Mit T_x und V_x wird durch Einsetzen in Gl. (4.57) L_{Mx} berechnet ($L_{Mx} = T_x V_x$) Das Einsetzen von T_x in Gl. (4.63) ergibt i_{Mx}. Die Umstellung von Gl. (4.60) ergibt die normierte induzierte Spannung u_i. Die Variable u_i ist mit dem normierten Motorwiderstand r_M in die normierte Klemmenspannung u_K umzurechnen:

$$u_i = \frac{L_{Mx}}{L_0 + L_1 i_{Mx} + L_2 i_{Mx}^2} \tag{4.66}$$

$$u_i = k_{Korr}(u_K - r_M) \quad \text{und} \quad u_K = \frac{u_i}{k_{Korr}} + r_M \quad \text{mit} \quad k_{Korr} = 1 + \frac{r_M}{1 - r_M}$$

Der normierte Motorwiderstand beträgt im Regelfall $r_M = 0{,}05$. Im Nennpunkt ist $u_i = u_K$.

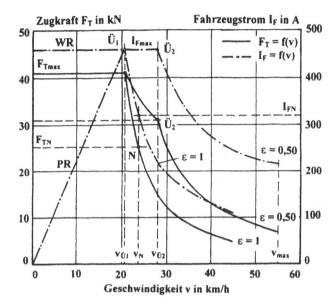

Achsfolge $B_0'\ B_0'$

Eigenmasse 16,7 t/Plätze 128
Laufkreis∅ d_L = 650 mm
Achsgetriebe i_{AG} = 8,775
Nennspannung U_N = 600 V
Halbspannungsmotoren
max. Strom I_{Fmax} = 460 A
max. Geschwind. v_{max} = 55 km/h
max. Zugkraft F_{Tmax} = 41,0 kN
Nennstrom I_{FN} = 320 A
Nenngeschwindigkeit
v_N = 23,74 km/h (6,593 m/s)
Nennzugkraft F_{TN} = 25,3 kN
Nennleistung P_{TN} = 166,8 kW
WR Widerstandsregelung
PR Pulsregelung

Bild 4.35
Zugkraft- und Stromaufnahmediagramm des Straßenbahntriebwagens T4D von Tatra Prag

Berechnungen für das geschwächte Feld

Der Regelbereich wird durch Feldschwächung (Reduzierung des Erregergrads) bis auf den Minimalwert ε_{min} erweitert. Dadurch verringert sich bei gleichem Motorstrom die Zugkraft und vergrößert sich die Geschwindigkeit.

Soll zur gegebenen Drehzahl n_{Mx} Drehmoment und Strom bzw. zur Geschwindigkeit v_x Zugkraft und Strom bei Feldschwächung ermittelt werden, ist zuerst zu V_x mit Gl. (4.65) i_{Mx} und mit Gl. (4.60) T_x des ungeschwächten Feldes zu berechnen (u_i = 1). Anschließend sind die zu V_x gehörenden Variablen des geschwächten Feldes zu bestimmen:

$$M_{M\varepsilon} = \frac{M_M}{\varepsilon} \quad und \quad I_{M\varepsilon} = \frac{M_{M\varepsilon}\,\omega_M}{\eta_{MN}\,U_K} \quad mit \quad \omega_M = \frac{\pi}{30}V_x\,n_{MN}$$

$$F_{T\varepsilon} = \frac{F_T}{\varepsilon} \quad und \quad I_{F\varepsilon} = \frac{F_{T\varepsilon}\,v_x}{\eta_{AN}\,U_{FN}} \quad mit \quad v_x = V_x v_N \qquad (4.67)$$

Nennbetriebspunkt

Betriebspunkte (Nennpunkte) der Normierung sind Stunden- oder Dauerbetriebspunkt. Im Nahverkehr wird im Regelfall der Stundenbetriebspunkt benutzt. Bei Stundenbetrieb wird die Erwärmungsgrenze nach 1 Stunde, bei Dauerbetrieb nach unendlich langer Zeit erreicht.

Zugkraft- und Stromaufnahmediagramm

Das Zugkraft- und Stromaufnahmediagramm ist entweder durch Umrechnung der Motorkenn-linien (Bild 4.34) für Motorströme I_{Mx} oder durch Berechnung mit Gl.(4.56), (4.65), (4.60) (T_x) und (4.67) für Geschwindigkeiten v_x zu ermitteln. Bild 4.35 zeigt das Diagramm des T4D.

Zur Berechnung der **Übergangsgeschwindigkeit** v_{01} (Ende des Spannungs-Aufregelns) ist der maximale normierte Strom i_{Mmax} in Gl. (4.60) bei $u_i = 1$ einzusetzen. Man erhält T_{01} und $L_{M\ddot{U}1}$. Gl. (4.57) liefert V_{01}. Zur Berechnung der **Übergangsgeschwindigkeit** v_{02} (Ende des Feld-Aufregelns) ist der normierte Strom i_{Mmax} zu der mit Gl. (4.67) berechneten Kennlinie des geschwächten Feldes durch Variation zu bestimmen. Bild 4.35 zeigt die Schnittstellen.

Fahrzeugsteuerung

Am Gleichstromtriebfahrzeug sind 2 Betriebsbereiche zu unterscheiden: Der Bereich mit und der Bereich ohne Zugkraft-Geschwindigkeits-Regelung. Beide Bereiche sind durch die Übergangsgeschwindigkeit v_0 getrennt (Bild 4.35).

Die Geschwindigkeit muss bis zur Übergangsgeschwindigkeit v_{01} entweder mittels Widerständen im Stromkreis oder durch Pulsen der Spannung mittels Thyristoren geregelt werden. Die Zugkraft ist beim Regeln konstant. Bei der Widerstandsregelung (WR) ist die Stromaufnahme konstant. Bei der Pulsregelung (PR) ist die Stromaufnahme der Geschwindigkeit proportional. Die Stromwärmeverluste der Widerstandsregelung entfallen bei der Pulsregelung.

Zwischen v_{01} und v_{02} wird das Motorfeld so geregelt, dass die Stromaufnahme konstant ist. Bei v_{02} ist das Regeln abgeschlossen.

Die Pulsregelung ermöglicht durch Anpassung der Motor-Klemmenspannung U_K auch das Einstellen von Zugkraft- und Geschwindigkeitswerten unterhalb der Kennlinien des Maximalbetriebs. Für die Zugkraft- und Geschwindigkeitsberechnung ist u_K entsprechend zu ändern.

Leistungsaufnahme

Vom Zug wird am Systemeingang (Stromabnehmer) Leistung für die Traktion (P_{ET}), für die Hilfseinrichtungen (P_{Hi}) und für die Heizung (P_{Heiz}) aufgenommen:

$$P_E = P_{ET} + P_{Hi} + P_{Heiz} \quad \text{mit} \quad P_{ET} = I_F U_F \tag{4.68}$$

$$\text{Pulsregelbereich} \quad P_{ET} = \frac{z_M I_M U_K}{\eta_{Th}}$$

Wirkungsgrad des Antriebssystems η_A:

$$\eta_A = \frac{P_T}{P_{ET}} \tag{4.69}$$

U_F Fahrleitungsspannung	P_T Treibachsleistung, Gl. (4.56)
I_F Stromaufnahme des Fahrzeugs für Traktion	P_{ET} Traktions-Systemeingangsleistung
U_K aktuelle Klemmenspannung des Motors	z_M Anzahl der Fahrmotoren
I_M Motorstrom	η_{Th} Thyristorwirkungsgrad ($\eta_{Th} = 0,98$)

Berechnungsbeispiel 4.11

Für den Straßenbahntriebwagen T4D ist zu berechnen:

a) Welche Zugkraft F_{Tx} und Fahrzeug-Stromaufnahme I_{Fx} in der Fahrstufe $\varepsilon_{min} = 0,50$ bei der Geschwindigkeit $v_x = 40$ km/h (11,111 m/s) vorliegen ($u_i = u_K = 1$).

b) Welche Klemmenspannung an den Motoren für das Fahren im Betriebspunkt $v_x = 30$ km/h (8,334 m/s) und $F_{Tx} = 8,0$ kN eingestellt werden muss.

Gegebene Werte nach Bild 4.35 sowie $r_M = 0,05$, $U_F = 0,6$ kV ($U_M = 300$ V)

Lösungsweg und Lösung zu a)

Gl. (4.57), (4.63) $V_x = v_x / v_N = 11,111/6,593 = 1,6853$

$NEN = -1,0 \cdot 0,04437 - 1,6853 \cdot 0,1676 = -0,3268$

$D_1 = (1,6853 \cdot 1,0070 - 1,0 \cdot 1,00964)/(-2 \cdot 0,3268) = -1,0518$

$D_2 = (-1,6853 \cdot 0,1746 - 1,0 \cdot 0,03473)/-0,3268 = 1,00668$

$i_{Mx} = -1,0518 + (1,0518^2 + 1,00668)^{0,5} = 0,4018$

Gl. (4.60) $T_x = -0,1746 + 1,0070 \cdot 0,4018 + 0,1676 \cdot 0,4018^2 = 0,2571$

Gl. (4.59) $\eta_{AN} = 25,3 \cdot 6,593/(0,6 \cdot 320) = 0,8688$

Gl (4.67) $F_{T\epsilon} = T_x F_{TN}/\epsilon = 0,2571 \cdot 25,3/0,50 = 13,009$ kN

$I_{F\epsilon} = 13,009 \cdot 11,111/(0,8688 \cdot 0,6) = 277,3$ A

Lösungsweg und Lösung zu b)

Gl. (4.57) $T_x = 8,0/25,3 = 0,3162$, $V_x = 8,334/6,593 = 1,2641$

$L_{Mx} = 0,3162 \cdot 1,2641 = 0,40$

Gl. (4.63) $D_1 = 1,0070/(2 \cdot 0,1676) = 3,0042$

$D_2 = (0,3162 + 0,1746)/0,1676 = 2,9284$

$i_{Mx} = (3,0042^2 + 2,9284)^{0,5} - 3,0042 = 0,4532$

Gl. (4.66) $u_i = 0,40/(0,03473 + 1,00964 \cdot 0,4532 - 0,04437 \cdot 0,4532^2) = 0,8278$

$k_{Korr} = 1 + 0,05/(1 - 0,05) = 1,0526$

$u_K = 0,8278/1,0526 + 0,05 = 0,8364$

Gl. (4.58) $U_K = u_K U_{MN} = 0,8364 \cdot 300 = 251$ V

4.3.2   Wechselstromtriebfahrzeuge

Die elektrischen Fernbahnen Mitteleuropas werden hauptsächlich mit einphasigem Wechselstrom betrieben. Die Fahrleitungsspannung beträgt 15 kV und die Netzfrequenz 16 2/3 Hz. Im Haupttransformator des Triebfahrzeugs wird die Fahrleitungsspannung auf die Traktionsspannung von ca. 600 V herabgesetzt. Als Fahrmotor wird der Wechselstrom-Reihenschlussmotor benutzt, der die für die Traktion benötigte elastische Kennlinie hat. Das Regeln erfolgt durch Einstellen von Motorspannungsstufen (Fahrstufen) mittels Regeltransformator zwischen 0 und U_{max} bei Stufensprüngen von 15 bis 30 V. Bei neueren Triebfahrzeugen wird außerdem die Spannung zwischen den Fahrstufen mit Hilfe der Thyristor-Anschnittsteuerung geregelt, so dass ein stufenloses Fahren möglich ist.

Bild 4.36 zeigt als Beispiel die Motorkennlinien und und das aus ihnen hervorgehende Zugkraftdiagramm der elektrischen Lokomotive BR 141. Die unabhängige Variable ist der **Scheinstrom**, der für die fahrdynamischen Berechnungen in den Wirkstrom zu überführen ist.

Motor- und Systemeingang

Am Motoreingang werden Scheinstrom I_{SM} und Klemmenspannung U_K gemessen. Für die Energieverbrauchsermittlung wird die Wirkleistung benötigt, die unter Berücksichtigung des Transformatorwirkungsgrads η_{Tr} ($\eta_{Tr} = 0,97$) und der Anzahl der Motoren z_M auf den Systemeingang (Stromabnehmer) zu beziehen ist:

$$P_{ET} = \frac{z_M I_{WM} U_K}{\eta_{Tr}} \qquad (4.70)$$

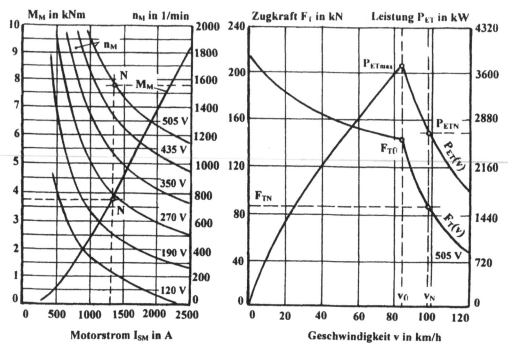

Bild 4.36

Motorkennlinien (Motorscheinstrom I_{SM}, Drehmoment M_M und Drehzahl n_M) und Zugkraft- und Leistungsaufnahmediagramm (Geschwindigkeit v, Treibachszugkraft F_T und Wirkleistungsaufnahme für Traktion am Systemeingang P_{ET}) der elektrischen Lokomotive BR 141 der DB AG

Stundenbetriebspunkt des Motors	Achsfolge $B_0{}'\,B_0{}'$
Nennspannung $U_{KN} = 505$ V	Lokomotivmasse $m_L = 66{,}4$ t
Scheinstrom $I_{SMN} = 1340$ A	Höchstgeschwindigkeit $v_{max} = 120$ km/h
Motorwirkungsgrad $\eta_{MN} = 0{,}92$	Treibraddurchmesser neu/mittel 1250/1216 mm
Leistungsfaktor $\cos \varphi_N = 0{,}965$	Nenngeschwindigkeit $v_N = 97{,}78$ km/h
Drehmoment $M_{NN} = 3728$ Nm	Nennzugkraft $F_{TN} = 87{,}12$ kN
Drehzahl $n_{MN} = 1540$ 1/min	Achsgetriebeübersetzung $i_{AG} = 3{,}61$
Fahrstufenanzahl $z_{Fges} = 28$	Achsgetriebewirkungsgrad $\eta_{AG} = 0{,}985$

Vom Nennpunkt des Motors sind Scheinstromaufnahme I_{SMN} und Nenn-Leistungsfaktor $\cos \varphi_N$ bekannt. Mit diesen Werten sind Wirkstrom I_{WMN} und Blindstrom I_{BMN} zu berechnen:

$$\varphi_N = arc\,(\cos \varphi_N) \tag{4.71}$$

$$I_{WMN} = I_{SMN} \cos \varphi_N \quad \text{und} \quad I_{BMN} = I_{SMN} \sin \varphi_N$$

Zum Beispiel sind vom Nennpunkt des Motor der Lokomotive BR 141 bekannt: $I_{SMN} = 1340$ A und $\cos \varphi_N = 0{,}965$. Dafür erhält man $\varphi_N = 0{,}2654$, $I_{WMN} = 1293$ A und $I_{BMN} = 351{,}5$ A.

Die Blindstromkomponente des Nennpunktes ist überschläglich konstant ($I_{BMN} =$ konstant). Auf dieser Basis ist die Umrechnung aller Scheinstrom- in Wirkstromwerte möglich.

Wirkstrom des Motors:

$$I_{WM} = \sqrt{I_{SM}^2 - I_{BMN}^2}$$ (4.72)

Normierung

Die mechanischen Variablen sind nach Gl. (4.57) zu normieren. Die Normierung von Schein- und Wirkstrom I_{SM}, I_{WM} erfolgt mit den Nennwerten I_{SMN} bzw. I_{WMN}:

$$i_{SM} = I_{SM} / I_{SMN} \quad \text{und} \quad i_{WM} = I_{WM} / I_{WMN}$$ (4.73)

Der Blindstrom I_{BMN} ist je nach Zweckmäßigkeit mit I_{SMN} oder I_{WMN} zu normieren. Der normierte Blindstrom ist von der Strombelastung unabhängig (deshalb Konstante i_{BMN}).

Der Leistungsfaktor ist mit den normierten Variablen zu berechnen.

Abhängigkeit vom Scheinstrom:

$$\cos\varphi = \sqrt{1 - \sin^2\varphi} \quad \text{mit} \quad \sin\varphi = \frac{i_{BMN}}{i_{SM}} \quad \text{und} \quad i_{BMN} = \frac{I_{BMN}}{I_{SMN}}$$ (4.74)

Abhängigkeit vom Wirkstrom:

$$\cos\varphi = \frac{1}{\sqrt{1 + \tan^2\varphi}} \quad \text{mit} \quad \tan\varphi = \frac{i_{BMN}}{i_{WM}} \quad \text{und} \quad i_{BMN} = \frac{I_{BMN}}{I_{WMN}}$$ (4.75)

Motorkennlinien

Der Wechselstrom-Reihenschlussmotor hat im wesentlichen das gleiche Betriebsverhalten wie der Gleichstrom-Reihenschlussmotor. Dehalb kann auch das gleiche Berechnungsmodell benutzt werden. Die Drehzahlkennlinien werden für den Parameter der Klemmenspannung dargestellt. Bild 4.36 zeigt die Motorkennlinien.

Die Motorkennlinien sind auf der Basis der Regressionsrechnung mit der Zugkraft- und der Leistungsgleichung der Gl. (4.59) zu erfassen. Die Gl. (4.60) und (4.61) sind zu beachten. Die Konstanten wurden für die als Beispiel gewählte Lokomotive BR 141 der DB AG ermittelt:

Scheinstrom: $\quad T = T_0 + T_1\, i_{SM} + T_2\, i_{SM}^2$ (4.76)

$$L_M = L_0 + L_1\, i_{SM} + L_2\, i_{SM}^2$$

Regressionsrechnung:
$T_0 = -0{,}3054$, $T_1 = 1{,}1690$ und $T_2 = 0{,}1682$
$L_0 = -0{,}0028$, $L_1 = 1{,}1300$ und $L_2 = -0{,}0813$

Einsetzverfahren ($i_{SMA} = 0{,}70$; $i_{SMB} = 1{,}45$):
$T_0 = -0{,}0664$, $T_1 = 0{,}6627$ und $T_2 = 0{,}4037$
$L_0 = 0{,}3426$, $L_1 = 0{,}3984$ und $L_2 = 0{,}2590$

Wirkstrom: $\quad T = T_0 + T_1\, i_{WM} + T_2\, i_{WM}^2$ (4.77)

$$L_M = L_0 + L_1\, i_{WM} + L_2\, i_{WM}^2$$

Regressionsrechnung:
$T_0 = -0{,}1093$, $T_1 = 0{,}9053$ und $T_2 = 0{,}2322$
$L_0 = 0{,}0949$, $L_1 = 1{,}0056$ und $L_2 = -0{,}0536$

Einsetzverfahren ($i_{WMA} = 0{,}60$; $i_{WMB} = 1{,}40$):
$T_0 = 0{,}0384$, $T_1 = 0{,}5535$ und $T_2 = 0{,}4081$
$L_0 = 0{,}2159$, $L_1 = 0{,}7534$ und $L_2 = 0{,}0307$

Zugkraft und Geschwindigkeit

Die normierte Klemmenspannung des Motors u_K ist der Parameter der Fahrstufen-Kennlinien. Sie ist als Quotient der Fahrstufenspannung U_{FSt} und der Nennspannung U_N (Spannung der höchsten Fahrstufe) zu berechnen. Überschläglich ist die Berechnung von u_K auch als Quotient von Fahrstufen-Ordnungszahl z_F und Gesamtzahl der Fahrstufen z_{Fges} möglich. Bei der Festlegung von z_{Fges} sind die beiden letzten Fahrstufen, die nur bei Abfall der Fahrleitungsspannung benutzt werden dürfen, zu vernachlässigen:

$$u_K = \frac{U_{FSt}}{U_{FN}} \text{ und } u_K = \frac{z_F}{z_{Fges}} \qquad (4.78)$$

Zugkraft- und Leistungsaufnahmediagramm

Das Zugkraft- und Leistungsaufnahmediagramm ist entsprechend den Ausführungen für das Gleichstrom-Triebfahrzeug aufzustellen. Als Leistungsvariable ist die Wirkleistungsaufnahme des Triebfahrzeugs zu wählen, da diese für die Verbrauchsermittlung mittels Zugfahrtsimulation benötigt wird. Bild 4.36 zeigt das Zugkraft- und Leistungsaufnahmediagramm der Wechselstrom-Lokomotive BR 141 der DB AG.

Im Zugkraft- und Leistungsaufnahmediagramm sind 2 Bereiche zu unterscheiden, die durch die Übergangsgeschwindigkeit v_0 getrennt sind. Bis zum Erreichen von v_0 müssen Zugkraft und Geschwindigkeit durch Aufschalten der Motorspannung geregelt werden. Bei v_0 wird die Nennspannungskennlinie (maximale Fahrstufe) erreicht. Oberhalb v_0 stellen sich Zugkraft und Geschwindigkeit auf der Fahrstufen-Kennlinie ein.

Im Bereich unterhalb v_0 wirkt die Kraftschlusszugkraft (Gl. (4.6) und (4.16):

$$F_T = G_L \left(k_1 + \frac{k_2}{k_3 + v} \right) \qquad (4.79)$$

Die Konstanten k_1, k_2 und k_3 sind Tabelle 4.3 zu entnehmen (Variante Kother oder Curtius und Kniffler). Die Variable G_L ist die Lokomotivgewichtskraft.

Die Variablen des **Übergangspunktes Ü** (Geschwindigkeit v_0, Zugkraft F_{T0} und Leistungsaufnahme für Traktion P_{ET0}) sind mit Gl. (4.79) und mit Gl. (4.65)((4.60) zu berechnen. Die geschlossene Lösung ist nicht möglich. Die Ermittlung der Variablen muss durch Variation der Geschwindigkeit v im Gleichungssystem erfolgen. Die Variation ist abzuschließen, wenn aus Gl. (4.79) einerseits und aus Gl. (4.65)/(4.60) andererseits die gleiche Zugkraft hervorgeht.

Berechnungsbeispiel 4.12

Die elektrische Lokomotive BR 141 befördert einen Zug in gleichförmiger Bewegung mit der Geschwindigkeit $v = 60$ km/h und der Zugkraft $F_T = 50$ kN (Summe der Widerstandskräfte). Mit den technischen Daten der Legende zu Bild 4.36 ist die benutzte Fahrstufe z_F und die Traktionsleistungsaufnahme P_{ET} zu berechnen. Der Transformatorwirkungsgrad beträgt $\eta_{Tr} = 0.97$.

Lösungsweg und Lösung:
Motorströme im Nennbetriebspunkt, Gl. (4.71)

$\varphi_N = \text{arc } (\cos \varphi_N) = \text{arc } (\cos 0{,}965) = 0{,}2654$

$I_{WMN} = I_{SMN} \cos \varphi_N = 1340 \cdot 0{,}965 = 1293$ A

$I_{BMN} = I_{SMN} \sin \varphi_N = 1340 \cdot \sin 0{,}2654 = 351{,}5$ A

Normierung, Gl. (4.73) und (4.57)

Benutzung des Wirkstromes als unabhängige Variable

$i_{BMN} = I_{BMN}/I_{WMN} = 351,5/1293 = 0,2718$, i_{BMN} = konstant

$T_x = F_{Tx}/F_{TN} = 50/87,12 = 0,5739$ und $V_x = v_x/v_N = 60/97,78 = 0,6136$

$L_{Mx} = T_x V_x = 0,5739 \cdot 0,6136 = 0,3521$

Normierte Variable des Betriebspunktes, Gl. (4.63), und (4.66)

$D_1 = 0,5535/(2 \cdot 0,4081) = 0,6781$ und $D_2 = (0,5739 - 0,0384)/0,4081 = 1,3122$

$i_{WMx} = (0,6781^2 + 1,3122)^{0,5} - 0,6781 = 0,6531$

$I_{WMx} = i_{WMx} I_{WMN} = 0,6531 \cdot 1293 = 844,5$ A

$u_i = 0,3521/(0,2159 + 0,7534 \cdot 0,6531 + 0,0307 \cdot 0,6531^2) = 0,3521/0,7210 = 0,4883$

$k_{Korr} = 1 + 0,05/(1 - 0,05) = 1,0526$ und $u_K = 0,4833/1,0526 + 0,05 = 0,5091$

Variable der Fahrstufe, Gl. (4.78), (4.58), (4.68), (4.69)

$z_F = u_K z_{Fges} = 0,5091 \cdot 28 = 14,3 \rightarrow$ Die Fahrstufe Nr. 15 ist zu benutzen.

$u_K' = z_F/z_{Fges} = 15/28 = 0,5357$ und $U_{FSt} = u_K' U_{KN} = 0,5357 \cdot 505 = 271$ V

$P_{ET} = z_M U_{FSt} I_{WMx}/\eta_{Tr} = 4 \cdot 271 \cdot 854,5/0,97 = 955$ kW

Leistungsfaktor und Scheinleistung, Gl. (4.73) und (4.69)

$\tan \varphi = i_{BMN}/i_{WMx} = 0,2718/0,6531 = 0,4162$

$\cos \varphi = 1/(1 + \tan^2\varphi)^{0,5} = 1/(1 + 0,4162^2)^{0,5} = 0,9232$

$P_{ETS} = P_{ET}/\cos \varphi = 955/0,9232 = 1034$ kW

4.3.3 Drehstromantriebstechnik

Die Drehstromantriebstechnik ist die modernste Variante des Antriebs von Schienenfahrzeugen, die sowohl bei elektrischen Vollbahnlokomotiven aller Bahnstromsysteme als auch bei elektrischen Nahverkehrsfahrzeugen und zur Leistungsübertragung der Dieseltriebfahrzeuge benutzt wird. Die fahrdynamischen Vorteile sind:

- Schleuderfreie Ausnutzung der Kraftschlusszugkraft bei der Anfahrt,

- Anfahrt mit der konstanten maximalen Leistung bis zur Höchstgeschwindigkeit,

- Einstellung beliebiger Betriebspunkte auf und unterhalb der Zugkraftkennlinie,

- elektrische Bremstechnik bis zum Halt und Nutz- bzw. Netzbremsung und

- maximaler Wirkungsgrad im gesamten Betriebsbereich.

Antriebsmotor

Antriebsmotor ist der Drehstromasynchronmotor. Bild 4.37 zeigt die Motorkennlinien. Sie teilen sich in einen stabilen und einen instabilen Arbeitsbereich. Beide Bereiche sind durch den Kipppunkt getrennt. Der Dauerbetrieb ist nur im stabilen Arbeitsbereich möglich. Der instabile Arbeitsbereich ist beim Motoranlauf zu durchlaufen. Im Leerlauf entwickelt der Motor überschläglich die Synchrondrehzahl n_S, die von Polpaarzahl p und Frequenz f abhängig ist:

$$n_S = \frac{60\,f}{p} \qquad (4.80)$$

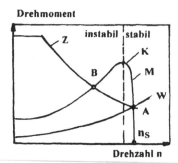

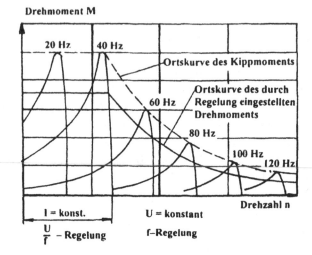

Z   Zugkraftkennlinie
M   Motordrehmomentkennlinie
W   Zugwiderstandskennlinie
K   Kipppunkt
A   stabiler Arbeitspunkt
B   instabiler Arbeitspunkt
n_S Synchrondrehzahl

Bild 4.37
Drehmoment-Drehzahl-Kennlinien des Drehstromasynchronmotors für feste und regelbare Frequenz
(nach Feihl: Die Diesellokomotive)

Wird der Motor belastet, nimmt seine Drehzahl infolge des zunehmenden Schlupfes nur geringfügig ab. Bei fester Frequenz hat der Motor ein starres Betriebsverhalten, das für die Traktion ungeeignet ist. Die Eignung wird durch die Motorsteuerung hergestellt.

Am Systemausgang (Laufkreis der Räder) erhält man für Geschwindigkeit v und Zugkraft F_T:

$$v = c_1 \frac{60f}{p}(1-\sigma) \quad und \quad F_T = c_2 I_M \frac{U_K}{f} \tag{4.81}$$

Der Schlupf beträgt $\sigma = 0$ bis 6 %. Die Variablen c_1 und c_2 sind Konstanten. Die Variable I_M ist der Motorstrom und U_K die Klemmenspannung.

Motorsteuerung
Durch die Motorsteuerung wird die für eine feste Frequenz gegebene Kennlinie des Motordrehmoments an die für die Traktion erforderliche Zugkraftkennlinie angepasst (Bild 4.37). Zur Regelung der Geschwindigkeit ist entsprechend Gl. (4.81) die Frequenz zu ändern. Bei Frequenzerhöhung steigt die Geschwindigkeit und fällt die Zugkraft.

Für Antrieb und Steuerung wird der von der Lokomotive aufgenommene einphasige Wechselstrom zuerst in Gleichstrom und anschließend in Drehstrom, dessen Frequenz und Spannung stufenlos regelbar sind, verwandelt. Bild 4.38 zeigt das Prinzip der Leistungsübertragung.

Bis zur Übergangsgeschwindigkeit $v_{ü1}$ des Bildes 4.38 wirkt der Achskraftausgleich. Die erhöhte Zugkraft ist aber wegen des Aufregelns praktisch nicht in Anspruch zu nehmen.

Man unterscheidet 3 Regelabschnitte (Bild 4.38). Im ersten Abschnitt (0 bis $v_{ü2}$) erhöht sich die Geschwindigkeit bei konstanter Zugkraft. Das wird durch proportionale Erhöhung der Klemmenspannung U_K erreicht, so dass das Verhältnis U_K/f konstant bleibt (Gl. (4.80)).

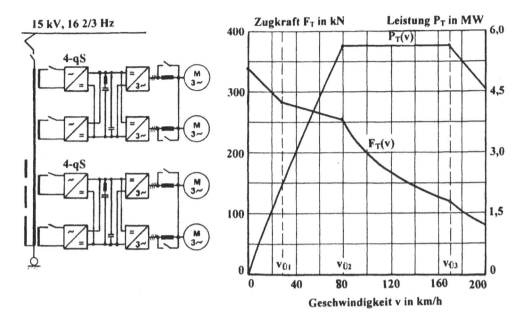

Bild 4.38
Zugkraft-Geschwindigkeits-Regelung und Zugkraft- sowie Treibachsleistungskennlinie der BR 120
(Achsfolge $B_0' B_0'$, Masse $m_L = 84$ t, Nennleistung $P_{TN} = 5600$ kW)
(nach ABB Henschel: Systemtechnologie – Fahrzeugtechnik für alle Anwendungen)

Im zweiten Abschnitt ($v_{Ü2}$ bis $v_{Ü3}$) ist die Klemmenspannung nach Erreichen des Maximalwerts konstant, so dass auch die Treibachsleistung P_T konstant ist und die Zugkraft nach der Zugkrafthyperbel abnimmt. Im dritten Abschnitt liegt magnetische Sättigung vor. Dadurch nimmt der Motorstrom, und damit auch die Treibachsleistung, mit steigender Frequenz ab. Die Zugkraft ist der Frequenz im Quadrat umgekehrt proportional ($F_T \sim 1/f^2$). Tritt die magnetische Sättigung nicht ein, kann bis v_{max} mit konstanter Leistung angefahren werden.

Bild 4.38 zeigt das von der Antriebssteuerung erzeugte Zugkraft- und Leistungsdiagramm. Jeder Betriebspunkt der umschlossenen Fläche ist stufenlos ansteuer- und dauernd realisierbar.

Zugfahrtsimulation

Für die Zugfahrtsimulation ist das Zugkraftdiagramm als Tabelle oder Gleichung darzustellen. Zur Darstellung durch ein Gleichungssystem müssen Lokomotivgewichtskraft G_L (kN), Treibachsnennleistung P_{TN} (kW) und fallweise Übergangsgeschwindigkeit $v_{Ü3}$ (m/s) bekannt sein.

Der Energieverbrauch der Traktion ist entweder auf der Basis der Zugkraftarbeit (Kap.1.3.1) oder auf der Grundlage der Treibachsleistung (Kap. 4.2.1) zu ermitteln. Es wird mit dem konstanten mittleren Wirkungsgrad des Antriebssystems $\eta_A = 0,88$ bis $0,90$ gerechnet. Die Möglichkeit der Berücksichtigung eines betriebspunktabhängigen Wirkungsgrads erfordert die Modellbildung für das gesamte Antriebssystem.

Das Gleichungsmodell der Zugkraft- und Leistungskennlinien des elektrischen Triebfahrzeugs der Eisenbahn mit Drehstromantriebstechnik geht aus Gl.(4.79), (4.26) und (4.70) hervor.

Gleichungen für elektrische Triebfahrzeuge der Eisenbahn:

$$\text{(4.82)}$$

Bereich 0 bis $v_{\ddot{U}2}$: $F_T = \xi_D G_L (k_1 + \dfrac{k_2}{k_3 + v})$ und $P_T = F_T v$

Bereich $v_{\ddot{U}2}$ bis $v_{\ddot{U}3}$: $F_T = \dfrac{P_T}{v}$ und $P_T = P_{TN} = \text{konstant}$

Bereich $v_{\ddot{U}3}$ bis $v_{\ddot{U}max}$: $F_T = \dfrac{P_T}{v}$ und $P_T = P_{TN} \dfrac{v_{\ddot{U}3}}{v}$

Die Konstanten k_1, k_2 und k_3 sind Tabelle 4.3 zu entnehmen (Variante Curtius und Kiffler, Maßeinheit m/s). Der Drehstromantriebsfaktor ξ_D erfasst die Verbesserung des Kraftschlusses durch die Drehstromantriebstechnik. Er beträgt $\xi_D = 1{,}30$ bis $1{,}50$.

Der Drehstromantrieb von Straßenbahnen wird so ausgelegt, dass bei mittlerer Besetzung mit der konstanten maximalen Zugkraft die Anfangsbeschleunigung 1,2 bis 1,4 m/s² entwickelt wird und dass ab Übergangsgeschwindigkeit die Zugkraft bei konstanter Leistung abnimmt. Die Übergangsgeschwindigkeit beträgt ca. 40 % der Höchstgeschwindigkeit. Ein Drehstrom-Fahrmotor hat eine Leistung von ca. 100 kW.

4.3.4   Transrapidtechnik

Der Antrieb des Transrapid-Hochgeschwindigkeitszugs beruht auf der Drehstromantriebstechnik. Zug- und Bremskraft werden von Linearmotoren erzeugt. Die Regelung von Spannung und Frequenz erfolgt aber stationär. Deshalb darf sich in einem Unterwerksabschnitt stets nur 1 Sektion befinden. Wegen der Ortsabhängigkeit von Zugkraft und Leistungsaufnahme ist die Ermittlung von Zeit, Weg und Geschwindigkeit sowie Energieverbrauch nur durch Einbeziehung des kompletten elektrischen Netzmodells in die Simulation möglich.

Der Antrieb der Magnetbahnzüge wird so bemessen und auch geregelt, dass bis zur Übergangsgeschwindigkeit $v_{\ddot{U}} = 50$ bis 60 % v_{max} mit konstanter Beschleunigung $a_{0\ddot{U}}$ und ab $v_{\ddot{U}}$ mit konstanter spezifischer Beschleunigungsleistung $p_{a\ddot{U}}$ (Kap. 1.3.3) angefahren wird. Die konstante Beschleunigung $a_{0\ddot{U}}$ wird in den Stufen 0,6 m/s², 0,8 m/s² und 1,0 m/s² gewählt. Die kleineren Werte gelten für den Transrapid (Fernverkehr) und die größeren für den Metrorapid (Regionalverkehr). Bild 4.39 zeigt die Auslegung des Antriebs für den Transrapid. Für dieses Auslegungsprinzip ist eine einfache überschlägliche Anfahrberechnung möglich.

Nach Kap. 2.2.1 gilt für den Bereich 0 bis $V_{\ddot{u}}$:

$$v = a_{0\ddot{U}} t \quad \text{und} \quad s = 0{,}5\, a_{0\ddot{U}} t^2 \quad \text{mit} \quad a_{0\ddot{U}} = \text{konstant} \qquad \text{(4.83)}$$

$$t_{0\ddot{U}} = \frac{v_{\ddot{U}}}{a_{0\ddot{U}}} \quad \text{und} \quad s_{0\ddot{U}} = \frac{1}{2} a_{0\ddot{U}} t_{0\ddot{U}}^2$$

Nach Gl. (1.68) gilt für $p_{a\ddot{U}}$ (kW/t) und a (m/s²) des Bereiches $v_{\ddot{U}}$ bis v_{max}:

$$p_{a\ddot{U}} = a_{\ddot{U}} v_{\ddot{U}} \quad \text{und} \quad a = \frac{p_{a\ddot{U}}}{v} \qquad \text{(4.84)}$$

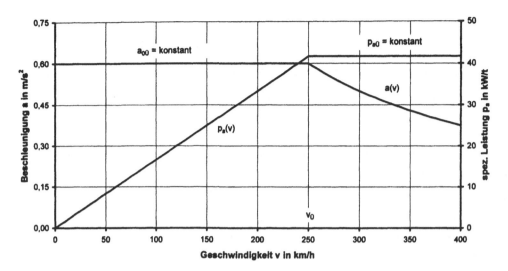

Bild 4.39
Beschleunigungskennlinie a(v) des Transrapid-Hochgeschwindigkeitszugs

Das Einsetzen von Gl. (4.84) in die Integrale der Fahrbewegung (Gl. (2.10)) und die Integration ergibt für Zeit und Weg von v_0 bis zu einer Endgeschwindigkeit v_E im Bereich v_0 bis v_{max}

$$t_{ÜE} = \frac{v_E^2 - v_0^2}{2\,p_{a0}} \quad \text{und} \quad s_{ÜE} = \frac{v_E^3 - v_0^3}{3\,p_{a0}} \tag{4.85}$$

$$v_E = \sqrt{v_0^2 + 2\,p_{a0}\,t_{ÜE}} \quad \text{und} \quad v_E = \sqrt[3]{v_0^3 + 3\,p_{a0}\,s_{ÜE}}$$

Berechnungsbeispiel 4.13

Für den Transrapid-Hochgeschwindigkeitszug, dessen Anfahrt nach dem in Bild 4.39 gegebenen Beschleunigungsdiagramm gesteuert wird, ist die Zuganfahrt bis zur Geschwindigkeit $v_E = 400$ km/h (111,111 m/s) zu berechnen. Die konstante Beschleunigung des Anfangsbereichs beträgt $a_{00} = 0,6$ m/s² und die Übergangsgeschwindigkeit $v_0 = 250$ km/h (69,444 m/s).

Lösungsweg und Lösung:

Bereich 0 bis v_0, Gl. (4.83)

$t_{00} = v_0/a_{00} = 69,444/0,6 = 115,74$ s

$s_{00} = 0,5\,a_{00}\,t_{00}^2 = 0,5 \cdot 0,6 \cdot 115,74^2 = 4018,7$ m

Bereich v_0 bis v_E, Gl. (4.74) und (4.75)

$p_{a0} = a_0\,v_0 = 0,6 \cdot 69,444 = 41,666$ kW/t

$t_{ÜE} = (v_E^2 - v_0^2)/(2\,p_{a0}) = (111,111^2 - 69,444^2)/(2 \cdot 41,666) = 90,280$ s

$s_{ÜE} = (v_E^3 - v_0^3)/(3\,p_{A0}) = (111,111^3 - 69,444^2)/(3 \cdot 41,666) = 8294,9$ m

Gesamte Anfahrt von 0 bis v_E

$t_{0E} = t_{00} + t_{ÜE} = 115,74 + 90,28 = 206,0$ s

$s_{0E} = s_{00} + s_{ÜE} = 4018,7 + 8294,9 = 12313$ m

4.3.5   Erwärmung und Grenztemperatur

Die bei der Zug- und fallweise auch Bremskrafterzeugung entstehenden Verluste führen zur Erwärmung der beteiligten Aggregate. Das betrifft sowohl die elektrischen als auch die Dieseltriebfahrzeuge. Die Aggregate des Antriebssystems sind für eine bestimmte Grenztemperatur ausgelegt, die z.B. für Fahrmotoren 140°C beträgt. Wird die Grenztemperatur überschritten, dann kommt es zum Ausfall bzw. zur Beschädigung des entsprechenden Aggregats.

Besonders augenscheinlich sind Verluste und Temperaturanstieg im kleinen Geschwindigkeitsbereich. Da hier ein Dauerbetrieb nicht möglich ist, wird für Triebfahrzeuge die kleinste Dauergeschwindigkeit ermittelt, unterhalb der nur kurzzeitig gefahren werden darf.

Sowohl bei der Entwicklung neuer Triebfahrzeuge als auch bei der Einsatzplanung vorhandener Triebfahrzeuge ist zu untersuchen, ob die Kühleinrichtungen eine ausreichende Kapazität haben. Das ist mit der Zugfahrtsimulation sehr gut möglich. In das Zugfahrtsimulationsprogramm muss ein Modul der Erwärmungsrechnung der Aggregate eingefügt werden.

Bei der Programmierung des Moduls für die Temperaturkontrolle eines Aggregats ist von der Differentialgleichung des Wärmegleichgewichts an einem Körper auszugehen:

$$P_V\,dt = C\,dT + T_0\,K\,dt \tag{4.86}$$

P_V Verlustleistung des Aggregats in W
dt Zeitdifferential in s
dT Temperaturdifferential in °C
C Wärmekapazität des Aggregats in J/°C

T_0 Temperatur des Aggregats über der Umgebungslufttemperatur in °C
K Spezifische Verlustleistungsabgabe an die Kühlung und an die Umgebung in W/°C

Mit Gl. (4.86) wird zu jedem Simulationszeitschritt Δt die Temperaturänderung ΔT und durch Summierung die Übertemperatur des Aggregats am Ende des Simulationsschritts T_0 berechnet.

I^2-Methode

Für die überschlägliche Temperaturkontrolle der Fahrmotoren wird die I^2-Methode benutzt. Sie geht davon aus, dass die Verluste der Stromaufnahme im Quadrat proportional sind. Auf dieser Grundlage wird für die Zugfahrt der effektive Strom I_{eff} berechnet, der die gleichen Verluste hervorruft wie die Summe der Einzelströme I_x im Quadrat mal der Wirkdauer Δt_x:

$$I_{eff}^2 t_{ges} = \Sigma(I_x^2\,\Delta t_x) \text{ und } I_{eff} = \sqrt{\frac{\Sigma(I_x^2\,\Delta t_x)}{t_{ges}}} \tag{4.87}$$

Das Verhältnis der Quadrate von effektivem und Dauerstrom I_{eff}, I_d ist gleich dem Verhältnis von mittlerer Temperatur der Zugfahrt T_m zu Grenztemperatur im Dauerbetrieb T_G. Aus diesem Lösungsansatz erhält man für die mittlere Temperatur der Zugfahrt T_m:

$$T_m = \left(\frac{I_{eff}}{I_d}\right)^2 T_G \tag{4.88}$$

Für die mit Gl. (4.88) berechnete mittlere Temperatur gilt: $T_m \le 75\%$ der Grenztemperatur T_G.

5 Bremskraft

5.1 Bremssystem der Züge

Allgemeine Grundlagen

Die Eisenbahn benutzt den eigenen Bahnkörper. Die Straßenbahn verkehrt sowohl gemeinsam mit Kraftfahrzeugen in einer Spur als auch auf separatem Bahnkörper. Im Ausnahmefall wird der Bahnkörpers der Eisenbahn mit benutzt (Variobahn). Für die Fahrbewegung der Eisenbahn, und damit auch für Bremskraft und Bremsen, gilt die **Eisenbahn-Bau- und Betriebsordnung (EBO)** einschließlich Dienstvorschriften. Für die Fahr- und Bremsbewegung der Straßenbahn sind Straßenverkehrs- und Straßenverkehrs-Zulassungsordnung (StVO, StVZO) und die **Bau- und Betriebsordnung für Straßenbahnen (BOStrab)** sowie innerbetriebliche Vorschriften zutreffend. Variobahnen müssen StVO, StVZO, BO Strab und EBO erfüllen.

Die Fahrzeuge und Züge der Eisenbahn verkehren im Blockabstand. Die Strecke ist mittels Hauptsignale in Blöcke unterteilt. In jedem Blockabstand darf sich stets nur 1 Zug befinden. Den Hauptsignalen sind Vorsignale beigeordnet. Der **Vorsignalabstand** beträgt 400 m, 700 m und 1000 m. Die zulässige Geschwindigkeit im Block muss das Anhalten durch Schnellbremsung auf einem dem Vorsignalabstand entsprechenden Weg garantieren. Die bremstechnischen Vorschriften basieren auf dem Vorsignalabstand. Die Sichtfahrregel besteht nicht, wohl aber die Verpflichtung zur ständigen Signal- und Fahrwegprüfung durch den Triebfahrzeugführer.

Für die in StVO/BO Strab geregelte Fahr- und Bremsbewegung der Straßenbahn hat die **Sichtfahrregel** Gültigkeit. Eine besondere Problematik besteht aber darin, dass Straßenbahnen im Fall der Gefahrenbremsung nur 1/3 der Bremsverzögerung der Kraftfahrzeuge erreichen.

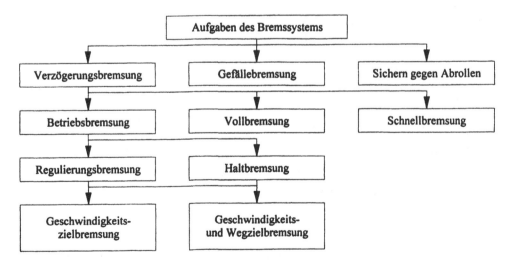

Bild 5.1:
Übersicht über die Aufgaben des Bremsystems

Aufgaben des Bremssystems

Bild 5.1 vermittelt eine Übersicht über die Aufgaben des Bremssystems.

Sichern gegen Abrollen

Die Bremskraft muss verhindern, dass sich abgestellte Fahrzeuge oder haltende Züge unter dem Einfluss von Neigungs- oder Windkraft in Bewegung setzen.

Änderung des Bewegungszustands

Die Bremskraft muss die Geschwindigkeit des Zugs auf einen Zielwert, fallweise bis zum Halt, reduzieren (**Verzögerungsbremsung**). In Abhängigkeit von der Intensität unterscheidet man zwischen Betriebs- und Schnellbremsung. Bei der **Betriebsbremsung** wird die Bremskapazität nur anteilig in Anspruch genommen, bei der **Schnellbremsung** dagegen vollständig ausgeschöpft. Für die Schnellbremsung ist das Ziel der Zughalt auf dem kürzesten, physikalisch möglichen Weg. Die Betriebsbremsung erfolgt zur Regulierung der Geschwindigkeit (**Regulierungsbremsung**) und zum Anhalten des Zugs (**Haltbremsung**). Sie wird als **Geschwindigkeitszielbremsung** und als **Geschwindigkeits- und Wegzielbremsung** ausgeführt.

Die **Notbremsung** ist eine vom Fahrgast ausgelöste Schnellbremsung.

Bei der Straßenbahn wird die Schnellbremsung als **Gefahrenbremsung** bezeichnet.

Bei der Eisenbahn gibt es noch die **Vollbremsung**, die eine Betriebsbremsung mit maximaler Bremskraft ist (Absenkung des Hauptluftleitungsdrucks auf 3,5 bar). Im Fall der Schnellbremsung wird dagegen die Hauptluftleitung vollständig entleert.

Erhaltung des Bewegungszustands

Im Gefälle ist der Bewegungszustand durch die **Gefällebremsung** zu erhalten. Die Bremskraft muss die Gefällekraft abzüglich Zugwiderstandskraft kompensieren.

Einteilung nach den Aufgaben

Zur Erfüllung der genannten Aufgaben sind Schienenfahrzeuge und Züge mit einem Bremssystem ausgerüstet, das aus Betriebs-, Feststell- und fallweise auch Zusatzbremse besteht.

Betriebsbremse

Der Betriebsbremse obliegt sowohl die Änderung des Bewegungszustands mit der gewünschten Intensität (Verzögerungsbremsung) als auch die Erhaltung für beliebige Gefällewerte (Gefällebremsung). Sie muss daher eine regelbare Bremse sein, für Dauerbelastung ausgelegt sein und möglichst verschleißfrei, mindestens aber verschleißarm arbeiten.

Feststellbremse

Die Feststellbremse übernimmt das Sichern gegen Abrollen auf Dauer. Ihre Bremskraft darf nicht nachlassen und sich nicht erschöpfen. Beim Versagen der Betriebsbremse muss sie das Anhalten ermöglichen.

Zusatzbremse

Die Zusatzbremse dient der Verstärkung der Bremskraft der Betriebsbremse bei einer Schnellbremsung sowie bei Ausfall der Betriebsbremse auch der Bremskraft der Feststellbremse. Sie kann auch als zweite Betriebsbremse für spezielle Anwendungsbedingungen installiert sein.

Die **Sicherheitsbremse** der Straßenbahn umfasst Feststell- und Zusatzbremse.

Einteilung nach der Bremskraftübertragung

Die von der Bremse entwickelte Bremskraft muss auf das Gleis übertragen werden. Das erfolgt entweder über das Rad oder unabhängig vom Rad. Im ersten Fall spricht man von radabhängigen Bremsen und im zweiten Fall von radunabhängigen Bremsen. Bei den **radabhängigen Bremsen** ist zu beachten, dass ihre Bremskraft nicht nur durch das Leistungsvermögen der Bremseinrichtung begrenzt wird, sondern auch durch den Kraftschluss zwischen Rad und Schiene. Der Vorteil der **radunabhängigen Bremsen** beruht in ihrer Unabhängigkeit vom Kraftschluss zwischen Rad und Schiene. Dadurch kann das Fahrzeug eine über die Kraftschlussgrenze hinausreichende Verzögerung entwickeln.

Einteilung nach dem Wirkprinzip

Bei der Konstruktion einer Bremse sind stets zwei Aufgaben zu lösen: die Energieversorgung für die Erzeugung der Bremskraft und die Übermittlung der Befehle für die Steuerung der Bremse. Das Lösungsprinzip beider Aufgaben ist an den Bremsentyp gebunden.

Indirekt wirkende Druckluftbremse

Die indirekt wirkende Druckluftbremse ist die Betriebsbremse aller Eisenbahnfahrzeuge. Sie wird als **Eisenbahndruckluftbremse** bezeichnet. Bild 5.2 zeigt das Wirkungsprinzip. Kompressor, Hauptluftbehälter und Führerbremsventil sind auf dem Triebfahrzeug untergebracht. Hilfsluftbehälter, Steuerventil und Bremszylinder sind die wichtigsten Bremseinrichtungen der Fahrzeuge. Alle Fahrzeuge sind an die durchgehende **Hauptluftleitung** angeschlossen.

Die Hauptluftleitung dient der Druckluftversorgung und der Bremssteuerung. Die vom Triebfahrzeugführer mittels Führerbremsventil als Druckänderung gegebenen Befehle werden über die Hauptluftleitung an die Fahrzeugbremsen weitergeleitet. Der Nenndruck beträgt 5 bar.

Zur Verkürzung der Auffüllzeit der Hilfsluftbehälter haben Züge teilweise die nur der Energieversorgung dienende **Hauptluftbehälterleitung**. Der Druck beträgt 10 bar.

Zur Verkürzung von Ansprech- und Schwellzeit wird teilweise die **elektropneumatische Bremse** eingebaut (Abkürzung: ep-Bremse). Der Befehl zum Bremsen wird zusätzlich über eine elektrische Leitung nahezu simultan an alle Fahrzeugbremsen weitergeleitet.

Vor Beginn der Zugfahrt wird die Betriebsbereitschaft der Bremse durch Auffüllen der Hauptluftleitung und aller Hilfsluftbehälter auf einen Druck von 5 bar hergestellt. Bei Absenkung des Hauptluftleitungsdrucks bewegt der jetzt größere Hilfsluftbehälterdruck das Steuerventil in die Bremsstellung. Die Luft strömt vom Hilfsluftbehälter in den Bremszylinder über. Die Absenkung des Hauptluftleitungsdrucks auf 3,5 bar (Vollbremsung) und weniger (Schnellbremsung) führt zum Druckausgleich zwischen Hilfsluftbehälter und Bremszylinder und damit zu einer durch den Ausgleichsdruck begrenzten maximalen Verzögerung des Fahrzeugs.

Zum Lösen der Bremse ist der Druck der Hauptluftleitung bis über den Ausgleichsdruck zu erhöhen. Der jetzt höhere Hauptluftleitungsdruck bewegt das Steuerventil in die Lösestellung. Der Bremszylinder wird entlüftet und der Hilfsluftbehälter nachgespeist. Bei Auffüllung der Hauptluftleitung bis auf 5 bar wird die Zugbremse vollständig gelöst. Bei Gefahr wird das Führerbremsventil von der Abschluss- in die Schnellbremsstellung bewegt. Die Hauptluftleitung entleert sich vollständig. Die Steuerzeiten sind bei der Bremsberechnung zu beachten.

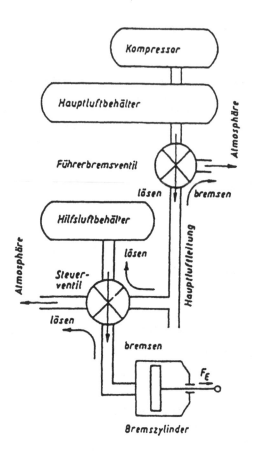

Bild 5.2
Wirkungsprinzip der
Eisenbahndruckluftbremse

F_E Kraft des Bremskrafterzeugers (Bremszylinder)

Direkt wirkende Druckluftbremse

Zur Bremsausrüstung der Triebfahrzeuge gehört die **Zusatzbremse**, die mit dem Zusatzbrems-
ventil zu bedienen ist. Die Zusatzbremse wird bei Solo-Fahrt des Triebfahrzeugs, im Rangier-
dienst und zur Verstärkung der Bremskraft des Triebfahrzeugs im Gefahrenfall benutzt. Durch
Betätigung des Zusatzbremsventils wird die Luft direkt aus dem Hauptluftbehälter in den
Bremszylinder eingelassen. Der größere Druck im Bremszylinder ermöglicht eine an der Rad-
Schiene-Kraftschlussgrenze gelegene Bremskraft.

Einteilung nach der Konstruktion

Mechanische Fahrzeugbremse

Die mechanische Fahrzeugbremse ist entweder eine Klotz- oder eine Scheibenbremse. Die mit
Grauguss-Bremsklötzen bestückte **Klotzbremse** war bis Anfang der sechziger Jahre die ausschließliche Bremsbauart der Schienenfahrzeuge. Dann wurde sie an Straßenbahnwagen und
zum großen Teil an Reisezug- und Triebwagen von der **Scheibenbremse** abgelöst. An klotzgebremsten Fahrzeugen kommen auch Kunststoff- und Sintermetallbremsklötze zum Einsatz.
Bild 5.3 zeigt im oberen Teil die Klotzbremse eines zweiachsigen Wagens und im mittleren
Teil die Scheibenbremse eines Drehgestells. Die Kraft wird in das Bremsgestänge eingeleitet.

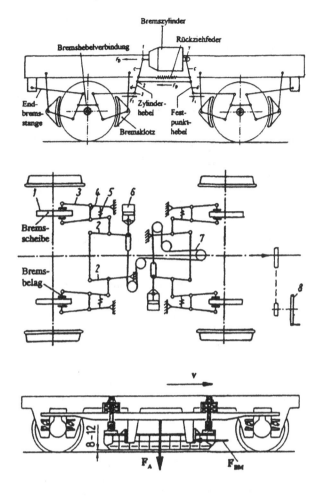

Bild 5.3

Bremsbauarten

a) Zweiachsiges Untergestell mit Klotzbremse

b) Zweiachsiges Drehgestell mit Scheibenbremse

  1 Bremsscheibe,

  2 Bremshebel,

  3 Bremsbackenhalter mit Bremsbelag,

  4 Bremsbrücke,

  5 Gestängerückzugsfeder,

  6 Bremszylinder,

  7 Seilzug zur Handbremse

  8 Handrad für Handbremse

c) Zweiachsiges Drehgestell mit Magnetschienenbremse

  F_A Ansaugkraft des Magnetschuhs

  F_{BM} Bremskraft der Magnetschienenbremse

Die mechanischen Bremse dient auch als Hand- oder Feststellbremse (Bild 5.3 Mitte). Die **Handbremse** ist vom Fahrzeug aus, und damit auch bei Fahrt, die **Feststellbremse** dagegen von außerhalb des Fahrzeugs, und damit nur bei Halt, zu bedienen

Federspeicherbremse

Die Bremskrafterzeugung der mechanischen Bremse von Hand ist bei Straßenbahnen und Triebwagen durch einen Federspeicher ersetzt worden. Bei Fahrtbeginn wird der Federspeicher pneumatisch oder elektrisch gespannt und verriegelt (Bremse gelöst). Bei Halt oder bei Ausfall der Betriebsbremse wird entriegelt, so dass die Federkraft auf das Bremsgestänge wirkt.

Magnetschienen- und lineare Wirbelstrombremse

Die **Magnetschienenbremse** wird in schnellfahrende Wagen und Triebwagen der Eisenbahn zusätzlich sowie in Straßenbahnwagen grundsätzlich eingebaut. Mit ihr werden bei der Eisenbahn die für höhere Geschwindigkeiten vorgeschriebenen Mindestbremshundertstel erfüllt.

Bild 5.3 zeigt im unteren Teil ein mit Magnetschienenbremse ausgerüstetes Drehgestell. Die im Bremsschuh angeordneten Elektromagnete führen bei Einschaltung des Erregerstromes zum Ansaugen an die Schienenoberfläche und zum Reiben auf ihr. Das Zuschalten der Magnetschienenbremse der Eisenbahnfahrzeuge erfolgt, wenn der Hauptluftleitungsdruck unter 3,5 bar fällt (Schnellbremsung). Sobald 50 km/h unterschritten sind, wird zur Vermeidung eines allzu großen Bremskraftanstiegs das Wirken der Magnetschienenbremse wieder aufgehoben. An Straßenbahnzügen wird die Magnetschienenbremse in Tätigkeit gesetzt, wenn der Fahr-Brems-Hebel in die Gefahrenbremsstellung gebracht wird. Sie wirkt bis zum Halt.

Der Bremsschuh unterliegt durch die Schienenreibung großem Verschleiß. Im Hochgeschwindigkeitsverkehr wird die Magnetschienenbremse von der verschleißlos auf den Schienenkopf wirkenden **linearen Wirbelstrombremse** abgelöst. Sie dient dabei als zweite Betriebsbremse.

Elektrische und hydrodynamische Bremse sowie rotierende Wirbelstrombremse

Elektrische und dieselelektrische Triebfahrzeuge haben zusätzlich die **Widerstandsbremse**, bei elektrischen Triebfahrzeugen außerdem in der Version **Nutz- oder Netzbremse**. Die Fahrmotoren arbeiten als Generatoren, angetrieben von der Bremskraft. Bei der konventionellen Antriebstechnik befindet sich ein konstanter Widerstand im Bremsstromkreis. Die konstante Bremskraft wird durch Verstärkung des Feldes proprtional zur Geschwindigkeitsabnahme erreicht. Ab Sättigungspunktes nimmt die Bremskraft ab. Die Druckluftbremse muss ergänzend zugeschaltet werden. Die Drehstromantriebstechnik ermöglicht durch die Frequenzanpassung an die Geschwindigkeit den Erhalt der Bremskraft bis zum Halt. Mit der elektrischen Bremse ist das im Hochgeschwindigkeitsverkehr aktuelle Problem der Bremswärmeabfuhr durch die Rückspeisung ins Netz lösbar (Netzbremsung).

Dieseltriebfahrzeuge mit hydrodynamischer Leistungsübertragung besitzen zusätzlich die hydrodynamische Bremse (**Bremsretarder**), die durch Änderung des Füllungsgrads des Getriebes auf konstante Leistung geregelt wird. Damit ist die Bremskraft geschwindigkeitsabhängig und muss durch die Druckluftbremse ergänzt werden. Ab 100 % Füllung tritt mit abnehmender Geschwindigkeit Bremskraftabnahme nach der Propellerkurve ein (Bild 4.25).

Elektrische und hydrodynamische Bremsen werden mit Führerbremsventil und Fahr-Brems-Schalter angesteuert und geregelt. Bei Ansteuerung über das Führerbremsventil wirken elektrische und hydrodynamische Bremsen in Kombination mit der mechanischen Bremse.

Die verschleißfrei arbeitende und thermisch sehr hoch belastbare **rotierende Wirbelstrombremse** ist für Eisenbahnwagen geplant, die entweder auf langen Gebirgsrampen fahren müssen oder die für den Hochgeschwindigkeitsverkehr vorgesehen sind. Sie soll hier die mechanische Reibungsbremse wegen ihrer technischen Grenzen ablösen. Die auf der Radsatzachse sitzende Bremsscheibe durchschneidet fortlaufend ein Magnetfeld.

Elektrische Bremse der Straßenbahn

Straßenbahnen werden elektrisch gebremst. Bei Fahrzeugen mit Gleichstrom-Reihenschlussmotoren wird die **Kurzschlussbremse** benutzt, bei der sich ein regelbarer Widerstand im Bremsstromkreis befindet. Mit abnehmender Geschwindigkeit wird der Widerstand reduziert, so dass die Bremskraft konstant bleibt. Die Kurzschlussbremse wirkt bis zum Halt. Bei Drehstrom-Asynchronmotoren kann die Bremskraft durch Frequenz- und Spannungsregelung ebenfalls bis zum Halt konstant gehalten werden.

Die Betätigungskraft der Scheibenbremse nicht angetriebener Radsätze wird in der älteren Ausführungsart von Bremssolenoiden (Zugmagnete) erzeugt, die in den Bremsstromkreis integriert sind. Bei modernen Konstruktionen wurde ein hydrostatisches System gewählt, das eine dem Bremsstrom proportionale Bremskraft entwickelt.

Für die Berechnung des Bremsvorganges ist die aus der technischen Auslegung hervorgehende Bremskraft aller Fahrzeuge des Zugs von Interesse.

Einteilung nach der Bremsstellung

Unterschiedliche Intensität der Bremskraft und unterschiedliches Zeitverhalten der Eisenbahndruckluftbremse wird durch die Definition von Bremsstellungen berücksichtigt. Bei der Zugbildung ist an allen Fahrzeugen die gleiche Bremsstellung einzustellen. Folgende Grundvarianten der Bremsstellung sind möglich:

G   Güterzug (langsam wirkende Bremse)

P   Personenzug (schnell wirkende Bremse)

P_2 Personenzug nur für Lokomotiven (schnell und mittelstark wirkende Bremse)

⟨R⟩   Rapid, R ohne SEV (schnell und stark wirkende Bremse)

R   Rapid, R mit SEV (sehr schnell und sehr stark wirkende Bremse)

Anmerkung: SEV = Schnellentleerungsventil

„P" und „G" haben den gleichen Bremszylinderdruck, aber verschiedene Steuerzeiten. In „R ohne SEV" (Wagen, Triebwagen) und „P_2" (Lokomotiven) liegt ein gegenüber „P" erhöhter Bremszylinderdruck vor. In „R mit SEV" wirkt außerdem das Schnellentleerungsventil der Hauptluftleitung und ein beschleunigtes Durchschlagen des Bremsbefehls.

Die Grundvarianten der Bremsstellung können durch Zusatzvarianten ergänzt werden, beispielsweise mit der Magnetschienenbremse (R+Mg), mit der Wirbelstrombremse (R+WB), mit der elektrischen Bremse (R+E) und mit der hydrodynamischen Bremse (R+H) sowie mit der elektropneumatischen Bremse (Zusatz: ep).

5.2   Bremskrafterzeugung

5.2.1   Klotz- und Belagskraft

Bei Berechnung der Fahrbewegung mit Bremskraft ist als erster Lösungsschritt die Kraft des Bremskrafterzeugers zu bestimmen. Dabei ist die Abhängigkeit sowohl von den einzustellenden Bremsstufen als auch von der Entwicklungszeit zu beachten. Bei der mechanischen Reibungsbremse gehen aus der Kraft des Bremskrafterzeugers die Klotz- bzw. Belagskraft hervor. Die Multiplikation mit dem Klotz- bzw. Belagsreibwert ergibt die Bremskraft.

Kolbenkraft des Bremszylinders

Für die maximale Kolbenkraft des Bremszylinders gilt:

$$F_{KZ\,max} = A_{KZ}\, p_{Z\,max} \quad \text{mit} \quad A_{KZ} = \pi \frac{d_Z^2}{4} \tag{5.1}$$

F_{KZ} Kolbenkraft des Bremszylinders in kN

A_{KZ} Kolbenfläche des Bremszylinders in m^2

p_Z Bremszylinderdruck in kPa (1 bar = 100 kPa)
d_Z Innendurchmesser des Bremszylinders in m

Der Bremszylinderdruck ist in den Bremsstellungen P und G auf p_Z = 3,6 bar und in der Bremsstellung R auf p_Z = 3,8 bar begrenzt. Bei Scheibenbremsen ist der erhöhte $F_{KZ\,max}$-Wert der Bremsstellung „R" über das Verhältnis der Bremszylinderdrücke einfach zu erfassen. Bei der GG-Klotzbremse wird die Bremsstellung „R" durch einen zweiten Bremszylinder realisiert, der beim Bremsen mit $v \geq 70$ km/h gefüllt und bei Unterschreitung von 55 km/h während des Bremsens nach einer Zeitfunktion entlüftet wird.

Zur Berücksichtigung der Intensität der Bremsung im Simulationsprogramm ist der Bremsstufenfaktor f_{St} und der Zeitfaktor f_t einzuführen. Die Faktoren f_{St} und f_t liegen im Bereich 0 bis 1:

$$F_{KZ} = f_t\, f_{St}\, F_{KZ\,max} \tag{5.2}$$

Der **Bremsstufenfaktor f_{St}** ist der Druckabsenkung in der Hauptluftleitung proportional. Bei $\Delta p_{HL} = 0$ (p_{HL} = 5 bar) ist $f_{St} = 0$ und bei $\Delta p_{HL} = 1{,}5$ bar (p_{HL} = 3,5 bar) $f_{St} = 1$. Die Druckabsenkung ist in Schritten von 0,05 bar möglich, so dass sich z_{max} = 29 Bremsstufen ergeben. In Abhängigkeit von der benutzten **Bremsstufe z_B** erhält man für den Bremsstufenfaktor:

$$f_{St} = \frac{z_B}{z_{B\,max}} \tag{5.3}$$

Für z_B ist ein zwischen 1 und 29 gelegener Wert ins Simulationsprogramm einzugeben. Bei Eingabe von z_B = 30 wird in der Rechnung die Magnetschienenbremse zugeschaltet.

Der **Zeitfaktor f_t** entspricht dem Verhältnis der zeitabhängigen aktuelle Kolbenkraft des Bremszylinders $F_{KZ}(t)$ zur maximale Kraft F_{KZmax}. Die Berechnung erfolgt in Kap. 5.2.5.

Klotz- und Belagskraft

Die Kolbenkraft des Bremszylinders wird mittels Gestänge und Hebelmechanismus auf die Bremsklötzer übertragen. Zur Berechnung der Klotzkraft F_{Kl} ist vom Gleichgewicht der Kräfte an beiden Gestängeenden auszugehen:

$$z_{Kl} F_{Kl} = (F_{KZ} - F_R) i_G \eta_G - F_G z_{Kl}$$

Umstellung nach der Klotzkraft und die Berücksichtigung von Bremsstufen- und Zeitfaktor:

$$F_{Kl} = f_t f_{St}\left(i_G \eta_G \frac{F_{KZ\,max} - F_R}{z_{Kl}} - F_G \right) \tag{5.4}$$

F_{Kl} Klotzkraft an 1 Radanpressstelle
F_{KZ} Kolbenkraft des Bremszylinders
F_R Feder- und Reibkraft im Bremszylinder
F_G Gestänge-Gegenkraft für 1 Anpressstelle

z_{Kl} Klotzanpressstellen des Bremszylinders
i_G Bremsgestängeübersetzung
η_G Bremsgestängewirkungsgrad

Jeder Radsatz hat z_{Kl} = 4 Klotzanpressstellen. Doppelklötze sind 1 Anpressstelle. Die Kraftkonstanten betragen F_R = 1,6 kN und F_G = 1 kN. Für f_t = 1 und f_{St} = 1 erhält man $F_{Kl\,max}$.

Für die Belagskraft F_{Bel} von 1 Scheibenanpressstelle gilt entsprechend Gl. (5.4):

$$F_{Bel} = f_t f_{St} i_G \eta_G \frac{F_{KZ\,max} - F_R}{z_{Bel}} \qquad (5.5)$$

Die Variable z_{Bel} ist die Anzahl der Belagsanpressstellen des Bremszylinders. Jede Scheibe hat im Regelfall 2 Anpressstellen und jeder Radsatz 1 bis 4 Bremsscheiben. Die maximale Belagskraft $F_{Bel\,max}$ erhält man für $f_t = 1$ und $f_{St} = 1$.

Bei Bedienung der mechanischen Bremse von Hand ist in Gl.(5.4) und (5.5) $F_{KZ\,max}$ durch die **maximale Handkraft $F_{H\,max} = 0{,}500$ kN** und i_G durch die Handkraftübersetzung i_H zu ersetzen sowie $F_R = 0$ zu setzen:

$$F_{Kl} = f_t f_{St} i_H \eta_G \frac{F_{H\,max}}{z_{Kl}} - F_G \quad \text{und} \quad F_{Bel} = f_t f_{St} i_H \eta_G \frac{F_{H\,max}}{z_{Bel}} \qquad (5.6)$$

Der Zeitfaktor f_t ist wie zur Bremsstellung „G" zu berücksichtigen. Für den Bremsstufenfaktor f_{St} ist ein zwischen 0 und 1 gelegener Wert zu wählen, je nachdem wie $F_{H\,max}$ ausgeschöpft wird. Die Variablen z_{Kl} und z_{Bel} sind auf die Bedienungseinrichtung der Bremse bezogen.

Bei Dimensionierung der Bremse wird zwischen Anzahl und Größe der Bremszylinder sowie Gestängeübersetzung i_G variiert. Der Innendurchmesser der Bremszylinder beträgt 8 bis 16 Zoll (1 Zoll = 25,4 mm) und die Gestängeübersetzung $i_G = 4$ bis 12. Die Handkraftübersetzung darf bei Güter- und Triebwagen $i_H = 1400$ und bei Reisezugwagen und Triebfahrzeuge $i_H = 2000$ nicht überschreiten.

Einfluss des Verschleißes

Der Verschleiß an den mechanischen Bauteilen bewirkt eine Vergrößerung des Kolbenhubs. Wegen des Druckausgleichsprinzips mit dem Hilfsluftbehälter nimmt dadurch der Zylinderdruck p_Z ab (Verminderung von F_{Kl} und F_{Bel} nach Gl. (5.1) bis (5.6)). Zur Vermeidung der Druckabnahme erhalten die Fahrzeuge (selbsttätige) Nachstellvorrichtungen des Gestänges.

Gestängewirkungsgrad

Der Gestängewirkungsgrad η_G ist eine von Gestängeübersetzung, Schmierzustand, und Laufzeit abhängige Variable. Tabelle 5.1 bis 5.3 zeigt die Abhängigkeiten. Die Messungen erfolgen im Regelfall im Standversuch, die in Werte des Fahrversuchs umzurechnen sind. Die Bremsstellung „G" ist bei der Wirkungsgradberechnung wie „P" zu behandeln.

Bei statistischer Auswertung der Versuchsergebnisse erhält man folgende Gleichung:

$$\eta_G = \xi_G \eta_0 - \frac{T}{T_K} \qquad (5.7)$$

η_G Gestängewirkungsgrad für Fahren
η_0 Anfangswert bei $T = 0$ (Tabelle 5.4)
T_K Laufzeitkonstante in Monate (Tabelle 5.4)
T Laufzeit ohne Wartung in Monate

ξ_G Gestängewirkungsgradumrechnungsfaktor von Stand in Fahrt, $\xi_G = \eta_{G\,Fahrt}/\eta_{G\,Stand}$
$\xi_G = 9/8$

Mit Gl. (5.7) ist der Einfluss des Wartungszustands auf den Bremsweg zu erfassen.

Tabelle 5.1

Gestängewirkungsgrad η_G bei Bewegung

Wagentyp	geschmiert	ungeschmiert
Reisezugwagen	0,84 bis 0,92	0,75 bis 0,76
Güterwagen, Bremsstellung „leer"	0,84 bis 0,92	0,75 bis 0,76
Güterwagen, Bremsstellung „beladen"	0,78 bis 0,85	0,73 bis 0,74

Tabelle 5.2

Gestängewirkungsgrad η_G für die Bremskonstruktion

Druckluftbremse		Hand- und Feststellbremse	
Wagen allgemein	0,80 bis 0,90	Güterwagen, Triebwagen	0,25
Triebfahrzeug, vielteiliges Gestänge	0,85	Reisezugwagen, Lokomotiven	0,21
Triebfahrzeug, 1 Zylinder/Radsatz	0,90 bis 0,95	Straßenbahnwagen	0,70

Tabelle 5.3

Gestängewirkungsgrad η_G, gemessen im Standversuch (Mittelwerte)

Laufzeit	4-achsiger Güterwagen		4-achsiger Reisezugwagen	
	„P"/ „leer"	„P"/ „beladen"	Stellung „P"	Stellung „R"
Gestänge neu, geschmiert	0,80 bis 0,82	0,80 bis 0,82	0,83	0,83
Gestänge aufgearbeitet, geschmiert	0,70 bis 0,79	0,70 bis 0,79	0,80	0,80
nach 12 Monaten	0,74	0,70	0,73	0,71
nach 24 Monaten	0,66	0,60	0,63	0,60
nach 36 Monaten	0,58	0,50	0,53	0,48

Tabelle 5.4

Beiwerte zur Gestängewirkungsgrad-Gleichung, Gl.(5.7)

Variante:	Anfangswert η_0	Laufzeitkonstante T_K
Güterwagen „P" und „leer"	0,81	160 Monate
Güterwagen, „P" und „beladen"	0,81	114 Monate
Reisezugwagen, „P"	0,83	120 Monate
Reisezugwagen, „R"	0,83	104 Monate

Lastabbremsung

Insbesondere bei Güterwagen bestehen große Masseunterschiede zwischen leerem und voll beladenem Fahrzeug. Beispiel vierachsiger Güterwagen: Leermasse 26 t und Masse voll beladen 80 t. Klotz- bzw. Belagskraft müssen zur Einhaltung vorgeschriebener Bremswege der Fahrzeuggesamtmasse angepasst werden. Die Kraftanpassung erfolgt in 2 Stufen durch Änderung der Gestängeübersetzung i_G. Die **Laststellung „leer"** ist bis zur angegebenen **Umstellmasse** und die **Laststellung „beladen"** ab der Umstellmasse zu benutzen.

Bei automatischer Lastabbremsung (Abkürzung: ALB) erfolgt die Anpassung durch masseproportionale Änderung des Bremszylinderdrucks p_Z. Wegen der Begrenzung von p_Z auf 3,8 bar kann im Regelfall nicht der gesamte Massebereich erfasst werden.

Berechnungsbeispiel 5.1

Ein 4-achsiger Reisezugwagen Bm 234 mit Scheibenbremse hat 1 12"-Bremszylinder pro Radsatz (d_Z = 305 mm), 2 Bremsscheiben pro Radsatz und 2 Belagsanpressstellen pro Scheibe. Der Zylinderdruck beträgt in der Bremsstellung „R" p_Z = 3,0 bar (300 kPa) und die Gestängeübersetzung i_G = 3,41. Die Belagskraft ist für den Neuzustand und für die Laufzeit von 12 Monaten zu berechnen.

Lösungsweg und Lösung:

Kolbenkraft für d_Z = 0,305 m und $p_{Z\,max}$ = 300 kPa, , Gl. (5.1)

$A_{KZ} = \pi\,d_Z^2/4 = 3{,}1416{\cdot}0{,}305^2/4 = 0{,}07306 \text{ m}^2$

$F_{KZ\,max} = A_{KZ}\,p_{Z\,max} = 0{,}07306{\cdot}\,300 = 21{,}9 \text{ kN}$

Gestängewirkungsgrad für η_0 = 0,83, T_K = 104 und ξ_G = 9/8, , Gl. (5.7)

T = 0 Monate: $\eta_G = \xi_G\,\eta_0 = 9/8{\cdot}\,0{,}83 = 0{,}934$

T = 12 Monate: $\eta_G = \xi_G\,\eta_0 - T/T_K = 9/8{\cdot}\,0{,}83 - 12/104 = 0{,}818$

Belagskraft, Gl. (5.5)

$F_{Bel} = i_G\,\eta_G\,(F_{KZ\,max} - F_R)/z_{Bel}$

Für die gegebene Bestückung erhält man die Belagsanzahl z_{Bel} = 4 pro Bremszylinder.

0 Monate: $F_{Bel} = 3{,}41{\cdot}\,0{,}934{\cdot}\,(21{,}9 - 1{,}6)/4 = 16{,}16 \text{ kN}$

12 Monate: $F_{Bel} = 3{,}41{\cdot}\,0{,}818{\cdot}\,(21{,}9 - 1{,}6)/4 = 14{,}16 \text{ kN}$

5.2.2 Bremskraft von Klotz- und Scheibenbremse

Bild 5.4 zeigt für die Klotzbremse die Bremskrafterzeugung durch Reibung. Die Bremskraft eines klotzgebremsten Fahrzeugs F_B ist das Produkt von Klotzreibwert μ_{Kl} und Gesamt-Klotzkraft $F_{Kl\,ges}$

$$F_B = \mu_{Kl}\,F_{Kl\,ges} \tag{5.8}$$

Bild 5.4 zeigt für die Scheibenbremse die Bremskrafterzeugung durch Reibung. Die Bremskraft eines scheibengebremsten Fahrzeugs F_B ist das Produkt von Belagsreibwert μ_{Bel} und Gesamt-Belagskraft $F_{Bel\,ges}$. Das Produkt ist vom Bremsreibradius der Scheibe r_{BR} auf den Laufkreisradius des Rads r_L zu transformieren:

$$F_B = \mu_{Bel}\,F_{Bel\,ges}\,\frac{r_{BR}}{r_L} \tag{5.9}$$

Der **Bremsreibradius** r_{BR} ist auf der Grundlage von Außen- und Innenradius der Belagsfläche r_a, r_i mit folgender Gleichung überschläglich zu berechnen:

$$r_{BR} = 0{,}97\cdot\sqrt{\frac{r_a^2 + r_i^2}{2}} \tag{5.10}$$

Tabelle 5.5 enthält die für Scheibenbremsen geltenden Hauptabmessungen.

Abbremsung

Die bremstechnische Bewertungsgröße Abbremsung φ ist das Verhältnis von Gesamt-Klotzkraft $F_{Kl\,ges}$ oder Gesamt-Belagskraft $F_{Bel\,ges}$ am Laufkreis zur Fahrzeuggewichtskraft G_F.

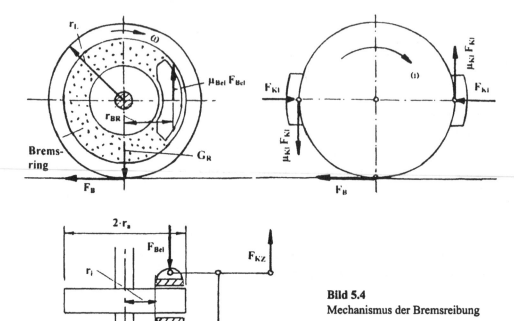

Bild 5.4
Mechanismus der Bremsreibung

a) Scheibenbremse
b) Klotzbremse

Tabelle 5.5
Hauptabmessungen der Scheibenbremsen für Schienenfahrzeuge

Laufkreisdurchmesser neu, d_L in mm	Scheibendurchmesser außen/innen d_a/d_i mm	F_{Bel}-Angriffsradius r_{Bel} in mm	Bremsreibradius r_{BR} in mm	Belagsfläche A_{Bel} in cm^2
760	620/365	226	246	350
850	680/388	250	267	400
860	700/415	264	285	400
880	725/445	273	292	400
950	740/425	269	289	400
950	780/510	306	325	400
1010	820/505	320	332	400

Tabelle 5.6
Überschlägliche Werte für die maximale Abbremsung φ_{max} der Schienenfahrzeuge

Fahrzeugtyp	Hand	G/P	P$_2$	R
Güterwagen „leer", GG-Klotzbremse	20 %	70 %	-	-
Güterwagen „beladen", GG-Klotzbremse	-	90 %	-	-
Reisezugwagen, GG-Klotzbremse	30 %	80 %	-	160 %
Lokomotive, GG-Klotzbremse	2 · 15 %	85 %	135 %	200 %
Reisezugwagen, Scheibenbremse	-	30 %	-	35 %

Bei Benutzung der Maximalwerte der Kräfte und Bezugnahme auf die Gewichtskraft des leeren Fahrzeugs $G_{F\,leer}$ (oder auf die Gewichtskraft der Umstellmasse) erhält man die maximale Abbremsung φ_{max}:

$$\text{Klotzbremse:} \qquad \varphi_{max} = \frac{F_{Kl\,ges}}{G_{F\,leer}} \qquad\qquad\qquad\qquad\qquad (5.11)$$

$$\text{Scheibenbremse:} \qquad \varphi_{max} = \frac{F_{Bel\,ges}}{G_{F\,leer}} \cdot \frac{r_{BR}}{r_L} \qquad\qquad\qquad\qquad (5.12)$$

Tabelle 5.6 enthält eine Übersicht über maximale Abbremsungen der Schienenfahrzeuge.

Das Einsetzen von Gl. (5.11) in Gl. (5.8) bzw. von Gl. (5.12) in Gl. (5.9) für $F_{Kl\,ges}$ bzw. $F_{Bel\,ges}$ und die Division mit der Fahrzeuggewichtskraft bzw. der Fahrzeugmasse ergibt die Bremskraftzahl f_B (Kap.1.2.4) sowie Bremskraftbeschleunigung a_{FB} (Kap.1.2.6) des leeren Fahrzeugs.

$$\text{Klotzbremse:} \qquad f_B = \mu_{Kl}\,\varphi \quad\text{und}\quad a_{FB} = g\,\mu_{Kl}\,\varphi \qquad\qquad\qquad (5.13)$$

$$\text{Scheibenbremse:} \qquad f_B = \mu_{Bel}\,\varphi \quad\text{und}\quad a_{FB} = g\,\mu_{Bel}\,\varphi \qquad\qquad (5.14)$$

Berechnungsbeispiel 5.2

Ein 4-achsige Reisezugwagen hat die Eigenmasse m_{EW} = 37,0 t ($G_{F\,leer}$ = 363 kN), in der Bremsstellung „R" die Belagskraft F_{Bel} = 16,16 kN, z_{Bel} = 16 Belagsanpressstellen ($F_{Bel\,ges}$ = 258,6 kN), den Laufkreisradius r_L = 475 mm und den Bremsreibradius r_{BR} = 247 mm. Der Belagsreibwert beträgt μ_{Bel} = 0,35. Maximale Abbremsung φ_{max}, Bremskraftzahl f_B und Bremskraftbeschleunigung a_{FB} sind zu berechnen.

Lösungsweg und Lösung:

Maximale Abbremsung, Gl. (5.12)

φ_{max} = $F_{Bel\,ges}$/$G_{F\,leer}$· r_{BR}/r_L = 258,6/363· 247/475 = 0,3704 bzw. 37,4 %

Bremskraftzahl, Gl. (5.14)

f_B = μ_{Bel} φ = 0,35· 0,3704 = 0,1296

Bremskraftbeschleunigung, Gl. (5.14)

a_{FB} = g μ_{Bel} φ = 9,81· 0,35· 0,3704 = 1,272 m/s²

5.2.3 Klotz- und Belagsreibwert

Reibwertvariable

Der Klotz- und Belagsreibwert unterliegt einerseits physikalischen Abhängigkeiten, ist aber andererseits eine stochastische Größe. Für die Simulation der Zugbremsung wird er im Regelfall in statistischen Gleichungen erfasst. Die Gleichungen sind für Grauguss-Bremsklötze, Verbundstoff- und Sintermetallbremsklötze und Verbundstoffbremsbeläge getrennt aufzustellen.

Folgende Abhängigkeiten von physikalischen Variablen liegen vor:

– *Momentane Fahrgeschwindigkeit*
  Mit zunehmender Fahrgeschwindigkeit nimmt der Reibwert ab.

– *Bremsanfangsgeschwindigkeit*
  Mit zunehmender Bremsanfangsgeschwindigkeit nimmt der Reibwert ab.

- *Klotz- und Belagsdruck*
  Mit steigendem Klotz- bzw. Belagsdruck in der Kontaktfläche nimmt der Reibwert ab.
- *Materialart*
  Art und Zusammensetzung des Reibmaterials bestimmen den Reibwert wesentlich.
- *Reibarbeit*
  Mit zunehmender Belastung der Reibflächen durch Reibarbeit fällt der Reibwert. Besonders augenscheinlich ist der Reibwertabfall von Verbundstoffen bei Eintritt des Bremsfadings (Materialverflüssigung beim Überschreiten der Grenztemperatur von 600 °C).
- *Reibgeometrie und Verschleiß*
  Bei gestörter Anpassungsgeometrie durch Bearbeitungsfehler, Temperaturdehnung und Verschleiß tritt ungleiche Flächenpressung und damit ein Reibwertabfall auf.
- *Anfangsverbesserung*
  Bei Bremsbeginn ist eine Anfangsverbesserung von überschläglich 20 % zu verzeichnen, die in kurzer Zeit auf den normalen Wert zurückgeht.
- *Umweltbedingungen*
  Vom Normalfall (trocken und sauber) abweichende Umweltbedingungen, insbesondere Nässe, Schnee und Eis, beeinflussen den Reibwert negativ.

Für die Simulation der Zugbremsung besteht die Notwendigkeit, das Reibwertverhalten von Klotz- und Scheibenbremse durch statistische Gleichungen zu beschreiben. Die Gleichungen erfassen den Einfluss der wesentlichen Variablen. Sie sind aus Prüfstandsversuchen hervorgegangen. Bild 5.5 zeigt die bei Prüfstandsversuchen für den Klotzreibwert ermittelten und in der Reibwertgleichung erfassten Abhängigkeiten.

Reibwertgleichung von *Karwatzki*

Für bremstechnische Berechnungen wird im Regelfall die von *Karwatzki* entwickelte Reibwertgleichung benutzt. Den Reibwert am bremsenden Rad μ_{Br} (wahlweise Klotzreibwert μ_{Kl} oder Belagsreibwert μ_{Bel}) erhält man als Produkt von Reibwertkonstante k_1, Klotz-/Belagskraftterm B und Geschwindigkeitsterm D:

$$\mu_{Br} = k_1 \, B \, D \tag{5.15}$$

$$B = \frac{F_{Kl} + k_2}{F_{Kl} + k_3} \quad \text{bzw.} \quad B = \frac{F_{Bel} + k_2}{F_{Bel} + k_3} \quad \text{und} \quad D = \frac{v + k_4}{v + k_5}$$

Tabelle 5.7 enthält die für die Konstanten k_1 bis k_5 einzusetzenden Zahlenwerte.

Die Gültigkeit von Gl. (5.15) ist begrenzt auf:
- für Grauguss-Bremsklötze auf $F_{Kl\,max} = 40$ kN und $v_{max} = 120$ km/h,
- für Verbundstoff-Bremsklötze auf $F_{Kl\,max} = 40$ kN und $v_{max} = 160$ km/h und
- für Scheibenbremsbeläge auf $F_{Bel\,max} = 15,2$ kN und $v_{max} = 160$ km/h

Erweiterte Reibwertgleichung für Grauguss-Bremsklötze

Von *Gralla* wurde aus Versuchsergebnissen von *Metzkow*, *Hertzmann* und *Hendrichs* eine Reibwertgleichung entwickelt, die weitere, über Gl. (5.15) hinausgehende Variablen erfasst.

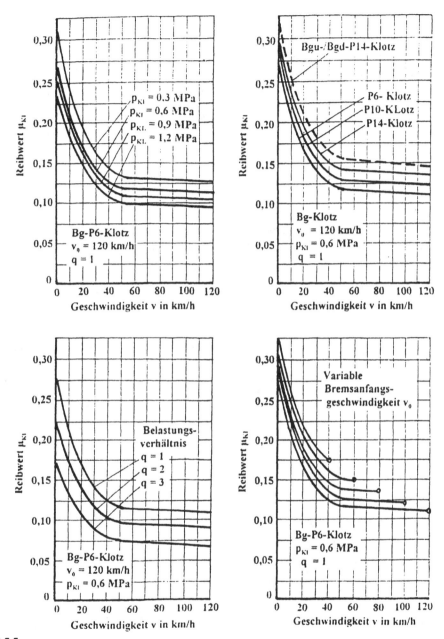

Bild 5.5:

Der Klotzreibwert μ_{Kl} in Abhängigkeit von seinen, in Gl. (5.16) erfassten Variablen

Klotzbauformen:

Bg   Bremsklotz geteilt zwischen Sohle und Schuh

Bgu Bremsklotz geteilt und mit unterteilter
       Sohle (Dehnfuge)

Bdg Doppelbremsklotz geteilt

Bremsklotzsorte:

P6   Klotz mit 0,6 % Phosphorgehalt

P10 Klotz mit 1,0 % Phosphorgehalt

P14 Klotz mit 1,4 % Phosphorgehalt

Tabelle 5.7
Konstanten k_1 bis k_5 zur Reibwertgleichung (5.15)

Gleichung für:	k_1,Einheit 1	k_2 in kN	k_3 in kN	k_4 in km/h	k_5 in km/h
Normal-GG-Klötzer	0,024	62,50	12,50	100	20
P10 bis P14-Klötzer	0,050	62,50	31,25	100	20
Verbundstoffklötzer 6 KB 10	0,055	200	50	150	75
Scheibenbremsbelag Typ 5-6-60	0,385	−24,5	−27,2	39,5	33
Magnetschienenbremse					
trockene Schienen	0,095	0	0	9,26	4,63
überzogene, benetzte Schienen	0,076	0	0	13,89	5,56

Diese Gleichung ist speziell für Simulationsprogramme der Zugbremsung geeignet. Bild 5.5 zeigt die einbezogenen Abhängigkeiten.

Nach *Gralla* erhält man den Klotzreibwert μ_{Kl} als Produkt von Bremsanfangsgeschwindigkeitsterm A, Klotzdruckterm B, Momentangeschwindigkeitsterm D und Reibarbeitsterm E:

$$\mu_{Kl} = A\,B\,D\,E \tag{5.16}$$

Die kurzzeitige Anfangsverbesserung wird wegen ihres unwesentlichen Einflusses auf den Bremsweg venachlässigt.

Bremsanfangsgeschwindigkeitsterm A

Die Beeinflussung durch die Bremsanfangsgeschwindigkeit v_0, die im Geschwindigkeitsanfangsterm A erfasst wird, resultiert aus der Abhängigkeit des Klotzreibwerts von der energetischen Belastung. Nach Versuchsergebnissen wird A im Bereich $v_0 = 0$ bis 50 km/h von der momentanen Fahrgeschwindigkeit v_F beeinflusst. Bei $v_0 > 50$ km/h ist A dagegen konstant.

Schnittstelle $v_0 = 50$ km/h: $A_{50} = A_0\, e^{\lambda v_0 / v_{00}}$ $\hfill(5.17)$

Bereich $0 \le v_0 \le 50$ km/h: $A = 1 + (A_{50} - 1)\left(A_1 + A_2\,\dfrac{v_F}{v_{00}}\right)$

Bereich $v_0 > 50$ km/h: $A = A_{50} = \text{konstant}$

Für die Konstanten ist einzusetzen:

$A_0 = 1{,}59$, $A_1 = 0{,}35$, $A_2 = 1{,}3$, $\lambda = -0{,}35$ und $v_{00} = 100$ km/h

Der A_{50}-Wert ist auf den Klotzdruck $p_{Kl} \ge 0{,}05$ MPa und auf $v_0 \ge 40$ km/h begrenzt. Bei ausserhalb liegenden Werten gelten die Begrenzungswerte für 0,05 MPa und 40 km/h.

Klotzdruckterm B

Der Klotzdruckterm B ist vom Klotzdruck p_{Kl} (in MPa) und Bauformfaktor k_{Kl} abhängig:

$$B = k_{Kl}\, B_0 \left(\frac{p_{Kl}}{p_{00}}\right)^{\beta} \tag{5.18}$$

$$p_{Kl} = \frac{F_{Kl}}{A_{Kl}} \quad \text{und} \quad A_{Kl} = l_{Soh}\, b_{Soh}$$

Tabelle 5.8
Bremstechnische Daten typischer Schienenfahrzeuge mit GG-Klotzbremse

Parameter	4-achsiger Güterwagen	4-achsiger Personenwagen	6-achsige Lokomotive
Eigen-/Umstellmasse	26,0 t / 53,0 t	39,7 t	123,0 t
Nutzmasse	54,0 t	14,5 t	-
Höchstgeschwindigkeit	90 km/h	140 km/h	125 km/h
Bremsklotz	Bg 350/P14	Bdg 250 (2x)/P14	Bgu 300 (2x)/P6
Leer oder G/P			
Einzelklotzkraft	10,01 kN	17,97 kN	20,98 kN
Klotzdruck	0,34 MPa	0,43 MPa	0,78 MPa
Abbremsung maximal	62,7 %	73,8 %	83,5 %
Beladen oder R			
Einzelklotzkraft	27,57 kN	37,81 kN	49,32 kN
Klotzkraft	0,94 MPa	0,90 MPa	1,83 MPa
Abbremsung	84,8 %	155,3 %	196,2 %

In Gl. (5.18) ist für die Konstanten einzusetzen:

$B_0 = 0,9048$, $p_{00} = 1,0$ MPa, $\beta = -0,1956$ und $k_{Kl} = 1,0$ für den Bg-Klotz sowie $k_{Kl} = 1,1$ für den Bgu-/Bdg-Klotz.

Die Klotzkraft F_{Kl} ist in MN, die Klotzfläche A_{Kl} in m², die Sohlenlänge l_{Soh} in m und die Sohlenbreite b_{Soh} in m einzusetzen.

Die Sohlenbreite b_{Soh} beträgt einheitlich 85 mm. Die Sohlenlänge (Bogenlänge) l_{Soh} ist in den Maßen 250, 300, 320 und 350 mm gestaffelt und wird der Bauformbezeichnung hinzugefügt (Beispiel: Bg 320).

Die Gl. (5.18) ist auf $p_{Kl} \geq 0,05$ MPa begrenzt. Für darunter liegende Klotzdrücke ist $p_{Kl} = 0,05$ MPa vorauszusetzen.

Momentangeschwindigkeitsterm D

Der Momentangeschwindigkeitsterm D ist von der momentanen Fahrgeschwindigkeit v_F der Bremsung (in km/h oder m/s) abhängig:

$$D = D_0 \left(\frac{v_F}{v_{00}} \right)^{\alpha} \tag{5.19}$$

Bremsklotztyp P6: $D_0 = 0,08571$ und $\alpha = -0,3806$

Bremsklotztyp P10: $D_0 = 0,09640$ und $\alpha = -0,3487$

Bremsklotztyp P14: $D_0 = 0,1073$ und $\alpha = -0,3198$

Für die Geschwindigkeitskonstante v_{00} ist 100 km/h bzw. 27,778 m/s einzusetzen.

Gl. (5.19) gilt für $v_F \geq 5$ km/h. Für kleinere Geschwindigkeiten ist mit $v_F = 5$ km/h zu rechnen.

Reibarbeitsterm E

Die auf 1 Bremse entfallende Reibarbeit steigt mit zunehmendem Gefällewert i (positiv, Maßeinheit 1) und bei ungebremster Masse im Zug mit dem Bremsmasseverhältnis q an.

Bei Anstieg der Reibarbeit verringert sich der Klotzreibwert. Diese Verringerung wird im Reibarbeitsterm E erfasst:

$$E = E_0 - E_1 \, q \, (1 + \gamma \, i \, q) \tag{5.20}$$

Für die Konstanten ist einzusetzen: $E_0 = 1{,}05$, $E_1 = 0{,}05$ und $\gamma = 10$

Das Bremsmasseverhältnis q ist das Verhältnis von Zugmasse m_Z und gebremster Leermasse (Umstellmasse) des Zugs m_{ZB}, $q = m_Z / m_{ZB}$.

Berechnungsbeispiel 5.3

Für den 4-achsigen Güterwagen der Tabelle 5.7 ist zum Fahrzustand 14 t Zuladung ($m_{EW} = 40$ t, $G_{EW} = 392{,}4$ kN, Bremsstellung „leer"), 5 ‰ Gefälle auf der Bremsstrecke ($i = 0{,}005$), Bremsanfangsgeschwindigkeit $v_0 = 90$ km/h und Momentangeschwindigkeit $v_F = 60$ km/h der Klotzreibwert μ_{Kl} und die Bremskraftbeschleunigung a_{FB} zu berechnen.

Lösungsweg und Lösung:

Anfangsgeschwindigkeitsterm, Gl. (5.17)

$A_{50} = 1{,}59 \cdot \text{Exp} \, (-0{,}35 \cdot 90/100) = 1{,}1417$ und $A = A_{50} = 1{,}1604$

Klotzdruckterm B, Gl. (5.18)

$A_{Kl} = l_{Soh} \, b_{Soh} = 350 \cdot 85 = 29750 \text{ mm}^2 = 0{,}02975 \text{ m}^2$ und $p_{Kl} = F_{Kl}/A_{Kl} = 0{,}010/0{,}02975 = 0{,}336 \text{ MPa}$

$B = 1{,}0 \cdot 0{,}9048 \cdot (0{,}336/1{,}0)^{-0{,}1956} = 1{,}12$

Momentangeschwindigkeitsterm D, Gl. (5.19)

$D = 0{,}1073 \cdot (60/100)^{-0{,}3198} = 0{,}1263$

Reibarbeitsterm E für $m_Z = m_{EW} = 40$ t und $m_{ZB} = m_{leer} = 26$ t, Gl. (5.20)

$q = m_{EW}/m_{leer} = 40/26 = 1{,}54$ und $E = 1{,}05 - 0{,}05 \cdot 1{,}54 \cdot (1 + 10 \cdot 0{,}005 \cdot 1{,}54) = 0{,}9671$

Klotzreibwert, Gl. (5.16)

$\mu_{Kl} = A \cdot B \cdot D \cdot E = 1{,}1604 \cdot 1{,}12 \cdot 1{,}1263 \cdot 0{,}9671 = 0{,}1587$

Abbremsung, Gl. (5.11)

$\varphi = F_{Kl \, ges}/G_{EW} = 16 \cdot 10/392{,}4 = 0{,}4077$

Bremskraftbeschleunigung, Gl. (5.13)

$a_{FB} = g \, \mu_{Kl} \, \varphi = 9{,}81 \cdot 0{,}1587 \cdot 0{,}4077 = 0{,}6347 \text{ m/s}^2$

Reibwert für Verbundstoff-Bremsklötze und -Scheibenbremsbeläge

Wie Bild 5.6 zeigt, haben Verbundstoffe infolge der nahezu unbegrenzten Möglichkeit der Zusammensetzung ein sehr differenziertes Reibwertverhalten. Das macht die Entwicklung von Reibwertgleichungen für die Bremsfahrtsimulation nahezu unmöglich. Um die Einhaltung der bremstechnischen Vorschriften zu garantieren, wurden in UIC-Merkblatt 541 Begrenzungskennlinien für gemessene Reibwertkennlinien entwickelt. Es besteht die Vorgabe, sich der Kennlinie des mittleren Reibwerts anzupassen und die Begrenzungskennlinien nicht zu überschreiten . Bild 5.7 zeigt die Kennlinie des mittleren Reibwerts.

Die Kurven zu Verbundstoff-Bremsklötzen werden zur Klotzkraft $F_{Kl} \leq 10$ kN und $F_{Kl} \leq 20$ kN angegeben. Bei Bremsbelägen wird zwischen Kurven für L-Beläge (niedriger Reibwert, Mittelwert 0,25) und H-Beläge (hoher Reibwert, Mittelwert 0,35) unterschieden.

Für Berechnungen sind die Reibwertkurven des Herstellers oder die Mittelwertkurven des UIC-Merkblatts 541 zu verwenden.

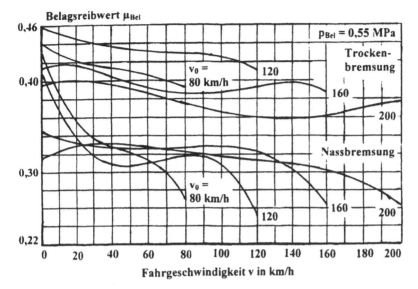

Bild 5.6
Experimentell bestimmte Reibwertkurven von asbestfreiem Scheibenbremsbelag

(nach *Hendrichs*)

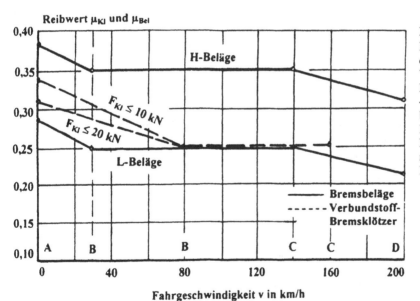

Bild 5.7
Musterkurven für den Reibwert von Verbundstoff-Bremsklötzen und –Scheibenbremsbelägen als Mittelwert der Begrenzungen nach UIC-Merkblatt 541

Tabelle 5.9
Konstanten der Reibwerte nach Gl. (5.21) auf der Basis der Mittelwertkurven nach UIC-Merkblatt 541

Reibmaterial	μ_A	μ_{BC}	μ_D	v_B	v_C	v_D	φ_{AB}	φ_{CD}	μ_0
μ_{Kl} für $F_{Kl} \leq 10$ kN	0,34	0,25	-	80	160	-	0,1125	-	-
μ_{Kl} für $F_{Kl} \leq 20$ kN	0,31	0,25	-	80	160	-	0,0750	-	-
μ_{Bel} für L-Beläge	0,28	0,25	0,21	30	140	200	0,1000	0,0667	0,3434
μ_{Bel} für H-Beläge	0,385	0,35	0,31	30	140	200	0,1167	0,0667	0,4434

Die Kurven des Bildes 5.7 sind in 3 Abschnitte zu unterteilen: Gerade für den Anfang, Waagerechte für die Mitte und Gerade für das Ende. Der Kurvenverlauf in den 3 Abschnitten ist durch Gleichungen darstellbar:

Bereich A bis B, $0 \leq v_F \leq v_B$ (5.21)

$$\mu_{Kl}, \mu_{Bel} = \mu_A - \varphi_{AB} \frac{v_F}{v_{00}} \text{ mit } \varphi_{AB} = \frac{v_{00}}{v_B}(\mu_A - \mu_B)$$

Bereich B bis C, $v_B \leq v_F \leq v_C$: $\mu_{Kl}, \mu_{Bel} = \mu_{BC} = $ konstant

Bereich C bis D, $v_C \leq v_F \leq v_D$

$$\mu_{Kl}, \mu_{Bel} = \mu_0 - \varphi_{CD} \frac{v_F}{v_{00}}$$

$$\varphi_{CD} = \frac{v_{00}}{v_D - v_C}(\mu_C - \mu_D) \text{ und } \mu_0 = \mu_C + \varphi_{CD} \frac{v_C}{v_{00}}$$

v_{00} Geschwindigkeitskonstante, $v_{00} = 100$ km/h bzw. 27,778 m/s

Tabelle 5.9 enthält die Konstanten für die Mittelwert-Musterkurven nach UIC-Merkblatt 541.

5.2.4   Bremskraft alternativer Bremsen

Die Bremskraft radreibungsunabhängiger Bremsen ist bauartbezogen und folgt unterschiedlichen Gesetzmäßigkeiten. Für Berechnungen erfolgt die Darstellung der Bremskraftkennlinien $F_B = f(v, f_{St})$ als Matrix oder als Gleichung.

Konventionelle elektrische Widerstandsbremse

Bild 5.8 zeigt als Beispiel die Bremskraftkennlinien $F_{BE} = f(v_F, f_{St})$ der elektrischen Lokomotive BR 139 mit konventioneller elektrischer Widerstandsbremse. Die Bremskraftkennlinien sind durch folgende Gleichung zu erfassen:

$$F_{BE} = f_t f_{St} F_{BE\,opt} T \text{ mit } T = T_1 x + T_2 x^2 + T_3 x^3$$ (5.22)

$$T = \frac{F_{BE}}{F_{BE\,opt}} \text{ und } x = \frac{v_F}{v_{opt}}$$

Treibachs-Bremsleistung P_{BE} und elektrische Bremsleistung am Systemausgang P_{BA}:

$$P_{BE} = F_{BE} v_F \text{ und } P_{BA} = \eta_A P_{BE}$$ (5.23)

F_{BE}	Bremskraft elektrisch in kN	T	normierte Bremskraft, Maßeinheit 1
$F_{BE\,opt}$	maximale Bremskraft bei v_{opt} in kN	x	normierte Geschwindigkeit,
P_{BE}	Treibachs-Bremsleistung in kW		Maßeinheit 1
P_{BA}	Bremsleistung am Systemausgang in kW	η_A	Wirkungsgrad des Antriebssystems
	(Stromabnehmer, Nutz-/Netzbremsleistung)		(Kap. 4.2.1)
v_F	Fahrgeschwindigkeit in km/h oder m/s	f_{St}	Bremsstufenfaktor nach Gl. (5.3)
	(in Gl. (5.23) nur in m/s)		$(0 \leq f_{St} \leq 1)$
v_{opt}	optimale Geschwindigkeit bei $F_{BE\,opt}$	f_t	Zeitfaktor nach Kap. 5.3

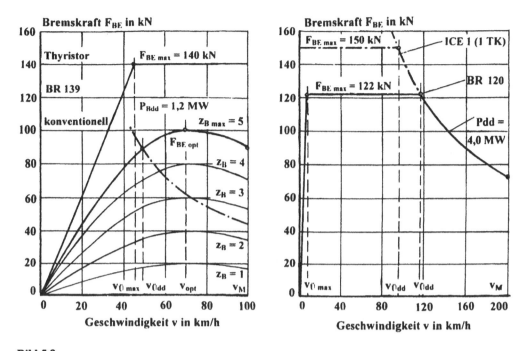

Bild 5.8
Bremskraftkennlinien der elektrischen Bremse verschiedener elektrischer Lokomotiven

a) Baureihe 139 mit konventioneller Steuerung   b) Baureihe 139 mit Thyristorsteuerung
c) Baureihe 120 mit Drehstromantriebstechnik   c) 1 Triebkopf des ICE 1

Zur Ermittlung der Konstanten T_1, T_2 und T_3 sind der Kennlinie $F_{BE} = f(v_F, z_{B\,max})$ im optimalen Punkt die Variablen v_{opt} und $F_{BE\,opt}$ und im Punkt der maximalen Geschwindigkeit die Variablen v_M und F_{BEM} zu entnehmen. Bedingungen für die Berechnung der Konstanten sind

– Erfüllung von $P(v_{opt}; F_{BE\,opt})$ durch die Gleichung T(x),

– Erfüllung von $P(v_M; F_{BEM})$ durch die Gleichung T(x) und

– Erfüllung des Optimums im Punkt $P(v_{opt}; F_{BE\,opt})$

Für diese Bedingungen erhält man folgende Gleichungen zur Berechnung der Konstanten:

$$T_3 = \frac{T_{xM} + x_M - 2}{(x_M - 1)^2 - 1} \qquad (5.24)$$

$$T_2 = \frac{T_{xM} - 1}{x_M - 1} - (x_M + 1)\,T_3 \quad \text{und} \quad T_1 = 1 - T_2 - T_3$$

$$x_M = \frac{v_M}{v_{opt}}, \quad T_M = \frac{F_{BEM}}{F_{BE\,opt}} \quad \text{und} \quad T_{xM} = \frac{T_M}{x_M}$$

Zum Schutz vor unzulässiger Erwärmung wird die Bremse auf die Dauerleistung abgeregelt, sobald die Grenztemperatur erreicht ist. Bild 5.8 zeigt die Dauer-Bremskraftkennlinie.

Die Dauer-Bremskraft F_{Bdd} (kN) erhält man mittels Leistungsgleichung aus konstanter Treibachs-Dauerleistung der Bremse P_{Bdd} (kW) und Fahrgeschwindigkeit v_F (m/s):

$$F_{Bdd} = \frac{P_{Bdd}}{v_F} \qquad (5.25)$$

Zur Ermittlung der Übergangsgeschwindigkeit $v_{Üdd}$ zwischen den Kennlinien $F_{BE}(v_F)$ und $F_{Bdd}(v_F)$ ist in Gl. (5.22) v_F solange zu variieren, bis in Gl. (5.24) $P_{BE} = P_{Bdd}$ geworden ist.

Berechnungsbeispiel 5.4

Der Bremskraftkennlinie zur Bremsstufe $z_{Bmax} = 5$ der konventionellen Widerstandsbremse der elektrischen Lokomotive BR 139 (Bild 5.8) können folgende Daten entnommen werden: $v_{opt} = 70$ km/h und $F_{BEopt} = 100$ kN, $v_M = 100$ km/h und $F_{BEM} = 88$ kN und $P_{Bdd} = 1200$ kW. Die Konstanten der Bremskraftgleichung, die Übergangsgeschwindigkeit $v_{Üdd}$ und die Bremsstufenkennlinien sind zu berechnen.

Lösungsweg und Lösung:

Normierte Variable, Gl. (5.24)

$x_M = v_M/v_{opt} = 100/70 = 1,4286$ und $T_M = F_{BEM}/F_{BEopt} = 88/100 = 0,88$

$T_{xM} = T_M/x_M = 0,88/1,4286 = 0,6160$

Konstanten, Gl. (5.24)

$T_3 = (0,6160 + 1,4286 - 2)/[(1,4286 - 1)^2 - 1] = -0,05464$

$T_2 = (0,6160 - 1)/(1,4286 - 1) + (1,4286 + 1) \cdot 0,05464 = -0,76324$

$T_1 = 1 + 0,76324 + 0,05464 = 1,8179$

Übergangsgeschwindigkeit $v_{Üdd}$, Gl. (5.22) und (5.24)

Durch Variation von v_F erhält man aus Gl. (5.22) und (5.24) zur Kennlinie $z_B = z_{B\,max} = 5$ die Geschwindigkeit $v_{Üdd} = 49,1$ km/h und die Bremskraft $F_{BEÜ} = 88,1$ kN bei $P_{Bdd} = 1200$ kN.

Die Bremskraftkennlinien sind für $f_{St} = 1/5, 2/5, 3/5, 4/5$ und $5/5$ mit Gl. (5.22) zu berechnen. Die berechneten Kennlinien sind in Bild 5.8 dargestellt.

Elektrische Bremse mit Thyristorsteuerung und und für Drehstromantriebstechnik

Die Bremskraftkennlinie $F_{BE}(v)$ ist in 3 Bereiche zu unterteilen, die aber nicht alle vorhanden sein müssen. Im 1. Bereich $0 \le v_F \le v_{Ümax}$ steigt die Bremskraft entsprechend Abregelkurve an, im 2. Bereich $v_{Ümax} \le v_F \le v_{Üdd}$ bleibt sie konstant und im 3. Bereich nimmt sie entsprechend Dauerleistungskurve ab. Bild 5.8 zeigt die Kennlinien. Die Kennlinie der BR 139 erreicht die Dauerleistungskurve nicht (3. Bereich fehlt). Bei Drehstromantriebstechnik (BR 120, ICE 1 mit 1 Triebkopf) wird die Bremskraft nahezu bis zum Halt konstant gehalten (1. Bereich fehlt).

Gleichungen für den Bremskraftverlauf der 3 Teilbereiche:

$$ \qquad (5.26) $$

Bereich $0 \le v_F \le v_{Ü\,St}$: $\qquad F_{BE} = f_t F_{BE\,St} \dfrac{v_F}{v_{Ü\,St}}$

$$F_{BE\,St} = f_{St} F_{BE\,max} \quad und \quad v_{Ü\,St} = f_{St} v_{Ü\,max}$$

Bereich $v_{Ü\,St} \le v_F \le v_{Ü\,dd}$: $\qquad F_{BE} = f_t f_{St} F_{BE\,max} = $ konstant

Bereich $v_{Üdd} \le v_F \le v_M$: $\qquad F_{BE} = f_t \dfrac{P_{Bdd}}{v_F}$ und $v_{Üdd} = \dfrac{P_{Bdd}}{f_{St} F_{BE\,max}}$

Symbole und Maßeinheiten zu Gl. (5.26)

F_{BE}	Bremskraft elektrisch in kN	$v_{Ü\,max}$	Übergangsgeschwindigkeit zu $z_{B\,max}$
$F_{BE\,max}$	Bremskraft der Stufe z_{Bmax} in kN	$v_{Ü\,St}$	Übergangsgeschwindigkeit zu z_B
$F_{BE\,St}$	Bremskraft der Stufe z_B in kN	$v_{Ü\,dd}$	Übergangsgeschwindigkeit zu P_{Bdd}
P_{Bdd}	Treibachsdauerleistung der Bremse in kW	f_{St}	Bremsstufenfaktor nach Gl. (5.3)
v_F	Fahrgeschwindigkeit in m/s		$(0 \le f_{St} \le 1)$
	(in 1.Gl. auch in km/h)	f_t	Zeitfaktor nach Kap. 5.3

Hydrodynamische Bremse

Beispiel Diesellokomotive BR 218 mit hydrodynamischer Leistungsübertragung

Bild 5.9 zeigt die Bremskraftkennlinie $F_{BH} = f(v_F, f_{St})$. Die Kennlinien-Gleichung lautet:

$$F_{BH} = f_t f_{St} F_{BHM} T \quad \text{mit} \quad T = T_1 x + T_2 x^2 + T_3 x^3 \tag{5.27}$$

$$T = \frac{F_{BH}}{F_{BHM}} \quad \text{und} \quad x = \frac{v_F}{v_M}$$

Sind nur 3 Stützstellen bekannt, sind die Konstanten T_1, T_2 und T_3 für die durch die Stützstellen führende Kurve zu berechnen, anderenfalls als Regressionskurve zu bestimmen.

Die hydrodynamische Bremse der BR 218 ist im Langsamgang zwischen 20 km/h und 90 km/h in Betrieb. Wie in Bild 5.9 dargestellt, werden die 3 Stützstellen A (Anfang), B (überschläglich Mitte) und M (Maximum für Bremskraft und Geschwindigkeit) gewählt. Die Variablen werden durch Bezugnahme auf die Werte der Stützstelle M normiert. Zur Bestimmung der Konstanten T_1, T_2 und T_3 wird außerdem $T(x)$ durch Division mit x in $T_x(x)$ überführt:

$$T_A = \frac{F_{BHA}}{F_{BHM}}, \quad x_A = \frac{v_A}{v_M} \quad \text{und} \quad T_{xA} = \frac{T_A}{x_A} \tag{5.28}$$

$$T_B = \frac{F_{BHB}}{F_{BHM}}, \quad x_B = \frac{v_B}{v_M} \quad \text{und} \quad T_{xB} = \frac{T_B}{x_B}$$

$$T_x = \frac{T}{x} = T_1 + T_2 x + T_3 x^2$$

Mit den Variablen der 3 Stützstellen A, B und M ($x_M = 1$; $T_M = 1$; $T_{xM} = 1$) erhält man:

$$T_3 = \frac{1}{x_B - x_A}\left(\frac{1 - T_{xB}}{1 - x_B} - \frac{1 - T_{xA}}{1 - x_A}\right) \tag{5.29}$$

$$T_2 = \frac{1 - T_3(1 - x_A^2) - T_{xA}}{1 - x_A} \quad \text{oder} \quad T_2 = \frac{1 - T_3(1 - x_B^2) - T_{xB}}{1 - x_B}$$

$$T_1 = 1 - T_2 - T_3$$

Sind von der Kennlinie $F_{BH} = f(v_F)$ wenigstens 10 Stützstellen bekannt, können die Konstanten T_1, T_2 und T_3 auch durch Eingabe von $P(x; T_x)$ in ein Statistik-Rechenprogramm bestimmt werden. Bedingung ist aber die Erweiterung der Stützstellen bis $v_F = 0$.

Die Bremskraftkennlinie der Dauerbremsleistung ist mit Gl. (5.25) und die Übergangsgeschwindigkeit $v_{Üdd}$ wie zur elektrischen Bremse zu ermitteln.

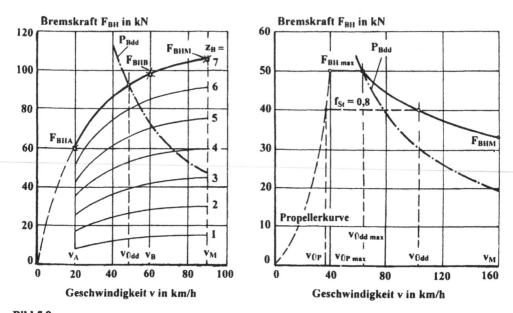

Bild 5.9
Bremskraftkennlinien der hydrodynamischen Bremse der Diesellokomotive BR 218 im Langsamgang und des Dieseltriebwagens VT 611

BR 218: $P_{Bdd} = 1176$ kW, $z_{B\,max} = 7$, A (20 km/h; 60 kN), B (60 km/h; 98,4 kN), M (90 km/h; 106 kN), $T_1 = 3,3952$, $T_2 = -4,2220$ und $T_3 = 1,8268$

Beispiel Dieseltriebwagen VT 611 mit hydrodynamischer Leistungsübertragung

Bild 5.9 zeigt die Bremskraftkennlinie $F_{BH} = f(v_F, f_{St})$. Sie ist in 2 Bereiche zu unterteilen. Im 1. Bereich liegt eine konstante Bremskraft und im 2. Bereich eine durch die Dauerbremsleistung P_{Bdd} begrenzte Bremskraft vor. Unterhalb der Propellerkurven-Übergangsgeschwindigkeit $v_{ÜP}$ wird die hydrodynamische Bremse abgeschaltet ($F_{BH} = 0$). Beide Bereiche werden durch die Dauerleistungs-Übergangsgeschwindigkeit $v_{Üdd}$ getrennt.

Wird im 2. Bereich die Dauerbremsleistung eingehalten, ist die Bremskraft mit der Leistungs-gleichung (Gl. (5.25)) zu berechnen. Bei Nichteinhaltung ist entweder die e-Funktion (Kap. 2.2.3.2) oder die allgemeine Exponentialgleichung (Kap. 2.2.3.3) zu benutzen.

Für die Berechnung der Bremskraftkennlinie $F_{BH} = f(v_F, f_{St})$ müssen konstante Bremskraft der maximalen Bremsstufe $F_{BH\,max}$, Propellerkurven-Übergangsgeschwindigkeit für die maximale Bremsstufe $v_{ÜP\,max}$ und Dauerbremsleistung P_{Bdd} bekannt sein. Bei $P_{Bdd} \neq$ konstant muss aus-serdem die Stützstelle bei Höchstgeschwindigkeit P_M (v_M; F_{BHM}) gegeben sein. Die Übergangs-geschwindigkeit zur Bremskraft bei Dauerleistung der maximalen Bremsstufe $v_{Üdd\,max}$ ist mit der Leistungsgleichung (Gl. (5.25)) zu berechnen.

Bereich $v_{ÜP} \leq v_F \leq v_{Üdd}$:

$$F_{BH} = f_{St}\,F_{BH\,max} \quad \text{mit } F_{BH\,max} = \text{konstant} \tag{5.30}$$

$$v_{ÜP} = \sqrt{f_{St}}\;v_{ÜP\,max} \quad \text{und} \quad v_{Üdd\,max} = \frac{P_{Bdd}}{F_{BH\,max}}$$

Bereich $v_{Üdd} \leq v_F \leq v_M$ für P_{Hdd} = konstant:

$$F_{BH} = \frac{P_{Bdd}}{v_F} \quad \text{und} \quad v_{Üdd} = \frac{v_{Üdd\,max}}{f_{St}} \tag{5.31}$$

Bereich $v_{Üdd} \leq v_F \leq v_M$ für $P_{Hdd} \neq$ konstant, e-Funktion:

$$F_{BH} = F_{BH0}\, e^{-v_F / v_{00}} \tag{5.32}$$

$$v_{00} = \frac{v_M - v_{Üdd\,max}}{\ln(F_{BH\,max} / F_{BHM})} \quad \text{und} \quad F_{BH0} = F_{BH\,max}\, e^{v_{Üdd\,max} / v_{00}}$$

$$v_{Üdd} = -v_{00}\, \ln\left(\frac{f_{St}\, F_{BH\,max}}{F_{BH0}}\right)$$

Bereich $v_{Üdd} \leq v_F \leq v_M$ für $P_{Hdd} \neq$ konstant, allgemeine Exponentialgleichung:

$$F_{BH} = F_{BHM}\left(\frac{v_F}{v_M}\right)^{\kappa} \tag{5.33}$$

$$\kappa = \frac{\ln(F_{BHM} / F_{BH\,max})}{\ln(v_M / v_{Üdd\,max})} \quad \text{und} \quad v_{Üdd} = v_M\left(\frac{f_{St}\, F_{BH\,max}}{F_{BHM}}\right)^{1/\kappa}$$

Die in Gl. (5.24) bis (5.33) dargestellten Berechnungsmodelle sowie die Anwendung des Statistik-Rechenprogramms sind nicht an eine bestimmte Bremsbauart gebunden.

Berechnungsbeispiel 5.5

Bild 5.9 zeigt die Bremskraftkennlinie der hydrodynamischen Bremse des Triebwagens VT 611. Der Kennlinie werden $v_{ÜP\,max}$ = 40 km/h, $F_{BH\,max}$ = 50 kN, v_M = 160 km/h und F_{BHM} = 33 kN entnommen. Die Dauerbremsleistung beträgt P_{Bdd} = 876 kW. Die Bremskennlinien sind auf der Basis der allgemeinen Exponentialgleichung und zu den Stufenfaktoren f_{St} = 1 und 0,8 zu berechnen.

Lösungsweg und Lösung:

Übergangsgeschwindigkeit, Gl. (5.30)

$v_{Üdd\,max} = P_{Bdd}/F_{BH\,max}$ = 876/50 = 17,52 m/s bzw. 63,07 km/h

Bereich $v_{Üdd} \leq v_F \leq v_M$, Gl. (5.33)

κ = [ln (33/50)]/[ln (160/63,07)] = –0,4463 und F_{BH} = 33· $(v_F/160)^{-0,4463}$

Stufenfaktor f_{St} = 0,8, Gl. (5.30) bis (5.33) und $F_{BH\,fSt}$ = 0,8· 50 = 40 kN

$v_{ÜP}$ = $0,8^{0,5}$· 40 = 35,8 km/h und $v_{Üdd}$ = 160· $(0,8· 50/33)^{-1/0,4463}$ = 104 km/h

Magnetschienenbremse

Bild 5.10 zeigt als Beispiel die Bremskraftkennlinie der Magnetschienenbremse F_{BMg} = f(v_F) schnellfahrender Reisezugwagen der DB AG. Die Bremskraft von 1 Bremsschuh ist das Produkt von Ansaugkraft an die Schienenoberfläche F_A und Gleitreibwert μ_G:

$$F_{BMg} = \mu_G F_A \quad \text{mit} \quad \mu_G = k_1\, \frac{v_F + k_4}{v_F + k_5} \tag{5.34}$$

Die Konstanten k_1, k_4 und k_5 sind Tabelle 5.15 zu entnehmen.

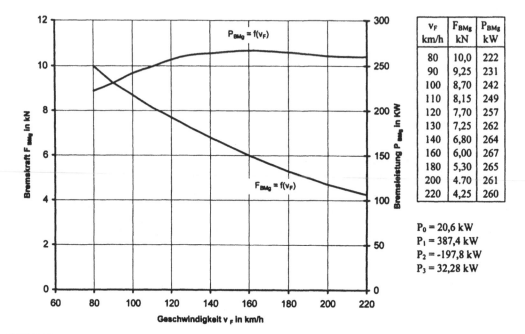

v_F km/h	F_{BMg} kN	P_{BMg} kW
80	10,0	222
90	9,25	231
100	8,70	242
110	8,15	249
120	7,70	257
130	7,25	262
140	6,80	264
160	6,00	267
180	5,30	265
200	4.70	261
220	4,25	260

$P_0 = 20,6$ kW
$P_1 = 387,4$ kW
$P_2 = -197,8$ kW
$P_3 = 32,28$ kW

Bild 5.10
Kennlinien der Bremskraft F_{BMg} und der Bremsleistung P_{BMG} von 1 Schuh der Magnetschienenbremse der schnellfahrenden Reisezugwagen der DB AG (F_{BMg}-Kennlinie nach *Hendrichs*)

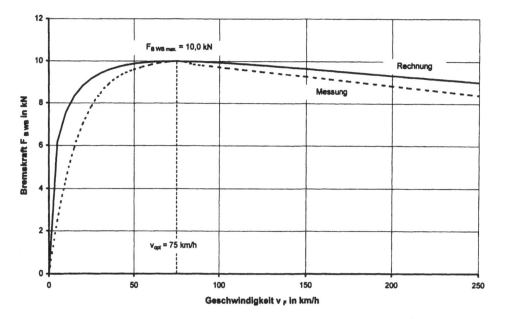

Bild 5.11
Bremskraftkennlinie $F_{BWB} = f(v_F)$ von 1 Schuh der Wirbelstrombremse der ICE-Hochgeschwindigkeits züge der DB AG (nach *Bertling* und *Hendrichs*)

Die Ansaugkraft F_A ist hauptsächlich von Erregerstrom und Auflagebedingungen abhängig. Der Erregerstrom kann schwanken. Die Auflage kann durch Zwischenmedien wie z.B. Sand, Luftspalt infolge Durchbiegung und Verschleiß gestört sein. Deshalb sind Abweichungen zwischen berechneter und tatsächlicher Bremskraft möglich.

Die Mg-Bremskraft des Zugs F_{BZMg} ist das Produkt von Bremskraft eines Bremsschuhs F_{BMg}, Anzahl der Mg-Bremsschuhe im Zug z_{Mg} und Korrekturfaktor α_K:

$$F_{BZMg} = \alpha_K \, z_{Mg} \, F_{BMg} \tag{5.35}$$

Der Korrekturfaktor α_K ergibt sich durch Vergleich berechneter und gemessener Bremswege.

Die Stützstellen der gemessenen Bremskraftkennlinie $F_{BMg} = f(v_F)$ werden durch Multiplikation mit der Geschwindigkeit v_F in die Bremsleistungskennlinie $P_{BMg} = f(v_F)$ überführt ($P = F \, v_F$, v_F in m/s). Die Geschwindigkeit v_F wird durch Bezugnahme auf v_{00} normiert. Die Kennlinie $P_{BMg} = f(v_F/v_{00})$ wird durch die Polynomgleichung 3. Grads ausgedrückt:

$$F_{BMg} = \frac{P_{BMg}}{v_F} \tag{5.36}$$

$$P_{BMg} = P_0 + P_1 \frac{v_F}{v_{00}} + P_2 \left(\frac{v_F}{v_{00}}\right)^2 + P_3 \left(\frac{v_F}{v_{00}}\right)^3$$

F_{BMg}	Mg-Bremskraft von 1 Schuh in kN	v_{00} Geschwindigkeitskonstante
P_{BMg}	Bremsleistung der Mg-Bremse in kW	v_{00} = 27,778 m/s (100 km/h)
$P_0...P_3$	Leistungskonstanten in kW	v_F Fahrgeschwindigkeit in m/s

Bild 5.10 zeigt für das gewählte Beispiel die Kennlinie der Bremsleistung. Die Bildlegende enthält die Stützstellenwerte sowie die berechneten Konstanten.

Lineare Wirbelstrombremse

Bild 5.11 zeigt die Bremskraftkennlinie von 1 Schuh der linearen Wirbelstrombremse $F_{BWB} = f(v_F)$ der ICE-Hochgeschwindigkeitszüge der DB AG. Nach *Bertling* und *Hendrichs* kann die Kennlinie durch folgende statistische Gleichung ausgedrückt werden:

$$F_{BWB} = \frac{f_{St} \, F_{BWBmax}}{y_{opt}} \, y \tag{5.37}$$

$$y = \frac{\sqrt{W}}{(1 + \sqrt{W})^2 + W} \quad \text{mit} \quad W = W_{opt} \frac{v_F}{v_{opt}}$$

Die Variablen des optimalen Betriebspunkts v_{opt}; F_{BWBmax} sind der gegebenen Kennlinie zu entnehmen. Durch Differenzieren der Funktion $y = f(W)$ und Nullsetzen von y' erhält man $W_{opt} = 0,5$ und $y_{opt} = 0,2071$. Eventuell vorhandene Abweichungen der berechneten von der gegebenen Kennlinie sind durch geringfügige Verschiebungen von v_{opt} zu kompensieren.

Der Bremsstufenfaktor f_{St} ist mit Gl. (5.3) zu berechnen. Bei der nicht regelbaren Wirbelstrombremse ist $f_{St} = 1$. Im Hochgeschwindigkeitsverkehr ist die lineare Wirbelstrombremse als regelbare Betriebsbremse vorgesehen. In diesem Fall ist $0 \leq f_{St} \leq 1$.

Die Bremskraft der Wirbelstrombremse des Zugs $F_{BZ\,WB}$ ist mit Gl. (5.35) als Produkt der Bremskraft von 1 Schuh $F_{B\,WB}$ und der Anzahl der Bremsschuhe im Zug z_{WB} zu berechnen.

Transrapidtechnik

Das Abbremsen des Transrapid-Hochgeschwindigkeitszugs erfolgt mit den in Kap. 4.3.4 für das Anfahren behandelten Beschleunigungsdiagrammen. Die Berechnung der Gesamtwerte der Bremsung ist mit den Anfahrgleichungen bei Bewegungsumkehr vorzunehmen. Zwischenwerte erhält man durch Subtraktion der momentanen Anfahrwerte von den Gesamtwerten.

5.2.5   Zeitabhängigkeit

Zeitabschnitte des Bremsens

Das **Bremsen** beginnt mit der Betätigung des Führerbremsventils und endet im Fall der Schnellbremsung mit dem Zughalt. Es umfasst 3 Zeitabschnitte:

– *Ansprechen, Schwellen und entwickeltes Bremsen.*

Im Fall der Druckluftbremse wird das Schwellen durch das Füllen der Bremszylinder und Entleeren der Hauptluftleitung bestimmt. Die *Schnittstelle* zwischen Ansprechen und Schwellen wird bei 5 % und zwischen Schwellen und entwickeltem Bremsen bei 95 % der maximalen Bremskraft bzw. Verzögerung festgelegt. Bei Berechnungen wird an den Schnittstellen 0 % bzw. 100 % Bremskraft oder Verzögerung vorausgesetzt.

Das **Anhalten** beginnt mit der *Reaktionsaufforderung* und umfasst zu den 3 Zeitabschnitten des Bremsens noch den vorangehenden *Reaktionsfahrabschnitt*.

Das **Abklingen** der Bremswirkung umfasst 2 Zeitabschnitte:

– *Ansprechen* zum Lösen und *Lösen* selbst.

Bei der Druckluftbremse wird das Lösen durch das Entlüften des Bremszylinders bestimmt. Der rechnerische Entlüftungsbeginn wird bei 95 % und das rechnerische Entlüftungsende bei 5 % der maximalen Bremskraft oder Verzögerung festgelegt.

Reaktionsfahrabschnitt

Der Reaktionsfahrabschnitt, in dem der Triebfahrzeugführer reagieren und die Bremsbereitschaft herstellen muss, wird mit der **Reaktionszeit t_R** berechnet. Bei großer Erwartungshaltung und Blickzuwendung auf die Strecke gilt $t_R = 1$ s. Diese Bedingungen können aber im Unterschied zum Straßenverkehr nicht zwingend vorausgesetzt werden (z.B. Zulassung der Einblicknahme in Fahrtdokumente). Deshalb wird mit **$t_R = 3$ s** gerechnet.

Ansprechen

Der Ansprechfahrabschnitt wird mit der **Ansprechzeit t_A** berechnet. Die Ansprechzeit des 1. Bremszylinders im Zug (Lokomotive) sowie der radreibungsunabhängigen Bremsen wird bei Berechnungen zu **$t_A = 1,5$ s** gewählt. Bei der Druckluftbremse vergrößert sich die Ansprechzeit der nachfolgenden Bremsen durch den Einfluss der Zeitabhängigkeit der Hauptluftleitung.

Füllen und Entlüften des Bremszylinders

Bild 5.12 zeigt die Füll- und Lösekennlinie eines Bremszylinders in normierter Darstellung.

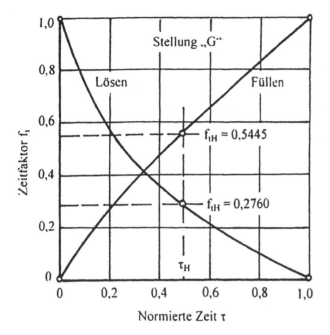

Stellung „G"

Lösen   Füllen

Zeitfaktor f_t

$f_{tH} = 0,5445$

$f_{tH} = 0,2760$

τ_H

Normierte Zeit τ

Bild 5.12
Füll- und Lösekennlinie eines Bremszylinders in normierter Darstellung

Variable:	Stellung G	Stellung P/R
Füllzeit t_F		
-Lok direkt	-	5 s
-Zug indirekt	24 s	4 s
Lösezeit t_L	52 s	18 s
Exponent σ		
-Füllen	0,877	0,556
-Lösen	0,466	0,356

Der Zeitfaktor f_t (zu Gl. (5.2)) bzw. die normierte Kraft ist über der normierten Zeit τ aufgetragen. Die Berechnung von $f_t = f(\tau)$ ist mit der allgemeinen Exponentialgleichung vorzunehmen.
Der Exponent σ wurde von *Gralla* für den bei der Halbzeit $\tau_H = 0,5$ gemessenen Zeitfaktor f_{tH}
berechnet und als Mittelwert aus einer größeren Anzahl von Messungen bestimmt.

Füllen: $f_t = \tau^\sigma$ und $\sigma = -1,443 \cdot \ln f_{tH}$ (5.38)

Lösen: $f_t = 1 - \tau^\sigma$ und $\sigma = -1,443 \cdot \ln(1 - f_{tH})$

$$f_t = \frac{p_Z}{p_{Z\,max}} = \frac{F_{KZ}}{F_{KZ\,max}} \text{ und } \tau = \frac{t}{t_F} \text{ bzw. } \tau = \frac{t}{t_L}$$

Die normierte Zeit τ ergibt sich durch Bezugnahme der aktuellen Zeit t auf die Füllzeit t_F bzw.
Lösezeit t_L. Der Zeitfaktor f_t zu Gl. (5.2) ist das Verhältnis des aktuellen Drucks p_Z bzw. der
aktuellen Kolbenkraft F_{KZ} zu den Maximalwerten des Bremszylinders p_{Zmax} bzw. F_{KZmax}.

In der Bremsstellung G ist bei Füllbeginn des Bremszylinders ein **Ansprung** des Drucks auf
10 % des Maximalwerts vorhanden. Der Anstieg von $F_{KZ}(t)$ erfolgt vom Ansprungpunkt aus.
In Bremsfahrtberechnungsmodellen (Gl. (5.38)) kann der Ansprung vernachlässigt werden.

Bei Bremsfahrtsimulationen ist der Zeitfaktor f_t zu Gl. (5.2) mit Gl. (5.38) zu berechnen. Dafür
sind die in der Legende zu Bild 5.12 angegebenen Zahlenwerte der Variablen zu benutzen.

Zeitabhängigkeit der Hauptluftleitung

Wird am Führerbremsventil (Zugspitze) die Druckabsenkung der Hauptluftleitung eingeleitet,
so erreicht der Bremsbefehl erst nach Ablauf der **Durchschlagzeit** t_{Du} die nachgeordneten Wagenbremsen. Die Durchschlagzeit t_{Dux} bis zur Wagenbremse x ist vom Abstand von der Zugspitze l_{Zx} und von der Durchschlaggeschwindigkeit v_{Du} abhängig: $t_{Dux} = l_{Zx}/v_{Du}$.

In Berechnungen wird zur Berücksichtigung des Durchschlags die Ansprechzeit um die halbe Durchschlagzeit bis Zugende verlängert und die Schwellzeit des Zugs mit der Schwellzeit des ersten Bremszylinders gleichgesetzt. Da die Bremskraftentwicklung der ersten Zugbremse bereits nach Ablauf der Ansprechzeit beginnt und erst mit dem Abschluss des Füllens des letzten Bremszylinders endet, ist dieser Lösungsansatz mit einem Fehler verbunden.

Zur Vermeidung dieses Fehlers wird die Ansprechzeit des Zugs mit der Ansprechzeit der Lokomotivbremse gleichgesetzt ($t_{AZ} = t_A = 1,5$ s) und für die Schwellzeit des Zugs t_S die Zeitdifferenz zwischen Schwellbeginn der Lokomotivbremse und Schwellende der letzten Wagenbremse gewählt.

Bild 5.13 zeigt die sich nach diesem Lösungsansatz ergebende Schwellzeitkennlinie $t_{SI} = f(l_Z)$, die durch folgende Gleichung ausgedrückt werden kann:

$$t_{SI} = t_F + k_{ep} \frac{l_Z}{v_{Du}} \tag{5.39}$$

t_{SI} Zug-Schwellzeit für Durchschlag in s
t_F Füllzeit des 1. Bremszylinders in s
l_Z Zuglänge (mit Lokomotive) in m
v_{Du} Durchschlaggeschwindigkeit in m/s

k_{ep} Bremsfaktor
ohne ep-Bremse: $k_{ep} = 1$
mit ep-Bremse: $k_{ep} = 0$

Für v_{Du} gilt der auf die Leitungslänge (nicht Zuglänge) bezogene Wert: $v_{Du} = 150$ m/s

Infolge des Druckausgleichsprinzips kann das Füllen eines Bremszylinders nur dann in der Zeit t_F erfolgen, wenn an seiner jeweiligen Position im Zug auch der Hauptluftleitungsdruck in der Zeit t_F auf ≤ 3,5 bar abgesunken ist. Anderenfalls wird die Dauer der Bremszylinderfüllung von der **Dauer des Druckabfalls** bestimmt.

In der nur an der Zugspitze mit dem Führerbremsventil geöffneten Hauptluftleitung verlängert sich die Dauer des Druckabfalls proportional zum Abstand. Für die aus der Dauer der Druckabsenkung am Ende des Zugs resultierende Schwellzeitkennlinie $t_{S2} = f(l_Z)$ gilt:

$$t_{S2} = k_{SEV} \frac{l_Z}{v_{\Delta p}} \tag{5.40}$$

t_{S2} Zug-Schwellzeit für Druckabsenkung in s
$v_{\Delta p}$ Geschwindigkeitskonstante für Druckabsenkung in m/s

l_Z Zuglänge (mit Lokomotive) in m
k_{SEV} Bremsfaktor
ohne Schnellentlüftungsventil SEV: $k_{SEV} = 1$
mit Schnellentlüftungsventil (R): $k_{SEV} = 0$

Für $v_{\Delta p}$ gilt der auf die Leitungslänge (nicht Zuglänge) bezogene Wert: $v_{\Delta p} = 50$ m/s.

Bild 5.13 zeigt die sich nach Gl. (5.40) ergebende Schwellzeitkennlinie $t_{S2} = f(l_Z)$. Bis zum Schnittpunkt beider Kennlinien beeinflusst das Durchschlagen die Schwellzeit, darüber die Druckabsenkung. In Berechnungsmodellen ist jeweils der größere Wert beider Kennlinien als Schwellzeit zu benutzen ($t_S = t_{SI}$ bei $t_{SI} > t_{S2}$ und $t_S = t_{S2}$ bei $t_{S2} > t_{SI}$).

Die Gl. (5.39) hat für die Bremsstellungen „G", „P" und „R ohne SEV" Bedeutung, die Gl. (5.40) nur für „P" und „R ohne SEV". Der Schnittpunkt beider Kennlinien ergibt sich in „G" bei der Zuglänge $l_{ZS} = 1800$ m und in „P"/„R ohne SEV" bei $l_{ZS} = 300$ m. Die maximale Zuglänge beträgt bei der DB AG $l_{Zmax} = 600$ m, im Ausnahmefall $l_{Zmax} = 750$ m.

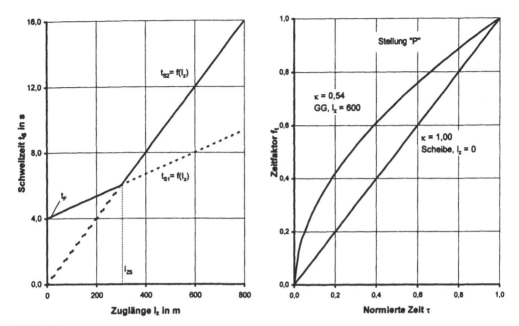

Bild 5.13
Kennlinien für Schwellzeit $t_S(l_Z)$ und Zeitfaktor des Schwellabschnitts $\kappa(\tau)$ der Eisenbahndruckluftbremse

Zeitfaktor des Schwellabschnitts

Für Züge, die nur aus einem Triebfahrzeug bestehen, ist bei Benutzung der Druckluftbremse der Zeitfaktor f_t zu Gl.(5.2) mit Gl. (5.38) zu berechnen. Anderenfalls ist der Zeitfaktor f_t mit folgender Funktion zu berechnen:

$$f_t = \left(\frac{t}{t_S}\right)^\kappa \quad \text{mit} \quad \kappa = \kappa_0 + \kappa_1 \frac{l_Z}{l_{00}}$$

(5.41)

Die statistische Auswertung von Bremsversuchen ergab den Kennlinienexponenten κ.

- ep-Bremse und/oder SEVvorhanden sowie Bremsstellung G: κ = konstant
  * bei GG-Klotzbremse ist $\kappa = 0,90$ und bei übrigen Reibmaterialien $\kappa = 1$
- Bremsstellung P und R: κ = f(Zugläng l_Z)
  * für GG-Bremsklötzer ist Konstante $\kappa_0 = 0,90$ und für übrige Reibmaterialien $\kappa_0 = 1$
  * Konstante $\kappa_1 = 0,6$

Die Längenkonstante beträgt $l_{00} = 1000$ m. Bild 5.13 zeigt die Kennlinie des Zeitfaktors.

Zum Zeitverhalten der Druckluftbremse beim Lösen liegen keine auswertbaren Versuchsergebnisse vor. Wegen der großen Lösezeiten kann der Einfluss der Hauptluftleitung bei Berechnungen vernachlässigt werden. Die Abklingzeit ist der Lösezeit gleichzusetzen. Der Zeitfaktor des Lösens ist unabhängig von Bremsbauart und Zuglänge mit Gl. (5.38) zu berechnen.

Schwell- und Abklingzeiten der Betriebsbremsung erhält man durch Multiplikation der Werte für die Schnellbremsung mit dem Bremsstufenfaktor der Betriebsbremsung f_{St} nach Gl. (5.3).

Alternative radabhängige Bremsen

Aus Versuchsergebnissen (*Hendrichs*) erhält man für die hydrodynamische Bremse der Diesellokomotive BR 218 die Ansprechzeit $t_A = 4,5$ s und die Schwellzeit $t_S = 3,5$ s.

Für die elektrische Lokomotive BR 111 ergibt sich die Ansprechzeit $t_A = 1,5$ s, die Schwellzeit $t_S = 5,4$ s und die Lösezeit $t_L = 9,2$ s.

Für die elektrische Lokomotive BR 151 erhält man $t_A = 1,5$ s, $t_S = 3,1$ s beim Bremsstufenfaktor $f_{St} = 0,20$ und $t_S = 5,9$ s bei $f_{St} = 1,00$.

Für die elektrische Lokomotive mit Drehstromantriebstechnik BR 120 wurden $t_A = 4,0$ s und $t_S = 4,0$ s ermittelt. Die große Ansprechzeit wird durch den bereits im leistungslosen Betrieb (Auslauf/Abrollen) erfolgenden Bremskraftaufbau vermieden.

Die Benutzung der hydrodynamischen und der elektrischen Bremse ist sowohl allein als auch gemeinsam mit der Druckluftbremse möglich. Bei alleiniger Benutzung ist der Fahr-Brems-Schalter und bei gemeinsamer Benutzung das Führerbremsventil zu betätigen. Bei Ansteuerung über den Fahr-Brems-Schalter sind die individuellen Steuerzeiten ins Bremsfahrtsimulationsmodell einzugeben. Bei Benutzung des Führerbremsventils ist mit den Steuerzeiten der Druckluftbremse zu rechnen.

5.2.6   Bremsmanagement

Für die Entwicklung von Bremsfahrtsimulationsmodellen müssen Bremskraftkennlinien der beteiligten Bremsbauarten, Kennlinie (Gleichung) der Zugwiderstandskraft und Algorithmus der Bremssteuerung, das Bremsmanagement, bekannt sein. Außerdem ist das Streckenband mit den Längsneigungen und die Zuglänge (effektive Neigung, Kap. 3.1.2.) einzubeziehen.

Besitzt der Zug nur die Druckluftbremse, ist die Bremskraft eines jeden Simulationsschritts in Abhängigkeit von Bremsbauart und Reibpartner verhältnismäßig einfach zu berechnen. Die Betriebsbremsung kann durch den Bremsstufenfaktor f_{St} und das Zeitverhalten durch den Zeitfaktor f_t erfasst werden.

Sind mehrere Bremssysteme im Zug vorhanden, werden diese nach einem in den Bordrechner des Triebfahrzeugs einprogrammiertes Bremsmanagement eingesetzt. Die Magnetschienenbremse wird nur bei der Schnellbremsung zugeschaltet und ist nur in einem bestimmten Geschwindigkeitsbereich wirksam. Die elektrische Bremse oder hydrodynamische Bremse der Lokomotiven hat Vorrang vor der Druckluftbremse. Erst wenn deren Bremskraft nachlässt oder nicht den eingestellten Sollwert der Momentanverzögerung erbringt, wird die Druckluftbremse als Ergänzung zum Sollwert anteilig oder vollständig zugeschaltet.

Hochgeschwindigkeitszüge

Am Hochgeschwindigkeitszug ICE 3 der DB AG wirken 3 Bremsbauarten: die Druckluft-Scheibenbremse, die elektrische Netz- und die Wirbelstrombremse. Die drei Bremsbauarten werden vom Bremsmanagement abgestimmt eingesetzt, so dass Verschleiß, Erwärmung und Durchbiegung der Träger der Wirbelstrombremse in den zulässigen Grenzen verbleiben.

Bild 5.14 zeigt die Verzögerungskennlinien von elektrischer und Wirbelstrombremse, der Voll- und der Schnellbremsung des ICE 3 und die LZB-Sollwertkennlinie der Betriebsbremsung.

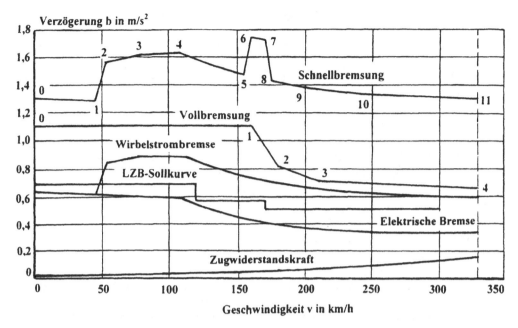

Bild 5.14
Kennlinien der momentanen Bremsverzögerung des Hochgeschwindigkeitszugs ICE 3 der DB AG mit
eingetragenen Stützstellen für die Bremswegberechnung in Beispiel 5.6 (nach *Gräber/ Meier-Credner*)

Tabelle 5.10
Stützstellenweise Berechnung von Bremszeit und Bremsweg der Voll- und Schnellbremsung des Hochgeschwindigkeitszugs ICE 3 mit den Kennlinien des Bildes 5.14 in Beispiel 5.6

Vollbremsung				Schnellbremsung								
Nr.	v	b	Δt	Δs	Nr.	v	b	Δt	Δs	Nr.	v	b	Δt	Δs
	km/h	m/s²	s	m		km/h	m/s²	s	m		km/h	m/s²	s	m
0	0	1,10	0	0	0	0	1,31	0	0	7	170	1,72	1,61	74
1	160	1,10	40,40	898	1	44	1,28	9,44	58	8	175	1,43	0,88	42
2	180	0,81	5,86	278	2	53	1,56	1,77	24	9	200	1,40	4,91	256
3	210	0,71	10,98	596	3	79	1,60	4,57	84	10	250	1,34	10,14	634
4	330	0,66	48,68	3661	4	107	1,64	4,80	124	11	330	1,30	16,84	1357
4	330	0	4	367	5	155	1,48	8,55	312	11	330	0	4	367
Σ	330	–	109,9	5800	6	160	1,74	0,86	38	Σ	330	–	68,4	3370
b_m	m/s²	–	0,834	0,724	–	–	–	–	–	b_m	m/s²	–	1,340	1,246

Bei der Schnellbremsung wird die Wirbelstrombremse unterhalb 50 km/h abgeschaltet. Die
elektrische Bremse ist zwischen $v = 0$ und Übergangsgeschwindigkeit $v_0 = 109$ km/h auf die
Verzögerung 0,6 m/s² und zwischen v_0 und Höchstgeschwindigkeit $v_{max} = 330$ km/h auf die
konstante Bremsleistung 8,2 MW begrenzt. Die Scheibenbremsen der Laufradsätze werden bei
$v < 175$ km/h von niedriger auf hohe Anpresskraft umgeschaltet. Die Scheibenbremsen der
Treibradsätze wirken nur bei $v > 160$ km/h und mit niedriger Anpresskraft.

Bei der Betriebsbremsung wird in Abhängigkeit von der angeforderten Verzögerung bis zum Niveau der Vollbremsung zuerst die elektrische Bremse und dann die Wirbelstrombremse in Stufen zugeschaltet. Die LZB-Sollkurve der Betriebsbremsung wird von beiden Bremsbauarten zusammen problemlos erfüllt (Bild 5.14), so dass die Bremskraft der Scheibenbremse im Prinzip zur Betriebsbremsung nicht benötigt wird. Die Scheibenbremse wird nur bei $v < 50$ km/h zugeschaltet (Abschalten der Wirbelstrombremse).

Verschleißarmes Bremsen

Ein verschleißarmes Bremsmanagement ist für den mit der hydraulischen Bremse ausgerüsteten Triebwagen VT 611 vorgesehen. Die Betriebsbremsung wird bis zum Geschwindigkeitsabfall auf die Propellerkurve (ca. 35 km/h) allein mit dem Bremsretarder vorgenommen. Im Fall der Schnellbremsung wird die Druckluftbremse zugeschaltet.

Bremsfahrtsimulation

Hat die Bremsfahrtsimulation allein die Zielstellung, nur den Bremsweg sowie den Bremsverlauf zu ermitteln, ist ausreichend, die sich nach dem Bremsmanagement ergebende Gesamtbremskraft einzugeben. Liegen weitere Zielstellungen vor, wie z. B. die Untersuchung der Energierückspeisung und der Wirtschaftlichkeit der Nutzbremsung sowie die Ermittlung verschleißminimaler Fahr- und Bremsstrategien und der Wirtschaftlichkeitsnachweis der alternativen radabhängigen Bremsen, muss das Bremsmanagement im Detail programmiert werden.

Berechnungsbeispiel 5.6

Für die Voll- und für die Schnellbremsung eines Hochgeschwindigkeitszugs ICE 3 aus der Geschwindigkeit $v_0 = 330$ km/h sind anhand der im Bild 5.14 gegebenen Verzögerungskennlinien Bremszeit, Bremsweg und mittlere Bremsverzögerung zu berechnen.

Lösungsweg und Lösung:

Die Knickpunkte der Verzögerungskennlinie werden als Schnittstellen der Berechnungsabschnitte gewählt (Bild 5.14). Abschnitte mit konstanter Verzögerung werden mit den Gleichungen des Kap. 2.2.1 und Abschnitte mit geschwindigkeitsabhängiger Verzögerung mit den Gleichungen des Kap. 2.2.3.1 berechnet. Die Berechnung erfolgt von $v = 0$ aus rückwärts. Im ungebremsten Abschnitt wird konstante Geschwindigkeit und die ungebremste Zeit $t_U = 4$ s vorausgesetzt. Tabelle 5.10 enthält das Ergebnis.

5.3   Bremsweg- und Bremsfahrtberechnung

5.3.1   Mindener Bremsweggleichung

Die Mindener Bremsweggleichung wurde im Jahr 1961 von *Sauthoff* entwickelt. Sie wird auch heute noch benutzt, allerdings mit der Einschränkung, dass sie für die nach 1961 entwickelten Bremsbauarten nicht zutreffend ist. Sie bietet den Vorteil, dass für die Berechnung des zur Anfangsgeschwindigkeit v_0 (km/h) gehörenden Bremswegs s_B (m) lediglich die Bremsstellung, die im Zug verfügbaren Bremshundertstel λ_Z (%, Kap. 5.4.1), die Zuglänge (Achsenanzahl) und die mittlere Längsneigung i_m (‰) des Bremsabschnitts bekannt sein müssen.

Die Aufstellung des Weg-Zeit-Geschwindigkeitsdiagramms ist nicht möglich. Die berechneten Bremswege sind etwa 10 % zu lang. Der Halt im Schwellabschnitt wird nicht erfasst.

v_0 km/h	Klotzbremse Stellung P E D	Klotzbremse Stellung R E D	Scheibenbremse Stellung P/R	Bremsstellung G
10	0,75 0,50	0,63 0,40	0,45	0,41
20	1,04 0,73	0,87 0,60	0,64	0,61
30	1,17 0,87	1,00 0,69	0,76	0,75
40	1,23 0,97	1,09 0,74	0,84	0,85
50	1,25 1,02	1,14 0,76	0,90	0,92
60	1,24 1,05	1,15 0,77	0,94	0,97
70	1,21 1,06	1,15 0,92	0,96	1,00
80	1,17 1,05	1,14 0,96	0,99	1,02
90	1,13 1,04	1,11 0,98	1,00	1,02
100	1,09 1,03	1,08 1,00	1,00	-
110	1,04 1,02	1,04 1,00	1,00	-
120	1,00 1,00	1,00 1,00	1,00	-
130	0,96 0,98	0,96 0,99	0,99	-
140	- -	0,92 0,98	0,98	-
150	- -	- 0,96	0,97	-
160	- -	- 0,93	0,96	-

Tabelle 5.11
Beiwert ψ zur Mindener Bremsweggleichung
E Einfachklotz,
D Doppelklotz

Bremsstellung P und R Achsanzahl	Beiwert c_1	Bremsstellung G Achsanzahl	Beiwert c_1
0 bis 24	1,10	0 bis 40	1,12
25 bis 48	1,05	41 bis 80	1,06
49 bis 60	1,00	81 bis 100	1,00
61 bis 80	0,97	101 bis 120	0,95
81 bis 100	0,92	121 bis 150	0,90

Tabelle 5.12
Beiwert c_1 zur Mindener Bremsweggleichung

v_0 km/h	Stellung P und R	Stellung G
10	0,60	0,60
20	0,66	0,62
30	0,72	0,64
40	0,77	0,66
50	0,81	0,68
60	0,84	0,70
70	0,87	0,72
80	0,89	0,74
90	0,90	0,75
100	0,90	-

Tabelle 5.13
Beiwert c_2

Bremsweg zu den Bremsstellungen P und R:

$$s_B = \frac{3,85\, v_0^2}{6,1\,\psi\,(1 + \lambda_{korr}/10) + i_{korr}}$$
(5.42)

Bremsweg zur Bremsstellung G:

$$s_B = \frac{3,85\, v_0^2}{5,1\,\psi\,\sqrt{\lambda_{korr} - 5} + i_{korr}}$$
(5.43)

Für die korrigierten Bremshundertstel λ_{korr} und für die korrigierte Längsneigung i_{korr} gilt:

$$\lambda_{korr} = c_1 \lambda_Z \quad \text{und} \quad i_{korr} = c_2 i_m$$
(5.44)

Tabelle 5.11 enthält Beiwerte ψ, Tabelle 5.12 Konstanten c_1 und Tabelle 5.13 Konstanten c_2.

Berechnungsbeispiel 5.7

Für einen Personenzug, Geschwindigkeit $v_0 = 100$ km/h, bestehend aus einer Diesellokomotive (Masse $m_L = 79$ t, Bremsgewicht $B_{GL} = 70$ t, 4 Achsen) und 10 Wagen mit Scheibenbremse (Wagenmasse beladen $m_{EW} = 41$ t, Bremsgewicht $B_{GW} = 44$ t, 4 Achsen), Bremsstellung „P", 1 Wagen ungebremst, ist der Bremsweg s_B im Gefälle $i_m = -5$ ‰ zu berechnen.

Lösungsweg und Lösung:

Das Summieren der Fahrzeugwerte ergibt die Zugmasse $m_Z = 489$ t, das Bremsgewicht des Zugs $B_{GZ} = 466$ t und die Achsanzahl 44.

Verfügbare Bremshundertstel des Zugs (P = 100 %)

$\lambda_Z = P\, B_{GZ} / m_Z = 100 \cdot 466/489 = 95{,}3$ %

Für $v_0 = 100$ km/h erhält man aus Tabelle 5.14 $\psi = 1{,}00$ und aus Tabelle 5.15 $c_2 = 0{,}90$. Für 44 Achsen erhält man aus Tabelle 5.16 $c_1 = 1{,}05$.

Korrigierte Bremshundertstel und Längsneigung, Gl. (5.44)

$\lambda_{korr} = c_1\, \lambda_Z = 1{,}05 \cdot 95{,}3 = 100{,}1$ % und $i_{korr} = c_2\, i_m = 0{,}90 \cdot (-5) = -4{,}5$ ‰

Bremsweg zu „P", Gl. (5.42)

$s_B = 3{,}85 \cdot 100^2 / [6{,}1 \cdot 1{,}00 \cdot (1 + 100{,}1/10) - 4{,}5] = 614{,}4$ m

5.3.2 Berechnung mit Bremsablaufmodellen

5.3.2.1 Grundlagen

Allgemeiner Ablauf

Die Bremswegberechnung sowie die überschlägliche Bremsfahrtberechnung ist mit Bremsablaufmodellen möglich. Der tatsächliche Verlauf der momentanen Verzögerung b(t) wird mittels Vereinfachungen in einen theoretischen Verlauf überführt. Folgende Modelle werden benutzt:

– zweiteiliges Bremsablaufmodell mit Sprungfunktion der Verzögerung,
– dreiteiliges Ablaufmodell mit linearer Beschleunigungsänderung b(t) beim Schwellen und
– dreiteiliges Ablaufmodell mit nichtlinearer Beschleunigungsänderung b(t) beim Schwellen.

Für die Berechnung müssen Ansprechzeit t_A, Schwellzeit t_S und fallweise auch der Kennlinienexponent κ sowie die mittlere Verzögerung des entwickelten Abschnitts b_E bekannt sein. Die Variablen t_A, t_S und κ sind Kap. 5.2.5 zu entnehmen.

Grund- und Bremskraftverzögerung

Die beim Bremsen vorhandene Gesamtverzögerung b wird in die durch Zugwiderstands- und Neigungskraft gegebene *Grundverzögerung* b_G und in die durch die Bremskraft des Zugs erzeugte *Bremskraftverzögerung* b_{BZ} unterteilt. Zur Ermittlung beider anteiliger Verzögerungen ist von der Beschleunigungsgleichung des Zugs auszugehen.

Beschleunigungsgleichung

Beim Bremsen wirken Zugbremskraft F_{BZ}, Zugwiderstandskraft F_{WZ} und Längsneigungskraft $F_N = -i \cdot G_Z$ (Produkt von Längsneigung i und Zuggewichtskraft G_Z), die nach Gl. (1.9) in Kap. 1.2.3 die momentane Verzögerung b hervorrufen.

Momentane Bremsverzögerung b:

$$b = \frac{F_{BZ} + F_{WZ} + i_m G_Z}{\xi_Z m_Z} \tag{5.45}$$

Die Zugwiderstandskraft F_{WZ} ist nach Kap. 3.5 zu berechnen. Für die Längsneigung i_m ist die mittlere korrigierte Neigung i_k nach Kap. 3.1 einzusetzen. Die Bezugslänge ist der anfänglich zu schätzende Bremsweg. Der Massenfaktor ξ_Z ist nach Kap. 1.2.5 als Anteilfaktor der Zugmasse m_Z zu ermitteln. Für die überschlägliche Berechnung gilt $\xi_Z = 1{,}06$.

Nach Kapitel 1.2.6 werden die Kräfte der Gl. (5.45) in folgende Variablen überführt:

- Bremskraftbeschleunigung des Zugs a_{BZ},
- Zugwiderstandsbeschleunigung a_W und
- Neigungsbeschleunigung a_N.

$$a_{BZ} = \frac{F_{BZ}}{m_Z}, \quad a_W = \frac{F_{WZ}}{m_Z} \quad \text{und} \quad a_N = \frac{F_N}{m_Z} = i_m g \tag{5.46}$$

Die Zugwiderstandsbeschleunigung ist als Mittelwert a_{Wm} mit 2/3 der Bremsanfangsgeschwindigkeit v_0 zu berechnen. Da der Anteil an der Gesamtbeschleunigung klein ist, kann bis $v_0 = 120$ km/h überschläglich mit $a_{Wm} = 0{,}05$ m/s^2 gerechnet werden.

Bremskraftbeschleunigung von Fahrzeug und Zugs

Die Bremskraftbeschleunigung des Fahrzeugs a_{BF}, die dessen Bremsvermögen bewertet, ist durch Bezugnahme der Fahrzeugbremskraft F_{BF} auf die Leermasse des Fahrzeugs m_{F0} zu berechnen. Die Bremskraftbeschleunigung des Zugs a_{BZ} erhält man als gewichtetes Mittel der Bremskraftbeschleunigungen a_{BF} aller Fahrzeuge des Zugs:

$$a_{BF} = \frac{F_{BF}}{m_{F0}} \quad \text{und} \quad a_{BZ} = \frac{1}{m_Z} \sum_{n=1}^{n=z} \left(a_{BF(n)} \, m_{F0(n)} \right) \tag{5.47}$$

Grund- und Bremskraftverzögerung

Werden die Variablen a_{Wm} und a_N als konstant vorausgesetzt, können sie zur Grundverzögerung b_G zusammengefasst werden. Das Einsetzen von Gl. (5.46) bzw. (5.47) in Gl.(5.45) ergibt für die Grundverzögerung b_G und für die Bremskraftverzögerung b_{BZ} des Zugs:

$$b_G = \frac{1}{\xi_Z}(a_{Wm} + i_m g) \quad \text{und} \quad b_{BZ} = \frac{a_{BZ}}{\xi_Z} \tag{5.48}$$

In Gl. (5.48) ist die Fallbeschleunigung $g = 9{,}81$ m/s^2 und sind für die überschlägliche Berechnung mittlere korrigierte Neigung i_m, mittlere Zugwiderstandsbeschleunigung $a_{Wm} = 0{,}05$ m/s^2 und Massenfaktor des Zugs $\xi_Z = 1{,}06$ einzusetzen. Da im Gefälle i_m negativ ist, kann sich auch ein negativer b_G-Wert ergeben (Beschleunigung des Zugs bei Bremsbeginn).

5.3.2.2 Zweiteiliges Bremsablaufmodell mit Sprungfunktion

Bild 5.15 zeigt den Verlauf von Verzögerung und Geschwindigkeit über der Zeit beim zweiteiligen Bremsablaufmodell mit Sprungfunktion für b.

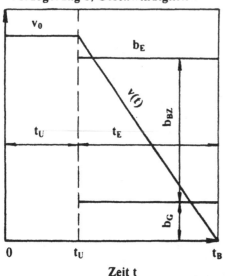

Verzögerung b, Geschwindigkeit v

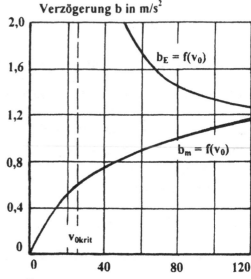

Verzögerung b in m/s²

Bremsanfangsgeschwindigkeit v_0 in km/h

v_0 km/h	Gefahrenbremsung b_m m/s²	s_B in m	Ausfall einer Bremse b_m in m/s²	s_B in m
20	0,71	9	0,77	20
30	2,04	17	0,87	40
40	2,29	27	0,95	65
50	2,47	39	1,03	94
60	2,57	54	1,06	131
70	2,73	69	1,07	177
80	-	-	1,07	230
90	-	-	1,08	290
100	-	-	1,09	355

Bild 5.15
Zweiteiliges Bremsablaufmodell mit
Sprungfunktion b(t)

Bild 5.16
Mittlere und entwickelte Verzögerung
b_m, b_E in Abhängigkeit von der
Bremsanfangsgeschw. v_0

Tabelle 5.14
Bremstafel für Straßenbahnen
(Anlage 2 zu § 36 der BOStrab)

Die ungebremsten Zeit t_U setzt sich aus Ansprech- und halber Schwellzeit zusammen. Die Geschwindigkeit ist während t_U konstant. Die Verzögerung des entwickelten Abschnitts b_E besteht aus Grundverzögerung b_G und Bremskraftverzögerung b_{BZ} und setzt bei t_U momentan ein.

Zeit und Weg der Schnellbremsung (t_B, s_B):

$$t_B = t_U + t_E \quad \text{und} \quad s_B = s_U + s_E \tag{5.49}$$

Für Zeit und Weg des ungebremsten Abschnitts (t_U, s_U) gilt:

$$t_U = t_A + \frac{1}{2} t_S \quad \text{und} \quad s_U = v_0 t_U \tag{5.50}$$

Für Verzögerung, Zeit und Weg des entwickelten Abschnitts (b_E, t_E, s_E) gilt:

$$b_E = b_G + b_{BZ}, \quad t_E = \frac{v_0}{b_E} \quad \text{und} \quad s_E = \frac{v_0^2}{2 b_E} \tag{5.51}$$

Das Einsetzen der s_U- und s_E-Gleichung in die s_B-Gleichung und das anschließende Einsetzen in die b_m-Gleichung sowie das Bilden des Kehrwerts ergibt für die mittlere Verzögerung b_m:

$$b_m = \frac{v_0^2}{2\,s_B}, \quad b_m = \frac{v_0 b_E}{v_0 + 2\,b_E t_U} \quad \text{und} \quad \frac{1}{b_m} = \frac{1}{b_E} + \frac{2\,t_U}{v_0} \tag{5.52}$$

Die Umstellung von Gl. (5.52) ergibt für die entwickelte Verzögerung b_E :

$$\frac{1}{b_E} = \frac{1}{b_m} - \frac{2\,t_U}{v_0} \quad \text{und} \quad b_E = \frac{b_m v_0}{v_0 - 2\,t_U b_m} \tag{5.53}$$

Bild 5.16 zeigt die sich aus Gl. (5.52) und (5.53) ergebenden Kennlinien. Die mittlere Verzögerung b_m ist von der Bremsanfangsgeschwindigkeit v_0 abhängig. Bei Rückwärtsrechnung von b_E zu einem konstanten b_m-Wert erhält man für $b_E(v_0)$ eine Hyperbel mit der Unstetigkeitsstelle bei $v_{0krit} = 2\,t_U b_m$. Damit ist die mittlere Verzögerung b_m eine wenig geeignete Variable für die Bewertung der Zugbremsung.

Bei konstanter entwickelter Verzögerung ist zur fahrdynamischen Bremsbewertung die zulässige ungebremste Zeit t_U und die entwickelte Mindestverzögerung b_E vorzugeben und der zulässige Bremsweg auf der Grundlage von Gl. (5.49) bis (5.51) zu berechnen:

$$s_B = v_0 t_U + \frac{v_0^2}{2\,b_E} \tag{5.54}$$

Sind von einer Bremswegkurve $s_B(v_0)$ mit zugrunde liegender konstanter entwickelter Verzögerung b_E 2 Stützstellen $P_1(v_{01};\ b_{m1})$ und $P_2(v_{02};\ b_{m2})$ bekannt, erhält man die Verlustzeit t_U durch Gleichsetzen der für beide Stützstellen aufgestellten Gl. (5.53):

$$t_U = \frac{v_{01}v_{02}(b_{m2} - b_{m1})}{2\,b_{m1}b_{m2}(v_{02} - v_{01})} \tag{5.55}$$

Die konstante entwickelte Verzögerung b_E ist mit Gl. (5.53) zu berechnen.

Gefahrenbremsung der Straßenbahn

Als Beispiel für die praktische Anwendung des zweiteiligen Bremsablaufmodells mit Sprungfunktion wird die Gefahrenbremsung der Straßenbahn gewählt. Das von Straßenbahnzügen mindestens zu erfüllende Bremsvermögen ist in der Bau- und Betriebsordung für Straßenbahnen (BOStrab) vorgeschrieben. Die Bremswerte in Anlage 2 zu § 36 der BOStrab müssen mit leeren Fahrzeugen auf geradem ebenen Gleis erreicht werden. Bremsanfang ist der Beginn der Bremsbetätigung. Tabelle 5.14 enthält die Bremswerte.

Werden in Gl. (5.55) und (5.53) die Stützstellen 30 km/h und 60 km/h (Gefahrenbremsung) bzw. 40 km/h und 80 km/h (Ausfall einer Bremse) eingesetzt, erhält man für

– *Gefahrenbremsung t_U = 0,842 s und b_{E0} = 3,471 m/s² und*

– *Ausfall einer Bremse t_U = 1,312 s und b_{E0} = 1,225 m/s².*

Bei Unfalluntersuchungen ist die Umrechnung der entwickelten Verzögerung b_E von den Prüfbedingungen (b_{E0})auf die Unfallbedingungen (b_{EU})vorzunehmen:

$$b_{EU} = b_{E0}\,\frac{m_{Z\,leer}}{m_{ZU}} + i_m g_K \tag{5.56}$$

b_{EU}	Verzögerung für Unfallbedingungen	m_{ZU}	Masse des besetzten Zugs beim Unfall
b_{E0}	Verzögerung für Prüfbedingungen		(mit 80 kg/Person rechnen)
g_K	Beschleunigungskonstante,	i_m	mittlere Längsneigung am Unfallort,
	$g_K = 9$ m/s^2		Maßeinheit 1, Steigung positv, Gefälle
$m_{Z\,leer}$	Masse des leeren Zugs		negativ

Bei automatischer Lastabbremsung entfällt in Gl. (5.56) der Massequotient.

5.3.2.3   Dreiteiliges Bremsablaufmodell

Bild 5.17 zeigt den zeitabhängigen Verlauf von Verzögerung und Geschwindigkeit beim drei-teiligen Bremsablaufmodell in den Varianten lineare und nichtlineare Verzögerungsfunktion b(t). Die Schnellbremsung setzt sich aus Ansprech-, Schwell- und entwickeltem Abschnitt zu-sammen. Im Ansprechabschnitt wirkt die Grundverzögerung b_G. Unter ihrem Einfluss ändert sich während der Ansprechzeit t_A die Bremsanfangsgeschwindigkeit v_0 in die Endge-schwindigkeit des Ansprechens v_A. Bei negativem b_G-Wert besteht Geschwindigkeitszunahme.

Im Schwellabschnitt wirken konstante Grundverzögerung b_G und zeitabhängige Bremskraftver-zögerung des Zugs b_{BZ} (t). Die Geschwindigkeit ändert sich während der Schwellzeit t_S von v_A in die Endgeschwindigkeit des Schwellens v_S. Bei negativem b_G-Wert tritt anfänglich noch eine Geschwindigkeitszunahme auf. Die Kurve v(t) hat dadurch in diesem Fall ein Maximum.

Kommt der Zug beim Schwellen zum Halt, ist v = 0 bei t = t_H sowie v_S negativ bei t = t_S.

Zeit und Weg der Schnellbremsung beim Bremsen in 3 Abschnitten und bei vorzeitigem Halt im Schwellabschnitt:

$$t_B = t_A + t_S + t_E \qquad \text{und} \quad s_B = s_A + s_S + s_E \qquad\qquad (5.57)$$
$$t_B = t_A + t_H \qquad\qquad \text{und} \quad s_B = s_A + s_H$$

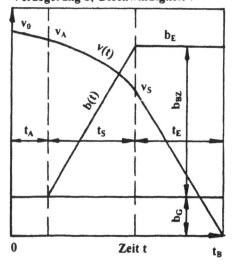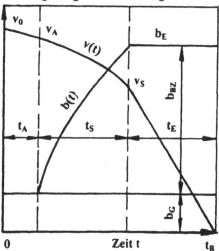

Bild 5.17
Dreiteiliges Bremsablaufmodell mit linearer und mit nichtlinearer Verzögerung b(t) beim Schwellen

Geschwindigkeit und Weg des Ansprechabschnitts:

$$v_A = v_0 - b_G t_A \quad \text{und} \quad s_A = v_0 t_A - \frac{1}{2} b_G t_A^2 \tag{5.58}$$

Linearer Verzögerungsverlauf b(t)	Nichtlinearer Verzögerungsverlauf b(t)	
Momentane Verzögerung b(t) im Schwellabschnitt:		(5.59)
$b(t) = b_G + f_t b_{BZ} \ \text{mit} \ f_t = \dfrac{t}{t_S}$	$b(t) = b_G + f_t b_{BZ} \ \text{mit} \ f_t = \left(\dfrac{t}{t_S}\right)^\kappa$	
Verzögerung, Geschwindigkeit und Weg beim Schwellen:		(5.60)
$b(t) = b_G + b_{BZ} \dfrac{t}{t_S}$	$b(t) = b_G + b_{BZ} \left(\dfrac{t}{t_S}\right)^\kappa$	
$v_S = v_A - \left(b_G + \dfrac{b_{BZ}}{2}\right) t_S$	$v_S = v_A - \left(b_G + \dfrac{b_{BZ}}{\kappa+1}\right) t_S$	
$s_S = v_A t_S - \left(\dfrac{b_G}{2} + \dfrac{b_{BZ}}{6}\right) t_S^2$	$s_S = v_A t_S - \left(\dfrac{b_G}{2} + \dfrac{b_{BZ}}{(\kappa+1)(\kappa+2)}\right) t_S^2$	
Zeit, Weg und Beschleunigung bei Halt im Schwellabschnitt:		(5.61)
$t_H = t_S \left[\sqrt{\left(\dfrac{b_G}{b_{BZ}}\right)^2 + \dfrac{2 v_A}{b_{BZ} t_S}} - \dfrac{b_G}{b_{BZ}}\right]$	$v_A - \left[b_G + \dfrac{b_{BZ}}{\kappa+1}\left(\dfrac{t_H}{t_S}\right)^\kappa\right] t_H = 0$	
$s_H = v_A t_H - \left(\dfrac{b_G}{2} + \dfrac{b_{BZ}}{6}\dfrac{t_H}{t_S}\right) t_H^2$	$s_H = v_A t_H - \left[\dfrac{b_G}{2} + \dfrac{b_{BZ}}{(\kappa+1)(\kappa+2)}\left(\dfrac{t_H}{t_S}\right)^\kappa\right] t_H^2$	
$b_{BZH} = b_{BZ} \dfrac{t_H}{t_S}$	$b_{BZH} = b_{BZ} \left(\dfrac{t_H}{t_S}\right)^\kappa \quad \text{und} \quad b_H = b_G + b_{BZH}$	
Zeit, Geschwindigkeit und Weg im Maximum der v(t)-Kennlinie des Gefälles:		(5.62)
$t_{opt} = -\dfrac{b_G}{b_{BZ}} t_S$	$t_{opt} = t_S \left(-\dfrac{b_G}{b_{BZ}}\right)^{1/\kappa}$	
$v_{opt} = v_A - \left(b_G + \dfrac{b_{BZ}}{2}\dfrac{t_{opt}}{t_S}\right) t_{opt}$	$v_{opt} = v_A - \left[b_G + \dfrac{b_{BZ}}{\kappa+1}\left(\dfrac{t_{opt}}{t_S}\right)^\kappa\right] t_{opt}$	
$s_{opt} = v_A t_{opt} - \left(\dfrac{b_G}{2} + \dfrac{b_{BZ}}{6}\dfrac{t_{opt}}{t_S}\right) t_{opt}^2$	$s_{opt} = v_A t_{opt} - \left[\dfrac{b_G}{2} + \dfrac{b_{BZ}}{(\kappa+1)(\kappa+2)}\left(\dfrac{t_{opt}}{t_S}\right)^\kappa\right] t_{opt}^2$	

Bei nichtlinearer Abhängigkeit von b(t) im Schwellabschnitt ist t_H durch Variation der Zeit in
Gl. (5.61) zu bestimmen.

Verzögerung, Zeit und Weg im entwickelten Abschnitt:

$$b_E = b_G + b_{BZ}, \quad t_E = \frac{v_S}{b_E} \quad \text{und} \quad s_E = \frac{v_S^2}{2\,b_E} \tag{5.63}$$

Berechnung des Bremsablaufs

Für die Berechnung der Bremsablaufkennlinien ist die Zeit t als unabhängige Variable zu wählen. Man erhält Stützstellen b(t), v(t) und s(t). Wird für die Kennliniendarstellung die Abhängigkeit b(s), v(s) und t(s) gewünscht, ist das durch Tausch der unabhängigen Variablen in
der berechneten Tabelle ohne weiteres möglich.

Für die Berechnung der Kennlinien ist zu den 3 Abschnitten der Bremsung jeweils ein eigenes
Weg-Zeit-Koordinatensystem mit den Anfangswerten t = 0 und s = 0 zu wählen. Die Endge-
schwindigkeit des einen Abschnitts ist die Anfangsgeschwindigkeit des nächsten Abschnitts.
Am Schluss sind die berechneten Werte in ein gemeinsames Koordinatensystem einzufügen.

Die Berechnung ist vorwärts oder rückwärts möglich. Bei Vorwärtsrechnung wird von den v, t,
s-Koordinaten des Bremsbeginns ausgegangen, bei Rückwärtsrechnung von den Koordinaten
des Zughalts. Vor der Rückwärtsrechnung sind die Schnittstellenwerte mit den Abschnittsglei-
chungen zu bestimmen. Die Rückwärtsuntersuchung wird vor allem bei der Untersuchung von
Unfällen benutzt. Die Endposition der Zugspitze ist bekannt.

Linearer Verzögerungsverlauf b(t)	Nichtlinearer Verzögerungsverlauf b(t)
Vorwärtsrechnung im Schwellabschnitt:	(5.64)
$v = v_A - \left(b_G + \dfrac{b_{BZ}}{2}\dfrac{t}{t_S}\right)t$	$v = v_A - \left[b_G + \dfrac{b_{BZ}}{\kappa+1}\left(\dfrac{t}{t_S}\right)^\kappa\right]t$
$s = v_A t - \left(\dfrac{b_G}{2} + \dfrac{b_{BZ}}{6}\dfrac{t}{t_S}\right)t^2$	$s = v_A t - \left[\dfrac{b_G}{2} + \dfrac{b_{BZ}}{(\kappa+1)(\kappa+2)}\left(\dfrac{t}{t_S}\right)^\kappa\right]t^2$
Rückwärtsrechnung im Schwellabschnitt: Umkehrzeit: $\tau = t_S - t$	(5.65)
$v = v_A - \left(b_G + \dfrac{b_{BZ}}{2}\dfrac{\tau}{t_S}\right)\tau$	$v = v_A - \left[b_G + \dfrac{b_{BZ}}{\kappa+1}\left(\dfrac{\tau}{t_S}\right)^\kappa\right]\tau$
$s = s_S - v_A\tau + \left(\dfrac{b_G}{2} + \dfrac{b_{BZ}}{6}\dfrac{\tau}{t_S}\right)\tau^2$	$s = s_S - v_A\tau + \left[\dfrac{b_G}{2} + \dfrac{b_{BZ}}{(\kappa+1)(\kappa+2)}\left(\dfrac{\tau}{t_S}\right)^\kappa\right]\tau^2$

Bei Halt im Schwellabschnitt ist in Gl. (5.65) die Umkehrzeit mit $t_S = t_H$ zu berechnen und der
Schwellweg durch $s_S = s_H$ zu ersetzen.

Vorwärtsrechnung im entwickelten Abschnitt

$$v = v_S - b_E\, t \quad \text{und} \quad s = v_S t - \frac{1}{2} b_E t^2 \tag{5.66}$$

Rückwärtsrechnung im entwickelten Abschnitt

$$v = b_E t \qquad \text{bzw.} \quad t = \frac{v}{b_E} \tag{5.67}$$

$$s = \frac{1}{2} b_E t^2 \qquad \text{bzw.} \quad t = \sqrt{\frac{2s}{b_E}}$$

$$s = \frac{v^2}{2\, b_E} \qquad \text{bzw.} \quad v = \sqrt{2\, b_E\, s}$$

Berechnungsbeispiel 5.8

Für einen Güterzug, der die Bremskraftverzögerung $b_{BZ} = 1,0$ m/s^2, die Grundverzögerung $b_G = 0,05$ m/s^2, die Ansprechzeit $t_A = 1,5$ s und die Schwellzeit $t_S = 28$ s hat sowie in der Stellung „G" gebremst wird, ist zur Bremsanfangsgeschwindigkeit $v_0 = 50$ km/h (13,889 m/s) die Bremszeit t_B und der Bremsweg s_B zu berechnen.

Ansprechen, Gl. (5.58)

$v_A = 13,889 - 0,05 \cdot 1,5 = 13,814$ m/s und $s_A = 13,889 \cdot 1,5 - 0,5 \cdot 0,05 \cdot 1,5^2 = 20,8$ m

Schwellen, Gl. (5.60)

$v_S = 13,814 - (0,05 + 0,5 \cdot 1,0) \cdot 28 = -1,586$ m/s (Halt im Schwellabschnitt)

Schwellen, Gl. (5.61)

$t_H = 28 \cdot \{[(0,05/1,0)^2 + 2 \cdot 13,814/(1,0 \cdot 28)]^{0,5} - 0,05/1,0\} = 26,45$ s

$s_H = 13,814 \cdot 26,45 - (0,05/2 + 1,0/6 \cdot 26,45/28) \cdot 26,45^2 = 237,7$ m

Bremszeit und Bremsweg, Gl. (5.57)

$t_B = t_A + t_H = 1,5 + 26,45 = 28,0$ s und $s_B = s_A + s_H = 20,8 + 237,7 = 259$ m

Berechnungsbeispiel 5.9

Für den Güterzug des Beispiels 5.8 sind bei Änderung der Grundverzögerung in $b_G = -0,10$ m/s^2 (Gefälle) Bremszeit t_B und Bremsweg s_B zu berechnen.

Ansprechen, Gl. (5.58)

$v_A = 13,889 + 0,10 \cdot 1,5 = 14,039$ m/s und $s_A = 13,889 \cdot 1,5 + 0,5 \cdot 0,10 \cdot 1,5^2 = 21,0$ m

Schwellen, Gl. (5.60)

$v_S = 14,039 - (-0,10 + 1,0/2) \cdot 28 = 2,839$ m/s und $14,039 \cdot 28 - (-0,10/2 + 1,0/6) \cdot 28^2 = 301,6$ m

Optimum, Gl. (5.62)

$t_{opt} = 0,10/1,0 \cdot 28,0 = 2,8$ s und $v_{opt} = 14,039 - (-0,10 + 1,0/2 \cdot 2,8/28) \cdot 2,8 = 14,305$ m/s (51,5 km/h)

$s_{opt} = 14,039 \cdot 2,8 - (-0,10/2 + 1,0/6 \cdot 2,8/28) \cdot 2,8^2 = 39,6$ m

Entwickelter Abschnitt, Gl. (5.63)

$b_E = -0,10 + 1,0 = 0,90$ m/s^2, $t_E = 2,839/0,90 = 3,15$ s und $s_E = 2,839^2/(2 \cdot 0,90) = 4,5$ m

Bremszeit und Bremsweg, Gl. (5.57)

$t_B = t_A + t_S + t_E = 1,5 + 28 + 3,15 = 32,7$ s und $s_B = s_A + s_S + s_E = 21,0 + 301,6 + 4,5 = 327$ m

Voraussetzung

Zum Rechnen mit Bremsablaufmodellen muss die Bremskraftbeschleunigung der Fahrzeuge a_{BF} vorliegen (Umrechnung in b_{BZ} nach Kap. 5.3.2.1). Kap. 5.3.3 enthält die a_{BF}-Berechnung.

5.3.2.4   Schrittintegration

Die in Kap. 5.3.2.3 dargestellte Bremswegermittlung beruht auf dem Mittelwert der Bremskraftverzögerung des Zugs b_{BZ}, der auf die Bremsanfangsgeschwindigkeit v_0 bezogen ist. Damit ist ein Fehler verbunden, der durch die Schrittintegration der momentanen Verzögerung $b(v)$ vermieden werden kann (Kap. 2.3.3.).

Grundlage der Schrittintegration ist die Gleichung der Momentanverzögerung $b(v)$:

$$b = f_t\, b_Z(v) + b_G \qquad\qquad (5.68)$$

Der Zeitfaktor f_t ist entsprechend den Bedingungen der Abschnitte des dreiteiligen Bremsablaufmodells festzulegen: Ansprechabschnitt mit $f_t = 0$, Schwellabschnitt mit $0 < f_t < 1$ und entwickelter Abschnitt mit $f_t = 1$. Kap. 5.2.5 enthält die Bestimmung des Zeitfaktors f_t.

Die momentane Bremskraftverzögerung des Zugs $b_Z(v)$ ist – wie in Kap.5.3.2.1 zur mittleren Bremskraftverzögerungs des Zugs b_{BZ} dargestellt – aus der momentanen Bremskraftbeschleunigung $a_F(v)$ aller Fahrzeuge des Zugs zu berechnen. Dabei sind zuerst die Beschleunigungswerte $a_F(v)$ aus den einzelnen Gleichungen zu ermitteln und anschließend mit Gl. (5.47) und (5.48) die Berechnung von $b_Z(v)$ vorzunehmen.

Kap. 5.3.3 enthält die Aufstellung der Gleichungen für die momentane Bremskraftbeschleunigung der Fahrzeuge und Fahrzeuggruppen $a_F(v)$.

Die Integration von Momentanverzögerungen $b(v)$ zu Weg-, Zeit- und Geschwindigkeitswerten mittels Mikroschrittverfahren ist in Kap. 2.3.3 dargestellt. Da neben der Geschwindigkeitsabhängigkeit $b(v)$ auch noch die Zeitabhängigkeit $b(t)$ vorliegt, ist die Benutzung des Mikrozeitschrittverfahrens die günstigste Variante.

5.3.3   Bremskraftbeschleunigung der Fahrzeuge

Schnellbremsung mit der Zusatzbremse

Mit der Zusatzbremse werden solofahrende Lokomotiven und Rangierabteilungen, bei denen die Eisenbahndruckluftbremse entlüftet ist, gebremst. Für die auszuführende Schnellbremsung kann die Bremskraft der Lokomotive bis an den Rad-Schiene-Kraftschluss gesteigert werden. Die an der Kraftschlussgrenze mögliche Bremskraftbeschleunigung der Lokomotive ist in Tabelle 5.15 gegeben (hervorgegangen aus Tabelle 4.5).

Tabelle 5.15
Bremskraftbeschleunigungen der Lokomotive a_{BL}

Normale Schienenverhältnisse	$2{,}0\ \text{m/s}^2$
Normale Schienenverhältnisse mit Sand	$2{,}5\ \text{m/s}^2$
Schlüpfrige Schienen	$1{,}2\ \text{m/s}^2$
Schlüpfrige Schienen mit Sand	$2{,}0\ \text{m/s}^2$
Blockierte Räder	$0{,}5\ \text{m/s}^2$

Die Bremskraftbeschleunigung der Rangierabteilung a_{BZ} ist auf der Grundlage von Lokomotiv-masse m_L und Wagenzugmasse m_{WZ} sowie Zugmasseverhältnis q (Gl. (1.38,40)) zu berechnen:

$$a_{BZ} = \frac{a_{BL}}{q} \text{ mit } q = \frac{m_L + m_{WZ}}{m_L} \tag{5.69}$$

Mittlere Bremskraftbeschleunigung von Musterfahrzeugen

Die mittlere Bremskraftbeschleunigung eines Fahrzeugs a_{BF} ist von der Bremsanfangsge-schwindigkeit v_0 abhängig. Die Abhängigkeit $a_{BF}(v_0)$ ist für Musterfahrzeuge Index M) mittels statistischer Auswertung der Ergebnisse von Bremsversuchen zu bestimmen. Die Abhängigkeit $a_{BFM}(v_0)$ ist entweder durch die Geradengleichung oder durch die e-Funktion auszudrücken:

$$a_{BFM} = a_0 - a_1 \frac{v_0}{v_{00}} \tag{5.70}$$

$$a_{BFM} = d_0\, e^{-v_0/v_H} \tag{5.71}$$

a_{BFM} Bremskraftbeschleunigung des Musterfahrzeugs in m/s^2
a_0, a_1, d_0 Beschleunigungskonstanten in m/s^2
v_0 Bremsanfangsgeschwindigkeit in km/h bzw. in m/s
v_{00} Geschwindigkeitskonstante, v_{00} = 100 km/h bzw. 27,778 m/s
v_H Geschwindigkeitskonstante der Hochabbremsung in km/h bzw. in m/s

Gl.(5.71) gilt für Fahrzeuge mit Grauguss-Bremsklötzern in der Stellung „R". Die Gl. (5.70) ist für die übrigen Varianten zutreffend. Bild 5.16 zeigt die Kennlinien nach Gl. (5.70) (GG-Klotzbremse in „P") und nach Gl. (5.71) (GG-Klotzbremse in „R").

Momentane Bremskraftbeschleunigung des Musterfahrzeugs

Die Kennlinie der mittleren Bremskraftbeschleunigung $a_{BFM}(v_0)$ ist nach Kap. 2.5.2, Gl. (2.63, 2.66) für die Gerade und Gl. (2.67, 69) für die e-Funktion, in die Kennlinie der momentanen Bremskraftbeschleunigung des Musterfahrzeugs $a_{FM}(v_0)$ umzurechnen.

Gerade:
$$a_{FM} = \frac{a_{BFM}^2}{d_0 + 0,5\, d_1 v / v_{00}} \tag{5.72}$$

e-Funktion:
$$a_{FM} = \frac{a_{BFM}}{1 + 0,5\, v / v_H} \tag{5.73}$$

Die Variable v ist die momentane Geschwindigkeit beim Bremsen. Zur Berechnung von $a_{FM}(v)$ ist zuerst mit Gl. (5.70) bzw. (5.71) a_{BFM} für v = v_0 zu bestimmen und dann in Gl. (5.70) bzw. (5.71) einzusetzen. Bild 5.16 zeigt die mit Gl. (5.72) und (5.73) umgerechneten Kennlinien.

Gleichungskonstanten

Die Tabellen 5.16 bis 5.19 enthalten die in Gl. (5.70) bis (5.73) einzusetzenden Konstanten. Sie gelten für die den ausgewerteten Bremsversuchen zugrunde gelegten Muster- bzw. Referenz-fahrzeuge. Die Übertragung auf andere Fahrzeuge ist durch Anpassung der Bremskapazität (Bremshundertstel) vorzunehmen. Deshalb wurden in den Tabellen die Bremshundertstel der Musterfahrzeuge λ_M mit angegeben.

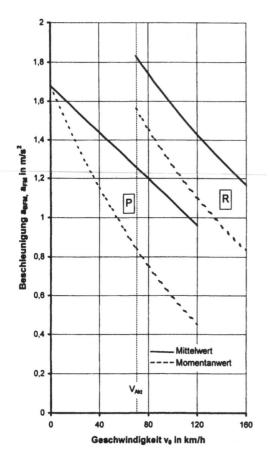

Bild 5.18
Kennlinien der mittleren und momentanen Bremskraft-
beschleunigung des entwickelten Abschnitts als Gerade
(P) und als e-Funktion (R) für GG-Bremsklötzer

Tabelle 5.16

Bremsstellung	Konstanten	Brems-hundert-stel λ_M
G	$a_0 = 1,30$ m/s^2 $a1 = 0,60$ m/s^2	75 %
P	$a_0 = 1,50$ m/s^2 $a_1 = 0,60$ m/s^2	87 %
P$_2$ $v_0 < 70$ km/h	$a_0 = 1,80$ m/s^2 $a_1 = 0,65$ m/s^2 es gilt P	112 %
R $v_0 < 70$ km/h	$d_0 = 2,00$ m/s^2 $v_H = 200$ km/h es gilt P	129 %
R + H $v_0 < 70$ km/h	$a_U = 1,176$ m/s^2 $v_U = 15$ m/s $a_H = 1,30$ m/s^2 es gilt P	167 %
P + E $v_0 < 70$ km/h	$a_U = 1,176$ m/s^2 $v_U = 15$ m/s $a_H = 1,30$ m/s^2 es gilt P	161 %
R + E $v_0 < 70$ km/h $v_{max} < 160$ km/h $v_{max} \geq 160$ km/h	$a_U = 1,176$ m/s^2 $v_U = 15$ m/s $a_H = 1,70$ m/s^2 es gilt P	 175 % 202 %

Tabelle 5.16
Konstanten zur Berechnung der mittleren
Bremskraftbeschleunigung mit Gl.(5.70) und
(5.71) der Lokomotiven (nur GG-Klötzer)

Die Bremskraftbeschleunigung des Musterfahrzeugs a_{BFM} nach Gl. (5.70) und (5.71) sowie
Tabelle 5.16 bis 5.19 bezieht sich stets auf das leere Fahrzeug. In Tabelle 5.18 ist der Leer-
beladen-Lastwechsel berücksichtigt. In der Stellung „beladen" bezieht sich a_{FBM} auf die Umstellmasse. Bei automatischer Lastabbremsung (ALB) bezieht sich a_{BFM} solange auf die tatsächliche Fahrzeugmasse, bis die Anpassungsgrenze erreicht ist. Dann ist der Anpassungs-
grenzwert zu verwenden. Der Tabelle 5.19 liegen Fahrzeuge mit Scheibenbremse zugrunde.

Zweistufige Abbremsung

Die zweistufige Abbremsung ist bei der Berechnung von a_{BFM} zu beachten, sobald die Akti-
vierungsgeschwindigkeit v_{Akt} überschritten ist (Ausnahme: GG-Klotzbremse der Reisezugwagen in „R"). Umschaltgeschwindigkeit v_U (Rückschalten) und die bei v_U gegebene Bremskraftbeschleunigung der Niedrigabbremsung a_U und Hochabbremsung a_H müssen bekannt sein.

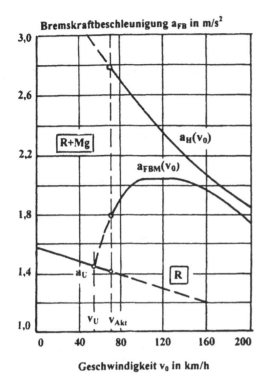

Brems-stellung	Kon-stante	GG-Klotz-bremse	K-Klotz-Scheib.-bremse
G	a_0 m/s²	1,52	1,20
	a_1 m/s²	0,60	0,20
	λ_M %	92,4	90,8
P	a_0 m/s²	1,68	1,20
	a_1 m/s²	0,60	0,20
	λ_M %	113,0	119,2
R	a_0 m/s²	-	1,56
	a_1 m/s²	-	0,22
	d_0 m/s²	2,60	-
	v_H km/h	200	-
R ohne SEV	λ_M %	157	157,9
R mit SEV	λ_M %	168	171,2
$v_0 < 70$ km/h		gilt P	-
R + Mg	a_U m/s²	-	1,44
	v_U m/s	-	15
	d_0 m/s²	-	3,40
	v_H km/h	-	300
	λ_M %	-	255
$v_0 < 70$ km/h			es gilt R

Bild 5.19
Kennlinie der Bremskraftbeschleunigung $a_{FBM}(v_0)$ bei zweistufiger Abbremsung R+Mg und der Hoch- u. R-Ab-bremsung $a_H(v_0)$ mit dem Umschaltpunkt v_U; a_U

Tabelle 5.17
Konstanten zur Berechnung der mittleren Bremskraftbeschleunigung mit Gl.(5.70) und (5.71) der Reisezugwagen

Der mit der Bremskraftbeschleunigung a_{BFM} zurückgelegte Gesamtweg besteht bei Zweistufig-keit aus den Weganteilen ohne (a_U) und mit Hochabbremsung (a_H):

$$\frac{v_0^2}{2\,a_{BFM}} = \frac{v_U^2}{2\,a_U} + \frac{v_0^2 - v_U^2}{2\,a_H}$$

Die Umstellung nach a_{BFM} ergibt die Gleichung zur Berechnung der mittleren Bremskraftbe-schleunigung des Musterfahrzeugs im entwickelten Abschnitt:

$$a_{BFM} = \frac{a_U a_H v_0^2}{a_U v_0^2 + (a_H - a_U)\,v_U^2} \quad \text{oder} \quad a_{BFM} = \frac{a_H}{1 + (\alpha_U - 1)\,\varphi_U^2} \tag{5.74}$$

a_{BFM} Mittlere Bremskraftbeschleunigung des Musterfahrzeugs im Bereich 0 bis v_0
a_U Mittlere Bremskraftbeschleunigung in P bzw. R bei v_U
a_H Mittlere Bremskraftbeschleunigung der Hochabbremsung des Bereichs v_U bis v_0
v_0 Bremsanfangsgeschwindigkeit in km/h bzw. m/s
v_U Umschaltgeschwindigkeit, $v_U = 54$ km/h bzw. 15 m/s
α_U Umschalt-Beschleunigungsverhältnis, $\alpha_U = a_H/a_U$
φ_U Umschalt-Geschwindigkeitsverhältnis, $\varphi_U = v_U/v_0$

Tabelle 5.18: Konstanten für Güterwagen

Brems-stellung	Kon-stante	GG-Klotz-bremse	K-Klotz-Scheiben-bremse
P leer	a_0 m/s^2	1,80	1,35
	a_1 m/s^2	0,68	0,20
	λ_M %	110	117,5
P beladen	a_0 m/s^2	2,00	1,45
	a_1 m/s^2	0,75	0,20
	λ_M %	120	127,6
G leer	a_0 m/s^2	1,80	1,35
	a_1 m/s^2	0,68	0,20
	λ_M %	106,3	101,5
G beladen	a_0 m/s^2	2,00	1,45
	a_1 m/s^2	0,75	0,20
	λ_M %	115	108,6

Tabelle 5.19: Konstanten für Triebwagen

Bremsstellung	Konstante	λ_M %
P/R für λ_{leer} = 120 bis 130 %	a_0 =1,20 m/s^2 a_1 = 0,20 m/s^2	127 %
P/R für λ_{leer} = 160 bis 175 %	a_0 =1,56 m/s^2 a_1 = 0,22 m/s^2	171 %
P/R+Mg einstufig	d_0 = 2,20 m/s^2 v_H = 300 km/h	176 %
P/R+Mg zweistufig λ_{leer} = 160 bis 175 %	a_U = 1,09 m/s^2 v_U = 15 m/s d_0 = 2,20 m/s^2 v_H = 300 km/h	168 %
P/R+Mg zweistufig λ_{leer} = 160 bis 175 %	a_U = 1,44 m/s^2 v_U = 15 m/s d_0 = 3,00 m/s^2 v_H = 300 km/h	210 %

Während für R+H, P+E und R+E der Lokomotiven a_H = konstant ist (Tabelle 5.16), liegt für R+Mg der Reisezugwagen (Tabelle 5.17) und der Triebwagen (Tabelle 5.19) Geschwindigkeitsabhängigkeit a_H = f(v_0) vor, die durch die e-Funktion ausgedrückt werden kann:

$$a_H = d_0\, e^{-v_0\,/\,v_H} \tag{5.75}$$

Für Triebwagen mit einstufiger Abbremsung in R+Mg ist in Gl. (5.75) a_H durch a_{BFM} zu ersetzen.

Bild 5.18 zeigt zur zweistufigen Abbremsung R+Mg die Kennlinie der Bremskraftbeschleunigung $a_{BFM}(v_0)$, die aus der Kennlinie der Hochabbremsung $a_H(v_0)$ und der auf der R-Kennlinie gelegenen Umschalt-Stützstelle $v_U; a_U$ hervorgeht.

Bremskraftbeschleunigung von realen Fahrzeugen

Vom realen Fahrzeug oder von der realen Fahrzeuggruppe sind Fahrzeugbremsgewicht B_{GF} bzw. $\Sigma\, B_{GF}$ (in t) und die Leermasse m_{F0} bzw. $\Sigma\, m_{F0}$ (in t) bekannt. Für die Bremshundertstel (Quotient von Bremsgewicht und Fahrzeugmasse) des realen leeren Fahrzeugs bzw. der realen leeren Fahrzeuggruppe λ_F (%) gilt:

$$\lambda_F = P\frac{B_{GF}}{m_{F0}} \quad \text{bzw.} \quad \lambda_F = P\frac{\Sigma\, B_{GF}}{\Sigma\, m_{F0}} \tag{5.76}$$

Konstante P = 100 %

Die Bremskraftbeschleunigung des Musterfahrzeugs a_{BFM} ist mit dem Bremshundertstel-Verhältnis ψ in a_{BF} des realen Fahrzeugs bzw. der realen Fahrzeuggruppe umzurechnen:

$$a_{BF} = \psi \cdot a_{BFM} \quad \text{mit} \quad \psi = \frac{\lambda_F}{\lambda_M} \tag{5.77}$$

Tabelle 5.20

Bremsgewichte B_G von Lokomotiven

Variable	Diesellokomotive 215	Elektrische Lok. 103
Masse m_L	79 t	116 t
Länge l_L	16 m	20 m
B_G zu G	53 t	85 t
B_G zu P	70 t	100 t
B_G zu P_2	89 t	–
B_G zu R	95 t	150 t
B_G zu R+H	130 t	–
B_G zu P+E	–	190 t
B_G zu R+E	–	235 t
B_G zu R+E_{160}	–	250 t

Tabelle 5.21

Bremsgewichte B_G von Reisezugwagen

Variable	Wagen B 4üm GG-Klotzbr.	Wagen Bm 234 Scheibenbr.
Leermasse m_{F0}	37 t	38 t
Länge l_W	25 m	25 m
B_G zu G	33 t	32 t
B_G zu P	43 t	44 t
B_G zu R ohne SEV	59 t	58 t
B_G zu R mit SEV	63 t	64 t
B_G zu R+Mg	–	100 t

Tabelle 5.22

Bremsgewichte B_G eines vierachsigen Güterwagens

Variable	GG-Klotzbremse	K-Klotzbremse
Leermasse m_{F0}	26 t	26 t
max. beladen m_{bel}	80 t	80 t
Umstellmasse m_U	46 t	46 t
Länge l_W	15 m	15 m
$B_{G leer}$ zu G	27 t	26 t
$B_{G leer}$ zu P	28 t	30 t
$B_{G beladen}$ zu G	53 t	50 t
$B_{G beladen}$ zu P	55 t	58 t

Tabelle 5.23

Bremsgewichte B_G von Trieb- und Steuerwagen

Variable	Triebwagen 601	Steuerwagen 901
Leermasse m_{F0}	46 t	23 t
v_{max}	160 km/h	160 km/h
B_G zu P	81 t	37 t
B_G zu P+Mg	106 t	60 t

Die Musterfahrzeug-Bremshundertstel λ_M sind Tabelle 5.16 bis 5.19 zu entnehmen. Die Tabellen 5.20 bis 5.23 enthalten für verschiedene Schienenfahrzeuge die zur Berechnung der Zugbremsung erforderlichen Daten.

Berechnungsbeispiel 5.10

Für die Schnellbremsung eines Güterzugs ist die Bremskraftverzögerung b_{BZ} und die Bremsverzögerung des entwickelten Abschnitts b_E zu den Bremsanfangsgeschwindigkeiten $v_0 = 45$ km/h und 70 km/h zu berechnen sowie die Schwellzeit t_S und der Kennlinienexponent κ zu bestimmen. Der Zug besteht aus der Lokomotive BR 215 (Tabelle 5.20) und 40 vierachsigen Güterwagen (Tabelle 5.22), hat Grauguss-Bremsklötze und fährt in der Bremsstellung G.

Lösungsweg und Lösung:

Anhand der bremstechnischen Merkmale des Zugs erfolgt die Einteilung in 4 Fahrzeuggruppen.

Gruppe 1: Lokomotive BR 215

Gruppe 2: Wagen mit Zuladung $m_{Zu} = 10$ t. Die Wagenmasse $m_{EW} = 36$ t ist kleiner als die Umstellmasse $m_U = 46$ t, es gilt $B_{GF} = B_{G leer}$ und $m_{F0} = m_{leer}$.

Gruppe 3: Wagen mit Zuladung $m_{Zu} = 30$ t. Die Wagenmasse $m_{EW} = 56$ t ist größer als die Umstellmasse $m_U = 46$ t, es gilt $B_{GF} = B_{G beladen}$ und $m_{F0} = m_U$.

Gruppe 4: ungebremste Wagen

Tabelle 5.24
Gruppendaten des Güterzugs

Variable:	Fahrzeuggruppe Nr.:			
	1	2	3	4
Fzg.Anz.	1	15	15	10
Fzg.länge	16 m	225 m	225 m	150 m
Fzg. m_{leer}	79 t	26 t	26 t	26 t
Fzg. m_U	-	-	46 t	-
m_{F0}	79 t	390 t	690 t	-
m_{Zu}	-	150 t	450 t	-
m_{Gruppe}	79 t	540 t	840 t	260 t
$B_{G\ Fzg}$	53 t	27 t	53 t	-
$B_{G\ Gruppe}$	53 t	405 t	795 t	-

Tabelle 5.25
Bremskraftbeschleunigung der Gruppen

Variable, Gleichung:	Fahrzeuggruppe Nr.:		
	1	2	3
a_0 in m/s²	1,30	1,80	2,00
a_1 in m/s²	0,60	0,68	0,75
λ_M in %	75	106,3	115
λ_F in %, (5.76)	67,1	103,8	115,2
ψ, Gl. (5.77)	0,8947	0,9765	1,00
$v_0 = 45$ km/h			
a_{BFM} m/s², (5.70)	1,0300	1,4940	1,6625
a_{BF} m/s², (5.77)	0,9215	1,4589	1,6625
$v_0 = 70$ km/h			
a_{BFM} m/s², (5.70)	0,8800	1,3240	1,4750
a_{BF} m/s², (5.77)	0,7813	1,2929	1,4750

Tabelle 5.24 enthält die Gruppendaten. Für den Zug erhält man durch Summieren die Masse m_Z = 1719 t, das Bremsgewicht B_{GZ} = 1253 t und mit Gl.(5.76) die Bremshundertstel λ_Z = 100 %· 1253/1719 = 73 %.
Tabelle 5.25 enthält die Berechnung der Bremskraftbeschleunigung a_{BF} der Fahrzeuggruppen.
Zugwiderstandsbeschleunigung a_{Wm} = 0,05 m/s², Neigung i_m = 0 ‰ und Massenfaktor ξ_Z = 1,06
Zuglänge l_Z = 616 m (Summierung der Fahrzeug-/Gruppenlängen in Tabelle 5.27)
Bremskraftbeschleunigung und Bremskraftverzögerung des Zugs, Gl. (5.47) und (5.48), 45 und 70 km/h
a_{BZ} = (0,9215· 79 + 1,4589· 390 + 1,6625· 690)/1719 = 1,0407 m/s² und b_{BZ} = 1,0407/1,06 = 0,9818 m/s²
a_{BZ} = (0,7813· 79 + 1,2929· 390 + 1,4750· 690)/1719 = 0,9216 m/s² und b_{BZ} = 0,9216/1,06 = 0,8694 m/s²
Grundverzögerung und entwickelte Verzögerung des Zugs, Gl. (5.48) und (5.51)
$b_G = (a_{Wm} + i_m)/\xi_Z = (0,05 + 0)/1,06 = 0,0472$ m/s²
45 km/h: b_E = 0,9818 + 0,0472 = 1,0289 m/s²
70 km/h: $b_E = b_{BZ} + b_G$ = 0,8694 + 0,0472 = 0,9166 m/s²
Schwellzeit für „G", Gl. (5.39) und Kennlinienexponent κ, Gl. (5.41)
$t_S = t_{Sl} + l_Z/v_{Du}$ = 24 + 616/150 = 28,1 s und κ = 0,90 für „G" und GG-Klotzbremse
Nach diesen Vorbereitungen ist die Bremsung mit dem nichtlinearen Modell zu berechnen.

Berechnungsbeispiel 5.11

Für die Schnellbremsung des Triebwagens VT 601 mit v_0 = 120 km/h ist zur zweistufigen Bremsstellung P+Mg die mittlere Bremskraftverzögerung b_{BZ} und die entwickelte Verzögerung b_E zu berechnen.
Lösungsweg und Lösung:
Zugwiderstandsbeschleunigung a_{Wm} = 0,05 m/s², Neigung i_m = 0 ‰ und Massenfaktor ξ_Z = 1,06
Tabelle 5.23: m_{F0} = 46 t und B_{GF} = 106 t
Tabelle 5.19: v_U = 54 km/h bzw. 15 m/s, a_U = 1,44 m/s², d_0 = 3,00 m/s², v_H = 300 km/h und λ_M = 210 %
Fahrzeugbremshundertstel, Gl. (5.76): $\lambda_F = P· B_{GF}/m_{F0}$ = 100 %· 106/46 = 230,4 %
Bremskraftbeschleunigung des Musterfahrzeugs in der Hochabbremsung, Gl. (5.75)
$a_H = d_0· Exp (-v_0/ v_H)$ = 3,00· Exp (-120/300) = 2,0110 m/s²

Bremskraftbeschleunigung des Musterfahrzeugs im Gesamtbereich, Gl. (5.74)

$\alpha_U = a_H/a_U = 2,0110/1,44 = 1,3965$ m/s^2 und $\varphi_U = v_U/v_0 = 54/120 = 0,45$

$a_{BFM} = 2,0110/ [1 + (1,3965 - 1) \cdot 0,45^2] = 1,8615$ m/s^2

Bremskraftbeschleunigung des realen Fahrzeugs im Gesamtbereich, Gl. (5.77)

$\psi = \lambda_F/\lambda_M = 230,4/210 = 1,097$ und $a_{BF} = \psi \cdot a_{BFM} = 1,097 \cdot 1,8615 = 2,0421$ m/s^2

Bremskraftbeschleunigung und Bremskraftverzögerung des Zugs, Gl. (5.48)

Solo-Triebwagen, $a_{BZ} = a_{BF} = 2,0421$ m/s^2 und $b_{BZ} = a_{BZ}/\xi_Z = 2,0421/1,06 = 1,9265$ m/s^2

Grundverzögerung und entwickelte Verzögerung des Zugs, Gl. (5.48) und (5.51)

$b_G = (a_{Wm} + i_m)/\xi_Z = (0,05 + 0)/1,06 = 0,0472$ m/s^2 und $b_E = b_{BZ} + b_G = 1,9265 + 0,0472 = 1,9737$ m/s^2

Schwellzeit für R+Mg, Gl. (5.39) oder (5,40) und Kennlinienexponent κ, Gl. (5.41)

Solo-Triebwagen, $t_S = t_F = 4,0$ s und $\kappa = 1$

Nach diesen Vorbereitungen ist die Bremsung mit dem linearen Modell oder näherungsweise mit dem Sprungfunktions-Modell zu berechnen.

5.3.4   Betriebsbremsung im konventionellen Verkehr

Definitionen

Im Unterschied zur Schnellbremsung ist die Betriebsbremsung eine vorausschauend und planmäßig ausgeführte Bremsung. Das zur Verfügung stehende Bremsvermögen wird nur anteilig ausgeschöpft. Die Bremskapazitätsreserve ermöglicht den operativen Ausgleich unvorherzusehender Abweichungen. Bei den Betriebsbremsungen ist zwischen Wegzielbremsung, Geschwindigkeitszielbremsung und Weg- und Geschwindigkeitszielbremsung zu unterscheiden.

Die Wegzielbremsung dient dazu, den Zug an einem Zielwegpunkt s_{Ziel} anzuhalten. Mit der Geschwindigkeitszielbremsung wird die Fahrgeschwindigkeit auf die Zielgeschwindigkeit v_Z reduziert. Bei der Weg- und Geschwindigkeitszielbremsung soll der Zug v_Z bei s_{Ziel} erreichen. Beim Erreichen von v_Z muss die Bremse wieder gelöst sein.

Bremszeit t_B und Bremsweg s_B der Betriebsbremsung sind vom individuellen Bremsmanagement des Triebfahrzeugführers abhängig. Deshalb wird bei Zugfahrtrechnungen im Regelfall mit den einfachen, auf der mittleren Bremsverzögerung b_m beruhenden Gleichungen gerechnet.

Man rechnet mit mittleren Betriebsbremsverzögerungen, die 2/3 bis 3/4 der mittleren Schnellbremsverzögerung entsprechen. Für b_m werden Erfahrungswerte nach Tabelle 5.26 benutzt.

Einfache Bremsung

Einfache Wegzielbremsung (Haltbremsung):

$$t_B = \frac{v_0}{b_m}, \quad s_B = \frac{v_0^2}{2 b_m} \quad \text{und} \quad t_B = \frac{2 s_B}{v_0} \tag{5.78}$$

Einfache Weg- und Geschwindigkeitszielbremsung (Regulierungsbremsung):

$$t_B = \frac{v_0 - v_Z}{b_m}, \quad s_B = \frac{v_0^2 - v_Z^2}{2 b_m} \quad \text{und} \quad t_B = \frac{2 s_B}{v_0 + v_Z} \tag{5.79}$$

Das Rechnen mit den Gleichungen der einfachen Bremsung beinhaltet Zeit- und Wegfehler.

Tabelle 5.26
Mittlere Betriebsbremsverzögerungen b_m

Güterzüge	0,25 bis 0,30 m/s^2
Personenzüge	0,50 m/s^2
Schnell- und ICE-Züge	0,40 bis 0,50 m/s^2
Transrapid-Hochgeschwindigkeitszüge	0,60 bis 1,00 m/s^2
Nahverkehrszüge	0,60 m/s^2
Straßenbahnen, S- und U-Bahnen	0,80 bis 1,00 m/s^2

Modellbildung und Elemente

Für die Berechnung der Betriebsbremsung ist das vierteilige Bremsablaufmodell zu benutzen, das sich durch Erweiterung des dreiteiligen Bremsablaufmodells der Schnellbremsung um den Abschnitt des wieder Lösens der Bremse ergibt. Bild 5.20 zeigt den Bremsablauf der Wegzielbremsung und Bild 5.21 den der Geschwindigkeitszielbremsung. Für die Berechnung müssen Anfangsgeschwindigkeit v_0, Zielgeschwindigkeit v_Z, Grundverzögerung b_G, Bremskraftverzögerung der Schnellbremsung b_{BZS}, Ansprechzeit t_A, Schwellzeit t_{SS} und Lösezeit t_{LS} der Schnellbremsung und Bremsstufenfaktor f_{St} bekannt sein. Für den Ansprechabschnitt wird zur Vereinfachung die gleichförmige Bewegung gewählt.

Für Bremszeit t_B, Bremsweg s_B, Schwellzeit t_{SB}, Lösezeit t_{LB} und Bremskraftverzögerung der Betriebsbremsung b_{BZB} gilt:

$$t_B = t_A + t_{SB} + t_E + t_{LB} \tag{5.80}$$

$$s_B = v_0 t_A + s_{SB} + s_E + s_{LB}$$

$$b_{BZB} = f_{St} b_{BZS}, \quad t_{SB} = f_{St} t_{SS} \quad \text{und} \quad t_{LB} = f_{St} t_{LS}$$

Das Schwellen beginnt mit der Bremsanfangsgeschwindigkeit v_0 und endet mit der Schwellendgeschwindigkeit der Betriebsbremsung v_{SB}. Der entwickelte Abschnitt beginnt mit v_{SB} und schließt mit der Löseanfangsgeschwindigkeit der Betriebsbremsung v_{LB} ab. Der Löseabschnitt beginnt mit v_{LB} und endet mit Erreichen der Zielgeschwindigkeit v_Z. Die Geschwindigkeitsänderung des Schwellabschnitts ist Δv_{SB}, des entwickelten Abschnitts Δv_E und des Löseabschnitts Δv_{LB}. Der Bremsstufenfaktor der Betriebsbremsung $0 < f_{St} < 1$ ist durch Gl. (5.3) gegeben.

Die Gleichungen für die Abschnitte der Betriebsbremsung gehen aus Gl. (5.64) bis (5.66) des dreiteiligen linearen Bremsablaufmodells hervor.

Schwellen:

$$v_{SB} = v_0 - \Delta v_{SB} \quad \text{mit} \quad \Delta v_{SB} = \left(b_G + \frac{1}{2} f_{St} b_{BZS}\right) f_{St} t_{SS} \tag{5.81}$$

$$s_{SB} = v_0 f_{St} t_{SS} - \left(\frac{1}{2} b_G + \frac{1}{6} f_{St} b_{BZS}\right) f_{St}^2 t_{SS}^2$$

Entwickeltes Bremsen:

$$v_{LB} = v_{SB} - \Delta v_E \quad \text{mit} \quad \Delta v_E = (b_G + f_{St} b_{BZS}) t_E \tag{5.82}$$

$$s_E = v_{SB} t_E - \frac{1}{2}(b_G + f_{St} b_{BZS}) t_E^2 \quad \text{oder} \quad s_E = \frac{v_{SB}^2 - v_{LB}^2}{2(b_G + f_{St} b_{BZS})}$$

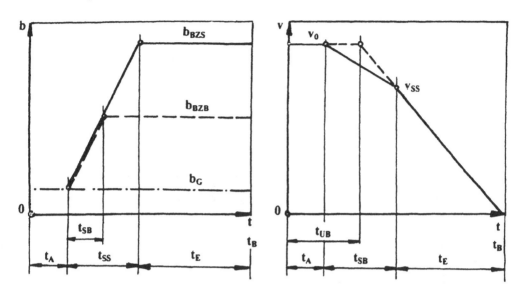

Bild 5.20
Bremsverzögerungskennlinie der Schnellbremsung (ausgezogene Linie) und der Betriebsbremsung (gestrichelte Linie) sowie Geschwindigkeitskennlinie des dreiteiligen (ausgezogene Linie) und des zweiteiligen (gestrichelte Linie) Bremsablaufmodells

Lösen:

$$v_Z = v_{LB} - \Delta v_{LB} \quad \text{mit} \quad \Delta v_{LB} = (b_G + \frac{1}{2} f_{St} b_{BZS}) f_{St} t_{LS} \tag{5.83}$$

$$s_{LB} = v_Z f_{St} t_{LS} + (\frac{1}{2} b_G + \frac{1}{6} f_{St} b_{BZS}) f_{St}^2 t_{LS}^2$$

Wegzielbremsung

Bild 5.20 zeigt den Bremsablauf bei der Wegzielbremsung. Die Berechnung ist sowohl mit
dem zweiteiligen als auch mit dem dreiteiligen Bremsablaufmodell möglich. Das einfachere
zweiteilige Modell kann für die Bremsstellung „R mit SEV" und bei Zuglängen bis 300 m auch
für „P" benutzt werden. Die Bremsstellung „G" und bei Zuglängen über 300 m auch „P" ist
wegen des anderenfalls auftretenden Modellfehlers mit dem dreiteiligen Modell zu berechnen.

Zweiteiliges Bremsablaufmodell

In Gl. (5.82) ist $v_{SB} = v_0$ und $v_{LB} = 0$ zu setzen, ungebremster Abschnitt nach Gl. (5.50).
Bremszeit und Bremsweg sind gesucht:

$$t_B = t_A + \frac{1}{2} f_{St} t_{SS} + \frac{v_0}{b_G + f_{St} b_{BZS}} \tag{5.84}$$

$$s_B = v_0 (t_A + \frac{1}{2} f_{St} t_{SS}) + \frac{v_0^2}{2(b_G + f_{St} b_{BZS})}$$

Der Bremsstufenfaktor ist gesucht:

$$f_{St} = L\left(1 - \sqrt{1 - \frac{F}{L^2}}\right) \quad mit \quad L = \frac{s_B}{v_0 t_{SS}} - \frac{t_A}{t_{SS}} - \frac{1}{2}\frac{b_G}{b_{BZS}} \quad und \tag{5.85}$$

$$F = \frac{v_0}{b_{BZS} t_{SS}} - 2\frac{b_G}{b_{BZS}}\left(\frac{s_B}{v_0 t_{SS}} - \frac{t_A}{t_{SS}}\right)$$

Berechnungsbeispiel 5.12

Ein D-Zug hat die Bremsstellung „R" und soll auf dem Bremsweg s_B = 700 m aus der Geschwindigkeit v_0 = 120 km/h (33,333 m/s) mit einer Betriebsbremsung angehalten werden. Die Ansprechzeit beträgt t_A = 1,5 s, die Schwellzeit der Schnellbremsung t_{SS} = 4,0 s, die Grundverzögerung b_G = 0,05 m/s^2 und die Bremskraftverzögerung des Zugs bei Schnellbremsung b_{BZS} = 1,20 m/s^2. Bremsstufenfaktor f_{St} und Bremszeit t_B sind zu berechnen.

Lösungsweg und Lösung:

Bremsstufenfaktor f_{St}, Gl. (5.85)

L = 700/33,333/4,0 – 1,5/4,0 – 0,05/2/1,20 = 4,8542

F = 33,333/1,20/4,0 – 2· 0,05/1,20· (700/33,333/4,0 – 1,5/4,0) = 6,5381

f_{St} = 4,8542· [1 – (1 – 6,5381/4,8542^2)^{0,5}] = 0,7280

Die Bremsung erfolgt mit 73 % der maximalen Kolbenkraft des Bremszylinders

Bremszeit t_B, Gl. (5.84)

t_B = 1,5 + 0,7280· 4,0/2 + 33,333/(0,05 + 0,7280· 1,20) = 39,05 s

Dreiteiliges lineares Bremsablaufmodell

Bremszeit und Bremsweg sind gesucht:

$$t_B = t_A + f_{St} t_{SS} + \frac{v_{SB}}{b_G + f_{St} b_{BZS}} \tag{5.86}$$

$$s_B = v_0 (t_A + f_{St} t_{SS}) - (3 b_G + f_{St} b_{BZS}) f_{St}^2 \frac{t_{SS}^2}{6} + \frac{v_{SB}^2}{2(b_G + f_{St} b_{BZS})}$$

$$v_{SB} = v_0 - (b_G + \frac{1}{2} f_{St} b_{BZS}) f_{St} t_{SS}$$

Der Bremsstufenfaktor ist gesucht: Die Gl. (5.86) ist nicht nach f_{St} umstellbar. Deshalb ist f_{St} in Gl. (5.86) solange zu variieren, bis der Ziel-Bremsweg s_{BZ} erfüllt ist.

Kommt der Zug bereits im Schwellabschnitt zum Stehen (Merkmal: Geschwindigkeit am Schwellende der Betriebsbremsung v_{SB} wird in Gl. (5.86) null oder negativ), ist derjenige Stufenfaktor f_{St} zu berechnen, mit dem das Anhalten im Schwellabschnitt erreicht wird:

$$f_{St} = \sqrt{\left(\frac{b_G}{b_{BZS}}\right)^2 + \frac{2 v_0}{b_{BZS} t_{SS}}} - \frac{b_G}{b_{BZS}} \tag{5.87}$$

Berechnungsbeispiel 5.13

Die Betriebsbremsung des Beispiels 5.12 ist mit dem dreiteiligen Bremsablaufmodell zu berechnen.

Lösungsweg und Lösung:

Geschwindigkeits- und Bremsweggleichung, Gl. (5.86)

$v_{SB} = 33{,}333 - (0{,}05 + 0{,}5 \cdot f_{St} \cdot 1{,}20) \cdot f_{St} \cdot 4{,}0 = 33{,}333 - 0{,}2 \cdot f_{St} - 2{,}4 \cdot f_{St}^2$

$700 = 33{,}333 \cdot (1{,}5 + f_{St} \cdot 4{,}0) - (3 \cdot 0{,}05 + f_{St} \cdot 1{,}20) \cdot f_{St}^2 \cdot 4{,}0^2/6 + v_{SB}^2/[2 \cdot (0{,}05 + f_{St} \cdot 1{,}20)]$

$133{,}332 \cdot f_{St} - 0{,}4 \cdot f_{St}^2 - 3{,}2 \cdot f_{St}^3 + v_{SB}^2/(0{,}1 + 2{,}4 \cdot f_{St}) - 650 = 0$

Die v_{SB}- und die s_B-Gleichung werden in einen Rechner eingegeben. Durch Variation von f_{St} erhält man $f_{St} = 0{,}724$ (Weggleichung wird null).

Geschwindigkeit v_{SB} und Bremszeit t_B, Gl. (5.86)

$v_{SB} = 33{,}333 - 0{,}2 \cdot 0{,}724 - 2{,}4 \cdot 0{,}724^2 = 31{,}930$ m/s

$t_B = 1{,}5 + 0{,}724 \cdot 4{,}0 + 31{,}930/(0{,}05 + 0{,}724 \cdot 1{,}2) = 39{,}15$ s

Geschwindigkeitszielbremsung

Bild 5.21 zeigt den Bremsablauf der Geschwindigkeitszielbremsung. Wegen der großen Lösezeiten in allen Bremsstellungen ist die Berechnung nur mit dem vierteiligen Bremsablaufmodell möglich. Für die Berechnung mit Gl. (5.80) bis (5.83) müssen Zeit des entwickelten Abschnitts t_E und Bremsstufenfaktor f_{St} gegeben sein. Die Variable f_{St} ist frei wählbar. Die Variable t_E erhält man aus der Bedingung, dass die Summe der Abschnitts-Geschwindigkeitsänderungen die Differenz zwischen Anfangs- und Zielgeschwindigkeit ergeben muss:

$$v_Z = v_0 - \Delta v_{SB} - \Delta v_E - \Delta v_{LB} \tag{5.88}$$

$$t_E = \frac{v_0 - v_Z - f_{St}(t_{SS} + t_{LS})(b_G + 0{,}5 f_{St} b_{BZS})}{b_G + f_{St} b_{BZS}}$$

Der Bremsstufenfaktor f_{St} kann im Bereich $0 < f_{St} < 1$, bei $f_{St\,max} < 1$ nur im Bereich $0 < f_{St} < f_{Stmax}$ variiert werden. Die $f_{St\,max}$-Begrenzung liegt dann vor, wenn die Bremsung nur aus Schwellen und Lösen besteht und $\Delta v_E = 0$ oder negativ ist.

Die Variable $f_{St\,max}$ erhält man aus der Bedingung, dass die Abschnitts-Geschwindigkeitsänderungen für Schwellen und Lösen die Differenz zwischen v_0 und v_Z ergeben muss:

$$v_Z = v_0 - \Delta v_{SB} - \Delta v_{LB} \tag{5.89}$$

$$f_{St\,max} = \sqrt{\left(\frac{b_G}{b_{BZS}}\right)^2 + \frac{2(v_0 - v_Z)}{b_{BZS}(t_{SS} + t_{LS})}} - \frac{b_G}{b_{BZS}}$$

Lösepunktkoordinaten

Für die Steuerung der Betriebsbremsung sind die Zeit-, Weg- und Geschwindigkeitskoordinaten der Abgabe des Lösebefehls $t_{L\ddot{o}}$, $s_{L\ddot{o}}$ und $v_{L\ddot{o}}$ erforderlich. Der Lösezeitpunkt $t_{L\ddot{o}}$ liegt um die Ansprechzeit des Lösens t_{AL} vor dem Anfangszeitpunkt des Lösens (Ende des entwickelten Abschnitts, bei dessen Fehlen Ende des Schwellabschnitts). Bei vorhandenem entwickelten Bremsen ist die mit t_{AL} auf $t_E{}'$ verkürzte entwickelte Zeit in Gl. (5.82) einzusetzen. Fehlt das entwickelte Bremsen, ist die Schwellzeit t_{SB} (Gl. (5.80)) mit t_{AL} auf $t_{SB}{}'$ zu verkürzen, der korrigierte Bremsstufenfaktor $f_{St}{}' = t_{SB}{}'/t_{SS}$ zu berechnen und $f_{St}{}'$ in Gl. (5.81) einzusetzen. Bei $t_E < t_{AL}$ ist $t_{SB}{}'$ mit der Restzeit $(t_E - t_{AL})$ zu berechnen.

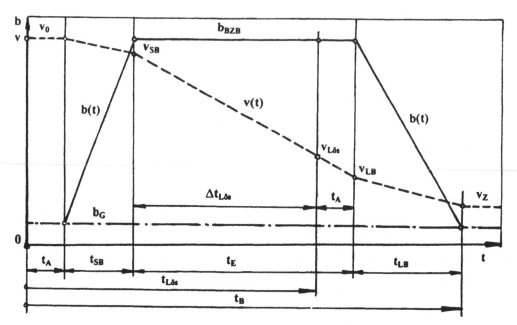

Bild 5.21
Ablauf der Weg- und Geschwindigkeitszielbremsung (Bremskraftverzögerung und Geschwindigkeit)

Weg- und Geschwindigkeitszielbremsung

Wird neben der Zielgeschwindigkeit v_Z auch noch der Zielbremsweg s_{BZ} vorgegeben, ist der Bremsstufenfaktor f_{St} nicht mehr wählbar, sondern ergibt sich aus den Variablen v_Z und s_{BZ}. Die Bestimmung von f_{St} mittels einer geschlossenen Gleichung ist nicht möglich. Der Bremsstufenfaktor f_{St} ist in dem aus Gl. (5.80) bis (5.83) und (5.88) bestehenden Gleichungssystem der Weg- und Geschwindigkeitszielbremsung solange zu variieren, bis v_Z und s_{BZ} erfüllt sind. Fehlt der entwickelte Abschnitt, entfallen Gl. (5.82) und (5.88).

Zuerst ist die Realisierbarkeit der bremstechnischen Aufgabenstellung zu überprüfen. Mit Gl. (5.89) wird $f_{St\ max}$ berechnet. Bei $f_{St\ max} > 1$ wird mit $f_{St} = 1$ für Ansprechen, Schwellen, entwickeltes Bremsen und Lösen der Mindestbremsweg $s_{B\ mind}$ berechnet. Im Fall $f_{St\ max} < 1$ erfolgt die Berechnung von $s_{B\ mind}$ mit $f_{St} = f_{St\ max}$ nur für Ansprechen, Schwellen und Lösen. Die Zielbremsung ist bei $s_{BZ} \geq s_{B\ mind}$ realisierbar. Anderenfalls sind die Zielvorgaben v_Z und s_{BZ} nicht einzuhalten (Verbremsen mit Fahrzeitverlust).

Berechnungsbeispiel 5.14

Ein Güterzug in der Bremsstellung „G" soll durch eine Weg- und Geschwindigkeitszielbremsung auf dem Zielbremsweg $s_{BZ} = 650$ m eine Geschwindigkeitsreduzierung von $v_0 = 70$ km/h (19,444 m/s) auf $v_Z = 30$ km/h (8,334 m/s) erfahren. Die Ansprechzeit für Bremsen und Lösen beträgt $t_A = t_{AL} = 1,5$ s, die Schwellzeit der Schnellbremsung $t_{SS} = 28$ s, die Lösezeit der Schnellbremsung $t_{LS} = 50$ s, die Grundverzögerung $b_G = 0,05$ m/s² und die Bremskraftverzögerung des Zugs bei Schnellbremsung $b_{BZS} = 1,0$ m/s². Der zu benutzende Bremsstufenfaktor, die Lösepunktkoordinaten und die mittlere Verzögerung sind zu berechnen.

Lösungsweg und Lösung:

Überprüfung der Realisierbarkeit anhand von $f_{St\,max}$ und $s_{B\,mind}$

Gl. (5.89) $\quad f_{Stmax} = [(0{,}05/1{,}0)^2 + 2 \cdot (19{,}444 - 8{,}334)/1{,}0/(28 + 50)] - 0{,}05/1{,}0 = 0{,}4861$

Gl. (5.81) $\quad \Delta v_{SB} = (0{,}05 + 0{,}4861 \cdot 1{,}0/2) \cdot 0{,}4861 \cdot 28 = 3{,}989$ m/s

$\quad\quad\quad\quad v_{SB} = 19{,}444 - 3{,}989 = 15{,}455$ m/s

$\quad\quad\quad\quad s_{SB} = 19{,}444 \cdot 0{,}4861 \cdot 28 - (0{,}05/2 + 0{,}4861 \cdot 1{,}0/6) \cdot 0{,}4861^2 \cdot 28^2 = 245{,}0$ m

Gl. (5.83) $\quad \Delta v_{LB} = (0{,}05 + 0{,}4861 \cdot 1{,}0/2) \cdot 0{,}4861 \cdot 50 = 7{,}121$ m/s und $v_{LB} = v_{SB} = 15{,}455$ m/s

$\quad\quad\quad\quad s_{LB} = 8{,}333 \cdot 0{,}4861 \cdot 50 + (0{,}05/2 + 0{,}4861 \cdot 1{,}0/6) \cdot 0{,}4861^2 \cdot 50^2 = 265{,}2$ m

Gl. (5.80) $\quad s_{B\,mind} = v_0\, t_A + s_{SB} + s_{LB} = 19{,}444 \cdot 1{,}5 + 245{,}0 + 265{,}2 = 539$ m

Die Weg- und Geschwindigkeitszielbremsung ist realisierbar ($s_{BZ} > s_{B\,mind}$)

Ermittlung des Bremsstufenfaktors f_{St}

Die Gl. (5.80) bis (5.83) und (5.88) werden nach Einsetzen der bekannten Zahlenwerte in einen Rechner eingegeben. Durch Variation von f_{St} wird ermittelt, dass zum Zielbremsweg $s_{BZ} = 650$ m der Bremsstufenfaktor $f_{St} = 0{,}246$ gehört.

Berechnung der Betriebsbremsung

Ansprechen:

$s_A = v_0\, t_A = 19{,}444 \cdot 1{,}5 = 29{,}2$ m

Schwellen, Gl. (5.80) und (5.81): $t_{SB} = 0{,}246 \cdot 28 = 6{,}9$ s

$\Delta v_{SB} = (0{,}05 + 0{,}246 \cdot 1{,}0/2) \cdot 0{,}246 \cdot 28 = 1{,}192$ m/s

$v_{SB} = 19{,}444 - 1{,}192 = 18{,}252$ m/s (65,7 km/h)

$s_{SB} = 19{,}444 \cdot 0{,}246 \cdot 28 - (0{,}05/2 + 0{,}246 \cdot 1{,}0/6) \cdot (0{,}246 \cdot 28)^2 = 130{,}8$ m

Entwickeltes Bremsen, Gl. (5.82) und (5.88)

$t_E = [19{,}444 - 8{,}333 - 0{,}246 \cdot (28 + 50) \cdot (0{,}05 + 0{,}246 \cdot 1{,}0/2)]/(0{,}05 + 0{,}246 \cdot 1{,}0/2) = 26{,}3$ s

$\Delta v_E = (0{,}05 + 0{,}246 \cdot 1{,}0) \cdot 26{,}3 = 7{,}785$ m/s und $v_{LB} = 18{,}252 - 7{,}785 = 10{,}467$ m/s (37,7 km/h)

$s_E = (18{,}252^2 - 10{,}467^2)/2/(0{,}05 + 0{,}246 \cdot 1{,}0) = 377{,}7$ m

Lösen, Gl. (5.80) und (5.83)

$t_{LB} = 0{,}246 \cdot 50 = 12{,}3$ s

$\Delta v_{LB} = (0{,}05 + 0{,}246 \cdot 1{,}0/2) \cdot 0{,}246 \cdot 50 = 2{,}128$ m/s

$v_{BE} = v_{LB} - \Delta v_{LB} = 10{,}467 - 2{,}128 = 8{,}339$ m/s (30 km/h)

$s_{LB} = 8{,}333 \cdot 0{,}246 \cdot 50 + (0{,}05/2 + 0{,}246 \cdot 1{,}0/6) \cdot (0{,}246 \cdot 50)^2 = 112{,}5$ m

Bremsen, Gl. (5.80) und Kontrolle

$t_B = 1{,}5 + 6{,}9 + 26{,}3 + 12{,}3 = 47{,}0$ s und $s_B = 29{,}2 + 130{,}8 + 377{,}7 + 112{,}5 = 650{,}2$ m

v_{BE} (30 km/h) $= v_Z$ (30 km/h) und s_B (650,2 m) $= s_{BZ}$ (650 m)

Lösebefehl-Koordinaten

$\Delta t_{Lös} = t_E - t_A = 26{,}3 - 1{,}5 = 24{,}8$ s

$t_{Lös} = t_A + t_{SB} + \Delta t_{Lös} = 1{,}5 + 6{,}9 + 24{,}8 = 33{,}2$ s

$v_{Lös} = v_{SB} - (b_G + f_{St}\, b_{BZS})\Delta t_{Lös} = 18{,}252 - (0{,}05 + 0{,}246 \cdot 1{,}0) \cdot 24{,}8 = 10{,}911$ m/s (39,3 km/h)

$\Delta s_{Lös} = (v_{SB}^2 - v_{Lös}^2)/2/(b_G + f_{St}\, b_{BZS}) = (18{,}252^2 - 10{,}911^2)/2/(0{,}05 + 0{,}246 \cdot 1{,}0) = 361{,}6$ m

$s_{Lös} = s_A + s_{SB} + \Delta s_{Lös} = 29{,}2 + 130{,}8 + 361{,}6 = 521{,}6$ m

Bei Eingabe der Gleichungen in ein Rechenprogramm kann die Berechnungsdauer wesentlich verkürzt und die Berechnung selbst entsprechend vereinfacht werden.

5.3.5   Betriebsbremsung im Hochgeschwindigkeitsverkehr

Grundlagen

Die bei einer Betriebsbremsung zu lösenden Aufgaben umfassen Planung und Überwachung. Der Triebfahrzeugführer muss mit seiner bremstechnischen Erfahrung den Streckenpunkt des Bremsbeginns und die zu benutzende Bremsstufe vorausschauend planen. Dabei sind Strecken-längsneigung, Bremskapazität des Zugs und Fahrgeschwindigkeit zu beachten. Nach Auslö-sung der Bremsung muss er die Geschwindigkeitsabnahme über dem Bremsweg überwachen. Ist sie zu gering oder zu stark, muss er die Bremsstufe entsprechend ändern.

Im Hochgeschwindigkeitsverkehr ist der Triebfahrzeugführer mit der Planung und Überwa-chung der Betriebsbremsung überfordert. Deshalb wurde eine Bremshilfe entwickelt, die Be-standteil des Zugsteuerungssystems von automatischer Fahr- und Bremssteuerung des Trieb-fahrzeugs (AFB) und Linien- oder Funkzugbeeinflussung des Zugs (LZB, FZB) ist.

Bremshilfe

Die Bremshilfe gibt 1000 m vor Beginn der Bremsnotwendigkeit ein akustisches Warnsignal ab und zeigt die Sollwertbremskurve v = f(s) an. Mit der gewählten Ist-Bremsstufe darf die Sollwertbremskurve nicht überschritten werden. Kommt es zur Überschreitung, ist die Brems-stufe zu erhöhen, bei wesentlicher Unterschreitung zu reduzieren. Die auf den sehr langen Bremswegen möglichen Neigungswechsel sind mittels Bremsstufenwechsel zu kompensieren.

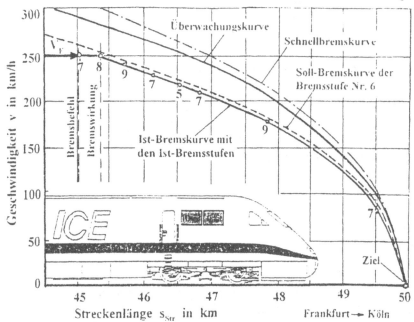

Bild 5.22

Bremskurven der Bremshilfe im Hochgeschwindigkeitsverkehr, dargestellt am Beispiel der Betriebsbrem-sung mit 5000 m Bremsweg am Wegzielpunkt 50 km der Strecke Frankfurt-Köln. An der Ist-Bremskurve sind die in Abhängigkeit von der Steckenlängsneigung zu wählenden Bremsstufen angetragen.

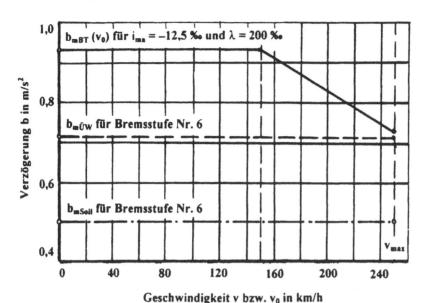

Bild 5.23
Festlegung der
mittleren Verzö-
gerungen der
Überwachungs-
und Sollwert-
kurve $b_{mÜw}$
und b_{mSoll} an-
hand der Brems-
tafelkurve
$b_{mBT}(v_0)$

Die Überwachungskurve garantiert, dass die Geschwindigkeits- und Wegwerte der Bremstafel des Hochgeschwindigkeitsverkehrs nicht überschritten werden. Die Bremstafelwerte schließen eine Bremswegsicherheit von mindestens 10 % ein.

Tangiert während der Bremsung die Ist-Bremskurve die Überwachungskurve, erfolgt Schnellbremsung. Der Zug kommt dann noch vor dem Zielwegpunkt zwangsweise zum Stehen.

Die Bremshilfe ist unterhalb 50 km/h abgeschaltet. Die Bremskurven liegen hier so dicht beieinander, dass unnötige Schnellbremsungen eintreten könnten.

Bild 5.22 zeigt für ein Beispiel die Kurven der überwachten Betriebsbremsung.

Verzögerungs- und Bremshilfekurven

Bei der DB AG sind die vom Bundesverkehrsministerium genehmigten Bremstafeln die Grundlage für die Ableitung der mittleren Verzögerungen der Überwachungs- und Sollwertkurven $b_{mÜw}$ und b_{mSoll}. Hochgeschwindigkeits-Bremstafeln existieren für 0 ‰, 5 ‰ und 12,5 ‰ maßgebendes Gefälle. Bild 5.23 zeigt als Beispiel die in der Bremstafel für 12,5 ‰ enthaltene Bremskurve für $\lambda = 200$ %.

Den an der AFB einstellbaren 12 Überwachungskurven liegen konstante mittlere Verzögerungen $b_{mÜw}$ zugrunde. Tabelle 5.27 enthält die mittleren Verzögerungen der Überwachungskurven $b_{mÜw}$. Anhand der für die Strecke vorgeschriebenen Bremstafel und der vorhandenen Bremskapazität ist diejenige Bremsstufe zu wählen, deren mittlere Verzögerung $b_{mÜw}$ die Bremstafelkurve $b_{mBT}(v_0)$ nicht überschreitet. Bild 5.23 zeigt die Auswahl.

Tabelle 5.27: Konstante mittlere Verzögerungen der Bremsüberwachung $b_{mÜw}$ und b_{mSoll} in m/s²

Nr.	A	B	1	2	3	4	5	6	7	8	9	10
$b_{mÜw}$	0,115	0,20	0,29	0,375	0,46	0,545	0,63	0,715	0,80	0,90	1,00	1,10
b_{mSoll}	0,080	0,14	0,20	0,260	0,32	0,380	0,44	0,500	0,56	0,63	0,70	0,77

Tabelle 5.28
Maximale Bremsstufe des ICE, die in Abhängigkeit vom maßgebenden Gefälle, den Bremshundertsteln und der zulässigen Geschwindigkeit an der AFB eingestellt werden kann, ohne dass es zur Auslösung einer Schnellbremsung kommt (ermittelt mit Bremsfahrtsimulationsprogramm)

v_{Zul} in km/h	i_{ma} in ‰	Bremshundertstel λ in %:						
		101	120	145	163	184	206	228
≤ 160	5	4	5	6	7	8	9	10
	12,5	3	4	5	6	7	8	9
≤ 200	5	3	4	5	6	7	8	9
	12,5	2	3	4	5	6	7	8
≤ 250	5	-	-	4	5	6	7	8
	12,5	-	-	3	4	5	6	7
≤ 300	5	-	-	3	4	5	6	7
	12,5	-	-	2	3	4	5	6

Die konstante mittlere Verzögerung der Sollwertkurve b_{mSoll} erhält man auf der Grundlage der Festlegung, dass b_{mSoll} 70 % von $b_{mÜw}$ zu betragen hat:

$$b_{mSoll} = 0,7 \, b_{mÜw} \tag{5.90}$$

Tabelle 5.27 enthält die mittleren Bremsstufen-Bremsverzögerungen b_{mSoll} der Soilwertkurven.

Tabelle 5.28 enthält diejenigen Bremsstufen, die in den entsprechenden Geschwindketsberei-chen in Abhängigkeit vom maßgebenden Gefälle und den vorhandenen Bremshundertsteln höchstens benutzt werden können. Für Strecken mit $i_m = 0$ ‰ gilt die 5 ‰-Bremstafel.

Weiterentwicklung

Die Bremshilfe ist bis zur Geschwindigkeit 250 km/h und auf Strecken mit keinen oder mäßi-gen Längsneigungen benutzbar. Bild 5.23 zeigt die ungenügende Ausnutzung des tatsächlichen Bremsvermögens. Die Ableitung der momentanen Verzögerungen der Soll- und Überwa-chungskurve aus den mittleren Verzögerungen der Bremstafel ist falsch. Da die sehr langen Bremswege mehrere Neigungsabschnitte überdecken können, ist die Benutzung der auf höchs-tens 2000 m bezogenen maßgebenden Neigung für die Festlegung der erforderlichen Brems-kapazität falsch (Kap. 3.1.1). Die maßgebende Neigung ist nur auf einem kleinen Abschnitt der Gesamtstrecke vorhanden. Deshalb wird die vorhandene Bremskapazität auch streckenmäßig ungenügend ausgenutzt. Beim Bremsen über mehrere Neigungswechsel hinweg muss die Bremsstufe zur Einhaltung der Sollwertkurve mehrfach korrigiert werden (Bild 5.22).

Bei Geschwindigkeiten über 250 km/h muss auch das Abgleichen von Ist- und Sollwertkurve der AFB übertragen werden. Soll- und Istwertkurve müssen auf momentanen Verzögerungen beruhen. Die Bremskraft ist von der Bremssteuerung ständig so zu korrigieren, dass die gemes-sene Verzögerung plus Sicherheitszuschlag die momentane Verzögerung der Sollwertkurve nicht überschreitet bzw. auch nicht wesentlich unterschreitet.

Die momentanen Verzögerungen der Sollwertkurven der Bremsstufen müssen aus Bremsversu-chen zur Vollbremsung abgeleitet und für die Berechnung der v(s)-Kurve während der Brem-sung durch einfache integrierbare Gleichungen ausgedrückt werden (Kap. 2.2.3).

Ansprech-, Schwell- und Lösezeit sind so zu verringern, dass die simultane Berechnung mit dem zweiteiligen Bremsablaufmodell möglich ist.

Da vor Beginn der Zugfahrt Streckenprofil, Bremskapazität und einzuhaltender Bremsweg bekannt sind, kann die Berechnung des bremstechnisch zulässigen Geschwindigkeitsprofils vorgenommen und in der AFB abgespeichert werden. Die Benutzung des bremstechnischen Geschwindigkeitsprofils für die Geschwindigkeitsregelung ermöglicht eine optimale Fahrzeit.

Bild 5.24 zeigt als Beispiel das bremstechnisch zulässige Geschwindigkeitsprofil für die Vollbremsung auf einem Abschnitt der Hochgeschwindigkeitsstrecke Frankfurt – Köln, ermittelt mit einem Bremsfahrtsimulationsprogramm Der einzuhaltende Bremsweg beträgt 6500 m. Die Geschwindigkeit ist bereits weit vor einem größeren Gefälle zu reduzieren, kann aber im Gefälle selbst schon wieder erhöht werden. Die Geschwindigkeitsreduzierungen erfordern Verzögerungen, die verschleißlos im Auslauf oder mit der elektrischen Bremse realisierbar sind.

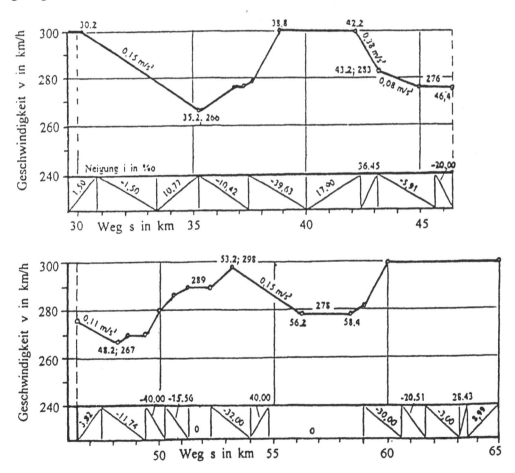

Bild 5.24
Bremstechnisch zulässiges Geschwindigkeitsprofil auf einem Abschnitt der Hochgeschwindigkeitsstrecke Frankfurt – Köln für die Vollbremsung eines ICE (zulässiger Bremsweg 6500 m)

5.4 Bremsbewertung

5.4.1 Bremsversuche

Versuchsbedingungen

Die Bewertung der Bremskapazität von Schienenfahrzeugen bzw. die Ermittlung des Bremsgewichts beruht im Regelfall auf Versuchsergebnissen, die entweder mit dem Einzelfahrzeug
oder mit dem Einheitsbremszug durchgeführt werden. Der **Einheitsbremszug** besteht aus 15
unbesetzten vierachsigen Reisezugwagen (60 Achsen) bzw. aus 60 zweiachsigen oder 30 vierachsigen Güterwagen (120 Achsen), die leer oder bis zur Umstellmasse beladen sind. Er wird
mit einer ungebremsten Lokomotive bespannt. Ein Wagen darf durch den gebremsten Messwagen ersetzt werden. Die Bremsversuche erfolgen mit der am Führerbremsventil eingeleiteten
Schnellbremsung. Bremsbeginn ist der Augenblick der Betätigung des Führerbremsventils.

Die Versuche zur Ermittlung des Bremsgewichts werden auf waagerechtem und geradem Gleis
und bei Einschaltung aller Wagenbremsen durchgeführt. Für die Überprüfung der Einhaltung
der Bremstafeln erfolgen die Versuche auch auf Strecken mit Längsneigung und bei Abschal-
tung von Wagenbremsen (Reduzierung der Bremshundertstel).

Die Bremsversuche werden zum gesamtem Geschwindigkeitsbereich des Fahrzeugs oder der
Bremsstellung durchgeführt. Die Untergrenze wird so gewählt, dass bei der Bremsung möglichst der entwickelte Abschnitt erreicht wird.

Versuchsergebnis

Als Ergebnis der Bremsversuche erhält man die Bremsanfangsgeschwindigkeits-Bremsweg-
Stützstellentabelle (v_0; s_B-Tabelle), die der Auswertung zu unterziehen ist.

Erste Auswertestufe

Mit den Daten der v_0; s_B-Stützstellentabelle wird die Regressionskurve $s_B = f(v_0)$ 2. Grads entwickelt. Die Regression $y = f(x)$ erfolgt in der Variablenform in $x = v_0/v_{00}$ und $y = s_B/v_0$. Dadurch beginnt die Kurve $s_B(v_0)$ im Koordinatenursprung $v_0 = 0$; $s_B = 0$ und ist über den Mess-
bereich hinaus begrenzt extrapolierbar. Die Konstanten D_0, D_1 und D_2 der Regressionsgleichung $y = f(x)$ werden für die x-y-Stützstellentabelle ermittelt:

$$\frac{s_B}{v_0} = D_0 + D_1 \frac{v_0}{v_{00}} + D_2 \left(\frac{v_0}{v_{00}}\right)^2 \tag{5.91}$$

$$s_B = v_0 \left[D_0 + D_1 \frac{v_0}{v_{00}} + D_2 \left(\frac{v_0}{v_{00}}\right)^2 \right]$$

Der Bremsweg s_B trägt die Maßeinheit m und die Bremsanfangsgeschwindigkeit v_0 km/h. Für
die Geschwindigkeitskonstante ist $v_{00} = 100$ km/h einzusetzen. Die Konstanten D_0, D_1 und D_2
haben bei s_B in m und v in km/h die Maßeinheit 10^3 h.

Bild 5.25 zeigt als Beispiel aus der Versuchsauswertung hervorgegangene Bremskennlinien.

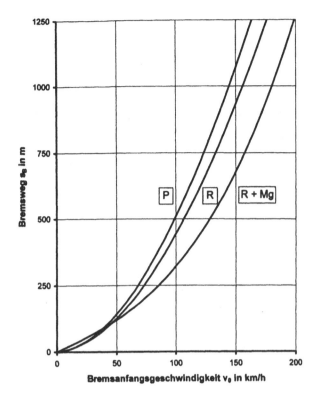

Bild 5.25
Gemessene und ausgewertete Brems-
kennlinien eines Versuchszugs aus
15 vierachsigen Reisezugwagen
Aüm[203] und der ungebremsten
Lokomotive BR 103

Konstanten bei v_0 in km/h:

	D_0	D_1	D_2
P	0,3551	5,1605	-0,4245
R	0,4787	4,1998	-0,2484
R+Mg	2,077	0,1502	+0,9869

Konstanten bei v_0 in m/s:

	T_0	T_1	T_2
P	1,2784	18,5778	-1,5282
R	1,7233	15,1193	-0,8942
R+Mg	7,4772	0,5407	+3,5528

Zweite Auswertestufe

Die zweite Auswertestufe umfasst die Elimination der Zeitabhängigkeit aus den die Bremsung bewertenden Variablen. Bremsweg und Bremsverzögerung des entwickelten Abschnitts $s_E (v_0)$ und $b_E (v_0)$ sind aus $s_B (v_0)$ zu berechnen. Das ist mit den Bremsablaufmodellen des Kap. 5.3.2 möglich. Die Geschwindigkeit ist auf die Maßeinheit m/s zu beziehen.

Bei Bezugnahme der Bremsanfangsgeschwindigkeit v_0 auf die Maßeinheit m/s erhält man:

$$s_B = v_0 \left[T_0 + T_1 \frac{v_0}{v_{00}} + T_2 \left(\frac{v_0}{v_{00}} \right)^2 \right] \qquad (5.92)$$

$$T_0 = 3{,}6\, D_0, \quad T_1 = 3{,}6\, D_1 \quad \text{und} \quad T_2 = 3{,}6\, D_2$$

Für die Geschwindigkeitskonstante ist $v_{00} = 27{,}778$ m/s einzusetzen. Die Konstanten T_0, T_1 und T_2 haben die Maßeinheit s.

Die Konstanten T_0, T_1 und T_2 sind sowohl mittels Regressionsrechnung auf der Grundlage der auf m/s umgestellten $v_0;s_B$-Stützstellentabelle zu bestimmen als auch aus den Konstanten D_0, D_1 und D_2 zu berechnen.

Die mittlere Bremsverzögerung b_m ist mit Gl.(5.52) zu berechnen.

Zweiteiliges Bremsablaufmodell mit Sprungfunktion (Kap. 5.3.2.2)

Die Verzögerung des entwickelten Abschnitts b_E geht aus Gl. (5.53) und die Bremskraftverzögerung des Zugs b_{BZ} aus Gl. (5.51) hervor ($b_{BZ} = b_E - b_G$). Die ungebremste Zeit t_U ist mit Gl. (5.50) und die Grundverzögerung b_G mit Gl. (5.48) zu berechnen.

Dreiteiliges Bremsablaufmodell (Kap. 5.3.2.3)

Die Bremskraftverzögerung des Zugs b_{BZ} erhält man aus Gl. (5.57) bis (5.62). Die Verzögerung des entwickelten Abschnitts ist mit Gl. (5.63) aus b_{BZ} und b_G zu berechnen ($b_E = b_{BZ} + b_G$). Für die lineare b(t)-Funktion gilt:

$$b_{BZ} = \sqrt{\left(\frac{k_1}{2k_2}\right)^2 + \frac{k_0}{k_2}} - \frac{k_1}{2k_2} \qquad (5.93)$$

$$k_0 = v_A^2 - 2b_G(s_B - s_A)$$

$$k_1 = 2(s_B - s_A) - v_A t_S + \frac{b_G}{3}t_S^2$$

$$k_2 = \frac{t_S^2}{12}, \quad v_A = v_0 - b_G t_A \quad \text{und} \quad s_A = v_0 t_A - \frac{1}{2}b_G t_A^2$$

Bei nichtlinearer b(t)-Funktion gilt für die sich ändernden Konstanten k_1 und k_2:

$$k_1 = 2\frac{(s_B - s_A)(\kappa+1) - \kappa v_A t_S}{\kappa+1} + \frac{\kappa b_G t_S^2}{\kappa+2} \qquad (5.94)$$

$$k_2 = \frac{\kappa t_S^2}{(\kappa+1)^2(\kappa+2)}$$

Ansprechzeit t_A, Schwellzeit t_S und Kennlinienexponent κ sind nach Kap. 5.2.5 zu ermitteln. Sind Standard-Bremsversuche auszuwerten, können normative Werte für das geprüfte Einzelfahrzeug oder den geprüften Einheitsbremszug benutzt werden.

Zweistufige Abbremsung

Die Wirkung der Magnetschienenbremse wird in der Bremsstellung R+Mg bei der Umschaltgeschwindigkeit v_U aufgehoben (Kap. 5.1). Es wird auf „R" mit der entwickelten Verzögerung b_U bei v_U zurückgeschaltet. Das beeinflusst den Kennlinienverlauf b_E (v_0). Für die Bewertung von R+Mg wird die entwickelte Verzögerung der Hochabbremsung b_H ohne Rückschalten bei v_U benötigt. Der Einfluss des Rückschaltens ist zu eliminieren.

Bei Rückwärtsrechnung (Beginn mit v = 0) unterteilt sich der entwickelte Weg s_E mit b_E (Ende bei v_S) in den Weg bis zum Umschalten s_{0U} mit b_U (in „R") und in den Weg vom Umschalten bis zum entwickelten Bremsbeginn s_{UE} mit der entwickelten Verzögerung der Hochabbremsung b_H bei v_S (in „R+Mg"):

$$s_E = s_{0U} + s_{UE} \quad \text{bzw.} \quad \frac{v_S^2}{2b_E} = \frac{v_U^2}{2b_U} + \frac{v_S^2 - v_U^2}{2b_H}$$

Die Gleichung ist nach der entwickelten Verzögerung der Hochabbremsung b_H aufzulösen.

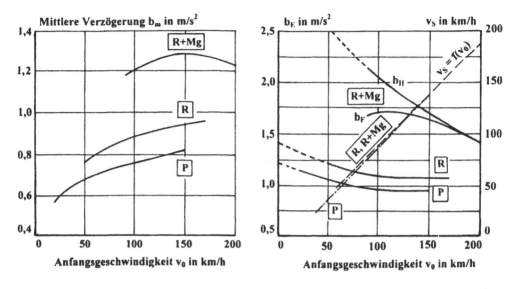

Bild 5.26
Kennlinien der mittleren Bremsverzögerung b_m, der entwickelten Verzögerung b_E, der entwickelten Verzögerung der Hochabbremsung b_H und und der Schwellendgeschwindigkeit v_S in Abhängigkeit von der Anfangsgeschwindigkeit des Bremsens v_0 zu den Kennlinien des Bildes 5.23

Die Auflösung nach b_H ergibt:

$$b_H = b_E \ \frac{1 - \varphi_U^2}{1 - \beta_U \varphi_U^2} \qquad\qquad (5.95)$$

b_H entwickelte Verzögerung der Hochabbremsung (R+Mg) ohne Umschalten	v_S Geschwindigkeit bei Schwellende
	v_U Umschaltgeschwindigkeit
b_E entwickelte Verzögerung mit Umschalten bei v_U (R)	b_U entwickelte Verzögerung bei v_U in „R"
	φ_U Geschwindigkeitsverhältnis, $\varphi_U = v_U/v_S$
	β_U Verzögerungsverhältnis, $\beta_U = b_E/b_U$

Bei Inkaufnahme des kleinen Modellbildungsfehler der zweiteiligen Bremsablaufvariante kann in Gl. (5.95) v_S durch die Bremsanfangsgeschwindigkeit v_0 ersetzt werden.

Auswerteziel

Das Ziel der zweiten Auswertestufe ist die Ermittlung der entwickelten Verzögerung b_E oder der Bremskraftverzögerung des Zugs b_{BZ} in der tabellarischen Zuordnung b_E, $b_{BZ} = f(v_0)$. Ist in einer dritten Auswertestufe die Überführung der mittleren Verzögerungen b_E oder b_{BZ} in die momentane Verzögerung $b(v)$ vorgesehen, muss in die tabellarische Zuordnung zusätzlich die Geschwindigkeit am Ende des Schwellabschnitts v_S aufgenommen werden, die mit Gl. (5.58) und (5.60) zu berechnen ist. Liegt das zweistufige Bremsablaufmodell zugrunde, ist $v_S = v_0$.

Bild 5.26 enthält die zu den Bremskurven des Bildes 5.25 berechneten mittleren und entwickelten Verzögerungen b_m und b_E. Die Berechnung von b_E erfolgte mit Gl. (5.93) und (5.63) auf der Basis des linearen dreistufigen Bremsablaufmodells.

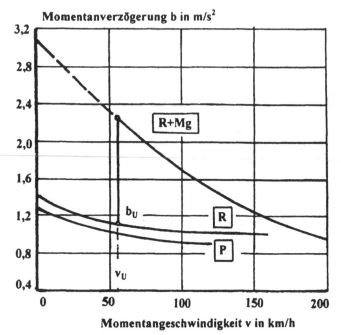

Bild 5.27
Kennlinien der Momentanverzögerung b(v) zu den Bremsstellungen P, R und R+Mg, ermittelt
aus den Kennlinien der Bilder
5.25 und 5.26

Die Kurven des Bildes 5.26 sind mit $b_G = 0,05$ m/s^2, $t_A = 1,5$ s und $t_S = 4,0$ s, für „P" $t_S = 6,0$ s, berechnet. Die Berechnung von b_H erfolgte mit $v_U = 54$ km/h (15 m/s) und $b_U = 1,15$ m/s^2.

Die Aufstellung der Regressionsgleichung erfolgte zu „P" mit Gl. (2.67) ($d_0 = 1,2131$ m/s^2 und $v_{00} = 138,35$ m/s), zu „R" mit Gl. (2.69) ($d_0 = 1,4121$ m/s^2, $c = 1$ m/s und $\kappa = -0,07682$) und zu R+Mg (b_H) mit Gl. (2.67) ($d_0 = 3,1073$ m/s^2 und $v_{00} = 67,13$ m/s).

Dritte Auswertestufe

Die durch Regressionsgleichungen gegebenen Kennlinien $b_E = f(v_S)$ bzw. $b_H = f(v_S)$ sind entsprechend Kap. 2.5.2 in Kennlinien der Momentanverzögerung b(v) zu überführen. Liegt der entwickelten Verzögerung die Geraden- oder Polynomgleichung zugrunde, gilt Gl. (2.66). Bei der Exponentialgleichung des natürlichen Logarithmus gilt Gl. (2.68) und bei der allgemeinen Exponentialgleichung Gl. (2.70). Bild 5.27 zeigt das Ergebnis zu Bremsversuchen.

Bremsenprüfstandsversuche

Der Bremsenprüfstand ist ein Simulator zur Nachbildung der bei Dauer- und Haltbremsung an der Bremseinrichtung eines Radsatzes ablaufenden physikalischen Vorgänge. Für das Prüfen werden Original-Bremssohlen und Original-Bremsbeläge verwendet. Das Anpressen an die Lauffläche oder an die Bremsscheibe erfolgt mit Original-Klotz- und Belagskräften. Das Zeitverhalten der Anpresskraft entspricht ebenfalls dem Original. Für Laufkreis- und Reibradius sowie Radienverhältnis werden Originalwerte benutzt. Für die Versuche wird eine der Original-Achsfahrmasse proportionale Drehmasse aufgelegt. Die Drehgeschwindigkeit entspricht der am Laufkreis der Räder vorhandenen Umfangs- bzw. Fahrgeschwindigkeit. Bei Haltbremsungen werden Massenfaktor und Zugwiderstands- sowie Neigungskraft nicht berücksichtigt.

Tabelle 5.29
Messwertprotokoll zur Prüfung des Bremsbelags 975 FN bei Haltbremsungen auf dem Bremsenprüfstand (Trockenbremsung bei $r_L = 0,460$ m Radhalbmesser, $r_{BR} = 0,250$ m Bremsreibradius, $m_A = 6,9$ t Achsfahrmasse und $t_S = 1,0$ s Schwellzeit)

Die Spalten 10 bis 13 enthalten mit Protokollwerten berechnete Variable

1	2	3	4	5	6	7	8	9	10	11	12	13
N	v_1 km/h	v_2 km/h	s_1 m	s_2 m	t_1 s	b_m m/s²	F_{Bel} kN	μ_m	a_{FBt} m/s²	a_{FBs} m/s²	a_{FBmom} m/s²	μ_{mom}
1	30	28,0	44,5	33,8	9,2	0,87	28,42	0,414	0,8802	0,8810	0,8606	0,3905
2	50	48,1	120,2	102,9	15,5	0,88	28,17	0,402	0,8847	0,8615	0,7874	0,3573
3	80	78,2	325,7	298,0	26,6	0,82	27,82	0,367	0,8371	0,7963	0,6824	0,3096
4	100	97,9	543,7	509,8	35,6	0,77	27,74	0,337	0,7815	0,7316	0,6170	0,2800
5	120	118,1	852,9	807,5	48,7	0,68	27,74	0,311	0,6865	0,6721	0,5525	0,2507

Die in Messwertprotokollen erfassten Versuchsergebnisse sind für die Bremsbewertung neuer Fahrzeuge bereits im konstruktiven Stadium oder für die Ermittlung der Auswirkung geänderter Reibmaterialien auf den Fahrzeugbremswert zu verwenden. Tabelle 5.32 zeigt das Messwertprotokoll von Haltbremsungen für die Erläuterung der fahrdynamische Auswertung.

Die Variablen mit dem Index 1 beziehen sich auf die gesamte Bremsung und mit dem Index 2 auf die entwickelte Bremsung. Die mittlere Bremsverzögerung b_m wird mit v_1 und s_1 berechnet.

Da keine ungebremsten Massen, kein Massenfaktor und keine Grundverzögerung in den Messwerten enthalten sind, erhält man durch die Auswertung anstelle der entwickelten Verzögerung b_E die Bremskraftbeschleunigung des Fahrzeugs a_{FB} (Spalte 10 und 11), die sowohl mit der Zeit (a_{FBt}, Spalte 10) als auch mit dem Weg (a_{FBs}, Spalte 11) berechnet werden kann. Für das Berechnen ist die Schwellendgeschwindigkeit v_2, die entwickelte Zeit t_2 ($t_2 = t_1 - t_2/2$) und der entwickelte Weg s_2 zu benutzen. Außerdem ist die Korrektur auf die mittlere Belagskraft der Messserie F_{Belm} vorzunehmen ($F_{Belm} = 27,98$ kN):

$$a_{BFt} = \frac{F_{Belm}}{F_{Bel}} \frac{v_2}{t_2} \quad \text{und} \quad a_{BFs} = \frac{F_{Belm}}{F_{Bel}} \frac{v_2^2}{2s_2} \tag{5.96}$$

Die Ermittlung der momentanen Bremskraftbeschleunigungen $a_{FB\,mom}$ erfolgt nach Kap. 2.5.2. Als Musterfunktion wird die Polynomgleichung 1. Grads (Geradengleichung) gewählt. Die Regressionsrechnung mit den Werten von Spalte 2, 10, und 11 ergibt:

$$a_{BFt} = c_0 + c_1 \varphi \quad \text{und} \quad a_{BFs} = d_0 + d_1 \varphi \quad \text{mit } \varphi = v_2/v_{00} \text{ und } v_{00} = 100 \text{ km/h} \tag{5.97}$$

Ergebnis:

$c_0 = 0,9696$ m/s² und $c_1 = -0,2101$ m/s² sowie $d_0 = 0,9640$ m/s² und $d_1 = -0,2369$ m/s²

Bei linearer Abhängigkeit gilt nach Gl. (2.65) und (2.66) des Kapitels 2.5.2 für die momentane Bremskraftbeschleunigung des Fahrzeugs $a_{FB\,mom}$:

$$a_{BF\,mom\,t} = \frac{a_{BFt}^2}{c_0} \quad \text{und} \quad a_{BF\,mom\,s} = \frac{a_{BFs}^2}{d_0 + 0,5 d_1 \varphi} \tag{5.98}$$

$$a_{BF\,mom} = (a_{BF\,mom\,t} + a_{BF\,mom\,s})/2$$

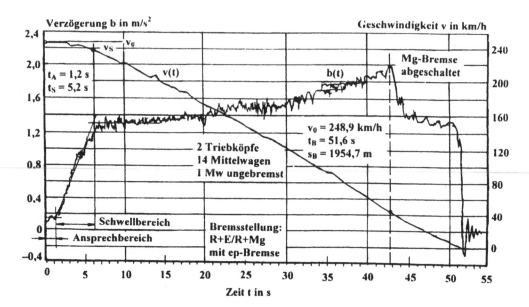

Bild 5.28

Verzögerungs-Zeit- und Geschwindigkeits-Zeit-Messschrieb von der Schnellbremsung eines ICE 1

Die über die Zeit und die über den Weg berechneten a_{BFmom}-Werte weichen geringfügig voneinander ab. Deshalb ist der Mittelwert zu bilden. Spalte 12 enthält die Mittelwerte.

Die Rückrechnung des momentanen Belagsreibwerts $\mu_{Bel\,mom}$ aus der momentanen Bremskraftbeschleunigung des Fahrzeugs $a_{BF\,mom}$ ist mit Gl. (5.12) und (5.14) vorzunehmen:

$$\mu_{Bel\,mom} = a_{BF\,mom}\,\frac{m_A}{F_{Bel\,m}}\,\frac{r_L}{r_{Br}} \qquad (5.99)$$

Spalte 13 der Tabelle 5.29 enthält das Ergebnis.

Bremsmessschriebe

Bei Bremsversuchen werden die in Bild 5.28 dargestellten Kennlinien der Momentanverzögerung b(t) und Momentangeschwindigkeit v(t) aufgenommen, teilweise auch digital ausgegeben.

Die Kennlinie b(t) kann mit den in Kap. 2.3.2 behandelten Makroschrittverfahren in die Kennlinien v(t), s(t), b(v), t(v) und s(v) überführt werden. Bei Benutzung des Makrozeitschrittverfahrens ist die gemessene Kennlinie b(t) rückwärts bei v = 0 beginnend in eine b-t-Stützstellentabelle zu überführen. Als Stützstellen sind Knickstellen, Maxima und Minima sowie beliebige t-Punkte zu wählen. Die b-t-Tabelle ist um die stützstellenweise berechneten v- und s-Werte zu ergänzen. Die b(v)-Zuordnung kann der Tabelle entnommen werden.

Die Kennlinie b(v) ist auch mit dem Differenzenquotientenverfahren des Kap. 2.5.3 (ohne Rechentechnik anwendbar) und mit dem Verfahren der Polynomgleittechnik des Kap. 2.5.4 (mit Rechentechnik anwendbar) zu ermitteln. Bei v = 0 beginnend muss die gemessene v(t)-Kennlinie rückwärts in kleinem Abstand (ca. 5 km/h) in eine v-t-Tabelle überführt werden.

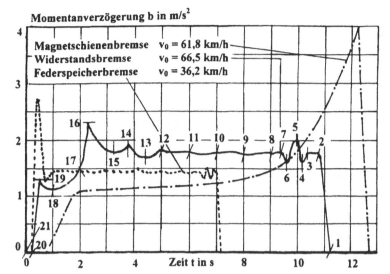

Momentanverzögerung b in m/s²

Magnetschienenbremse $v_0 = 61,8$ km/h
Widerstandsbremse $v_0 = 66,5$ km/h
Federspeicherbremse $v_0 = 36,2$ km/h

Zeit t in s

Bild 5.29
Gemessene Bremskenn-
linien b(t) des Straßen-
bahn-Kurzgelenktrieb-
wagens KT4D von
ČKD Prag

| Nr. | t | b | v | s | Nr. | t | b | v | s | Nr. | t | b | v | s |
	s	m/s²	km/h	m		s	m/s²	km/h	m		s	m/s²	km/h	m
1	0	0	0	0	8	2,2	1,75	12,88	3.60	15	8,0	1,80	50,10	53,99
2	0,4	1,80	1,30	0,05	9	3,2	1,70	19,09	8,05	16	9,0	2,35	57,57	68,90
3	0,9	1,80	4,53	0,45	10	4,2	1,80	25,39	14,22	17	9,2	1,50	58,96	72,14
4	1,0	1,65	5,16	0,59	11	5,2	1,80	31,87	22,17	18	10,2	1,15	63,73	89,21
5	1,2	2,00	6,47	0,91	12	6,2	1,80	38,35	31,93	18	10,7	1,35	65,98	98,21
6	1,6	1,65	9,10	1,78	13	6,8	1,70	42,13	38,64	20	10,9	0	66,47	101,90
7	1,9	1,80	10,96	2,61	14	7,5	1,95	46,73	47,26	21	11,4	0	66,47	111,13

Bremsanfangsgeschwindigkeit $v_0 = 66,5$ km/h, Bremszeit $t_B = 11,4$ s und Bremsweg $s_B = 111$ m

Berechnungsbeispiel 5.14

Für den Messschrieb der Gefahrenbremsung mit der Widerstandsbremse des Straßenbahntriebwagens KT4D in Bild 5.29 sind Geschwindigkeit und Weg zu berechnen.

Die b-t-Kennlinie wird in die b-t-Stützstellentabelle überführt. Bild 5.29 zeigt Stützstellenwahl und Tabelle. Für die Berechnung wird das in Kap. 2.3.2 behandelte Makrozeitschrittverfahren gewählt und ein Rechenprogramm benutzt. Die Berechnung ist auch ohne Programm möglich, dann aber sehr aufwändig. Die Tabelle wird um die berechneten v- und s-Werte erweitert (Bild 5.29).

5.4.2   Bremsgewicht und Bremsbewertungsblatt

Bremsgewicht

Die Bremskapazität von Schienenfahrzeugen wird mit dem Bremsgewicht bewertet. Das Bremsgewicht ist ein im Jahr 1928 definiertes virtuelles Gewicht, abgeleitet aus der Gleichung der Abbremsung eines klotzgebremsten Fahrzeugs (Gl. (5.11)). Die Gleichung für das Bremsgewicht erhält man durch Umstellung von Gl. (5.11) und durch Bezugnahme auf den Einheitsbremswagen sowie Einführung des Bremsbewertungsfaktors k_{Br} zur Ermöglichung der Übertragbarkeit auch auf andere Fahrzeuge.

Ableitung des Bremsgewichts:

$$\varphi_{max} = \frac{F_{Kl\,ges}}{G_{F\,leer}} \rightarrow G_{F\,leer} = \frac{F_{Kl\,ges}}{\varphi_{max}}$$

$$B_{GF} = \frac{1}{\varphi_E} k_{Br} F_{Kl\,ges} \tag{5.100}$$

B_{GF}	Fahrzeugbremsgewicht in t	k_{Br}	Bremsbewertungsfaktor, Maßeinheit 1
$F_{Kl\,ges}$	Gesamtklotzkraft in t	φ_E	Abbremsung des Einheitsbremswagens,
$G_{F\,leer}$	Gewicht des leeren Fahrzeugs in t		Maßeinheit 1

Für die Einheitsbremswagen ist $k_{Br} = 1$, für den Einheitsbremswagen der Bremsart I $\varphi_E = 0,8$ und für den Einheitsbremswagen der Bremsart II $\varphi_E = 0,7$.

Bremsart I und II

Zur Bremsart I gehören die Bremsstellungen P und R sowie P/R+E, P/R+H, P/R+Mg und P/R+WB mit und ohne ep-Bremse. Zur Bremsart II gehört die Bremsstellung G mit und ohne ep-Bremse sowie die Handbremse.

Technisches Maßeinheitensystem

Nach Gl. (5.100) ist das Fahrzeugbremsgewicht B_{GF} eine Kraft, im Technischen Maßeinheitensystem, das der Entwicklung der bremstechnischen Vorschriften zugrunde lag, in der Maßeinheit t. Die Umstellung von Gl. (5.100) in das gesetzlich vorgeschriebene internationale physikalische Maßeinheitensystem SI ist nicht möglich. Deshalb wurde in Gl. (5.100) das Technische Maßeinheitensystem benutzt.

Das Umstellungsproblem wurde bei der Eisenbahn unzulässigerweise folgendermaßen gelöst:

$$B_{GF} = \left(\frac{1}{8} \text{ bzw. } \frac{1}{7}\right) \cdot k_{Br} F_{Kl\,ges} \tag{5.101}$$

B_{GF}	Fahrzeugbremsgewicht in t	$F_{Kl\,ges}$ Gesamtklotzkraft in kN

Durch das Umschreiben wurde aus der Größengleichung eine Zahlenwertgleichung. Zwischen den Maßeinheiten besteht keine Kohärenz. Aus der Kraft „Bremsgewicht" wurde die Masse „Bremsgewicht". Damit verstößt Gl. (5.101) sowohl gegen die Regeln des SI-Maßeinheitensystems als auch gegen die bremstechnischen Vorschriften selbst.

Einheitsbremswagen und Einheitsbremszüge

Der Einheitsbremswagen der Bremsart I ist ein vierachsiger D-Zugwagen der SNCF aus dem Jahr 1928 mit folgenden Parametern: Fahrzeuggewicht 50 t (Masse 50 t), einlösiges schnellwirkendes Steuerventil der Bauart Knorr, Bremszylinderfüllzeit 5 s, einteilige GG-Bremsklötzer (P6, Sehnenlänge 400 mm), Gesamtklotzkraft 80 % des Fahrzeuggewichts (80 % Abbremsung) und Einzelklotzkraft 2500 kg (24,53 kN).

Der Einheitsbremswagen der Bremsart II ist ein zweiachsiger Güterwagen der DR aus dem Jahr 1928 mit folgenden Parametern: Fahrzeuggewicht 19,3 t (Masse 19,3 t), Bremszylinderfüllzeit 28 s, Ansprung 20 %, einteilige GG-Bremsklötzer P6, Gesamtklotzkraft 70 % des Fahrzeuggewichts (70 % Abbremsung) und Einzelklotzkraft 1690 kg (16,59 kN).

Die Einheitsbremswagen stehen heute nicht mehr zur Verfügung.

Der Einheitsbremszug der Bremsart I besteht aus 15 vierachsigen Wagen. Er hat damit 60 Achsen und eine Länge von ca. 400 m. Der Einheitsbremszug der Bremsart II besteht aus 60 zweiachsigen Wagen. Er hat damit 120 Achsen und eine Länge von ca. 600 m.

Weitere Bedingungen

Die Ermittlung des Bremsgewichts ist für die Schnellbremsung und für die waagerechte und gerade Strecke vorzunehmen. Die Prüfgeschwindigkeit der Bremsart I beträgt im Regelfall 120 km/h und im Ausnahmefall 100 km/h. Zur Bremsart II ist keine Prüfgeschwindigkeit angegeben. Nach Tabelle 5.11 zur Mindener Bremsweggleichung muss sie aber 70 km/h betragen (Beiwert $\psi = 1$). Das Prüfen erfolgt mit dem Einheitsbremszug und mit dem Einzelfahrzeug.

Bremsbewertungsblatt

Mit den Versuchsergebnissen der aus Einheitsbremswagen bestehenden Einheitsbremszüge wurden bei Variation der Bremskapazität durch Abschalten von Wagenbremsen Kennlinien $s_B = f(v_0)$ erstellt. Der Einheitsbremszug der Bremsart I hat bei Zusammenstellung aus Einheitsbremswagen das Gewicht (die Masse) 750 t und erreicht zur Bewertungsgeschwindigkeit $v_0 = 120$ km/h den Bremsweg $s_B = 814$ m bzw. die mittlere Bremsverzögerung $b_{mEZ} = 0,6825$ m/s^2. Für diese Bedingungen wurde das Zuggewicht G_Z (t) zum Bremsgewicht B_{GZ} (t) erklärt.

Im Zug **verfügbare Bremshundertstel** λ_Z (Quotient von Brems- und Zuggewicht):

$$\lambda_Z = P\frac{B_{GZ}}{G_Z} \quad \text{mit } P = 100\,\% \tag{5.102}$$

Für den aus Einheitsbremswagen bestehenden Einheitsbremszug ($G_Z = 750$ t) erhält man beim Abbremsen aus 120 km/h $B_{GZ} = 750$ t und $\lambda_Z = 100\,\%$. Beträgt das Bremsgewicht durch Abschalten von 5 Wagenbremsen nur 500 t, reduzieren sich die verfügbaren Bremshundertstel auf $\lambda_Z = 100\,\% \cdot 500/750 = 67\,\%$. Der Bremsweg verlängert sich entsprechend.

Auf der Grundlage der Abhängigkeit der Beschleunigung von der Masse besteht für überschlägliche Berechnungen die Möglichkeit, λ_Z auch als Quotienten von b_m und mittlerer Verzögerung des Einheitsbremszugs b_{mEZ} auszudrücken: $b_m = \lambda_Z/P \cdot b_{mEZ}$.

Im Bremsbewertungsblatt ist für den Einheitsbremszugs aus Einheitsbremswagen die Abhängigkeit des gemessenen Bremswegs lg s_B von den verfügbaren Bremshundertsteln lg λ_Z dargestellt. Die Bremsanfangsgeschwindigkeit v_0 ist der Parameter. Bild 5.30 zeigt einen Ausschnitt des logarithmischen Bremsbewertungsblatts.

Das Bremsbewertungsblatt wurde zum **Urmaß der Bremsbewertung** erklärt. Das Bremsbewertungsblatt liegt im Großformat DIN A2 vor. Der v_0-Parameterabstand beträgt 5 km/h.

Die Bremsweggleichung (Gl. (5.52)) wird auf km/h bezogen und nach Einführung von λ_Z logarithmiert:

$$s_B = \frac{v_0^2}{2b_m} \;\rightarrow\; s_B = \frac{v_0^2 \cdot 100}{2\lambda_Z b_{mEZ}} \;\rightarrow\; s_B = \frac{v_0^2 \cdot 100}{3,6^2 \cdot 2 \cdot \lambda_Z \cdot 0,6825}$$

$$\lg s_B = 2 \cdot \lg v_0 + \lg 5,6528 - \lg \lambda_Z$$

Tabelle 5.30
Konstanten A und C zur Darstellung des DB-Bremsbewertungsblatts der Bremsart I mit Gl. (5.103)

v_0 km/h	A	C	v_0 km/h	A	C	v_0 km/h	A	C
40	3,486642	-0,875070	95	4,551027	-0,934027	150	5,011720	-0,936270
45	3,612759	-0,875070	100	4,614170	-0,940863	155	5,046756	-0,936613
50	3,733335	-0,875070	105	4,636245	-0,929047	160	5,076277	-0,936956
55	3,869322	-0,889481	110	4,663766	-0,917231	165	5,111182	-0,937727
60	3,969361	-0,889481	115	4,684151	-0,905415	170	5,139719	-0,938497
65	4,059820	-0,889481	120	4,727800	-0,908500	175	5,166708	-0,939268
70	4,157044	-0,897487	125	4,760143	-0,900551	180	5,194167	-0,940039
75	4,231339	-0,897487	130	4,812831	-0,907504	185	5,221935	-0,940809
80	4,359377	-0,928604	135	4,866735	-0,914456	190	5,249062	-0,941580
85	4,435894	-0,934027	140	4,914380	-0,921408	195	5,275954	-0,942350
90	4,496266	-0,934027	145	4,965721	-0,928839	200	5,301480	-0,943121

Tabelle 5.31
Konstanten A und C zur Darstellung des ERRI-Bremsbewertungsblatts der Bremsart I mit Gl. (5.103)

v_0 km/h	A	C	v_0 km/h	A	C	v_0 km/h	A	C
120	4,727800	-0,908500	155	5,057318	-0,957501	190	5,372302	-1,012317
125	4,742597	-0,898520	160	5,120570	-0,972240	195	5,388819	-1,008258
130	4,784252	-0,903441	165	5,175245	-0,984289	200	5,405334	-1,004198
135	4,825908	-0,908362	170	5,229920	-0,996338	205	5,436439	-1,007546
140	4,867563	-0,913283	175	5,284594	-1,008387	210	5,467544	-1,010894
145	4,930815	-0,928022	180	5,339269	-1,020436	215	5,498648	-1,014242
150	4,994067	-0,942762	185	5,355785	-1,016377	220	5,5298	-1,0176

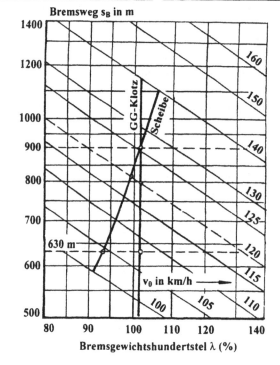

Bild 5.30
Ausschnitt aus dem DB-Bremsbewertungsblatt mit eingetragenen
gemessenen Kennlinien $s_B = f(v_0)$
für einen Zug mit Grauguss-Klotzbremse und mit Scheibenbremse

Aus dieser Ableitung erhält man die Regressionsgleichung der Kennlinien des Bremsbewertungsblatts (Geradengleichung $\lg s_B = f(\lg(v_0))$):

$$\lg s_B = A + C \cdot \lg \lambda_Z \tag{5.103}$$

Aus der logarithmierten $s_B(v_0)$-Gleichung gehen zu $v_0 = 120$ km/h die Konstanten $A = 4{,}9106$ und $C = -1$ hervor. Die statistische Auswertung der 120 km/h-Urmaß-Kennlinie ergibt $A = 4{,}7278$ und $C = -0{,}9085$. Die Abweichung beruht auf überschläglichem Ansatz für b_m.

Tabelle 5.30 enthält die Konstanten A und C zum Bremsbewertungsblatt der Bremsart I der DB und Tabelle 5.31 des Forschungsinstituts des Internationalen Eisenbahnverbands ERRI. Für 40 bis 120 km/h des ERRI-Blatts gelten die Werte des DB-Blatts (Tabelle 5.30).

Bild 5.31 zeigt das Bremsbewertungsblatt zur Bremsart II (Bremsstellung G). Im Blatt sind die aus Versuchsergebnissen mit dem Einheitsbremszug und dem Einheitsbremswagen hervorgegangenen Kennlinien $\lambda_Z = f(v_0)$ zum Parameter des Bremswegs s_B dargestellt. Die Kennlinien können durch folgende statistische Gleichung ausgedrückt werden:

$$\lambda_Z = v_0 \left[L_0 + L_1 \frac{v_0}{v_{00}} + L_2 \left(\frac{v_0}{v_{00}} \right)^2 + L_3 \left(\frac{v_0}{v_{00}} \right)^3 \right] \tag{5.104}$$

Die Bremsanfangsgeschwindigkeit v_0 ist in km/h einzusetzen. Die Bremshundertstel des Zugs λ_Z erhält man in %. Die Geschwindigkeitskonstante beträgt $v_{00} = 100$ km/h. Tabelle 5.32 enthält die aus der Regressionsrechnung hervorgegangenen Konstanten L_0 bis L_3. Die Gl. (5.104) ist auf den unteren Wert $\lambda_{Zu} = 10$ % und auf den oberen Wert $\lambda_{Zo} = 60$ % (100 m und 200 m) bzw. 120 % (300 m bis 1200 m) begrenzt.

Bremsgewichtsermittlung

Zur Ermittlung des Bremsgewichts eines Fahrzeugs wird die gemessene oder berechnete Bremswegkennlinie $s_B = f(v_0)$ in das Bremsbewertungsblatt (Bild 5.30 oder 5.31) eingetragen. Dann wird der Schnittpunkt mit einer der zulässigen Bewertungslinien gesucht. Die zum Schnittpunkt gehörenden Bremshundertstel werden auf der Abszisse (Bild 5.30) oder Ordinate (Bild 5.31) abgelesen. Bild 5.30 zeigt die eingetragene Kennlinie $s_B(v_0)$, die Schnittpunktsuche mit der 900 m-Bewertungslinie und das Ablesen von λ_Z.

Mit dem abgelesenen λ_Z-Wert wird zuerst das Bremsgewicht des Zugs berechnet und dann die masseproportionale Aufteilung auf die am Bremsen beteiligten Fahrzeuge vorgenommen:

$$B_{GZ} = \frac{\lambda_Z}{P}(m_Z + m_{DL}) \quad \text{und} \quad B_{GF} = \frac{m_F}{m_{ZB}}(B_{GZ} - B_{GM}) \tag{5.105}$$

B_{GZ}	Bremsgewicht des Zugs in t	m_F	Masse des Prüf-Fahrzeugs in t
B_{GF}	Bremsgewicht des Prüf-Fahrzeugs in t	m_{ZB}	gebremste Zugmasse ohne Lokomotive
B_{GM}	Bremsgewicht des Messwagens in t		und Messwagen in t
m_Z	Zugmasse in t (mit Lok und Messwagen)	λ_Z	Bremshundertstel des Zugs in %
m_{DL}	Drehmasse der Lok in t (Kap. 1.2.5)	P	Konstante, P = 100 %

Sind alle am Bremsen beteiligten Fahrzeuge von gleichem Typ (gleiche Bremseinstellung, gleiche Masse), kann der Quotient m_F/m_{ZB} durch den Quotienten $1/n_{FB}$ ersetzt werden (n_{FB} = Anzahl der bremsenden Fahrzeuge).

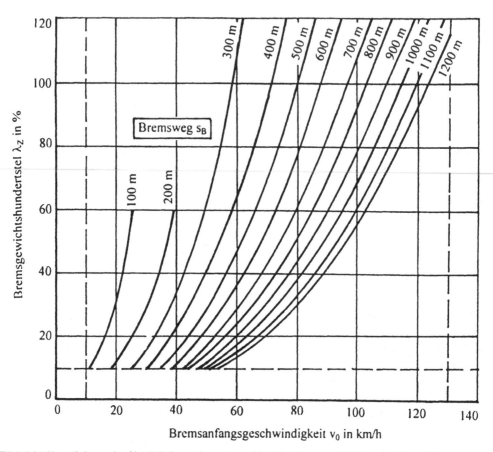

Bild 5.31 Kennlinienverlauf im DB-Bremsbewertungsblatt der Bremsart II (Bremsstellung G)

Tabelle 5.32: Konstanten L_0, L_1, L_2, L_3 des DB-Bremsbewertungsblatts der Bremsart II mit Gl. (5.104)

s_B m	L_0	L_1	L_2	L_3	s_B m	L_0	L_1	L_2	L_3
100	−1,482	38,91	−224,2	508,4	700	−0,2563	1,0474	0,2819	0
200	−1,7044	22,52	−75,414	98,154	800	−0,1514	0,7031	0,3483	0
300	−0,3568	4,3373	−8,041	11,22	900	−0,1612	0,6628	0,2713	0
400	−0,0779	0,8063	1,8105	0	1000	−0,0746	0,3823	0,3716	0
500	−0,2758	1,3655	0,6405	0	1100	0,0051	0,1299	0,4708	0
600	−0,0670	0,4992	0,9893	0	1200	0,0437	0,01339	0,4904	0

Bewertungslinien

Nach den bremstechnischen Vorschriften des Internationalen Eisenbahnverbands ist die Bewertung der Bremsart I mit der 120 km/h-Linie vorzunehmen. Im Ausnahmefall kann die 100 km/h-Linie benutzt werden. Diese Festlegung genügt dem Hochgeschwindigkeitsverkehr nicht mehr. Deshalb wird die Bewertung auch mit den Linien 140 km/h, 150 km/h, 180 km/h, 200 km/h und 220 km/h vorgenommen (Tabelle 5.30 und 5.31, Unterschied zwischen DB und ERRI beachten). Das Bremsgewicht zur Bremsstellung R+E$_{160}$ besagt, dass der Bewertung die 160 km/h-Linie zugrunde liegt.

Bei der DB AG wird mit den Linien 630 m und 900 m bewertet. Die Bewertungswege entsprechen den Vorsignalabständen 700 m und 1000 m minus 10 % Bremswegreserve.

Lokomotiven werden mit den für den Einheitsbremszug aufgestellten Linien bewertet. Für die Einzelfahrzeugbewertung der Wagen in der Bremsart I gelten spezielle Linien:

v_0 = 100 km/h mit A = 4,3442 und C = –0,8352 sowie

v_0 = 120 km/h mit A = 4,5712 und C = –0,8582.

Im Bremsbewertungsblatt ist die Kennlinie s_B = f(v_0) bei Grauguss-Bremsklötzern eine Senkrechte (Bild 5.30). Das Bremsgewicht ist von der Bewertungslinie unabhäng. Für Züge mit anderen Bremsen (z.B. Scheibenbremse) erhält man durch die Schräglage der Kurve s_B = f(v_0) eine nicht unwesentliche Abhängigkeit des Bremsgewichts von der benutzten Bewertungslinie. Die benutzte Bewertungslinie wird leider nicht vermerkt.

Bei der Benutzung des Bremsgewichts für fahrdynamische Berechnungen ist die Abhängigkeit des Bremsgewichts von der benutzten Bewertungslinie und die Uneinheitlichkeit der Bewertung (DB, ERRI) zu beachten. Der Nachteil der Einpunktbewertung wird offenkundig. Der Übergang auf die Zweipunktbewertung mit einheitlichen Linien ist dringend geboten.

Rechentechnik

Die verhältnismäßig aufwändige grafische Bestimmung des Bremsgewichts kann mit Hilfe der Rechentechnik durch eine einfache analytische Lösung ersetzt werden. Dazu sind Gl. (5.91), (5.103), (5.104) und (5.105) sowie die Tabellen 5.30/31 und 5.32 in ein Rechenprogramm zu integrieren. Der Schnittpunkt mit der Bewertungslinie wird durch Interpolation zwischen den Blattlinien bestimmt. Nach Eingabe der Daten des Versuchszugs, der Bremsart, der Konstanten zu Gl. (5.91) und der Bewertungslinie werden λ_Z und B_{GF} ausgegeben.

Berechnung

Im UIC-Merkblatt 544-1 ist ein Berechnungsverfahren des Bremsgewichts für die Grauguss-Klotzbremse enthalten, das auf Gl. (5.100) bzw. (5.101) und umfangreichen Tabellen mit dem Bremsbewertungsfaktor k_{Br} beruht. Das Verfahren kann nach *Gralla* auf der Grundlage folgender statistischer Gleichung vereinfacht werden:

$$B_{GA} = \frac{F_{Kl\,max}}{A} \, e^{-F_{Kl\,max}/K} \tag{5.106}$$

B_{GA} Bremsgewicht von 1 Fahrzeugachse in t

$F_{Kl\,max}$ maximale Klotzkraft am Einzel- oder Doppelklotz in kN

A   Beschleunigungskonstante in m/s^2

K   Klotzkraftkonstante in kN

Tabelle 5.33 enthält die in Gl. (5.106) einzusetzenden Konstanten A und K. Sie gelten für das KE-Steuerventil (Knorr-Einheitsventil) und sind für „P" auf die 120 km/h-Bewertungslinie und für „G" auf die 630 m-Bewertungslinie bezogen. Zu „G" liegen keine Versuchsergebnisse mit P14–Bremsklötzern vor. Man erhält B_{GF} für P14 durch Multiplikation von B_{GF} für P6 mit dem Faktor 1,075.

Für die weiteren Bremsstellungen liegen keine Berechnungsgrundlagen des Bremsgewichts vor. Die rechnerische Ermittlung von B_{GF} ist nur durch Berechnung der Kennlinie s_B = f(v_0) und Eintragung ins Bremsbewertungsblatt möglich.

Tabelle 5.33
Konstanten zu Gl. (5.106)

Bremse	A in m/s^2	K in kN
Triebfahrzeug „G"	1,6611	122
Triebfahrzeug „P"	1,3753	82
Wagen „G"		
Einzelklotz P6	1,3688	71
Doppelklotz P6	1,2858	68,4
Wagen „P"		
Einzelklotz P6	1,5502	88,5
Doppelklotz P6	1,1700	56,8
Einzelklotz P14	1,1905	53,6
Doppelklotz P14	0,9704	44,4

Berechnungsbeispiel 5.16

Mit den zu den Bremskennlinien $s_B = f(v_0)$ des Bildes 5.25 ermittelten Konstanten D_0, D_1 und D_2 sind für das Prüffahrzeug (4-achsiger Reisezugwagen Aüm[203]) die Bremsgewichte der einzelnen Bremsstellungen zu ermitteln. Der Versuchszug besteht aus der ungebremsten Lokomotive BR 103 ($m_L = 114$ t) und 15 Wagen Aüm[203] ($m_F = 37,5$ t). Die Zugmasse beträgt $m_Z = 676, 5$ t und die gebremste Masse $m_{ZB} = 562,5$ t. Die Drehmasse der Lokomotive ist zu vernachlässigen. Der Zug hatte keinen Messwagen.

Mit Gl. (5.103) wird das Bremsbewertungsblatt der Bremsart I gezeichnet (Bild 5.30). Die Kennlinien $s_B = f(v_0)$ des Bildes 5.25 werden in das Bremsbewertungsblatt der Bremsart I des Bildes 5.30 eingezeichnet. Der Schnittpunkt mit den Bewertungslinien wird ermittelt, und auf der Abszisse wird der λ_Z-Wert abgelesen. Die Bremshundertstel des Zugs λ_Z werden mit Gl. (5.105) in das Gesamt-Bremsgewicht des Zugs B_{GZ} und in das Fahrzeug-Bremsgewicht B_{GF} umgerechnet.

Lösungsweg und Lösung:

Die Bremshundertstel des Zugs λ_Z und die Bremsgewichte des Fahrzeugs B_{GF} sind einfacher zu ermitteln, wenn ein Rechenprogramm benutzt wird, das die Schnittpunktsuche von Gl. (5.91) und (5.103) und die Berechnung von B_{GF} mit Gl. (5.105) beinhaltet.

Tabelle 5.34 enthält das Ergebnis für das DB- und für das ERRI-Bewertungsblatt.

Aus Tabelle 5.34 geht für das DB-Bewertungsblatt die ungünstige Abhängigkeit des Bremsgewichts von der Bewertungslinie hervor. Für das neu entwickelten ERRI-Bewertungsblatt ist eine nahezu vollkommene Unabhängigkeit des Bremsgewichts von der Bewertungslinie zu erkennen.

Tabelle 5.34
Bremshundertstel des Zugs λ_Z und Bremsgewichte des Wagens Aüm[203] (Beispiel 5.16)

Stellung		DB-Bewertungsblatt			ERRI-Bewertungsblatt		
		120 km/h	630 m	900 m	120 km/h	630 m	900 m
P	λ_Z %	116	114	126	116	114	118
	B_{GF} t	52,3	51,2	57,0	52,3	51,2	53,0
R	λ_Z %	135	137	151	135	136	139
	B_{GF} t	61,0	61,6	68,0	61,0	61,2	62,9
R+Mg	λ_Z %	196	213	218	196	197	196
	B_{GF} t	88,5	96,3	98,2	88,5	88,8	88,6

5.4.3 Mindestbremshundertstel und Bremstafel

Mindestbremshundertstel

Mindestbremshundertstel λ_{Mind} sind die mindestens erforderliche Bremskapazität, um einen Zug auf einer Strecke mit dem maßgebenden Gefälle i_{ma} (Kap. 3.1.1) aus der Anfangsgeschwindigkeit v_0 mit einer Schnellbremsung innerhalb des Vorsignalabstands bis zum Halt abzubremsen. Die Ermittlung der Mindestbremshundertstel erfolgte ursprünglich mit dem Vorsignalabstand als Anhalteweg (*Besser*, 1928), später als Bremsweg (Kap. 5.2.5).

Die Mindestbremshundertstel wurden aus Bremskennlinien $s_B = f(v_0)$ mit bekanntem λ (%)- und i (‰)-Wert ermittelt. Die Kennlinien $s_B = f(v_0)$ mit Parameter λ und i sind aus Bremsversuchen mit dem Einheitsbremszug hervorgegangen. Die zulässige Geschwindigkeit v_0 wurde den Kennlinien für den gegebenen Bewertungsweg entnommen.

Bremstafeln des konventionellen Zugverkehrs

Die Mindestbremshundertstel der Versuchsauswertung wurden in Bremstafeln zusammengefasst. Die Bremstafeln enthalten für zulässige Geschwindigkeiten v_0 und maßgebende Gefälle i_{ma} die Mindestbremshundertstel λ_{Mind} der Bremsarten I (R/P) und II (G). Bremstafeln existieren für Vorsignalabstände 400 m, 700 m und 1000 m. Zur Gewährleistung von 10 % Bremswegsicherheit beruhen die v_0-Werte auf den Bewertungswegen 360 m, 700 m und 900 m.

Die Bremstafeln sind Bestandteil der Fahrdienstvorschriften der Eisenbahn. Sie sind u.a. im „Handbuch bremstechnische Begriffe und Werte" der Knorr-Bremse AG München zu finden. Tabelle 5.35 zeigt den Ausschnitt einer Bremstafel.

Nachweis der bremstechnischen Sicherheit

Der Nachweis der bremstechnischen Sicherheit wird durch den Vergleich der im Zug verfügbaren Bremshundertstel λ_Z mit den in den Bremstafeln vorgeschriebenen Mindestbremshundertsteln λ_{Mind} geführt. Folgende Bedingung muss eingehalten werden:

$$\lambda_Z \geq \lambda_{Mind} \tag{5.107}$$

Wird die Bedingung nicht eingehalten, muss die zulässige Geschwindigkeit so weit reduziert werden, dass Gl. (5.107) erfüllt ist.

Für die im Zug verfügbaren Bremshundertstel λ_Z gilt Gl. (5.102). Das Zuggewicht G_Z bzw. die Zugmasse m_Z ist mit den aktuellen Massen m_F aller Fahrzeuge zu berechnen. Bei der Summierung der Fahrzeugbremsgewichte B_{GF} zum Zugbremsgewicht B_{GZ} dürfen nur Fahrzeuge mit eingeschalteter Bremse berücksichtigt werden. Überschreitet die Anzahl der Wagenachsen die Werte des Einheitsbremszugs, ist das in Gl. (5.107) einzusetzende Bremsgewicht wegen Verschlechterung des Zeitverhaltens um 10 % zu reduzieren.

Der Nachweis der bremstechnischen Sicherheit mit Gl. (5.107) ist nur dann signifikant, wenn Kompatibilität zwischen den Variablen verfügbare und Mindestbremshundertstel besteht. Wegen der fehlenden fahrdynamischen Basis der Bremsbewertung ist das nicht immer der Fall. Deshalb werden neue Fahrzeugentwicklungen durch umfangreiche Versuche einer Überprüfung auf Einhaltung der Bremstafeln unterzogen.

Tabelle 5.35
Ausschnitt aus der Bremstafel der DB AG für 400 m Vorsignalabstand (Mindestbremshundertstel)

i	Brems-% art	v_0 in km/h: 15	20	25	30	35	40	45	50	55	60	65	70	75	80
0	R/P	6	6	6	8	11	15	21	28	36	46	56	67	80	93
	G	10	10	10	12	17	24	33	43	57	73	92	-	-	-
1	R/P	6	6	6	9	12	16	23	29	37	47	57	68	82	96
	G	10	10	10	13	19	25	34	45	59	75	94	-	-	-
2	R/P	6	6	7	10	13	17	24	30	39	49	59	70	83	98
	G	10	10	11	15	20	27	36	47	60	77	96	-	-	-
3	R/P	6	6	8	11	14	19	25	32	40	50	61	72	85	100
	G	10	10	12	16	21	28	38	49	62	79	97	-	-	-
4	R/P	6	7	9	12	15	20	26	33	42	52	62	74	87	102
	G	10	10	13	17	23	30	39	50	64	81	100	-	-	-

Wird bei den Versuchen eine punktuelle Nichteinhaltung der Bremstafeln festgestellt, muss das Bremsgewicht des zu prüfenden Fahrzeugs verringert werden. Diese Versuche können durch Anwendung der Bremsfahrtsimulation reduziert werden, wenn aus den Versuchen auf der 0 ‰-Strecke die Kennlinie der momentanen Bremskraftbeschleunigung eliminiert wird.

Bremstafeln des Hochgeschwindigkeitsverkehrs

Die Bremstafeln des Hochgeschwindigkeitsverkehrs beinhalten die Überwachungskurven der automatischen Fahr- und Bremssteuerung (AFB). Sie beruhen auf den im Bremsversuch ermittelten $s_B(v_0)$-Kurven der Vollbremsung (Kap. 5.3.5).

In den Bremstafeln sind die einzuhaltenden Bremswege in Abhängigkeit von den verfügbaren Bremshundertsteln dargestellt. Der Darstellungsbereich liegt zwischen 80 und 300 km/h und 100 und 240 % jeweils in Zehnerschritten. Die Bremstafeln wurden für die Waagerechte und die maßgebenden Gefälle (Kap. 3.1.1) i_{ma} = 5 ‰ und 12,5 ‰ aufgestellt. Sie sind im „Handbuch bremstechnischer Begriffe und Werte" der Knorr-Bremse AG München enthalten. Tabelle 5.36 zeigt einen Ausschnitt.

Zur Ermittlung der den Bremstafeln zugrunde liegenden Berechnung wurden die Bremswege in mittlere Verzögerungen umgerechnet, die über der Bremsanfangsgeschwindigkeit v_0 dargestellt wurden. Bild 5.32 zeigt das Ergebnis für die 0 ‰-Bremstafel.

Die Kurven des Bildes 5.32 können durch folgende statistische Gleichung ausgedrückt werden:

$$b_{m0} = a_0 + a_1 \frac{\lambda_{Mind}}{P} - a_2 \frac{v_0}{v_{00}} \tag{5.108}$$

b_{m0} mittlere Bremsverzögerung der Waagerechten in m/s^2	v_0 Bremsanfangsgeschwindigkeit, km/h
	v_{00} Geschwindigkeitskonstante
a_0, a_1, a_2 Beschleunigungskonstanten	v_{00} = 100 km/h
a_0 = 0,4620 m/s^2, a_1 = 0,4450 m/s^2	λ_{Mind} Mindestbremshundertstel in %
und a_2 = 0,1985 m/s^2	P Konstante, P = 100 %

Die 0 ‰-Bremstafel ist in Bremstafeln beliebiger maßgebender Gefälle i_{ma} umzurechnen.

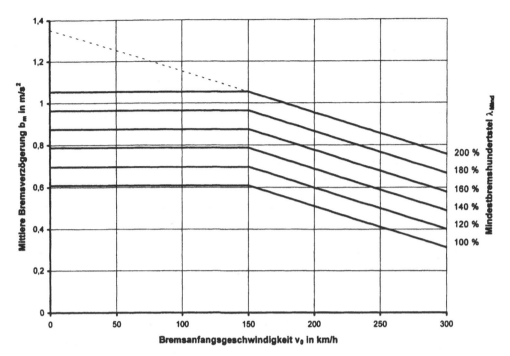

Bild 5.32
Kennlinien der mittleren Bremsverzögerung der 0 ‰-Bremstafel des Hochgeschwindigkeitsverkehrs

Tabelle 5.36
Ausschnitt aus der DB-Bremstafel des Hochgeschwindigkeitsverkehrs für $i_{ma} = 0$ ‰
(einzuhaltende Bremswege in m)

v_{Zul} km/h	Mindestens vorhandene Bremshundertstel λ_{Mind} (%):														
	100	110	120	130	140	150	160	170	180	190	200	210	220	230	240
80	410	380	360	340	320	300	290	270	260	250	240	230	220	210	200
90	520	480	450	420	400	380	360	340	330	310	300	290	280	270	260
100	640	590	560	520	490	470	440	420	400	380	370	350	340	330	320
110	770	720	670	630	600	560	540	510	490	460	450	430	410	400	380
120	920	850	800	750	710	670	640	610	580	550	530	510	490	470	450

Zur Umrechnung ist von der mittleren Verzögerung b_{Int0} der Δv-Zehnerintervalle auszugehen. Mit Geschwindigkeit (in m/s), Bremsweg und mittlerer Verzögerung des Anfangspunktes A (v_{0A}, s_{BA} und b_{mA}) und des Endpunktes E (v_{0E}, s_{BE} und b_{mE}) des Intervalls erhält man b_{Int0}:

$$b_{Int0} = \frac{v_{0E}^2 - v_{0A}^2}{2 s_{BE} - 2 s_{BA}} \quad \text{mit } 2 s_{BA} = \frac{v_{0A}^2}{b_{mA}} \quad \text{und } 2 s_{BE} = \frac{v_{0E}^2}{b_{mE}} \qquad (5.109)$$

$$b_{Int0} = \frac{b_{mA} b_{mE} (v_{0E}^2 - v_{0A}^2)}{b_{mA} v_{0E}^2 - b_{mE} v_{0A}^2}$$

Die Geschwindigkeit ist in m/s einzusetzen.

Die Intervallverzögerungen der Waagerechten b_{Int0} sind auf das Gefälles (b_{Inti}) umzurechnen:

$$b_{Int\ i} = b_{Int\ 0} - g_K\, i_{ma} \qquad (5.110)$$

Das maßgebende Gefälle i_{ma} ist positiv und in der Masseinheit 1 einzusetzen. Die Beschleunigungskonstante wurde zu $g_K = 10\ \text{m/s}^2$ gewählt.

Den zur Geschwindigkeit v_{0E} gehörenden Bremsweg s_B erhält man durch Schrittintegration:

$$s_{AE} = \frac{v_{0E}^2 - v_{0A}^2}{2\,b_{Int\ i}} \quad \text{und} \quad s_B(v_{0E}) = \sum s_{AE} \qquad (5.111)$$

Das erste Intervall reicht von $v_{0A} = 0$ bis $v_{0E} = 41{,}667\ \text{m/s}$ (150 km/h), das zweite Intervall von $v_{0A} = 41{,}667\ \text{m/s}$ (150 km/h) bis $v_{0E} = 44{,}444\ \text{m/s}$ (160 km/h) usw.

Nach Kap. 5.3.2.2 (Bild 5.16 und Gl. (5.53)) ist die Festlegung einer konstanten mittleren Verzögerung b_m zwischen 0 und 150 km/h nicht möglich. In diesem Fall ergibt sich mit abnehmendem v_0-Wert ein Anstieg der erforderlichen entwickelten Verzögerung bis ins Unendliche, der von der Bremseinrichtung nicht realisiert werden kann.

5.4.4 Fahrdynamischer Bremswert und Bremshundertstel

Das auf Bremsgewicht und Bremsgewichtshundertstel beruhende Bewertungssystem war im Zeitalter der Grauguss-Klotzbremse und des Technischen Maßeinheitsystems eine für die universelle Bremsbewertung vorzüglich geeignete Konstruktion. Die Überprüfung der bremstechnischen Sicherheit der Züge war einfach und somit problemlos in der täglichen Praxis. Da bei seiner Entwicklung im Jahr 1928 nur an den momentanen technischen Stand gedacht worden ist, besteht keine Möglichkeit der physikalisch sauberen Übertragung auf die innovativen Bremsen und der Überführung in das gesetzlich vorgeschriebene physikalische Internationale Maßeinheitsystem (SI).

Von *Hendrichs* wurde 1989 die physikalische Bremsbewertung vorgeschlagen (Über die Bewertung von Eisenbahnbremsen nach mathematisch-physikalischen Gesichtspunkten. Habilitationsschrift an der Universität Hannover 1989). Die gewählte Variante ist aber unvollständig. Im komplexen fahrdynamischen Bewertungssystems wurde auf *Hendrichs* Bezug genommen.

Fahrdynamischer Bremswert

Der fahrdynamische Bremswert eines Fahrzeugs BW ist die mittlere Bremskraft im entwickelten Abschnitt der Bremsung, ermittelt mit dem *linearen* dreiteiligen Bremsablaufmodell für Normativwerte von Grundverzögerung b_G, Massenfaktor ξ_Z, Ansprech- und Schwellzeit t_A, t_S.

Einheitlich ist die Grundverzögerung $b_G = 0{,}05\ \text{m/s}^2$, der Massenfaktor $\xi_Z = 1{,}06$ und die Ansprechzeit $t_A = 1{,}5\ \text{s}$ zu wählen. Für die Schwellzeit gilt:

– Einzelfahrzeug in „P/R" $t_S = 4\ \text{s}$ und in „G" $t_S = 24\ \text{s}$
– Einheitsbremszug (Reisezug) in „P" und „R (ohne ep/SEV)" $t_S = 6\ \text{s}$ und in „G" $t_S = 26\ \text{s}$
– Einheitsbremszug (Reisezug) in „R" $t_S = 4\ \text{s}$
– Einheitsbremszug (Güterzug, zweiachsig) in „P" $t_S = 12\ \text{s}$ und in „G" $t_S = 28\ \text{s}$
– Einheitsbremszug (Güterzug, vier- und mehrachsig) in „P" $t_S = 9\ \text{s}$ und in „G" $t_S = 27\ \text{s}$

Ausgangspunkt der Bremswertermittlung ist die erste Auswertestufe der gegebenen Brems-kurven-Stützstellen $v_0;s_B$ (Kap. 5.4.1, Gl. (5.91) oder (5.92) und Bild 5.25).

Mit Gl. (5.91) wird der zur Bewertungsgeschwindigkeit v_0 gehörende Bremsweg s_B berechnet. Zum Bewertungspunkt v_0 ; s_B wird mit Gl. (5.93) die Bremskraftverzögerung des Zugs b_{BZ} berechnet. Bei zweistufiger Abbremsung ist mit Gl. (5.95) die Bremskraftverzögerung der Hoch-abbremsung b_H zu berechnen ($b_E = b_{BZ}$ setzen). Für die Umschaltgeschwindigkeit v_U gilt ein einheitlicher Wert, z.B. $v_U = 15$ m/s.

Die Verzögerung b_{BZ} bzw. b_H ist mit Gl. (5.48) und (5.47) über die Bremskraftbeschleunigung des Zugs a_{BZ} in den Fahrzeugbremswert BW umzurechnen:

$$BW = \psi_B\,\xi_Z\,q_B\,m_{F0}\,b_{BZ} \quad \text{mit} \quad q_B = \frac{m_Z + m_{DZ}}{m_{ZB} + m_{DZB}} \tag{5.112}$$

$$BW = q_B\,m_{F0}\,b_{BZ}$$

BW Fahrzeugbremswert in kN	m_{DZB} Drehmasse der gebremsten Fahrzeuge in t
m_{F0} Leermasse des Prüffahrzeugs in t	q_B Bremsmasseverhältnis
m_Z Zugmasse in t	ξ_Z Massenfaktor des Zugs
m_{ZB} gebremste Zugmasse in t	ψ_B Bremswertsicherheitsfaktor
m_{DZ} Drehmasse des Zugs in t (Kap. 1.2.5)	

Der Bremswertsicherheitsfaktor dient der Berücksichtigung der verschleißbedingten Vermin-derung der Bremskapazität. Er ist zu $\psi_B \le 0{,}95$ zu wählen. Mit $\psi_B = 0{,}94$ und $\xi_Z = 1{,}06$ erhält man $\psi_B \cdot \xi_Z = 1$, so dass Gl. (5.112) vereinfacht werden kann (zweite Zeile von Gl. (5.112)). Der nach diesem Algorithmus bestimmte BW-Wert bezieht sich auf das Einzelfahrzeug. Der Einfluss der durch die Hauptluftleitung gegebenen Zeitabhängigkeit ist eliminiert.

Zweipunktbewertung (Bremswert A und B)

Bei der gewählten Zweipunktbewertung ist die Abhängigkeit BW = f(v_0) durch 2 Bewertungs-punkte und eine Musterfunktion BW = f(v_0), die von den 2 Bewertungspunkten erfüllt wird, gegeben. Bremsbewertungsblätter und Bremstafeln können entfallen.

Für den unteren Bremswert A ist v_0 so zu wählen, dass der entwickelte Abschnitt im Bremsab-lauf ausreichend enthalten ist und dass im Fall der zweistufigen Abbremsung die Aktivierungs-geschwindigkeit ausreichend überschritten ist. Beim Bremswert B darf v_0 90 % der maxima-len Geschwindigkeit der Bremsstellung oder des Fahrzeugs möglichst nicht unterschreiten.

Tabelle 5.37

Berechnung der Fahrzeugbremswerte zum Versuchszug des Bildes 5.23 und Beispiels 5.15
(Zugmasse $m_Z = 676{,}5$ t, gebremste Zugmasse $m_{ZB} = 562{,}5$ t, Prüffahrzeugmasse $m_{F0} = 37{,}5$ t, Drehmasse des Zugs $m_{DZ} = 54$ t, Drehmasse des gebremsten Zugteils $m_{DZB} = 36$ t)

Bremsstellung:	P		R		R+Mg	
v_0 in km/h gewählt:	60	120	60	160	100	200
s_B in m nach Gl. (5.91)	198	712	175	1050	321	1265
b_{BZ} in m/s² nach Gl. (5.93)	1,0316	0,9213	1,1097	1,0443	1,6388	1,3808
Bremswert	BW_{60}	BW_{120}	BW_{60}	BW_{160}	BW_{100}	BW_{200}
BW in kN nach Gl. (5.112)	47,2	42,2	50,8	47,8	75,0	63,2

Die Bezugsgeschwindigkeit ist als Index zu vermerken. Die Bezugsgeschwindigkeiten sind einheitlich in einer Schrittweite von 20 km/h gewählt werden.

Beispiel Reisezugwagen mit Scheibenbremse, 38 t, bei Bremsstellung R v_{max} = 160 km/h:

Bremswert A BW_{60} = 60 kN und Bremswert B BW_{140} = 55 kN.

Tabelle 5.37 enthält die Ermittlung der Fahrzeugbremswerte zu dem in Bild 5.25 und Beispiel 5.16 gegebenen Versuchszug. Das Bremsmasseverhältnis beträgt nach Gl. (5.112) q_B = 1,2206.

Verfügbarer Bremswert

Der Nachweis der bremstechnischen Sicherheit und die Bremswegberechnung erfolgen mit dem bei der zulässigen Geschwindigkeit v_{zul} verfügbare Bremswert des Zugs BW_Z. BW_Z ist die Summe aller Fahrzeugbremswerte BW_F der Fahrzeuge mit eingeschalteter Bremse:

$$BW_Z = \Sigma\, BW_F \qquad (5.113)$$

Der Fahrzeugbremswert BW_F bei v_{zul} ist mit der für das Fahrzeug zutreffenden Musterfunktion BW = f(v_0) aus den Bremswerten A und B zu berechnen. Als Musterfunktion kommt entweder die Geradengleichung oder die Exponentialgleichung des natürlichen Logarithmus in Frage.

Die Geradengleichung lautet:

$$BW_F = B_0 - B_1 \frac{v_{zul}}{v_{00}} \qquad (5.114)$$

$$B_1 = \frac{BW_A - BW_B}{v_B - v_A}\, v_{00} \quad \text{und} \quad B_0 = BW_A + B_1\, \frac{v_A}{v_{00}}$$

Für die Geschwindigkeitskonstante ist v_{00} = 100 km/h zu verwenden.

Die Exponentialgleichung des natürlichen Logarithmus lautet:

$$BW_F = B_0\, e^{-v_{zul}/v_{Bez}} \qquad (5.115)$$

$$v_{Bez} = \frac{v_B - v_A}{\ln(BW_A / BW_B)}, \quad \ln B_0 = \ln BW_A + \frac{v_A}{v_{Bez}} \quad \text{und} \quad B_0 = e^{\ln B_0}$$

Die Variablen v_A; BW_A beziehen sich auf den Bremswert A und die Variablen v_B; BW_B auf den Bremswert B.

Liegt die zweistufige Abbremsung vor, ist der mit Gl. (5.114) oder (5.115) berechnete Bremswert BW_H = BW_F zu setzen und der Fahrzeugbremswert nach Gl. (5.74) mit folgender Gleichung zu berechnen:

$$BW_F = \frac{BW_H}{1 + (\alpha_U - 1)\, \varphi_U^2} \quad \text{mit} \quad \alpha_U = \frac{BW_H}{BW_U} \quad \text{und} \quad \varphi_U = \frac{v_U}{v_{zul}} \qquad (5.116)$$

Der Bremswert des Umschaltpunktes BW_U ist mit der einheitlichen Umschaltgeschwindigkeit v_U, z. B. v_U = 54 km/h bzw. 15 m/s, aus der für die Niedrigabbremsung aufgestellten Gleichung BW_F = f(v_0) zu bestimmen.

Bild 5.33 zeigt die Bremswertkennlinien (Geradengleichung und e-Funktion) der Bremsstellungen des in Tabelle 5.37 gegebenen Zugs. Die Abweichungen sind nur geringfügig. Mit Ausnahme der Bremsstellung R+Mg kann die Geradengleichung festgelegt werden.

Verfügbare Bremshundertstel

Die Bewertung der Bremskapazität eines Fahrzeugs oder Zugs mit verfügbaren Bremshundertsteln wird in der fahrdynamischen Bremsbewertung beibehalten. Für die bei der zulässigen Geschwindigkeit v_{zul} verfügbaren Bremshundertstel eines Fahrzeugs λ_F oder Zugs λ_Z gilt:

$$\lambda_F = \frac{P}{a_{BN}} \frac{BW_F}{m_{F0}} \quad \text{und} \quad \lambda_Z = \frac{P}{a_{BN}} \frac{BW_Z}{m_Z} \tag{5.117}$$

λ_F, λ_Z verfügbare Bremshundertstel von Fahrzeug/Zug in %	BW_F, BW_Z Bremswert von Fahrzeug/Zug in kN
m_{F0} Leermasse des Fahrzeugs in t	a_{BN} Normativwert der Bremskraftbeschleunigung $a_{BN} = 1 \text{ m/s}^2$
m_Z Zugmasse in t	P Konstante, $P = 100$ %

Die fahrdynamischen Bremshundertstel haben eine physikalische Basis. Beispielsweise besagen $\lambda_Z = 120$ %, dass der Zug die Bremskraftbeschleunigung $a_{BZ} = 120 \text{ cm/s}^2$ hat. Auf waagerechter Strecke entspricht sie überschläglich der entwickelten Bremsverzögerung b_E.

Mindestbremshundertstel

Die Bewertung des für die Zugfahrt erforderlichen Bremsvermögens mit Mindestbremshundertsteln wird beibehalten. Die Mindestbremshundertstel sind für die aktuellen Bedingungen der Zugfahrt mit dem *linearen* dreiteiligen Bremsablaufmodell zu berechnen.

Mit Gl. (5.93) wird die Bremskraftverzögerung des Zugs bestimmt. Für die Bremsanfangsgeschwindigkeit v_0 ist die zulässige Geschwindigkeit der Zugfahrt v_{zul} und für den verfügbaren Bremsweg s_B sind 90 % des Vorsignalabstands einzusetzen (Beibehaltung der 10 % Bremswegsicherheitsreserve). Die Schwellzeit t_S ist auf der Grundlage der aktuellen Zugparameter nach Kap. 5.2.5 zu ermitteln. Damit wird der negative Einfluss des Zeitverhaltens des Hauptluftleitungsdrucks in den Mindestbremshundertsteln erfasst.

Die einzusetzende aktuelle Grundverzögerung wird auf der Basis von Gl. (5.48) berechnet:

$$b_G = b_{G0} - \psi_N g_K i_{ma} \tag{5.118}$$

b_G aktuelle Grundverzögerung in m/s^2	i_{ma} maßgebendes Gefälle, positiv, Maßeinheit 1, Kap. 3.1.1
b_{G0} b_G bei $i = 0$ ‰, $b_{G0} = 0,05 \text{ m/s}^2$	
g_K Beschleunigungskonstante, $g_K = 10 \text{ m/s}^2$	ψ_N Neigungssicherheitsfaktor, $\psi_N = 1,1$ bis $1,2$

Nachweis der bremstechnischen Sicherheit

Die bremstechnische Sicherheit der Zugfahrt ist wie bisher mit Gl. (5.107) nachzuweisen. Wird Gl. (5.107) nicht erfüllt, ist die zulässige Geschwindigkeit v_{zul} bis zur Erfüllung zu reduzieren.

Bremsweg- und Bremsablaufberechnung

Der Quotient Bremswert des Zugs BW_Z/Zugmasse m_Z ergibt die Bremskraftbeschleunigung des Zugs a_{BZ}. Die Berechnung ist jetzt mit den Bremsablaufmodellen möglich.

Praxisanwendung

Zur einfachen Handhabung des fahrdynamischen Bremsbewertungssystems in der täglichen Betriebspraxis sind die Gleichungen in einen Taschenrechner fest einzuprogrammieren.

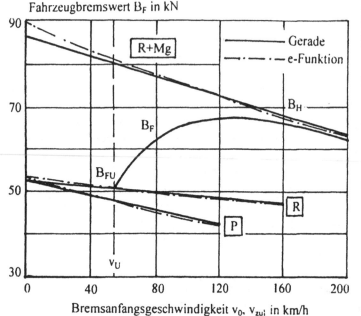

Bild 5.33
Bremswertkennlinien des
Prüffahrzeugs zu Bild 5.25/
Tabelle 5.37

Gerade:

	B_0 in m/s²	B_1 in m/s²
P	52,2	8,3333
R	52,6	3,0
R+Mg	86,8	11,8

e-Funktion:

	B_0 in m/s²	B_1 in m/s²
P	52,8	535,8
R	52,7	1642,8
R+Mg	89,0	584,2

Tabelle 5.38: Ergebnisse zu Beispiel 5.17

Variable	Gerade			e-Funktion		
	P	R	R+Mg	P	R	R+Mg
v_{zul} in km/h	90	120	160	90	120	160
B_H / B_U in kN	-	51,0 [1]	67,9	-	51,0 [1]	67,7
B_F in kN	44,7	49,0	65,4	44,6	49,0	65,3
λ_F in %	119	131	174	119	131	174

[1] B_U zu v_U = 54 km/h

Berechnungsbeispiel 5.17

Für die Bremsstellungen das Prüffahrzeug von Bild 5.25/Tabelle 5.37 sind zu gewählten zulässigen Geschwindigkeiten die Fahrzeugbremshundertstel zu berechnen.

Lösungsweg und Lösung:

Mit den Bremswerten A und B werden die Konstanten B_0, B_1 sowie v_{Bez} bestimmt (Gl.(5.114), (5.115), Bild 5.33). Für v_{zul} wird B_F berechnet Bei R+Mg wird $B_H = B_F$ gesetzt und anschließend B_F mit Gl. (5.116) berechnet. Die λ_F-Berechnung erfolgt mit Gl. (5.117). Tabelle 5.38 enthält das Ergebnis. „Gerade" und „e-Funktion" führen zu nahezu gleichem Ergebnis.

6 Zugfahrtberechnung

6.1 Grundlagen und Zielstellung

Bewegungsfälle der Zugfahrt

Die Zugfahrt setzt sich aus einer Folge von Abschnitten mit folgenden Bewegungsfällen zusammen (Kap. 1.2.2):

- Zugfahrt mit Zugkraft,
- Zugfahrt mit Bremskraft und
- Zugfahrt ohne Zug- und Bremskraft.

In Abhängigkeit vom Vorzeichen der Momentanbeschleunigung, berechnet mit Gl. (1.8) bis (1.10), sind zu jedem Bewegungsfall folgende Bewegungsarten möglich (Kap. 2.1):

- gleichförmige Bewegung (Beschleunigung a = 0 und Geschwindigkeit v = konstant),
- ungleichförmige Bewegung mit Geschwindigkeitszunahme (Beschleunigung a > 0) und
- ungleichförmige Bewegung mit Geschwindigkeitsabnahme (Beschleunigung a < 0).

Fahrschaubild

Im Fahrschaubild ist die Geschwindigkeit der Zugfahrt über der Zeit oder über dem Weg dargestellt. Das Fahrschaubild kann auch um weitere Kennlinien momentaner Variablen, z. B. um die Kennlinie Weg s = f(Zeit t) oder Zeit t = f(Weg s), ergänzt sein. Die Fahrschaubilder werden in zwei Grundtypen unterteilt:

- Nahverkehrsfahrschaubild und
- Fernverkehrsfahrschaubild.

Das Fahrschaubild wird in der Horizontalen durch den Anfangs- und Endwegpunkt der Zugfahrt und in der Vertikalen durch die zulässige Geschwindigkeit begrenzt. In der Horizontalen ist zusätzlich die Begrenzung durch die Fahrzeit möglich.

Das Fahrschaubild setzt sich aus Abschnitten der möglichen Bewegungsfälle und Bewegungsarten zusammen. Die Abschnittsfolge ist teilweise feststehend (z. B. die Anfahrt am Beginn und die Bremsung am Ende) und teilweise frei wählbar (z. B. der Auslauf/das Abrollen und die Beharrungsfahrt mit $v < v_{zul}$).

Steuergrößen der Zugfahrt

Der Triebfahrzeugführer steuert die Zugfahrt durch Regeln von Zug- und Bremskraft und beeinflusst damit das Fahrschaubild entsprechend. Wird für die Zugfahrt die Fahrzeit vorgegeben, schränken sich die Steuerungsmöglichkeiten durch den Triebfahrzeugführer ein. Bei Vorgabe der kürzesten Fahrzeit hat er keine Möglichkeit der Gestaltung der Zugfahrt mehr. Sie muss mit maximaler Fahrstufe, zulässiger Geschwindigkeit (kein Auslauf/Abrollen) und maximaler Betriebsbremsstufe erfolgen.

Fahrschaubildberechnung

Die Fahrschaubilder sind entweder mit den Integrationslösungen der Beschleunigungsgleichungen (Kap. 2.2) oder den Mikroschrittverfahren (Kap. 2.3.3) abschnittsweise zu berechnen.

Der Bewegungsanfangszustand des Abschnitts oder des Schritts ist bekannt (Anfangszeit t_A, Anfangsweg s_A und Anfangsgeschwindigkeit v_A). Der Bewegungsendzustand (Endzeit t_E, Endweg s_E und Endgeschwindigkeit v_E) ist gesucht. Zur Ausführung des Rechenschritts muss eine der sich ändernden Variablen und beim Mikroschrittverfahren außerdem die Beschleunigung im Schritt bekannt sein.

Zur Bestimmung der im Schritt vorliegenden Beschleunigung mit Gl. (1.8) bis (1.10) müssen das Zugkraftdiagramm (Kap. 4), die Zugwiderstandsgleichung (Kap. 3.3.7) und das Streckenband (Kap. 3.1.1) vorliegen. Außerdem muss der wegabhängige Verlauf der zulässigen Geschwindigkeit (Geschwindigkeitsband) gegeben sein.

Zielstellung

Der Umfang der Fahrschaubildberechnung ist von der gewählten Zielstellung abhängig. Folgende Zielstellungen sind möglich:

- *Aufstellung des Fahrplanes*

  (Ermittlung der Endzeit sowie von Zwischenzeiten an Betriebsstellen),
- *Aufstellung eines Fahrinformators*

  (zusätzlich Ermittlung von Zeit, Weg und Geschwindigkeit zu Punkten des Fahrtverlaufs, an denen Änderungen der Fahrstrategie für ein energiesparendes Fahren oder verschleißarmes Bremsen vorgenommen werden müssen),
- *Bestimmung der Kosten einer Zugfahrt*

  (Ermittlung von Zugkraftarbeit und Energieverbrauch sowie Verschleiß der Reibmaterialien der Bremsen, die in die Zugfahrtkostenrechnung eingehen),
- *Überlastungskontrolle von Antrieb und Bremsen*

  (Ermittlung der Temperaturkennlinie von Antrieb und Bremsen und Vergleich mit der zulässigen Temperatur, um mögliche überlastungsbedingte Ausfälle vorher zu erkennen),
- *fahrdynamischer Triebfahrzeugtest im Konstruktionsstadium*

  (Simulation von Zugfahrten für die geplanten Einsatzbereiche des neuen Triebsfahrzeugs, um vorab die Einhaltung des Pflichtenheftes überprüfen zu können) und
- *Wirtschaftlichkeitsuntersuchung des Übergangs zu verschleißlos arbeitenden Bremsen*

  (Simulation der gleichen Zugfahrt mit Benutzung der Reibungsbremsen und der verschleißlosen Bremsen, um die mögliche Reibmaterialeinsparung zu erhalten).

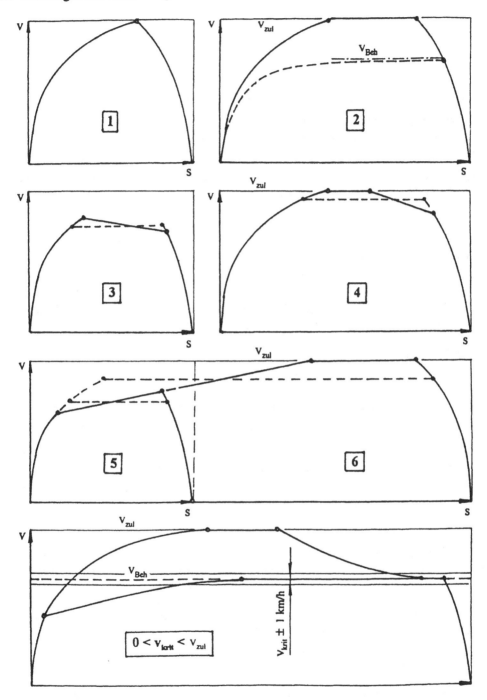

Bild 6.1
Varianten 1 bis 6 der Nahverkehrsfahrschaubilder sowie Subvariante zu Fahrschaubild Nr. 5/6

6.2   Nahverkehrsfahrschaubild

6.2.1   Fahrschaubildvarianten

Für Nahverkehrsfahrschaubilder gilt die Vereinfachung, dass
- die Längsneigung zwischen Start und Ziel konstant ist,
- die zulässige Geschwindigkeit zwischen Start und Ziel konstant ist und
- die Fahrbewegung ungestört abläuft.

Bestehen wesentliche Abweichungen von diesen Vereinfachungen, ist das Fernverkehrsfahrschaubild den Berechnungen zugrunde zu legen.

Die Nahverkehrsfahrschaubilder sind in Abhängigkeit von Haltestellenabstand, zulässiger Geschwindigkeit und Längsneigung in 6 Varianten zu unterteilen. Bild 6.1 zeigt die 6 Varianten.

Fahrschaubildvariante Nr. 1

Die Zugbewegung besteht aus den Fahrabschnitten Anfahren und Bremsen. Die Schnittstelle ergibt sich aus der Bedingung, dass der Zug mit der zugrunde gelegten Betriebsbremsverzögerung im Zielwegpunkt anhalten muss. Bedingung für die Realisierbarkeit der Variante 1 ist, dass die zulässige Geschwindigkeit nicht überschritten wird.

Fahrschaubildvariante Nr. 2

Die Zugbewegung besteht aus den Fahrabschnitten Anfahren, Beharrungsfahrt mit der zulässigen Geschwindigkeit und Bremsen. Die Schnittstelle zwischen Beharrungsfahrt und Bremsen ergibt sich aus der Bedingung, dass der Zug mit der zugunde gelegten Betriebsbremsverzögerung im Zielwegpunkt anhalten muss. Bedingung für die Realisierbarkeit der Variante 2 ist, dass auch bei der zulässigen Geschwindigkeit die Summe von Zug-, Neigungs- und Widerstandskraft größer als null ist. Anderenfalls stellt sich entweder Fahrschaubildvariante Nr. 1 ein oder es erfolgt Beharrungsfahrt mit der Geschwindigkeit des Kräftegleichgewichts.

Die Fahrschaubildvarianten Nr. 1 und 2 ergeben die kürzeste Fahrzeit, den maximalen Energieverbrauch und den maximalen Bremsbelagsverschleiß.

Fahrschaubildvariante Nr. 3

Die Zugbewegung besteht aus den Fahrabschnitten Anfahren, Auslaufen und Bremsen. Der Fahrantrieb wird schon vor bzw. bei Erreichen der zulässigen Geschwindigkeit abgeschaltet. Im Auslaufabschnitt nimmt die Geschwindigkeit unter dem Einfluss von Zugwiderstands- und Neigungskraft (Steigung) ab. Die Schnittstelle zwischen Auslaufen und Bremsen ergibt sich aus der Bedingung, dass der Zug mit der zugunde gelegten Betriebsbremsverzögerung im Zielwegpunkt anhalten muss.

Fahrschaubildvariante Nr. 4

Die Zugbewegung besteht aus den Fahrabschnitten Anfahren, Beharrungsfahrt mit der zulässigen Geschwindigkeit, Auslaufen und Bremsen. Beim Erreichen der zulässigen Geschwindigkeit wird die Zugkraft so weit gedrosselt, bis Gleichgewicht zwischen Zugkraft und Zugwiderstands- und Neigungskraft (Steigung) besteht. Das Abschalten des Fahrantriebs erfolgt wegabhängig im Abschnitt der Beharrungsfahrt. Im Auslaufabschnitt nimmt die Geschwindigkeit unter dem Einfluss von Zugwiderstands- und Neigungskraft (Steigung) ab. Die Schnittstelle zwischen Auslauf und Bremsen ergibt sich aus der Bedingung, dass der Zug mit der zugrunde gelegten Betriebsbremsverzögerung im Zielwegpunkt anhalten muss.

Die Fahrschaubildvarianten Nr. 3 und 4 sind nur dann realisierbar, wenn die Summe von Zugwiderstands- und Neigungskraft (Steigung) positiv ist.

Energieoptimale Fahrstrategie

Die Fahrschaubildvarianten Nr. 3 und 4 führen zur Verlängerung der Fahrzeit, aber zur Einsparung an Zugkraftarbeit und Bremsbelagsverschleiß. Die Koordinaten desjenigen Abschaltpunktes, mit denen die geplante Fahrzeit eingehalten wird, ergeben das Minimum an Zugkraftarbeit und Bremsbelagsverschleiß. Dieser Punkt liefert bei Vernachlässigung der Abhängigkeit des Triebfahrzeugwirkungsgrads von der Arbeitslage die energieoptimale Fahrstrategie.

Wenn die Fahrzeit des Fahrplanes größer als die kürzeste ist, kann anstelle der Fahrschaubildvarianten Nr. 3 und 4 auch die Fahrschaubildvariante Nr. 2 benutzt werden. Die Beharrungsfahrt erfolgt mit einer kleineren als die zulässige Geschwindigkeit. Diese Fahrstrategie liefert bei gleicher Fahrzeit zwar kleinere Werte für Zugkraftarbeit und Bremsbelagsverschleiß als für die kürzeste Fahrzeit, aber nicht das Minimum.

Fahrschaubildvariante Nr. 5

Wenn die Summe von Zugwiderstands- und Neigungskraft (Gefälle) negativ ist, geht Fahrschaubildvariante Nr. 3 in Nr. 5 über. Die Zugbewegung besteht aus den Fahrabschnitten Anfahren, Abrollen und Bremsen. Der Fahrantrieb wird vor Erreichen der zulässigen Geschwindigkeit abgeschaltet. Im Abrollabschnitt nimmt die Geschwindigkeit unter dem Einfluss von Zugwiderstands- und Neigungskraft (Gefälle) zu. Die Schnittstelle zwischen Abrollen und Bremsen ergibt sich aus der Bedingung, dass der Zug mit der zugrunde gelegten Betriebsbremsverzögerung im Zielwegpunkt anhalten muss.

Fahrschaubildvariante Nr. 6

Wird bei Fahrschaubildvariante Nr. 5 im Abrollen die zulässige Geschwindigkeit erreicht, erfolgt der Übergang in die Fahrschaubildvariante Nr. 6. Die Zugbewegung besteht aus den Fahrabschnitten Anfahren, Abrollen bis zur zulässigen Geschwindigkeit, Beharrungsfahrt mit der zulässigen Geschwindigkeit und Haltbremsung aus der zulässigen Geschwindigkeit. Im Abschnitt Beharrungsfahrt wird die Geschwindigkeit durch die Bremskraft konstant gehalten. Die ausgeübte Bremskraft entspricht der Summe (Differenz) von Zugwiderstands- und Neigungskraft des Gefälles (Gefällebremsung). Die Schnittstelle zwischen Abrollen und Bremsen ergibt sich aus der Bedingung, dass der Zug mit der zugrunde gelegten Betriebsbremsverzögerung im Zielwegpunkt anhalten muss.

Subvarianten zu Nr. 5 und 6

Da die Zugwiderstandskraft von der Geschwindigkeit abhängig ist, tritt im Gefälle bei der kritischen Geschwindigkeit ein Vorzeichenwechsel der Summe von Zugwiderstands- und Neigungskraft ein. Die Zugbewegung mit der kritischen Geschwindigkeit ist bei abgeschaltetem Fahrantrieb nur in Beharrungsfahrt möglich, da Zugwiderstands- und Neigungskraft des Gefälles gleich sind.

Die Fahrschaubildvarianten Nr. 5 und 6 sind nur dann zu realisieren, wenn die kritische Geschwindigkeit größer als die zulässige ist. Liegt die kritische Geschwindigkeit unterhalb der zulässigen, sind folgende Fahrschaubildvarianten möglich:

- Die Abschaltgeschwindigkeit des Fahrantriebs ist **kleiner** als die kritische Geschwindigkeit.

  Die Zugbewegung folgt den Fahrschaubildvarianten Nr. 5 oder 6, jedoch bei Begrenzung des Abrollens durch die kritische Geschwindigkeit.

- Die Abschaltgeschwindigkeit des Fahrantriebs ist der kritischen Geschwindigkeit **gleich**.

  Die Zugbewegung folgt der Fahrschaubildvariante Nr. 2.

- Die Abschaltgeschwindigkeit des Fahrantriebs ist **größer** als die kritische Geschwindigkeit.

  Die Zugbewegung folgt den Fahrschaubildvarianten Nr. 3 oder 4 (Umkehr des Abrollens in Auslaufen), jedoch bei Begrenzung des Auslaufs durch die kritische Geschwindigkeit.

Die Beschleunigung wird bei der kritischen Geschwindigkeit null. Damit ist sie theoretisch nicht erreichbar. Deshalb ist für die Berechnung ein 2 bis 5 km/h breiter Streifen um die kritische Geschwindigkeit zu wählen, innerhalb dem mit gleichförmiger Bewegung gerechnet wird.

Energieoptimale Fahrstrategie

Die Fahrschaubildvarianten Nr. 5 und 6 führen zur Verlängerung der Fahrzeit, aber zur Einsparung an Zugkraftarbeit und Bremsbelagsverschleiß. Der für die Fahrzeiteinhaltung ermittelte Abschaltpunkt des Fahrantriebs ergibt aber nicht die energie- und verschleißoptimale Fahrstrategie. Das Minimum ist mit Fahrschaubildvariante Nr. 2 zu erreichen.

Berechnungsverfahren

In Abhängigkeit davon, welche Variablen vom zu untersuchenden Zug bekannt sind, können folgende Verfahren für die Fahrschaubildberechnung gewählt werden:

- Näherungsverfahren auf der Basis konstanter Beschleunigungen,
- geschlossene Integration der Zugbeschleunigungsgleichung für Bewegungsabschnitte und
- Integration der Zugbeschleunigungsgleichung mit den Mikroschrittverfahren (Simulation).

6.2.2 Fahrschaubildberechnung mit konstanter Beschleunigung

6.2.2.1 Vorbereitung der Berechnungen

Für die zu berechnende Zugfahrt ist in Abhängigkeit von Haltestellenabstand L_H, mittlerer Längsneigung zwischen den Haltestellen i_m und zulässiger Geschwindigkeit v_{zul} die zutreffende Fahrschaubildvariante zu wählen (Bild 6.1). Die Zeit-, Weg- und Geschwindigkeitswerte aller Schnittstellen und der Gesamtbewegung sind zu ermitteln. Bei Bedarf sind Zugkraftarbeit, Energie- bzw. Kraftstoffverbrauch, aber auch der Bremsbelagsverschleiß zu berechnen.

Für die Berechnung müssen die mittleren zeitbezogenen und mittleren wegbezogenen Beschleunigungen a_t und a_s der Anfahrt sowie mittlere Auslauf- bzw. Abrollbeschleunigung a_{Roll} und mittlere Betriebsbremsverzögerung b_{Br} bekannt sein.

Die Beschleunigungen a_t und a_s sind mit Gl. (2.60) bis (2.64) (Kap. 2.4) zu berechnen. Die Variablen Motorleistung P_M, Zugmasse m_Z, angetriebene Zugmasse m_T, Endgeschwindigkeit der Anfahrt v_E, Zugwiderstandszahl bei v_E f_{WZE} und mittlere Längsneigung i_m müssen bekannt sein. Die berechneten a_t- und a_s-Werte gelten nur für v_E. Die Variable i_m ist bei der a_t- und a_s-Berechnung nur für die Steigung, im Regelfall nicht für das Gefälle zu berücksichtigen.

Die mittlere Auslauf- bzw. Abrollbeschleunigung a_{Roll} ist als arithmetisches Mittel der bei Beginn und Ende vorhandenen Momentanwerte zu bestimmen. Die momentanen Anfangs- und Endbeschleunigungen sind mit Gl. (2.39) (Kap. 2.2.3.4) zu berechnen, nachdem die Gleichungskonstanten a_0, a_1 und a_2 mit Gl. (3.60) bis (3.63) (Kap. 3.3.7) ermittelt worden sind. Die Längsneigung ist zu berücksichtigen. Sie beeinflusst die zu wählende Fahrschaubildvariante (Auslauf oder Abrollen, Bild 6.1).

Da für die Berechnung von a_t und a_s die Endgeschwindigkeit und für die Berechnung von a_{Roll} Anfangs- und Endgeschwindigkeit des Abschnitts bekannt sein müssen, anfänglich aber nicht vorliegen, sind die Geschwindigkeiten zu schätzen. Bei Abweichungen $\Delta v > 1$ km/h zwischen Schätz- und Rechenwerten ist die Berechnung mit korrigierten Schätzwerten zu wiederholen.

Die mittlere Betriebsbremsverzögerung b_{Br} ist Tabelle 2.6 (Kap. 2.4) zu entnehmen und von der Längsneigung unabhängig zu benutzen.

Berechnungbeispiel 6.1

Zur Vorbereitung der Fahrschaubildberechnung sind für den 100 % besetzten Dieseltriebwagen BR 611 die mittleren Beschleunigungen a_t und a_s zur Endgeschwindigkeit $v_E = 100$ km/h (27,778 m/s) zu berechnen und ist die Gleichung der Auslaufbeschleunigung $a_{Roll}(v)$ der waagerechten Strecke aufzustellen.

Gegebene Werte:

Zugmasse (betriebsbereit/leer)	$m_{Z0} = 92,9$ t	Motorleistung	$P_M = 1100$ kW
Zugmasse (100 % besetzt)	$m_Z = 115,7$ t	Höchstgeschwindigkeit	$v_{max} = 160$ km/h
Zugmasse (angetrieben)	$m_T = 56,2$ t	Windzuschlag	$\Delta v = 15$ km/h
Drehmasse des Zugs	$m_{DZ} = 6,3$ t	Konstanten der Zugwiderstandsgleichung Gl. (3.60)	
Treibachszugkraft bei v_E	$F_T = 26,0$ kN	$f_{WZ0} = 1,4$ ‰, $F_{WZ1} = 1,03$ kN und $F_{WZ2} = 2,9$ kN	

Lösungsweg und Lösung:

Gl. (1.12) $G_Z = m_Z\, g = 115,7 \cdot 9,81 = 1135$ kN

Gl. (1.66) bei Näherung $P_G = P_M$: $p_{MT} = P_G / m_Z = 1100/115,7 = 9,507$ kW/t

Gl. (1.26) $\xi_Z = 1 + m_{DZ}/m_Z = 1 + 6,3/115,7 = 1,054$

Gl. (1.29) $g_K = g/\xi_Z = 9,81/1,054 = 9,307$ m/s^2

Zugwiderstandsgleichung Gl. (3.60)

$F_{WZ} = F_{WZ0} + F_{WZ1}\,(v/v_{00}) + F_{WZ2}\,(v/v_{00})^2$

$F_{WZ0} = f_{WZ0}\, G_Z/P = 1,4 \cdot 1135/1000 = 1,589$ kN, $v_{00} = 100$ km/h bzw. 27,778 m/s

Zugwiderstandszahl f_{WZE} bei $v_E = 100$ km/h

$F_{WZE} = 1,589 + 1,03 \cdot (100/100) + 2,9 \cdot [(100 + 15)/100]^2 = 6,454$ kN

$f_{WZE} = P\, F_{WZE}/G_Z = 1000 \cdot 6,454/1135 = 5,686$ ‰

Zugwiderstandsgleichung Gl. (3.60)

$f_{WZ} = f_{WZ0} + f_{WZ1}\,(v/v_{00}) + f_{WZ2}\,(v/v_{00})^2$

$f_{WZ1} = P\, F_{WZ1}/G_Z = 1000 \cdot 1,03/1135 = 0,907$ ‰

$f_{WZ2} = P\, F_{WZ2}/G_Z = 1000 \cdot 2,9/1135 = 2,555$ ‰

Zugwiderstandsgleichung Gl. (3.61, 62)

$f_{WZ} = f'_{WZ0} + f'_{WZ1}\,(v/v_{00}) + f_{WZ2}\,(v/v_{00})^2$

$f'_{WZ0} = f_{WZ0} + f_{WZ2}\,(\Delta v/v_{00})^2 = 1,4 + 2,555 \cdot (15/100)^2 = 1,457$ ‰

$f'_{WZ1} = f_{WZ1} + 2 f_{WZ2} \Delta v/v_{00} = 0,907 + 2 \cdot 2,555 \cdot 15/100 = 1,674 \text{ ‰}$

Zugbeschleunigungsgleichung des Auslaufs Gl. (2.39) und Konstanten Gl. (3.63)

$a = a_0 + a_1 (v/v_{00}) + a_2 (v/v_{00})^2$

$a_0 = -g_K (f'_{WZ0} + i_m)/P = -9,307 \cdot (1,457 + 0)/1000 = -0,01356 \text{ m/s}^2,$

$a_1 = -g_K f'_{WZ1}/P = -9,307 \cdot 1,674/1000 = -0,01558 \text{ m/s}^2$

$a_2 = -g_K f_{WZ2}/P = -9,307 \cdot 2,555/1000 = -0,02378 \text{ m/s}^2.$

Mittlere Beschleunigungen a_t und a_s, Gl. (2.62) und (2.61)

$p_{am} = 2/3 \cdot 9,507 - 1/2 \cdot 9,25 \cdot 27,778 \cdot (2/3 \cdot 5,686/1000 + 0) = 5,851 \text{ kW/t}$

$a_E = 5,851/27,778 = 0,2106 \text{ m/s}^2, a_t = 2 \cdot 0,2106 = 0,4212 \text{ m/s}^2$ und $a_s = 3/2 \cdot 0,2106 = 0,3159 \text{ m/s}^2$

Kontrolle mit Gl. (1.8), Berechnung der Restbeschleunigung a_{Rest} bei $v_E = 100$ km/h

$a_{Rest} = (F_{T120} - F_{WZ} - i_m G_Z)/(m_Z + m_{DZ}) = (26,0 - 6,454 - 0)/(115,7 + 6,3) = 0,1602 \text{ m/s}^2$

$a_{Rest} \geq 0,03 \text{ m/s}^2$, die Berechnung mit a_t und a_s ist zulässig.

Einteilung der Fahrschaubilder

Für die Berechnung wird folgende Einteilung der Fahrschaubildvarianten gewählt:

– Fahrschaubilder ohne Auslauf und Abrollen (Varianten Nr. 1 und 2, Bild 6.2)
– Fahrschaubilder mit Auslauf (Varianten Nr. 3 und 4, Bild 6.3) und
– Fahrschaubilder mit Abrollen (Varianten Nr. 5 und 6, Bild 6.4).

Schnittstellen und Abschnitte der Fahrschaubildvarianten

Die Schnittstellen der Abschnitte sind von 1 bis 4 in Bewegungsrichtung gesehen einheitlich nummeriert. Die Zugfahrt beginnt im Punkt 0 ($t_0 = 0$, $s_0 = 0$ und $v_0 = 0$) und endet im Punkt 4 ($t_4 = t_H$, $s_4 = L_H$ und $v_4 = 0$).

Zugfahrt in der Waagerechten und in der Steigung

Anfahrt: Punkt 0 bis 1 mit Zeit t_{01}, Weg s_{01} und Endgeschwindigkeit v_1

Beharrung: Punkt 1 bis 2 mit Zeit t_{12}, Weg s_{12}, Anfangs- und Endgeschwindigkeit $v_1 = v_2 = v_{zul}$

Auslauf: Punkt 2 bis 3 mit Zeit t_{23}, Weg s_{23}, Anfangs- und Endgeschwindigkeit v_2 und v_3

Bremsen: Punkt 3 bis 4 mit Zeit t_{34}, Weg s_{34} und Anfangsgeschwindigkeit v_3

Zugfahrt im Gefälle

Anfahrt: Punkt 0 bis 1 mit Zeit t_{01}, Weg s_{01} und Endgeschwindigkeit v_1

Abrollen: Punkt 1 bis 2 mit Zeit t_{12}, Weg s_{12}, Anfangs- und Endgeschwindigkeit v_1 und v_2

Beharrung: Punkt 2 bis 3 mit Zeit t_{23}, Weg s_{23}, Anfangs- und Endgeschwindigkeit $v_2 = v_3 = v_{zul}$

Bremsen: Punkt 3 bis 4 mit Zeit t_{34}, Weg s_{34} und Anfangsgeschwindigkeit v_3

Fehlen Fahrabschnitte, so rücken die Stützstellen zusammen.

6.2.2.2   Fahrschaubilder ohne Auslauf und Abrollen

Fahrschaubildvariante Nr. 1

Der Haltestellenabstand L_H besteht aus den Wegen für Anfahren s_{01} und Bremsen s_{34} und die Haltestellenfahrzeit t_H aus den Zeiten für Anfahren t_{01} und Bremsen t_{34} (Bild 6.2).

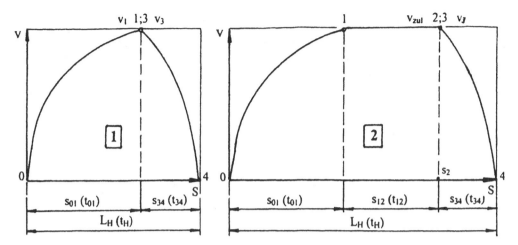

Bild 6.2: Schnittstellen und Abschnitte der Fahrschaubildvarianten Nr. 1 und 2 (Zugfahrt ohne Auslauf)

Gleichungen zu Fahrschaubildvariante Nr. 1:

$$t_H = t_{01} + t_{34} \quad \text{und} \quad L_H = s_{01} + s_{34} \tag{6.1}$$

$$t_{01} = \frac{v_1}{a_t} \quad \text{und} \quad s_{01} = \frac{v_1^2}{2\,a_s}$$

$$t_{34} = \frac{v_1}{b_{Br}} \quad \text{und} \quad s_{34} = \frac{v_1^2}{2\,b_{Br}}$$

Aus Gl. (6.1) erhält man:

$$L_H = \frac{v_1^2}{2\,a_s} + \frac{v_1^2}{2\,b_{Br}} = \frac{v_1^2}{2}\left(\frac{1}{a_s} + \frac{1}{b_{Br}}\right)$$

Die Umstellung nach v_1 und die Einführung der Ersatzbeschleunigung a_E ergibt:

$$v_1 = \sqrt{2\,a_E L_H} \quad \text{mit} \quad a_E = \frac{a_s b_{Br}}{a_s + b_{Br}} \tag{6.2}$$

Berechnungsbeispiel 6.2
Der Dieseltriebwagen VT 611 befährt nach Fahrschaubildvariante Nr 1 einen Streckenabschnitt mit dem Haltestellenabstand L_H = 1770 m. Die Beschleunigungen betragen a_t = 0,4212 m/s^2 und a_s = 0,3159 m/s^2 (bei v_1 = 27,778 m/s geschätzt) sowie b_{Br} = 0,7 m/s^2. Das Fahrschaubild ist zu berechnen.

Berechnung der Abschalt- und Bremsanfangsgeschwindigkeit, Gl. (6.2)
a_E = 0,3159· 0,7/(0,3159 + 0,7) = 0,2177 m/s^2 und v_1 = (2· 0,2177· 1770)^{0,5} = 27,761 m/s bzw. 99,9 km/h
Es besteht Übereinstimmung zwischen dem v_1/v_3-Schätz- und dem v_1/v_3-Rechenwert. Bei Abweichung von mehr als ± 1 km/h ist die v_1/v_3-Berechnung zu wiederholen.

Fahrschaubildberechnung, Gl. (6.1)
t_{01} = 27,761/0,4212 = 65,909 s, t_{34} = 27,761/0,7 = 39,659 s und t_H = 65,909 + 39,659 = 105,6 s
s_{01} = 27,761^2/(2· 0,3159) = 1219,8 m und s_{34} = 27,761^2/(2· 0,7) = 550,5 m
Kontrolle: L_H = 1219,8 + 550,5 = 1770,3 m (Übereinstimmung)

Fahrschaubildvariante Nr. 2

Der Haltestellenabstand L_H besteht aus den Wegen für Anfahren s_{01}, Beharrungsfahrt mit v_{zul} s_{12} und Bremsen s_{34} und die Haltestellenfahrzeit t_H aus den Zeiten für Anfahren t_{01}, Beharrungsfahrt t_{12} und Bremsen t_{34} (Bild 6.2):

$$t_H = t_{01} + t_{12} + t_{34} \quad \text{und} \quad L_H = s_{01} + s_{12} + s_{34} \tag{6.3}$$

$$t_{01} = \frac{v_{zul}}{a_t} \quad \text{und} \quad s_{01} = \frac{v_{zul}}{2\,a_s}$$

$$t_{34} = \frac{v_{zul}}{b_{Br}} \quad \text{und} \quad s_{34} = \frac{v_{zul}^2}{2\,b_{Br}}$$

$$s_{12} = L_H - s_{01} - s_{34} \quad \text{und} \quad t_{12} = \frac{s_{12}}{v_{zul}}$$

Berechnungsbeispiel 6.3

Der Dieseltriebwagen VT 611 befährt einen Streckenabschnitt, der den Haltestellenabstand $L_H = 3000$ m hat, nach Fahrschaubildvariante Nr 2. Die zulässige Geschwindigkeit beträgt $v_{zul} = 100$ km/h (27,778 m/s). Die Beschleunigungen betragen $a_t = 0{,}4212$ m/s^2 und $a_s = 0{,}3159$ m/s^2 (bei $v_E = 27{,}778$ m/s gegeben) sowie $b_{Br} = 0{,}7$ m/s^2. Das Fahrschaubild ist zu berechnen.

Fahrschaubildberechnung, Gl. (6.3)

$t_{01} = 27{,}228/0{,}4212 = 65{,}950$ s und $s_{01} = 27{,}778^2/(2 \cdot 0{,}3159) = 1221{,}3$ m

$t_{34} = 27{,}778/0{,}7 = 39{,}683$ s und $s_{34} = 27{,}778^2/(2 \cdot 0{,}7) = 551{,}2$ m

$s_{12} = 3000 - 1221{,}3 - 551{,}2 = 1227{,}5$ m, $t_{12} = 1227{,}5/27{,}778 = 44{,}190$ s

$t_H = 65{,}950 + 44{,}190 + 39{,}683 = 149{,}8$ s

Kontrolle: $L_H = 1221{,}3 + 1227{,}5 + 551{,}2 = 3000$ m (Übereinstimmung)

6.2.2.3   Fahrschaubilder mit Auslauf

Fahrschaubildvariante Nr. 3

Der Haltestellenabstand L_H besteht aus den Wegen für Anfahren s_{01}, Auslaufen s_{23} und Bremsen s_{34} und die Haltestellenfahrzeit t_H aus den Zeiten für Anfahren t_{01}, Auslaufen t_{23} und Bremsen t_{34} (Bild 6.3). Die Abschaltgeschwindigkeit des Antriebs v_1 muss bekannt sein ($v_1 \leq v_{zul}$). Die Rollbeschleunigung a_{Roll} (negativ) ist in die Rollverzögerung b_{Roll} (positiv) zu überführen.

Für Haltestellenfahrzeit t_H und Haltestellenabstand L_H gilt:

$$t_H = t_{01} + t_{23} + t_{34} \quad \text{und} \quad L_H = s_{01} + s_{23} + s_{34} \tag{6.4}$$

$$t_{01} = \frac{v_1}{a_t} \quad \text{und} \quad s_{01} = \frac{v_1^2}{2\,a_s}$$

$$t_{23} = \frac{v_1 - v_3}{b_{Roll}} \quad \text{und} \quad s_{23} = \frac{v_1^2 - v_3^2}{2\,b_{Roll}}$$

$$t_{34} = \frac{v_3}{b_{Br}} \quad \text{und} \quad s_{34} = \frac{v_3^2}{2\,b_{Br}}$$

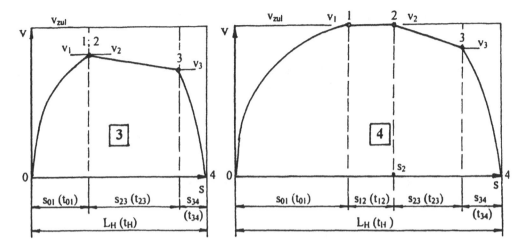

Bild 6.3: Schnittstellen und Abschnitte der Fahrschaubildvarianten Nr. 3 und 4 (Zugfahrt mit Auslauf)

Für die Fahrschaubildberechnung mit Gl. (6.4) muss die Bremsanfangsgeschwindigkeit v_3 bekannt sein. Da v_3 von v_1 abhängig ist, erhält man v_3 durch Umstellung von Gl. (6.4):

$$L_H = \frac{v_1^2}{2a_s} + \frac{v_1^2 - v_3^2}{2b_{Roll}} + \frac{v_3^2}{2b_{Br}}$$

$$L_H - \frac{v_1^2}{2a_s} - \frac{v_1^2}{2b_{Roll}} = -\frac{v_3^2}{2b_{Roll}} + \frac{v_3^2}{2b_{Br}}$$

$$L_H - \frac{v_1^2}{2}\left(\frac{1}{a_s} + \frac{1}{b_{Roll}}\right) = -\frac{v_3^2}{2}\left(\frac{1}{b_{Roll}} - \frac{1}{b_{Br}}\right)$$

Die Umstellung nach v_3 ergibt:

$$v_3 = \sqrt{\frac{b_{E2}}{b_{E1}} v_1^2 - 2 b_{E2} L_H}$$

(6.5)

$$b_{E1} = \frac{a_s b_{Roll}}{a_s + b_{Roll}} \quad \text{und} \quad b_{E2} = \frac{b_{Br} b_{Roll}}{b_{Br} - b_{Roll}}$$

Die Variablen b_{E1} und b_{E2} sind Ersatzverzögerungen.

Berechnungsbeispiel 6.4

Der Dieseltriebwagen VT 611 befährt einen Streckenabschnitt, der den Haltestellenabstand L_H = 3000 m hat und bewegt sich entsprechend Fahrschaubildvariante Nr 3. Die Abschaltgeschwindigkeit des Fahrantriebs beträgt v_{zul} = 100 km/h (27,778 m/s). Die Beschleunigungen betragen a_t = 0,4212 m/s^2, a_s = 0,3159 m/s^2 (für v_{zul} = 27,778 m/s) und b_{Br} = 0,7 m/s^2. Das Fahrschaubild ist zu berechnen.

Lösungsweg und Lösung:

Rollverzögerung, Gl. (2.39), (3.63), Konstanten in Beispiel 6.1, $a = a_0 + a_1 (v/v_{00}) + a_2 (v/v_{00})^2$

Die Auslaufend- bzw. Bremsanfangsgeschwindigkeit wird auf v_3 = 91 km/h geschätzt.

$a_{100} = -0,01356 - 0,01558 \cdot (100/100) - 0,02378 \cdot (100/100)^2 = -0,05292 \ \text{m/s}^2$

$a_{91} = -0,01356 - 0,01558 \cdot (91/100) - 0,02378 \cdot (91/100)^2 = -0,04743 \ \text{m/s}^2$

$a_{Roll} = (a_{100} + a_{91})/2 = -(0,05292 + 0,04743)/2 = -0,05018 \ \text{m/s}^2$, bei Umkehr gilt: $b_{Roll} = 0,05018 \ \text{m/s}^2$

Auslaufend- bzw. Bremsanfangsgeschwindigkeit, Gl. (6.5)

$b_{E1} = 0,3159 \cdot 0,05018/(0,3159 + 0,05018) = 0,0433 \ \text{m/s}^2$

$b_{E2} = 0,7 \cdot 0,05018/(0,7 - 0,05018) = 0,05405 \ \text{m/s}^2$

$v_3 = (0,05405/0,0433 \cdot 27,778^2 - 2 \cdot 0,05405 \cdot 3000)^{0,5}$; $v_3 = 25,276 \ \text{m/s}$ bzw. $91,0 \ \text{km/h}$

Es besteht Übereinstimmung zwischen dem v_3-Schätz- und dem v_3-Rechenwert. Bei Abweichung von mehr als $\pm 1 \ \text{km/h}$ ist die v_3-Berechnung zu wiederholen.

Fahrschaubildberechnung, Gl. (6.4)

$t_{01} = 27,778/0,4212 = 65,950 \ \text{s}$ und $s_{01} = 27,778^2/(2 \cdot 0,3159) = 1221,3 \ \text{m}$

$t_{23} = (27,778 - 25,276)/0,05018 = 49,861 \ \text{s}$ und $s_{23} = (27,778^2 - 25,276^2)/(2 \cdot 0,05018) = 1322,6 \ \text{m}$

$t_{34} = 25,276/0,7 = 36,109 \ \text{s}$ und $s_{34} = 25,276^2/(2 \cdot 0,7) = 456,3 \ \text{m}$

$t_H = 65,950 + 49,861 + 36,109 = 151,9 \ \text{s}$

Kontrolle: $L_H = 1221,3 + 1322,6 + 456,3 = 3000,2 \ \text{m}$ (Übereinstimmung)

Fahrschaubildvariante Nr. 4

Der Haltestellenabstand L_H besteht aus den Wegen für Anfahren s_{01}, Beharrungsfahrt s_{12}, Auslaufen s_{23} und Bremsen s_{34} und die Haltestellenfahrzeit t_H aus den Zeiten für Anfahren t_{01}, Beharrungsfahrt t_{12}, Auslaufen t_{23} und Bremsen t_{34}. Die Anfahrt erfolgt bis $v_1 = v_{zul}$ (Bild 6.3). Die Rollbeschleunigung a_{Roll} (negativ) ist in die Rollverzögerung b_{Roll} (positiv) zu überführen. Für die Fahrschaubildberechnung muss der Abschaltwegpunkt s_2 (Fahrstrecke s_{02}) bekannt sein.

Für Haltestellenfahrzeit t_H und Haltestellenabstand L_H gilt:

$$t_H = t_{01} + t_{12} + t_{23} + t_{34} \quad \text{und} \quad L_H = s_{01} + s_{12} + s_{23} + s_{34} \qquad (6.6)$$

$$t_{01} = \frac{v_{zul}}{a_t} \quad \text{und} \quad s_{01} = \frac{v_{zul}^2}{2 a_s}$$

$$t_{12} = \frac{s_{12}}{v_{zul}} \quad \text{und} \quad s_{12} = s_{02} - s_{01}$$

$$t_{23} = \frac{v_{zul} - v_3}{b_{Roll}} \quad \text{und} \quad s_{23} = \frac{v_{zul}^2 - v_3^2}{2 b_{Roll}}$$

$$t_{34} = \frac{v_3}{b_{Br}} \quad \text{und} \quad s_{34} = \frac{v_3^2}{b_{Br}}$$

Berechnung der Bremsanfangsgeschwindigkeit v_3 zum gegebenen Abschaltwegpunkt s_2:

$$L_H - s_{02} = s_{23} + s_{34}$$

$$L_H - s_{02} = \frac{v_{zul}^2 - v_3^2}{2 b_{Roll}} + \frac{v_3^2}{2 b_{Br}} = \frac{v_{zul}^2}{2 b_{Roll}} - \frac{v_3^2}{2 b_{Roll}} + \frac{v_3^2}{2 b_{Br}}$$

$$L_H - s_{02} - \frac{v_{zul}^2}{2 b_{Roll}} = -\frac{v_3^2}{2}\left(\frac{1}{b_{Roll}} - \frac{1}{b_{Br}}\right)$$

Die Umstellung nach v_3 und die Einführung der Ersatzverzögerung b_E ergibt:

$$v_3 = \sqrt{\frac{b_E}{b_{Roll}} v_{zul}^2 - 2 b_E (L_H - s_{02})}$$

(6.7)

$$b_E = \frac{b_{Br} b_{Roll}}{b_{Br} - b_{Roll}}$$

Berechnungsbeispiel 6.5

Der Dieseltriebwagen VT 611 befährt einen Streckenabschnitt, der den Haltestellenabstand $L_H = 3000$ m hat und bewegt sich entsprechend Fahrschaubildvariante Nr 4. Die zulässige Geschwindigkeit beträgt $v_{zul} = 100$ km/h (27,778 m/s). Das Abschalten des Fahrantriebs erfolgt im Beharrungsabschnitt am Wegpunkt $s_2 = 1800$ m (Wegstrecke s_{02}). Die Beschleunigungen betragen $a_t = 0,4212$ m/s^2, $a_s = 0,3159$ m/s^2 (für $v_{zul} = 27,778$ m/s) und $b_{Br} = 0,7$ m/s^2. Das Fahrschaubild ist zu berechnen.

Lösungsweg und Lösung:

Rollverzögerung, Gl. (2.39), (3.63), Konstanten in Beispiel 6.1: $a = a_0 + a_1 (v/v_{00}) + a_2 (v/v_{00})^2$

Die Auslaufend- bzw. Bremsanfangsgeschwindigkeit wird zu $v_3 = 95$ km/h geschätzt.

$a_{100} = -0,01356 - 0,01558 \cdot (100/100) - 0,02378 \cdot (100/100)^2 = -0,05292$ m/s^2

$a_{95} = -0,01356 - 0,01558 \cdot (95/100) - 0,02378 \cdot (95/100)^2 = -0,04982$ m/s^2

$a_{Roll} = (a_{100} + a_{95})/2 = -(0,05292 + 0,04982)/2 = -0,05137$ m/s^2, bei Umkehr $b_{Roll} = 0,05137$ m/s^2

Auslaufend- bzw. Bremsanfangsgeschwindigkeit, Gl. (6.7)

$b_E = 0,7 \cdot 0,05137/(0,7 - 0,05137) = 0,05544$ m/s^2

$v_3 = [0,05544/0,05137 \cdot 27,778^2 - 2 \cdot 0,05544 \cdot (3000 - 1800)]^{0,5}$, $v_3 = 26,452$ m/s bzw. 95,2 km/h

Es besteht Übereinstimmung zwischen dem v_3-Schätz- und dem v_3-Rechenwert. Bei Abweichung von mehr als ±1 km/h ist die v_3-Berechnung zu wiederholen.

Fahrschaubildberechnung, Gl. (6.6)

$t_{01} = 27,778/0,4212 = 65,950$ s und $s_{01} = 27,778^2/(2 \cdot 0,3159) = 1221,3$ m

$s_{12} = s_{02} - s_{01} = 1800 - 1221,3 = 578,7$ m und $t_{12} = s_{12}/v_{zul} = 578,7/27,778 = 20,833$ s

$t_{23} = (27,778 - 26,452)/0,05137 = 25,813$ s und $s_{23} = (27,778^2 - 26,452^2)/(2 \cdot 0,05137) = 699,9$ m

$t_{34} = 26,452/0,7 = 37,789$ s und $s_{34} = 26,452^2/(2 \cdot 0,7) = 499,8$ m

$t_H = 65,950 + 20,833 + 25,813 + 37,789 = 150,4$ s

Kontrolle: $L_H = 1221,3 + 578,7 + 699,9 + 499,8 = 2999,7$ m (Übereinstimmung)

6.2.2.4   Fahrschaubilder mit Abrollen

Fahrschaubildvariante Nr. 5

Der Haltestellenabstand L_H besteht aus den Wegen für Anfahren s_{01}, Abrollen s_{12} und Bremsen s_{34} und die Haltestellenfahrzeit t_H aus den Zeiten für Anfahren t_{01}, Abrollen t_{12} und Bremsen t_{34}. Die Anfahrt erfolgt bis $v_1 \leq v_{zul}$ (Bild 6.4). Die Rollbeschleunigung a_{Roll} ist positiv.

Für Haltestellenfahrzeit t_H und Haltestellenabstand L_H gilt:

$$t_H = t_{01} + t_{12} + t_{34} \quad \text{und} \quad L_H = s_{01} + s_{12} + s_{34}$$

(6.8)

$$t_{01} = \frac{v_1}{a_t} \quad \text{und} \quad s_{01} = \frac{v_1^2}{2 a_s}$$

$$t_{12} = \frac{v_3 - v_1}{a_{Roll}} \quad \text{und} \quad s_{12} = \frac{v_3^2 - v_1^2}{2\,a_{Roll}}$$

$$t_{34} = \frac{v_3}{b_{Br}} \quad \text{und} \quad s_{34} = \frac{v_3^2}{2\,b_{Br}}$$

Für die Fahrschaubildberechnung mit Gl. (6.8) muss die Bremsanfangsgeschwindigkeit v_3 bekannt sein. Da v_3 von v_1 abhängig ist, erhält man v_3 durch Umstellung von Gl. (6.8):

$$L_H = \frac{v_1^2}{2a_s} + \frac{v_3^2 - v_1^2}{2\,a_{Roll}} + \frac{v_3^2}{2\,b_{Br}}$$

$$L_H = -\frac{v_1^2}{2}\left(\frac{1}{a_{Roll}} - \frac{1}{a_s}\right) + \frac{v_3^2}{2}\left(\frac{1}{a_{Roll}} + \frac{1}{b_{Br}}\right)$$

Die Umstellung nach der Bremsanfangsgeschwindigkeit v_3 ergibt:

$$v_3 = \sqrt{\frac{a_{E2}}{a_{E1}} v_1^2 + 2\,a_{E2} L_H} \qquad\qquad (6.9)$$

$$a_{E1} = \frac{a_s\,a_{Roll}}{a_s - a_{Roll}} \quad \text{und} \quad a_{E2} = \frac{b_{Br}\,a_{Roll}}{b_{Br} + a_{Rroll}}$$

Die Variablen a_{E1} und a_{E2} sind Ersatzbeschleunigungen.

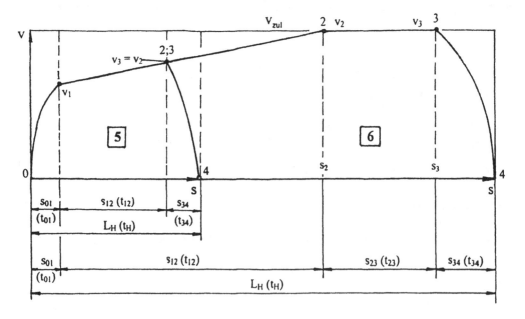

Bild 6.4
Schnittstellen und Abschnitte der Fahrschaubildvarianten Nr. 5 und 6 (Zugfahrt mit Abrollen)

Fahrschaubildvariante Nr. 6

Der Haltestellenabstand L_H besteht aus den Wegen für Anfahren s_{01}, Abrollen s_{12}, Beharrungs-fahrt s_{23} und Bremsen s_{34} und die Haltestellenfahrzeit t_H aus den Zeiten für Anfahren t_{01}, Abrollen t_{12}, Beharrungsfahrt t_{23} und Bremsen t_{34}. Die Anfahrt erfolgt bis $v_{1Gr} < v_1 \leq v_{zul}$, das Abrollen endet bei $v_2 = v_{zul}$ und das Bremsen beginnt mit v_{zul} (Bild 6.4). Die Variable a_{Roll} ist positiv.

Die Abschalt-Grenzgeschwindigkeit des Fahrantriebs v_{1Gr}, bei der im Abrollen v_{zul} erreicht und sofort in das Bremsen übergegangen wird (keine Beharrungsfahrt, $s_{23} = 0$ und $t_{23} = 0$), trennt die Fahrschaubildvarianten Nr. 5 und 6. Bei $v_1 \leq v_{1Gr}$ bewegt sich der Zug nach Fahrschaubild-variante Nr. 5 und bei $v_1 > v_{1Gr}$ nach Fahrschaubildvariante Nr 6.

Für Haltestellenfahrzeit t_H und Haltestellenabstand L_H gilt:

$$t_H = t_{01} + t_{12} + t_{23} + t_{34} \quad \text{und} \quad L_H = s_{01} + s_{12} + s_{23} + s_{34} \tag{6.10}$$

$$t_{01} = \frac{v_1}{a_t} \quad \text{und} \quad s_{01} = \frac{v_1^2}{2\,a_s}$$

$$t_{12} = \frac{v_{zul} - v_1}{a_{Roll}} \quad \text{und} \quad s_{12} = \frac{v_{zul}^2 - v_1^2}{2\,a_{Roll}}$$

$$t_{23} = \frac{s_{23}}{v_{zul}} \quad \text{und} \quad s_{23} = L_H - s_{01} - s_{12} - s_{34}$$

$$t_{34} = \frac{v_{zul}}{b_{Br}} \quad \text{und} \quad s_{34} = \frac{v_{zul}^2}{2\,b_{Br}}$$

Zur Berechnung der Abschalt-Grenzgeschwindigkeit v_{1G} ist in Gl. (6.10) $s_{23} = 0$ zusetzen:

$$L_H = s_{01} + s_{12} + s_{34} = \frac{v_{1Gr}^2}{2\,a_s} + \frac{v_{zul}^2 - v_{1Gr}^2}{2\,a_{Roll}} + \frac{v_{zul}^2}{2\,b_{Br}}$$

$$L_H = -\frac{v_{1Gr}^2}{2}\left(\frac{1}{a_{Roll}} - \frac{1}{a_s}\right) + \frac{v_{zul}^2}{2}\left(\frac{1}{a_{Roll}} + \frac{1}{b_{Br}}\right)$$

Die Umstellung nach v_{1Gr} ergibt:

$$v_{1Gr} = \sqrt{\frac{a_{E1}}{a_{E2}}\,v_{zul}^2 - 2\,a_{E1}L_H} \tag{6.11}$$

$$a_{E1} = \frac{a_s a_{Roll}}{a_s - a_{Roll}} \quad \text{und} \quad a_{E2} = \frac{b_{Br} a_{Roll}}{b_{Br} + a_{Roll}}$$

Die Variablen a_{E1} und a_{E2} sind Ersatzbeschleunigungen.

Berechnungsbeispiel 6.6

Der Dieseltriebwagen VT 611 befährt einen Streckenabschnitt, der den Haltestellenabstand $L_H = 3000$ m und die mittlere Längsneigung (Gefälle) $i_m = -10$ ‰ hat. Die zulässige Geschwindigkeit beträgt $v_{zul} = 90$ km/h (25 m/s) und die Betriebsbremsverzögerung $b_{Br} = 0,7$ m/s². Die Längsneigung ist bei der Berechnung der Beschleunigungen a_t und a_s der Anfahrt zu vernachlässigen.

Das Fahrschaubild ist zu den Abschaltgeschwindigkeiten v_1 = 60 km/h (16,667 m/s) und v_1 = 80 km/h (22,222 m/s) zu berechnen. Für die Entscheidung zwischen Fahrschaubildvariante Nr. 5 und 6 ist die Abschalt-Grenzgeschwindigkeit v_{1Gr} zu berechnen.

Lösungsweg und Lösung:

a) Berechnung der Abschalt-Grenzgeschwindigkeit

Die Abschalt-Grenzgeschwindigkeit wird zu v_{1Gr} = 73 km/h (20,278 m/s) geschätzt. Dafür erhält man nach Beispiel 6.1 die wegbezogene mittlere Beschleunigung der Anfahrt a_s = 0,4502 m/s².

Die Abrollbeschleunigungen werden nach Beispiel 6.1 berechnet. Die Konstante a_0 ändert sich:

a_0 = $-g_K$ (f_{WZ0} + i_m)/P = −9,307· (1,457 − 10)/1000 = +0,07951 m/s²

Man erhält: a_{73} = 0,05546 m/s², a_{90} = 0,04623 m/s² und a_{Roll} = 0,05085 m/s²

Abschaltgeschwindigkeit, Gl. (6.11)

a_{E1} = 0,4502· 0,05085/(0,4502 − 0,05085) = 0,05732 m/s²

a_{E2} = 0,7· 0,05085/(0,7 + 0,05085) = 0,04740 m/s²

v_{1Gr} = (0,05732/0,04740· 25² − 2· 0,05732· 3000)^{0,5} = 20,294 m/s bzw. 73,1 km/h

Zum Schätzwert besteht Übereinstimmung. Bei Abweichung um mehr als ±1 km/h ist die Berechnung mit angepasstem Schätzwert zu wiederholen.

b) Berechnung zur Abschaltgeschwindigkeit v_1 = 60 km/h (16,667 m/s)

Da v_1 (60 km/h) < v_{1Gr} (73 km/h), gilt Fahrschaubildvariante Nr. 5

Nach Beispiel 6.1 erhält man zu v_1 = 60 km/h p_{am} = 6,164 kW/t, a_t = 0,7396 m/s², a_s = 0,5547 m/s² und a_{60} = 0,06159 m/s² (Abrollen). Für die geschätzte Abrollend- und Bremsanfangsgeschwindigkeit v_3 = 84 km/h erhält man nach Beispiel 6.1 a_{84} = 0,04964 m/s² und a_{Roll} = 0,05562 m/s².

Berechnung der Bremsanfangsgeschwindigkeit v_3, Gl. (6.9)

a_{E1} = 0,5547· 0,05562/(0,5547 − 0,05564) = 0,06182 m/s²

a_{E2} = 0,7· 0,05562/(0,7 + 0,05562) = 0,05153 m/s²

v_3 = (0,05153/0,06182· 16,667² + 2· 0,05153· 3000)^{0,5} = 23,25 m/s bzw. 83,7 km/h

Berechnung der Fahrschaubildabschnitte, Gl. (6.8)

t_{01} = 16,667/0,7396 = 22,535 s und s_{01} = 16,667²/(2· 0,5547) = 250,4 m

t_{12} = (23,25 − 16,667)/0,05562 = 118,357 s und s_{12} = (23,25² − 16,667²)/(2· 0,05562) = 2362,2 m

t_{34} = 23,25/0,7 = 33,214 s und s_{34} = 23,25²/(2· 0,7) = 386,1 m

Zugfahrt insgesamt, Gl.(6.8)

t_H = t_{01} + t_{12} + t_{34} = 22,535 + 118,357 + 33,214 = 174,1 s

Kontrolle: L_H = s_{01} + s_{12} + s_{23} = 250,4 + 2362,2 + 386,1 = 2998,7 m (Übereinstimmung)

c) Berechnung zur Abschaltgeschwindigkeit v_1 = 80 km/h (22,222 m/s)

Da v_1 (80 km/h) > v_{1Gr} (70 km/h), gilt Fahrschaubildvariante Nr. 6

Nach Beispiel 6.1 erhält man zu v_1 = 80 km/h p_{am} = 6,034 kW/t, a_t = 0,5430 m/s², a_s = 0,4073 m/s² und a_{80} = 0,05182 m/s² (Abrollen). Für die Abrollend- und Bremsanfangsgeschwindigkeit v_3 = v_{zul} = 90 km/h erhält man a_{90} = 0,04622 m/s² und a_{Roll} = 0,04902 m/s².

Berechnung der Fahrschaubildabschnitte, Gl. (6.10)

t_{01} = 22,222/0,5430 = 40,924 s und s_{01} = 22,222²/(2· 0,4073) = 606,2 m

t_{12} = (25 − 22,222)/0,04902 = 56,671 s und s_{12} = (25² − 22,222²)/(2· 0,04902) = 1338,1 m

t_{34} = 25/0,7 = 35,714 s und s_{34} = 25²/(2· 0,7) = 446,4 m

s_{23} = 3000 − 606,2 − 1338,1 − 446,4 = 609,3 m und t_{23} = s_{23}/v_{zul} = 609,3/25 = 24,372 s

t_H = 40,924 + 56,671 + 24,372 + 35,714 = 157,7 s

Bewertung

Das überschlägliche Berechnungsverfahren ist für die Fahrzeitermittlung geeignet, aber nicht für die Bestimmung der Fahrstrategie (Abschaltgeschwindigkeit, Abschaltwegpunkt) und des Energieverbrauchs. Die von der Abschaltgeschwindigkeit abhängigen Beschleunigungen a_t und a_s und die geschwindigkeitsabhängige Rollverzögerung/Rollbeschleunigung b_{Roll}, a_{Roll} können auch durch überschlägliche konstante Werte ersetzt werden.

6.2.3 Fahrschaubildberechnung mit geschwindigkeitsabhängiger Beschleunigung

6.2.3.1 Fahrschaubildberechnung mit Gleichungen für Anfahrt und Auslauf

Lösungsansatz

Grundlage der Berechnungen ist der bereits bei konstanter Beschleunigung benutzte Lösungsansatz der 6 Fahrschaubildvarianten:

$$t_H = \sum \Delta t_X \quad \text{und} \quad L_H = \sum \Delta s_X \tag{6.12}$$

Die Abschnitte der Fahrbewegung werden durch Gleichungen $\Delta t = f(v)$ bzw. $\Delta s = f(v)$ erfasst. Die Berechnung von Zeit und Weg der Abschnitte ist unproblematisch, wenn Anfangs- und Endgeschwindigkeit von vorn herein bekannt sind. Das ist bei den Fahrschaubildvarianten Nr. 2 und 6 der Fall. Zu den übrigen Fahrschaubildvarianten ist die fehlende Geschwindigkeit (entweder Endgeschwindigkeit der Anfahrt v_1 oder Bremsanfangsgeschwindigkeit v_3) durch Auflösung von Gl. (6.12) (Weggleichung) nach der unbekannten Variablen zu ermitteln.

Fahrschaubildvariante Nr. 1 (v_1 unbekannt): $\quad s_{01} + s_{34} = L_H$ \hfill (6.13)

Fahrschaubildvariante Nr. 3 (v_3 unbekannt): $\quad s_{23} + s_{34} = L_H - s_{01}$

Fahrschaubildvariante Nr. 4 (v_3 unbekannt): $\quad s_{23} + s_{34} = L_H - s_{02}$

Fahrschaubildvariante Nr. 5 (v_3 unbekannt): $\quad s_{12} + s_{34} = L_H - s_{01}$

Auf der linken Gleichungsseite sind die jeweiligen Weggleichungen $\Delta s = f(v)$ einzusetzen.

Beharrungsfahrt und Bremsen

Zeit und Weg der Beharrungsfahrt und des Bremsen werden wie bei der Fahrschaubildberechnung für konstante Beschleunigung ermittelt.

Zuganfahrt

Die Berechnung von t_{01}, s_{01} und v_1 des Anfahrabschnitts erfolgt wahlweise mit

– der Geradengleichung $a(v)$ (Kap. 2.2.3.1),

– der e-Funktion $a(v)$ (Kap. 2.2.3.2),

– der allgemeinen Exponentialgleichung $a(v)$ (Kap. 2.2.3.3) oder

– der Exponentialgleichung normierter Variable $v(t)$ (Kap. 2.2.4).

Die jeweils genaueste Gleichungsvariante ist zu benutzen.

Für die Erläuterung des Berechnungsalgorithmus wird als Beispiel die Exponentialgleichung normierter Variable $v(t)$ nach Kap. 2.2.4 gewählt. Von einer Anfahrt, die bis zur Endgeschwindigkeit $v_E \geq v_{zul}$ erfolgt, sind neben v_E auch Anfahrzeit t_{0E} und Anfahrweg s_{0E} bekannt.

Für die zur Anfahrendgeschwindigkeit des Fahrschaubild v_1 gehörenden Zeit- und Wegwerte t_{01} und s_{01} sowie für den Kennlinienexponenten k gilt nach Gl.(2.46) und (2.49):

$$t_{01} = t_{0E}\left(v_1 / v_E\right)^{1/k} \quad \text{und} \quad s_{01} = s_{0E}\left(v_1 / v_E\right)^{(1+k)/k} \tag{6.14}$$

$$k = \frac{v_E t_{0E}}{s_{0E}} - 1$$

Auslaufen und Abrollen

Zeit, Weg und Geschwindigkeit der Abschnitte Auslaufen (t_{23}, s_{23} und v_2 bis v_3) und Abrollen (t_{12}, s_{12} und v_1 bis v_2) sind mit den Gleichungen des Kap. 2.2.3.4 (Parabelgleichung für a(v)) zu berechnen.

Auslaufen

Momentanbeschleunigung am Anfang (a_A bei v_1) und am Ende (a_E bei v_3) nach Gl. (2.39):

$$a_A = a_0 + a_1\left(v_1 / v_{00}\right) + a_2\left(v_1 / v_{00}\right)^2 \tag{6.15}$$
$$a_E = a_0 + a_1\left(v_3 / v_{00}\right) + a_2\left(v_3 / v_{00}\right)^2$$

Die Konstanten a_0, a_1 und a_2 sind mit Gl. (3.63) zu berechnen.

Zeit und Weg des Auslaufs t_{23} und s_{23} nach Gl. (2.44) und (2.45)

$$t_{23} = T_0 \arctan X \quad \text{und} \quad s_{23} = S_0 \, abs\left(\ln\frac{a_E}{a_A} - \frac{a_1}{v_{00}} t_{23}\right) \tag{6.16}$$

$$X = \frac{V_0(v_1 - v_3)}{V_0^2 + (v_3 + \Delta v)(v_1 + \Delta v)}$$

Abrollen

Momentanbeschleunigung am Anfang (a_A bei v_1) und am Ende (a_E bei v_2) nach Gl. (2.39):

$$a_A = a_0 + a_1(v_1 / v_{00}) + a_2(v_1 / v_{00})^2 \tag{6.17}$$
$$a_E = a_0 + a_1(v_2 / v_{00}) + a_2(v_2 / v_{00})^2$$

Die Konstanten a_0, a_1 und a_2 sind mit Gl. (3.63) zu berechnen.

Zeit und Weg des Auslaufs t_{12} und s_{12} nach Gl. (2.44) und (2.45)

$$t_{12} = T_0 \arctan hyp X \quad \text{und} \quad s_{12} = S_0 \, abs\left(\frac{a_E}{a_A} - \frac{a_1}{v_{00}} t_{12}\right) \tag{6.18}$$

$$X = abs \frac{V_0(v_2 - v_1)}{V_0^2 - (v_2 + \Delta v)(v_1 + \Delta v)}$$

Konstanten nach Gl. (2.43)

$$\Delta v = v_{00} \frac{a_1}{2a_2} \quad \text{und} \quad V_0 = v_{00}\sqrt{abs\left[\frac{a_0}{a_2} - \left(\frac{\Delta v}{v_{00}}\right)^2\right]} \tag{6.19}$$

$$T_0 = -\frac{v_{00}}{V_0}\frac{v_{00}}{a_2} \quad \text{und} \quad S_0 = -\frac{v_{00}^2}{2\,a_2}$$

Die Geschwindigkeitskonstante v_{00} beträgt $v_{00} = 27,778$ m/s (100 km/h).

Berechnungsbeispiel 6.7

Der Dieseltriebwagen VT 611 befährt einen Streckenabschnitt, der den Haltestellenabstand $L_H = 1770$ m und die Längsneigung $i_m = 0$ ‰ hat und bewegt sich entsprechend Fahrschaubildvariante Nr. 1. Von der Anfahrt sind die Variablen $v_E = 120$ km/h (33,333 m/s), $t_{0E} = 125,7$ s und $s_{0E} = 2812$ m bekannt (ermittelt durch Berechnung, Simulation oder im Versuch). Die mittlere Betriebsbremsverzögerung beträgt $b_{Br} = 0,7$ m/s². Das Fahrschaubild ist zu berechnen.

Lösungsweg und Lösung:

Exponent der normierten Kennlinie, Gl. (6.14)

$k = v_E\,t_{0E}/s_{0E} - 1 = 33,333 \cdot 125,7/2812 - 1 = 0,4900$

Abschaltgeschwindigkeit des Antriebs, Gl. (6.13), Einsetzen von Gl. (6.14) und (6.1)

$s_{0E}\,(v_1/v_E)^{X(1+k)/k} + v_1{}^2/(2 \cdot b_{Br}) = L_H$

$2812 \cdot (v_1/33,333)^{(1+0,4900)/0,4900} + v_1{}^2/(2 \cdot 0,7) = 1770$ bzw. $0,092122 \cdot v_1{}^{3,04082} + v_1{}^2 = 2478$

Die Gleichung wird in einen Rechner eingegeben. Durch Variation von v_1 erhält man die Lösung $v_1 = 25,822$ m/s (93,0 km/h).

Fahrschaubildberechnung, Gl. (6.14) und (6.1)

$t_{01} = 125,7 \cdot (25,822/33,333)^{1/0,4900} = 74,652$ s

$s_{01} = 2812 \cdot (25,822/33,333)^{(1+0,4900)/0,4900} = 1293,7$ m

$t_{34} = 25,822/0,7 = 36,889$ s und $s_{34} = 25,822^2/(2 \cdot 0,7) = 476,3$ m

$t_H = 74,652 + 36,889 = 111,5$ s

Kontrolle: $L_H = 1293,7 + 476,3 = 1770$ m (Übereinstimmung)

Berechnungsbeispiel 6.8

Der Dieseltriebwagen VT 611 befährt einen Streckenabschnitt, der den Haltestellenabstand $L_H = 3000$ m und die Längsneigung $i_m = 0$ ‰ hat und bewegt sich entsprechend Fahrschaubildvariante Nr. 3. Die Abschaltgeschwindigkeit des Fahrantriebs beträgt $v_1 = 100$ km/h (27,778 m/s) und die Betriebsbremsverzögerung $b_{Br} = 0,7$ m/s². Die Konstanten der Gleichung der Zuganfahrt betragen $v_E = 33,333$ m/s, $t_{0E} = 125,7$ s, $s_{0E} = 2812$ m und $k = 0,4900$. In die Gleichung des Zugauslaufs sind nach Beispiel 6.1 die Konstanten $a_0 = -0,01356$ m/s², $a_1 = -0,01558$ m/s² und $a_2 = -0,02378$ m/s² einzusetzen. Das Fahrschaubild ist zu berechnen.

Lösungsweg und Lösung:

Zuganfahrt bis v_1, Gl. (6.14)

$t_{01} = 125,7 \cdot (27,778/33,333)^{1/0,49} = 86,648$ s

$s_{01} = 2812 \cdot (27,778/33,333)^{(1+0,49)/0,49} = 1615,0$ m

Auslaufgleichungen, Gl. (6.15), (6.16) und (6.19)

$a_A = -0,01356 - 0,01558 \cdot (27,778/27,778) - 0,02378 \cdot (27,778/27,778)^2 = -0,05292$ m/s²

$\Delta v = 27,778 \cdot 0,01558/(2 \cdot 0,02378) = 9,100$ m/s

$V_0 = 27,778 \cdot [0,01356/0,02378 - (9,1/27,778)^2]^{0,5} = 19,000$ m/s

$T_0 = 27,778/19,0 \cdot 27,778/0,02378 = 1717$ s und $S_0 = 27,778^2/(2 \cdot 0,02378) = 16224$ m

$$X = \frac{19,0 \cdot (27,778 - v_3)}{19,0^2 + (v_3 + 9,1) \cdot (27,778 + 9,1)}$$

Ermittlung der Bremsanfangsgeschwindigkeit v_3 mit Gl. (6.13)

$s_{23} + s_{34} = L_H - s_{01} = 3000 - 1615 = 1385$ m

$16224 \cdot abs [\ln (-a_E /0,05292) + 0,01558/27,778 \cdot t_{23}] + v_3^2 /(2 \cdot 0,7) = 1385$

$t_{23} = 1717 \cdot \arctan X$

$a_E = -0,01356 - 0,01558 \cdot (v_3/27,778) - 0,02378 \cdot (v_3/27,778)^2$

Das Gleichungssystem wird in einen Rechner eingegeben. Durch Variation von v_3 erhält man die Lösung $v_3 = 26,073$ m/s (93,9 km/h).

Fahrschaubildberechnung mit Gl. (6.4) und (6.16)

$X = 19,0 \cdot (27,778 - 26,073)/[19,0^2 + (26,073 + 9,1) \cdot (27,778 + 9,1)] = 0,019537$

$t_{23} = 1717 \cdot \arctan 0,019537 = 33,541$ s

$a_E = -0,01356 - 0,01558 \cdot (26,073/27,778) - 0,02378 \cdot (26,073/27,778)^2 = -0,049134$ m/s^2

$s_{23} = 16624 \cdot abs [\ln (0,049134/0,05292) + 0,01558/27,778 \cdot 33,541] = 921,3$ m

$t_{34} = 26,073/0,7 = 37,247$ s und $s_{34} = 26,073^2/(2 \cdot 0,7) = 485,6$ m

$t_H = 86,648 + 33,541 + 37,247 = 157,4$ s

Kontrolle: $L_H = 1615,0 + 921,3 + 485,6 = 3022$ m (Übereinstimmung)

Die kleine Abweichung von 22 m ist durch Rundungsfehler bei der Auslaufberechnung bedingt.

6.2.3.2   Fahrschaubildberechnung durch Simulation

Fahrschaubilder können auch durch Simulation der Bewegungsabschnitte berechnet werden. Die Simulation liefert Ergebnisse mit minimalem methodischen Fehler. Der Aufbau des Rechenprogramms ist davon abhängig, ob Abschaltgeschwindigkeit v_1 bzw. Abschaltwegpunkt des Fahrantriebs s_2 oder Sollfahrzeit $t_{F\,Soll}$ als Steuergröße der Zugfahrt gewählt werden.

Eingabedateien

Die Zugdaten sind in der Zugdatei und die Streckendaten in der Streckendatei abzulegen. Die Zugdatei enthält das Zugkraftdiagramm in F_T-v-Stützstellen (Bild 1.3 und 1.12 sowie Kap. 4.2 und 4.3), die Konstanten der Zugwiderstandsgleichung (Adaptationsgleichung der Rechentechnik benutzen, Kap. 3.3.7), die Zugmasse m_Z und die Drehmasse des Zugs m_{DZ}.

Die Streckendatei enthält die Haltestellenabstände L_H der gesamten Strecke, die mittleren Längsneigungen i_m und die zulässigen Geschwindigkeiten vz_{ul} zu den Haltestellenabständen. Soll nur ein einzelnes Fahrschaubild berechnet werden, ist auf die Streckendatei zu verzichten.

Simulation von Anfahrt und Auslauf

Sind Abschaltgeschwindigkeit v_1 bzw. Abschaltwegpunkt s_2 vorgegeben, erhält man Zeit und Weg durch Integration der Beschleunigungskurve der Anfahrt und des Auslaufs mit dem Mikrozeitschrittverfahren (Gl. (1.8) bis (1.10) und Kap. 2.3.3). Die Schnittstellen v_1 bzw. v_{zul} und s_2 der Bewegungsabschnitte sind bekannt. Der Bremsabschnitt wird mit den Bremsgleichungen bei Verwendung der mittleren Bremsverzögerung b_{Br} berechnet. Im Auslauf-/Abrollabschnitt ist nach jedem Simulationsschritt zu prüfen, ob mit der Bremsung der L_H-Wert erreicht wird.

Simulation der Anfahrt und Berechnung von Auslauf/Abrollen mit Gleichung

Bei Benutzung der Sollfahrzeit t_{FSoll} als Steuergröße ist die Simulation von Auslauf/Abrollen und Bremsen nach jedem v_1- bzw. s_2-Schritt mit großer Zeit verbunden. Deshalb ist nur die Anfahrt zu simulieren, Auslauf/Abrollen aber nach Kap. 2.2.3.4 zu berechnen.

Zu Beginn der Fahrschaubilduntersuchung ist die maximale und die minimale Fahrzeit zu ermitteln. Die maximale Fahrzeit $t_{F\,max}$ erhält man zu einer Abschaltgeschwindigkeit v_1, bei der sich der Zug im freien Auslauf bis ins Ziel bewegt. Das Fahrschaubild Anfahren – Bremsen oder Anfahren – Beharrungsfahrt mit v_{zul} – Bremsen ergibt die minimale Fahrzeit t_{Fmin}. Die zu wählende Sollfahrzeit $t_{F\,Soll}$ muss zwischen den beiden Grenzwerten liegen.

Die Simulation zu $t_{F\,Soll}$ beginnt mit dem zu $t_{F\,max}$ gehörenden v_1-Wert und endet, sobald die Fahrzeit t_F den Wert $t_{F\,Soll}$ angenommen oder überschritten hat. Dabei werden verschiedene Fahrschaubildvarianten durchlaufen.

Waagerechte und Steigung

Liegt die Waagerechte oder die Steigung vor, wird zuerst das Fahrschaubild Anfahren – Auslaufen – Bremsen (Nr. 3) durchlaufen. Nachdem v_{zul} erreicht, aber $t_{F\,Soll}$ noch nicht unterschritten ist, erfolgt der Übergang in das Fahrschaubild Anfahren – Beharrungsfahrt mit v_{zul} – Auslaufen – Bremsen

Das Prüfen auf $t_{F\,Soll}$-Unterschreitung erfolgt in Schritten $\Delta v_1 = 10$ km/h. Bei Überschreitung wird der letzte Δv_1-Abschnitt mit Schrittweiten 1 km/h, danach 0,1 und 0,01 km/h wiederholt.

Der Bremseinsatzpunkt wird durch Erhöhung von v_3 in 1 km/h-Schritten im Gleichungssystem für Auslaufen und Bremsen ermittelt. Sobald L_H überschritten wird, erfolgt die Wiederholung in 0,1 und 0,01 km/h-Schritten.

Beim Erreichen von v_{zul} ist das Prüfen auf $t_{F\,Soll}$-Unterschreitung aller 1000 m, 100 m, 10 m und 1 m vorzunehmen.

Gefälle

Im Gefälle ist die v_3-Ermittlung nur zur Fahrschaubildvariante Nr. 5 erforderlich. Nach dem Übergang in die Fahrschaubildvariante Nr. 6 (Anfahren – Abrollen – Beharrungsfahrt mit v_{zul} – Bremsen) ist die geschlossene Berechnung möglich.

Die Fahrschaubildvarianten Nr. 5 und 6 haben eine kritische Abschaltgeschwindigkeit v_{1krit}, bei der die Abrollbeschleunigung $a_{Roll} = 0$ ist. Unterhalb von v_{1krit} ist a_{Roll} positiv (Abrollen) und oberhalb negativ (Auslaufen). Bild 6.1 zeigt die Unstetigkeitsstelle mit der kritischen Situation, die nicht zu berechnen ist. In einer Bandbreite von ± 5 km/h zu v_{1krit} ist Abrollen/Auslaufen durch die Beharrungsfahrt zu ersetzen.

Die kritische Abschaltgeschwindigkeit v_{1krit} erhält man aus der Gleichung der Abrollbeschleunigung (Gl. (2.39)), die null gesetzt wird:

$$a_{Roll} = a_0 + a_1 \left(v / v_{00} \right) + a_2 \left(v / v_{00} \right)^2 = 0$$

Die Auflösung nach v ergibt:

$$v_{1\,krit} = v_{00} \left(\sqrt{\left(\frac{a_1}{2\,a_2} \right)^2 - \frac{a_0}{a_2}} - \frac{a_1}{2\,a_2} \right) \tag{6.20}$$

6.2.3.3   Zugkraftarbeit und Energieverbrauch

Zugkraftarbeit

Die Arbeit der Treibachszugkraft (Kap. 1.3.1) wird durch Berechnung des Produkts Kraft mal Weg nach jedem Simulationsschritt und bei fortlaufender Summierung erfasst. Im Anfahrabschnitt ist die Zugkraft des Zugkraftdiagramms zu verwenden. Im Abschnitt der Beharrungsfahrt ist die Zugkraft durch die Zugwiderstandskraft bei v_{zul} und durch die Neigungskraft gegeben. Bei negativer Zugkraft der Beharrung im Gefälle gilt $F_{Tmx}\,\Delta s_x = 0$:

Gesamte Fahrt:
$$W_{FT} = \sum_{1}^{z}\left(F_{Tmx}\,\Delta s_x\right) \tag{6.21}$$

Beharrungsfahrt:
$$F_{Tmx}\,\Delta s_x = \frac{G_Z}{P}\left(f_{WZ\,zul} + i_m\right)s_{12}$$

W_{FT}	Zugkraftarbeit des Fahrschaubilds in kJ	P	Konstante, $P = 1000\,‰$
F_{Tmx}	mittlere Zugkraft eines Intervalls in kN	Δs_x	Intervallweg in m
$f_{WZ\,zul}$	Zugwiderstandszahl bei v_{zul} in ‰	s_{12}	Weg der Beharrungsfahrt in m
i_m	mittlere Längsneigung in ‰		(bei Fahrschaubild Nr. 6 s_{23})

Überschlägliche Berechnung der Zugkraftarbeit

Die Zugkraftarbeit ist mit dem Arbeitssatz zu berechnen (Gl. (1.41), (1.42)). Die mittlere Zugkraft wird durch die mittlere Gesamtwiderstandskraft ersetzt, die aus Einzelkräften besteht.

Fahrschaubild Nr. 1 bis 4

Die mittlere Gesamtwiderstandskraft des Haltestellenabstands L_H setzt sich aus den mittleren Werten von Neigungskraft, Zugwiderstandskraft und Verzögerungskraft der Haltbremsung zusammen. Anstelle der Kräfte werden die Kraftkoeffizienten in der Maßeinheit 1 benutzt:

Energetisch wirksame mittlere Längsneigung i_{mE} bei Berechnung von i_m mit Gl. (3.2), (3.3):

$$i_{mE} = i_m\left(1 - \frac{s_{34}}{L_H}\right) \tag{6.22}$$

Energetisch wirksame mittlere Zugwiderstandszahl f_{WZmE} bei Berechnung von f_{WZm} für v_m:

$$v_m = \frac{L_H - s_{34}}{t_H - t_{34}} \text{ mit } t_{34} = \frac{v_3}{b_{Br}} \text{ und } s_{34} = \frac{v_3^2}{2\,b_{Br}} \tag{6.23}$$

$$f_{WZmE} = f_{WZm}\left(1 - \frac{s_{34}}{L_H}\right)$$

Im Abschnitt der Haltbremsung sind i_m und f_{WZm} in die Bremsverzögerung integriert. Deshalb ist die Zugkraftarbeit mit den reduzierten Werten i_{mE} und f_{WZmE} zu berechnen.

Mittlere Verzögerungskraftzahl der Haltbremsung f_{VmH} des L_H-Abschnitts:

$$f_{VmH} = \xi_Z\,\frac{b_{Br}}{g}\,\frac{s_{34}}{L_H} \tag{6.24}$$

Die Zugkraftarbeit des L_H-Abschnitts:

$$W_{FT} = m_Z \, g \left(i_{mE} + f_{WZmE} + f_{VmH} \right) L_H \tag{6.25}$$

Fahrschaubild Nr. 5 und 6:

Die Zugkraftarbeit ist die Summe der kinetischen Energie der Anfahrt und der Arbeit der Neigungs- und der Zugwiderstandskraft auf dem Anfahrweg:

$$W_{FT} = m_Z \left[\frac{1}{2} \xi_Z v_1^2 + g \left(f_{WZm} + i_m \right) s_{01} \right] \tag{6.26}$$

Berechnung von f_{WZm} mit Zugwiderstandsgleichung für v_m, $v_m = \frac{2}{3} v_1$

W_{FT}	Zugkraftarbeit des Fahrschaubilds in kJ	ξ_Z	Massenfaktor des Zugs (Kap. 1.2.5)
L_H	Haltestellenabstand in m	v_m	mittlere Geschwindigkeit in m/s
m_Z	Zugmasse in t	v_1	Endgeschwindigkeit der Anfahrt in m/s
g	Fallbeschleunigung in m/s^2	v_3	Bremsanfangsgeschwindigkeit in m/s
f_{WZm}	mittlere Zugwiderstandszahl (1)	b_{Br}	mittlere Betriebsbremsverzögerung in m/s^2
f_{VmH}	mittlere Verzögerungskraftzahl der	s_{01}	Anfahrweg in m
	Haltbremsung, Maßeinheit 1	s_{34}	Bremsweg in m
i_m	mittlere Längsneigung in ‰	t_{34}	Bremszeit in s

Kraftstoffverbrauch

Der Kraftstoffverbrauch des Fahrschaubilds setzt sich aus dem Traktionsverbrauch der Anfahrt und der Beharrungsfahrt und dem Leerlauf- und dem Heizverbrauch zusammen (Kap. 4.2.1).

$$B_{ges} = \frac{W_{FT}}{\eta_A h_{Kr}} + b_{tleer} t_{leer} + b_{tHeiz} \left(t_H + t_0 \right) \tag{6.27}$$

$$B_{ges} = b_{tA} t_{01} + \frac{\left(f_{WZzul} + i_m \right) G_Z s_{12}}{P \eta_A h_{Kr}} + b_{tleer} t_{leer} + b_{tHeiz} \left(t_H + t_0 \right)$$

Fahrschaubild Nr. 1 bis 4: $t_{leer} = t_{23} + t_{34} + t_0$

Fahrschaubild Nr. 5 und 6: $t_{leer} = t_{12} + t_{23} + t_{34} + t_0$

B_{ges}	Gesamtverbrauch des Fahrschaubilds in g	t_H	Haltestellenfahrzeit in s
W_{FT}	Zugkraftarbeit in kJ	t_{01}	Anfahrzeit in s
bt_A	spezifischer Anfahrverbrauch für	t_0	Haltezeit in s
	Traktion in g/s (Kap. 4.2.1 und 4.2.2.)		Städtischer Nahverkehr: $t_0 = 15$ bis 20 s
b_{tleer}	spezifischer Leerlaufverbrauch in g/s		Regionalverkehr: $t_0 = 30$ s
b_{tHeiz}	spezifischer Heizverbrauch in g/s	t_{leer}	Leerlaufzeit in s
s_{12}	Wegabschnitt der Beharrungsfahrt in m	η_A	Wirkungsgrad des Antriebssystems
f_{WZzul}	Zugwiderstandszahl für v_{zul} in ‰		(Kap. 4.2.1, Gl.(4.27))

Elektroenergieverbrauch

Der Elektroenergieverbrauch, gemessen am Systemeingang (Stromabnehmer), setzt sich aus dem Traktions-, Hilfsleistungs- und Heizleistungsverbrauch zusammen. Bei vorhandener Nutzbremsung ist die Nutzbremsenergie zu subtrahieren. Der Anteil der elektrisch erzeugten Bremskraft an der Gesamtbremskraft des Zugs, der für Halt- und Gefällebremsung unterschiedlich sein kann, ist zu beachten.

Gesamtverbrauch am Stromabnehmer W_{ges} und Nutzbremsenregie der Haltbremsung W_{NutzH} und der Gefällebremsung W_{NutzG} betragen:

$$W_{ges} = \frac{1}{k_E}\left[\frac{W_{FT}}{\eta_A} + (P_{Hi} + P_{Heiz})(t_H + t_0)\right] - W_{NutzH} - W_{NutzG} \tag{6.28}$$

$$W_{NutzH} = \frac{\eta_A}{k_E} m_Z s_{34}\left[\xi_Z k_{eBH} b_{Br} - g(f_{WZm} + i_m)\right] \text{ mit } s_{34} = \frac{v_3^2}{2 b_{Br}} \tag{6.29}$$

$$W_{NutzG} = \frac{\eta_A}{k_E} m_Z g k_{eBG} s_{23}(f_{WZul} + i_m) \tag{6.30}$$

W_{ges}	Gesamtverbrauch in kWh	f_{WZm}	Zugwiderstandszahl (1) für $v_m = 2/3 \cdot v_3$
W_{FT}	Zugkraftarbeit in kJ	f_{WZul}	Zugwiderstandszahl (1) für v_{zul}
W_{Nutz}	Nutzbremsenergie in kWh	i_m	mittlere Längsneigung, Maßeinheit 1
P_{Hi}	Leistung der Hilfseinrichtungen in kW		(Steigung positiv, Gefälle negativ
P_{Heiz}	Leistung der Zugheizung in kW	b_{Br}	Betriebsbremsverzögerung in m/s²
m_Z	Zugmasse in t	v_3	Bremsanfangsgeschwindigkeit in m/s
k_E	Energieumrechnungskonstante	t_H	Haltestellenfahrzeit in s
	(Kap. 1.3.1) $k_E = 3600$ kJ/kWh	t_0	Haltezeit in s
ξ_Z	Massenfaktor des Zugs (Kap. 1.2.5)	s_{23}	Weg der Beharrungsfahrt in m
k_{eBH}	elektrischer Bremskraftanteil der	s_{34}	Bremsweg in m
	Haltbremsung, Maßeinheit 1	η_A	Wirkungsgrad des Antriebssystems
k_{eBG}	elektrischer Bremskraftanteil der		(Kap. 4.2.1, Gl. (4.27))
	Gefällebremsung, Maßeinheit 1		Dieseltraktion: $\eta_A = 0,32$ bis $0,36$
g	Fallbeschleunigung, $g = 9,81$ m/s²		Elektrische Traktion: $\eta_A = 0,85$ bis $0,90$

Erhält man aus Gl. (6.30) einen negativen Verbrauchswert, so wurde bei der Gefällefahrt mehr Energie in das Netz zurückgespeist als ihm bei der Anfahrt entnommen wurde.

Berechnungsbeispiel 6.9

Beispiel 6.5 enthält die kinematischen Variablen der Fahrt des Dieseltriebwagens VT 611 nach Fahrschaubildvariante Nr. 4. In Ergänzung ist der Kraftstoffverbrauch zu ermitteln.

Den Berechnungsbeispielen 6.1 und 6.5 sind folgende Daten zu entnehmen:

$m_Z = 115,7$ t, $\xi_Z = 1,054$, $f'_{WZ0} = 1,457$ ‰, $f'_{WZ1} = 1,674$ ‰; $f_{WZ2} = 2,555$ ‰, $i_m = 0$ ‰, $b_{Br} = 0,7$ m/s², $L_H = 3000$ m, , $s_{34} = 500$ m, $t_{23} = 25,8$ s, $t_{34} = 37,8$ s, $t_H = 150,4$ s, $v_3 = 26,452$ m/s und $v_{zul} = 27,778$ m/s

Gewählte Daten: $\eta_A = 0,32$, $h_{Kr} = 42,7$ kJ/g, $b_{tleer} = 7$ g/s und „keine Zugheizung".

Lösungsweg und Löung:

Zugkraftarbeit, Gl. (6.22) bis (6.25), $i_m = 0$

$v_m = (L_H - s_{34})/(t_H - t_{34}) = (3000 - 500)/(150,4 - 37,8) = 22,202$ m/s

$f_{WZm} = f'_{WZ0} + f'_{WZ1}(v_m/v_{00}) + f_{WZ2}(v_m/v_{00})^2$

$f_{WZm} = 1,457 + 1,674 \cdot (22,202/27,778) + 2,255 \cdot (22,202/27,778)^2 = 4,401$ ‰

$f_{WZmE} = 4,401 \cdot (1 - 500/3000) = 3,668$ ‰ bzw. $0,003668$

$f_{VmH} = 1,054 \cdot 0,7/9,81 \cdot 500/3000 = 0,012535$

$W_{FT} = 115,7 \cdot 9,81 \cdot (0 + 0,003668 + 0,012535) \cdot 3000 = 55172$ kJ

Kraftstoffverbrauch, Gl. (6.27)

$t_{leer} = t_{23} + t_{34} + t_0 = 25,8 + 37,8 + 30 = 93,6$ s

$B_{ges} = 55172/(0,32 \cdot 42,7) + 7 \cdot 93,6 = 4693$ g

Berechnungsbeispiel 6.10

Der dem Beispiel 6.9 zugrunde liegende Triebwagen soll den elektrischen Antrieb haben. Der Energieverbrauch am Systemeingang (Stromabnehmer) ist für die beiden Fälle Traktion ohne und mit Nutzbremsung zu berechnen.

Ergänzende Daten: $\eta_A = 0,88$, $k_{eBH} = 0,5$ und $P_{Hi} = 50$ kW

Lösungsweg und Lösung:

Gesamtverbrauch ohne Nutzbremsung, Gl. (6.28)

$W_{ges} = 1/3600 \cdot [55172/0,88 + (50 + 0) \cdot (150,4 + 30)] = 19,920$ kWh

Nutzbremsenergie der Haltbremsung, Gl. (6.29)

$v_m = 2/3 \cdot v3 = 2/3 \cdot 26,452 = 17,635$ m/s

$f_{wZm} = 1,457 + 1,674 \cdot (17,635/27,778) + 2,255 \cdot (17,635/27,778)^2 = 3,429$ ‰ bzw. 0,003429

$W_{NutzH} = 0,88/3600 \cdot 115,7 \cdot 500 \cdot [1,054 \cdot 0,5 \cdot 0,7 - 9,81 \cdot (0,003429 + 0)] = 4,741$ kWh

Gesamtverbrauch mit Nutzbremsung, Gl. (6.28)

$W_{ges} = 19,920 - 4,741 = 15,179$ kWh

6.3 Fernverkehrsfahrschaubild

6.3.1 Zugfahrtberechnungsprogramm

Für überschlägliche Berechnungen der Fernzugfahrten werden die Fahrschaubildvarianten Nr. 2, 4 und 6 des Nahverkehrs benutzt (Bild 6.1), die entsprechend der Haltestellenfolge aneinander gereiht werden. Dabei treten wegen der Vereinfachungen aber nicht unerhebliche Fehler auf. Die genaue Berechnung ist mit Rechenprogrammen vorzunehmen, die auf die differenzierten Bedingungen der Zugfahrt zugeschnitten sind. Folgende Unterlagen sind vorzubereiten:

Streckendatei

Die Streckendatei enthält die zulässigen Längsneigungen, die zulässigen Geschwindigkeiten und die Haltepunkte der Strecke zwischen Start- und Zielbahnhof. In der Datei muss jeder Wegpunkt vermerkt sein, an dem sich Längsneigung oder zulässige Geschwindigkeit ändern bzw. der Zug zu halten hat (Streckenband in Kap. 3.1.1).

Triebfahrzeugdatei

Die Triebfahrzeugdatei enthält die Zugkrafttabelle des Triebfahrzeugs für die maximale Fahrstufe (Zugkraftdiagramm, Kap. 1.2.1, 4.2 und 4.3). Die Zugkrafttabelle ist auf die Treibachszugkraft zu beziehen. Die Fahrstufenanzahl ist aufzunehmen (Kap. 1.4). Bei nur kleiner Fahrstufenanzahl ist die Zugkrafttabelle auf alle Fahrstufen zu erweitern. Bei größerer Fahrstufenanzahl ist das stufenlose Regeln der Zugkraft vorauszusetzen.

Außerdem sind Masse, Drehmasse, Länge und zulässige Geschwindigkeit der Lokomotive (Kap. 1.2.5), mittlerer Wirkungsgrad des Antriebssystems, Leistungs- bzw. Kraftstoffbedarf der Hilfseinrichtungen sowie des Leerlaufs und die Aufregelzeit aufzunehmen. Das Aufregeln kann linear zeitabhängig vorausgesetzt werden (Kap. 1.4).

Für die Ermittlung der Erwärmungskennlinie von Fahrmotor und Transformator des elektrischen Triebfahrzeugs sind zusätzlich die Konstanten der Erwärmungsgleichung aufzunehmen.

Energetische Datei

Die genaue Energieverbrauchsermittlung ist auf der Basis der Wirkungsgradkennfelder der am Energiefluss beteiligten Aggregate des Antriebssystems möglich. Deshalb sind die Kennfelder in eine Matrix zu überführen und in die energetische Datei aufzunehmen. Die energetische Datei muss ermöglichen, zu jedem Betriebspunkt den momentanen Wirkungsgrad bzw. die Leistungsaufnahme zu ermitteln.

Wagenzugdatei

Die Zugdatei enthält alle für die fahrdynamischen Berechnungen erforderlichen Daten des Wagenzugs. Dazu gehören Masse, Drehmasse, Länge und zulässige Geschwindigkeit des Wagenzugs, Konstanten der Zugwiderstandsgleichung, Verzögerung der Betriebs- und der Vollbremsung bzw. der zu benutzenden Bremsstufe, Ansprech-, Schwell- und Lösezeit der Bremse (Kap. 5), bei vorhandener Nutzbremsung der Anteilfaktor der elektrisch erzeugten Bremskraft für Verzögerungs- und Gefällebremsung und der Leistungsbedarf der Zugheizung.

Die Konstanten der Zugwiderstandsgleichung sind auf die Adaptationsgleichung zu beziehen (Kap. 3.3.7, Gl. (3.64)), die extern aus jeder beliebigen Widerstandsgleichung aufstellbar ist (Rechenprogramm benutzen).

Bremskraftdatei

Bei Benutzung der Zugfahrtsimulation zur Ermittlung des Verschleißes der Reibmaterialien und der Erwärmung der mechanischen Bremse sind die Bremskraftkennlinien der benutzten Bremsbauarten und die Konstanten der Verschleiß- und Erwärmungsgleichung in einer speziellen Bremskraftdatei zu erfassen (Kap. 5).

Algorithmus des Rechenprogramms

Die Variablen der Fernverkehrsfahrschaubilder sind nur mittels Rechentechnik zu bestimmen. Die Rechenprogramme beruhen auf der Integration der Zugbeschleunigungsgleichung für die Fahrzustände „Zugfahrt mit Zugkraft", „Zugfahrt mit Bremskraft" und „Zugfahrt ohne Zug- und Bremskraft" (Kap. 1.2.3, Gl. (1.8) bis (1.10)). Die Integration erfolgt mit den in Kap. 2.3.3 behandelten Mikroschrittverfahren. Die Rechenprogramme enthalten spezielle Steueralgorithmen, um an Schnittstellen den weiteren Ablauf der Berechnung selbsttätig zu bestimmen.

Die Rechenprogramme sind um Programmteile zu erweitern, mit denen bei Bedarf nach jedem Mikroschritt die aktuellen Werte von Zugkraftarbeit, Energieverbrauch, Temperatur und Verschleiß bestimmbar sind.

Zur Verkleinerung des Modell-Realitätsfehlers ist möglichst das Auf- und Abregeln der Zugkraft (Kap. 1.4) und das Berechnen der effektiven Längsneigung auf der Grundlage des homogenen Massenbands (Kap. 3.1.2) einzubeziehen.

Im Unterschied zum Nahverkehrsfahrschaubild wird die Zugbewegung fortlaufend den aktuellen Werten der Streckendatei angepasst. Dadurch treten **weitere Bewegungsabschnitte** in
Erscheinung:

- der Geschwindigkeitsabfall in der Steigung,
- die Geschwindigkeitszunahme nach dem Verlassen der Steigung,
- Zwischenabschnitte des Auslaufs bzw. Abrollens und
- Abschnitte der Weg- und Geschwindigkeitszielbremsung zur Anpassung an einen sich ändernden v_{zul}-Wert (Kap. 5.3.4).

Es ist auch möglich, die Tätigkeit der automatischen Fahr- und Bremssteuerung (AFB) der
Züge des Hochgeschwindigkeitsverkehrs einzubeziehen (Kap. 5.3.5).

Dialogfreie Programme

Die Zugfahrt des Fernverkehrs ist dialogfrei zu berechnen, wenn auf den Auslauf bzw. das
Abrollen verzichtet wird. Man erhält die **kürzeste Fahrzeit**, den **maximalen Energieverbrauch** und den maximalen Verschleiß der mechanischen Bremsen.

Die kürzeste Fahrzeit ist Grundlage der Festlegung der **Fahrplan-Fahrzeiten**. Zur kürzesten
Fahrzeit werden **Zeitzuschläge** gewährt. Sie umfassen einen Grundzuschlag von 3 % bei den
Reisezügen und von 5 % bei den Güterzügen sowie die Zeitzuschläge für Langsam-Fahrstellen
(La-Zuschläge). Außerdem werden der Ermittlung der kürzesten Fahrzeit nur 90 % der Zug-
kraftwerte des Zugkraftdiagramms zugrunde gelegt. Die **Fahrzeitreserve** dient dem Ausgleich
des Zeitbedarfs für nicht planbare Unregelmäßigkeiten.

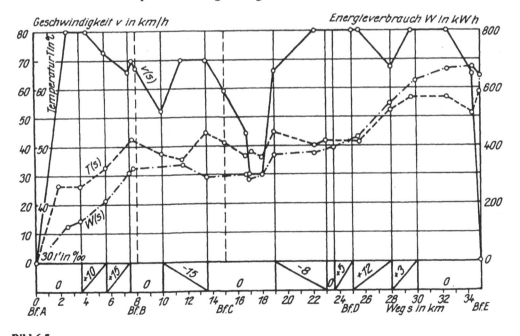

Bild 6.5
Fernverkehrsfahrschaubild eines Güterzugs mit elektrischer Lokomotive
(Kennlinien der Geschwindigkeit v(s), des Energieverbrauchs W(s) und der Motortemperatur T(s))

Das dialogfreie Berechnen der Zugfahrt des Fernverkehrs mit Berücksichtigung des Auslaufs bzw. Abrollens ist möglich, wenn dafür ersatzweise das Nahverkehrsfahrschaubild benutzt wird. Die Streckendatei ist so zu verändern, dass sie zu jedem Haltestellenabschnitt den Abstand L_H, die mittlere Längsneigung i_m, die zulässige Geschwindigkeit, den zur kürzesten Fahrzeit gewährten Fahrzeitzuschlag Δt_{zu} und die Gesamtzahl der zu berechnenden Haltestellenabschnitte enthält. Man erhält überschlägliche Ergebnisse.

Programme mit Rechner-Bediener-Dialog

Die Einziehung des Auslaufs bzw. Abrollens oder das Reduzieren der Fahrstufen der Zugkraft auf Abschnitten, für die der Rechner selbsttätig die maximale Fahrstufe wählen würde, ist nur im Rechner-Bediener-Dialog möglich. Vor dem Start bzw. bei jeder Unterbrechung ist der nächste Wegpunkt einzugeben, an dem der Dialog gewünscht wird. Nach erfolgter Unterbrechung ist die für den nächsten Abschnitt zu benutzende Fahrstufe bzw. Auslauf/Abrollen einzugeben.

Bild 6.5 zeigt das im Rechner-Bediener-Dialog erstellte Fernverkehrsfahrschaubild. Die nichtlinearen Kurven wurden zur Vereinfachung der Darstellung durch Geraden ersetzt.

6.3.2 Zugkraftarbeit, Kraftstoff- und Energieverbrauch

Zugkraftarbeit, Kraftstoff- und Energieverbrauch des Fernverkehrs sind überschläglich zu berechnen, wenn die kinematischen Variablen des Fahrschaubilds bekannt sind.

Zugkraftarbeit

Die gesamte Zugfahrt ist in Fahrabschnitte von Zughalt zu Zughalt zu unterteilen. Die Zugkraftarbeit ist für jeden Haltestellenabstand L_H zu berechnen und zum Gesamtwert der Zugfahrt zu summieren. Im Unterschied zum Nahverkehrsfahrschaubild sind bei der Berechnung der Zugkraftarbeit des Fernverkehrsfahrschaubild die Abschnitte „Gefällebremsung" und „Regulierungsbremsung" (Bremsung zur Regulierung der Fahrgeschwindigkeit) zusätzlich zu berücksichtigen.

Nach Gl. (6.25) beträgt die Zugkraftarbei W_{FT} eines L_H-Abschnitts:

$$W_{FT} = m_Z \, g \, (i_{mE} + f_{WZmE} + f_{VmE} + f_{BG\,LH} + f_{BR\,LH}) L_H \qquad (6.31)$$

Bremskraftzahl der Gefällebremsung

Die Bremskraftzahl der Gefällebremsung des Einzelabschnitts f_{BG} (Maßeinheit 1) ist die Summe von mittlerer Neigung des Gefälles i_{mG} (Zahlenwert negativ) und Zugwiderstandszahl f_{WZG} für die Gefällegeschwindigkeit v_G. Die Bremskraftzahl des L_H-Abschnitts $f_{BG\,LH}$ ist durch Summieren der Produkte $(f_{BG} \, s_{BG})$ aller Gefällebremsungen und Bezugnahme auf L_H zu ermitteln (s_{BG} = Bremsweg der Gefällebremsung). Gefällebremskraftzahl des Einzelabschnitts f_{BG} und des L_H-Abschnitts $f_{BG\,LH}$ betragen:

$$f_{BG} = -(i_{mG} + f_{WZG}) \qquad (6.32)$$

$$f_{BG\,LH} = \frac{1}{L_H} \sum_{1}^{z} (f_{BGx} \, s_{BGx})_x$$

Bremskraftzahl der Regulierungsbremsung

Die Bremskraftzahl der Regulierungsbremsung eines Abschnitts f_{BR} ergibt sich aus der Bremsverzögerung b_{Br} nach Abzug der mittleren Zugwiderstandszahl der Regulierungsbremsung f_{WZmR} und der mittleren Neigung i_{mR} des Regulierungsbremswegs s_{BR} (Steigung positiv, Gefälle negativ). Die Variable f_{WZmR} ist mit der mittleren Geschwindigkeit des Regulierungsbremsabschnitts zu berechnen (arithmetisches Mittel aus Anfangs- und Endwert). Die Bremskraftzahl des L_H-Abschnitts $f_{BR\,LH}$ ist durch Summieren der Produkte ($f_{BR}\,s_{BR}$) aller Regulierungsbremsungen und Bezugnahme auf L_H zu ermitteln (s_{BR} = Bremsweg der Regulierungsbremsung).

Regulierungsbremskraftzahl des Einzelabschnitts f_{BR} und des L_H-Abschnitts $f_{BR\,LH}$:

$$f_{BR} = \xi_Z \frac{b_{Br}}{g} - (f_{WZR} + i_{mR}) \tag{6.33}$$

$$f_{BR\,LH} = \frac{1}{L_H} \sum_1^z (f_{BGx}\, s_{BRx})_x \quad \text{mit} \quad s_{BR} = \frac{v_A^2 - v_E^2}{2\,b_{Br}}$$

v_A, v_E Anfangs- und Endgeschwindigkeit der Regulierungsbremsung in m/s

Kraftstoffverbrauch

Der Kraftstoffverbrauch B_{ges} ist mit Gl. (6.27) aus der Zugkraftarbeit W_{FT} zu berechnen. Die Leerlaufzeit des Motors t_{leer} des L_H-Abschnitts geht aus den Daten des Fahrschaubilds hervor.

Elektroenergieverbrauch

Der Elektroenergieverbrauch W_{ges} ist mit Gl. (6.28) aus der Zugkraftarbeit W_{FT} zu berechnen. Die Nutzbremsarbeit der Gefällebremsung W_{NutzG} geht aus Gl. (6.30) hervor. Alle Gefällestrecken des L_H-Abschnitts mit Nutzbremsung sind einzubeziehen. Die Nutzbremsarbeit der Haltbremsung W_{NutzH} ist mit Gl.(6.29) zu berechnen. Außerdem ist noch die Nutzbremsarbeit aller Regulierungsbremsungen W_{NutzR} vorhanden, die mit Gl. (6.29) zu ermitteln ist. Die Variable s_{34} ist durch den Bremsweg der Regulierungsbremsung s_{BR} (Gl. (6.33)) zu ersetzen.

Verkehrsarbeit

Die Leistung des Transportträgers Eisenbahn wird mit der Verkehrsarbeit im Zeitabschnitt bewertet. Die Verkehrsarbeit A_V dient auch als Bezugsgröße für die Berechnung des spezifischen Energie- und Kraftstoffverbrauchs. Sie ist das Produkt von Beförderungsmasse und Beförderungsstrecke bzw. von beförderten Plätzen/Personen und Beförderungsstrecke. Die Verkehrsarbeit ist trotz ihrer Abhängigkeit von physikalischen Variablen keine physikalische Größe, sondern eine verkehrsstatistische Größe.

In Abhängigkeit von der benutzten Massevariante gilt für die Berechnung der Verkehrsarbeit:

Verkehrsarbeit des Zugs:	$A_{VZ} = m_Z L$	Ztkm (Zugtonnenkilometer)	(6.34)
Brutto-Verkehrsarbeit:	$A_{VB} = m_W L$	Btkm (Bruttotonnenkilometer)	
	$A_{VB} = z_{Pl} L$	Plkm (Platzkilometer)	
Netto-Verkehrsarbeit:	$A_{VN} = m_{Lad} L$	Ntkm (Nettotonnenkilometer)	
	$A_{VN} = z_P L$	Pkm (Personenkilometer)	

Die Verkehrsarbeit wird auch in der Dimension 10^3 und 10^6 angegeben.

Tabelle 6.1:

Überschlägliche spezifische Energie- und Kraftstoffverbrauchswerte

Elektroenergieverbrauch am Stromabnehmer:

Reisezüge	30 bis 40 Wh/Btkm (Wechselstrom)
Güterzüge	20 bis 30 Wh/Btkm (Wechselstrom)
Stadtbahn	50 bis 60 Wh/tkm
Straßenbahn	80 bis 100 Wh/tkm
Zusätzlich für Zugheizung	8 bis 10 Wh/Btkm
Einsparung durch Nutzbremsung	5 bis 7 Wh/Btkm

Dieselkraftstoffverbrauch:

Reisezüge	8 bis 12 g/Btkm
Güterzüge	5 bis 10 g/Btkm
Zusätzlich für Zugheizung	2 bis 4 g/Btkm

Symbole und Maßeinheiten zu Gl. (6.34)

m_Z	Zugmasse in t		z_{Pl}	Anzahl der Plätze im Zug
m_W	Wagenzugmasse in t		z_P	Anzahl der Personen im Zug
m_{Lad}	Ladegutmasse des Zugs in t		L	Beförderungsstrecke in km

Spezifischer Energie- und Kraftstoffverbrauch

Der spezifische Energie- und Kraftstoffverbrauch w_{spez} bzw. b_{spez} wird durch Bezugnahme des absoluten Verbrauchs W_{ges} bzw. B_{ges} auf die Verkehrsarbeit berechnet:

$$w_{spez} = \frac{W_{ges}}{A_V} \text{ und } b_{spez} = \frac{B_{ges}}{A_V} \tag{6.36}$$

Die Bezugnahme ist auf alle Varianten der Verkehrsarbeit möglich. Im Regelfall wird die Brutto-Verkehrsarbeit A_{VB} benutzt. Bei Triebwagenzügen ist $A_{VB} = A_{VZ}$, bei lokomotivbespannten Zügen $A_{VZ} > A_{VB}$. Die Verkehrsarbeit des Zugs A_{VZ} wird für die Dimensionierung der Energieversorgungsanlagen als Bezugsgröße benutzt.

Die Maßeinheit des spezifischen Verbrauchs ist Wh/Btkm bzw. g/Btkm, aber auch kWh/10^3 Btkm bzw. kg/10^3 Btkm oder MWh/10^6 Btkm bzw. t/10^6 Btkm. Die Zahlenwerte sind gleich.

Die energetische Planung und Abrechnung erfolgt bei Schienenverkehrsunternehmen im Regelfall auf der Basis von spezifischen Energieverbräuchen, die mit der Bruttoverkehrsarbeit A_{VB} (Btkm, außer Eisenbahn auch tkm) oder (Plkm) berechnet worden sind. Der spezifische Verbrauch berücksichtigt in diesem Fall alle fahrdynamischen Variablen (Gl. (6.31)) und bei lokomotivbespannten Zügen außerdem die Auslastung des Zugs.

Für den energetischen Vergleich von Verkehrssystemen sind spezifische Verbrauchswerte zu benutzen, die mit der Nettoverkehrsarbeit A_{VN} (Ntkm) oder (Pkm) berechnet worden sind. In diesem Fall wird der Einfluss des Leichtbaugrads und der Auslastung der Fahrzeuge auf den Verbrauch einbezogen.

Tabelle 6.1 enthält überschlägliche spezifische Verbrauchswerte. Der Elektroenergieverbrauch ist auf den Stromabnehmer bezogen.

Berechnungsbeispiel 6.11

Für die Fahrt eines Schnellzugs ist der spezifische Energieverbrauch (elektrische Lokomotive) und der spezifisch Kraftstoffverbrauch (Diesellokomotive) zu berechnen.

Gegebene Werte:

Lokomotivmasse m_L = 80 t, Wagenzugmasse m_W = 400 t und Zugmasse m_Z = 480 t

Fahrstrecke L_H = 50 km, mittlere Geschwindigkeit v_m = 80 km/h, Fahrzeit t_H = 2250 s

Elektrische Lokomotive: Antriebssystem-Wirkungsgrad η_A = 0,88, Hilfsleistung P_{Hi} = 200 kW

Diesellokomotive: η_A = 0,30, Kraftstoffheizwert h_{Kr} = 42,7 kJ/g, Leerlauf b_{leer} = 5 g/s, t_{leer} = 60 s

Energetisch wirksame Längsneigung, Gl. (6.22), i_{mE} = 2 ‰

Energetisch wirksame Zugwiderstandszahl, Gl. (6.23) f_{WZmE} = 5 ‰

Energetisch wirksame Verzögerungszahl der Haltbremsung, Gl. (6.24), f_{VmE} = 1,0 ‰

Keine Heizung, keine Nutzbremsung und keine Regulierungsbremsung.

Lösungsweg und Lösung:

Zugkraftarbeit, Gl. (6.31)

W_{FT} = 480· 9,81· (0,002 + 0,005 + 0,001 + 0 + 0)· 50000 = 1,884· 10^6 kJ

Gesamtverbrauch von Elektroenergie am Stromabnehmer, Gl. (6.28)

W_{ges} = 1/3600· [1,884· 106 /0,88 + (200 + 0)· (2250 + 0)] – 0 – 0 = 720 kWh

Bruttoverkehrsarbeit, Gl. (6.34)

A_{VB} = $m_W L_H$ = 400· 50 = 20000 Btkm

Spezifischer Energieverbrauch, Gl. (6.35)

w_{spez} = W_{ges} / A_{VB} = 720000/20000 = 36 Wh/tkm

Gesamtverbrauch an Kraftstoff, Gl. (6.27)

B_{ges} = 1,884· 106 /(0,30· 42,7) + 5,0· 60 + 0 = 147373 g

Spezifischer Kraftstoffverbrauch, Gl. (6.35)

b_{spez} = B_{ges}/ A_{VB} = 147373/20000 = 7,4 g/Btkm

6.3.3   Energieoptimale Fahrstrategie

Der Energieverbrauch einer Zugfahrt ist von gegebener Fahrzeit und benutzter Fahrstrategie abhängig (Bild 6.6). Für die Wirtschaftlichkeit der Zugförderung ist das Problem, eine Zugfahrt so zu planen und durchzuführen, dass der Energieverbrauch minimal ist, bedeutungsvoll.

Einflussgrößen

Bild 6.6 zeigt den Einfluss der Variablen Soll-Fahrzeit und Fahrstufe auf den Energieverbrauch einer Zugfahrt. Die wichtigste, den Verbrauch beeinflussende Variable ist die Soll-Fahrzeit, die im Diagramm als unabhängige Variable gewählt wurde.

Der maximale Verbrauch ist bei der minimalen Fahrzeit vorhanden (Fahren ohne Auslauf/Abrollen). Wird die Sollfahrzeit verlängert, sinkt der Verbrauch. Die Verbrauchs-Zeit-Kurve hat ein Minimum. Bei weiterer Vergrößerung der Soll-Fahrzeit steigt der Verbrauch wieder an. Der Wiederanstieg ist durch den Verbrauch der Hilfseinrichtungen und der Zugheizung begründet, der mit der Fahrzeit proportional zunimmt.

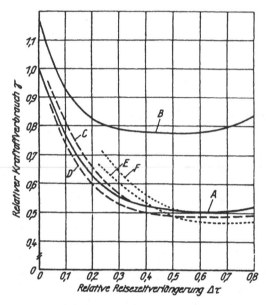

Bild 6.6

Relativer Kraftstoffverbrauch γ in Abhängigkeit von der Verlängerung der relativen Reisezeit Δτ für die Fahrt eines Personenzugs über eine Strecke L_H = 4000 m nach Fahrschaubildvariante Nr. 3

$\gamma = B_{ges}/ B_{ges\,min}$ und $\Delta\tau = (t_R - t_{R\,min})/t_{R\,rmin}$

A maximale Fahrstufe

B maximale Fahrstufe und Zugheizung

C 86 % Nennleistung bei gleichem η_A

D 86 % Nennleistung bei 10 % Wirkungsgradverbesserung

E 43 % Nennleistung bei gleichem η_A

F 43 % Nennleistung bei 10 % Wirkungsgradverschlechterung

Im Regelfall liefert das Benutzen der maximalen Fahrstufe einen kleineren Verbrauch. Verbessert sich der Wirkungsgrad des Antriebssystems η_A in Teillast-Fahrstufen, kann gegenüber dem Fahren mit der maximalen Fahrstufe eine Reduzierung des Verbrauchs eintreten.

Dem Bild 6.6 liegt die Fahrschaubildvariante Nr. 3 zugrunde (Anfahren – Auslaufen – Bremsen). Die Fahrschaubildvariante Nr. 2 (Anfahren – Beharrungsfahrt mit reduziertem v_{zul}-Wert – Bremsen) liefert im Regelfall einen höheren Energieverbrauch zur gleichen Fahrzeit. Wenn die für die Beharrungsfahrt benutzte Fahrstufe eine besseren Wirkungsgrad des Antriebssystems als die maximale Fahrstufe hat, ist auch der umgekehrte Fall möglich.

Optimale Zugkraftarbeit des einzelnen Fahrschaubilds

Bild 6.7 zeigt für Fahrschaubild Nr. 3 und Bild 6.8 für Fahrschaubild Nr. 4 den Einfluss der Wahl der Abschaltgeschwindigkeit v_1 (Nr. 3) bzw. des Abschaltwegpunkts s_2 (Nr. 4) auf die Zugkraftarbeit. Die Zugkraftarbeit nimmt über der Fahrzeit ab. Die Wahl des optimalen Abschaltzeitpunkts des Antriebs, bei dem die Soll-Fahrzeit eingehalten wird bzw. der Zug nicht schon vor Plan ankommt, hat einen beachtlichen Einfluss auf den Energieverbrauch.

Da bereits 1 Sekunde Abweichung vom richtigen Abschaltzeitpunkt über die Höhe des Verbrauchs entscheidet, ist der Triebfahrzeugführer überfordert. Deshalb ist das Ermitteln und Ausführen des richtigen Abschaltens dem Bordrechner zu übertragen.

Optimale Zugkraftarbeit der gesamten Zugfahrt

Die optimale Zugkraftarbeit der gesamten Zugfahrt ist nicht die Addition optimaler Zugkraftarbeiten unabhängiger Haltestellenabstände oder Fahrabschnitte. Die einzelnen Haltestellenabstände und Fahrabschnitte sind durch den Fahrplan in der Zeit miteinander verknüpft. Die an einer Schnittstelle festgestellte Verspätung muss über die sich anschließenden Schnittstellen hinweg abgebaut werden. Ebenfalls muss das Fahren vor Plan ausgeglichen werden.

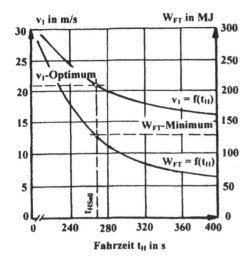

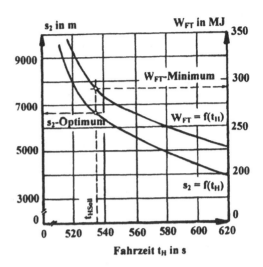

Bild 6.7
Abschaltgeschwindigkeit v_1 und Zugkraftarbeit W_{FT} in Abhängigkeit von der Fahrzeit t_H für Fahrschaubildvariante Nr. 3
(Fahrt eines Personenzugs, Abstand der Haltestellen $L_H = 4000$ m)

Bild 6.8
Abschaltwegpunkt s_2 und Zugkraftarbeit W_{FT} in Abhängigkeit von der Fahrzeit t_H für Fahrschaubildvariante Nr. 4
(Fahrt eines Personenzugs, Abstand der Haltestellen $L_H = 10000$ m, $v_{zul} = 80$ km/h)

Die optimale Zugkraftarbeit der gesamten Zugfahrt ist unter Beachtung der zeitlichen Wechselwirkung zu ermitteln.

Die Gesamtzeit der Zugfahrt ohne den Haltezeiten $t_{F\,ges}$ (reine Fahrzeit) setzt sich aus den reinen Teilfahrzeiten der n Haltestellenabschnitte $t_{H1}...t_{Hn}$ zusammen.

$$t_{F\,ges} = t_{H1} + t_{H2} + t_{H3} + ... + t_{Hn} \qquad (6.36)$$

Die gegebene Gesamtfahrzeit $t_{F\,ges}$ ist so auf die n Haltestellenabstände oder Fahrabschnitte aufzuteilen, dass die Zugkraftarbeit der gesamten Zugfahrt optimal wird. Für die Lösung dieser Aufgabe wird von *Vollenwyder* ein Verfahren empfohlen, das auf der Aufstellung der Arbeits-Zeit-Kurven aller Haltestellenabstände bzw. Fahrabschnitte beruht. Die Kurven sind Hyperbeln. Bild 6.9 zeigt die Arbeits-Zeit-Kurven $W_{FT} = f(t_H)$.

Auf der Grundlage des leistungsbezogenen Arbeitsintegrals (Kap. 1.3.3) ist aus der Funktion $W_{FT} = f(t_H)$ die Leistung der Gesamtwiderstandskraft des Abschnitts P_{FW} zu berechnen:

$$P_{FW} = \frac{dW_{FT}}{dt_H} = \tan\alpha \qquad (6.37)$$

Die Leistung der Gesamtwiderstandskraft P_{FW} ist der Anstieg der Tangente der Kurve $W_{FT}(t_H)$ bei der Fahrzeit t_H. Je größer P_{FW} bzw. je steiler die Tangente ist, desto größer ist die Effektivität der Energieeinsparung durch Fahrzeitverlängerung. Die Gesamtfahrzeit $t_{F\,ges}$ ist so aufzuteilen, dass die Leistung der Gesamtwiderstandskraft aller Abschnitts P_{FWn} = konstant ist.

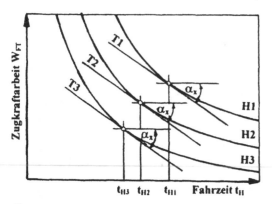

Benutzung der Tangente

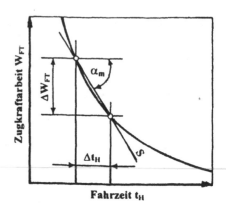

Benutzung der Sekante

Bild 6.9

Energetisch optimale Aufteilung der Sollfahrzeit $t_{F\ ges}$ auf einzelne Haltestellenabstände mittels gleicher Tangenten und näherungsweise Benutzung gleicher Sekanten

H_1, H_2 und H_3: Kennlinien $W_{FT} = f(t_H)$ der Haltestellenabstände 1, 2 und 3
T_1, T_2 und T_3: Tangenten gleicher Neigung der Kurven H_1, H_2 und H_3
t_{H1}, t_{H2} und t_{H3}: energetisch optimale Fahrzeiten der Haltestellenabstände 1, 2 und 3
S Sekante mit dem mittleren Neigungswinkel α_m

Bedingung der energieoptimalen Fahrzeitaufteilung:

$$P_{FW} = P_{FW1} = P_{FW2} = P_{FW3} = \ldots = P_{FWn} = \text{kons}\tan t \qquad (6.38)$$

Diese Gesetzmäßigkeit kann sowohl für die Aufstellung energieoptimaler Fahrpläne als auch zur operativen energetischen Optimierung des Zuglaufs benutzt werden.

Für die praktische Anwendung ist der Differentialquotient durch den Differenzenquotienten zu ersetzen und die Zeitdifferenz $\Delta t_H = 1$ s zu wählen:

$$P_{FW} = \frac{\Delta W_{FT}}{\Delta t_H} \qquad (6.39)$$

Die aufzuteilende Reservefahrzeit $\Delta t_{F\ ges}$ ist die Differenz zwischen der Fahrzeit des Fahrplans und der kürzesten Fahrzeit der Gesamtstrecke. Beginnend mit $t_{H\ min}$ werden in 1-Sekunden-Schritten zu allen $W_{FT}(t_H)$-Kurven die P_{FW}-Werte berechnet und der Größe nach sortiert. Vom größten P_{FW}-Wert an werden der sortierten Menge der Reihe nach so viele P_{FW}-Werte entnommen, bis die Reservefahrzeit $\Delta t_{F\ ges}$ erfüllt ist. Es erfolgt die anteilmäßige energieoptimale Zuweisung der Reservefahrzeit an die einzelnen Haltestellenabstände bzw. Bewegungsabschnitte.

Praktische Anwendung

Die praktische Anwendung der Theorie der energieoptimalen Zugföderung begann bei der DR ab 1980 mit der Aufstellung von Fahrinformatoren für den Triebfahrzeugführer und mit der energetischen Überarbeitung der Fahrpläne. Sie wurde mit der Installation von Bordrechnern als Auswahl- und Anzeigegeräte fortgesetzt. Heute ist die Einbindung in die Triebfahrzeug- und Zugleittechnik möglich.

6.4 Zugfahrtschreiberdiagramme

Die Triebfahrzeuge der Eisenbahn sind mit Zugfahrtschreibern ausgerüstet, mit denen die wichtigsten Daten der Zugfahrt erfasst werden. Bild 5.10 zeigt das vom Auswertegerät ausgegebene Diagramm der kinematischen Variablen der Fahrt eines ICE-Hochgeschwindigkeitszugs. Die Datenausgabe erfolgt auch digital. Tabelle 6.1 enthält die zur Betriebsbremsung am Ende der Zugfahrt ausgegebenen Daten (nur jeder zweite Datensatz wurde berücksichtigt).

Bei 449,835 km wird der Fahrantrieb abgeschaltet, bei 452,035 km der entwickelte Bremsabschnitt erreicht, bei 457,48 km endet die Betriebsbremsung mit der Automatischen Fahr- und Bremssteuerung (AFB), danach wird bis 458,28 km beschleunigt und zuletzt von Hand bis zum Zughalt gebremst.

Moderne Straßenbahnzüge haben Kurzwegschreiber, mit denen die Fahrdaten und die unfallrelevanten Bedienungsdaten aufgezeichnet und für die letzten 2000 m Wegstrecke gespeichert werden. Bild 6.10 zeigt das vom Auswertegerät ausgegebene Fahrschaubild sowie die Signalstreifen verschiedener Bedienungshandlungen. Daraus ist ablesbar, an welchem Wegpunkt der Fahrantrieb abgeschaltet, die Betriebsbremsung eingeleitet und in diesem Fall in die Gefahrenbremsung übergegangen wurde.

Die Daten der Zugfahrtschreiber ermöglichen nicht nur die Rekonstruktion von Unfällen, sondern auch fahrdynamische Analysen von Zugfahrten in vielfältiger Art. Simulierte optimale Fahrschaubilder (Energieverbrauch, Bremsenverschleiß) können mit den tatsächlichen Fahrschaubildern verglichen werden. Die theoretischen Grundlagen und Methoden der fahrdynamischen Analysen sind in Kapitel 2 behandelt.

Tabelle 6.1
Daten des Zugfahrtschreibers von der Betriebsbremsung des ICE 1 am Schluss der Zugfahrt

Weg km	Uhrzeit	v km/h	Weg km	Uhrzeit	v km/h	Weg km	Uhrzeit	v km/h
449,835	22: 24: 17	195	455,345	22: 26: 18	117	457,990	22: 28: 39	56
452,035	22: 24: 59	185	455,595	22: 26: 26	111	458,130	22: 28: 48	58
452,335	22: 25: 05	177	455,795	22: 26: 33	104	458,280	22: 28: 57	62
452,535	22: 25: 09	174	455,945	22: 26: 38	97	458,580	22: 29: 15	61
452,735	22: 25: 13	170	456,095	22: 26: 44	90	458,915	22: 29: 41	56
453,035	22: 25: 20	163	456,245	22: 26: 50	82	459,255	22: 30: 03	53
453,335	22: 25: 26	156	456,345	22: 26: 55	75	459,315	22: 30: 08	46
453,635	22: 25: 34	148	456,495	22: 27: 02	68	459,395	22: 30: 15	40
453,935	22: 25: 41	140	456,795	22: 27: 19	62	459,485	22: 30: 23	34
454,235	22: 25: 49	133	456,940	22: 27: 28	58	459,555	22: 30: 32	27
454,435	22: 25: 55	129	457,170	22: 27: 42	52	459,585	22: 30: 37	18
454,835	22: 26: 03	126	457,480	22: 28: 04	50	459,600	22: 30: 41	9
455,035	22: 26: 09	121	457,850	22: 28: 30	54	459,610	22: 30: 49	0

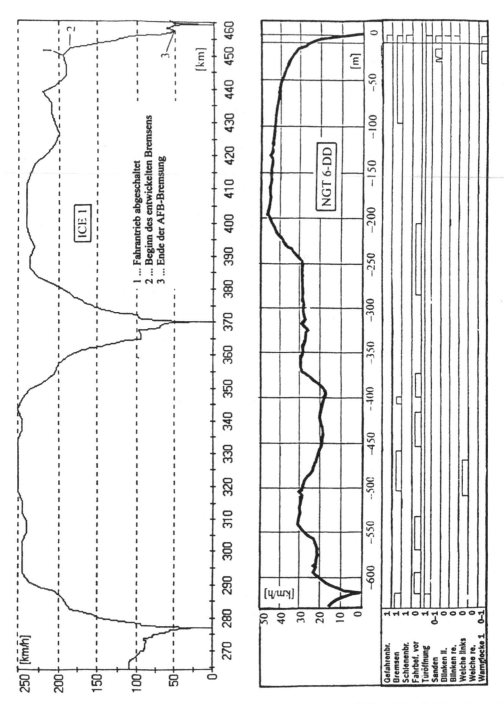

Bild 6.10: Zugfahrtschreiberdiagramme vom Hochgeschwindigkeitszug ICE 1 (*Eisenbahnbundesamt*) und vom Straßenbahn-Gelenktriebwagen NGT 6–DD (*Verkehrsbetriebe Dresden, DNN vom 04.04.03*)

6.5 Fahrdynamische Unfallanalyse

Aufgabenstellung

Im Schienenverkehr ereignen sich Kollisionsunfälle zwischen Zügen und Kraftfahrzeugen oder Fußgängern, weil sie sich entweder im Gleisbereich befinden oder weil sich die Bewegungsbahnen kreuzen. Für die Klärung der Schuldfrage des Triebfahrzeugführers werden Geschwindigkeit des Zugs und Weg-Zeit-Koordinaten der Reaktionsaufforderung und der tatsächlichen Reaktion benötigt. Bei Abweichungen vom vorgeschriebenen Verhalten (Reaktionszeit, Geschwindigkeit, Bremsbedienung) ist zu untersuchen, welchen Einfluss die Abweichungen auf das Unfallgeschehen hatten (Vermeidbarkeitsbetrachtung).

Die Unfallanalyse erfolgt mit Methoden und physikalischen Beziehungen der Fahrdynamik.

Voraussetzungen

Nach dem Kollisionsunfall eines Zugs ist im Regelfall der Kollisionspunkt auf dem Gleiskörper K_{Gl} und am Zug K_{Zg} sowie die Endposition des Bugs des Zugs auf dem Gleis E_{Bg} bekannt. Ist der Kollisionspartner ein Fahrzeug oder Lastzug, wird dessen Länge und die Lage des Kollisionspunktes K_{Kfz} auf der Längsseite ermittelt. Diese Daten werden in eine maßstäbliche Unfallskizze eingetragen (Maßstab im Regelfall 1 : 200).

Wichtige, der Unfallskizze für die fahrdynamische Unfallanalyse zu entnehmende Maße sind der Abstand der Punkte K_{Gl} und E_{Bg} im Gleis, der Abstand des Punktes K_{Zg} von der linken (Unfallpartner kam von rechts) oder rechten Längslinie des Zugs (Unfallpartner kam von rechts) auf der Oberfläche und der Abstand des Punktes K_{Kfz} vom Heck des Kraftfahrzeugs (Bild 6.12). Außerdem muss die Geschwindigkeit des Kollisionspartners gegeben sein.

Die fahrdynamischen Berechnungen sind auf den Bug des Zugs zu beziehen.

Bewegungskennlinien

Die Bewegungskennlinien des Zugs $s = f(t)$ und $v = f(t)$ sind rückwärts mit dem Anfangspunkt des Zughalts ($t = 0$; $s = 0$; $v = 0$) und dem Endpunkt der Reaktion zu ermitteln. Das ist mit den Daten des Zugfahrtschreibers und durch Berechnung möglich. Wegen der Verbindung beider Unfallpartner durch die Zeit ist die Zeit als unabhängige Variable zu wählen.

Bild 6.10 und Tabelle 6.1 zeigt die Auswerteergebnisse der Aufzeichnungen des Zugfahrtschreibers. Sie sind für den Anhalteabschnitt in Abhängigkeiten bzw. Kennlninen $s = f(t)$ und $v(t)$ zu überführen. Die $s;v$-Stützstellen sind mit Gl. (2.11) des Kap. 2.2.1 abschnittsweise in $s;v;t$-Stützstellen zu erweitern. Dabei ist die Genauigkeit 1/100 s anzustreben.

Mit den vom Zugfahrtschreiber ausgegebenen $s_B;v_0$-Variablen des Bremsbeginns wird mit Gl. (5.52) und (5.53) des Kap. 5.3.2.2 (zweiteiliges Bremsablaufmodell) oder Gl. (5.93) und (5.94) des Kap. 5.4.1 (dreiteiliges Bremsablaufmodell) die entwickelte Verzögerung b_E berechnet. Für Ansprechen und Schwellen sind die normativen Zeiten des Kap. 5.2.5 zu verwenden.

Liegen keine Daten des Zugfahrtschreibers vor, ist die Kennlinienberechnung $s = f(t)$ und $v = f(t)$ nach Kapitel 5.3.2 vorzunehmen. Für Straßenbahnen und Bremsart I über 50 km/h ist das zweiteilige, anderenfalls das dreiteilige Bremsablaufmodell zu benutzen. Bei Halt im Schwellabschnitt sind Parametervariation und Vergleich mit bekannten Variablen anzuwenden.

Geht die Bremsanfangsgeschwindigkeit v_0 nicht aus Aufzeichnungen hervor, muss sie mit Hilfe des Abstands zwischen Beginn der Schleifspur der Bremsschuhe der Magnetschienenbremse sowie der Streuspur der Sandstreuvorrichtung und der Endlage der Buglinie des Zugs berechnet werden. Aus diesen Abständen ist der entwickelte Bremsweg s_E unter Beachtung der Längendifferenz zwischen erster und letzter Einrichtung im Zug und zum Bug abzuleiten. Entwickelter Bremsweg s_E und entwickelte Verzögerung b_E werden in die nach v_0 umgestellte Gl. (5.51) des Kap. 5.3.2.2 eingesetzt.

Die Bewegungskennlinien $s = f(t)$ und $v = f(t)$ sind auch für den Unfallpartner, das Kraftfahrzeug oder den Fußgänger, aufzustellen.

Weg-Zeit-Diagramm

Mit den Bewegungslinien $s = f(t)$ und $v = f(t)$ beider Unfallpartner ist das Weg-Zeit-Diagramm des Unfallablaufs aufzustellen. Als Koordinatenursprung ist der Kollisionspunkt mit $t = 0$ und $s = 0$ zu wählen. Die Abszisse links vom Koordinatenursprung wird mit dem Weg des Zugs und die Abszisse rechts mit dem Weg des zweiten Unfallpartners, aber auch des Zugs nach der Kollision, belegt. Der Wegmaßstab beider Unfallpartner kann unterschiedlich sein. Er ist nach den Geschwindigkeiten zu wählen. Die Ordinate wird mit der Zeit belegt. Die Ordinate unter dem Kollisionspunkt wird mit der Zeit vor der Kollision und die Ordinate über dem Kollisionspunkt mit der Zeit nach der Kollision belegt.

Bild 6.11 zeigt das Weg-Zeit-Diagramm. Die Kennlinien $s = f(t)$ beider Kollisionspartner werden in das Weg-Zeit-Diagramm übertragen. Die Bewegung des zweiten Kollisionspartners endet im Regelfall am Unfallort. Den Nullpunkt für Weg und Zeit des Zugs erhält man mit dem Abstand s_{KE} der Punkte K_{Gl} und K_{BG} und mit der zum Abstand gehörenden Zeit t_{KE} (Bild 6.12).

Auswertung

Anhand des Weg-Zeit-Diagramms ist über die gleiche Zeit ermittelbar, welche Position der eine Partner bei einer bestimmten Position des anderen Partners einnahm. Ist die Entfernung der vom zweiten Partner gesetzten Reaktionsaufforderung vom Kollisionsort bekannt, kann dazu der Abstand des Zugs abgelesen und mit der Lage des Reaktionspunktes des Triebfahrzeugführers verglichen werden. Umgekehrt besteht auch die Möglichkeit, der Reaktion des Triebfahrzeugführers die Position des zweiten Unfallpartners zuzuordnen. Die Kennlinie $v = f(t)$ liefert in Ergänzung die Geschwindigkeit in der jeweiligen Position.

Absolute Vermeidbarkeit

Die Untersuchung der absoluten Vermeidbarkeit beinhaltet die Ermittlung folgender Variablen:

Die Geschwindigkeit, die der Zug hätte höchstens fahren dürfen, um am Hindernis oder an der Bewegungslinie des Unfallpartners anzuhalten und fallweise

die Reaktionszeit des Triebfahrzeugführers, bei der der Zug am Hindernis oder an der Bewegungslinie des Unfallpartners zum Stehen kommt.

Die Zeit t_{KE} zwischen den Punkten K_{Gl} und E_{Zg} ist die notwendige Reaktionszeitverkürzung. Die Geschwindigkeit $v_{0\,abs}$ ist mit der Gleichung des Anhaltewegs zu bestimmen. Der Anhalteweg s_{Anh} ist um den Abstand s_{KE} zwischen den Punkten K_{Gl} und E_{Bg} zu verkürzen (Bild 6.12). Beim zweiteiligen Bremsablaufmodell ist die Umstellung der s_{Anh}-Gleichung nach $v_{0\,abs}$ möglich. Beim dreiteiligen Bremsablaufmodell ist $v_{0\,abs}$ durch Variation der Geschwindigkeit zu ermitteln.

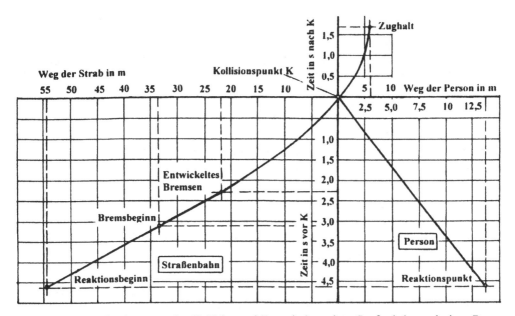

Bild 6.11: Weg-Zeit-Diagramm des Kollisionsunfalls zwischen einer Straßenbahn und einer Person, untersucht in Berechnungsbeispiel 6.11

Relative Vermeidbarkeit

Die Bremsanfangsgeschwindigkeit der relativen Vermeidbarkeit beruht auf der Zeit, die der Zug hätte später am Unfallort sein müssen, damit der Kollisionspartner den Gleisbereich wieder verlassen konnte.

Der erforderliche Zeitverzug des Zugs t_{Verz} ist der Quotient von Seitenabstand l_{Seit} des Kollisionspunktes K_{Zg} nach links oder rechts je nach Bewegungsrichtung und der Querungsgeschwindigkeit v_Q der Person/des Kraftfahrzeugs (Bild 6.12). Beim Kollisionspartner Kraftfahrzeug ist der Weg um den Abstand K_{Kfz} bis Heck zu erweitern. Liegt K_{Zg} an der Längsseite, ist auch der Abstand bis zum Bug des Zugs zu berücksichtigen.

Die Anhaltezeit t_{Anh} ist um t_{Verz} zu verkürzen. Beim zweiteiligen Bremsablaufmodell ist die Umstellung der t_{Anh}-Gleichung nach $v_{0\,rel}$ möglich. Beim dreiteiligen Bremsablaufmodell ist $v_{0\,rel}$ durch Variation der Geschwindigkeit zu ermitteln.

Absolute und relative Bremsanfangsgeschwindigkeit des zweiteiligen Bremsablaufmodells:

$$v_{0abs} = \sqrt{[b_E(t_U + t_R)]^2 + 2b_E(s_{Anh} - s_{KE})} - b_E(t_U + t_R) \tag{6.40}$$

$$v_{0\,rel} = b_E(t_{Anh} - t_R - t_U - t_{Verz}) \tag{6.41}$$

Berechnungsbeispiel 6.12

Ein Straßenbahnzug nähert sich einem kreuzenden Weg. Hinter einer Sichtverdeckung kommt plötzlich eine Person von rechts hervorgerannt, um die Gleise zu queren. Trotz Gefahrenbremsung kommt es zur Kollision. Der Kollisionspunkt K_{Zg} liegt rechts an der Stirnfläche des Zugs. Gleisbezogener Kollisionspunkt K_{Gl} und Endstellung des Bugs des Zugs E_{Bg} sind bekannt. Bild 6.12 zeigt die Situation.

Der Abstand der Punkte K_{Gl} und E_{Bg} beträgt $s_{KE} = 5,2$ m, der Abstand des Punktes K_{Zg} von der linken Zugbegrenzungslinie (Zugbreite) $l_{Seit} = 2,3$ m und der Abstand zwischen dem Punkt der Reaktionsaufforderung R und dem Punkt K_{Gl} (Laufweg der Person) $l_P = 13,8$ m.

Aus der Auswertung der Aufzeichnungen des Zugfahrtschreibers geht die Bremsanfangsgeschwindigkeit $v_0 = 50$ km/h (13,889 m/s) und der entwickelte Bremsweg $s_E = 27,6$ m hervor. Für die ungebremste Zeit wird der BOStrab-Wert $t_U = 0,842$ s (Kap. 5.3.2.2, Gl. (5.55)), für die Reaktionszeit entsprechend Unfallbedingungen $t_R = 1,5$ s und für die Laufgeschwindigkeit der Person $v_P = 3,0$ m/s gewählt (t_R und v_P nach *Burg/Rau*: Handbuch der Verkehrsunfallrekonstruktion, Verlag Ambs, Kippenheim 1981).

Die Vermeidbarkeit des Unfalls ist zu untersuchen.

Lösungsweg und Lösung mit dem zweiteiligen Bremsablaufmodell:

Entwickelte Bremsung, Gl. (5.51)

$b_E = v_0^2/(2\ s_E) = 13,889^2/(2 \cdot 27,6) = 3,495$ m/s² und $t_E = v_0/b_E = 3,974$ s

Brems- und Anhaltevorgang, Gl. (5.49), (5.50)

$t_B = t_E + t_U = 3,974 + 0,842 = 4,816$ s und $t_{Anh} = t_R + t_B = 1,5 + 4,816 = 6,316$ s

$s_B = v_0\ t_U + S_E = 13,889 \cdot 0,842 + 27,6 = 39,3$ m und $s_{Anh} = v_0\ t_R + s_B = 13,889 \cdot 1,5 + 39,3 = 60,1$ m

Zeit nach Kollision, Kollisionsgeschwindigkeit, Gl. (5.66)

$t_{KE} = (2\ s_{KE}/b_E)^{0,5} = (2 \cdot 5,2/3,494) = 1,725$ s, $v_K = (2\ b_E\ s_{KE})^{0,5} = (2 \cdot 3,494 \cdot 5,2)^{0,5} = 6,028$ m/s (21,7 km/h)

Beginnend im Kollisionspunkt K (t = 0; s = 0) wird das Weg-Zeit-Diagramm gezeichnet. Dazu wird im entwickelten Abschnitt die Gleichung der gleichmäßig beschleunigten Bewegung $s = 0,5 \cdot b_E \cdot t^2$ und für die übrigen Bewegungen die Gleichung der gleichförmigen Bewegung $s = v \cdot t$ benutzt. Bild 6.11 zeigt das Weg-Zeit-Diagramm. Daraus geht hervor, dass kein Reaktionsverzug vorgelegen hat.

Absolute und relative Vermeidbarkeit, Gl. (6.40) und (6.41)

$v_{0\ abs} = [3,495^2 \cdot (0,842 + 1,5)^2 + 2 \cdot 3,495 \cdot (60,1 - 5,2)]^{0,5} - 3,495 \cdot (0,842 + 1,5) = 13,046$ m/s (47,0 km/h)

$t_{Verz} = l_{Seit}/v_P = 2,3/3,0 = 0,767$ s

$v_{0\ rel} = 3,495 \cdot (6,316 - 1,5 - 0,842 - 0,767) = 11,208$ m/s (40,4 km/h)

Die Variablen $v_{0\ abs}$ und $v_{0\ rel}$ sind mit der zulässigen Geschwindigkeit zu vergleichen.

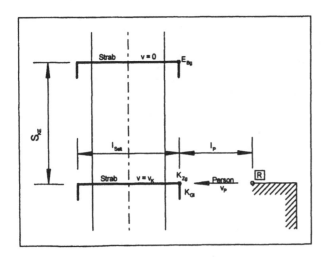

Bild 6.12
Unfallsituation zu Beispiel 6.11

R   Reaktionsaufforderung
K_{Zg} Kollisionspunkt am Zug
K_{Gl} Kollisionspunkt am Gleiskörper
E_{Bg} Endposition des Bugs des Zugs (hier auch des Kollisionspunktes)

Literaturverzeichnis

Kapitel 1: Statik und Dynamik der Fahrbewegung
Kapitel 2: Kinematik der Fahrbewegung

[1]   *Frank, M.:* Technische Mechanik für Ingenieurschulen. Band I (Statik, Kinematik, Kinetik). –
       Fachbuchverlag, Leipzig 1974

[2]   *Göldner, H; Holzweißig, F.:* Leitfaden der Technischen Mechanik (9. Auflage). – Fachbuch-
       verlag, Leipzig 1986

[3]   *Hochmuth, A.; Wende, D.:* Fahrdynamik der Landfahrzeuge. – transpress, Berlin 1968

[4]   *Horvath, K.:* A gyorsulas es az erö idöbeli valtozasanak („Ruck") jelentösege a gepeszetben
       (Bedeutung der Beschleunigungsänderung und des Rucks für Schienenfahrzeuge. – In: Jarmuvek
       Mezögazdasagi Gepek, Budapest 21 (1974) 4, S. 127–133

[5]   *Jansa, F.:* Trakčni mechanika a energetika kolejové dopravy (Fahrdynamik und Energetik
       des Schienenverkehrs). – Verlag Dopravni nakladatelstvi, Praha 1959

[6]   *Jansa, F.:* Elektricka trakcia I (Elektrische Zugförderung I). – Verlag Vydavatelstvi technickej a
       ekonomickej literatury, Bratislava 1976

[7]   *Jentsch, E.:* Fahrzeitermittlung mit neuen Elementen der Zugfahrtsimulation. – In: Glasers
       Annalen, Bielefeld 127 (2003) 2, S. 66–71

[8]   *Müller, P.:* Elektrische Fahrzeugantriebe. – Verlag R. Oldenbourg, München 1960

[9]   *Müller, W.:* Fahrdynamik der Verkehrsmittel. – Springer-Verlag, Berlin 1940

[10]   *Müller, W.:* Eisenbahnanlagen und Fahrdynamik, Bd. I u. II. – Springer-Verlag, Berlin/ Göttin-
       gen/ Heidelberg 1950 und 1953

[11]   *Potthoff, G.:* Einführung in die Fahrdynamik. – Verlag Technik, Berlin 1953

[12]   *Potthoff, G.:* Verkehrsströmungslehre. I (Die Zugfolge auf Strecken und in Bahnhöfen); II (Be-
       triebstechnik des Rangierens); III (Die Verkehrsströme im Netz). – transpress, Berlin 1965

[13]   *Potthoff, G.:* Aufgaben der Fahrdynamik. – In: Wissenschaftliche Zeitschrift der Hochschule für
       Verkehrswesen (WZ der HfV), Dresden 12 (1965) 3, S. 425–427

[14]   *Potthoff, G.:* Die auf die beförderte Masse bezogene Leistung. – In: Deutsche Eisenbahntechnik,
       Berlin 11 (1963) 8, S. 366

[15]   Pravila tjagovych rasčetov dlja poezdnoj raboty (Vorschrift für fahrdynamische Berechnungen
       der Zugarbeit)/ Ministerium für Verkehrswesen der UdSSR. – Verlag Transport, Moskva 1985

[16]   *Preysing, E.:* Bemerkungen zur kinematischen Größe „Ruck". – In: WZ der HfV, Dresden 23
       (1976) 1, S. 133–143

[17]   *Reinfeld, H.:* Einfluß des Rucks auf den Anfahr- und Bremsweg. – In: Verkehr und Technik,
       Bielefeld 21 (1988) 15, S. 330–334

[18]   *Remmele, G.:* Die Antriebsleistung von elektrischen Nahverkehrsfahrzeugen als Funktion von
       Geschwindigkeit, Beschleunigung und Haltestellenabstand. – In: Glasers Annalen, Bielefeld 85
       (1961) 5, S. 163–172

[19]   *Remmele, G.:* Leistungsermittlung elektrischer Triebfahrzeugantriebe für beliebige Fahrprogram-
       me. – In: Elektrische Bahnen, München 40 (1969) 8, S. 172–177 und 9, S. 202–209

[20]   *Vogel, E.:* Fahrdynamische Bewertung ungleichförmig geradliniger Fahrzeugbewegungen. – In:
       WZ der HfV, Dresden 18 (1971) 1, S. 103–120

[21]   *Vogel, E.:* Ruck ebener Fahrzeugbewegungen. – In: WZ der HfV. – Dresden 26 (1979), Sonder-
       beilage „Beiträge zur Fahrdynamik"

[22]   *Wende, D.:* Fahrdynamik (Reihe Schienenfahrzeugtechnik). – transpress, Berlin 1983 (1. Aufla-
       ge) und 1990 (2. Auflage)

[23] *Wende, D.:* Der Massenfaktor und seine Bestimmung. – In: VESK-Informationen, Dresden 5 (1971) 11, S. 21–29

[24] *Wende, D.:* Bewertung des Beschleunigungsvermögens von Schienentriebfahrzeugen. – In: Deutsche Eisenbahntechnik, Berlin 16 (1968) 5, S. 222–225

[25] *Wende, D.:* Auswertung gemessener Kennlinien der Anfahr- und Auslaufvorgänge für die Verkehrsunfallrekonstruktion. – In: Verkehrsunfall und Fahrzeugtechnik, 37 (1999) 3, S. 62–70

[26] *Wende, D.:* Berechnung von Abschnitten der Fahrbewegung mit mathematischen Funktionen. – In: Verkehrsunfall und Fahrzeugtechnik, Kippenheim 37 (1999) 4, S. 105–112

Kapitel 2.6: Fahrbewegung im Gleisbogen

[27] *Alexandrov, K. K.; Erškov, O. P.; Mestserskij, M. N.:* Festlegung der zulässigen Geschwindigkeiten beim Befahren von Bogenwechseln im Aufriß. – In: OSShD-Zeitschr. 19 (1976) 2, S. 5–8

[28] *Hegenbarth, F.:* Dieseltriebwagenzug Baureihe 624/924 für Bezirks- und Nahverkehr mit gleisbogenabhängiger Luftfedersteuerung. – In: Glasers Annalen, Bielefeld 93 (1969) 1, S. 22–26

[29] *Höhne, D.:* Zum Problem der optimalen Überhöhung bei der DR. Ein Vorschlag zur Lösung. – In: Die Eisenbahntechnik. – Berlin 27 (1979) 4, S. 149–151

[30] *Hoppe, H.:* Kommentar zu den Obv der DR. – transpress, Berlin 1980

[31] *Oriol y Lopez, L. M.:* Der Talgo Pendular. – In: Elektrische Bahnen, 83 (1985) 5, S. 156–162

[32] *Sabev, M.:* Betrachtungen über die Wahl der zweckmäßigen Überhöhung für Gleise mit gemischtem Verkehr. – In: Die Eisenbahntechnik, Berlin 27 (1979) 7, S. 273–275

[33] *Schmücker, B.; Kirchlechner, H.:* Beitrag zur Steigerung der spezifischen Höchstgeschwindigkeit im Gleisbogen. – In: Glasers Annalen, Bielefeld 89 (1965) 7, S. 271–278

[34] *Spöhrer, W.:* Die gleisbogenabhängige Wagenkastensteuerung als Entwicklungsprojekt. – In: Eisenbahntechnische Rundschau. – Darmstadt 21 (1972) 3, S. 98–104

[35] *Weber, H.:* Schnelleres Befahren von engen Gleisbögen durch lokomotivbespannte Züge bei den Schweizerischen Bundesbahnen. – In: Glasers Annalen, Bielefeld 100 (1976) 9, S. 277–284

Kapitel 3: Neigungs- und Widerstandskraft

[36] *Astachov, P. N.:* Soprotivlenie dviženiju železnodorožnogo podvižnogo sostava (Fahrwiderstand von Eisenbahnzügen). – In: Trudy CNII MPS, Ausgabe 311, Verlag Transport, Moskva 1966

[37] *Bartoš, E. T.; Kravčenko, E. A.:* Charakteristiki processa troganija s mesta gruzovych poezdov (Charakteristiken des Anfahrprozesses aus dem Stand von Güterzügen). – In: Vestnik VNIIZT, Moskva 35 (1976) 4, S. 22–26

[38] *Bendel, H.:* Untersuchungen zur Verringerung des aerodynamischen Widerstands von Güterzügen. – In: Glasers Annalen, Bielefeld 114 (1990) 4, S. 124–132

[39] *Beth, M.:* Laufwiderstand von Güterzügen. – Diplomarbeit (1992) an der TH Darmstadt

[40] *Boden, N.:* Zur Ermittlung des Luftwiderstands von Schienenfahrzeugen. – In: Archiv für Eisenbahntechnik, Darmstadt 27 (1970) Folge 25, S. 40–71

[41] Bundesbahn-Zentralamt München: Korrektur des ICE-Laufwiderstands (freie Strecke) vom 14.04.92 im Lastenheft des ICE

[42] *Ciesielski, R.:* Zugkraftmessungen und Messungen der Fahrzeugwiderstände an einigen in Braunkohletagebauen eingesetzten Lokomotiven und Wagen. – In: Freiberger Forschungshefte (Ausgabe 167), Akademie-Verlag, Berlin 1960

[43] *Gackenholz, L.:* Ergebnisse neuerer Untersuchungen zum Luftwiderstand von Fahrzeugen im Zugverband. – In: Elektrische Bahnen, München 42 (1971) 12, S. 226–231

[44] *Gackenholz, L.:* Der Luftwiderstand der Züge im Tunnel. – In: Glasers Annalen, Bielefeld 98 (1974) 3, S. 79–84

[45]   *George, W.; Krebs, J.:* Berechnung der örtlichen Windverhältnisse bei fahrdynamischen Untersuchungen im Rangierdienst. – In: Eisenbahnpraxis, Berlin 24 (1980) 3, S. 128–130

[46]   *Glück, H.:* Aerodynamik und Schnellfahren bei hohen Geschwindigkeiten. – In: Glasers Annalen, Bielefeld 104 (1980) 8/9, S. 241–252

[47]   *Glück, H.:* Aerodynamik schnellfahrender Züge – Überblick über den Stand der Erkenntnisse. – In: Archiv für Eisenbahntechnik Nr. 38/1983, S. 23–40

[48]   *Jentsch, E.:* Rationelle Energieanwendung im Zugfahrdienst. – In: Die Eisenbahntechnik, Berlin 29 (1981) 9, S. 370–373

[49]   *König, H.; Pfander, J.-P.:* Drehgestellwagen, residualer Bogenwiderstand und Laufzielbremsung. – In: Glasers Annalen, Bielefeld 104 (1980) 5, S. 138–140

[50]   *König, H.:* Messungen des residualen Bogenwiderstandes. – In: Glasers Annalen, Bielefeld 105 (1981) 4, S. 120–125

[51]   *König, H; Hinden, S.:* Die Laufeigenschaftsmessungen der Schweizerischen Bundesbahn an Einzelabläufen im Rangierbahnhof Zürich-Limmattal. – In: Archiv für Eisenbahntechnik 38 (1983), S. 10–20

[52]   Der Luftwiderstand in U-Bahn-Tunneln. – In: Deutsche Eisenbahntechnik, 7 (1959) 2, S. 90–91

[53]   *Massute, E.:* Die Bestimmung des Luftwiderstands im Ablaufbetrieb. – In: Deutsche Eisenbahntechnik, Berlin 3 (1955) 11, S. 433 – 444

[54]   *Neppert, H.:* Böenbeeinflussung schnellfahrender Züge. – In: Glasers Annalen, Bielefeld 105 (1981) 2, S. 43–59

[55]   *Peters, J.-L.:* Bestimmung des aerodynamischen Widerstandes des ICE/V im Tunnel und auf freier Strecke durch Auslaufversuche. – In: Eisenbahntechnische Rundschau, Darmstadt 39 (1990) 9, S. 559–564

[56]   *Pienitz, Chr.:* Untersuchungen zur Zugwiderstandskraft unter dem Gesichtspunkt der Zugfahrtsimulation für die realen Bedingungen des Eisenbahnbetriebs. – Diplomarbeit (1991) an der Hochschule für Verkehrswesen „Friedrich List" Dresden

[57]   *Potthoff, G.:* Wahrscheinliche Rollwiderstände.–In: Die Eisenbahntechn. 24 (1976) 9, S.408–411

[58]   *Preysing, E.-J.:* Berücksichtigung der Zuglänge bei der Fahrt mit Eisenbahnzügen. – In: Schienenfahrzeuge, Berlin 28 (1984) 2, S. 101–102

[59]   *Preysing, E.-J.:* Widerstandsformeln für Güterzüge, bespannt mit Dieseltriebfahrzeugen BR 120 bzw. 130, 131, 132. – In: Schienenfahrzeuge, Berlin 29 (1985) 1, S. 47–48

[60]   *Rappenglück, W.:* Die Antriebskonzeption von Triebfahrzeugen für den Schnellverkehr. – In: Elektrische Bahnen, München 49 (1978) 12, S. 306–320

[61]   *Šabikjan, W.:* Bestimmung des Wagenwiderstands beim Anziehen. – In: Železnodorožnyi transport, Moskva 34 (1953) 2, S. 73–79 und Deutsche Eisenbahntechnik, 1 (1953) 8, S. 343–348

[62]   *Sachs, D.:* Die transzendenten Gleichungen des klassischen Fahrzeugauslaufs – Ihre Lösung und Anwendung zur Präzisierung der Fahrwiderstandskoeffizienten. – In: Glasers Annalen, Bielefeld 115 (1991) 11/12. – S. 343–351

[63]   *Schaefer, H.-H.:* Vergleich der Zugwiderstandsformeln europäischer und außereuropäischer Eisenbahnen. – In: Elektrische Bahnen, München 86 (1988) 2, S. 55–63

[64]   *Schramm, G.:* Der Bogenwiderstand. – In: Eisenbahntechnische Rundschau, Darmstadt 11 (1962) 5. S. 215–219

[65]   *Schramm, G.:* Bogenwiderstand und Spurkranzreibung. – In: Eisenbahntechnische Rundschau, Darmstadt 12 (1963) 8, S. 390–392

[66]   *Sjuzjumova, E. M.; Romanenko, G. A.:* Osnovoje soprotivlenie dviženiju vosokoskorostnych poezdov chorošo obtekaemoi formy (Fahrzeugwiderstand von Hochgeschwindigkeitszügen mit guter Stromlinienform). – In: Vestnik VNIIŽT, Moskva 35 (1976) 5, S.16–19

[67]   *Smith, H. R.; Blair, J. R.:* Die Technik der effektiven Längsneigung bei der Berechnung des Fahrverhaltens der Züge. – In: Schienen der Welt, Brüssel 12 (1981) 5, S. 217–228

[68]   Stromskij, P. P.: Osnovoje soprotivlenie dviženiju v osmioch i cetyrechosnych cistern (Fahrwiderstand acht- und vierachsiger Kesselwagen).–In: Vestnik VNIIŽT, Moskva 34(1975)3, S. 8–11

[69] Stromskij, P. P.: Obobščennaja formula soprotivlenija dviženiju podvižnogo sostava (Verallge-
      meinerte Formel des Bewegungswiderstandes von Zügen). – In: Vestnik VNIIŽT, Moskva 36
      (1977) 4, S. 19–22

[70] Suske, A.: Nové poznatky o jizdnim odporu kolejových vozidel při vysokých rychlostech (Neue
      Erkenntnisse über den Fahrwiderstand der Schienenfahrzeuge bei hohen Geschwindigkeiten). –
      In: Železniči technika, Praha 18 (1988) 3, S. 109–115

[71] Suske, A.: Porovnáni vzorcu ČSD pro jizdni odporu vlaku se vzorvi zahraničnich železnic (Ver-
      gleich der Zugwiderstandsgleichungen der ČSD mit den Gleichungen ausländischer Bahnen). –
      In: Železniči technika, Praha 20 (1990) 4, S. 172–176

[72] Volkov, V. P.: Osnovoje soprotivlenie dviženiju vagonov na sortirovočnych gorkach (Fahrwider-
      stände der Wagen auf Ablaufbergen). – In: Vestnik VNIIŽT, Moskva 33 (1974) 3, S. 55–58

[73] Volkov, V. P.: Soprotivlenie dviženiju vagonov na sortirovočnych gorkach (Der Bewegungswi-
      derstand von Wagen auf Ablaufbergen). – In: Vestnik VNIIZT, Moskva 36 (1977) 2, S. 46–49

[74] Vollmer, G.: Luftwiderstand von Güterwagen. – Dr.-Ing. Diss. (1989) an der TH Darmstadt

[75] Voß, G.; Gackenholz, L.; Wiebels, R.: Eine neue Formel (Hannoversche Formel) zur Bestim-
      mung des Luftwiderstands spurgebundener Fahrzeuge: – Glas. Annalen 96 (1972) 6, S.166–171

[76] Wende, D.: Bewegung des Eisenbahnzugs als Massenband. – In: Die Eisenbahntechnik, Berlin
      31 (1983) 2. S. 74–75

Kapitel 4.1: Kraftschlusszug- und Bremskraft

[77] Bogott, H.: Ausnutzung des Reibungsgewichtes bei elektrischen Vollbahnlokomotiven. – In:
      Deutsche Eisenbahntechnik. – Berlin 3 (1955) 8. – S. 320–327

[78] Borgeaud, G.: Achslaständerung infolge Zugkraft an Lokomotiven mit zwei Triebdrehgestellen
      und Möglichkeiten, sie durch Lastausgleich zu verbessern . – In: Glasers Annalen, Bielefeld 89
      (1965) 3, S. 93–98; 4, S. 130–139; 5, S. 177–184 und 7, S. 390–398

[79] Čáp, J.: Adhezni charakteristiky ve styku kola s kolejnici (Kraftschlusscharakteristiken beim
      Rad-Schiene-Kontakt). – Habilitation (1988), VŠDS (Hochschule für Verkehrswesen Žilina)

[80] Curtius E. W; Kniffler, A.: Neue Erkenntnisse über die Haftung zwischen Treibrad und Schiene.
      – In: Elektrische Bahnen, München 21 (1950) 9, S. 201–210

[81] Frederich, F.: Schlupfmessung als Teilproblem zur automatischen Zug- und Bremskraftregelung
      von Schienenfahrzeugen. – In: Glasers Annalen, Bielefeld 94 (1970) 2/3, S. 86–94

[82] Henning, U.: Moderne Lokomotivantriebe und stochastische Haftwertregelung. – In: Schienen-
      fahrzeuge, Berlin 32 (1988) 3, S. 13–138

[83] Hochmuth, A.: Der Haftgrenzwert und sein Einfluß auf die Mechanik der Zugförderung. – In:
      WZ der HfV, Dresden 8 (1960/1961) 2, S. 268–283

[84] Isaev, I. P.: Slučainye faktory i koefficient sceplenija (Zufallsfaktoren und Kraftschlussbeiwert).
      – Verlag Transport, Moskva 1970

[85] Ivanov, V. N.; Beljaev, A. I.; Oganjan, E. S.: Povyšenie koefficienta ispolzovanija scepnovo vesa
      (Erhöhung des Ausnutzungsfaktors der Reibungsmasse einer Diesellokomotive). – In: Vestnik
      VNIIŽT, Moskva 38 (1979) 7. – S. 13–16

[86] Johnsson, S.: Das Haftwertproblem in der Zugförderung in statistischer Betrachtungsweise. – In:
      Glasers Annalen, Bielefeld 85 (1961) 5, S. 173–182

[87] Kalker, J. J.: On the rolling contact of two elastic bodies in the presence of dry friction (Über
      den Rollkontakt von zwei elastischen Körpern bei Trockenreibung). – Dissertation (1967), Delft

[88] Kniffler, A.: Fragen der Grenzgeschwindigkeit im Rad-Schiene- System der Eisenbahnen. – In:
      Glasers Annalen, Bielefeld 95 (1971) 10, S. 317–321

[89] Kother, H.: Verlauf und Ausnutzung des Haftwerts zwischen Rad und Schiene bei elektrischen
      Triebfahrzeugen. – In: Elektrische Bahnen, München 16 (1940) 12, S. 219–222

[90] Kraft, K.: Die Haftreibung. – In: Elektrische Bahnen, München 39 (1968) 6, S. 142–150; 7, S.
      161–170; 8, S. 190–198 und 9, S. 214–219

[91]   *Krettek, O.*: Wo stehen wir in der Erforschung des Kraftschlusses ? – In: Glasers Annalen Biele-
         feld 97 (1973) 1, S. 19–27

[92]   *Lipsius, M.*: Untersuchungen über die Kraftschluss-Schlupf-Verhältnisse zwischen Rad und
         Schiene. – In: Glasers Annalen, Bielefeld 87 (1963) 2, S. 53–62

[93]   *Metzkow, B.*: Untersuchung der Haftungsverhältnisse zwischen Rad und Schiene beim Brems-
         vorgang. – In: Organ für die Fortschritte des Eisenbahnwesens, Wiesb. 89 (1934) 13, S. 247–254

[94]   Ohno, K.: Influence of rail head corrosion products on adhesion (Einfluss der Schienenkopf-Kor-
         rosionsprodukte auf den Kraftschlussbeiwert). – In: Quart. Rep. Rly. techn. Res. Inst. JNR,
         Tokyo 21 (1980) 3, S. 151–152

[95]   *Potapov, A. S.; Lisicyn, A. L.; Rebnik, S. V.*: Koefficient sceplenija gruzovych elektrovozov (Rei-
         bungskoeffizient von Güterzug-Elektrolokomotiven). – In: Trudy ZNII MPS, Ausgabe 478, S.
         14–21, Moskva 1972

[96]   *Saburov, F. F.; Bacholdin, V. I.; Ebner, M.*: Untersuchung der Bewegungsformen von Radsätzen
         im Gruppenantrieb der Diesellokomotive. – In: Die Eisenbahntechnik, Berlin 27 (1979), S. 21–23

[97]   *Sekikawa, Y.*: Adhesion characteristica lokomotives (Adhäsionscharakteristiken von Lokomoti-
         ven). – In: Japanese Railway Engineering, Tokyo 2 (1961) 1, S. 7–10

[98]   *Steiner, B.*: An der Grenze der Adhäsion. – In: Elektrische Bahnen, 39 (1968) 12, S. 272–279

[99]   *Tross, A.*: Der Mechanismus der Reibung. – In: Glasers Annalen, Bielefeld 86 (1962) 5, S. 133–
         149; 11, S. 447–456; 12, S. 487–499 und 87 (1963) 6/7, S. 365–371

[100]   *Tross, A.*: Der Kraftschluss zwischen Rad und Schiene. – In: Glasers Annalen, Bielefeld 93
         (1969) 10, S. 310–319

[101]   *Wächter, A.*: Rad- und Achslaständerung bei Schienentriebfahrzeugen durch die ausgeübte Zug-
         kraft. – In: Deutsche Eisenbahntechnik,Berlin 8 (1960) 1, S. 3–13

[102]   *Weber, H.*: Untersuchungen und Erkenntnisse über das Adhäsionsverhalten elektrischer Loko-
         motiven. – In: Elektrische Bahnen, München 37 (1966) 8, S. 3–13

[103]   *Zeevenhooven, N.*: Haftwertmessungen an einem mit Drehstrom angetriebenen Radsatz und die
         Interpretation der Ergebnisse. – In: Glasers Annalen, Bielefeld 104 (1980) 8/9, S. 309–321

Kapitel 4.2: Zugkraft und Leistungsaufnahme der Dieseltriebfahrzeuge

Kapitel 4.3: Zugkraft und Leistungsaufnahme elektrischer Triebfahrzeuge

[104]   *Bauermeister, K.*: Triebfahrzeug-Leistungsbetrachtungen, Schnellverfahren. – In: Glasers Anna-
         len, Bielefeld 103 (1979) 2/3, S. 43–48

[105]   *Bauermeister, K.*: Neue Leistungsbewertung von Triebfahrzeugen und Drehstrom-Antriebstech-
         nik. – In: Elektrische Bahnen, München 78 (1980) 2, S. 38–45

[106]   *Bendel u.a.*: Elektrische Triebfahrzeuge. –transpress, Berlin 1981

[107]   *Feiertag, F.*: U-Bahn-Wagen der zweiten Generation vom Typ B für die Verkehrsbetriebe Mün-
         chen – Die elektrische Ausrüstung mit Drehstrom-Antriebstechnik. – In: Glasers Annalen, Biele-
         feld 106 (1982) 5, S. 193–201

[108]   *Feihl, J.*: Die Diesellokomotive. – transpress, Stuttgart 1997

[109]   *Greifenberg, G.*: Die Ermittlung des Kraftstoffverbrauchs der Dieseltriebfahrzeuge. – In: Schie-
         nenfahrzeuge, Berlin 27 (1983) 4, S. 185–187

[110]   *Harprecht, W.*: Die Baureihe 120 – Die neue Generation einer Lokomotive für die Deutsche
         Bundesbahn. – In: Elektrische Bahnen, München 83 (1985) 2, S. 52–58

[111]   *Hochmuth, A.*: Rechnerische Ermittlung der fahrenergetischen Kennfelder für Dieseltriebfahr-
         zeuge in der Eisenbahnzugförderung. – In: WZ der HfV, Dresden 7 (1959/1960) 2, S. 299–318

[112]   *Jansa, F.*: Moderne elektronische Steuerung für Nahverkehrsfahrzeuge. – In: Die Eisenbahntech-
         nik, Berlin 28 (1980) 9, S. 357–362

[113]   *Maier, F.*: Die Berechnung der Betriebskennlinien von Wechselstromfahrzeugen mit Hilfe einer
         elektronischen Rechenmaschine. – In: Elektrische Bahnen, München 37 (1966) 9, S. 202–209

[114]   *Nejepsa, R.:* Orientačni vztahy pro hydrodynamické měničové převodovky pro kolejova vozidla (Orientierungsrelationen der hydrodynamischen Wandlergetriebe für Schienenfahrzeuge). – In: Sbornik praci VŠD a VUD Heft 6, Praha 1967

[115]   *Seyfarth, H.:* Neue LEW-Serienlokomotive Baureihe 243 für die Deutsche Reichsbahn. – In: LEW-Nachrichten, Hennigsdorf 16 (1985) 36. – S. 9–12

[116]   *Suhr, K.:* Die Berechnung von Kennlinien für Gleichstrom-Reihenschluß-Bahnmotoren mit digitalen Rechenmaschinen. – In: Elektrische Bahnen, 37 (1966) 4, S. 91–93 und 5, S. 119–121

[117]   Systemtechnologie – Fahrzeugtechnik für alle Anwendungen. – ABB Henschel, Mannheim 1993

[118]   *Wende, D.:* Optimale Stufung von Wandler-Strömungsgetrieben dieselhydraulischer Lokomotiven. – In: Deutsche Eisenbahntechnik, Berlin 12 (1964) 6, S 265–266

[119]   *Wende, D.:* Berechnung der Zugkraftcharakteristik einer Diesellokomotive mit einem Wandler-Strömungsgetriebe. – In: Deutsche Eisenbahntechnik, Berlin 11 (1963) 7, S. 305–306

Kapitel 5: Bremskraft

[120]   *Bertling, T.:* Wirbelstrombremse für Triebfahrzeuge. – In: Glas. Annalen, 91 (1967) 8, S. 27–30

[121]   *Besser, P.:* Über die Aufstellung von Bremstafeln. – In: Organ für die Fortschritte des Eisenbahnwesens, Wiesbaden 84 (1929) 11, S. 181–189

[122]   *Cavell, B.:* Zu erwartende Bremsverzögerungen bei Einzelversuchen mit Fahrzeugen. – In: Glasers Annalen, Bielefeld 105 (1981) 9, S. 284–287

[123]   *Denzin, P.:* Leitfaden der Bremstechnik. – transpress, Berlin 1969

[124]   *Feulner, A.:* Die hydrodynamische Abbremsung von Diesellokomotiven. – In: Glasers Annalen, Bielefeld 91 (1967) 6, S. 164–170

[125]   *Fokin, M. D.:* Koeffizienty trenija basmaka magnetorelsovogo tormoza (Reibungskoeffizient des Bremsschuhs der Magnetschienenbremse). – In: Vestnik VNIIŽT, Moskva 36 (1977) 1, S. 20–25

[126]   *Garitz, K.-P.; Alisch, J.:* Bremswegberechnung für Schienenfahrzeuge mit EC 1040. – In: Schienenfahrzeuge, Berlin 24 (1980) S. 303–305

[127]   *Gräber, J.; Meier-Credner, W.-D.:* Die lineare Wirbelstrombremse im ICE 3 – Betriebskonzept und erste Erfahrungen. – In: Tagungsband Schienenfahrzeugtechnik, Graz 2002, S.136–142

[128]   *Gralla, D.:* Beitrag zu den Untersuchungsmethoden der Bewegung von Güterzügen in der Brems- und Lösephase. – Dr.- Ing. Diss. (1991) an der Hochschule für Verkehrswesen Dresden

[129]   *Gralla, D.:* Eisenbahnbremstechnik. – Werner Verlag, Düsseldorf 1999

[130]   *Györitz, A.; Vajda, J.: Zobory, I.:* Berechnung von Bremskenngrößen unter Anwendung von Prüfstandsmessungen. – In: Eisenbahntechn. Rundschau, Darmstadt 28 (1979) 12, S. 903-908

[131]   Handbuch der bremstechnischen Begriffe und Werte. – Knorr-Bremse AG, München 1990

[132]   *Heller, G.; Vajda, J.:* Über die Wirksamkeit der Gußeisen-Klotzbremse. – In: Glasers Annalen, Bielefeld 105 (1981) 10, S. 303–310

[133]   *Hendrichs, W.:* Über die Bewertung von Eisenbahnbremsen nach mathematisch-physikalischen Gesichtspunkten. – Habilitation (1989) an der Universität Hannover

[134]   *Hendrichs, W.:* Versuche mit der linearen Wirbelstrombremse – elektrischer Teil. – In: Elektrische Bahnen, München 83 (1985) 10, S. 344–353

[135]   *Herzmann, A.:* Verbesserung der Gebrauchswerteigenschaften von Bremssohlen aus Gußeisen mit Lamellengraphit. – Dr.-Ing.-Dissertation (1976) an der Bergakademie Freiberg

[136]   *Jaenichen, D.; Keske, K.:* Die Bewertung der Bremstechnik der Güterzüge durch Simulation auf einem Personalcomputer. – In: WZ der HfV, Dresden 35 (1988) 5, S. 929–941

[137]   *Jante, A.:* Mittlere Bremsverzögerung und Geschwindigkeit. – In: Kraftfahrzeugtechnik, Berlin 11 (1961) 3, S. 95–99

[138]   *Kipp, C.:* Bremssysteme für schienengebundene Nahverkehrsfahrzeuge. – In: Glasers Annalen, Bielefeld 119 (1995) 11/12, S. 518 – 524

[139]   *Kother, H.*: Verlauf und Ausnutzung des Reibwerts zwischen Rad und Bremsklotz. – In: Elektrische Bahnen, München 17 (1941) 2, S. 21–25

[140]   *Kröger, U.*: Prinzip, Entwicklung und Konstruktion der linearen Wirbelstrombremsen. – In: Glasers Annalen, Bielefeld 109 (1985) 9, S. 368–374

[141]   *Metzkow, B.*: Ergebnisse der Versuche für die Ermittlung des Reibwerts zwischen Rad und Bremsklotz. – In: Glasers Annalen, Bielefeld 50 (1926) 2, S. 149–159, 51 (1927) 4, S. 137–141

[142]   *Müller, H.*: Strömungsbremse bei dieselhydraulischen Streckenlokomotiven. – In: Eisenbahntechnische Rundschau, Darmstadt 20 (1971) 5, S. 203–207

[143]   *Piec, P.*: Untersuchung der Reibungseigenschaften von Bremsklötzen aus Sintermetall. – In: Glasers Annalen, Bielefeld 106 (1982) 11, S. 390–392

[143]   *Polzin, G.*: Reibungs- und Verschleißuntersuchungen an Werkstoffen für Klotzbremsen von Schienenfahrzeugen. – In: Glasers Annalen, Bielefeld 87 (1963) 4, S. 211–219, 231; 6/7, S. 372–378 und 8, S. 426–438

[144]   *Saumweber, E.*: Leistungsgrenzen kombinierter Bremssysteme. – In: Glasers Annalen, Bielefeld 98 (1974) 7/8, S. 259–265

[145]   *Sauthoff, F.*: Über die Möglichkeiten zur Berechnung der Bremswege von Eisenbahnzügen. – In: Glasers Annalen, Bielefeld 85 (1961) 2, S. 48–61

[146]   *Schulze, R.*: Entwicklung der Elektrotechnik bei Transportmitteln am Beispiel der Wirbelstrombremse. – In: Die Eisenbahntechnik, Berlin 22 (1974) 5, S. 211–212

[147]   *Seiferth, E.*: Bestimmung der Bremsleistung von Güterwagen. – In: Schienenfahrzeuge, Berlin 24 (1980) 3, S. 149–151

[148]   *Sonder, E.*: Leistungssteigerung der Klotzbremse durch konstruktive und metallurgische Verbesserung der gußeisernen Bremsklotzsohle.– In: Glas. Annalen, Bielefeld 109 (1985) 9, S. 361–367

[149]   *Stötzer, K. S.*: Elektrische Bremsen moderner Wechselstrom-Triebfahrzeuge. – In: Glasers Annalen, Bielefeld 95 (1971) 12, S. 384–393 und 96 (1972) 1, S. 23–28

[150]   *Töpfer, K. u.a.*: Grundausrüstungen (Reihe Schienenfahrzeugtechnik). – transpress, Berlin 1983

[151]   *UIC-Merkblätter/* Herausgegeben vom Internationalen Eisenbahnverband. – Nr. 540, 541-3, 541-4, 544-1 und 547-5

[152]   *Vogel, E.*: Beiträge zu den Grundlagen und Methoden für die Untersuchung der Bewegung druckluftgebremster Eisenbahngüterzüge. – Dr.-Ing.-Dissertation (1963) an der Hochschule für Verkehrswesen „Friedrich List" Dresden

[153]   *Wanzke, E.*: Die rechnerische Ermittlung von Ausgangsgeschwindigkeit, Bremsweg und mittlerer Verzögerung aus Verzögerungs-Zeit-Schrieben bei der Abbremsung von Straßenbahn-Triebwagen. – In: WZ der HfV, Dresden 20 (1973) 3, S. 639–659

[154]   *Weiß, U.; Klein, W.*: BSI-Gliedermagnetschienenbremse. – In: Glasers Annalen. – Bielefeld 104 (1980) 5, S. 123–137

[155]   *Wende, D.*: Grundlagen der Bewertung innovativer Bremstechnik. – In: Eisenbahntechnische Rundschau, Darmstadt, 50 (2001) 11, S. 685–691 und 12, S. 753–758

[156]   *Wende, D.*: Das Bremsvermögen der Eisenbahnzüge. – In: Verkehrsunfall und Fahrzeugtechnik. – Kippenheim 39 (2001) 11, S. 311–319 und 40 (2002) 2, S. 41–46

[157]   *Wiedemann, K.*: Über die Kraftwirkungen am gebremsten Rad. – In: Organ für die Fortschritte des Eisenbahnwesens, Wiesbaden 77 (1928) 23, S. 494 – 497

Kapitel 6: Zugfahrtberechnung

[158]   *Binnewies, H.; Mittmann, H. D.*: Einsatz von Datenverarbeitungsanlagen für Fahrzeit- und Verbrauchswerteermittlung. – In: Eisenbahntechn. Rundschau, Darmstadt 20 (1971) 9, S. 378–387

[159]   *Glück, R.; Gruber, G.*: Die Berechnung der Fahrzeit und der Verbrauchswerte von Schienentriebfahrzeugen bei Zugfahrten auf der Großrechenanlage. – In: Glasers Annalen, Bielefeld 90 (1966) 12, S. 440–446

[160] *Hochbruck, H.:* Genauigkeitsfragen und Anforderungen bei Fahrzeit- und Verbrauchswerteer-mittlungsverfahren in der Praxis.– In: Archiv für Eisenbahntechnik, 22 (1965) Folge 20,S. 46–80

[161] *Hochbruck, H.:* Die energiewirtschaftliche Bedeutung des Auslaufs insbesondere für den Nah-verkehr. – In: Glasers Annalen, Bielefeld 107 (1983) 12, S. 417–420

[162] *Horn, P.:* Experimentelle Simulationsstudien zur energieoptimalen Zugsteuerung. – In: Die Eisenbahntechnik, Berlin 21 (1973) 11, S. 517–519

[163] *Horn, P.:* Über die Anwendung des Maximumprinzips von Pontrjagin zur Ermittlung von Algo-rithmen für eine energieoptimale Zugsteuerung. – In: WZ der HfV, Dresd. 18(1971)4,S. 919–943

[164] *Horn, P.:* Theoretische Grundlagen der energieoptimalen Zugsteuerung und Zuglaufmodifikati-on unter Berücksichtigung der Dieseltraktion. – In: ZFIV-Report Berlin 11 (1984) 27,S. 160–181

[165] *Horn, P.; Winkler, A.:* Zur energieoptimalen Zugsteuerung und Fahrplanmodifikation. – In: Die Eisenbahntechnik, Berlin 26 (1978) 8, S. 324–328

[166] *Ichikawa, K.:* Application of optimization for bounded state problems to the operation of trains (Anwendung der Optimierung der Grenzzustandsvariablen auf die Fahrstrategie von Zügen). – In: Bulletin of JSME, Nagoya University Tokyo 11 (1968) 47, S. 857–865

[167] *Jentsch, E.:* Energiesparende Fahrweise bei der Zugförderung – Gesichtspunkte für ihre Berück-sichtigung im Fahrplan. – In: Die Eisenbahntechnik, Berlin 30 (1982) 6, S. 236–240

[168] *Jentsch, E.:* Fahrstrategie und rationelle Energieanwendung im Zugdienst. – In: Die Eisenbahn-technik, Berlin 30 (1982) 7, S. 388–390

[169] *Jentsch, E.:* Energiebedarf für die Traktion. – In: Schienenfahrzeuge, 28 (1983) 5, S. 255–257

[170] *Jentsch, E.; Gröpler, O.:* Innovation der methodischen Basis für Fahrzeitermittlungen und ihre Anwendung bei der Zugfahrtsimulation. – In: Schriftenreihe des Instituts für Verkehrssystem-theorie und Bahnverkehr, Bd. 1 (1995), S. 14 – 36, Technische Universität Dresden

[171] *Kilb, E.:* Zentrale Regelung von Zugfolge und Fahrzeit im Nahschnellverkehr über Linienleiter – Fahrdynamische Grundlagen. – In: Glasers Annalen, Bielefeld 92 (1968) 7/8, S. 252–259

[172] *Kother, H.:* Fahrzeitermittlung und Bestimmung der Beanspruchung der Fahrmotoren und des Transformators elektrischer Triebfahrzeuge. – In: Elektrische Bahnen, 13 (1937) 12, S. 297–313

[173] *Kraus, H.-I.; Rockenfeld, G.:* Einsparung von Traktionsenergie und energiesparende Fahrweise bei S-Bahnen. – In: Elektrische Bahnen, München 82 (1984) 6, S. 172–178

[174] *Kraus, H.-I.:* Energiesparende Fahrweise bei der Deutschen Bundesbahn. – In: Die Bundesbahn, Darmstadt 60 (1984) 1, S. 29–32

[175] *Lehmann, S.:* Ermittlung von Fahrzeiten und Energiekennwerten mit digitalen Rechenanlagen. – In: Glasers Annalen, Bielefeld 89 (1965) 4, S. 117–129

[176] *Lehmann, S.:* Energiewirtschaftliches Fahren bei Stadtschnellbahnen. – In: Elektrische Bahnen. – München 39 (1968) 1, S. 18–22 und 2, S. 41–43

[177] *Preysing, E.:* Zum spezifischen Energieverbrauch von Zugfahrten. – In: Die Eisenbahntechnik. – Berlin 30 (1982) 1,S. 25–28

[178] *Preysing, E.:* Ermittlung der energiesparenden Fahrweisen bei der Dieselzugförderung mittels Zugfahrtsimulation. – In: Schienenfahrzeuge, Berlin 26 (1982) 6, S. 268–270

[179] *Schmidt, G.; Torres-Pereza, M.:* Energieoptimale Fahrprogramme für Schienenfahrzeuge. Eine Behandlung des Problems mit Hilfe der modernen Optimierungstheorie. – In: Glasers Annalen, Bielefeld 93 (1969) 9, S. 265–270

[180] *Siegfarth, W.; Kraus, G.:* Fahrzeitenrechnung und Verbrauchswertermittlung für Zugfahrten mit EDV bei der Deutschen Bundesbahn.– In: Elektrische Bahnen, München 49 (1978) 5,S. 122–129

[181] *Strobel, H.; Glöckner, B.:* Zum Einsatz der Mikrorechentechnik im städtischen Nahverkehr. – In: Die Eisenbahntechnik, Berlin 28 (1980) 9, S. 363–365

[182] *Tchinda, A.:* Energieoptimales automatisches Nahverkehrssystem mit Mikroprozessor auf dem Triebfahrzeug. – Dr.-Ing.-Dissertation (1980), – Technische Universität Braunschweig

[183] *Valter, Z.:* Die Simulation von Fahrvorgängen mit mathematischen Modellen für dieselelektri-sche Lokomotiven. – In: Glasers Annalen, Bielefeld 104 (1980) 11, S. 383–389

[184] *Vollenwyder, K.:* Automatisierung von Vorort- und Untergrundbahnen durch Bordrechner. – In: Elektrische Bahnen, München 43 (1972) 6, S. 133–139

Stichwortverzeichnis